全球变化背景下东亚气候年际-年代际变率及其可预报性研究

李清泉　封国林　等　著

科学出版社
北　京

内 容 简 介

年际-年代际（1～30 年）特别是年代际（10～30 年）气候预测正迅速成为气候变化的一个新的优先研究领域。东亚季风气候具有显著的年际-年代际变率，对我国旱涝灾害的发生有显著影响，同时也将影响政府部门的很多长期计划的制订。本书围绕“全球变化背景下东亚季风区气候年际-年代际变率及其可预报性研究”的核心问题，介绍作者的研究团队近年来的相关研究成果。主要内容包括西太平洋副热带高压年际-年代际变率及其影响、青藏高原积雪和海表面温度对中国东部夏季降水年代际变率的影响、增暖背景下东亚气候的年代际转折特征、年际-年代际海洋转折的预警信号辨识与捕捉、基于复杂网络配置的中国夏季降水影响因子辨识及预测模型构建、中国旱涝的年代际趋势转折可预报性研究、BCC_CSM 模式年际-年代际变率可预报性研究、BCC_CSM 动力模式误差年代特征及中国夏季降水预测方案。

本书可供大气科学、海洋科学等领域的科研、业务人员参考。

审图号：GS（2018）5081 号

图书在版编目（CIP）数据

全球变化背景下东亚气候年际-年代际变率及其可预报性研究/李清泉等著. —北京：科学出版社，2019.1
ISBN 978-7-03-059148-7

Ⅰ. ①全…　Ⅱ. ①李…　Ⅲ. ①气候变化–长期天气预报–研究–东亚
Ⅳ. ①P456.3

中国版本图书馆 CIP 数据核字(2018)第 240880 号

责任编辑：杨帅英　张力群 / 责任校对：何艳萍
责任印制：张　伟 / 封面设计：图阅社

科 学 出 版 社 出版
北京东黄城根北街 16 号
邮政编码: 100717
http://www.sciencep.com

北京建宏印刷有限公司 印刷
科学出版社发行　各地新华书店经销
*
2019 年 1 月第 一 版　开本：787×1092 1/16
2019 年 1 月第一次印刷　印张：22
字数：500 000

定价：238.00 元
(如有印装质量问题，我社负责调换)

序　一

我国地处东亚季风区，年际-年代际变率及其可预报性的相关研究工作的开展，有利于提高对我国汛期降水、冬季气温等气候要素的预报能力。同时，对于政府和公众关心的洪涝、干旱和高温热浪等灾害性事件的预报，也能够提供重要的科学支撑。随着全球气候变暖的加剧，年际-年代际气候变化的研究也成为国际气候变化及其可预报性研究计划的重要内容之一。年际-年代际的气候变率和可预报性问题研究，具有多时间尺度、多驱动因子等特征，使其成为当前的一项世界性的科学难题。该书讨论了当前科学研究中面临的热点和难点问题，涉及了国家急需和科技前沿。围绕“全球变化背景下东亚季风区气候年际-年代际变率及其可预报性研究”这一核心，分析了西太副高和东亚夏季降水的年际-年代际变率，揭示了高原积雪和海温对中国东部夏季降水年代际变率的影响，进而开展了年际-年代际海洋转折的预警信号辨识与捕捉的研究。在此基础上，该书进一步分析了 BCC_CSM 模式年际-年代际变率可预测性，构建了中国夏季降水影响因子辨识及预测模型，针对 BCC_CSM 动力模式误差年代特征的中国夏季降水预测方案，形成了部分具有国际水平的原始创新研究成果。总之，该书在辨识年际-年代际气候转折期间气候系统的主要背景因子，加深对东亚气候系统年际-年代际变率机理的认识和理解，探索东亚气候年际-年代际变率的可预报性等方面具有非常重要的理论意义和实际应用价值。

该书作者李清泉研究员等长期从事短期气候预测研究，有很深厚的学术造诣，取得过一系列重要的创新性研究成果。该书侧重于详细介绍作者的研究成果、思想、方法和理论体系，对于大气科学领域的相关研究人员详细了解并应用这方面的内容具有重要参考价值，是开展教育培训和科学研究的一本重要参考书。

丑纪范

2016 年 11 月于兰州大学大气科学学院

序　　二

东亚季风气候具有显著的年际-年代际变率，对我国旱涝灾害的发生有显著影响，因而将影响政府部门防灾减灾和经济社会可持续发展应对计划的制订。理解东亚季风气候年际-年代际变率机理并进行预测对中国显得尤为迫切，而此领域的研究还处于一个初步阶段，因此亟需进行系统研究。在全球变化研究中，年代际尺度信号的变率越来越受到重视。年代际尺度气候变化也是历次 IPCC 评估报告的重要内容之一。

由李清泉研究员等编写的《全球变化背景下东亚气候年际-年代际变率及其可预报性研究》一书，正是对这一领域的一个大胆尝试。该书首先针对东亚季风区的关键环流系统和降水特征进行了深入分析，并重建了西太平洋副热带高压指数，更加客观地表征出东亚季风的年际-年代际变率。发展了基于突变转折的识别技术，从而辨识出年际-年代际气候转折期间气候系统的主要背景因子。研发了针对气候变化趋势拐点预测的理论和方法，开展了年代际尺度旱涝转折的预测试验，从而加深了对东亚气候系统年际-年代际变率机理的认识和理解。书中还分别利用统计和动力模式两种途径，探讨了在全球变暖背景下东亚季风区年际-年代际变率的可预报性，为改进季节-年际-年代际业务预测提供了重要的科学基础。

该书结构清楚，文字通畅，条理清楚。有很高的科学参考价值，很值得有兴趣的读者一读。

2016 年 11 月

序　三

我国受季风气候影响大，加之北半球中-高纬度大气环流系统变异显著，对我国天气气候有重要调制作用。因此，科学认识我国气候变异过程和规律、有效预测气候变异是科学难题，也极具重要性。由李清泉等撰写的《全球变化背景下东亚气候年际-年代际变率及其可预报性研究》一书，概要介绍了近年来作者的研究成果，包括降水、气温变异特征分析和机制研究、突变过程的辨识以及一系列预测新方法方面的探讨等。该书还介绍了国家气候中心的同化和预测系统构建方面的进展。相信该书的出版对有关科研、业务人员有一定的参考价值，也对气候预测业务的发展有借鉴意义。

王会军

2016 年 11 月于南京信息工程大学

前　言

东亚季风气候具有显著的年际-年代际变率，对我国旱涝灾害的发生有显著影响，同时也将影响政府部门很多长期计划的制订，如南水北调工程、大型水坝、电力设施、粮食产量等。理解东亚季风气候年际-年代际变率机理并进行预测对中国显得尤为迫切，而此领域的研究还处于一个初级阶段，因此亟须进行系统研究。这不仅对科学预测年际-年代际气候变化有重要科学意义，而且对未来评估气候变化所引发的风险及社会影响，进而提出合理的应对策略具有重要指导意义，是国家在战略决策层面上的重大需求。

本书作者及其研究团队在近年来，围绕“全球变化背景下东亚季风区气候年际-年代际变率及其可预报性”的核心问题，坚持对东亚气候年际-年代际变率的影响机制、预测理论、方法和技术等方面开展探索研究，取得了不少创新性的学术研究成果：研发了基于熵和过程理论的气候系统突变转折识别的新技术，探讨了全球变暖背景下年际-年代际变率信号识别问题，拓展了国内传统年代际变率识别方法；改进重建了西太平洋副高指数，并以此研究了西太平洋副高的年际变率，发现西太平洋副高具有显著的准两年振荡（TBO）信号，且近 30 年 TBO 的变率显著增大，具有年代际尺度的变化特征；探索性地构建了非线性年代际旱涝转折预测模型，并开展可预报性研究，该模型不仅对序列长期变化趋势具有较高的预报技巧，同时对未来给定时段内可能发生的转折次数及发生时间也具有一定的预报能力；基于最优集合插值（ENOI）方法，建立了 BCC_CSM 海洋资料同化系统，并开展了年代际试验，分析表明海洋初值准确有助于年代际预测效果改进；基于动力-统计相结合的理论，建立 BCC_CSM 模式误差与历史相似信息之间的联系，发展了一种能够利用海气系统年代际相似信息改进中国夏季降水预测的新方案，为气候预测提供了新理论和技术。一些成果在气候预测的业务和科研实践中得到了试验应用，取得了明显的经济效益。本书旨在抛砖引玉，引发学界共鸣，为今后进一步深入研究气候预测的理论和方法提供基础，兼具理论和实践的双重意义。

全书共分九章，依次为绪论、西太平洋副高年际-年代际变率及其影响、青藏高原积雪和海表面温度对中国东部夏季降水年代际变率的影响、增暖背景下东亚气候的年代际转折特征、年际-年代际海洋转折的预警信号辨识与捕捉、基于复杂网络配置的中国夏季降水影响因子辨识及预测模型构建、中国旱涝的年代际趋势转折可预报性研究、BCC_CSM 模式年际-年代际变率可预报性研究、BCC_CSM 动力模式年代际误差特征及中国夏季降水预测方案。主要作者为李清泉、封国林、刘芸芸、龚志强、司东、章大全、颜鹏程、赵俊虎、胡泊、魏敏、李淑萍和乔少博等。最后由李清泉对全书进行了统稿。

本书的出版得到了国家重点基础研究发展计划（课题编号：2012CB955203）的资

助。衷心感谢丑纪范院士、丁一汇院士、王会军院士、张人禾院士、刘征宇教授、何金海教授、赵宗慈研究员、李维京研究员、李栋梁教授等，他们多年来对我们的科学研究工作给予了关心和指导。

期待本书的出版对我国气候预测科研和业务发展起到些许推动和借鉴作用。由于水平所限，本书瑕疵在所难免，真诚欢迎有关的专家和学者批评指正。

谨以此书祝贺尊敬的丁一汇先生 80 华诞。

李清泉

2017 年 5 月

目　　录

第1章 绪　论

1.1　研究意义和现状

年际-年代际（1～30 年）特别是年代际（10～30 年）气候预测正迅速成为气候变化的一个新的优先研究领域。2007 年的政府间气候变化专门委员会第四次评估报告基本上肯定了工业革命以来观测到的全球变暖现象是人类活动引起的，因此气候变化研究的焦点问题不再仅关注百年时间尺度全球变化的大趋势，未来几十年特定区域的气候变化将得到各国政府和社会的更大关注。东亚季风气候具有显著的年际-年代际变率，对我国旱涝灾害的发生有显著影响，同时也将影响政府部门的很多长期计划的制订，如南水北调工程、大型水坝、电力设施、粮食产量等。理解东亚季风气候年际-年代际变率机理并进行预测对中国显得尤为迫切，而此领域的研究还处于一个初级的阶段，因此亟须进行系统研究。这不仅对科学预测年际-年代际气候变化有重要科学意义，而且对未来评估气候变化所引发的风险及社会影响，进而提出合理的应对策略具有重要指导意义，是国家在战略决策层面上的重大需求。

受全球变暖影响，气候变化的年代际尺度信号越来越显著。年代际尺度气候变化是 IPCC 第五次评估报告（AR5）的重要内容之一。在 IPCC AR5 之前，关于气候变化的研究重点主要是关于气候系统对外强迫变化的敏感性。比如，IPCC 第四次评估报告（AR4）对比了不同温室气体和气溶胶排放情景下，2100 年全球表面气温的变化幅度。但研究表明，在未来 30 年，全球气温变化并不十分依赖于不同的排放情景（Meehl et al.，2009）。第五阶段耦合模式比较计划（CMIP5）新加入了多组 10～30 年的年代际尺度回报和预测试验（Taylor et al.，2012）。在年代际甚至更长的时间尺度上，不仅要考虑外强迫（太阳活动、火山喷发、人类活动引起的温室气体排放等）和气候系统内部变率的影响，还需要更多关注模式的初始状态。在这一时间尺度上，模式初始条件比边界条件的影响可能更为重要（Latif et al.，2006）。Branstator 等（2012）对 6 个耦合气候模式在同样外强迫条件下进行积分，以研究模式初始状态对可预测性的影响。其研究表明，模式初始状态在北大西洋和北太平洋海域的影响大约可以维持 10 年，但这一限制在不同的模式间变化较大，特别是在北大西洋海域。每个模式的最高相关区域都有所不同。水平传播对初值信号的演变影响较大，这是导致不同模式存在可预测性差异的一个关键因素。Keenlyside 等（2008）的研究结果表明，同化海表面温度（SST）的初始化方案的年代际预测试验成功模拟出了北大西洋经向翻转环流（AMOC）的年代际振荡，从而提高了北大西洋海表面温度、欧洲和北美地表气温的年代际变化预报技巧；同时其研究也表明，加入海表面温度初始信息的年代际试验比传统气候模式的增暖幅度更接近于观测值。Mochizuki 等（2010）对耦合模式 MIPOC 同化海洋上层温度、盐度的年代际试验提高了对太平洋年代际振荡（PDO）的预报技巧。吴波和周天军（2012）基于 FGOALS_gl 模式采用 IAU 方案同化海洋客观分析资料的三维温度和盐度场的年代际试验结果表明，海洋初始化过程能够有效提高耦合模式对年代际变率较大区域的预测技巧。Metha 等（2011）研究表明，通过同化三维温度和盐度场的初始化方案为部分区域的年代际气候预测提供了一定的预报技巧，特别是在北大西洋和北太平洋区域。这些初始化方案在陆地上预报技巧提高并不明显，热带外地区预测能力高于热带地区。

在 2009 年开始的第五阶段耦合模式比较计划（CMIP5）将年代际预测（decadal prediction）作为试验内容之一（Taylor et al.，2012）。国际上有 18 个模式（包括国家气候中心的气候系统模式 BCC_CSM1.1）提交了年代际预测试验的结果，对这些试验结果的分析进一步推动了年代际尺度气候预测研究（Mehta et al.，2011；Chikamoto et al.，2012；Goddard et al.，2012；van Oldenborgh et al.，2012；Wu et al.，2012；Doblas-Reyes et al.，2013；Karspeck et al.，2015）。多模式集合的年代际预测结果成为 IPCC AR5 近期（near-term）预测的主要内容，是近年来气候研究领域的重要成果之一（Kirtman et al.，2013；Vikram et al.，2013）。气候模式工作组在 2016～2020 年将逐步开展第六阶段耦合模式比较计划（CMIP6）试验计划，年代际气候预测试验子计划（DCPP）（Boer，2014）是其中的一个重要子计划。如何提高气候模式的年代际预测能力是世界气候研究计划（WCRP）根据 IPCC AR5 研究结果提出的八大科学挑战之一（Eyring et al.，2016），也是 CMIP6 关注的科学问题之一。

对年际-年代际变率的突变性及其统计预报，也有一些初步研究。侯威等（2008）运用多种线性和非线性统计模型预测的结果表明，未来 10～20 年仍然处于干旱阶段，之后有可能向相对湿润的时期过渡；对我国北方帕尔默旱涝指数等旱涝指标进行小波分析发现，20 世纪 80 年代以来，我国华北、西北东部和东部地区的干湿变化存在着显著的准 20 年振荡周期；距平分析表明，我国华北和西北东部干湿位相的持续期为 10～20 年；按年代际周期估算，华北和西北东部未来可能出现转型，也就是说这两个地区可能转湿，但温度的持续升高增加了这种估算的不确定性，增温可能会延缓或者阻止这种转型。龚志强和封国林（2008）发现华北区的干湿变化与温度的变化具有较好关系，此外太平洋年代际振荡（PDO）也可能对我国的干湿变化有一定的影响。联系中国近 50 年帕尔默干旱严重程度指数（PDSI）指数的情况，其经验正交函数分析（EOF）第一模态对 20 世纪 70 年代转折响应较强，而第三模态则对 21 世纪初转折响应较显著。从当前 PDSI 的年代际状态及 EOF 第一模态看，东北、华北、西北中部和东部、西南大部为干旱，西北西部、西藏、江南和华南为湿润；结合 PDSI 指数第一模态的时间系数，可以认为这种模态在未来一段时间可能会继续维持 10～20 年。其他研究表明，太平洋的年代际突变在东亚有明显信号（Li and Zhang，2009）。龚志强等（2012）从北半球 PNA、NAO、AO、EUPA 和 WP 这五种显著的遥相关型、年代际尺度配置作用中心的移动和作用强弱的变化角度给出了北半球遥相关型年代际尺度配置特征与气候突变之间的可能联系。这些遥相关型与东亚气候年际-年代际变化的关系还值得深入研究。

在自然变率和人为变率的共同作用下，东亚地区的夏季气候尤其是夏季降水表现出显著的年代际变化特征（Chen et al.，1992；Ding et al.，1992；Huang et al.，1999，2004）。

近50年来，东亚地区的夏季降水在20世纪70年代末、90年代初和90年代末等经历了多次明显的年代际调整过程（Wang et al.，2001；Ding et al.，2008；黄荣辉等，2011）。就20世纪90年代末期而言，1993～1998年期间中国东部夏季降水异常为从南到北的“+–+”经向三极子型与“+–”偶极子型的结合，而1999～2009年期间则调整为“南涝北旱”式的“+–”经向偶极子型分布（黄荣辉等，2011）。孙力等（2000，2002）研究则表明，东北地区的夏季降水存在明显的年代际变化特征，同时就结构而言，存在复杂的空间尺度划分。国家气候中心（2013）监测诊断年报的数据也表明，经历了20世纪90年代初以来的降水偏多期后，东北亚地区的夏季降水距平自20世纪90年代末以来出现持续偏少的特征，但2011年和2012年则又连续出现了两年的异常偏多，2013年夏季东北地区及俄罗斯远东地区等降水持续增多，久违的洪涝频繁发生预示着东北亚地区夏季降水可能出现新一轮的调整（顾薇和李崇银，2005；龚志强等，2013）。

在太平洋年代际振荡（Pacific decadal oscillation，PDO）和大西洋多年代际振荡（Atlantic mutil-decadal oscillation，AMO）等海洋外部强迫的作用下，东亚地区的夏季气候尤其是夏季降水表现出了显著的年代际变率（Chen et al.，1992；Ding et al.，1992；Huang et al.，1999；2003）。北太平洋地处欧亚大陆的下游地区，海洋和陆地对大气加热在年代际尺度所表现出的不均性为东亚副热带环流系统异常创造了良好的热力学条件（Ding et al.，1992；廉毅等，2003；2004）。例如，PDO作为太平洋20°N以北月平均海表温度的主模态反映了长期的类El Niño型太平洋气候变率（Bond and Harrison，2000），在一定程度能够通过改变各种遥相关对应的年代际尺度平均流的背景场，进而调节ENSO对副热带地区气候的影响（Gershunov and Barnett，1998；Birk et al.，2010；Huang et al.，1998）。杨修群等（2005）、马柱国和符淙斌（2007）等揭示了东亚夏季风（EASM）的减弱与PDO的变化有重要的联系。张庆云等（2007）和邓伟涛等（2009）也充分强调了PDO在东亚夏季降水年代际变化中的作用。此外，AMO作为大西洋海表温度冷暖位相交替变化的主要模态（Enfield et al.，2001），对欧亚地区的夏季气候变化特征有着重要的影响。例如，Ma等（2007）认为AMO是中国华北夏季降水年代际变化的一个主要原因，表现为正位相的AMO对中国夏季北方降水有促进作用。Wu等（2012）研究表明，夏季北大西洋三极子海表面温度异常能进一步激发中高纬地区的大西洋-欧亚遥相关型（AEA），调制位于乌拉尔山和鄂霍次克海地区的阻塞高压，从而影响自西向东的纬向水汽输送。Xu等（2013）提出北大西洋的海表面温度三极子结构可以通过所谓“大气桥”和“海洋桥”的相互作用，影响下一季节东亚中北部地区的降水异常。因此，北太平洋和西太平洋海表面温度等所表现出来的年代际异常，必然也会对东亚地区的气候变率产生重要的影响，改进的研究必然都需要关注北太平洋和西太平洋海表面温度的作用。

年代际尺度气候预测研究的目的，一方面在于改进初始场驱动下模式对未来气候变化的预估。这一领域目前已经引起了越来越多气象学家的注意（Smith et al.，2007；Pohlmann et al.，2009；Meehl et al.，2009），且许多的研究都致力于提高海表面温度的预报技巧和变率等（Keenlyside et al.，2008；Smith et al.，2010）。另一方面则在于如何为季节气候预测提供可信的背景信息，换言之，如何增加模式季节预报中的年代际变化信息。但值得指出的是，目前模式针对一些与社会生产有重要联系的气候变量的年代际尺度的预报技巧还相对较低，距业务应用还有较大的差距（Kim et al.，2012；Van et al.，2012；MacLeod et al.，2012）。同时，受资料长度的限制，年代际预测效果的检验和评估，有时也采用个例分析的方法而并非传统意义上的预报技巧评分的方式进行。年代际气候变化研究中的个例分析方法也被应用于揭示20世纪90年代大西洋海表面温度显著增暖的可预报性（Robson et al.，2012；Yeager et al.，2012）和验证太平洋海表面温度的年代际调整的可能性（Meehl and Teng，2013）。

简言之，东亚季风气候年际-年代际变化非常复杂，不是能用个别指标表达（Li and Zeng，2003）。东亚季风气候的年际-年代际变化机制也有多样性，与下垫面（海洋和陆地）变化有密切联系。而这些下垫面变化，特别是海洋的变率，是由不同的海气耦合模态决定的。所以，东亚季风气候年际-年代际变率的可预报性取决于耦合模态的可预报性及其与东亚季风气候的相互影响。这些都还有待深入研究。

1.2 研究内容

为了推进年际-年代际气候变率研究，北京大学主持的“东亚季风区年际-年代际气候变率机理与预测研究”项目作为国家重大科学研究计划项目之一，于 2012 年成立，2016 年顺利通过了科技部组织的结题验收。其中第三课题“全球气候变化背景下年际-年代际变率信号的辨识及可预报性研究”的研究目标是发展基于突变转折识别技术，辨识年际-年代际气候转折期间气候系统的主要背景因子；研发针对气候变化趋势拐点预测的理论和方法，开展年代际尺度旱涝转折的预测试验；加深对东亚气候系统年际-年代际变率机理的认识和理解，探索东亚季风区年际-年代际变率的可预报性，从而为改进季节-年际-年代际业务预测提供科学基础。研究内容为：

（1）基于复杂网络配置的年际-年代际背景因子辨识。构建气候系统的复杂网络，基于网络结构特征量，实现大气遥相关和活动中心等空间分布和作用强度的全局图像化，给出历年北半球中高纬度系统的全局配置图和遥相关等因子间耦合作用的时空演变特征，揭示20世纪50年代末、80年代初和90年代末等全球变化的年际-年代际调整期北半球中高纬环流系统中发生显著变化的背景因子。

（2）年际-年代际气候转折的早期预警信号的辨识与捕捉。从气候及气候变化的非线性动力学特征出发，采用长程相关性、时间序列的复杂性（熵）等特征量来揭示气候突变来临前动力学系统演变的内禀特征，探讨气候转折或突变发生前信息量的消长情况，分析气候变化的自组织临界状态及其时空多层次分形结构，提取不同气象要素变化的多重分形特征，分别从单一气象要素单点时间序列和气象要素的空间图像角度出发，捕捉和识别气候转折或突变来临前的早期预警信号。

（3）中国年代际旱涝趋势转折预测。根据旱涝历史资料研究我国旱涝时空分布特点及发生发展规律，对影响我国旱涝分布型的主要海气系统因子变化趋势进行分析，研究长期大尺度环流型调整、海表面温度的变化以及太阳黑子活动等气候系统因子与旱涝时空分布及转折之间的关系。基于上述研究成果，应用数理科学中的最新研究成果，发展针对中长期旱涝趋势转折变化的动力统计结合预测技术，并构建模型对我国未来旱涝长期发展趋势以及可能出现的转折进行预估。

（4）年际-年代际气候变率的可预报性研究。将集合卡曼滤波（EnKF）初值化方案整合进国家气候中心气候系统模式（BCC_CSM），通过系统的研究，加深对东亚季风区年际-年代际气候变率机理的理解，开展年际-年代际气候变率可预报性研究。在提取20世纪80年代和21世纪前10年全球气候历年相似因子基础上，结合国家气候中心动力气候模式对全球温度和高度场等要素的历史回报结果和历史实况，建立模式历年预报误差的集合。采用动力-统计相结合的方法，对模式20世纪80年代和21世纪前10年冬季预测结果进行订正试验，基于气候转折或突变的早期预警信号，开展年际-年代际气候转折或突变的可预测性研究。

1.3 本书结构

综上所述，在全球变暖的背景下，全球和东亚气候均发生了明显的变化，极端气候事件频发，增加了国家和社会对于提高气候预测准确率的需求。由于气候系统的高度复杂性，且气候变暖导致了气候系统与天气气候之间的关系发生了突变，使得气候预测困难重重，无论是国内还是国外，目前预测水平依然不高，还远远达不到国家和社会的业务需求。年际-年代际（1～30 年）特别是年代际（10～30 年）气候预测正迅速成为气候变化的一个新的优先研究领域。以上这些科学问题和业务问题都亟须进行系统的研究和回答，才能有助于进一步提高气候的预测水平，使之更好地为政府防灾减灾决策服务。基于以上研究思路，本书共分为9章，各章的内容如下。

第 1 章：绪论。扼要地概述了全球变暖背景下东亚气候年际-年代际变化的特征，总结了东亚地区的气候年际-年代际变率主要影响机制及研究进展，介绍了国内外年际-年代际变率的预测现状和存在的问题，进而提出了研究内容。

第2章：西太平洋副热带高压（简称“副高”，下同）年际-年代际变率及其影响。阐明了夏季西太平洋副高分类、 副高的不同类型下我国夏季旱涝的分布特征、副高的不同类型下我国夏季旱涝分布的成因，重点介绍了夏季西太平洋副高的客观定量化预测及其对汛期降水的指示，包括高度场客观定量化预报方案、副高预测效果检验及其所属类型下夏季降水特征、副高指数投影及其所属类型下夏季降水特征。针对业务指数存在的问题，研究了西太平洋副高指数的重建，包括重建的副高指数定义标准、重建指数与业务指数的对比分析、重建的副高指数与夏季降水的关系；基于新指数分析了西太平洋副高的年际特征及其与大气环流和热带海表面温度异常的关系，即副高的准两年变化特征及其与准两年振荡相关的海表面温度和大气环流异常。进一步研究了西太平洋副高两次北跳及其与我国东部夏季降水的关系。

第3章：青藏高原积雪和海表面温度对中国东部夏季降水年代际变率的影响。揭示了青藏高原冬季积雪和东亚夏季降水关系的年代际变化及其可能原因，指出 20世纪90年代末高原冬春积雪的减少和东亚夏季降水的变化相关联；研究了中国东部夏季降水年代际变率与海表面温度的联系，指出海表面温度和大气内部动力过程对中国东部夏季降水年代际变化的相对贡献；通过数值模拟，分析了热带西太平洋海表面温度异常对梅雨年代际变化的影响及热带西太平洋海表面温度异常对东亚环流年代际变化的影响。最后，根据行业标准“中国梅雨监测指标”，分析了近6年（2011～2016年）梅雨总体特征和梅雨期环流特征，并对2011年旱涝急转成因进行了分析。

第4章：增暖背景下东亚气候的年代际转折特征。探索了20世纪90年代末东亚夏季降水年代际变化及其与水汽输送的关系，包括东亚夏季大尺度气候异常与水汽输送联系、水汽输送与海表面温度年代际异常的关系。进一步分析了52年（1961～2012年）长江中下游地区夏季年代际尺度干湿变化及其环流演变，不同时段的夏季及其前期（前冬、春季）环流背景场异常特征，提出不同时段环流演变及其概念模型。同时还研究了欧亚北部2004年以来频繁冷冬的特征分析及机理，包括2004年以来冬季低温显著影响区，欧亚北部两种类型冷冬对比，4个全区偏冷年形成机理以及3个南部偏冷年形成机理。

第5章：年际-年代际海洋转折的预警信号辨识与捕捉。提出了基于滑动移除近似熵的年际-年代际转折识别方法和基于突变过程的年际-年代际转折识别方法，进一步开展了滑动移除近似熵在年际-年代际转折识别中的应用研究，包括不同趋势对MC-ApEn的影响和噪声对MC-ApEn的影响；同时开展了突变过程分析方法在年际-年代际转折识别中的应用研究，包括近百年来PDO序列突变及其过程、500hPa温度场的突变与突变过程，以及全球海表面温度的突变与突变过程。

第6章：基于复杂网络配置的中国夏季降水影响因子辨识及预测模型构建。介绍了环流系统关联网络的结构特征，包括北半球中高纬度环流系统空间结构的时间演变特征、北半球中高纬度环流系统遥相关型的年代际配置特征、遥相关型与中国夏季降水的可能联系；构建了多因子物理统计模型，提出基于多因子物理统计模型的中国夏季降水预测方法，并进行了独立样本检验。

第7章：中国旱涝的年代际趋势转折可预报性研究。阐述了中国近60年旱涝转折时空分布特征，包括中国近60年旱涝年代际演变特征、中国近60年区域旱涝变化周期分析、年代际旱涝变率与北太平洋涛动的关系；开展了中国年代际旱涝趋势转折预测研究，包括时间序列趋势转折点的提取及预测、Lorenz系统分量序列趋势转折预测试验、趋势转折预测模型的构建和回报检验、以及中国未来10年旱涝趋势转折预测。

第8章：BCC_CSM模式年际-年代际变率可预报性研究。基于BCC_CSM模式开展了海洋年际-年代际变率的模拟和可预报性研究，评估了该模式对中国10年平均气温和年平均气温的模拟结果，并对中国未来10～30年气温变化进行了预估；检验评估了BCC_CSM模式对西太平洋副高的模拟，包括模式对500hPa环流场和海表面温度场的模拟及订正、模式对西太平洋副高气候特征的模拟、以及未来情景下西太平洋副高的可能变化趋势；最后，探索用ENOI同化方法改进BCC_CSM模式海洋初值和年代际预测，开展了海表面温度初值改进和海表面温度的可预报性分析，以及全球与东亚气候的可预报性分析。

第9章：BCC_CSM动力模式年代际误差特征及中国夏季降水预测方案。系统地分析了东亚夏季降水及模式预报中的年代际变化特征、欧亚环流系统及模式预报的年代际变化特征、海表面温度及模式预报中的年代际变化特征，以及实况和模式预报中东亚夏季降水与海表面温度年代际变化的联系，并针对20世纪90年代末东亚夏季降水年代际变化进行了订正研究。

对以上问题的进一步探索和研究，将有利于提高气候预测的水平，促进我国气候预测业务的发展。

参考文献

邓伟涛, 孙照渤, 曾刚等. 2009. 中国东部夏季降水型的年代际变化及其与北太平洋海温的关系. 大气科学, 33(4): 835-846.

龚志强, 封国林. 2008. 中国近1000年旱涝的持续性特征研究.物理学报, 57(6): 3920-3931.

龚志强, 赵俊虎, 封国林. 2013. 中国东部2012年夏季降水及年代际转型的可能信号分析. 物理学报, 62(9): 099205.

龚志强, 支蓉, 侯威, 等. 2012. 基于复杂网络的北半球遥相关年代际变化特征研究. 物理学报, 61(2): 029202.

顾薇, 李崇银, 杨辉. 2005. 中国东部夏季主要降水型的年代际变化及趋势分析. 气象学报, 63(5): 728-739.

国家气候中心. 2013. 气候系统监测诊断年报. 北京: 气象出版社.

侯威, 杨萍, 封国林. 2008. 中国极端干旱事件的年代际变化及其成因.物理学报, 57(6): 3932-394.

黄荣辉, 陈际龙, 刘永. 2011. 我国东部夏季降水异常主模态的年代际变化及其与东亚水汽输送的关系. 大气科学, 35(4): 589-606.

廉毅, 沈柏竹, 高枞亭, 等. 2003. 东亚夏季风在中国东北区建立的标准、日期及其主要特征分析. 气象学报, 6(5): 548-558.

廉毅, 沈柏竹, 高枞亭. 2004. 关于确定东亚夏季风强度指数的探讨.气象学报, 62(6): 782-789.

马柱国, 符淙斌. 2007. 20世纪下半叶全球干旱化的事实及其与大尺度背景的联系. 中国科学(D辑: 地球科学), 37(2): 222-233.

孙力, 安刚, 丁立等. 2000. 中国东北地区夏季降水异常的气候分析.气象学报, 58(1): 70-82.

孙力, 安刚, 廉毅, 等. 2002. 中国东北地区夏季旱涝的大气环流异常特征. 气候与环境研究, 7(l): 102-113.

吴波, 周天军. 2012. IAP/LASG气候系统模式FGOALS_gl预测的海表面温度年代际尺度的演变.科学通报, 57(13): 1168-1175.

杨修群, 谢倩, 朱益民, 等. 2005. 华北降水年代际变化特征及相关的海气异常型. 地球物理学报. 48(4): 789-797.

张庆云, 吕俊梅, 杨莲梅. 2007. 夏季中国降水型的年代际变化与大气内部动力过程及外强迫因子关系. 大气科学, 31(6): 1290-1300.

Birk K, Lupo A R, Guinan P, et al. 2010. The interannual variability of midwestern temperatures and precipitation as related to the ENSO and PDO. Atmosfera, 23(2): 95-128.

Boer G J. 2014. Decadal climate prediction project(DCPP). http://www.wcrp-climate.org/.

Bond N A, Harrison D E.2000. The Pacific Decadal Oscillation, air-sea interaction and central north Pacific winter atmospheric regimes. Geophys Res Lett, 27(5): 731-734.

Branstator G, Teng H, Meehl G A. 2012. Systematic estimates of initial-value decadal predictability for six AOGCMs. J Climate, 25(6): 1827-1846.

Chen L, Dong M, Shao Y. 1992. The characteristics of interannual variations on the East Asian monsoon. J Meteor Soc Japan, 70: 397-421.

Chikamoto Y, Kimoto M, Ishii M, et al. 2012. Predictability of a stepwise shift in Pacific climate during the late 1990s in hindcast experiments by MIROC. J Meteor Soc Japan, 90A:1-21.

Ding Y H. 1992. Summer monsoon rainfalls in China. J Meteor Soc Japan, 70: 373-396.

Ding Y H, Wang Z Y, Sun Y. 2008. Interdecadal variation of the summer precipitation in East China and its association with decreasing Asian summer monsoon. Part I: Observed evidences. Int J Climatol, 28(9): 1139-1161.

Doblas-Reyes F J, Andreu-Burillo I, Chikamoto Y, et al. 2013. Initialized near-term regional climate change prediction. Nature Commun, 4:1715.

Enfield D B, Mestas-Nunez A M, Trimble P J.2001. The Atlantic Multidecadal Oscillation and its relationship to rainfall and river flows in the continental U S.Geophys Res Lett, 28(10): 2077-2080.

Eyring V, Bony S, Meehl G A, et al. 2016. Overview of Coupled Model Intercomparison Project Phase (CMIP6) experimental design and organization. Geosci Model Dev, 9: 1937-1958.

Gershunov A, Barnett T P. 1998. Interdecadal modulation of ENSO teleconnections. Bul Amer Meteor Soc, 79(12): 2715-2725.

Goddard L, Kumar A, Solomon A, et al. 2013. A verification framework for interannual-to-decadal predictions experiments. Clim Dyn, 40(1-2): 245-272.

Huang G. 2004. An index measuring the interannual variation of the east Asian summer monsoon-the EAP index. Adv Atmos Sci, 21(1): 41-52.

Huang G, Yan Z. 1999. The east asian summer monsoon circulation anomaly index and the interannual variations of the east asian summer monsoon. Chin Sci Bull, 44(14): 1325-1329.

Huang J, Higuchi K, Shabbar A. 1998. The relationship between the North Atlantic Oscillation and El Niño-Southern Oscillation. Geophys Res Lett, 25(14): 2707-2710.

Huang R H, Zhou L T, Chen W. 2003. The progresses of recent studies on the variabilities of the East Asian monsoon and their causes. Adv Atmos Sci, 20(1): 55-69.

Karspeck A, Yeager S, Danabasoglu G, et al. 2015. An evaluation of experimental decadal predictions using 21 CCSM4. Clim Dyn, 44(3):907-923.

Keenlyside N, Latif M, Jungclaus J, et al. 2008. Advancing decadal-scale climate prediction in the North Atlantic sector. Nature, 453(7191): 84-88.

Kim H M, Webster P J, Curry J A. 2012. Evaluation of short-term climate change prediction in multi-model CMIP5 decadal hindcasts. Geophys Res Lett, 39(10): L10701.

Kirtman B, Power S B , Adedoyin A J , et al. 2013. Near-term climate change: Projections and predictability. In: Stocker, T F, Qin D H, Plattner G K, et al. Climate Change 2013: The Physical Science Basis. Contribution of Working Group I to the Fifth Assessment Report of the Intergovernmental Panel on Climate Change. New York: Cambridge University Press. 953-1028.

Latif M, Collins M, Pohlmann H, et al. 2006. A review of predictability studies of Atlantic sector climate on decadal scales. J Climate, 19(23): 5971-5987.

Li J, Zeng Q. 2003. A new monsoon index and the geographical distribution of the global monsoons. Adv Atmos Sci, 20(2): 299-302.

Li J, Zhang L. 2009. Wind onset and withdrawal of Asian summer monsoon and their simulated performance in AMIP models. Clim Dyn, 32(7-8): 935-968.

MacLeod D A , Caminade C, Morse A P.2012.Useful decadal climate prediction at regional scales? A look at the ENSEMBLES stream 2 decadal hindcasts. Environ Res Lett, 7 (4): 44012-44019.

Meehl G A, Teng H. 2012.Case studies for initialized decadal hindcasts and predictions for the Pacific region.Geophys Res Lett, 39(22), L22705.

Meehl G A, Goddard L, Murphy J, et al. 2009. Decadal prediction: Can it be skillful? Bull Amer Meteor Soc, 90(10): 1467-1485.

Mehta V M, Wang H, Mendozal K. 2013. Decadal predictability of tropical basin average and global average sea surface temperatures in CMIP5 experiments with the HadCM3, GFDL-CM2.1, NCAR-CCSM4, and MIROC5 global Earth System Models. Geophysical Research Letters, 40(11): 2807-2812.

Mehta V, Meehl G, Goddard L, et al. 2011. Decadal climate predictabitily and prediction. Bull Amer Meteor Soc, 92(5): 637-640.

Mochizuki T, Ishii M, Kimoto M, et al. 2010. Pacific decadal oscillation hindcasts relevant to near-term climate prediction. Proc Natl Acad Sci USA, 107(5): 1833-1837.

Pohlmann H, Jungclaus J H, Köhl A, et al. 2009. Initializing Decadal Climate Predictions with the GECCO Oceanic Synthesis: Effects on the North Atlantic. J Climate, 22(14): 3926-3938.

Robson J, Sutton R, Lohmann K, et al.2012. The causes of the rapid warming in the North Atlantic Ocean in the mid 1990s. J Climate, 25(12): 4116-4134.

Smith D M, Cusack S, Colman A W, et al. 2007. Improved surface temperature prediction for the coming decade from a global climate model. Science, 317(5839): 796-799.

Smith D M, Eade R, Dunstone N J. 2010. Skilful multi-year predictions of Atlantic hurricane frequency. Nat Geosci, 3(12): 846-849.

Taylor K E, Stouffer R J, Meehl G A. 2012. An Overview of CMIP5 and the experiment design. Bull Amer Meteor Soc, 93(4): 485-498.

van Oldenborgh G J, Doblas-Reyes F J, Wouters B, et al. 2012. Decadal prediction skill in a multi-model ensemble. Clim Dyn, 38(7-8): 1263-1280.

Wang H J. 2001. The Weakening of the Asian Monsoon Circulation after the End of 1970's. Adv Atmos Sci, 18(3): 376-386.

Wu B, Zhou T. 2012. Prediction of decadal variability of Sea Surface temperature by a coupled global climate model FGOALS_gl developed in LASG/IAP. Chin Sci Bull, 57(19): 2453-2459.

Wu Z, Li J, Jiang Z. 2012. Possible effects of the North Atlantic Oscillation on the strengthening relationship between the East Asian summer monsoon and ENSO. Int J Climatol, 32(5): 794-800.

Xu H, Feng J, Sun C. 2013. Impact of Preceding Summer North Atlantic Oscillation on Early Autumn Precipitation over Central China. Atmos. Ocean. Sci Lett, 6(6): 417-422.

Yeager S, Karspeck A, Danabasoglu G, et al.2012. A decadal prediction case study: Late twentieth-century North Atlantic Ocean heat content. J Climate, 25(15): 5173-5189.

第 2 章　西太平洋副高年际-年代际变率及其影响

作为东亚季风系统中一个重要组成成员，西太平洋副高存在显著的年际和年代际特征。它是影响东亚天气气候最主要的环流系统之一，其位置和强度的变化对我国汛期降水有重要影响（陶诗言等，2001；陶诗言和卫捷，2006；徐海明等，2001）。每年夏季，副高的年际变化决定着我国东部旱涝的出现（吴国雄等，2002），而其年代际变化则为 20 世纪 90 年代长江中游夏季异常多雨与华北异常少雨的分布提供了有利的气候背景（熊安远，2001）。因而，研究副高的变化规律及其对我国夏季旱涝的影响是研究东亚季风区乃至我国旱涝成因及气候预测的重要环节。

国家气候中心（NCC）一直开展对副高的气候监测，并有相应的监测指数描述和业务规定（赵振国，1999）。本章基于这套业务中常用的副高指数，研究夏季副高的不同类型下我国汛期大尺度旱涝特征（赵俊虎等，2012）；在此基础上，利用国家气候中心第一代气候业务模式 BCC_CGCM 和动力-统计预测方法，对夏季副高进行了客观定量化的预测，并通过副高来预测夏季的雨型，为汛期预测提供依据（杨杰等，2012a）。

但是，在分析的同时也发现，用 1971～2000 年的夏季副高的面积指数、脊线指数和西伸脊点分别与长江流域 5 个代表站的夏季总降水量求相关，其相关系数分别仅为 0.27、–0.23 和–0.28，均没有达到 0.05 的显著性水平。但这并不表明副高与长江流域夏季降水的关系不好，而是用来表征副高的指数可能存在一定问题。因此，针对可能存在的问题，对副高指数进行修订，并利用 NCEP/NCAR 月平均再分析数据重建该套副高指数。经过对比证明，重建指数能够较为真实客观地描述副高的气候变化特征，又克服了目前业务中指数的缺陷（刘芸芸等，2012）。

基于这套重建指数，首先分析了副高的 9 种不同的形态所对应的雨型特征，为进一步认识副高位置异常与我国夏季主要雨带的关系提供科学基础。其次，发现副高在年际尺度上表现出显著的准两年振荡信号（TBO），且在年代际转折背景下副高 TBO 分量存在显著的差异；通过对热带海表面温度和大气环流的分析，揭示了副高 TBO 与热带低纬地区海洋和大气环流异常的关系，试图为我国短期气候预测工作提供一些有价值的信号（Liu et al，2013）。最后，研究了夏季副高两次北跳及其与我国东部夏季降水的关系。

2.1　西太平洋副高的不同类型下我国汛期大尺度旱涝特征

副高强度变化和位置变化对夏季降水都有着一定的制约作用（张庆云和陶诗言，1999；2003）。其中，副高面积和强度主要与我国夏季大范围降水的多寡趋势有关：当副高面积偏大、强度加强时降水偏多，副高面积偏小、强度偏弱时降水偏少；副高脊线位置则与夏季降水的雨带位置有关，雨带的位置大约在副高脊线以北 5～10 个纬度，当副高脊线位置偏北时，季风雨带偏北，我国南北多雨中间少雨。此外，由于东亚地处副高的西北侧，副高在东西向的偏移也对东亚季风起重要作用，影响水汽的输送路径，进而影响我国的降水（陆日宇等，2007）。例如，1998 年和 2010 年全国大范围多雨，这些异常均与副高的异常西伸活动有着密切的关系（庄世宇等，2005；赵俊虎等，2011）。然而，以往的研究多注重副高在南北方向上的进退（赵振国和陈国珍，1995；李双林等，1999；李建平和朱建磊，2008），或者东西方向的偏移（罗玲等，2005），而对副高在东西、南北方向上的综合考虑关注较少。事实上，副高的南北位置和东西位置均与我国夏季汛期降水密切相关。因此，客观定量化地弄清夏季副高的不同位置（脊线和西伸脊点的不同配置）与我国汛期大尺度旱涝的关系（赵俊虎等，2012），无疑将有助于进一步提高夏季降水预测水平。

2.1.1　夏季西太平洋副高的分类

从季节的角度对夏季副高指数（脊线和西伸脊点，来自国家气候中心 74 项环流指数）的年际和年代际变化进行分析，然后通过把副高脊线和西伸脊点投影到二维平面上，对 1951～2010 年夏季副高脊线和西伸脊点的不同配置进行了分类，并对各种类型下的我国夏季降水进行了合成分析，从而达到了对副高南北位置和东西位置综合考虑下我国夏季降水大体分布规律认识的目的，并为下一步对副高客观定量化的预测与汛期降水预测研究提供了理论基础。

由于将副高划分为 9 种类型，三类雨型与副高的分类很难一一对应。因此，这里采用王绍武等（1998）的划分方法，将我国夏季雨型划分为 6 种类型，简要概括如下：

1 类：东北、华北类雨型，主雨带在东北南部及华北东部；

2 类：西北类雨型，主雨带在华北西部及西北东部；

3 类：黄淮类雨型，主雨带在黄河中游与下游的交接段到淮河流域；

4 类：长江类雨型，主雨带在长江中、下游；

5 类：南方类雨型，主雨带在华南至江南；

6 类：全国少雨类雨型。

表 2.1 给出了 1951～2010 年 60 年夏季副高指数之间的相关系数。表中高相关系数表明，副高面积指数和强度指数、脊线指数和北界指数的强弱趋势基本一致，它们之间的相关系数分别达到 0.96 和 0.83；副高面积、强度指数和西伸脊点指数的变化趋势基本是相反的，它们之间相关系数均为–0.72。这表明，副高西伸越明显，则其面积越大强度越强，反之，面积越小强度越弱。因此，选取副高的脊线和西伸脊点，从季节的尺度研究夏季副高南北和东西位置的年际和年代际变化，及其不同配置与我国夏季降水总体分布规律的关系。

表 2.1　1951～2010 年夏季副高各指数之间相关系数

指数	面积指数	强度指数	脊线指数	北界指数	西伸脊点指数
面积指数	1.00				
强度指数	0.96*	1.00			
脊线指数	−0.20	−0.17	1.00		
北界指数	0.08	0.13	0.83*	1.00	
西伸脊点指数	−0.72*	−0.72*	0.09	−0.11	1.00

*表示置信水平达到 99%。

图 2.1 给出了 1951～2010 年夏季副高脊线和西伸脊点指数的距平累积曲线。由图 2.1a 可见，1951～2010 年夏季副高脊线经历了从持续偏北到持续偏南再持续偏北的年代际变化周期，1976 年之前夏季副高为总体偏北阶段，1977～1993 年夏季副高总体持续偏南，而 2000 年以来，夏季副高进入了总体偏北阶段。由图 2.1（b）可见，1951～2010 年夏季副高西伸脊点经历了从持续偏西到持续偏东再持续偏西的年代际变化周期，1967 年之前夏季副高为总体偏西阶段，1967～1986 年夏季副高总体持续偏东，而 1987 年以来，夏季副高又进入了总体偏西阶段。

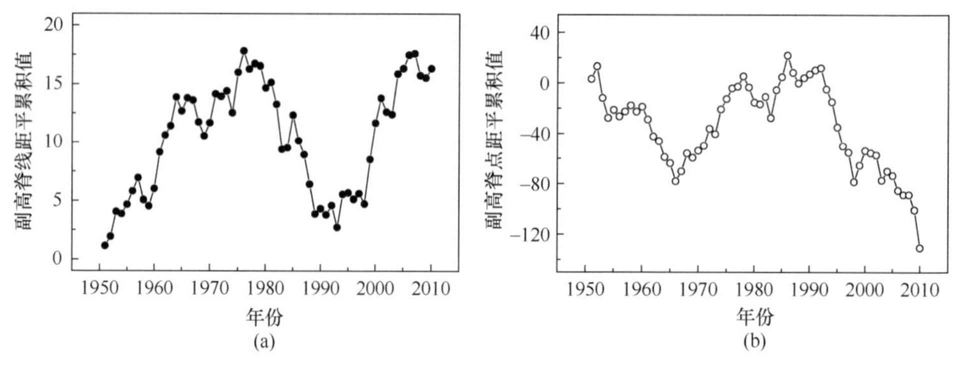

图 2.1　1951～2010 年夏季副高指数距平累积曲线

（a）脊线；（b）西伸脊点

资料分析表明，夏季副高的南北位置和东西位置不仅具有明显的年代际变化趋势，还具有明显的年际变化特征。表 2.2 给出了 1951～2010 年夏季副高脊线和西伸脊点的主要统计值。由表 2.2 可以看出，副高夏季平均脊线指数为 24.5，最北为 28，最南为 20.3，标准差为 1.72；夏季平均西伸脊点指数为 119.6，最东位置为 144，最西达 91.7，标准差达 11.5。这表明，近 60 年夏季副高平均最南位置和最北位置相差达 8 个纬度，最东位置和最西位置相差达 52 个经度，正是夏季副高东西和南北位置存在着明显的年际和年代际变化及二者之间不同的配置，造成了我国夏季降水时空分布和旱涝异常的复杂性和多变性。

由表 2.2 可知，夏季副高的西伸脊点指数和脊线指数的标准差分别为 11.5 和 1.72，将对 1951～2010 年副高西伸脊点指数和脊线指数的距平序列 x_i 和 y_i 进行分类，并统计了各年雨型，结果如表 2.3 所示。其中 σ_x、σ_y 分别为副高西伸脊点指数和脊线序列指数的标准差。

表 2.2　1951～2010 年夏季副高指数的统计特征

指数	平均	最大	最小	标准差
脊线	24.5	28	20.3	1.72
西伸脊点	119.6	144	91.7	11.5

表 2.3　夏季副高分类及各年雨型

类型		分类标准	年份和雨型						
a	偏西偏北	$x_i<-0.5\sigma_x$ 且 $y_i>0.5\sigma_y$	1953 年	1961 年	1962 年	1964 年	1966 年	1994 年	2006 年
			1	2	5	1	1	1	5
b	偏北	$-0.5\sigma_x\leqslant x_i\leqslant 0.5\sigma_x$ 且 $y_i>0.5\sigma_y$	1951 年	1956 年	1957 年	1960 年	1970 年	1971 年	2001 年
			6	3	3	6	5	3	5
c	偏北偏东	$x_i>0.5\sigma_x$ 且 $y_i>0.5\sigma_y$	1975 年	1976 年	1985 年	1999 年	2000 年	2004 年	
			4	2	1	4	3	2	
d	偏西	$x_i<-0.5\sigma_x$ 且 $-0.5\sigma_y\leqslant y_i\leqslant 0.5\sigma_y$	1954 年	1979 年	1995 年	1996 年	2003 年	2009 年	2010 年
			4	2	1	4	3	6	4
e	正常年份	$-0.5\sigma_x\leqslant x_i\leqslant 0.5\sigma_x$ 且 $-0.5\sigma_y\leqslant y_i\leqslant 0.5\sigma_y$	1959 年	1963 年	1973 年	1981 年	1990 年	1991 年	1992 年
			2	3	1	2	6	4	2
			1997 年	2005 年	2007 年				
			5	3	3				
f	偏东	$x_i>0.5\sigma_x$ 且 $-0.5\sigma_y\leqslant y_i\leqslant 0.5\sigma_y$	1952 年	1955 年	1967 年	1972 年	1978 年	1984 年	
			5	5	2	6	6	3	
g	偏西偏南	$x_i<-0.5\sigma_x$ 且 $y_i<-0.5\sigma_y$	1980 年	1983 年	1987 年	1988 年	1993 年	1998 年	
			4	4	4	2	5	4	
h	偏南	$-0.5\sigma_x\leqslant x_i\leqslant 0.5\sigma_x$ 且 $y_i<-0.5\sigma_y$	1958 年	1965 年	1969 年	1977 年	1989 年	2002 年	2008 年
			2	3	4	5	4	5	5
i	偏东偏南	$x_i>0.5\sigma_x$ 且 $y_i<-0.5\sigma_y$	1968 年	1974 年	1982 年	1986 年			
			5	6	3	4			

由表 2.3 可见，夏季副高西伸脊点和脊线的配置下，正常年份有 10 年，占总样本量的 1/6，8 种偏移年份共有 50 年，占总样本量的 5/6，各种配置下样本量相对均匀。此外，也可以看出副高西伸脊点和脊线的不同配置下，雨型表现出了一定的规律：副高偏西偏北年份，主要表现为 1、5 类雨型（占 6/7）；副高偏北年份，以 3 类雨型为主（占 3/7）；副高偏北偏东有 6 年，分别出现 1、2、3、4 类雨型，特征不明显；副高偏西年份，以 4 类雨型为主（占 3/7）；副高正常年份有 10 年，出现了 6 类雨型；副高偏东年份以 5、6 类雨型占优（占 2/3）；副高偏西偏南年份也以 4 类雨型为主（占 2/3）；副高偏南年份以 4、5 类雨型为主（5/7）；而副高偏东偏南年份雨型表现不明显。

为了直观起见，将夏季副高的西伸脊点和脊线投影在二维平面上，并根据表 2.3 的分类方法将二维平面分成了 9 个区域（图 2.2）。

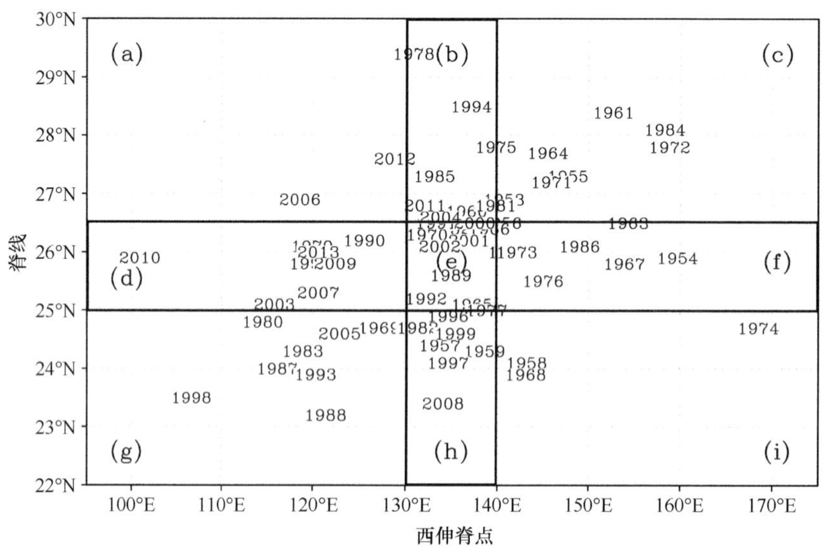

图 2.2 1951～2010 年夏季副高西伸脊点（横坐标）和脊线（纵坐标）投影

（a）～（i）分别对应表 2.3 中副高的 9 种类型

2.1.2 副高的不同类型下我国夏季旱涝的分布特征

为了探究夏季副高西伸脊点和脊线不同配置下我国夏季降水的大体分布规律，对副高 9 种类型下的我国夏季降水进行了合成，结果如图 2.3 所示，夏季副高西伸脊点和脊线不同配置下我国夏季降水的大体分布具有明显的规律性。当副高偏西偏北时，我国黄河流域和东北降水偏多，长江流域降水偏少，华南降水也偏多，整体表现为 1 类雨型［图 2.3（a）］；副高偏北，东西位置正常的情况下，我国夏季出现自广东经川渝和黄淮至东北这样半环状的多雨区分布，长江流域及江南大部大范围少雨，表现为 3 类雨型［图 2.3（b）］；副高偏北偏东时，我国夏季雨带南压，江南多雨，江北少雨，雨型整体分布接近 5 类雨型［图 2.3（c）］；副高偏西，南北位置正常时，我国夏季易出现大范围地区多雨，降水中心在长江中游至黄河中游之间，其中典型的年份有 1954 年、1996 年、2010 年，表现为 4 类雨型［图 2.3（d）］；副高西伸脊点和脊线属于正常范围内时，夏季降水合成从南到北表现为偏多、偏少、偏多、偏少的纬向型分布，降水距平百分率为–20%～20%，无明显异常［图 2.3（e）］；而在副高偏东，南北位置正常的情况下，我国易大范围少雨，其中典型的年份有 1972 年、1978 年，说明此时副高对我国夏季降水的作用已经减弱［图 2.3（f）］；若副高偏西偏南，我国夏季降水表现为典型的中间多南北少的分布特征，即长江流域降水偏多，华北、华南降水偏少，为 4 类雨型［图 2.3（g）］；副高偏南，东西位置正常的情况下，我国夏季降水表现为南多北少的分布特征，淮河以南降水偏多，淮河以北降水偏少［图 2.3（h）］；最后，副高偏东偏南时，我国西南地区和华南地区降水偏多，其余大范围地区降水偏少，表现为 5 类雨型［图 2.3（i）］。

综上所述，在副高脊线偏北的情况下，夏季降水总体表现出南北两条雨带，且西伸脊点越偏西，降水偏多的范围越大［图 2.3（a）～（c）］；在副高脊线正常的情况下，夏季降水总体表现为北多南少，长江以北降水偏多，且西伸脊点越偏西，降水偏多的范围越大［图 2.3（d）～（f）］；在副高脊线偏南的情况下，夏季降水总体表现为南多北少，长江流域及其以南地区降水偏多，且西伸脊点越偏西，降水偏多的范围越大［图 2.3（g）～（i）］。

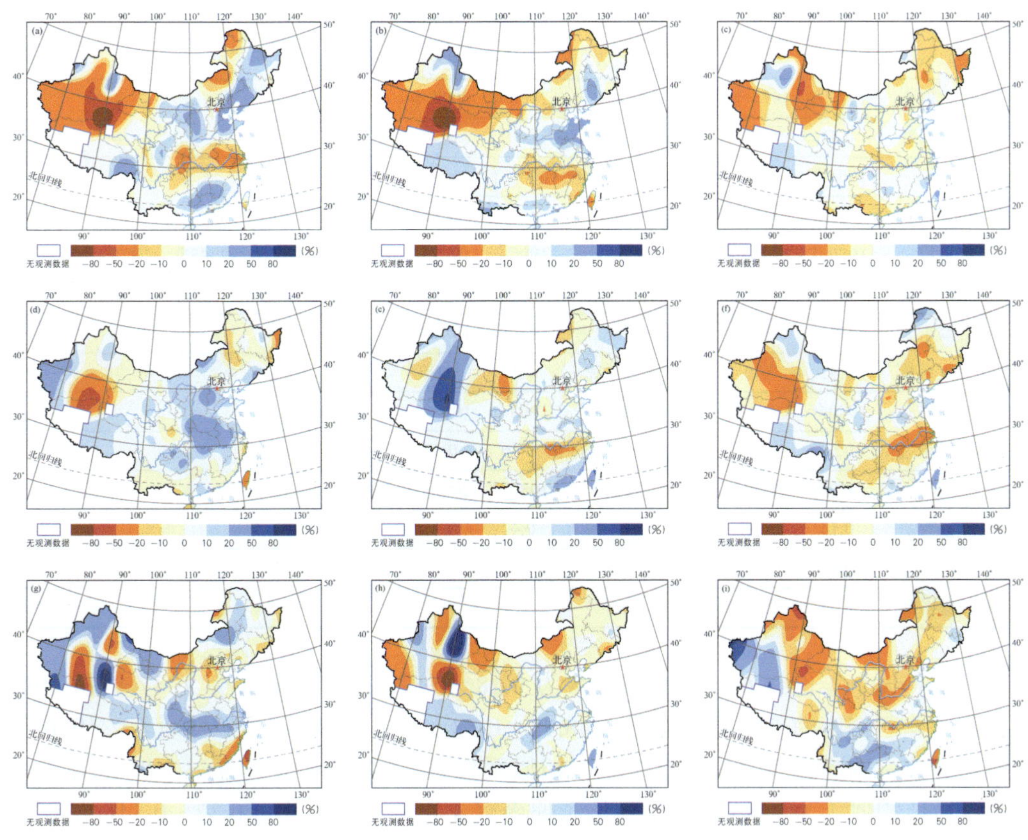

图 2.3　不同副高类型下夏季降水距平百分率合成图

（a）～（i）分别对应表 2.3 中副高的 9 种类型

2.1.1 节从季节尺度分析了不同副高类型下夏季降水的大体分布形态，由以上降水合成分析可知，在夏季副高西伸脊点和脊线配置的不同情况下，我国夏季降水的大体分布表现出了一定的规律性，对夏季降水总体趋势预测有一定的指示作用。为了检验 1951～2010 年每年夏季降水实况与其副高所属年份下降水合成之间的相似程度，计算两个空间场（160 个站点）的夏季降水量距平百分率之间的相似系数，统计结果如表 2.4 所示。

由表 2.4 可见，副高偏西偏北的 7 个年份的相似系数为 0.23～0.73，均通过 0.001 的显著性检验（0.15），平均为 0.56，最佳相似年是 1964 年；副高偏北的 7 个年份的相似系数为 0.23～0.72，平均为 0.48，最佳相似年为 1960 年；副高偏东偏北有 6 年，相关系数为 0.12～0.57，其中有 5 年通过 0.01 的显著性检验（0.13），最佳相似年为 1976 年；副高偏西的 7 个年份的相似系数为 0.15～0.63，均通过 0.001 的显著性检验，平均为 0.4，最佳相似年是 1996 年；副高正常年份有 10 年，相似系数为–0.05～0.51，平均为 0.23，其中有 8 年（80%）通过了 0.01 的显著性检验，最佳相似年为 1963 年，1997 年相似性

表 2.4 1951～2010 年夏季降水实况与该年副高所属类型下降水合成场的相似程度（相似系数）

	副高类型	相似系数										平均
a	偏西偏北	1953 年	1961 年	1962 年	1964 年	1966 年	1994 年	2006 年				
	相似系数	0.62	0.61	0.41	0.73	0.71	0.58	0.23				0.56
b	偏北	1951 年	1956 年	1957 年	1960 年	1970 年	1971 年	2001 年				
	相似系数	0.29	0.23	0.57	0.72	0.40	0.67	0.51				0.48
c	偏北偏东	1975 年	1976 年	1985 年	1999 年	2000 年	2004 年					
	相似系数	0.42	0.57	0.12	0.13	0.19	0.50					0.32
d	偏西	1954 年	1979 年	1995 年	1996 年	2003 年	2009 年	2010 年				
	相似系数	0.65	0.23	0.38	0.63	0.37	0.15	0.36				0.4
e	正常年份	1959 年	1963 年	1973 年	1981 年	1990 年	1991 年	1992 年	1997 年	2005 年	2007 年	
	相似系数	0.33	0.51	0.13	0.11	0.17	0.21	0.23	–0.05	0.38	0.27	0.23
f	偏东	1952 年	1955 年	1967 年	1972 年	1978 年	1984 年					
	相似系数	0.32	0.40	0.57	0.28	0.57	0.51					0.44
g	偏西偏南	1980 年	1983 年	1987 年	1988 年	1993 年	1998 年					
	相似系数	0.58	0.55	0.53	–0.13	0.46	0.51					0.42
h	偏南	1958 年	1965 年	1969 年	1977 年	1989 年	2002 年	2008 年				
	相似系数	0.14	0.39	0.23	0.14	0.47	0.44	0.39				0.31
i	偏东偏南	1968 年	1974 年	1982 年	1986 年							
	相似系数	0.54	0.39	0.37	0.47							0.44

较差；副高偏东年份有 6 年，相似系数为 0.28～0.57，最佳相似年为 1987 年和 1993 年；副高偏西偏南的 6 年相似系数为–0.13～0.58，其中 1988 年相似性最差，1980 年相似性最佳；副高偏南的年份有 7 年，相似系数为 0.14～0.47，均通过 0.01 的显著性检验，最佳相似年为 1989 年；副高偏东偏南有 4 年，相似系数为 0.37～0.54，最佳相似年为 1954 年。

总的来看，60 年相似系数平均为 0.39，说明以副高脊线和西伸脊点的不同配置对副高进行分类，在同一类型下各年夏季降水之间表现出类似的分布，说明同一类型副高对我国夏季降水影响具有一致性，同时也说明此种分类具有一定的合理性。

2.1.3 副高的不同类型下我国夏季旱涝分布的成因

降水是冷暖空气相互作用的结果。我国夏季降水受中高纬的阻塞高压和冷涡、低纬的副高、夏季风、南支槽（包括印度低压）、台风以及南半球越赤道气流等多个环流系统的综合影响。副高是副热带暖湿气团中对我国夏季降水分布和雨型最具影响力的成员，我国汛期的水汽主要是由副高和印度低压（或南支槽）分别将东南海洋和孟加拉湾的水汽输送到我国大陆上空（陈菊英，2010）。

在实际气候中，由于副高的位置、面积和其他特征（如双脊线、北跳时间和持续性等）的不同以及与东亚夏季风系统其他成员的不同配置，使得我国每年的夏季降水分布和旱涝趋势表现出不同的特征，因此并不是所有年份都符合各自所属的上述 9 种副高类型下降水的合成分布。例如，1988 年属于副高偏西偏南年份，其降水合成表现为中间多南北少，且西北大范围偏多。事实上，1988 年夏季我国华北降水偏多，黄河以北部分地区出现了洪涝，与副高偏西偏南年份下降水合成有一定差异。究其原因，1988 年夏季气候特征除了副高偏西偏南外，欧亚中高纬西风带经向环流发展，冷空气势力较强，且东亚夏季风势力偏强，从而导致盛夏华北地区降水偏多，部分地区出现洪涝。

因此，通过分别选取每种副高类型下 4 个最典型年份（夏季降水与其合成场相关系数最高的 4 个年份），将其北半球 500 hPa 高度场（图 2.4）、850 hPa 矢量风距平场（图 2.5）分别进行合成，对 9 种副高类型下我国夏季降水的大尺度环流背景和可能机理展开研究。

由图 2.4（a）可见，当副高偏西偏北时，欧亚夏季 500hPa 平均的大尺度环流背景的主要特征是：高度距平场高纬为正距平，中低纬为负距平；副高实体面积偏小，偏北偏弱；中高纬为两脊一槽，乌拉尔山有阻塞形势，贝加尔湖地区为一深槽，鄂霍次克海地区为一弱高压脊。850 hPa 风距平场上［图 2.5（a）］，我国东部地区为南风距平，贝加尔湖地区为北风距平，我国北方为一气旋式距平，中心在内蒙古中部。我国北方地区处在南支槽的东北和北方冷槽的右下方，既有较丰富的西南水汽输送，又有冷空气活动，因此降水偏多；而由于副高偏弱，长江流域缺乏水汽输送，出现大范围少雨；由于副高偏北，因此西太平洋台风和热带气旋偏多，造成我国西南地区和华南地区降水偏多［图 2.3（a）］。

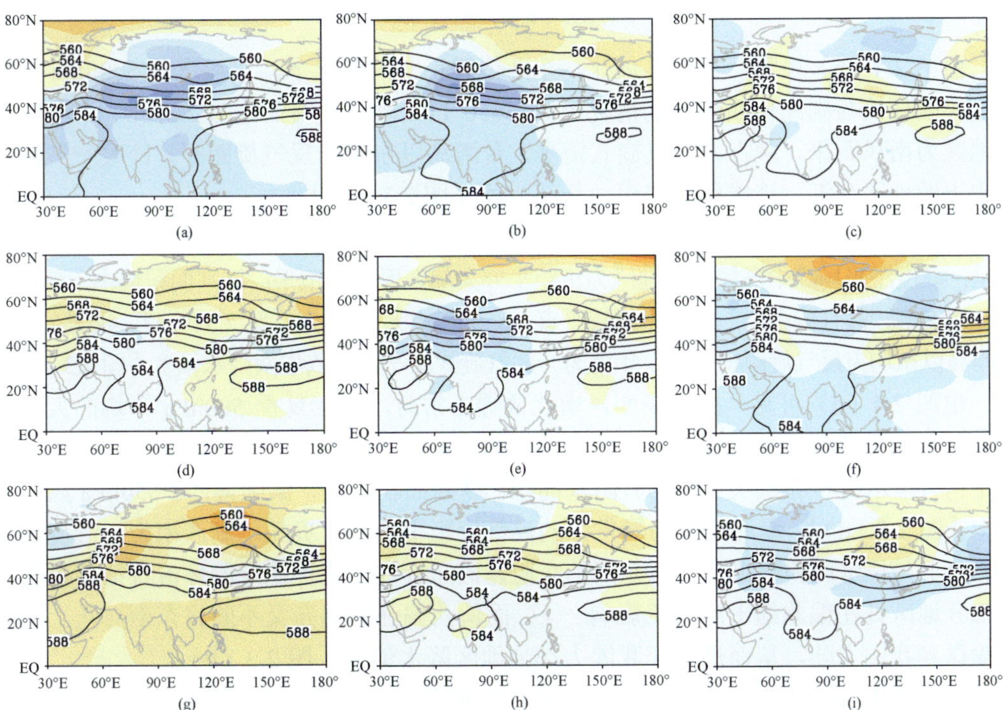

图 2.4　不同副高类型下北半球 500hPa 高度环流（等值线，单位：dagpm）和距平场（阴影，单位：gpm），（a）～（i）分别对应表 2.3 中副高的 9 种类型

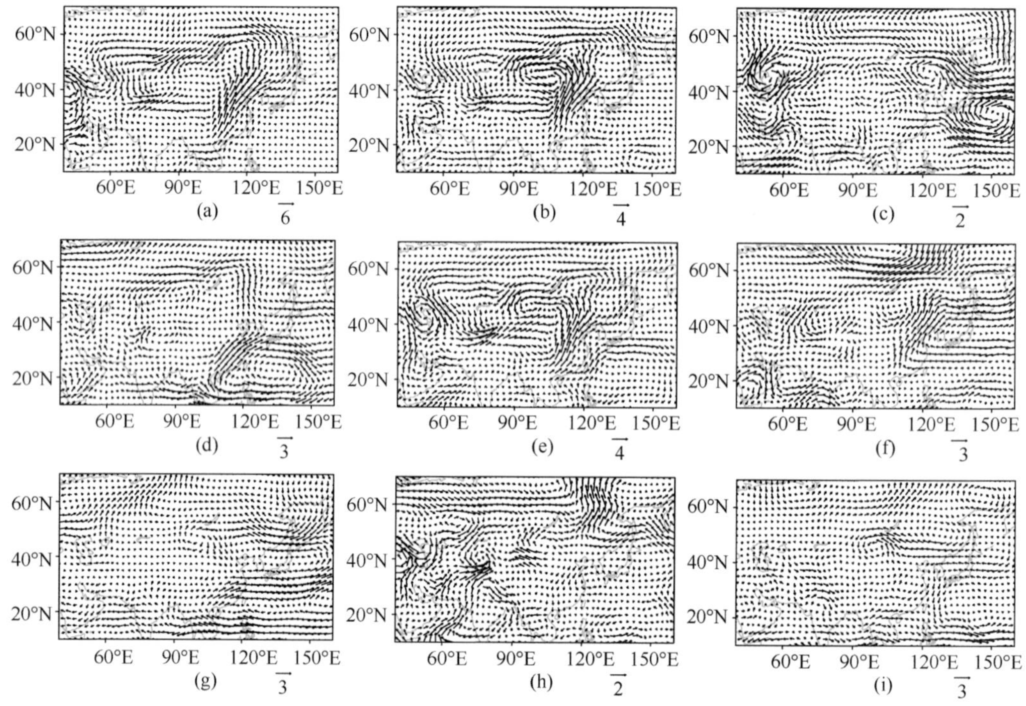

图 2.5 不同副高类型下东亚地区 850hPa 矢量风距平场

（a）～（i）分别对应表 2.3 中副高的 9 种类型

阴影为 V 距平；单位：m/s

由图 2.4（b）可见，在副高偏北，东西位置正常的情况下，欧亚夏季 500 hPa 平均的大尺度环流与副高偏西偏北的情况类似，850 hPa 风距平场上［图 2.5（b）］，我国东部地区为南风距平，蒙古为一气旋式距平，台湾岛以东为一反气旋距平，冷暖空气在黄河中下游地区交汇，造成华北多雨，长江少雨［图 2.3（b）］。

由图 2.4（c）可见，副高偏北偏东时，欧亚夏季 500hPa 平均的大尺度环流背景的主要特征是：高度距平场除中高纬部分地区为正距平外大部表现为负距平；副高面积偏小，偏东偏弱；南支槽较深且偏西；西风带槽脊较平直。850hPa 风距平场上［图 2.5（c）］，我国东北和日本岛以东均为反气旋距平控制，华南为一弱气旋式距平，以致华南降水偏多［图 2.3（c）］。

由图 2.4（d）可见，副高偏西，南北位置正常时，欧亚夏季 500hPa 平均的大尺度环流背景的主要特征是：极地为负距平，高纬为正距平，中低纬除南海地区外大部为负距平；乌拉尔山和鄂霍次克海均有阻塞高压；副高面积偏大，偏强偏西。850hPa 风距平场上［图 2.5（d）］，南海地区为异常强的反气旋距平控制，贝加尔湖西南为一气旋式距平。由于乌拉尔山和鄂霍次克海东西两个阻塞高压存在，这种稳定的环流特征使得我国大部分地区处在偏北的干冷气流影响之下，而偏西偏强的副高又不断将东南海洋上的水汽输送到我国大陆，从而造成了我国大部分地区降水偏多［图 2.3（d）］。

由图 2.4（e）可见，副高西伸脊点和脊线属于正常范围内时，欧亚夏季 500hPa 平均的大尺度环流背景的主要特征是：极地和高纬为正距平，中低纬为负距平；副高面积和强度均属正常；乌拉尔山无阻塞，鄂霍次克海阻塞形势明显；欧亚中高纬上空没有大槽大脊，西风带相对平稳，在巴尔喀什湖上空有一个浅的西风槽。850 hPa 风距平场上［图 2.5（e)］，我国中东部为南风距平，内蒙古西部至贝加尔湖之间为一气旋式距平，台湾东部洋面上为一反气旋距平。在这种环流形势下，我国降水分布比较分散，从北到南表现为偏多、偏少、偏多、偏少的分布，且无明显的降水异常中心［图 2.3（e)］。

由图 2.4（f）可见，副高偏东，南北位置属于正常范围内时，欧亚夏季 500hPa 平均的大尺度环流背景的主要特征是：高度距平场从极地到热带依次表现为“+–+–”分布；副高没有表现出 588dagm 等值线；欧亚中高纬上空没有大槽大脊，西风带环流较平直，即纬向环流较强。850hPa 风距平场上［图 2.5（f)］，我国中东部为南风距平，贝加尔湖东南侧为一气旋式距平，朝鲜半岛为一反气旋距平。由于副高偏东偏弱，缺乏水汽输送，且冷空气活动也较弱，我国大范围地区降水偏少［图 2.3（f)］。

由图 2.4（g）可见，副高偏西偏南时，欧亚夏季 500 hPa 平均的大尺度环流背景的主要特征是：高度距平场大部分表现为正距平；副高面积偏大，偏西偏南偏强；乌拉尔山阻塞形势比较清楚，鄂霍次克海上空阻塞高压较强；我国东北上空还有一个冷槽。850 hPa 风距平场上［图 2.5（g)］，蒙古和中国南海地区均为反气旋式距平，日本岛以东为一气旋距平。我国长江以南为西南风距平，长江以北为西北风距平，二者交汇于长江流域，从而造成了我国长江流域降水偏多［图 2.3（g)］。

由图 2.4（h）可见，副高偏南，东西位置正常的情况下，欧亚夏季 500hPa 平均的大尺度环流背景的主要特征是：高度距平场为“–+–”分布；副高面积偏大，主体偏南；南支槽偏西；乌拉尔山和贝加尔湖阻塞形势较弱，鄂霍次克海阻塞高压较强。850hPa 风距平场上［图 2.5（h)］，蒙古为反气旋式距平，华东地区为一气旋距平，中心在长江下游。由于副高偏南，我国长江流域及其以南地区位于副高的西北侧和南支槽的前方，水汽丰沛，且东阻较强，冷空气在鄂霍次克海西边逐步堆积和加强最后南下，造成我国南方地区降水偏多［图 2.3（h)］。

由图 2.4（i）可见，副高偏东偏南时，欧亚夏季 500 hPa 平均的大尺度环流背景的主要特征是：高度距平场除东北亚外大部表现为负距平；副高面积偏小，偏东偏弱；南支槽偏深；乌拉尔山至贝加尔湖一带环流较平直，华北为一浅槽，鄂霍次克海有阻塞形势。850 hPa 风距平场上［图 2.5（i)］，贝加尔湖西南侧为气旋式距平，西太平洋为一反气旋距平。我国北方大部分地区缺乏水汽来源，因此降水偏少；我国西南和华南地区受南支槽、偏南副高和南下弱冷空气的共同影响，降水偏多［图 2.3（i)］。

综上所述，不同副高类型下我国夏季降水在 500 hPa 大尺度环流背景和可能机理是：副高偏西偏强年，副高水汽输送增强，乌拉尔山和鄂霍次克海阻高均存在，经向环流偏强，冷空气活跃，全国大范围多雨；副高偏东偏弱年，副高水汽输送减弱，只有东阻或没有阻高，缺乏冷空气，全国大范围少雨。

2.2 夏季西太平洋副高的客观定量化预测及其对汛期降水的指示

基于动力-统计相似预报原理，将模式误差动力-统计预报方案应用于副高的客观定量化预测，通过交叉检验距平相关系数（ACC）筛选对副高区域 500hPa 高度场模式预报结果订正较好的因子作为前期关键因子集。对 2003～2010 年的副高区域的 500hPa 高度场进行了回报检验，结果显示该方案在数值模式预报结果基础上有了进一步提高，显示出较好的预测水平。在此基础上，从高度场预测结果中提取出与我国降水关系最为密切的副高脊线指数与西伸脊点指数，将其投影在二维平面上，与 2.1 节中副高统计分类工作相结合，进而得到了预报年副高所属类型下我国夏季降水的分布类型，检验结果表明预测的投影类型所对应的降水合成分布与实况的降水之间具有很好的一致性，进一步验证了此种副高与雨型分类的合理性，达到了通过副高的定量化预测对夏季的旱涝分布进行预测的目的，为进一步提高汛期降水预测水平提供一种可能的思路。

使用的资料包括 NCEP/NCAR 的月平均 500hPa 高度场再分析资料，NCC 第一代气候业务模式 BCC_CGCM 历史回报产品中的逐月 500hPa 高度场资料，研究区域为副高活动区域（110°E～150°E，10°N～40°N），水平分辨率为 2.5°×2.5°。降水资料源于中国气象局气象信息中心资料室整编的中国 160 站月降水量资料（1951～2010 年）。预报因子资料来源于 NCC 气候预测室提供的 74 项环流特征量和 NOAA 的 40 项气候指数。

2.2.1　高度场客观定量化预报方案

基于动力-统计相似预报原理，已发展了多因子组合的模式误差客观定量化预报方案（杨杰等，2011，2012b；封国林等，2013），并在汛期预测中取得了较好的成效。将该方案应用到高度场的预测中，图 2.6 给出对高度场进行客观定量化预测的主要流程，包括 6 个部分：

（1）资料集的获取：分为两部分，第一部分是获取前期因子集，将当年 1 月、2 月和上年 3～12 月的 114 项指数作为预测年的前期因子集，用于选取历史相似年；第二部分是获取历年的模式预报误差，根据 NCC 业务系统模式回报以及 NCEP/NCAR 月平均高度场再分析资料中 1983～2010 年的 6 月、7 月、8 月 500hPa 高度场，计算得到近 28 年的夏季高度场模式预报以及预报误差资料集，用于计算预报年的模式预报误差。

（2）筛选关键因子：将预报因子集中的各因子通过单因子交叉回报检验，挑选出单因子交叉检验距平相关系数较高的因子作为高度场预报的关键因子。

（3）选取相似方案：通过对前期关键因子的强度进行检测及诊断分析，判断前期关键因子是否有显著的异常信号，如检测到某关键因子强度异常偏大或者偏小则采用异常因子相似选取方案进行相似年选取，如因子无异常则采用多因子优化组合相似选取方案选取历史相似。

（4）计算相似误差：通过相似选取方案后进行相似年选取，以前期关键因子作为标准选取与预报年气候系统状态最为相似的 4 个年份。

（5）输出预报结果：将筛选出的相似年高度场模式预报误差进行集合平均，得到的相似误差场的平均值看作预报年的模式预报误差，并将其叠加在模式预报的高度场原始结果上得到最终的预报结果，即客观定量化结果。

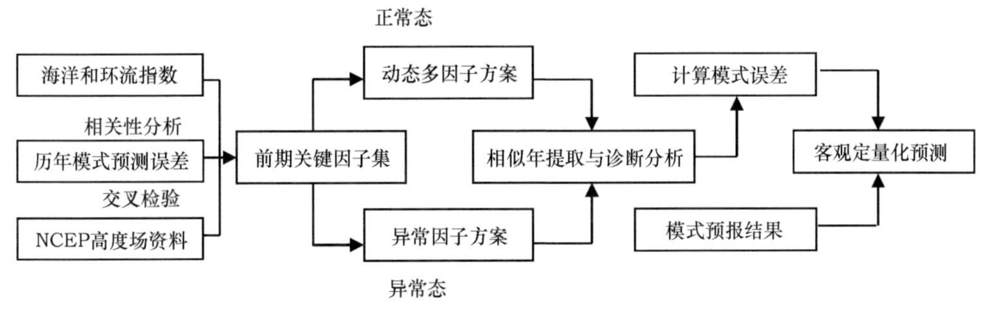

图 2.6　高度场客观定量化预报方案示意图

通过对副高活动区域内的 500hPa 高度场进行定量化预测并从中提取出副高的各项指数，从而达到副高的客观定量化预测。通过预报流程可以看出客观定量化预报成效很大程度上取决于前期环流因子的相似性判据是否客观合理。因此，前期关键因子的选取便成为预报的关键环节。采用的 114 项指数均为逐月指数，把各指数 12 个月的值均看作独立的影响因子，由此可以构造出样本量为 114×12=1368 个逐年变化的因子集。通过单因子的交叉检验 ACC 对因子集进行排序，从中筛选出能够对模式预报的高度场进行较好的订正的关键因子。

利用单因子对副高活动区域内的 500hPa 高度场进行交叉检验回报并进行 ACC 排序，如表 2.5 所示，表中只列出了平均 ACC 最高的前 6 位因子。基于这些回报效果较好的单因子，采用多因子组合配置的方法对预报年副高活动区域内的 500hPa 高度场进行客观定量化预测并从高度场的预测结果中提取出夏季副高的西伸脊点和脊线位置（以下简称副高的定量化预测）。方法的具体流程在前期的工作中已有介绍，不再赘述，这里给出多因子组合方案中相关参数的确定。

表 2.5　夏季副高预测交叉检验 ACC 排名前 6 位因子

因子	月份	距平相关系数
海洋 Niño 指数（ONI）	9	0.39
太阳通量（solar）	4	0.36
南方涛动指数	11	0.35
太阳黑子	4	0.34
东半球暖池	2	0.31
热带东中太平洋 SST（Niño34）	2	0.30

多因子组合中因子个数的变化以及不同因子间的配置对预报效果会有很大的影响，因此采用多因子组合方案对副高进行定量化预测关键在于因子间如何搭配以及因子个数的选择。为得到最佳的组合个数以及最佳因子搭配，这里针对因子个数的变化对 ACC 的影响进行了敏感性试验，结果如图 2.7 所示。图 2.7 给出了 1983～2003 年、1983～2004 年、1983～2005 年、1983～2006 年、1983～2007 年、1983～2008 年、1983～2009 年 7 个时段内交叉检验的平均 ACC 随影响因子个数的变化趋势。图中 1983～2003 年指的是对 1983～2003 年时段进行多因子组合交叉检验，1983～2004 年等，依此类推。

采用不同时段进行多因子组合交叉检验主要是考虑到对不同年份进行实际预报时所能够采用的资料时段是不一样的，如对 2004 年进行实际预报时资料的可用时段为 1983～2003 年，而对 2005 年进行实际预报时资料的可用时段为 1983～2004 年，其他年份依此类推。由于副高以及因子的实况数据是不断更新的，并且不同的因子对于副高的影响作用存在着年代际的变化，也会导致不同时段筛选出最佳的因子组合搭配也会有所差别。图 2.7 中的各个点代表了各时段内改变因子个数时交叉检验 ACC 所达到的最高值。

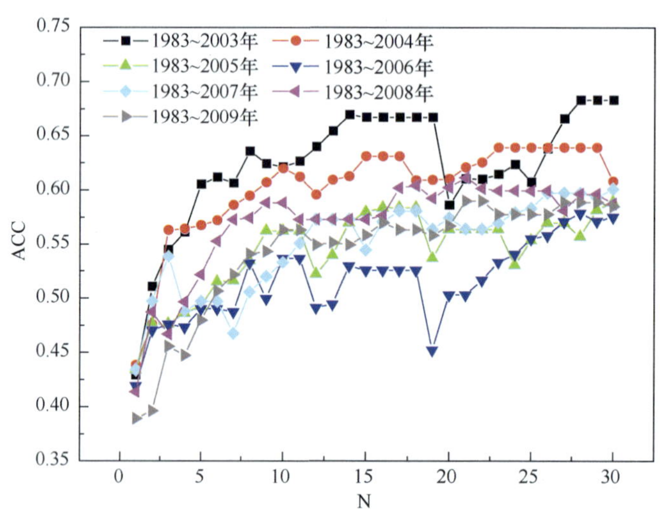

图 2.7 副高区域 500hPa 高度场预测 ACC 敏感性试验

从图 2.7 中可以看出，虽然不同时段的因子组合交叉检验得到 ACC 值并不相同，但变化趋势表现非常一致：当因子个数从 1 增加到 10 的过程中，ACC 的提高非常明显，当增加到 10 个以上时，ACC 增幅逐渐缩小并趋于稳定，当因子个数进一步增大到 15 个以上时，ACC 变化很小，部分甚至出现了下降趋势，但降幅较小。同时也可看到，不同时段内交叉检验得到的 ACC 的最大值之间差别并不大，基本为 0.55～0.65，因此，可以看出在现有条件下，利用多因子优化组合方案对副高进行客观定量化预测的 ACC 最大上限可达到 0.65 左右。并且通过分析 ACC 的变化趋势可以看出，多因子组合中的因子个数并不是越多越好，在因子增加过程中会达到峰值后开始下降，从图 2.7 中可知因子个数在达到 15 个时，ACC 基本上已达到峰值，可以认为此时的 ACC 已基本达到了上限，继续增加因子个数对于 ACC 的提高作用已经很小甚至起到相反的作用。因此，在对副高进行客观定量化预测时取 15 个因子的优化组合作为最佳的预报组合。

2.2.2 副高预测效果检验及其所属类型下夏季降水特征

利用副高的客观定量化预测方法对 2003～2010 年夏季副高区域内高度场进行了独立样本回报检验，这里给出 2008～2010 年副高（588dagpm 线）的实况、模式以及客观定量化预测结果，如图 2.8 所示。从图 2.8（a）中的副高实况可以看出 2008 年夏季副高整体偏弱，脊线偏南而西伸脊点偏东，数值模式预测的 2008 年夏季副高整体是偏强，与实况差异较大，而客观定量化结果则较好地反映了副高整体偏弱的特征，与实况较为接近，只是在副高的南北位置上略有偏差。由图 2.8（b）可见，2009 年夏季副高较常年略偏强，脊线位置正常，脊点位置偏西，数值模式与客观定量化方法都较好地预报了 2009 年的副高的整体态势，客观定量化结果在副高的面积、北界的预报上要略优于数值模式，而在西伸脊点的预报上则稍逊于数值模式。从图 2.8（c）可以看出 2010 年夏季副高异常偏强，面积较常年异常偏大，其西伸脊点一直延伸到 110°E 附近，数值模式结果没有预报出副高的异常信号，而客观定量化结果对副高的异常偏强有较好地反映，但副高的异常程度没有实况那么大。通过对比可以看出客观定量化结果较数值模式更为准确，对副高预报效果更好。

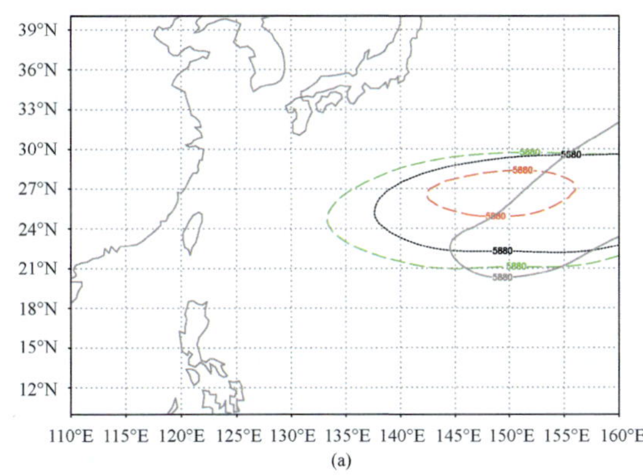

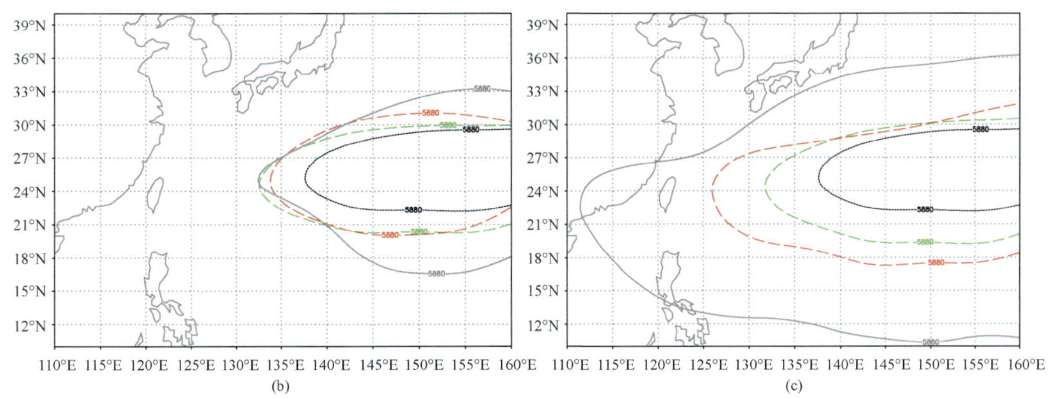

图 2.8　副高（588dagpm 线）实况与预测

（a）2008 年；（b）2009 年；（c）2010 年

灰线为实况，绿线为数值模式预报，红线为动力-统计的客观定量化预测，黑线为气候平均态

描述副高状态的指数有面积、强度、脊线、西伸脊点和北界。由于最终是要将副高的定量化预测与中国的汛期降水建立联系，因此选取合适的副高指数来描述其变化特征与汛期降水之间的关系显得尤为重要。已有研究表明，中国夏季降水与西太平洋副热带高压各指数中的关系以副高脊线位置的关系为最好，其中尤以盛夏副高脊线位置的关系最为密切。通过第 2.1 节中的研究工作，已经了解到副高的脊线指数和北界指数的强弱变化趋势基本一致，两者相关系数达到 0.83，而西伸脊点指数与副高面积以及强度指数

的变化趋势基本是相反的，相关系数均为–0.72。施能（1992）指出当两个变量之间是独立不相关时，用这两个变量的信息联合对预报是更为有利的，否则当它们之间有较高的正相关时，将两者联系起来的预报效果非常有限。由于副高的脊线指数和西伸脊点指数分别与其他 3 种指数存在着较好的相关性，说明这两个指数能够较好地反映出其他 3 种指数的特征，而西伸脊点指数与脊线指数之间相关系数为 0.09，两者之间几乎不相关，符合选取预报因子的条件。因此，采用副高的脊线和西伸脊点两个指数作为副高的关键性特征来描述其状态，从季节尺度研究夏季副高位置与同期旱涝分布的关系。

图 2.9（a）、（b）分别给出了 2003～2010 年实况、数值模式以及客观定量化结果提取出的副高西伸脊点指数以及脊线指数。从图中可以看出西伸脊点近几年的年际变率较大，2004 年、2008 年较平均态偏东，其他年份均较常年偏西，而数值模式预报的西伸脊点年际变率很小，几乎为一定值，即数值模式的结果预报的就是一个气候平均态。这使得数值模式对不同年副高预报缺乏针对性，其相应的预报效果也大打折扣。图 2.9（b）中脊线位置的情况与西伸脊点相类似，通过对比也可以看出客观定量化预测相对数值模式更为准确更有针对性，能够从一定程度上反映出不同预报年副高状态的异常信号。

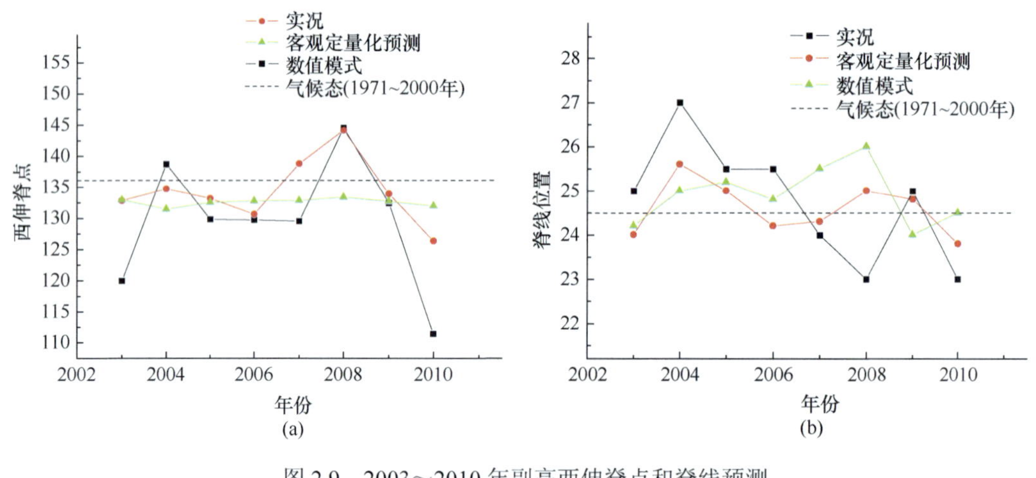

图 2.9　2003～2010 年副高西伸脊点和脊线预测

（a）西伸脊点；（b）脊线位置

2.2.3　副高指数投影及其所属类型下夏季降水特征

将 2003～2010 年副高实况与客观定量化预测的西伸脊点和脊线位置投影到二维平面，如图 2.10 所示。从图 2.10 中可以看出，除了 2004 年和 2008 年的预测结果投影与实况差别稍大之外，其他年份的副高预测结果投影与实况结果的投影之间相差均较小，具有较好的一致性。因此，客观定量化方法能够较好地预报出副高的特征，提高高度场的预测水平。将 2003～2010 年的预测的西伸脊点和脊线位置投影按第 2.1 节中的分类标准进行分类可得：2004 年、2005 年、2007 年、2009 年预测的副高属于正常年份，而 2003 年、2006 年、2010 年预测的副高属于偏西年份，2008 年预测的副高属于偏北偏东年份。下面将通过预测的副高类型所对应的降水分布与降水实况进行对比分析其配置关系。

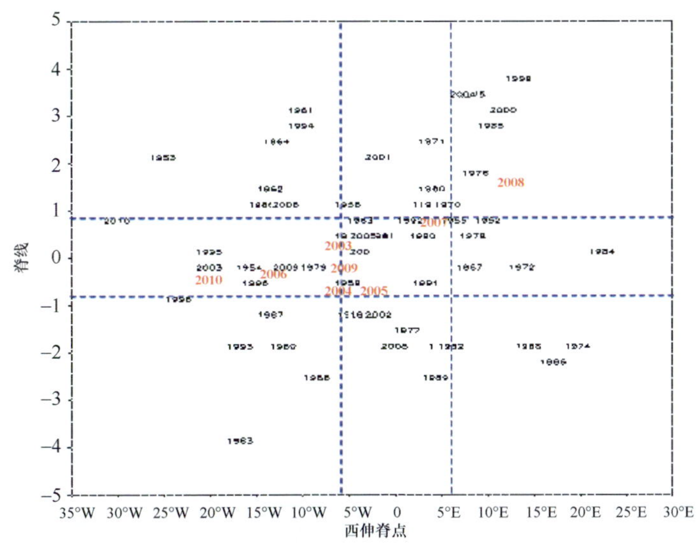

图 2.10　1951～2010 年夏季副高平均西伸脊点和脊线距平分布归类（黑色）以及 2003～2010 年预测（红色）

在夏季副高西伸脊点和脊线位置不同配置下的中国夏季降水分布显示出明显的规律性：西伸脊点偏西有利于全国大部分地区的降水，全国降水整体呈现偏多趋势，而西伸脊点偏东，全国降水则呈现整体偏少趋势；当脊线位置偏北时，西风带扰动偏北，副高外围的暖湿气流主要输送到黄河流域，这使得江淮流域降水易偏少，黄河流域降水易偏多；脊线位置偏南时，西南季风偏南，冷空气能够南下到江淮流域，梅雨锋主要位于江淮流域，副高外围的暖湿气流主要输送到江淮流域，导致江淮流域降雨易偏多，黄河流域降雨易偏少，夏季降水表现为南多北少的分布特征。由此可以得到，副高的东西向移动（西伸脊点）主要影响到全国降雨总量的多寡，而副高的南北向移动（脊线位置）则主要影响到整体主雨带位置的分布。

通过客观定量化预测的副高脊线和西伸脊点投影，2005 年、2007 年、2009 年为副高正常年，通过研究可知副高西伸脊点和脊线属于正常范围内时，北半球夏季 500hPa 高度距平场分布形式为在 60ºN 及以北的大部分地区为正距平区；鄂霍次克海阻塞形势明显。欧亚中高纬上空没有大槽大脊，西风带相对平稳，在巴尔喀什湖上空有一个浅的西风槽。在这种环流配置下，中国降水分布比较分散，表现为华南与江淮两个雨带，其对应夏季副高正常年份降水合成如图 2.11（a）所示，图 2.11（b）～（d）依次为 2005 年、2007 年、2009 年夏季降水实况，对比各年的降水实况与合成年的降水分布可以看出各年的主雨带位置与正常年份合成基本一致。

图 2.12（a）、图 2.12（b）分别为副高正常年份时的夏季水汽通量场合成图以及水汽通量场相对于气候平均状态（1971～2000 年平均）的偏差场，从图 2.12（a）中可以看出夏季中国东部地区的水汽来源主要有两个区域：一个是位于 30ºE～60ºE 的孟加拉湾，另一个处于 120ºE 以东的太平洋，其中孟加拉湾地区的水汽通量相对较大。孟加拉湾的水汽通过西南季风向中国东部输送，而热带太平洋地区的水汽通过副高南侧气流及其转向的西南的气流向我国东部地区输送。此外，副高正常年份中国东部的水汽输送带

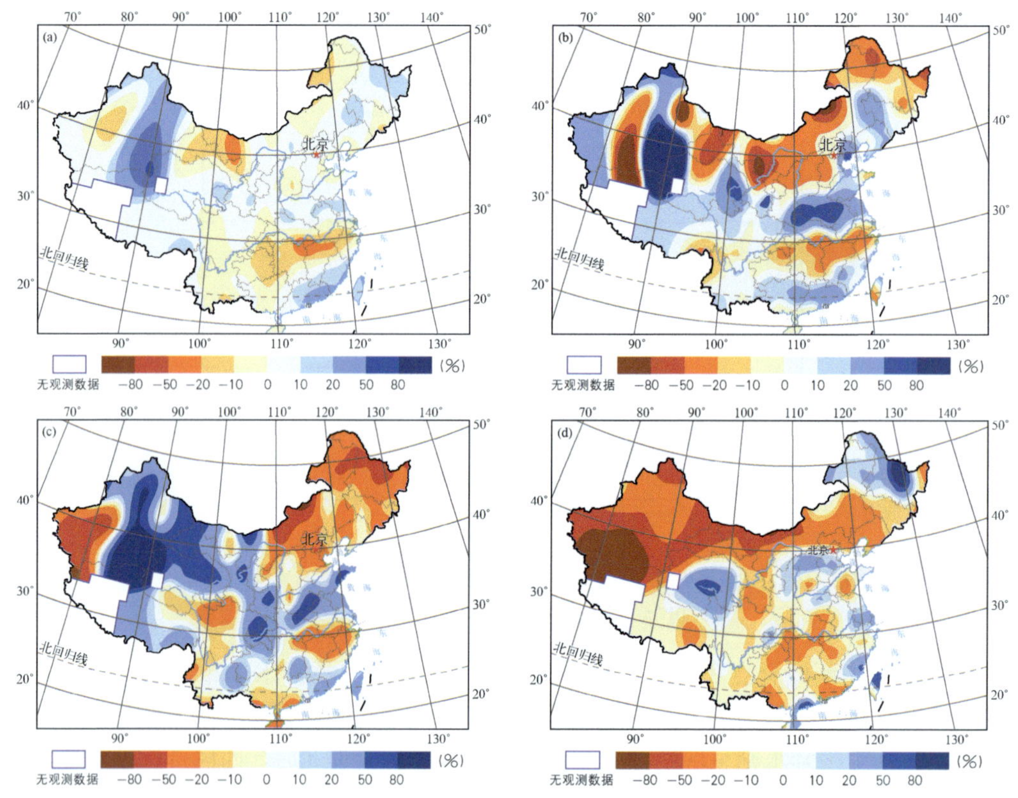

图 2.11 预测雨型与实况对比

（a）副高属于正常年份下降水合成与（b）2005 年、（c）2007 年、（d）2009 年夏季降水实况

整体面积较大，最北能够达到 45ºN 左右，其主水汽带位置偏东，因此整体的水汽含量相对较少，但分布相对均匀。从图 2.12（b）中可以看出，中国华南以及东北受到气旋性距平环流控制，该区域水汽辐合，降水易偏多，而其他大部分地区都没有明显的距平气旋或反气旋，因此，在这样的背景下全国的降水分布较为分散，而这与正常年降水的合成是一致的。

预测结果的投影分类中 2003 年、2004 年、2006 年、2010 年副高属于偏西年份，图 2.13（a）给出了对应的夏季副高偏西年份降水合成情况。对比 2003 年、2004 年、2006 年、2010 年的降水实况［图 2.13（b）～（e）］发现 2003 年、2004 年、2010 年的主雨带位置与偏西年份合成基本一致，主要雨带都是位于长江中游至黄河之间，合成的降水分布能够较好地反映出副高偏西年份的异常降水区域，但 2006 年降水的分布型与偏西合成的差异相对较大，2006 年的降水实况呈现出的是北方和华南两条雨带，长江中游至黄河中游降水偏少，究其原因主要是因为副高的客观定量化结果对于副高的南北位置预报不够准确，导致预测的副高投影类型为偏西类，而实况的投影分类是属于偏西偏北类，而从 2006 年的降水实况来看，其分布形式是符合副高偏西偏北类汛期降水的典型分布特征的。由于副高的南北进退对中国雨带的位置有很大的影响，因此对副高南北位置的预报误差导致了 2006 年的雨带分布把握不够准确。

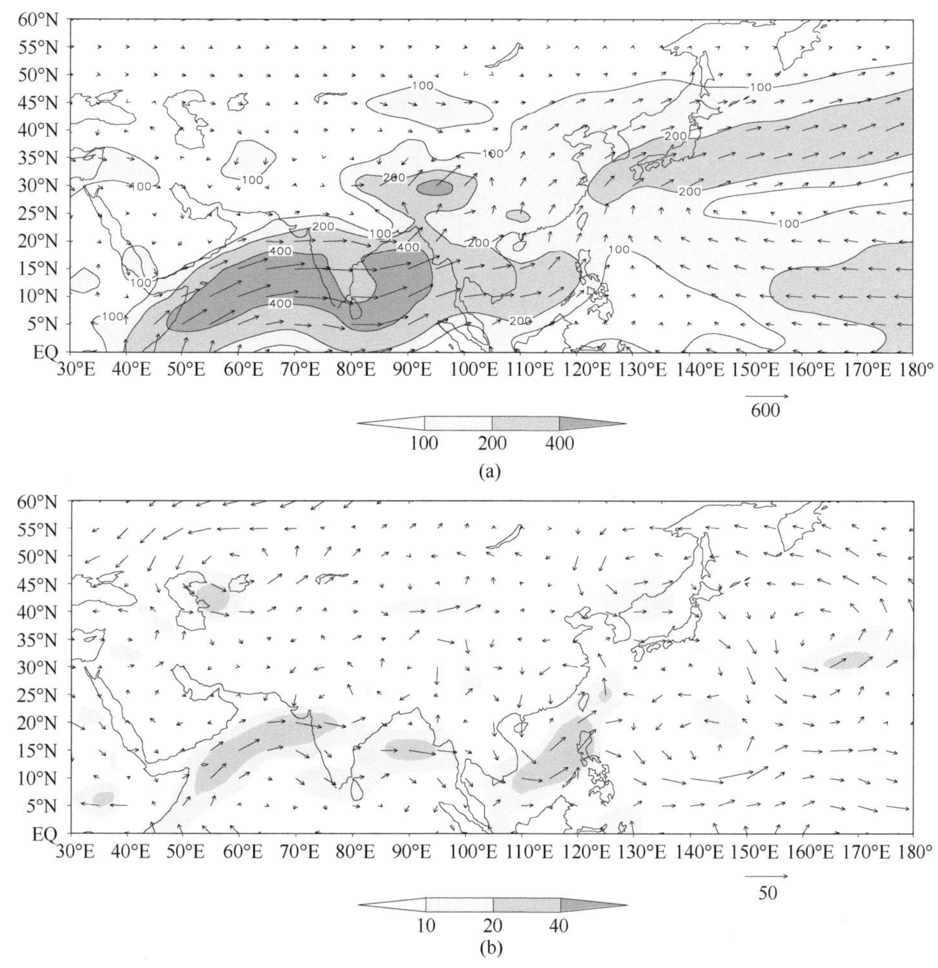

图 2.12　副高正常年份下水汽通量合成图

（a）原场，（b）距平场（垂直积分从地表到 300 hPa，单位：kg/s）

图 2.14（a）、图 2.14（b）分别给出了副高偏西年份的水汽通量合成图以及偏西年份的水汽通量场相对于气候平均状态的偏差场。从图 2.14（a）中的水汽通量合成可以看出，副高偏西年的水汽通量场与副高正常年的水汽通量场有一定差异，副高偏西年的水汽含量相对副高正常年份更多，因此，在副高偏西年中降水可能相对较为集中在部分地区会出现较强的异常降水。通过图 2.14（b）中的偏差场可看到中国东部大部分地区都受到较强的气旋性距平环流控制，其中心位置位于淮河流域，说明在该区域的水汽辐合，并且水汽总量相对较多，进而形成中国江淮地区多雨的偏黄淮类雨型的降水形势。

为了检验副高投影预测的实际效果，利用该方法对 2003～2010 年的汛期降水做了独立样本检验。图 2.15 给出的是通过副高的客观定量化预测得到的 2003～2010 年夏季降水形式预报的独立样本检验 ACC 与 PS 评分结果。在气候预测评分中，往往将预报对象划分为若干个等级，而预报正确次数，是指预报与实况级别完全一致的次数。PS 评分是一种预报级别一致率评分，异常级别预报越准确，评分相对就越高，PS 评分可以从一定程度上反映其对异常级别降水的预报效果。模式系统误差订正的降水预测结果 8

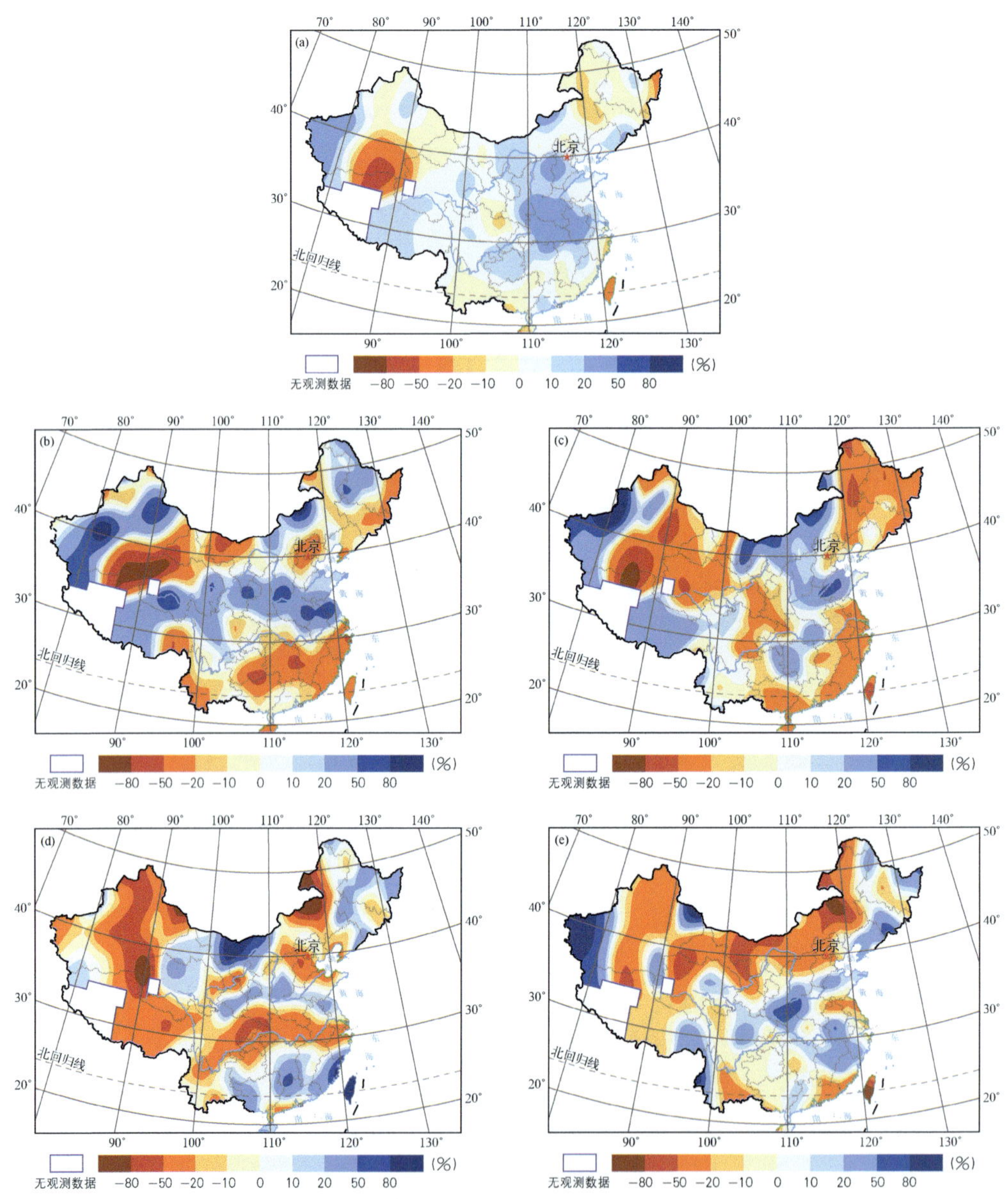

图 2.13　预测雨型与实况对比

（a）副高偏西年份下降水合成与（b）2003 年、（c）2004 年、（d）2006 年、（e）2010 年夏季降水实况

年平均的 PS 评分为 62，而副高投影预测降水结果的 8 年平均 PS 评分为 68，可以看出副高投影预测相较模式系统误差订正有了显著的提高［图 2.15（a）］。对比各个具体年份的回报效果，除了 2009 年副高投影预测结果与模式系统误差订正结果的 PS 评分相持平以外，其他年份的副高投影预测结果均要明显优于系统订正的 PS 评分。因此，副高投影预测的汛期降水结果能够有效地提高模式预测水平，特别是在主雨带位置的把握以及异常降水的预报上要明显高于模式系统订正结果，而且保持着很好的稳定性。

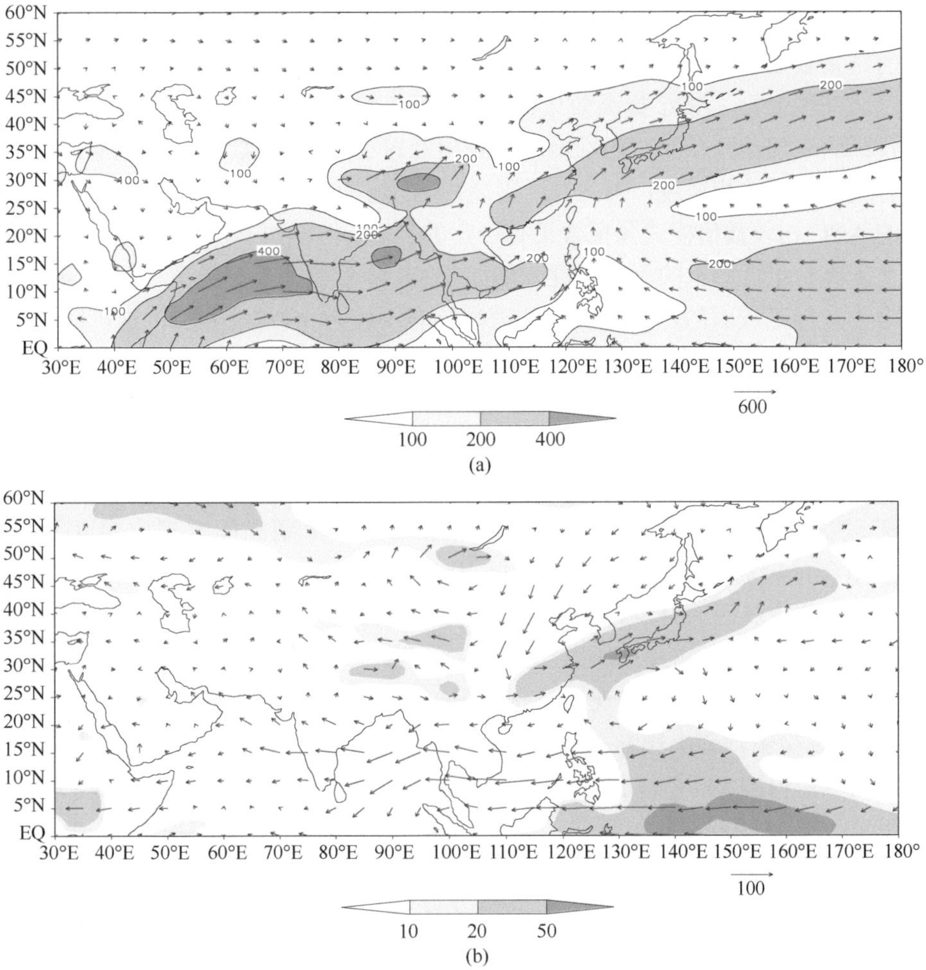

(a)

(b)

图 2.14　副高偏西年份下水汽通量合成图

（a）原场，（b）距平场（垂直积分从地表到 300 hPa，单位：kg/s）

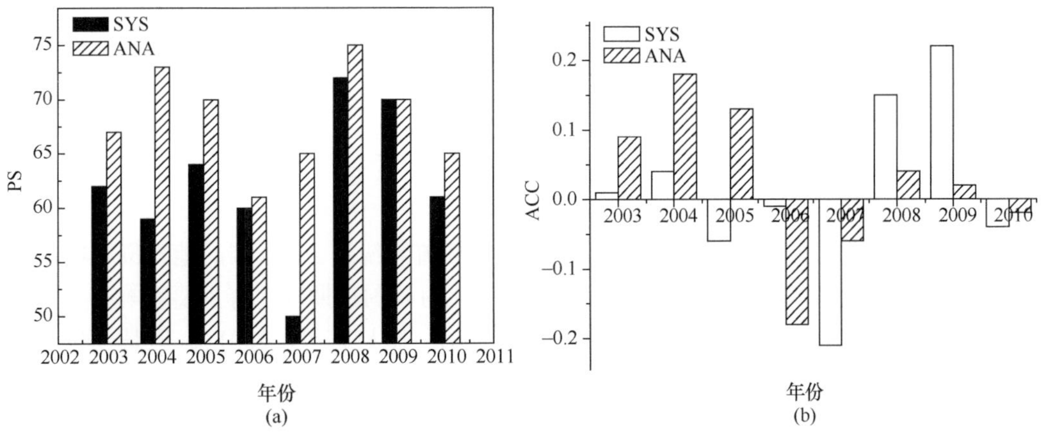

图 2.15　2003～2010 年独立样本回报 PS 与 ACC 评分

（a）PS 评分；（b）ACC 评分

图 2.15（b）中 ACC 的订正效果在 2006 年、2008 年、2009 年这三个年份中副高投影预测的结果要低于模式系统订正结果，而在其他年份中 ACC 都比系统订正结果有一定提高，从整体来看，ACC 提高效果相对 PS 评分来说较小。由于副高的主要影响区域主要是我国的东部地区，而对西部地区影响相对较小，而 ACC 主要是检验预报场与实况这两者之间整体的相似度，因此对于副高影响较小的区域订正效果并不明显，从而使得整体的 ACC 相较数值模式预报效果有一定的提高，但不如 PS 评分明显。这里还需要指出的是副高与汛期降水的不确定性。例如 2008 年预测的投影类型（偏东偏北）与实况（偏南）差异是较大的，但是实际的雨型分布却较为相似（图略），这可能是由于在该年呈现这种雨型的原因并不是副高而是由其他主导因素引起的，说明副高虽然是影响中国夏季降水的重要因素但并不是唯一的主导因素，显示出了中国夏季降水的复杂性和多变性。

从副高这个角度来研究中国的降水雨型的分类及其与影响因素之间的配置关系，将模式误差动力-统计预报的多因子方案应用于西太平洋副高的客观定量化预测，对 2003～2010 年的副高进行了独立样本回报，从副高的预测结果中提取出副高的两个典型代表特征脊线位置和西伸脊点，将两个指数投影到二维平面上，结合 2.1 节中副高与雨型的统计分类，得到预测的投影所对应的雨型分布，为汛期降水预测提供参考。主要结论如下：模式误差动力-统计客观定量化预报方案具有较好的可移植性，通过交叉检验 ACC 及相关性检验筛选出影响副高的前期因子预测副高的关键因子集，采用因子组合对副高活动区域内的 500hPa 高度场进行客观定量化预测的交叉检验多年平均 ACC 可达到 0.65 左右，相比模式原始结果有了显著的提高，而 2003～2010 年的副高典型特征指数进行独立回报检验结果也显示出该方法较数值模式结果有了进一步提高，显示出较好的预测水平。通过提取 2003～2010 年副高的客观定量化预测结果中西伸脊点指数和脊线指数并对其在二维平面上进行投影分类，预测结果的投影与实况的投影在大部分年份都具有较高的一致性，能够较好地反映当年副高的主要特征，而其对应的雨型分布特征与当年的实况降水也具有很好的一致性。通过副高投影分类预测的汛期降水分布，8 年平均的预报效果在 PS 评分上有显著的提高。虽然副高投影预测能够较好地预示当年的总体雨型分布特征，但在个别年份也存在着较大的差异，显示出了副高的不确定性以及汛期降水的复杂性与多变性。

2.3 西太平洋副高指数的重建与应用

西太平洋副高是影响东亚天气气候最主要的环流系统之一。我国的地理位置决定了受副高的影响很大，其位置和面积（强度）的变化对我国汛期降水有重要影响（吴国雄等，2002；陶诗言和卫捷，2006；徐海明等，2001；陶诗言等，2001）。但是，目前业务中使用的副高指数存在很大的局限性或缺陷。例如，用 1971～2000 年夏季副高的面积指数、脊线指数和西伸脊点分别与长江流域 5 个代表站的夏季总降水量求相关，其相关系数分别仅为 0.27、–0.23 和–0.28，均没有达到 0.05 的显著性水平，可见其相关关系不显著。但这并不表明副高与长江流域夏季降水的关系不好，而是用来表征副高的指数存在问题：①受到当时资料质量的限制，指数的定义标准是针对 5°×10°的菱形网格资料进行定义和计算；②指数所使用的 500hPa 高度场数据已经进行了多次切换，从最初的从天气图上读取数据格点到不断改进的天气模式，不同模式数据之间的切换并没有做过系统性误差订正；③因指数定义标准对资料分辨率的要求，只能将现有的高分辨率数据插值成 5°×10°的菱形网格进行计算，分辨率大大降低，这样的处理可能将副高本身的一些特征信息给抹掉，甚至由于插值不当而表现出虚假特征；④指数的定义标准使用资料单一，仅仅考虑 500hPa 高度场，而没有考虑其他大气环流场等数据信息。用这样分辨率很粗、且没有经过均一化处理的 500hPa 高度场单一资料计算副高指数，难以准确地刻画出副高的本质特征，而以这样的副高指数去研究其与东亚或我国气候异常关系，必然会出现一些误导信息，甚至得出不正确的结论。因此有必要对副高指数定义标准进行调整和完善，用质量较好的 NCEP 再分析资料重建与更新副高各种指数，将具有非常重要的应用价值。

基于以上考虑，这里利用目前广泛使用的 NCEP/NCAR 的月平均再分析数据，重新定义副高指数，并重建 1951～2010 年逐月副高的面积指数、强度指数、脊线指数和西伸脊点的历史时间序列；使得重建的指数既能真实体现出副高本身的气候变化特征，又对数据的分辨率依赖性降低，可以充分利用数据高分辨率的优势，为我国夏季降水雨带的监测与预测工作提供更加真实客观的信号。

本节所使用数据包括：①1951～2010 年 NCC 整理的 500hPa 高度场业务资料，其分辨率为 5°×10°的菱形格距，范围为 10°～85°N，0°～360°E，共 576 个格点；②NCC 整理的 1951～2010 年逐月副高面积指数、强度指数、脊线指数、西伸脊点的历史时间序列（赵振国，1999）；③1951～2010 年 NCEP/NCAR 月平均的再分析数据，主要变量为 500hPa 高度场和 500hPa 纬向风场，分辨率为 2.5°×2.5°（Kalnay et al.，1996）。气候平均态取 1971～2000 年的平均值。

2.3.1　重建的副高指数定义标准

这里的副高是指出现在西北太平洋上的副高系统，其范围大小在 500hPa 高空天气图上用 588dagpm 等值线在 110°E～180°所包围的区域来表示。重建的各指数定义标准如下：

面积指数：在 10°N 以北 110°E～180°范围内，500hPa 位势高度场上所有大于等于 588dagpm 的格点所围成的面积总和。

强度指数：在 10°N 以北 110°E～180°范围内，500hPa 位势高度场上所有大于等于 588dagpm 的格点所围成的面积与该格点高度值减去 587dagpm 差值的乘积的总和。

脊线指数：在 10°N 以北 110°～150°E 范围内，588dagpm 等值线所包围的副热带高压体内纬向风 u=0、且 $\partial u/\partial y>0$ 的特征线所在纬度位置的平均值；若不存在 588dagpm 等值线，则定义 584dagpm 等值线范围内纬向风 u=0、且 $\partial u/\partial y>0$ 的特征线所在纬度位置的平均值；若在某月不存在 584dagpm 等值线，则以该月的历史最小值（1951～2010

年）代替。

西伸脊点：在 90ºE～180º范围内，588dagpm 最西格点所在的经度。若在 90ºE 以西则统一计为 90ºE；若在某月不存在 588dagpm 等值线，则以该月的历史最大值（1951～2010 年）代替。

在定义脊线指数时，在 110°～150°E 范围内只有一个 588dagpm 网格点的孤立副高体时，不予以考虑，或者只有一个纬度的经线与副高体内的纬向风切变线相交时，也不予以考虑。在定义西伸脊点时，在 90ºE～180º范围内对于只有一个 588dagpm 网格点的孤立副高体，不予以考虑。

将两套标准进行对比，可以看到重建的面积指数不再用格点数表示，而是改用 588dagpm 等值线所包围的“实际面积”表示，不再依赖于数据的分辨率，使得不同分辨率的数据计算得到的面积指数具有可比性。重建的强度指数则更像一个“体积”的概念，用每个格点的面积作为“底”，而该格点高度值与 587dagpm 的差值作为“高”，然后将所有“底”和“高”的乘积的总和作为强度指数，一方面消除了该指数对分辨率的依赖，同时也更形象地表现出了西太平洋副热带高压体。重建的脊线指数的做了较大调整，业务中使用的定义是 500hPa 高度场上西太平洋副热带高压体东西向的中心轴线作为脊线位置，而重建的脊线指数则同时考虑 500hPa 的高度场和纬向风场，以纬向风 u=0、且 $\partial u/\partial y>0$ 的特征线代替副高体内东西向的中心轴线作为副高脊线；更重要的是，重建标准中放宽对脊线的规定范围，当 500hPa 高度场上不出现 588dagpm 等值线时，则定义 584dagpm 等值线内纬向风 u=0、且 $\partial u/\partial y>0$ 的特征线。这是因为在实际的业务监测中发现，尽管当 500hPa 高度场上副高体很弱或不存在时，西太平洋副热带地区上空仍然存在位势高度相对偏强的大气环流系统，它的南北位置变化依然会对我国东部降水产生较大的影响，因此在业务监测中需要将其考虑进来。这样的调整将使得脊线在有的月份并不一定在副热带高压体东西向的中心轴线上，甚至在没有副高体出现时，仍然有副高脊线存在，这是业务指数不曾出现的新情况，但却可以更好地把握副高对我国降水雨带位置的影响（李建平和丑纪范，1998；占瑞芬等，2005）。重建标准对西伸脊点的定义基本没有调整。考虑到以上四个副高指数已经可以完整地表征西太平洋副热带高压体的状态（面积大小、强弱、南北和东西位置）变化，因此在重建的指数中不再对副高的北界位置进行定义。

2.3.2 重建的副高指数与业务指数的对比分析

依据定义标准，利用 NCEP 再分析数据重建了 1951～2010 年副高四种指数的历史时间序列。由于定义的调整以及所使用资料的不同，重建的副高指数与业务中所使用的指数必然会有许多不一致的地方，下面将通过对比分析这两套副高指数的基本气候特征，证实重建副高指数的客观性与合理性。

1. 副高气候平均态的比较

以夏季（6～8 月平均）为例，首先给出分别计算重建副高指数与业务指数的两套资料得到的夏季 500hPa 高度场的气候平均态（图 2.16）。这两套资料除了在分辨率上不同外，其 500hPa 高度值强度也有一定的差别。由图可以看到，由 NCEP/NCAR 资料得到的 588dagpm 等值线所包围的副高带面积明显比业务资料所得到的副高带面积偏小，其中在西太平洋副热带地区更为显著；而极区的低涡则比业务资料中的高许多，也就是说，NCEP/NCAR 资料得到的 500hPa 位势高度值无论在低纬或是高纬地区，整体比业务资料中的 500hPa 位势高度值低，副高体面积偏小，强度偏弱。因此有必要重新认识副高指数的气候平均值，它对预报员判断副高的状态变化有非常重要的影响。

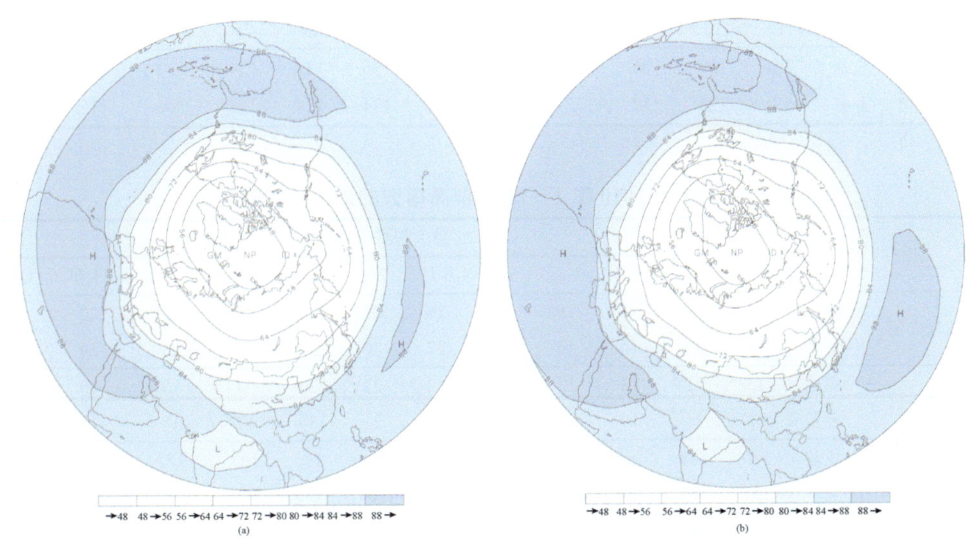

图 2.16　1971～2000 年夏季北半球 500hPa 高度场

（a）NCEP/NCAR 再分析资料；（b）NCC 业务资料；阴影为大于 572dagpm 的区域

表 2.6 列出了重建的 1～12 月副高四种指数的气候平均值，并与业务中所用指数的平均值进行比较。由于重建的面积和强度指数不再用格点数表示，而是计算副高体所包围的实际面积值和体积值，因而与原有的面积和强度指数不属于同一量级，不方便直接比较。不过图 2.16 已经直观地表现出业务所用面积和强度指数要比重建的偏强一些。重建的西伸脊点由于资料偏弱的原因，在大多数月份都表现为比业务指数偏东 10～30 个经度。但有意思的是，尽管 NCEP/NCAR 资料中的 500hPa 高度场比业务资料要弱，重建的脊线指数平均值在所有月份却都比业务指数偏北 1～3 个纬度，这是个值得关注的特征，说明重建的副高脊线定义标准对指数起到了比较显著的调整作用。

2. 副高最大值或最小值的比较

重建的定义标准中规定，当副高体不存在或不出现 584dagpm 等值线时，副高西伸脊点和脊线指数分别以相应月份的历史最大值或最小值代替，因此重建指数的历史最大值和最小值对指数也有一定的影响。通过对比分析这两套指数的历史最大值和最小值（表 2.7），发现由于 NCEP/NCAR 资料中的 500hPa 高度场相对较弱，588dagpm 等值线所围成的副高体相对偏小，因此重建的西伸脊点最大值在除 2 月和 4 月外的其他所有月份中均表现出比业务指数偏东 5～30 个经度值；但两套西伸脊点指数最小值却差别相对

表 2.6　1971～2000 年平均的 1～12 月副高指数

指标		气候平均值											
		1月	2月	3月	4月	5月	6月	7月	8月	9月	10月	11月	12月
面积	重建	13	13	18	21	27	64	56	53	51	52	38	27
	业务	8	8	11	13	17	22	22	22	21	21	16	13
强度	重建	27	26	34	32	38	128	119	99	116	106	71	47
	业务	14	14	19	22	29	45	40	38	39	38	29	23
脊线	重建	15	15	15	17	18	22	26	29	26	23	20	17
	业务	13	13	13	14	15	21	25	27	25	21	19	16
西伸脊点	重建	158	139	145	134	140	132	136	137	134	124	131	139
	业务	131	123	117	112	112	118	124	124	115	106	115	114

表 2.7　1951～2010 年 1～12 月副高指数的最大值或最小值

指标		最大值或最小值											
		1月	2月	3月	4月	5月	6月	7月	8月	9月	10月	11月	12月
脊线最大值	重建	18	17	17	19	22	26	32	34	30	25	22	20
	业务	17	17	16	19	21	27	30	34	30	26	24	19
脊线最小值	重建	13	12	13	13	14	18	22	20	23	19	18	14
	业务	11	11	10	10	12	17	21	20	17	18	15	13
西伸脊点最大值	重建	170	148	168	160	172	170	178	165	165	175	168	162
	业务	155	155	155	166	149	140	160	153	160	150	150	150
西伸脊点最小值	重建	90	90	90	90	90	105	110	90	95	90	98	90
	业务	90	90	90	90	90	90	95	90	90	90	90	90

较小，在大多数月份都为 90，这是由于定义标准中将西伸脊点的最小值规定为 90。而两套脊线指数的差别却不一样，尽管 NCEP/NCAR 资料中 500hPa 高度场上副高体整体偏弱，但重建的脊线指数最大值和最小值却几乎都比业务中的脊线指数偏北 1～3 个纬度值，其中 9 月脊线最小值两者相差 6 个纬度值。重建的脊线指数的这种特征在比较气候平均值时就有所体现，主要是由于重建标准中对脊线位置的定义做了较大调整，侧重考虑纬向风切变的影响，且不存在副高体时，还需要考虑 584dagpm 等值线范围内的纬向风切变线。

3. 两套副高指数的相关

表 2.8 给出了两套副高指数 1～12 月各月在 1951～2010 年的相关系数。结果显示，副高指数的定义标准虽有较大改动，但所有指数的相关系数在各个月份都远远超过 0.01 的显著性水平（相关系数超过 0.26），四种副高指数的平均相关系数分别为 0.73、0.80、0.56 和 0.54。这表明尽管重建的指数做了较大调整，并利用 NCEP/NCAR 再分析资料重新计算，但在变化趋势上还是保持了与业务指数较好的一致变化性；更重要的是，重建指数克服了对资料分辨率过分依赖的缺陷，实现了不同分辨率资料所计算的副高面积指数和强度指数具有可比性，其中对脊线位置的定义标准同时考虑高度场和纬向切变的作用。

表 2.8　1951～2010 年两套副高指数的相关系数

指标	相关系数												
	1 月	2 月	3 月	4 月	5 月	6 月	7 月	8 月	9 月	10 月	11 月	12 月	平均值
面积	0.74	0.68	0.70	0.73	0.65	0.74	0.74	0.74	0.70	0.76	0.76	0.81	0.73
强度	0.83	0.83	0.80	0.77	0.68	0.78	0.84	0.83	0.79	0.80	0.77	0.85	0.80
脊线	0.54	0.58	0.40	0.40	0.57	0.71	0.33	0.67	0.76	0.71	0.60	0.51	0.56
西伸脊点	0.69	0.62	0.62	0.52	0.47	0.62	0.50	0.47	0.47	0.39	0.50	0.62	0.54

同时也需要注意到，两套副高脊线指数在 7 月的相关系数只有 0.33，而西伸脊点在 10 月的相关系数也只有 0.39，均相对较低。这值得进一步分析，导致其相关系数偏低的原因何在。下面以 7 月脊线指数为例分析两套指数的差别。

图 2.17 所示为 7 月副高脊线指数的历史时间序列，这是所有月份中两套脊线指数相关系数最小的一个月份。可以看到，重建的脊线指数普遍比业务指数偏北，如 1978 年 7 月，重建的脊线指数为 32，比业务脊线指数偏北多达 10 个纬度值；而该时期的降水雨带也显著偏北［图 2.18（a)］，主要出现在我国黄淮北部到华北地区。也有重建脊线指数比业务指数明显偏南的年份，如 1999 年 7 月，重建的脊线指数为 25，比业务指数偏南 4 个纬度值；但此时的降水雨带则明显偏南［图 2.18（b)］，主要位于长江以南的大范围地区。由此可见，尽管重建的脊线指数在某些特殊的月份与旧指数差异较大，但它却与我国东部地区降水雨带的位置存在更加合理的对应关系。下面还将具体分析重建的副高脊线对我国夏季降水雨带位置的指示作用。

综上所述，导致两套指数不一致的原因有两方面的因素：其一，两套指数所使用的 500hPa 高度场强度有一定的差别，导致在某些具体时间段，588dagpm 所围成的西太平洋副高体出现较大偏差，而各个月份的最大值或最小值也就出现相应的差别，其中用来刻画副高位置的脊线指数和西伸脊点表现相对敏感。其二，重建标准对面积指数、强度指数采用真实“面积”和“体积”进行定义和计算，而对副高脊线指数则同时利用 500hPa 高度场和纬向风切变线定义，并且不仅仅局限于 588dagpm 等值线，充分考虑西太平洋副高系统对我国夏季降水的影响作用。

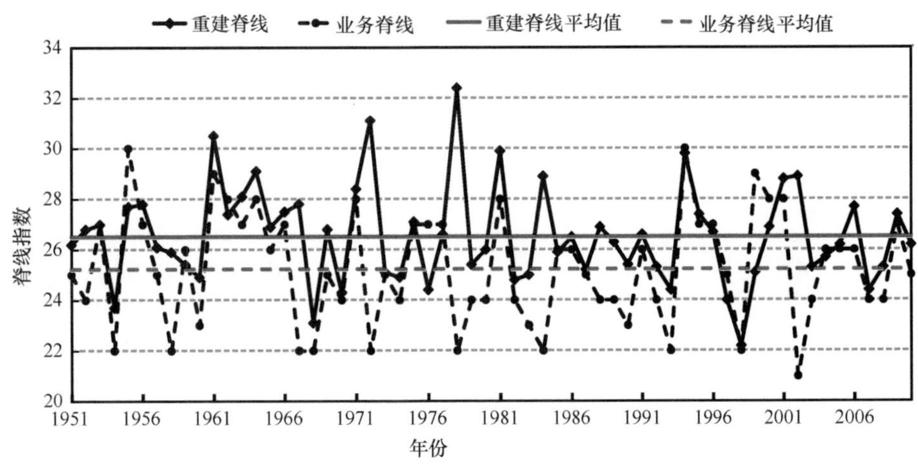

图 2.17　1951～2010 年 7 月副高脊线指数的历史时间序列

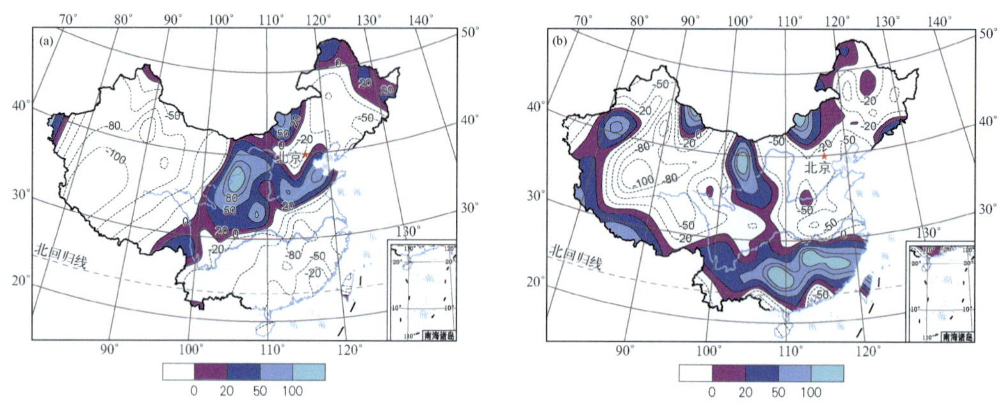

图 2.18　中国 7 月降水量距平百分率分布

（a）1978 年；（b）1999 年

4. 副高脊线与夏季雨带位置的关系比较

众所周知，副高的状态（面积大小、强弱、东西和南北位置）变化与我国夏季的旱涝分布、冬季的冷暖等紧密相关。尤其是副高脊线指数对我国夏季雨带位置关系密切。研究表明，西太平洋副高脊线的南北移动是决定梅雨位置和强度的重要因子（Ninomiya，1984；Tao 和 Chen，1987；Wang 和 Li，2004）。但遗憾的是，目前业务监测中使用的副高脊线指数却并不能很好地表现出与我国夏季长江流域降水的对应关系，其相关关系并不显著［图 2.19（b）］，这与业务中所用的副高脊指数的定义标准以及所用的业务数据有很大关系，导致脊线指数不能真实地反映副高的变化特征，并给业务监测预测工作带来一定的虚假信息。而重建的副高脊线指数与我国长江及其以南地区的降水则表现出很好的负相关关系［图 2.19（a）］，达到 0.05 显著性水平（相关系数的绝对值≥0.36），表明副高偏南时，夏季雨带则多停滞于长江流域，有利于长江及以南地区降水偏多，而副高偏北时，雨带将随之北抬，长江流域夏季降水也相应偏少。这也进一步证实了重建的副高指数能够更加真实客观地体现出副高本身的气候变化特征。

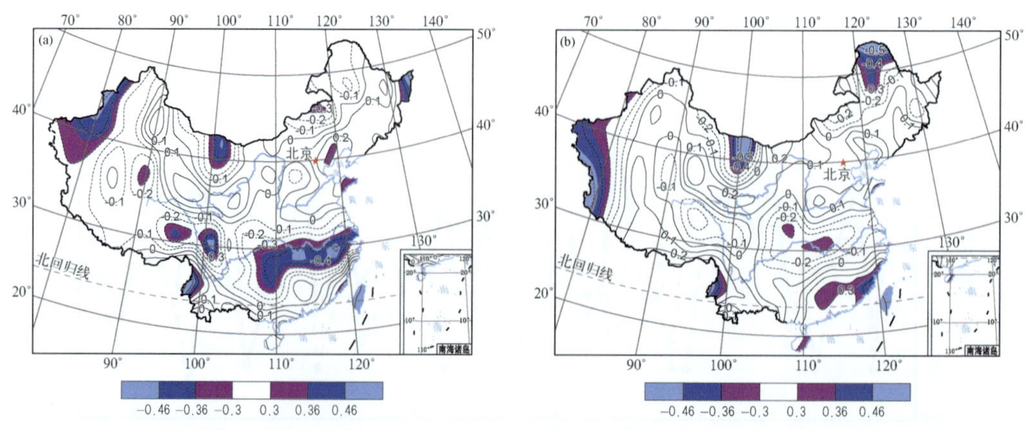

图 2.19　1971～2000 年夏季副高脊线指数与我国夏季降水的相关分布

（a）重建指数；（b）业务指数；阴影区为相关系数达到 0.05 显著性水平的区域

图 2.20 则给出了 6～8 月副高脊线与同期我国降水的相关分布。从相关图上可以清楚地看到由重建的脊线指数所表征的副高在不同月份对我国东部夏季雨带的影响作用。6 月［图 2.20（a)］，副高脊线的南北异常主要与我国华南和江南中部呈显著的负相关关系，而与江淮地区降水呈正相关关系，即 6 月副高脊线偏南，则华南和江南中部降水偏多，而江淮地区降水偏少。7 月与 6 月有很大的差别［图 2.20（c)］，副高脊线与我国长江流域及江南北部呈现显著的负相关，即 7 月副高脊线偏南对应长江流域降水偏多。8 月［图 2.20（e)］，随着副高脊线的“二次北跳”，其显著负相关区也比 7 月略往北抬，

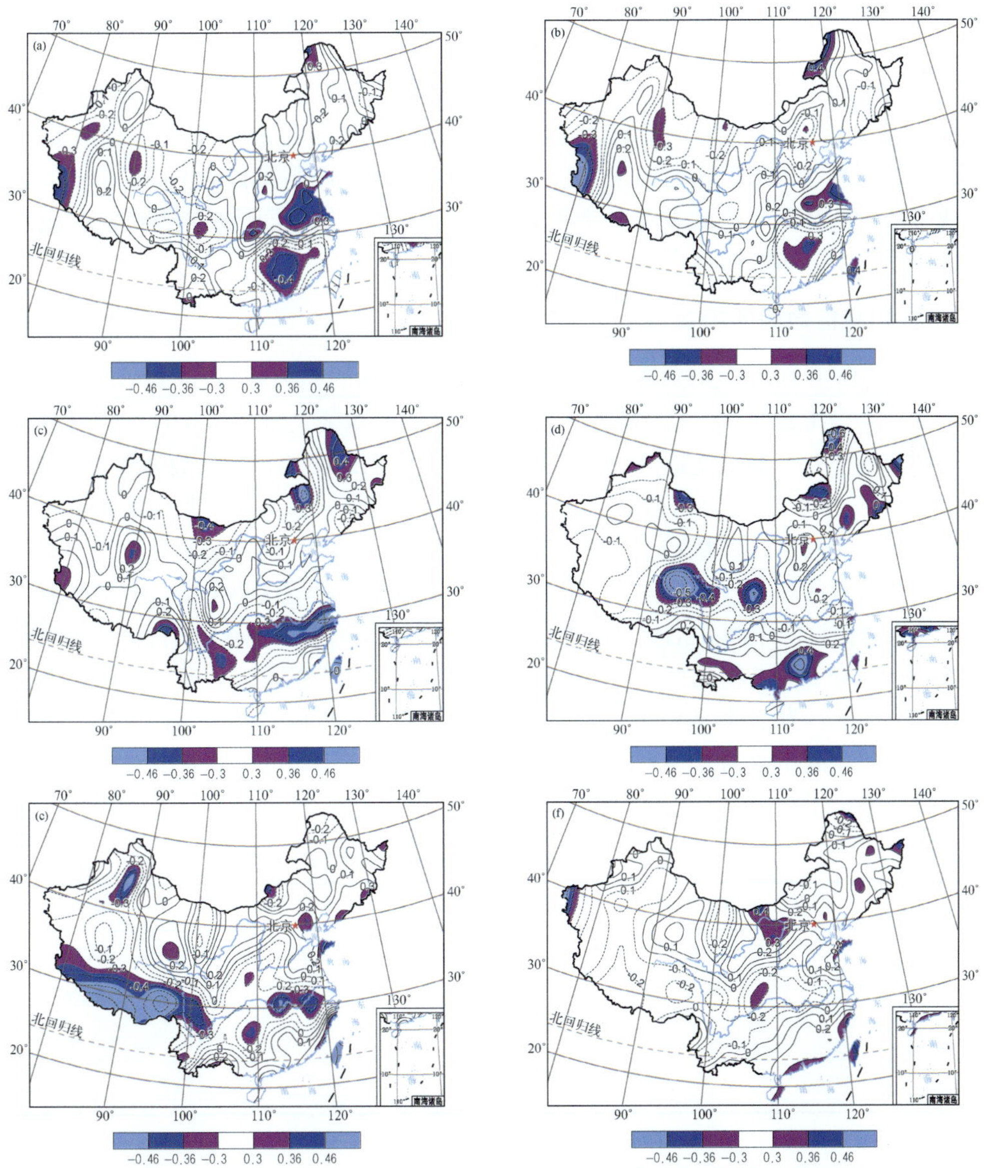

图 2.20　1971～2000 年 6 月［(a)，(b)］、7 月［(c)，(d)］和 8 月［(e)，(f)］副高脊线指数与我国同期降水的相关分布

(a)、(c)、(e) 为重建指数；(b)、(d)、(f) 为业务指数；阴影区为相关系数达到 0.05 显著性水平的区域

但相关程度降低；而有意思的是，副高脊线还与我国西藏及西南北部地区呈现典型的负相关关系，这可能是副高异常引起其他大气环流系统（如：低纬地区印缅槽）异常而表现出来的间接影响。而业务中所使用的副高脊线指数与我国东部地区同期降水的相关关系要远远低于重建的副高脊线指数，其指示意义不显著［图 2.20（b）、（d）、（f）］。重建的副高脊线指数与我国夏季不同月份的雨带位置都表现出很好的相关关系，改善了业务指数指示性不强的缺陷。

2.3.3 重建的副高指数与夏季降水的关系

通过前面的分析可以看到，重建的副高指数能够更加真实客观地体现出副高本身的气候变化特征，其中副高脊线指数也与我国夏季雨带位置存在显著的相关关系。这一节将综合考虑副高几个指数间的相互关系，并同时利用多个副高指数的不同组合分类，通过合成方法得到其对应的夏季降水异常分布特征，从而更加全面地展现副高的变化特征对我国夏季降水分布的指示意义。

1. 各副高指数间的相关性

表 2.9 给出了 1971～2000 年逐月的重建副高指数间的相关系数。可以看到，副高的面积指数和强度指数的强弱趋势基本一致，它们之间的相关系数达到 0.97；而面积指数、强度指数和西伸脊点的变化趋势则基本是相反的，它们之间的相关系数分别为–0.75 和–0.67，远远超过 0.01 的显著性水平。这说明副高异常偏强偏大时，其西伸就越明显，反之，位置则易偏东。值得关注的是，这四个指数中表征副高位置的两个指数——脊线指数与西伸脊点的相关程度最差，其相关系数仅为–0.16，表明这两个指数的相对独立性最强，综合考虑这两个副高指数可以在最大程度上表征副高的气候变化特征。而副高面积指数与西伸脊点的高相关性，又能够在考虑副高东西位置的同时，兼顾副高范围和强弱的变化。因此，为了进一步研究副高位置与我国夏季主要雨带的关系，下面将选取这两个指数构建副高指数的 9 种不同的组合类型，从而分析副高的变化特征对我国夏季降水异常分布的指示作用。

表 2.9　重建的副高指数间的相关系数

指标	面积指数	强度指数	脊线指数	西伸脊点
面积指数	1.00	0.97	0.38	–0.75
强度指数		1.00	0.36	–0.67
脊线指数			1.00	–0.16
西伸脊点				1.00

2. 重建的副高指数与夏季降水的关系

以副高西伸脊点的距平值作为横坐标，脊线指数的距平值作为纵坐标，从而构建出以副高两个位置指数表征的 1951～2010 年夏季副高的 9 种分类图（图 2.21）。定义副高西伸脊点比气候态分别偏西和偏东5个经度之内、脊线指数比气候态分别偏北和偏南0.5个纬度之内为正常年份，其他依次为偏北偏西、偏北、偏北偏东、偏东、偏南偏东、偏南、偏南偏西、偏西年份。副高的9分类图可以反映出其两个基本特征：①副高在20世纪80年代前后呈现出显著的年代际转折，在20世纪80年代以前，几乎所有年份夏季副高都偏东，而80年代后副高则西伸显著。②当副高偏北时，则西伸脊点正常至偏东的概率较大，在近60年的历史序列中仅2006年表现为夏季副高偏北偏西的异常特征；而当副高偏南时，则西伸脊点正常至偏西的概率较大，出现异常偏东的年份仅有4年。下面通过对副高9种类型下我国夏季降水异常特征的合成图分析证实，此种对副高的分类方法具有较好的合理性和实用性。

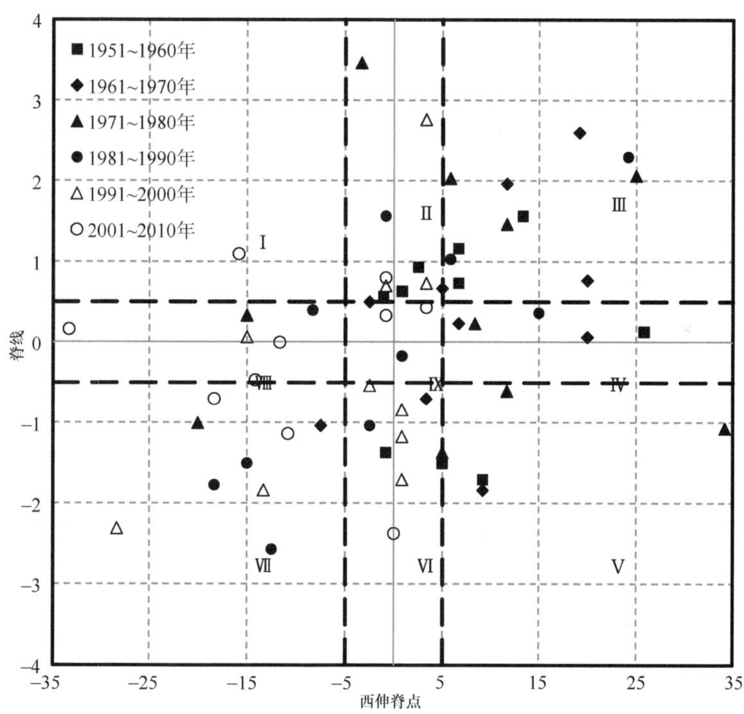

图2.21　1951～2010年夏季副高脊线和西伸脊点距平组合的9分类图

（Ⅰ.偏北偏西，Ⅱ.偏北，Ⅲ.偏北偏东，Ⅳ.偏东，Ⅴ.偏南偏东，Ⅵ.偏南，Ⅶ.偏南偏西，Ⅷ.偏西，Ⅸ.正常）

图2.22为夏季副高9种类型所对应的我国夏季降水异常分布图。可以看到，我国东部雨带随着副高位置不同类型的分布而表现出相应的分布特征。在1951～2010年期间，只有2006年夏季的副高位置表现出偏北偏西的特征（Ⅰ类），而在这种类型下东部夏季降水呈现南北两条的雨带，分别位于我国江南-华南地区和江淮-黄河之间，而长江流域降水异常偏少［图2.22（a）］；当副高以偏北特征为主时（Ⅱ类），与Ⅰ类副高相比，我国北部的雨带明显北抬至黄河以北，并与东北雨区相连，而江南地区的雨带范围和强度都明显减弱［图2.22（b）］；若副高不仅偏北且偏西（Ⅲ类），则北部雨带的范围进一步扩大而成为主雨带，南部雨带则几乎减弱消失，夏季降水转变为北多南少型［图2.22（c）］；当副高以异常偏西为主要特征时（Ⅳ类），与Ⅲ类副高相比，我国北部的雨带位置又有所南移，

且在江淮-江南地区又出现一条新雨带，再次呈现两条雨带的分布特征，且雨带范围较大，与Ⅰ类副高所对应的夏季雨带位置存在显著不同［图 2.22（d)］；而当副高位置南落，呈现偏南偏东的特征时（Ⅴ类)，我国东部雨带也随之南移，同时北部的雨带减弱消失，但在我国西部地区出现另一东北-西南向雨带［图 2.22（e)］；若副高表现为以偏南为主要特征时（Ⅵ类)，此类型下的夏季雨带则基本以长江流域为界，呈现出典型的南多北少型［图 2.22（f)］；若副高不但偏南且偏西时（Ⅶ类)，与Ⅵ类副高相比较，主雨带则北抬至长江-江淮之间，而华北和华南地区降水都异常偏少，自北向南表现为“负、正、负”的分布特征［图 2.22（g)］；当副高北抬至以偏西为主要特征时（Ⅷ类)，雨带则也随之略往北移，主雨带位于江淮-黄河之间，同时华南东部-江南南部也出现较弱的雨区［图 2.22（h)］；而当副高处于气候平均位置时（Ⅸ类)，则我国夏季降水主要在江南华南地区，但比Ⅵ类副高所呈现的雨带范围显著偏小［图 2.22（i)］。因此可见，我国夏季降水雨带位置与副高位置的确存在很好的对应关系，脊线位置的南北直接决定夏季主雨带的南北分布，而西伸脊点的东西匹配特征则影响雨带的影响范围或是否出现次雨带。

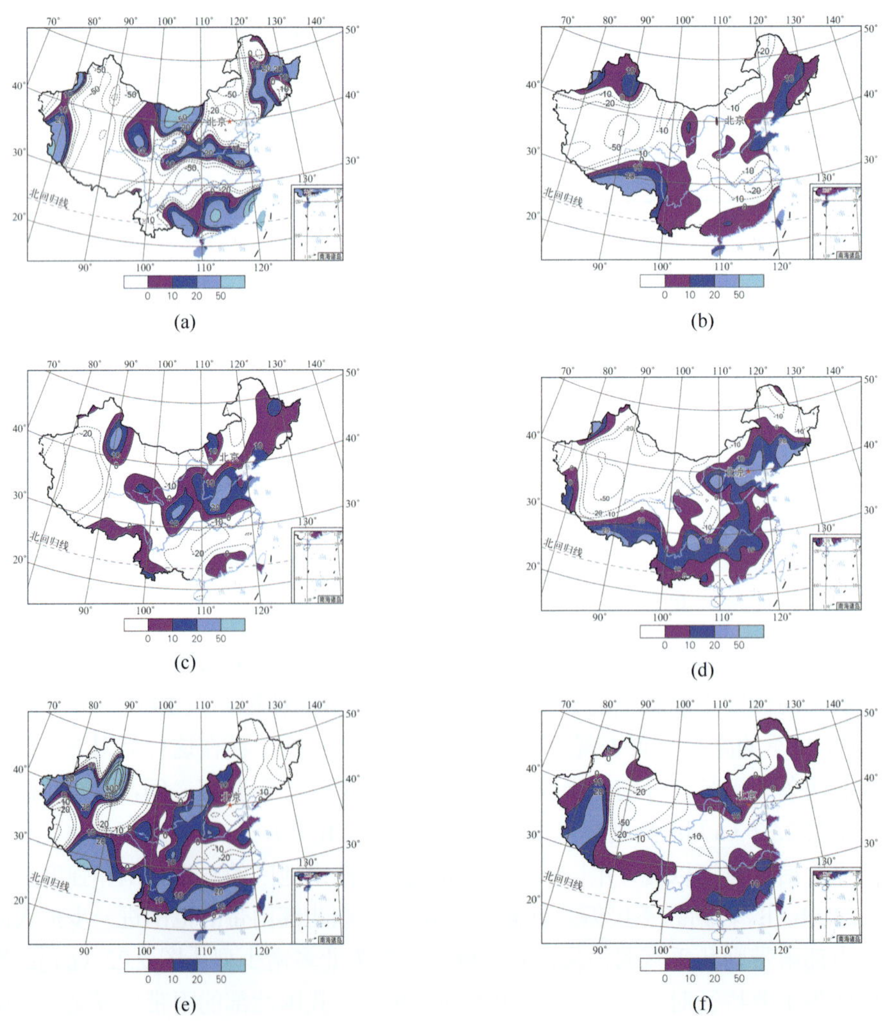

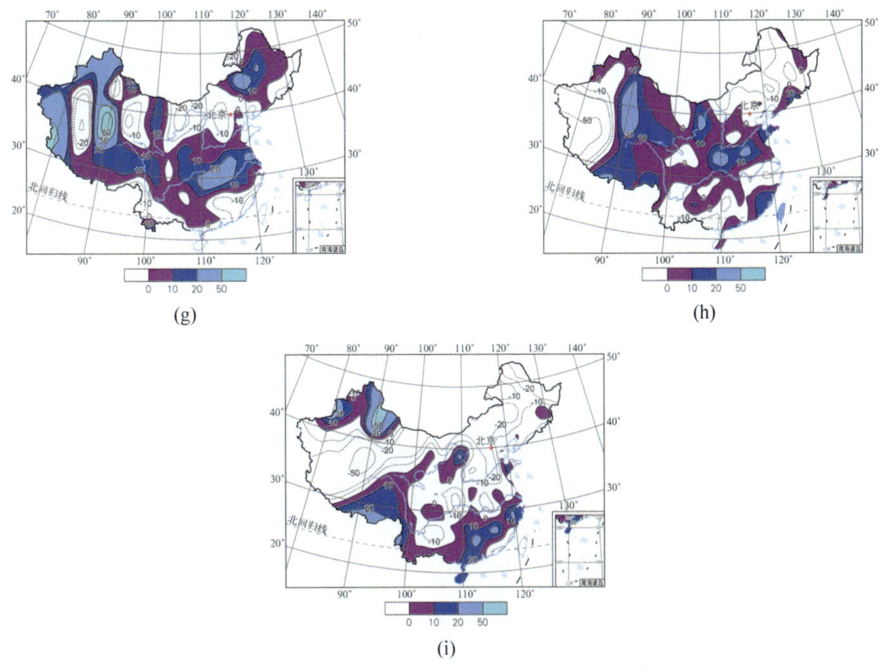

图 2.22　夏季副高 9 分类对应的夏季降水异常分布

（a）偏北偏西；（b）偏北；（c）偏北偏东；（d）偏东；（e）偏南偏东；（f）偏南；（g）偏南偏西；（h）偏西；（i）正常

以上分析说明，副高的南北和东西位置异常对我国夏季降水存在重要的影响作用，通过对其两个位置指数不同组合的 9 类分型，在最大程度上涵盖了我国东部夏季降水的各种雨型的分布特征，它为进一步认识西太平洋副高位置异常与夏季主要雨带的关系提供了科学基础。

利用目前广泛使用月平均的 NCEP/NCAR 再分析数据，针对目前 NCC 业务监测中使用的基于业务模式数据的副高指数存在的问题，对副高面积指数、强度指数、脊线指数和西伸脊点四种指数进行重新定义和计算，重建了 1951～2010 年逐月的副高四种指数的历史时间序列，并通过与业务指数进行比较，体现出这套重建的副高指数具备以下优点：

（1）重建的副高指数既能够很好地描述西太平洋副热带高压体的气候变化特征，又克服了副高指数对资料分辨率过分依赖的缺陷，实现了不同分辨率资料所计算的副高指数具有可比性，使得该指数在业务监测和预测中的应用更加客观和科学化。

（2）重建的副高指数在有些月份与业务指数表现出不一致，一方面是由于两套指数所使用的 500hPa 高度场资料在分辨率和强度值上有一定差别，另一方面则是因为重建的指数的定义有所调整，尤其是脊线指数利用 500hPa 高度场和纬向风切变线定义，充分考虑了西太平洋副高系统对我国夏季降水的影响作用。而它与我国夏季长江流域降水的显著相关也进一步证实了重建指数能够更加真实客观地表现副高的气候变化特征。

（3）副高的南北和东西位置异常对我国夏季降水存在重要的影响作用，通过构建副高两个位置指数的 9 种组合类型，在最大程度上涵盖了我国东部夏季降水的各种雨型的分布特征，它为进一步认识西太平洋副高位置异常与夏季主要雨带的关系提供了科学基础。

西太平洋副高指数的重建能够给气候监测诊断和预测工作提供更加客观准确的信息，尤其对西伸脊点的判断实现客观化，减少了预报员对资料的整理和计算工作。这项工作现已在气候监测业务工作中初步实现实时监测。从对两套副高指数基本特征的对比分析可以看到，重建的指数能够较为客观真实地反映副高与我国夏季降水雨带的关系，它对我国夏季降水的指示作用甚至颠覆了业务指数所表现出来的两者之间的对应关系。而综合考虑副高南北和东西位置的 9 分类方法，也从侧面说明其比赵振国（1999）提出的“三类雨型”或孙林海等（2005）总结的“四类雨型”能够更好地与副高的异常特征对应起来，从而为夏季降水预测工作提供更为准确和合理的参考信息。

2.4 西太平洋副高的年际特征及其与热带海表面温度和大气环流异常的关系

作为东亚季风系统中一个重要成员，西太平洋副高存在显著的年际和年代际特征，其位置和强度的变化对我国汛期降水有重要影响（陶诗言和卫捷，2006；徐海明等，2001）。基于上一节的重建指数（刘芸芸等，2012），发现在其 1951～2011 年逐月的历史时间序列中存在显著的准两年振荡（TBO）信号，因此针对副高 TBO 这一年际分量，比较其在年代际转折背景下副高 TBO 分量是否存在显著的差异；并结合对海表面温度 SST 和大气环流的分析，揭示副高 TBO 与热带低纬地区海洋和大气环流异常的关系，试图为我国短期气候预测工作提供一些有价值的信号。郑彬等人（2006）的研究指出，NCEP/NCAR 与 ERA40 再分析资料在年际尺度上有较好的一致性，刘芸芸和丁一汇（2012）在研究亚洲-太平洋夏季风系统的基本模态特征时也指出，NCEP/NCAR 和 ERA40 再分析资料在表现亚洲季风系统的年际和年代际变化特征时，两者差别不大。考虑到 NCEP/NCAR 再分析资料的时间范围较长，这里主要使用 1951～2011 年 NCEP/NCAR 月平均的再分析资料，主要变量为高度场（h）、纬向风（u）、经向风（v）等，水平分辨率为 2.5°×2.5°（Kalnay et al.，1996）。基于 NCEP/NCAR 再分析资料，计算了 1951～2011 年逐月的重建副高指数（刘芸芸等，2012），包括面积指数、强度指数、脊线指数和西伸脊点. 另外还使用了 NOAA 发布的扩展重建的海表温度资料（ERSSTv3），水平分辨率为 2°×2°（Xue et al.，2003）。主要分析方法为功率谱分析、Butterworth 带通滤波、低通滤波、超前滞后相关分析及合成分析等。

2.4.1 副高的准两年变化特征分析

1. 功率谱分析

从功率谱分析可以清楚地看出副高在整个分析时段的主要周期。由于副高的季节变率较强，远比其他周期的变化显著，因此为了突出年际尺度信号，首先利用低通滤波器滤掉了季节变化（11 个月以下的周期变化），再对滤波后的序列做功率谱分析，最大落后长度为 150 个月（序列长度为 732 个月，图 2.23）。这里选用重建副高指数中的强度指数和西伸脊点两个指数来表征副高的变化特征，由图可见，在 1951～2011 年时段内，副高存在明显的准 4 年和准 2 年两个年际周期，均通过 0.05 显著性水平的红噪声检验。其中副高的准 2 年周期分量与东亚及我国夏季季风降水准两年振荡的年际周期（Chang and Li，2000；王建新等，1995；况雪源等，2002；贾建颖等，2009）相一致，两者之间的相互作用更为紧密，因此下面将主要围绕副高 TBO 这个年际分量展开分析。

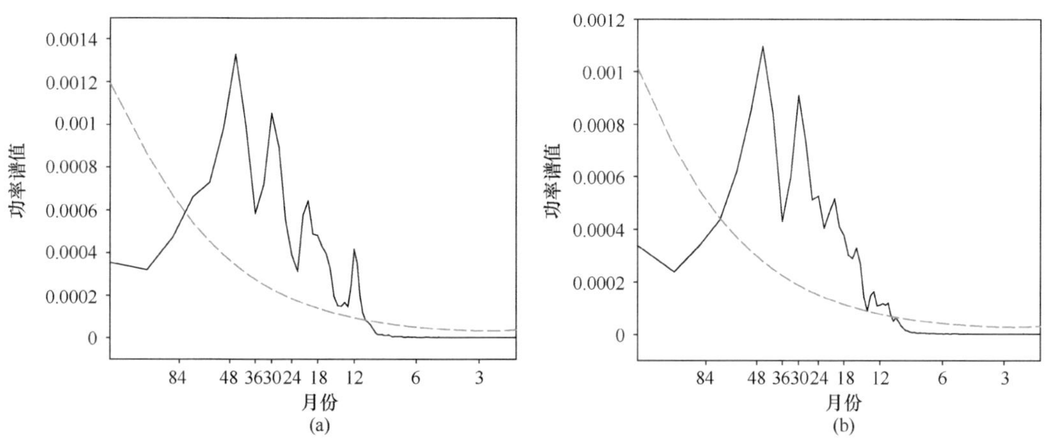

图 2.23　1951～2011 年副高强度和西伸脊点的功率谱分析

（a）强度；（b）西伸脊点

虚线为 0.05 显著性水平的红噪声检验线

2. 年代际变化

许多研究结果表明，1951～2011 年期间包括大气环流和降水等多种气象变量都存在显著的年代际转折特征，在 20 世纪 70 年代末期前后出现明显的转折点（刘芸芸等，2012；黄荣辉等，2006a；Zhao et al.，2007）。从副高强度和西伸脊点的逐月距平及累积距平曲线（图 2.24）可以看到，20 世纪 70 年代末期之前，副高强度多为负距平值，而西伸脊点则多为正距平值，表明副高处于整体偏弱偏东的年代际背景下，而 20 世纪 70 年代末期之后则正好相反，副高强度指数多为正距平值，西伸脊点则多为负距平值，说明副高已转为偏强偏西的年代际背景；这两个指数的逐月累积距平曲线也均显示在 20 世纪 70 年代末期发生了明显的年代际转折。那么，副高 TBO 分量在不同的年代际背景下是否会表现出显著的差异呢？为此，利用 Butterworth 带通滤波器对 1951～2011 年副高的强度指数和西伸脊点的历史时间序列进行滤波，时间窗口设为 24～36 个月，频率响应函数如图 2.25 所示，从而提取 TBO 信号进行不同年代际背景的对比分析。

从滤波后的时间序列可以看到（图 2.26），副高 TBO 分量在 20 世纪 70 年代末前后也出现了较明显的差异。无论是副高强度还是西伸脊点，在 1980 年以前 TBO 的振幅都相对偏小，而在 1980 年后 TBO 的振幅明显增大，副高强度和西伸脊点 TBO 分量相对于年际以上周期的方差贡献，在 1951～1980 年期间分别为 9.8%和 14.1%，而 1981～2011 年期间两者的方差贡献则分别增大到 44.1%和 44.7%。副高 TBO 分量的年代际变化与平流层的准两年振荡（QBO）的年代际增强也是比较一致的，Huang 等（2012）利用 ERA40 再分析资料中 100～10 hPa 纬向风所表征 QBO 分量，发现其在强度及垂直分布上均存

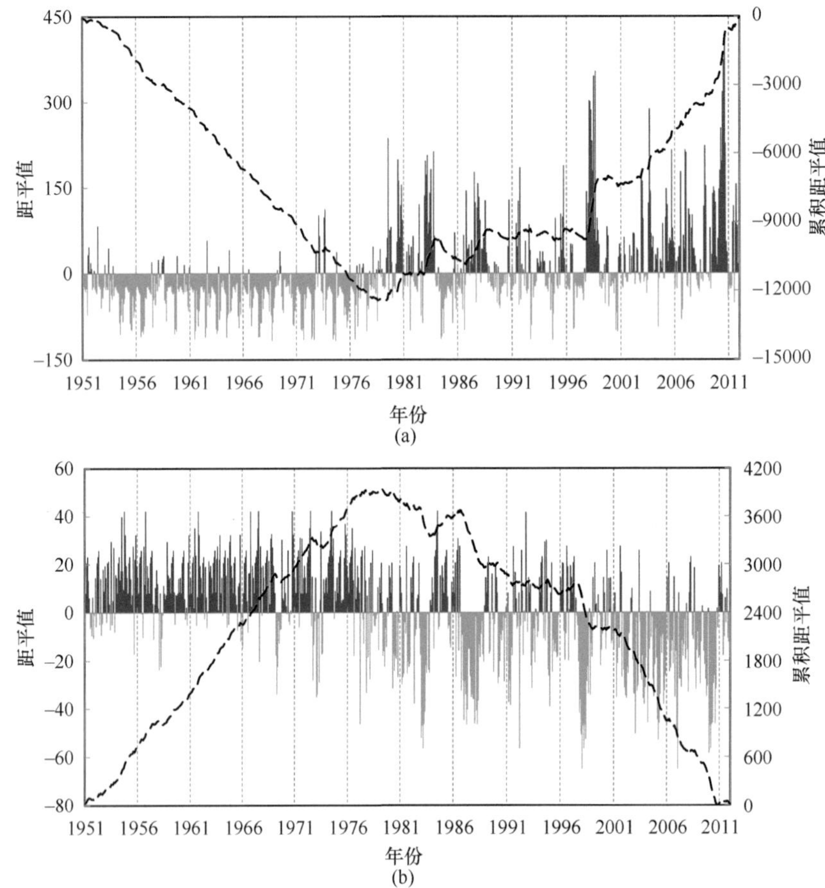

图 2.24 1951～2011 年副高强度和西伸脊点的逐月距平及累积距平的历史时间序列

（a）强度；（b）西伸脊点

灰色柱表示正（负）距平值，黑色曲线表示累积距平值

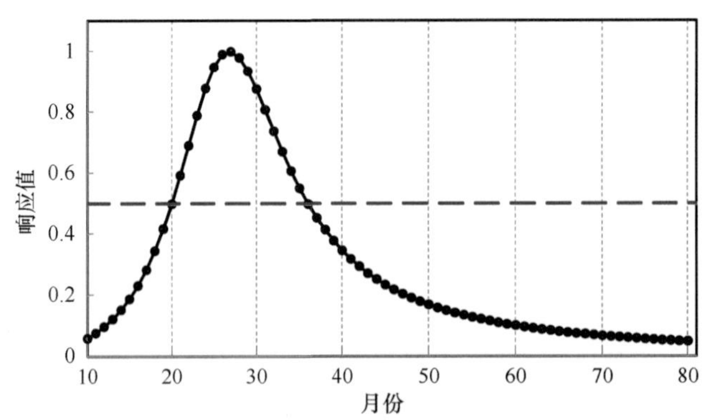

图 2.25 Butterworth 带通滤波器的响应函数

滑动窗口为 24～36 个月，横坐标为月份，纵坐标为响应函数值

在显著的年代际变化，转折点处于 20 世纪 70 年代末期；Hu 等（2012）则进一步研究了 QBO 与热带海表面温度和大气环流的关系，发现它们之间的相关关系也在 20 世纪 70 年代末期发生了年代际转折。而我国降水 TBO 分量也存在类似的年代际变化特征（杨

秋明，2006)。这些气象变量一致的年代际转折特征在一定程度上说明了 TBO 的发生是海气相互作用的结果。

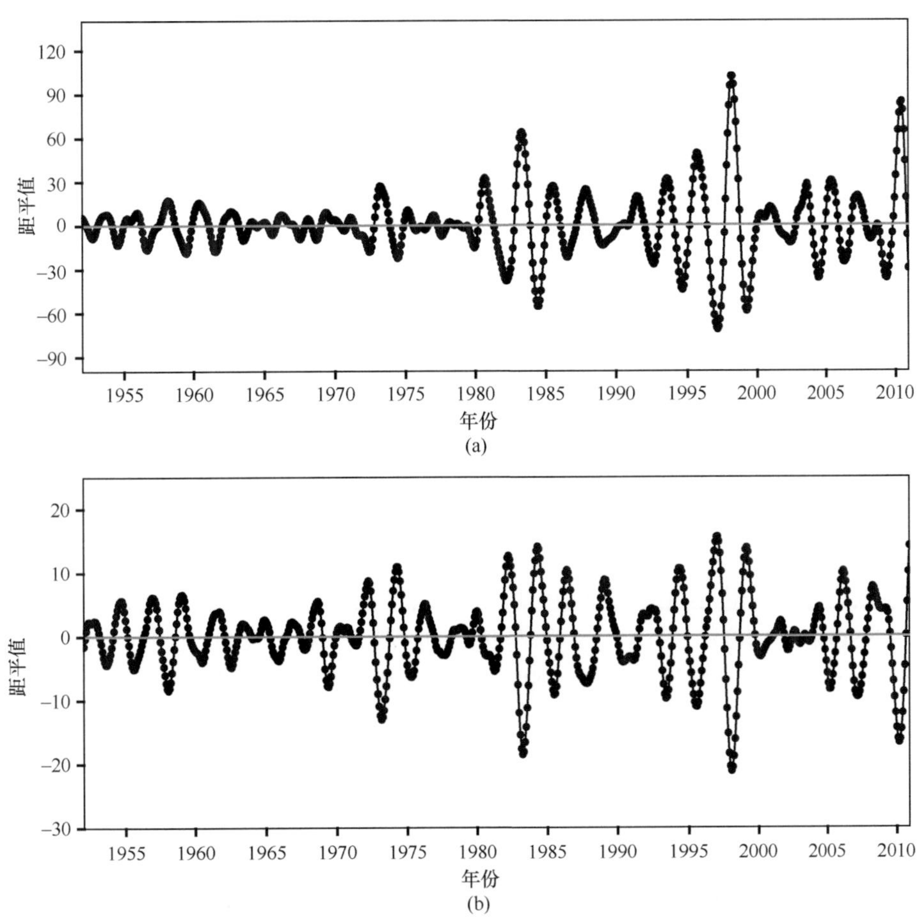

图 2.26　1951～2011 年副高强度（a）和西伸脊点（b）TBO 分量的历史时间序列

通过以上分析可知，尽管 TBO 是副高的一个重要的年际分量，在 1951～2011 年整个时段内都存在，但由于副高本身的年代际演变，准两年变化周期并不总是显著地或强度不变地影响着季风区的环流和降水。考虑到在近 30 年中副高的 TBO 年际分量越来越显著，短期气候预测中值得加强关注和分析，下面就选取 1981～2011 年时段，分析副高 TBO 分量与低纬地区海气相互作用的关系，从而有助于在短期气候预测中加深对年际信号的认识。

2.4.2　与准两年振荡相关的海表面温度和大气环流异常

在现有的研究中，对亚洲季风区 TBO 产生的物理机制还存在较大的分歧：有研究成果认为，TBO 是南海-西太平洋暖池地区海气相互作用的结果（Shen and Lau，1995；Lau and Yang，1997；黄荣辉等，2006b）；而 Meehl 和 ArbLaster（2002）则强调海气相互作用（指印度-太平洋地区）对 TBO 的贡献要大于陆气相互作用（指南亚地区），且 Raumusson 等（1990）和 Yasunari（1990）还强调 ENSO 对 TBO 的贡献；但 Chang 和 Li（2000）和 Li 等（2001）持不同观点，他们认为 TBO 是一种局地现象，不考虑赤道太平洋的作用，印度洋地区仍然可以出现 TBO；针对该种说法，Meehl 等（2003）进一步指出，若没有赤道太平洋 ENSO 的影响，亚澳季风区的 TBO 明显减弱。归纳以上观点，季风区 TBO 分量的发生主要是海-陆-气相互作用的结果，其中热带海洋与大气的贡献较为显著。因此下面主要通过对热带海表面温度和大气环流的分析，试图给出副高 TBO 与热带地区海表面温度与大气环流异常的对应关系。

1. 副高与热带海表面温度异常的时滞相关关系

从已有的研究结果可知（Li et al.，2001；李双林等，1999；罗玲等，2005；刘芸芸等，2012），对亚洲季风区 TBO 影响较大的热带海区主要有 Niño3.4 区（5°S～5°N，170°W～120°W）、暖池区（WP：5°S～5°N，120°E～160°E）及热带西印度洋区（WIO：5°S～5°N，40°～60°E）。副高指数与热带海表面温度距平（SST anomaly，SSTA）的空间相关分布图也显示上述 3 个热带海区是影响亚洲季风 TBO 的关键区（图略）。为了清楚地认识副高 TBO 分量与热带海洋异常之间的对应关系，首先将副高指数的原始时间序列与以上几个关键海区的 SSTA 做超前滞后相关。由图 2.27 可知，除副高脊线外，副高强度、面积和西伸脊点均明显受到 ENSO 和西印度洋 SSTA 的影响，与暖池的时滞关系相对较弱。其中西伸脊点对 ENSO 响应较早，2～5 个月时相关显著；而强度和面积指数在滞后 4～7 月时相关最为显著。

将关键海区 SSTA 也做类似的准 2～3 年带通滤波后与副高 TBO 分量同样做超前滞后相关（图 2.28），可以看到副高 TBO 分量与几个关键海区 SSTA 的相关更为显著，持续时间更长，说明热带海表面温度异常对 TBO 分量的影响是非常显著的。副高强度 TBO 滞后 Niño3.4 区 SSTA 大约 2 个月，且滞后相关时间可以一直持续 11 个月，在滞后 5～6 个月时相关最显著；西伸脊点 TBO 对 ENSO 响应同样比副高强度更早一些，在滞后 3～5 个月时负相关最显著。与 Niño3.4 区相比，西印度洋 SSTA 信号与副高 TBO 相关关系达到最大的时间要更短一些，这与热带海表面温度异常往往首先出现在中东太平洋，随后西印度洋才会有所表现是有关系的。

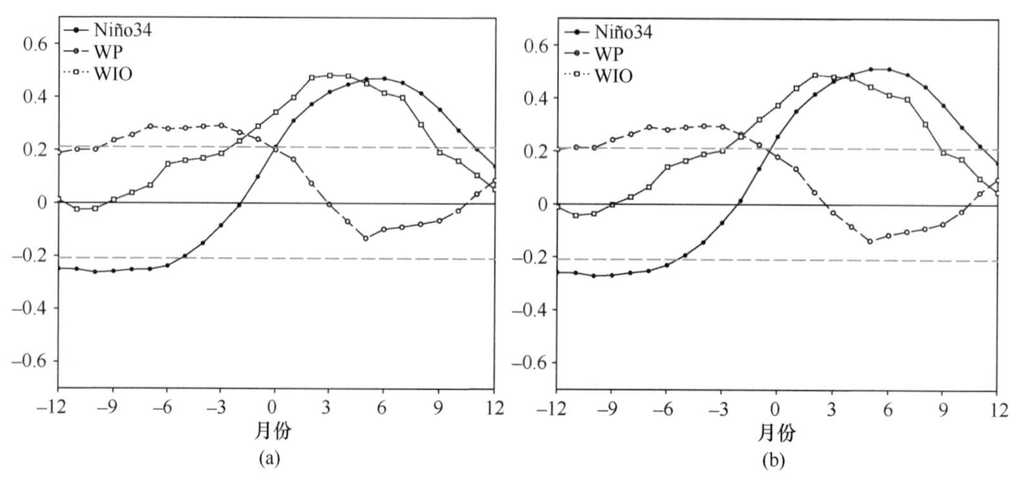

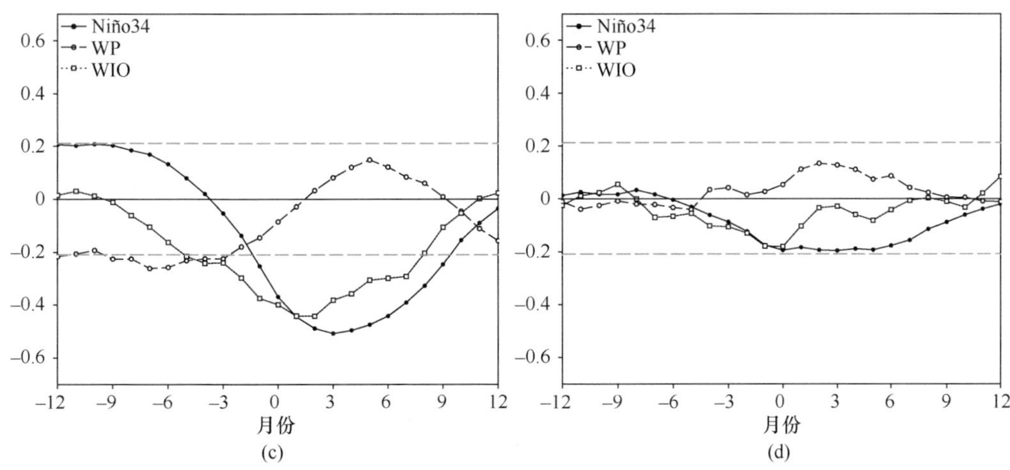

图 2.27 1981～2011 年逐月副高强度、面积、西伸脊点和脊线原始序列与关键海区 SSTA 的时滞相关

（a）强度；（b）面积；（c）西伸脊点；（d）脊线

横坐标-*n*（*n*）表示副高指数超前（滞后）关键海区指数 *n* 个月，灰色虚线为 0.05 的显著性水平线，纵坐标为相关系数值

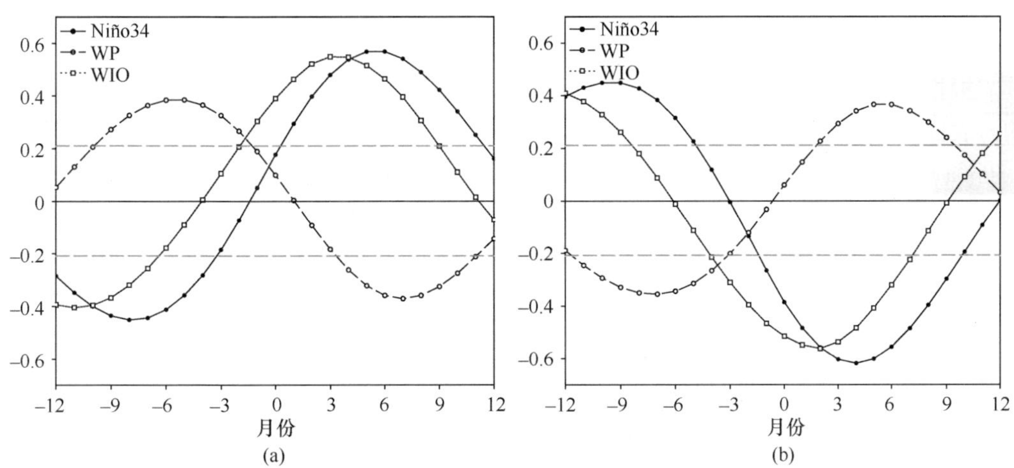

图 2.28 同图 2.27，但为副高强度和西伸脊点 TBO 分量

（a）强度；（b）西伸脊点

横坐标-*n*（*n*）表示副高指数超前（滞后）关键海区指数 *n* 个月，灰色虚线为 0.05 的显著性水平线，纵坐标为相关系数值

2. 副高 TBO 与海表面温度和大气环流的空间对应关系

为了更详细地描述副高 TBO 分量与海表面温度和大气环流的空间分布的关系，先将一个完整的 TBO 循环分为 8 个位相，从副高 TBO 的历史时间序列可知（图 2.26），副高 TBO 分量往往在夏季时振幅达到最大，因此将前一年夏季 TBO 负位相最强时期定为第 1 位相，冬季时 TBO 位相开始转向，此时为 TBO 变率最大的第 3 位相，到当年夏季 TBO 正位相最强时为第 5 位相，此后 TBO 正位相减弱，TBO 第 7 位相时由正转负，从而形成一次完整的 8 个位相循环过程（图 2.29）。同时海表面温度和环流均做了与副高指数一样的 24～36 个月的带通滤波处理。

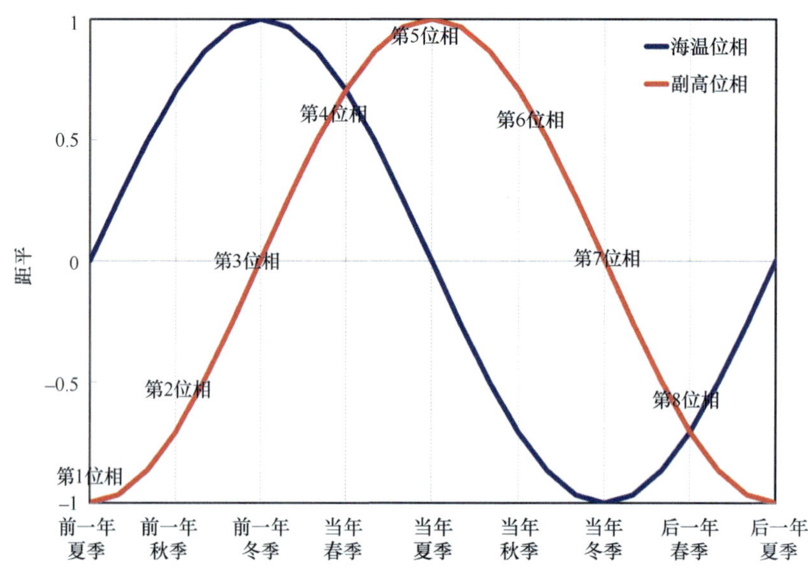

图 2.29　西太平洋副高 TBO 8 个位相及对应热带海表面温度异常的分布示意图
纵坐标代表变量的距平值

根据 1981～2011 年副高 TBO 时间序列（图 2.26），得到副高 TBO 不同位相所对应的海表面温度和低层距平风场的合成分布图（图 2.30）。可以看到，在前一年夏季［图 2.30（a）］，TBO 为负位相最强时，赤道中东太平洋开始出现类似 El Niño 状态，同时暖池区出现负海表面温度，而此时印度洋海表面温度接近气候平均值；在低层距平风场上，孟加拉湾越赤道气流明显偏强，南海到西太平洋地区为异常气旋性环流，而 30°N 以北地区则为异常反气旋性环流，这是东亚夏季风偏强的典型模态。30°N 以南的气旋南侧的偏东风异常也有助于暖池表层的暖水向东扩展，使得热带中东太平洋地区类似 El Niño 的海表面温度异常状态维持及进一步加强。

到前一年秋季［图 2.30（b）］，在赤道偏东风的驱动下，太平洋海表面温度西冷东暖的异常分布进一步加强，印度洋海表面温度也较前期夏季明显增暖。此时暖池上空表现为辐散环流，赤道偏西风加强. 到冬季［图 2.30（c）］，类似 El Niño 型达到盛期，而印度洋海表面温度进一步增暖。对应低层距平风场上菲律宾及以东地区激发出异常反气旋性环流，东亚冬季风偏弱。当年春季［图 2.30（d）］，类似 El Niño 状态开始衰减，而此时印度洋一致偏暖的模态达到盛期，比赤道中东太平洋海表面温度异常演变大约滞后一个季节左右，这与副高分别与 Niño3.4 区和西印度洋区海表面温度的滞后相关关系是相吻合的。此时在低层风场上，前期冬季在菲律宾以东激发的异常反气旋性环流北移至南海地区，索马里越赤道气流偏弱。

当年夏季［图 2.30（e）］，赤道中东太平洋海表面温度开始向类似 La Niña 状态发展，此时副高 TBO 处于正位相最强时期，30°N 以南的西北太平洋上空为异常反气旋性环流，由于东亚夏季风偏弱，反气旋环流西侧的偏南风与来自高纬的偏北风在我国长江流域汇合，有利于我国长江流域降水偏多。暖池区也同时出现偏东风距平，有利于暖池区海表面温度增暖。印度洋地区海表面温度开始随着中东太平洋负海表面温度的出现也较前期春季有下降的趋势，对应索马里越赤道气流异常偏弱，这样的分布与前一年夏季［图 2.30

(a)] 几乎相反。

当年秋季[图 2.30(f)]，赤道偏东风距平进一步加强，赤道中东太平洋类似 La Niña 型进一步加强发展，表现出与前一年同期反位相的分布特征，但异常程度比 El Niño 时期明显偏弱。当年冬季赤道中东太平洋海表面温度类似 La Niña 型达到盛期[图 2.30(g)]，对应东亚冬季风异常偏强，低层风场暖池区辐合；次年春季类似 La Niña 型开始衰减，菲律宾以东激发出异常气旋性环流，对应副高明显偏弱，同时印度洋地区也开始出现气旋对，预示着夏季季风爆发偏早及偏强，将再次表现出如图 2.30（a）所示的异常分布特征，从而形成一个完整的 TBO 循环过程。

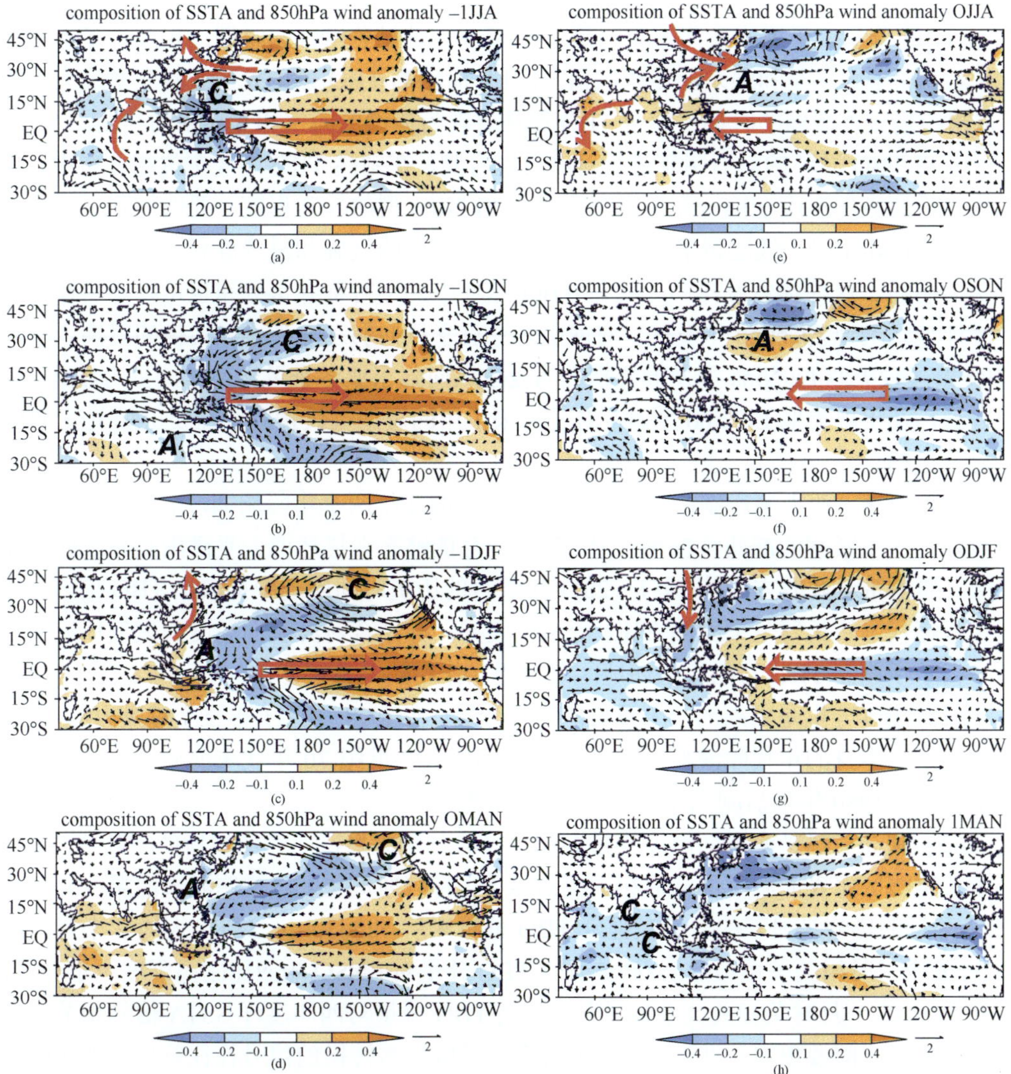

图 2.30　副高 TBO 不同位相所对应的海表面温度距平和 850hPa 距平风场（箭头）分布

橙色阴影为正海表面温度距平，蓝色阴影为负海表面温度距平；图中 *A* 表示异常反气旋中心，*C* 表示异常气旋中心；（a）～（h）分别对应第 1～8 个位相，依次为前一年夏季，前一年秋季，前一年冬季，当年春季，当年夏季，当年秋季，当年冬季，次年春季从上面的分析可知，在一次完整的副高 TBO 循环过程中，热带海表面温度异常最显著的地区位于赤道中东太平洋地区。赤道中东太平洋海表面温度变化为前一年夏季开始出现类似 El Niño 型，经历秋季的加强后，在前一年冬季类似 El Niño 型达到最强；当年春夏秋季海表面温度逐渐降低，由类似 El Niño 型转变为 La Niña 型，并在当年冬季类似 La Niña 型达到盛期；次年春夏季开始热带中东太平洋海表面温度又再次升高，呈现类似 La Niña 向类似 El Niño 型的转换。而对应低层距平风场上则经历了强夏季风-弱冬季风-弱夏季风-强冬季风-强夏季风的过程，东亚季风异常的这种循环变化特征，与李崇银等（2010）利用东亚季风指数（EAMI）研究所得的 TBO 循环特征相吻合。在 TBO 循环中，冬季的赤道中东太平洋类似 El Niño 型总是和弱东亚冬季风耦合出现，而此时副高 TBO 分量处于增强变率最大的第 3 位相，正是显著增强的时期；相反，冬季的类似 La Niña 型则总是和强东亚冬季风耦合出现，而副高 TBO 分量处于衰减变率最大的第 7 位相，是显著减弱的时期。整个 TBO 循环表现为典型的海气相互作用的结果。

若将 TBO 循环的前后两年进行对比可以看到，在副高 TBO 的 8 个位相分布中，中东太平洋海表面温度在前一年所表现出类似 El Niño 型的异常程度，要明显强于后一年的类似 La Niña 型，低层距平风场上前一年所表现出的气旋和反气旋异常中心也比后一年更为明显。这种热带海洋和大气在 TBO 循环中的不对称异常分布也可以说明在中东太平洋地区类似 El Niño 型发展，对应强东亚夏季风向弱东亚冬季风转换的时期，副高 TBO 振荡较类似 La Niña 型发展并耦合弱夏季风向强东亚冬季风转换时期更为显著。也就是说，在出现类似 El Niño 型时，对于未来半年的短期气候预测则需要更加关注 TBO 年际分量的信号。

综上所述，西太平洋副高存在显著准 4 年和准 2 年两个年际周期，主要关注与东亚季风降水关系紧密的准两年振荡分量。基于一套能够客观描述西太平洋副高系统的重建指数，通过带通滤波方法从 1951～2011 年逐月的历史时间序列中提取出 TBO 信号，比较了在年代际转折背景下副高 TBO 分量的差异；并结合对海表面温度和大气环流的分析，揭示了副高 TBO 与热带低纬地区海气相互作用的关系：

（1）TBO 分量是副高的一个重要的年际分量，在 1951～2011 年整个时段内都存在，但由于副高本身的年代际演变，副高 TBO 分量在 20 世纪 70 年代末前后也出现了较明显的差异，1980 年以后副高 TBO 的变率明显增大。

（2）副高与热带海表面温度异常存在明显的时滞关系，而经滤波后的副高 TBO 与几个关键海区海表面温度的滞后相关更为显著，持续时间更长，说明海表面温度异常对 TBO 分量的影响是显著的。副高强度 TBO 分量滞后 Niño3.4 区 SSTA 大约 2 个月，滞后 5～6 个月时相关关系最显著；西伸脊点 TBO 分量对 ENSO 响应比副高强度更早一些，在滞后 3～5 个月时负相关关系最显著。副高 TBO 分量与西印度洋 SSTA 信号相关关系达到最大的时间要更短一些，这与热带海表面温度异常转换的信号往往首先出现在中东太平洋，然后再出现在西印度洋有关。

（3）副高 TBO 循环为典型的海气相互作用的结果。在一次完整的副高 TBO 循环过程中，热带海表面温度和低层风场也表现出典型的准两年循环特征。冬季赤道中东太平洋的类似 El Niño 型总是和弱东亚冬季风耦合出现，而此时副高 TBO 分量处于增强变率最大的第 3 位相，正是显著增强的时期；相反，冬季的类似 La Niña 型则总是和强东亚冬季风耦合出现，而副高 TBO 分量处于衰减变率最大的第 7 位相，是显著减弱的时期。

（4）在 TBO 循环中热带海表面温度和大气呈现不对称的异常分布，在中东太平洋地区类似 El Niño 型发展，对应强东亚夏季风向弱东亚冬季风转换的时期，副高 TBO 振荡较类似 La Niña 型发展并对应弱夏季风向强东亚冬季风转换时期更为显著，因此当热带海表面温度处于类似 El Niño 型发展时，在短期气候预测中需要更加关注 TBO 年际分量的信号。

在副高 TBO 循环演变过程中，热带海表面温度异常最显著的地区位于赤道中东太平洋地区，而热带印度洋和暖池区的海表面温度异常总是滞后中东太平洋类似 El Niño-La Niña 型转换约一个季节，并且其异常程度也较太平洋海表面温度变化幅度弱一些。因此从这个角度说，热带太平洋海表面温度对副高 TBO 的调制作用是要更早一些，似乎也更为重要一些，而印度洋的海表面温度异常演变起到一个加强的作用，这与 Meehl 等（2003）的研究结果更为一致。

2.5　夏季西太平洋副高两次北跳及其与我国东部夏季降水的关系

副高的南北变动具有缓慢与跳跃的移动特征，且为全球现象。副高的季节性变异对短期气候异常有重要影响，其阶段性地北跳与我国东部地区的雨季及位置直接相关，从初夏到盛夏副高有两次明显的季节性北跳：平均而言，6 月中旬前后，副高开始第 1 次北跳，东亚夏季风推进到长江流域，江淮流域入梅，7 月中旬左右，副高第 2 次北跳，东亚夏季风推进到华北，江淮流域梅雨结束，华北雨季开始（张庆云和陶诗言，1999；陶诗言和卫捷，2006）。因此在全球变暖背景下，对副高两次北跳时间的研究对于探索我国东部地区降水的推进过程具有十分重要的意义。对于副高在季节内北跳的时间及纬度值问题，已有众多相关的研究成果。张庆云和陶诗言（1999）在利用日尺度的 TBB 资料描述副高过程中，通过统计得到第 1 次北跳时间在 6 月第 2 候，从 20°N 以南跳到 23°N，第 2 次北跳在 7 月第 4 候，从 26°N 以南跳到 35°N；陶诗言等（2006）研究指出，从气候上讲，副高脊线在 6 月 18 日左右北跳到 25°N，在 7 月 10 日前后北跳到 30°N。以上研究仅是对副高季节性两次北跳时间及纬度进行了定性的讨论，目前对于脊线的北跳还缺少一个客观定量并同时具备可操作性的计算方法，而对副高的两次北跳时间的影响因素恰恰是预报员最关心的问题。此外，20 世纪 70 年代末期，随着全球变暖，全球海气耦合系统也发生了一次显著的年代际变化，东亚夏季风环流减弱，而副高增强并明显偏南（Wang，2001；龚道溢和何学兆，2002）。在这种背景下，副高两次北跳时间的年际、年代际演变特征是否也发生了新的变化，也鲜有相关研究。因此，为了更加真实、定量和客观的分析夏季副高的两次北跳时间及其在 20 世纪 70 年代末是否发生了新的变化，利用 1951～2012 年的候尺度副高脊线资料，对其两次北跳时间进行定义，分析了其年际、年代际的演变特征，并揭示了其重要影响因素，为短期气候预测提供一定的参考。脊线的北跳是脊线从某一时间开始发生了跳跃式的北移，并且能够在新的纬度位置上稳定地维持一段时间。

2.5.1 夏季副高两次北跳的定义及其气候特征

根据刘芸芸等（2012）对副高脊线的定义，计算了 1951～2012 年 5～10 月（25～60 候）逐候副高脊线位置，对 1951～2012 年、1951～1980 年和 1981～2012 年三个时段分别求平均，结果如图 2.31 所示。从图 2.31 可见，1951～1980 年这一阶段副高逐候脊线值基本上都在 1981～2012 年之上，即 20 世纪 80 年代之前副高脊线位置整体偏北，6～8 月脊线平均位置分别为 22.1°N、26.9°N 和 28.8°N，而 80 年代之后整体偏南，6～8 月脊线平均位置分别为 20.9°N、25.9°N 和 28.0°N。可以看出，虽然 20 世纪 80 年代之后副高脊线位置偏南，但这种偏南程度在 6～8 月逐渐减小。此外，也可发现，25～31 候，副高脊线基本上稳定在 17～19°N 这一小区域（图 2.31 中区域 A），从第 32 候（6 月第 2 候）开始，副高脊线发生第 1 次北跳，跳过 20°N，并于 35 候进入 23～25°N 这个稳定的区域（图 2.31 中区域 B），并在此区域维持 5 个候；于 40 候（7 月第 4 候）跳过 26°N，即副高脊线发生第 2 次北跳，并迅速北上进入另一个稳定的区域：28～31°N，图 2.31 中区域 C，并维持 6 个候；之后在 47 候（8 月第 5 候）开始缓慢南撤。由此可见，副高两次北跳对应的平均脊线位置分别为 20°N 和 26°N。

对于北跳的定义，项目课题和研究性质的不同，定义的北跳位置也有可能不同。张庆云和陶诗言（1999）将副高脊线第 1 次跳过 20°N 定义为第 1 次北跳，脊线第 1 次跳过 26°N 定义为第 2 次北跳。但由于副高逐候脊线的季节内波动较大，脊线在跳过某个纬度之后有不同程度的回落，基于此，根据图 2.31 及以上分析得到的北跳位置，并考虑到副高脊线的波动，对两次北跳时间的判定进行了如下的定义：从副高脊线第 1 次北跳过 20°N（26°N）的候开始算起，若接下来两候也位于 20°N（26°N）以北，则将第 1 次北跳过 20°N（26°N）的候定义为第 1 次（第 2 次）北跳时间；或者即使第 3 候不位于 20°N（26°N）以北，但位于 19°N（25°N）以北，则也将第 1 次北跳过 20°N（26°N）的北跳时间定义为第 1 次（第 2 次）北跳时间。在此需要说明的是，脊线在第 4 候存在位置回落的现象，但也还是位于 19°N（25°N）以北，因此将定义范围设定为第 3 候，即客观性解决了副高两次北跳的波动性。根据上述定义，分别计算出 1951～2012 年副高脊线两次北跳的时间，若计算出北跳时间为 0，则以 1951～2012 年历史平均值代替，表 2.10 给出了 1951～2012 年副高脊线两次北跳的时间（Ye et al.，2014）。

由表 2.10 统计分析可知，1951～2012 年，第 1 次北跳平均发生时间为 6 月第 3 候，最早发生在 5 月第 2 候（1961 年），最晚发生在 7 月第 2 候（1982 年、1992 年和 2010 年）；第 2 次北跳平均发生时间为 7 月第 4 候，最早发生在 6 月第 5 候（1955 年、1961 年和 1984 年），最晚发生在 9 月第 3 候（1998 年）。

图 2.32 中实线为北跳时间的距平累加，可以明显地看出两次北跳时间的年代际特征。副高脊线的第 1 次北跳时间经历了“持续偏早-持续偏晚”的年代际变化［图 2.32（a）］，1980 年前第 1 次北跳时间持续偏早，经计算平均北跳时间为第 31.3 候（6 月第 1 候）；1981～2012 年北跳时间持续偏晚，平均北跳时间为 33.8 候（6 月第 4 候）。第 1 次北跳时间序列在 1980 年前后的 t 检验值为 3.93，达到了 99%的显著性水平。在 1980

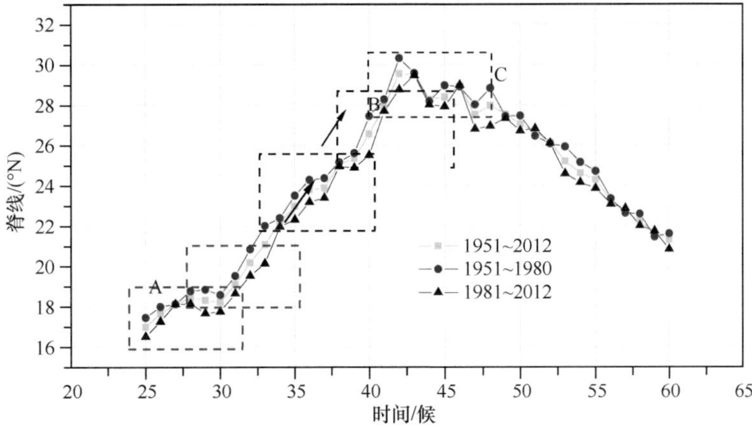

图 2.31　不同时段逐候副高脊线多年平均位置

表 2.10　1951～2012 年副高两次北跳时间（候）

年份	第 1 次北跳时间	第 2 次北跳时间	年份	第 1 次北跳时间	第 2 次北跳时间	年份	第 1 次北跳时间	第 2 次北跳时间
1951	32	41	1972	33	38	1993	36	47
1952	31	45	1973	36	38	1994	34	37
1953	31	44	1974	27	41	1995	30	41
1954	27	43	1975	32	37	1996	32	40
1955	31	35	1976	32	40	1997	34	46
1956	27	37	1977	32	40	1998	34	51
1957	33	45	1978	32	38	1999	29	41
1958	33	39	1979	33	41	2000	33	40
1959	34	39	1980	31	50	2001	34	37
1960	29	39	1981	33	38	2002	34	41
1961	26	35	1982	38	42	2003	34	46
1962	27	41	1983	34	43	2004	35	40
1963	27	39	1984	35	35	2005	35	44
1964	34	40	1985	33	41	2006	34	42
1965	28	45	1986	34	48	2007	34	42
1966	35	39	1987	36	44	2008	32	41
1967	35	40	1988	31	42	2009	36	38
1968	34	44	1989	32	39	2010	38	40
1969	35	40	1990	33	40	2011	32	46
1970	33	41	1991	31	40	2012	34	40
1971	29	37	1992	38	41			

年的转折点也与 MK 检验结果相一致（表 2.11）。副高的第 2 次北跳时间的年代际变化也较明显［图 2.32（b）］，经历了“持续偏晚-持续偏早-持续偏晚”的年代际演变。1955 年之前，第 2 次北跳平均时间为第 43.3 候（8 月第 1 候）；1955～1978 年平均为第 39.5 候（7 月第 3 候）；1979～2012 年平均时间为第 41.9 候（7 月第 6 候），以上两个转折时间点的第 2 次北跳时间原始序列的 t 检验值分别为 4.19 和 3.01，均达到了 99%的显著性水平，MK 检验结果也与之相同（图略）。

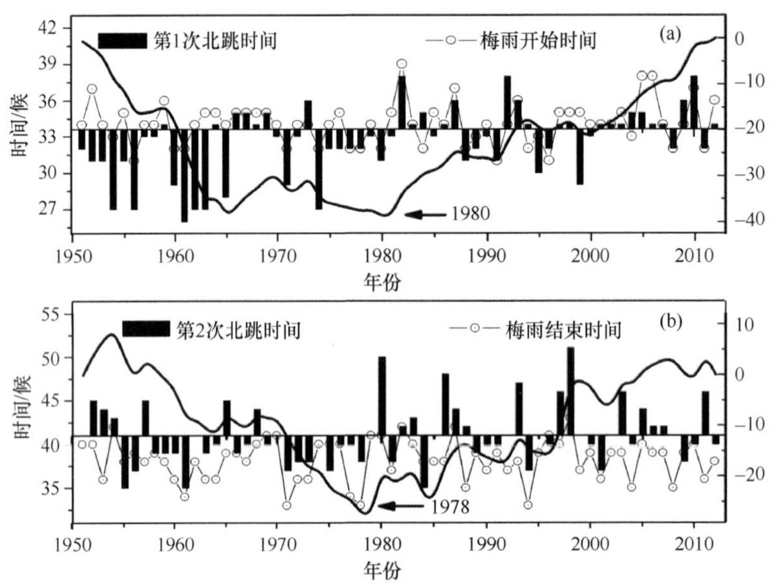

图 2.32　北跳时间（柱状，单位：候）及其累积距平曲线（实线）和梅雨起止日期（空心圈线，单位：候）时间序列

（a）第 1 次北跳时间及其累积距平和梅雨开始日期；（b）第 2 次北跳时间及其累积距平和梅雨结束日期

表 2.11　各阶段副高两次北跳平均时间及置信度检验

北跳时间	时间段	平均时间/候	t 检验值
第 1 次北跳	1951～1980	31.3	3.93**
	1981～2012	33.8	
第 2 次北跳	1951～1954	43.3	4.19**
	1955～1978	39.5	
	1979～2012	41.9	3.01*

*和**分别表示达到 5%和 1%的显著性水平。

副高脊线两次北跳时间的标准差 σ 分别为 2.91 候和 3.16 候，北跳时间的距平序列为 X，若某年距平值 $X_i \geqslant 0.5\sigma$，则为北跳晚年；若 $X_i \leqslant -0.5\sigma$，则为北跳早年，得到副高北跳时间早、晚年（表 2.12）。由表 2.12 可见，两次北跳早年分布在偏早阶段多于偏晚阶段，北跳晚年分布在偏晚阶段多于偏早阶段，即北跳时间的年际和年代际特征均十分明显。

表 2.12　副高两次北跳异常年份

北跳时间	偏早阶段年份	偏晚阶段年份
第 1 次北跳偏早	1952，1953，1954，1955，1956，1960 1961，1962，1963，1965，1971，1974	1980，1988，1991，1995，1999
第 1 次北跳偏晚	1959，1964，1966，1967，1968，1969，1973	1982，1983，1984，1986，1987，1992，1993，1994，1997，1998，2001，2002，2003，2004，2005，2006
第 2 次北跳偏早	1955，1956，1958，1959，1960，1961，1963，1966，1971，1972，1973，1975，1978	1981，1984，1989，1994，2001，2009
第 2 次北跳偏晚	1957，1965，1968	1952，1953，1954，1980，1983，1986，1987，1993，1997，1998，2003，2005，2011

2.5.2 夏季副高两次北跳与我国东部夏季降水的关系

副高季节性的活动与我国东部不同地区雨季的起止时间有着密切关系，副高第一次北跳基本对应于长江中下游梅雨的开始，第二次北跳则对应于梅雨的结束和华北雨季的开始。基于此，利用 NCC 梅雨监测资料中的梅雨起止日期与两次北跳时间进行对比分析，逐年对应情况如图 2.32 所示。由于梅雨监测资料中存在空梅的现象，在计算时将空梅年的起止日期取为其余梅雨年份的平均起止日期（空梅共有 5 年）。总体而言，副高两次北跳时间与梅雨的起止日期较吻合，第 1 次和第 2 次北跳时间与梅雨开始和结束日期的相关系数分别为 0.50 和 0.44，均达到了 99%的显著性水平。此外，梅雨开始的平均时间为 34 候，晚于副高第 1 次北跳时间 1 候；而梅雨结束平均时间为 38 候，早于第 2 次北跳时间两候。这种北跳时间与梅雨起始时间“错开”的结果与徐海明等（2001）的研究结论一致。对于梅雨开始和结束的极端早晚年，两次北跳时间与其也有较好的对应，如 1956 年、1982 年、1987 年、1991 年、2005 年、2006 年和 2010 年［图 2.32（a）］；1954 年、1961 年、1971 年、1982 年、1978 年、1994 年和 1998 年［图 2.32（b）］。62 年中第 1 次北跳时间与梅雨开始时间距平符号一致的有 41 年，占 66%，第 2 次北跳时间与梅雨结束时间距平符号一致的有 47 年，占 76%。但是对于某些梅雨起止趋于正常的年份，副高北跳时间却有偏早或偏晚的异常。这种不完全对应的原因可能是，梅雨的起止日期并不完全受副高脊线北跳时间的影响。

副高脊线的两次北跳时间不仅与东部降水的发生时间存在对应关系，而且对降水的空间分布也有很大影响。副高两次北跳偏早、偏晚年份（表 2.12）的夏季降水距平百分率合成如图 2.33 所示。仅考虑第 1 次北跳早年时，大致以 30°N（长江流域）为界，30°N 以南降水偏少，30°N 以北到华北南部降水偏多［图 2.33（a）］；而仅考虑第 1 次北跳晚年时，则呈现出相反状态［图 2.33（b）］，30°N 以南降水偏多，30°N 以北到华北南部降水偏少。可见，第 1 次北跳异常所引发的降水差异主要发生在长江流域的南北地区。同样，仅考虑第 2 次北跳早年时，华北、河套和华南降水偏多，而长江流域降水偏少（图 2.33）。第 2 次北跳晚年则大致相反［图 2.33（d）］。可见，第 2 次北跳异常所引发的降水异常与第 1 次相比，界线从 30°N 演变为两条分别为 25°N 和 35°N。

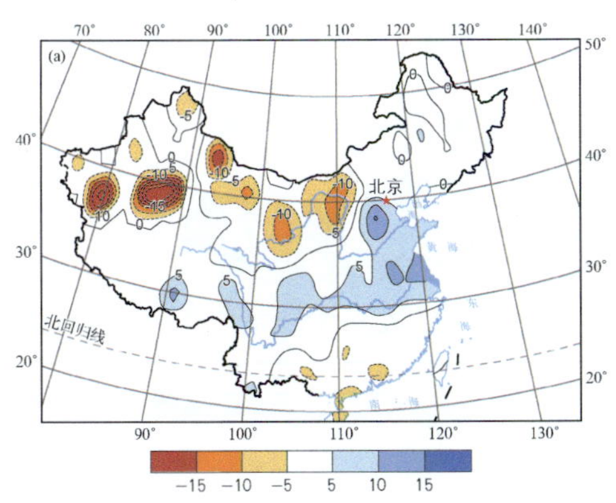

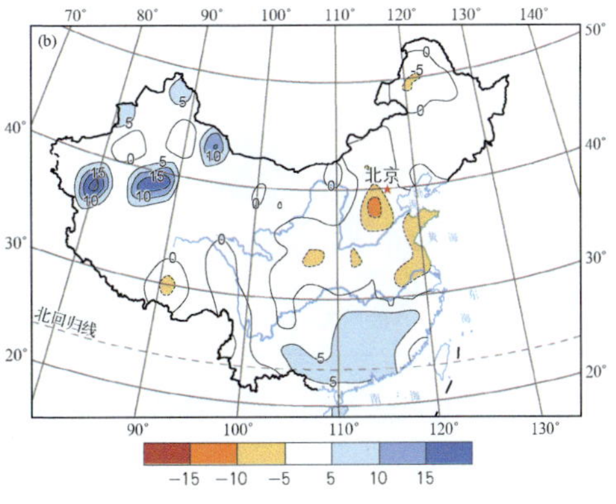

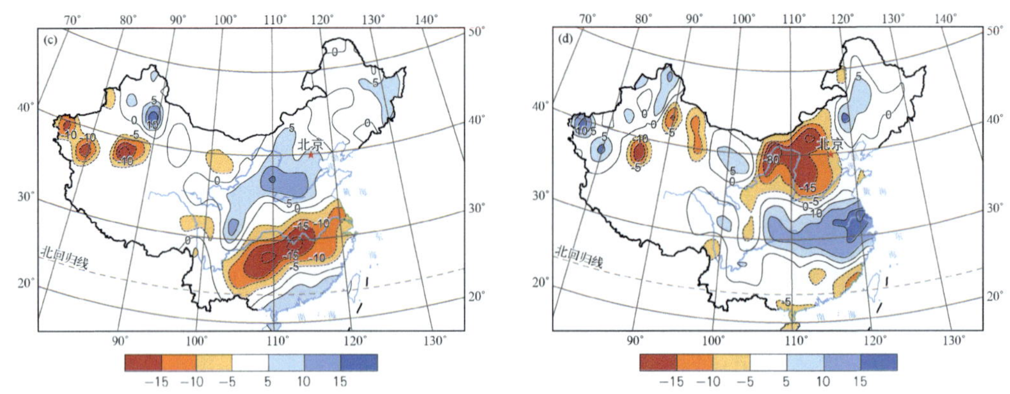

图 2.33 两次北跳时间异常年夏季降水距平百分率合成（%）
（a）、（b）第 1 次北跳早年、晚年；（c）、（d）第 2 次北跳早年、晚年

在表 2.12 中，筛选出两次北跳同时发生异常的年份，即两次北跳均偏早、第 1 次北跳偏早第 2 次北跳偏晚、第 1 次北跳偏晚第 2 次北跳偏早和两次北跳均偏晚 4 种情况，进行夏季降水距平百分率的合成。图 2.34 给出了 4 种不同配置下的夏季降水异常分布。图 2.34（a）为两次北跳时间均偏早年夏季降水距平百分率合成，在此情况下，大致以 30°N 为界，主雨带位于 30°N 以北至华北以及东北地区，30°N 以南到华南则降水偏少，其综合效果基本上是图 2.33（a）和 2.33（c）的叠加。当第 1 次北跳偏早第 2 次北跳偏晚时，大致以 25°N 和 35°N 为界限，主雨带位于 25°N 与 35°N 之间地区，25°N 以南以及 35°N 以北的河套和内蒙古中部降水偏少［图 2.34（b）］，其综合效果基本上为图 2.33（a）和 2.33（d）的叠加。图 2.34（c）为第 1 次北跳时间偏晚第 2 次北跳偏早时的降水异常分布，其结果与图 2.34（b）大致相反，其综合效果基本上为图 2.33（b）和 2.33（c）的叠加。图 2.34（d）为两次北跳均偏晚时降水异常的分布，其与图 2.34（a）的区别在于，正负异常的界线北移到了 35°N 附近，在界线以南、以北的降水距平百分率符号相反，其综合效果基本上为图 2.33（b）和 2.33（d）的叠加。可见，将两次北跳时间异常综合考虑起来后，其结果大致类似于两次北跳单独发生时效果的叠加，但也存在微小的差异。

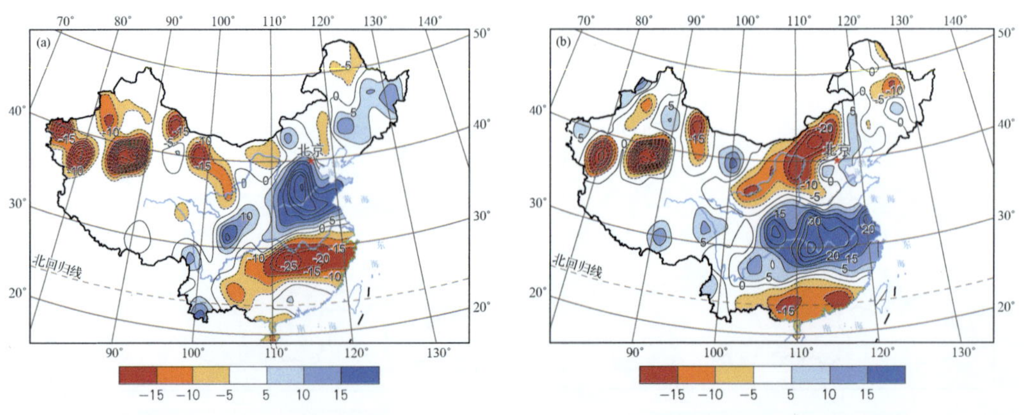

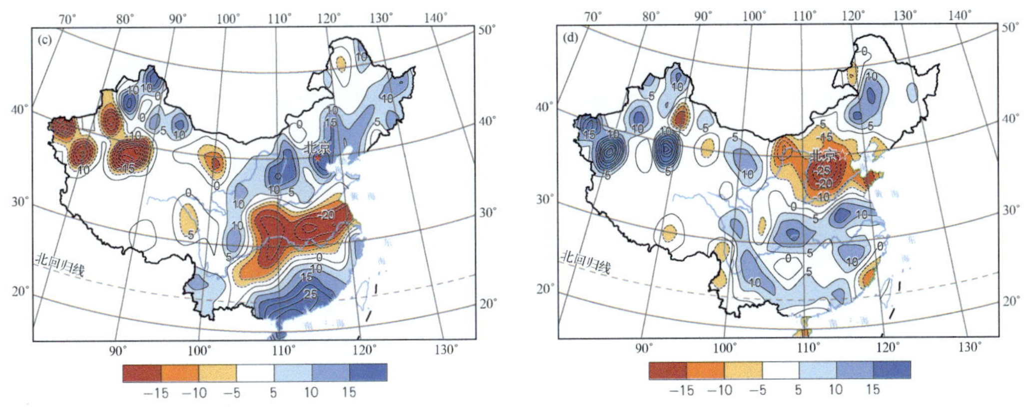

图 2.34　副高两次北跳异常的不同配置下夏季降水距平百分率合成（%）
（a）两次北跳均偏早；（b）第 1 次北跳偏早第 2 次北跳偏晚；（c）第一次北跳偏晚第 2 次北跳偏早；（d）两次北跳均偏晚

综上所述，西太平洋副高两次北跳时间的早晚对我国东部夏季降水的异常有重要影响，尤其在全球变暖背景下导致了东亚季风成员——西太平洋副高的变异值得关注。因此，基于 1951～2012 年候尺度脊线资料，对夏季副高的两次北跳时间进行定义。研究表明，北跳时间具有明显的年际和年代际特征：副高的第 1 次北跳时间发生了“持续偏早-持续偏晚”的年代际演变，转折时间为 1980 年；第 2 次北跳时间发生了“持续偏晚-持续偏早-持续偏晚”的年代际演变，转折时间分别为 1955 年和 1978 年，这与全球变暖背景是一致的。与此同时，两次北跳时间不仅与梅雨的起止日期有很好的对应关系，而且对我国东部主雨带位置也有很大影响：第 1 次北跳偏早时，主雨带位于 30ºN 以北至华北南部，第 1 次北跳偏晚时则相反；第 2 次北跳偏早时，华北和华南地区降水偏多，而长江流域降水偏少，第 2 次北跳偏晚时则相反。在两次北跳同时发生异常的四类情况下，主雨带位置可以看作是两次北跳单独发生异常效应的叠加。

参 考 文 献

陈菊英. 2010. 中国旱涝的机理分析和长期预报技术研究. 北京: 气象出版社. 1-14.

封国林, 赵俊虎, 支蓉, 等. 2013. 动力-统计客观定量化汛期降水预测研究新进展. 应用气象学报, 24(6): 656-665.

龚道溢, 何学兆. 2002. 西太平洋副热带高压的年代际变化及其气候影响. 地理学报, 57(2): 185-193.

黄荣辉, 蔡榕硕, 陈际龙, 等. 2006a. 我国旱涝气候灾害的年代际变化及其与东亚气候系统变化的关系. 大气科学, 30(5): 730-743.

黄荣辉, 陈际龙, 黄刚, 等. 2006b. 中国东部夏季降水的准两年周期振荡及其成因. 大气科学, 30(4): 545-560.

贾建颖, 孙照渤, 刘向文, 等. 2009. 中国东部夏季降水准两年周期振荡的长期演变. 大气科学, 33(2): 397-407.

况雪源, 丁裕国, 施能. 2002. 中国降水场 QBO 分布型态及其长期变率特征. 热带气象学报, 18(4): 359-367.

李崇银, 阙志萍, 潘静. 2010. 东亚季风演变与对流层准两年振荡. 科学通报, 55(29): 2863-2868.

李建平, 丑纪范. 1998. 副热带高压带断裂的动力学分析—地转作用. 科学通报, 43(4): 434-437.

李建平, 朱建磊. 2008. 晚春初夏西太平洋副热带高压南撤过程的气候学特征.气象学报, 66(6): 926-939.

李双林, 张道民, 纪立人, 等. 1999. 副高北进过程的个例数值研究.大气科学, 23(3): 296-307.
刘芸芸, 丁一汇. 2012. 亚洲-太平洋夏季风系统的基本模态特征分析. 大气科学, 36(4): 673-685.
刘芸芸, 李维京, 艾婉秀, 等. 2012. 月尺度西太平洋副热带高压指数的重建及应用. 应用气象学报, 23(4): 414-423.
陆日宇, 李颖, Chan-Su Ryu. 2007. 夏季西太副热带高压的东西偏移和对流层低层环流变化的主要模态的关系.自然科学进展, 17(4): 546-550.
罗玲, 何金海, 谭言科. 2005. 西太平洋副热带高压西伸过程的合成特征及其可能机理. 气象科学, 5(25): 465-473.
施能. 1992. 气象统计预报中的多元分析方法. 北京: 气象出版社. 52-58.
孙林海, 赵振国, 许力, 等. 2005. 中国东部季风区夏季雨型的划分及其环流成因分析. 应用气象学报, 16(增刊): 56-62.
陶诗言, 卫捷. 2006. 再论夏季西太平洋副热带高压的西伸北跳.应用气象学报, 17(5): 513-525.
陶诗言, 倪允琪, 赵思雄, 等. 2001. 1998 年夏季中国暴雨的形成机理与预报研究. 北京: 气象出版社. 19-31.
王建新, 吕君宁, 石永贵. 1995. 长江中上游地区汛期降水的准两年振荡. 南京气象学院学报, 18(2): 229-233.
王绍武, 叶瑾林, 龚道溢, 等. 1998. 中国东部夏季降水型的研究.应用气象学报, 9(增刊): 65-73.
吴国雄, 丑纪范, 刘屹岷, 等. 2002. 副热带高压形成和变异的动力学问题. 北京: 科学出版社. 1-20.
熊安元. 2001. 90 年代长江中游异常多雨的气候变化背景分析. 应用气象学报, 12(1): 113-117.
徐海明, 何金海, 周兵. 2001. 江淮入梅前后大气环流的演变特征和西太平洋副高北跳西伸的可能机制. 应用气象学报, 12(2): 150-158.
杨杰, 封国林, 赵俊虎, 等. 2012a. 夏季西太副高的客观定量化预测及其对汛期降水的指示. 气象学报, 70(5): 1032-1044.
杨杰, 王启光, 支蓉, 等. 2011. 动态最优多因子组合的华北汛期降水模式误差估计及预报. 物理学报, 60(2): 029204.
杨杰, 赵俊虎, 郑志海, 等. 2012b. 华北汛期降水多因子相似订正方案与预报试验. 大气科学, 36(1): 11-22.
杨秋明. 2006. 中国降水准 2 年主振荡模态与全球 500hPa 环流联系的年代际变化. 大气科学, 30(1): 131-145.
占瑞芬, 李建平, 何金海. 2005. 北半球副热带高压双脊线的统计特征.科学通报, 50(18): 2022-2026.
张庆云, 陶诗言. 1999. 夏季西太平洋副热带高压北跳及异常的研究.气象学报, 57(5): 539-548.
张庆云, 陶诗言. 2003. 夏季西太平洋副热带高压异常时的东亚大气环流.大气科学, 27(3): 369-380.
赵俊虎, 封国林, 王启光, 等. 2011. 2010 年我国夏季降水异常气候成因分析及预测. 大气科学, 35(6): 1069-1078.
赵俊虎, 封国林, 杨杰, 等. 2012. 夏季西太副高的不同类型下中国汛期大尺度旱涝分布. 气象学报, 70(5): 1021-1031.
赵振国. 1999. 中国夏季旱涝及环境场.北京: 气象出版社. 45-56.
赵振国, 陈国珍. 1995. 初夏西太平洋副高南北位置长期变化的成因和预报.热带气象学报, 11(3): 223-230.
郑彬, 谷德军, 李春晖. 2006. NCEP 和 ECMWF 资料表征南海夏季风的差异. 热带气象学报, 22(3): 217-222.
庄世宇, 赵声蓉, 姚明明. 2005. 1998 年夏季西太平洋副热带高压的变异分析. 应用气象学报, 16(2): 181-192.
Chang C P, Li T. 2000. A theory of the tropical tropospheric biennial oscillation. J Atmos Sci, 57(14): 2209-2224.
Chang C P, Zhang Y S, Li T. 2000. Interannual and interdecadal variations of the East Asian summer

monsoon and tropical Pacific SSTs. Part I: Roles of the subtropical ridge.J Climate, 13(24): 4310-4340.

Ding Y H. 2007. The variability of the Asian summer monsoon.J Meteor Soc Japan, 85: 21-54.

Hu Z Z, Huang B H, Kinter III J L, et al. 2012. Connection of the Stratospheric QBO with global atmospheric general circulation and tropical SST. Part II: interdecadal variations. Clim Dyn, 38(1-2): 25-43.

Huang B H, Hu Z Z, Kinter III J L, et al. 2012. Connection of the Stratospheric QBO with global atmospheric general circulation and tropical SST. Part I: methodology and composite life cycle. Clim Dyn, 38(1-2): 1-23.

Kalnay E, Kanamitsu M, Kistler R, et al. 1996. The NCEP/NCAR 40-Year Reanalysis Project. Bull Amer Meteor Soc, 77(3): 437-471.

Lau K M, Yang S. 1997. Climatology and interannual variability of the Southeast Asian summer monsoon. Adv Atmos Sci, 14(2): 141-162.

Li T, Tham C W, Chang C P. 2001. A coupled air-sea-monsoon oscillator for the tropospheric biennial oscillation. J Climate, 14(5): 752-764.

Liu Y Y, Ding Y H, Gao H, et al. 2013: Tropospheric biennial oscillation of the western Pacific subtropical high and its relationships with the tropical SST and atmospheric circulation anomalies. Chin Sci Bull, 58(30): 3664-3672.

Meehl G A, Arblaster J M. 2002. The tropospheric biennial oscillation and Asian-Australian monsoon rainfall. J Climate, 15(7): 722-744.

Meehl G A, Arblaster J M, Loschnigg J. 2003. Coupled ocean-atmosphere dynamical processes in the tropical Indian and Pacific Ocean regions and the TBO. J Climate, 16(3): 2138-2158.

Ninomiya K. 1984. Characteristics of Baiu front as a predominant subtropicalfront in the summer Northern Hemisphere. J Meteor Soc Japan, 62(6): 880-894.

Rasmusson E M, Wang X L, Ropelewski C F. 1990. The biennial component of ENSO variability. J Mar Syst, 1(1-2): 71-96.

Shen S, Lau K M. 1995. Biennial oscillation associated with the East Asian monsoon and tropical sea surface temperatures. J Meteor Soc Japan, 73: 105-124.

Tao S Y, Chen L X. 1987. A review of resent research on the East Asiasummer monsoon over China. In: Chang C P, Krishnamurti T N, eds. Monsoon Meteorology. New York: Oxford Univ Press. 50-92.

Wang B, Li T. 2004. East Asian monsoon-ENSO interactions. In: Chang C P. East Asian Monsoon. Singapore: World Scientific Publishing. 177-212.

Wang H J.2001. The weakening of the Asian monsoon circulation after the end of 1970s. Adv Atmos Sci, 18(3): 376-386.

Xue Y, Smith T M, Reynolds R W. 2003. Interdecadal changes of 30-yr SST normalies during 1871-2000. J Climate, 16(10): 1601-1612.

Yasunari T. 1990. Impact of Indian monsoon on the coupled atmosphere ocean system in the tropical Pacific. Meteor Atmos Phys, 44: 29-41.

Ye T S, Zhi R, Zhao J H, et al. 2014. Twice northward jumps of WPSH and its relationship with summer rainfall in eastern China under global warming. Chin Phys B, 23(6): 069203.

Zhao P, Zhu Y N, Zhang R H. 2007. An Asian-Pacific teleconnection in summer tropospheric temperature and associated Asian climate variability. Clim Dyn, 29(2-3): 293-303.

第 3 章　青藏高原积雪和海表面温度对中国东部夏季降水年代际变率的影响

20 世纪 90 年代中期以来，随着各种观测资料和数据产品种类和记录长度的增加以及数值模式的发展，气候的年代际变化率（inter-decadal climate variability）研究成为气候变化研究的热点问题。特别是国际“气候变率与可预报性研究”计划（CLIVAR，1995）实施以后，气候的年代际变化方面的研究日益受到重视，它已经成为 CLIVAR 计划的三个重点科学研究领域之一。20 世纪 80 年代到 90 年代初的研究表明，年代际是一个非常重要的时间尺度，一方面，它是叠加在长期变化趋势上的扰动，如 20 世纪 40 到 70 年代中全球气温的下降减缓了 20 世纪气候变暖的势头；另一方面，年代际变率又成为年际变率的重要背景（王绍武和朱锦红，1999）。

东亚是典型的季风区，季风异常活动所造成的干旱和洪涝等灾害性天气、气候异常，直接影响着东亚季风区内各国的工农业生产和人们的日常生活。因此，对东亚季风尤其是夏季风的研究不仅是认识东亚地区大气环流和气候变化的关键，同时，它的社会效益也不言而喻。东亚夏季风具有多时间尺度变率特征，除了具有季节内和年际变率特征外，还显示出明显的年代际变率特征。例如，20 世纪 70 年代末至 80 年代初，东亚夏季风出现了一次明显的年代际变化，导致我国夏季降水出现年代际转型，转型后我国长江流域地区降水增加，北方降水减少，呈显著的“南涝北旱”趋势（Wang，2001；Huang，2001；Gong and Ho，2002；Yu et al.，2004；Jiang et al.，2005；Zhou and Yu，2006；Ding et al.，2007）。值得注意的是，1999 年以后，我国长江以北的淮河流域夏季降水开始增多，连续几年的夏季都出现了强降水过程，如 2000 年、2003 年、2005 年和 2007 年，而长江中下游地区夏季降水开始减少，呈现出“南旱北涝”的趋势。这意味着东亚夏季风又一次出现了年代际变化和我国夏季降水的又一次年代际转型。

迄今为止，关于东亚夏季风和我国夏季降水的年代际变化的机理还没有完全被认知。因此，有必要对近段时期东亚夏季风和我国夏季降水的年代际变化做深入的研究，找出它们年代际变化的原因，从而对东亚夏季风和我国夏季降水的年代际变化有更加准确深入的认识，同时也为东亚夏季风和我国夏季降水的预测工作提供更加丰富的参考依据。

3.1　青藏高原冬季积雪和东亚夏季降水关系的年代际变化

青藏高原（以下简称高原）的平均海拔高度大约 4000m，是地球上地形最复杂的地区之一。青藏高原不仅对大气运动起到阻挡作用，同时其也是一个抬升的热源，使得高原上空大气与周边地区较冷大气形成一个较强的热力对比（Ding，1992）。高原的动力影响和热力影响使其成为影响东亚大尺度季风环流的重要因素（如，Flohn，1957；Li and Yanai，1996）。东亚夏季风降水的季节循环和年际变化与高原加热的变化密切相关（叶笃正和高由禧，1979；Tao and Ding，1981；Hsu and Liu，2003；Wu and Qian，2003；Zhao et al.，2007）。基于 60～90 年代的观测资料，Zhang 等（2004）和 Ding 等（2009）研究了东亚夏季季风降水的年代际变化与高原前冬-春季积雪的相关关系，结果表明高原前冬积雪与次年夏季长江流域（28°N～31°N，110°E～120°E）降水呈显著正相关关系。

最近，Si 等（2009），Zhu 等（2011），Si 和 Ding（2013），Hu 等（2014），Huang 等（2013），胡泊等（2016）和 Zhu 等（2015）等的研究发现东亚夏季降水在 20 世纪 90 年代发生了年代际变化。具体表现为在 20 世纪 80 年代和 90 年代，夏季降水主要集中在长江流域。90 年代末以后，雨带北移 200～300km 至淮河流域（31°N～33°N，110°E～120°E）。而在 90 年代末以来，高原冬季积雪表现出了显著的减少趋势。也就是说，高原冬季积雪和东亚夏季降水在 90 年代末都经历了一次年代际转折。这种现象不禁引人思考：高原积雪和东亚降水之间的相关关系是否也在 90 年代末发生年代际变化。如果确实如此，那么二者之间的相关关系表现出何种新的模态？基于上述问题，这里将分析高原前冬积雪与东亚夏季降水之间相关关系的年代际变化特征。此外，还将对导致这种相关关系发生变化的机理进行分析和讨论。

所用的主要观测数据有：①逐日地表观测的积雪深度、风速、气温、土壤温度和气压数据均由中国气象局国家气象信息中心提供。②逐月数据包括中国 160 个站点观测，日本南部的 11 个站站点观测以及 8 个韩国观测站的降水数据。中国区域的 160 个站点观测降水数据同样由国家气象信息中心提供。日本南部的站点和韩国的站点的数据来自美国国家气候数据中心和国家海洋和大气管理局（NOAA）的全球历史气候观测网数据。③探空观测的温度数据由国家气象信息中心提供。④本节还用到美国 NASA 全球能量和水循环试验（GEWEX）中的地表辐射收支数据（SRB 3.1 版本）。⑤大气数据选用美国国家环境预报中心和国家大气研究中心（NCEP/NCAR）的再分析数据集。

3.1.1　20 世纪 90 年代末高原冬春积雪的减少

对高原积雪深度的分析发现，在过去 10 年间整个高原上的冬季积雪深度都呈现出了明显的减少。图 3.1 给出了 1979～2011 年间高原上 72 个站点平均的冬春积雪深度时间序列。可以看出，高原冬春积雪深度在 20 世纪 90 年代末经历了一次明显的年代际转折。采用 Yamamoto 方法和 Mann-Kendall 方法都可以检测到该突变点。积雪深度在 1979～1996 年间偏多，在 1996～1999 年间突然减少。1999 年后，除了 2008 年冬季外，高原积雪深度始终维持在较低水平。1979～1999 年，高原冬季积雪平均深度为 0.6cm/d，2000～2011 年，下降到 0.32cm/d。春季积雪深度 1979～1999 年平均值为 0.32cm/d，2000～2011 年下降到 0.25cm/d。图 3.2 给出了冬季积雪深度的年代变化（2000～2011 年平均值减去 1979～1999 年平均值，下同）。高原大部分地区都经历了冬季积雪的减少。

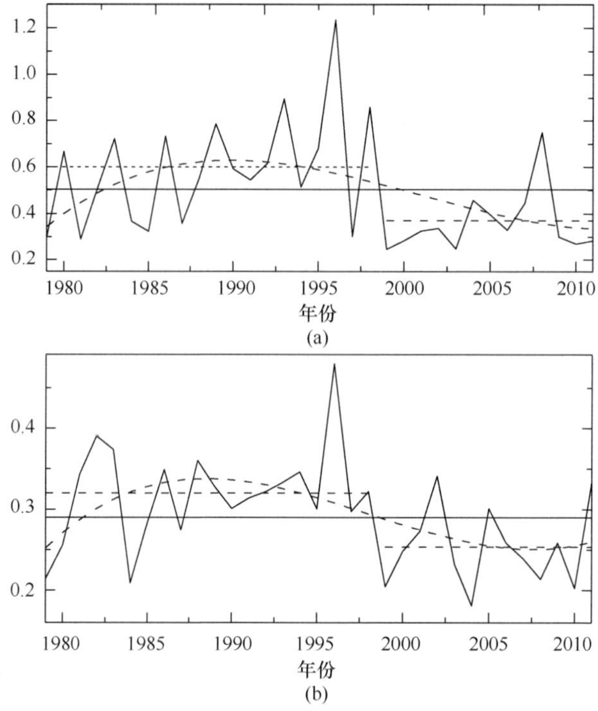

图 3.1　1979～2011 年间青藏高原 72 个站点平均的冬季和春季积雪深度（cm/d）的时间序列

（a）冬季；（b）春季

虚线为三阶多项式拟合结果；水平虚线分别为 1979～1999 年和 2000～2011 年两个时段的平均值；水平实线为 1979～2011 年整个时段的平均值

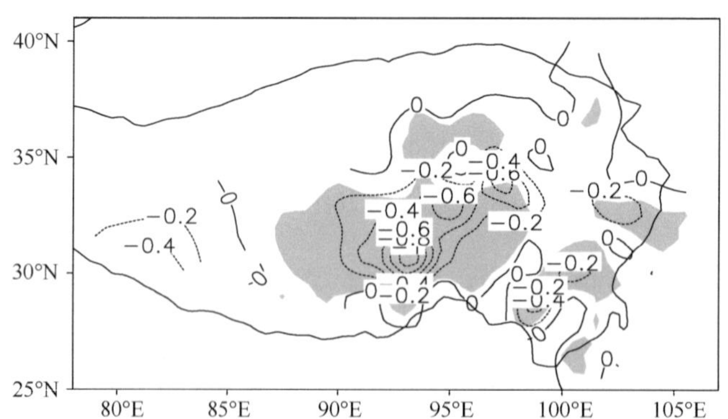

图 3.2　基于观测资料得到的高原冬季积雪变化（2000～2011 年平均值减去 1980～1999 年平均值）

阴影区为通过 95%信度检验的区域

3.1.2　20 世纪 90 年代末东亚夏季降水的变化

与整个高原冬春积雪的减少相对应，东亚地区的降水和大尺度大气环流也经历了显著变化。Si 等（2009）的研究发现中国东部夏季降水在 20 世纪 90 年代末出现了显著的年代际变化。在 1999 年以前，东部主雨带位于长江流域，之后其向北移动至淮河流域。

图 3.3 所示为中国东部夏季降水 2000～2011 年和 1979～1999 年的差值。最显著的

特征是两条分别位于长江流域和淮河流域的符号相反的降水异常。负异常主要位于长江流域，淮河流域表现为正异常。这样的异常分布与中国东部夏季降水的 EOF 分解得到的第二模态十分相似（Si et al.，2009）。Si 等（2009）分析了长江流域和淮河流域的降水的时空变化特征，发现第二模态的方差贡献达到 21%。该模态的主要特征为长江流域和淮河流域降水呈现反向变化特征［Si et al.，2009，图 3.5（c）］。第二模态在 90 年代末出现由负转正的位相转换［Si et al.，2009，图 3.5（d）］。这样的变化意味着淮河流域夏季降水 90 年代末以后增多，而长江流域夏季降水则减少。

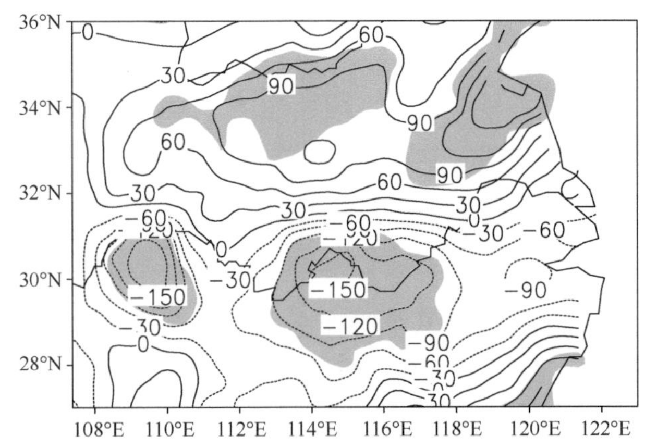

图 3.3　中国东部夏季总降水的变化（2000～2011 年平均值减去 1980～1999 年平均值）

阴影区为通过 95%信度检验的区域

图 3.4 给出了我国江淮流域 46 个站平均的夏季降水时间序列与东亚 65 个站点的夏季降水的同时相关系数的空间分布。最为明显的特征是日本南部和朝鲜半岛的夏季降水的变化与江淮流域夏季降水同向变化，表现为一种正相关关系。因此，中国东部夏季降水在 90 年代末的年代际变化并不是一种局地现象，而是整个东亚地区的大尺度降水出现了变化。在日本南部，夏季降水在 80～90 年代同样表现为偏多，而在 2000 年后转为偏少。而在朝鲜半岛则表现为降水在 80～90 年代偏少，在 2000 年后偏多。这样的趋势表明东亚地区的夏季雨带在 20 世纪 90 年代末确实出现了北移。

这里用 EOF 方法来揭示整个东亚地区夏季降水的变化。第一模态的方差贡献达到 16.6%，具体表现为沿着长江流域-日本南部一带的降水变化模态［图 3.5（a）］。第一模态对应的时间系数表现出下降的趋势［图 3.5（b）］。第二模态的方差贡献为 14.2%，该模态表现为淮河流域-朝鲜半岛的降水与长江及其以南地区的降水反向变化[图 3.5(c)]。图 3.5（d）给出了第二模态对应的时间系数，在该序列中可以看到 20 世纪 90 年代末出现了明显的年代际转折。在 80 年代早期到 90 年代，第二模态对应的时间系数处于负位相，对应于长江流域、江南地区和日本南部降水偏多，而淮河流域到朝鲜半岛的降水偏少。在 90 年代末，序列出现了由负转正的位相转变，指示出雨带的年代际北移。前期（1979～1999 年），第一时间系数的绝对值平均值为 2.51，第二时间系数的绝对值平均值为 2.26。这说明在 1979～1999 年，长江流域-日本南部的雨带模态是最为主要的模态。而 2000～2011 年，第一时间系数的绝对值平均值为 2.09，而第二模态时间系数的绝对

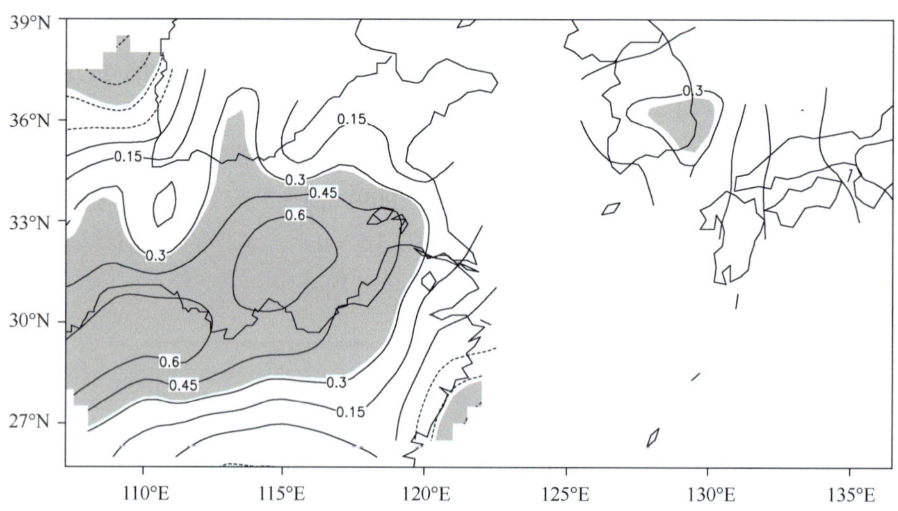

图 3.4　我国江淮流域夏季降水序列与东亚地区夏季降水 1979～2011 年相关系数分布

阴影区为通过 95%信度检验的区域

值平均值为 2.82。主要的降水模态从早期的长江流域-日本南部型向淮河-朝鲜半岛型转变，主雨带发生了年代际北移。以上的所有结果均表明中国东部夏季降水和东亚地区的夏季降水在 90 年代末发生了年代际变化。

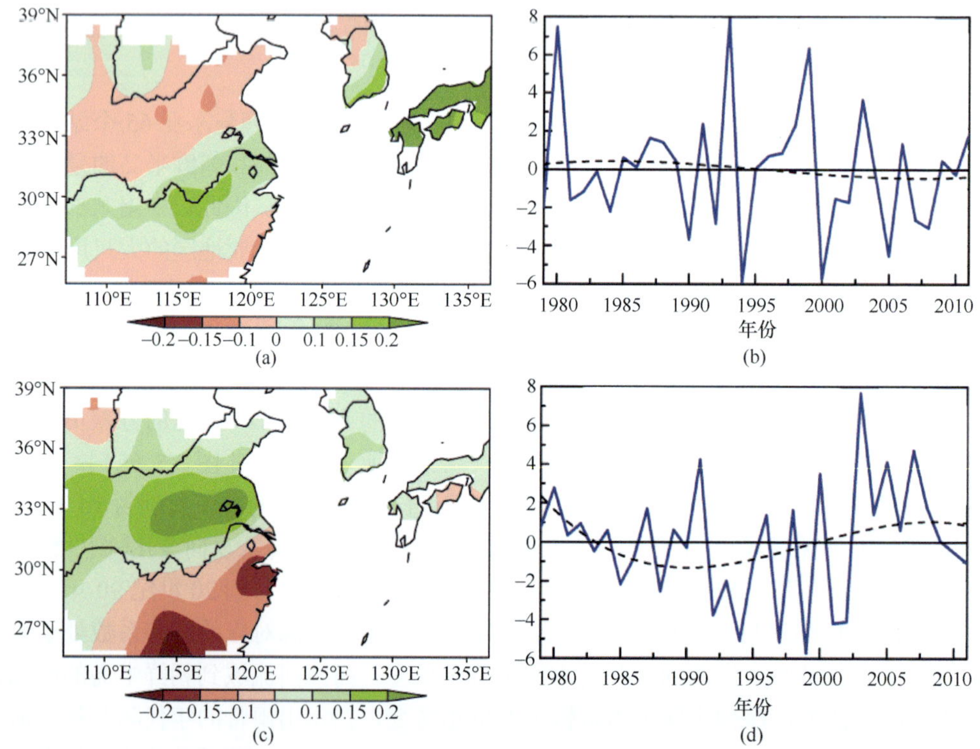

图 3.5　夏季降水 EOF 的第一模态和第二模态及对应的时间系数

（a）第一模态空间型；（c）第二模态空间型；（b）第一时间系数；（d）第二时间系数

虚线为三阶多项式拟合结果

3.1.3　高原积雪和东亚夏季降水关系的年代际变化及其可能原因

上述分析表明，高原冬季积雪和次年东亚夏季降水均在 20 世纪 90 年代末经历了一次年代际转折。本节将分析二者之间的相关关系是否也在 90 年代末经历了年代际变化。1979～1999 年，高原冬季积雪序列与东亚夏季降水的相关系数分布图表现为显著的沿着长江到日本南部正相关分布［图 3.6（a）］。这表明前冬高原积雪偏多，次年长江流域到日本南部一带降水偏多。

2000～2011 年，这种模态发生了明显的变化，与上一时段完全不同。正相关区域北移至淮河-朝鲜半岛一带，而负相关则出现在了长江到日本南部一带［图 3.6（b）］。这表明前冬高原积雪偏多利于次年淮河到朝鲜半岛降水偏多，而长江到日本南部降水偏少。相关型的变化表明高原冬季积雪和东亚夏季降水之间的相关关系在 20 世纪 90 年代末发生了年代际变化。

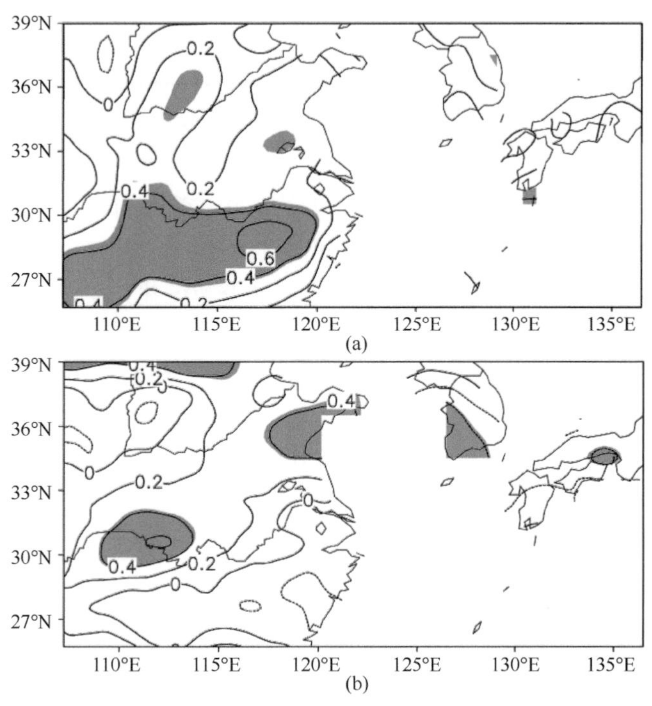

图 3.6　青藏高原上 72 个站点平均的冬季积雪深度序列与东亚夏季降水的相关
（a）1978～1999 年；（b）2000～2011 年；阴影区为通过 95%信度检验的区域

本节将简要讨论为何高原冬季积雪与次年东亚夏季降水的高相关区从长江流域北移至淮河地区。这可能与 20 世纪 90 年代末以来的高原积雪的年代际减少有关。众所周知，前冬高原的积雪可以影响地表反照率和土壤的水文过程，进而影响次年的土壤湿度、地表和大气的温度，使得东亚季风区次年的大气环流发生变化（Liu and Yanai，2002）。

Shukla（1984）、Shukla 和 Mooley（1987）指出，冬季积雪异常在气候系统中的“记忆”主要体现在影响春夏季节融雪时的次表层土壤的湿度异常，这将改变次年夏季土壤和大气的温度进而影响区域季风环流。图 3.7 所示为基于超前-滞后相关揭示的前冬积雪深度对夏季高原地区的热力状况的滞后影响。这里将积雪深度年标记为 year0，次年标记为 year1。高原的冬季积雪深度在次年 1～2 月达到峰值，并能持续到早春。积雪融化［图 3.7（a），红色曲线］与次年 3 月的积雪深度显著正相关，这种正相关可以持续到次年 4 月。积雪融水可以转变成蒸发、径流，增加土壤湿度（Vernekar et al.，1995）。表层（0～7cm）土壤湿度［图 3.7（a），绿色曲线］异常表现为中等的持续性，可以从冬天持续到春天中期。高持续性主要体现在中层（28～100cm）的土壤湿度［图 3.7（a），蓝色曲线］，可以持续到晚春。这与王瑞等（2009）针对中层土壤湿度的持续性的数值模拟结果高度一致。前冬高原积雪深度与土壤温度［图 3.7（b），红色曲线］，感热通量［图 3.7（b），绿色曲线］和气温［图 3.7（b），蓝色曲线］的负相关关系，可以从前冬 12 月持续到次年的 3 月。这主要是由积雪的反照率效应造成的。当地表存在积雪时，土壤的温度和气温均要比没有积雪时要低。次年 3 月以后，大量积雪融化，雪盖减少，反照率减小。积雪融水不仅增加土壤湿度，也会增加土壤热容量。由于湿润地面的高热容量，在积雪融化很久后，气温仍表现为强的负相关。但是到了次年 5 月，气温与前冬积雪深度的负相关不显著，因为这时高原积雪早已融化殆尽。总之，高原上空气温偏低是因为冬季积雪的反照率较高，热量被吸收主要用来雪盖的融化，也与次年春夏季土壤热容量较高有关。

高原积雪异常可能对高原加热场造成显著的影响。前人的研究揭示地表的感热通量是高原上空大气加热的主要来源，特别是在高原西侧地区。叶笃正和高由禧（1979）计算了热量收支中的各种分量的长期平均值和它们的季节变化，发现在雨季到来之前，感热加热是整个高原上空大气加热的最主要来源。

图 3.8 给出了 72 个站点平均的季节平均感热通量在 1979～2011 年的演变。20 世纪 90 年代末以后，用三阶多项式拟合得到的感热通量的趋势项，在三个季节中均呈现出显著的上升趋势。具体而言，夏季的趋势大概为 0.6%/10 年，冬季趋势最明显，为 1.6%/ 10 年，春季的趋势也较强，为 1.5% /10 年。

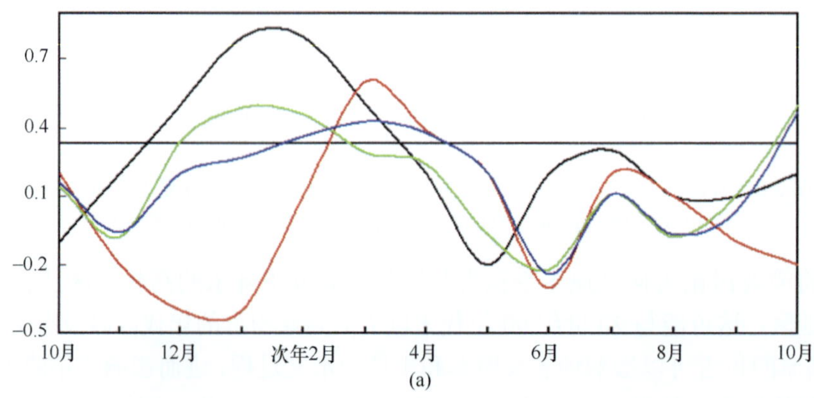

(a)

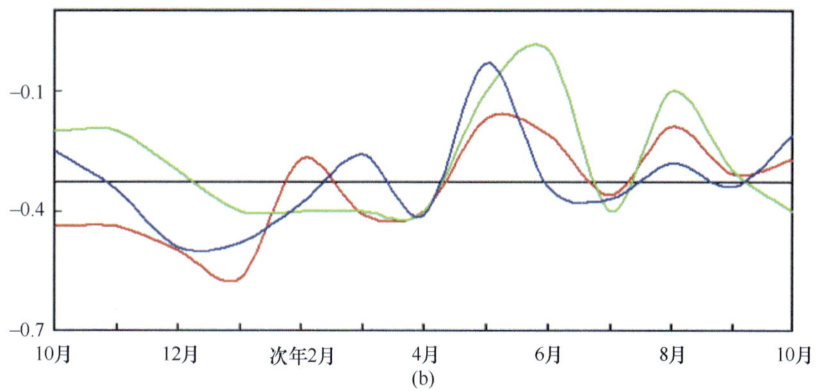

图 3.7　(a)72 个站点平均的高原积雪深度与积雪融水(红色曲线)，ECMWF Interim 再分析资料的 0～7cm 深度的土壤湿度（绿色曲线），28～200cm 土壤湿度（蓝色曲线）1979～2011 年的超前滞后相关。高积雪深度年标记为 year 0，次年标记为 year 1。黑色实线是高原积雪深度的自相关。(b) 72 个站点平均的高原积雪深度与土壤温度(红色曲线)，12 月到次年 2 月的 0～7cm 深度的感热通量(绿色曲线)，气温（蓝色曲线）1979～2011 年的超前滞后相关

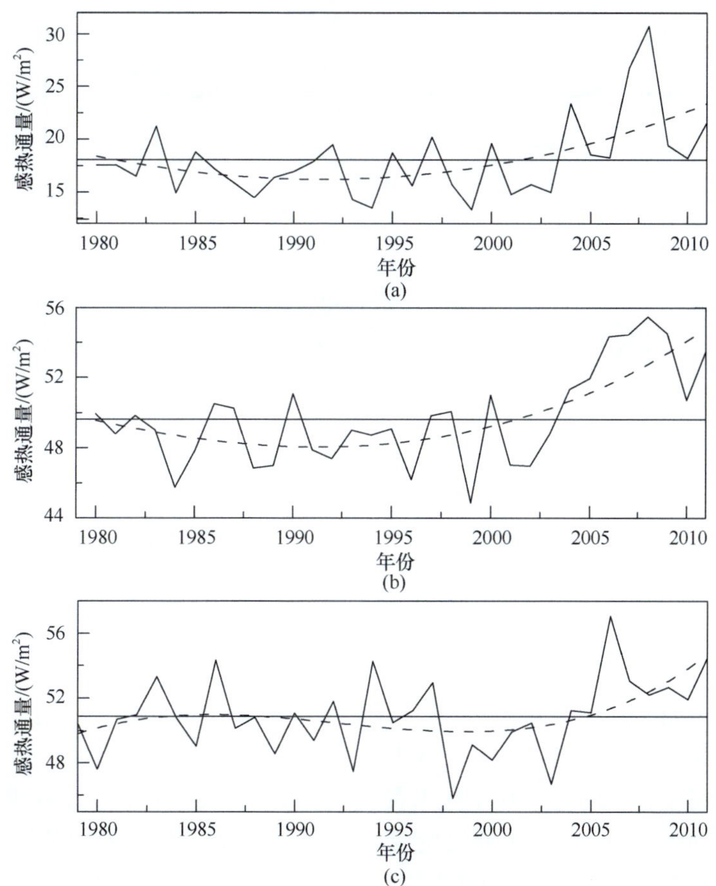

图 3.8　高原 72 个站点平均的季节平均感热通量

(a) 冬季；(b) 春季；(c) 夏季

虚线为三阶多项式拟合，水平实线为 1979～2011 年平均值

此外，高原热力变化也是东亚夏季风的重要驱动因子。高原加热的季节变化与东亚季风区纬向热力对比的反转密切相关。这种纬向热力差异的变化可以影响大尺度大气环流和东亚夏季风活动。图 3.9 给出了高原地区地表长波辐射率。冬季，整个高原地区的地表长波辐射率的年代际差异表现为正异常，意味着高原大部地区在变暖，地表辐射率增长了 2%～9%，在一些地区可以达到 9%～15%。类似的现象也发生在春季和夏季，只是变暖的幅度没有冬季那么大。

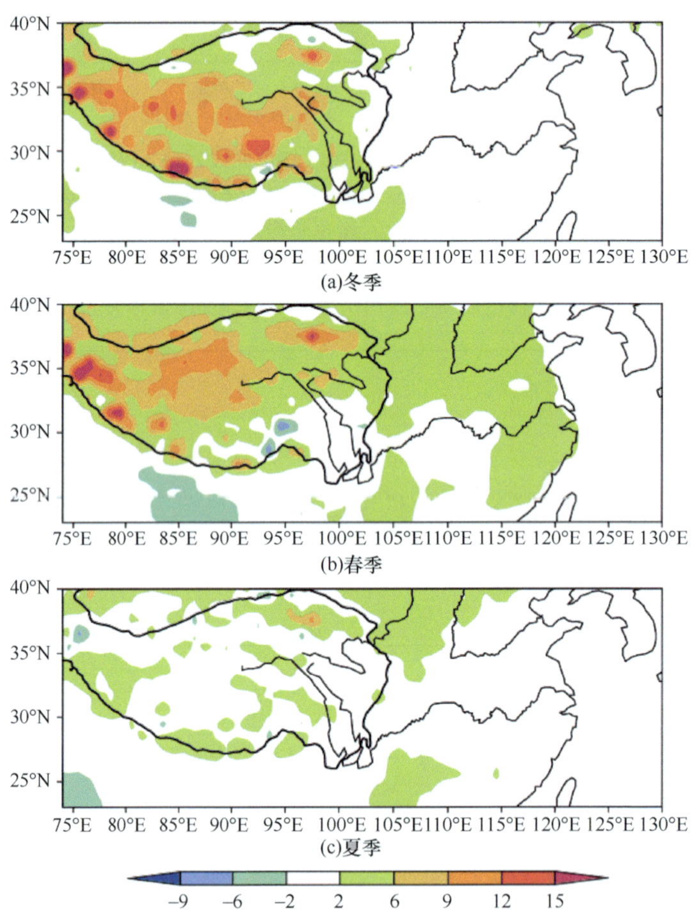

图 3.9 地表长波辐射率（%，向上通量/向下通量）的变化（2000～2007 年的平均值减去 1984～1999 年平均值）

此外，还分析了 15 个探空站［图 3.10（a）］探测的温度序列，这些探空站大多分布在高原中东部，这里给出了 5 个层次上温度的变化［图 3.10（b）～（c）］。最为明显的特征是探空温度在 20 世纪 90 年代末表现出了年代际变化特征。在春季，高原上空的对流层变暖（500～200hPa）而平流层变冷（100hPa）。对流层变暖在对流层高层（300hPa）最为明显。在夏季，对流层变暖同样发生，变暖幅度随高度增加，200hPa 以上转为变冷。夏季的对流层增暖比春季增暖更强。

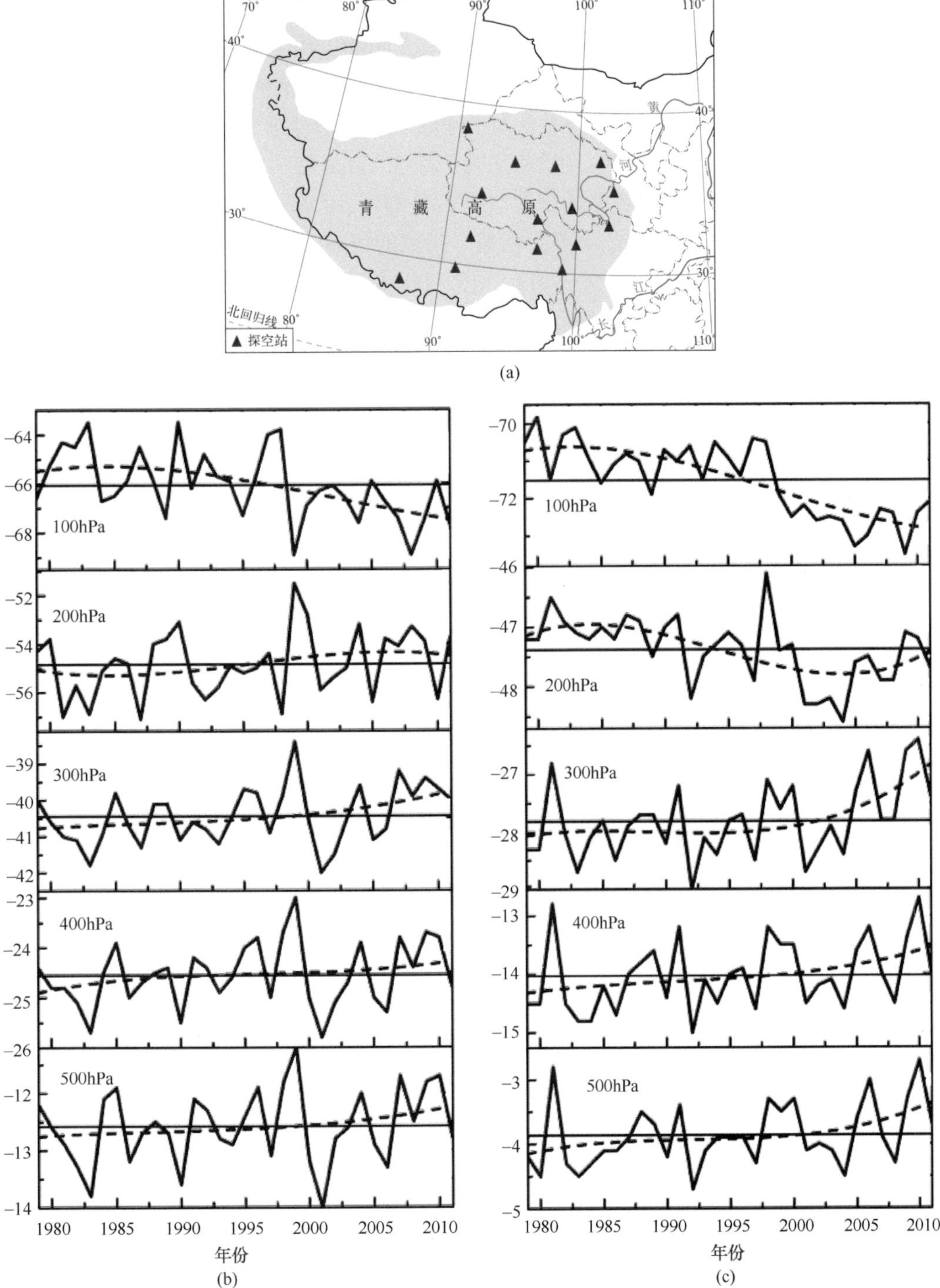

图 3.10　青藏高原 15 个探空站分布及春夏季 500～1000hPa 大气温度演变

（a）青藏高原 15 个探空站分布；（b）和（c）分别为春季和夏季 15 个站平均的 500～100hPa 的大气温度演变
水平实线为 1999～2011 年的平均，虚线为三阶多项式拟合线

20 世纪 90 年代末以来，高原的增暖反过来也会影响东亚季风区的海陆热力对比。前人的研究揭示了高原积雪与太平洋海表面温度之间的正相关关系，二者均与东亚季风区域的海陆热力差异存在着强的负相关关系（Ding et al.，2009）。这说明，如果前冬高原积雪低于（高于）正常值，热带中东太平洋海表面温度异常变冷（变暖），东亚季风区域的海陆热力差异在次年的春-夏季将加强。基于 Yanai 等（1992）对热源的算法，本章利用 NCEP/NCAR 再分析数据计算大气视热源 Q1；用高原上空的 Q1 与热带中东太平洋地区的 Q1 之差作为海陆热力差异指数。指数的值越大，表征海陆热力差异越强。图 3.11 所示为热力差异指数 1979～2011 年的变化，表现为 90 年代末以后指数由负转正，并呈现出明显的上升趋势。这证实了东亚季风区的海陆热力差异出现了增强。

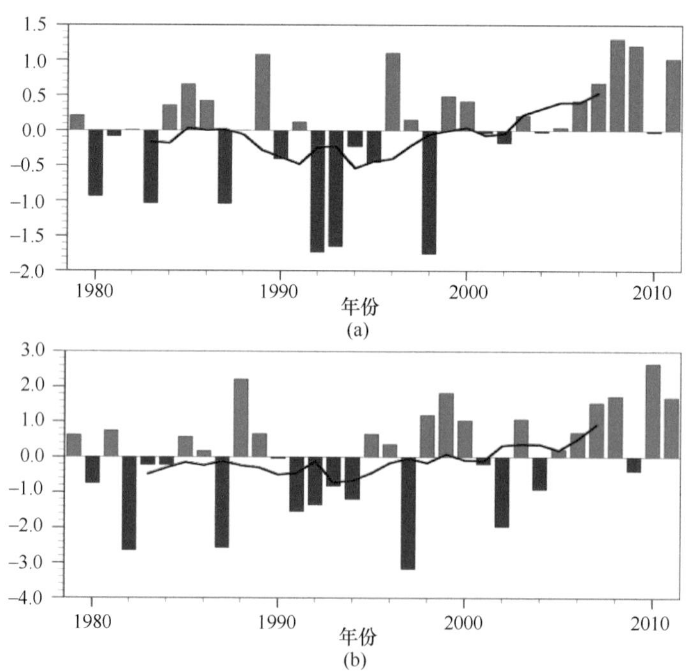

图 3.11 高原地区（28°N～43°N，70°E～105°E）整层积分（地面到 200hPa）的大气视热源与热带中东太平洋（10°S～10°N，180°～120°W）整层积分的标准化后大气视热源之差

（a）春季；（b）夏季

实线为 9 年滑动平均曲线

随着海陆热力差异的加大，东亚季风区的大尺度环流也在次年春夏发生变化。在上述海陆热力差异加大的背景下，东亚夏季风的北边缘带向北推进。如图 3.12 所示，低层的西风异常在长江地区减弱，并在淮河流域增强，表征了东亚夏季风的北界的北进。异常的气旋性环流在淮河流域加强，在长江地区减弱。主要雨带由长江地区移到了淮河地区。

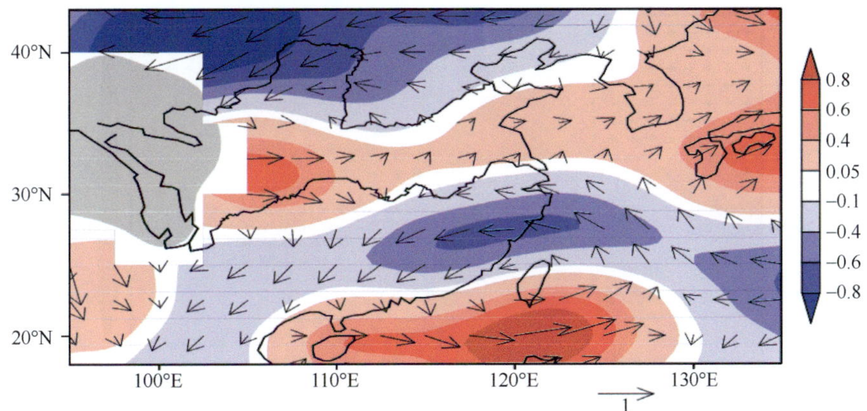

图 3.12 850hPa 纬向风的变化（2000～2011 年平均值减去 1980～1999 年平均值，彩色阴影，m/s）和风场的变化（矢量，m/s）

灰色阴影标记海拔高度超过 2500m 的地区

由于低层的副热带西风急流标志着哈德莱环流圈的北界，低层急流的系统性北进也表明东亚的哈德莱环流圈也在向北扩展。图 3.13（a）所示为夏季向外长波辐射的变化。加强的对流信号主要出现在赤道辐合带的气候平均态位置及其以北地区，这表明 ITCZ 加强北移。在副高以北地区，对流受到了抑制，这表征副高同样加强北移。副高的这种变化在 2000～2011 年和 1980～1999 年两个时段 500hPa 位势高度的差值场上更加明显。如图 3.13（b）所示，在西太平洋副高气候平均位置以北的广大地区高度场上升，南侧地区的高度场下降，进一步验证了副高的北移。赤道辐合带的位置和副高的位置被认为是哈德莱环流的上升支和下沉支所在的地区，二者的同时增强北进表明了东亚局地的哈德莱环流增强北进。由于下沉运动会造成绝热增温并抑制对流，以上关键系统的北进会导致中纬度地区（30°N）对流层的变暖和副热带干区的扩展（Fu et al.，2006；Hu and Fu，2007）。这导致了长江地区到日本南侧的降水减少，淮河到朝鲜半岛一带降水增多。

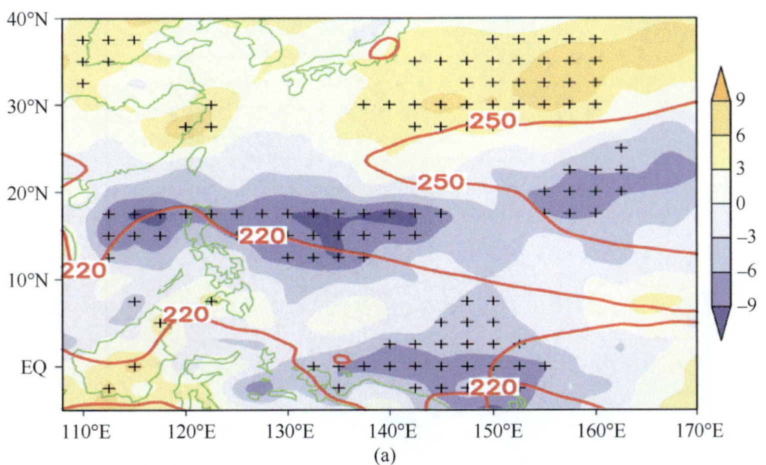

(a)

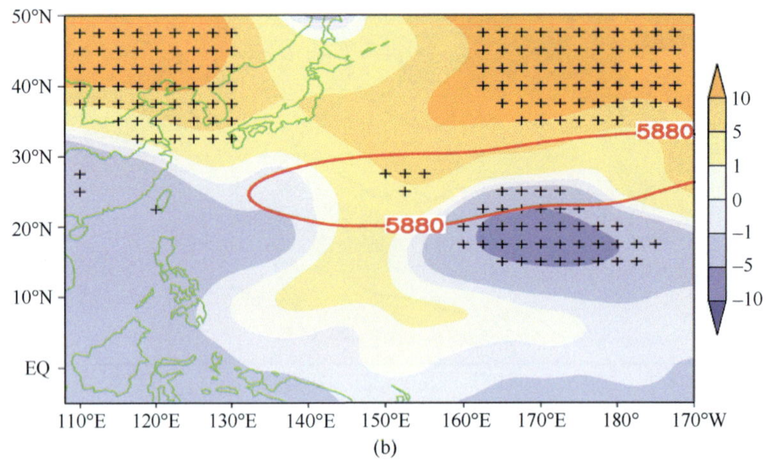

(b)

图 3.13 （a）夏季向外长波辐射的变化（2000～2011 年平均值减去 1980～1999 年平均值），红色粗等值线为 1981～2010 年向外长波辐射气候平均值；（b）夏季 500hPa 位势高度场的变化（2000～2011 年平均值减去 1980～1999 年平均值），红色粗等值线为 1981～2010 年 500hPa 位势高度气候平均值；标点区为超过 95%统计检验的区域

水汽输送是东亚季风系统中最为关键的组成部分。降水的异常也与水汽输送异常直接相关。这里也分析了 1979～1999 年和 2000～2011 年两个时段的水汽输送的差异。图 3.14 所示为两个时段 850hPa 的水汽输送异常的合成。阴影区表示异常水汽的辐合区。1979～1999 年，热带西南水汽输送与来自中纬度地区的水汽输送在长江流域－日本南部辐合。这样的异常水汽输送特征与副热带高压偏南和东亚季风北界偏南有关。2000～2011 年，水汽辐合区北移至淮河流域至朝鲜半岛一带。这与副高偏北和东亚夏季风北移有关，最终使得雨带出现北移。

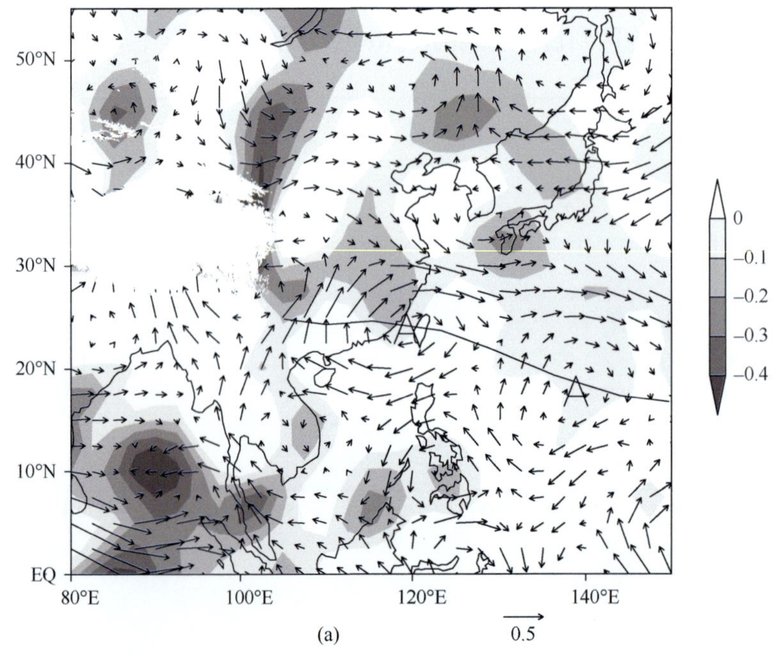

(a)

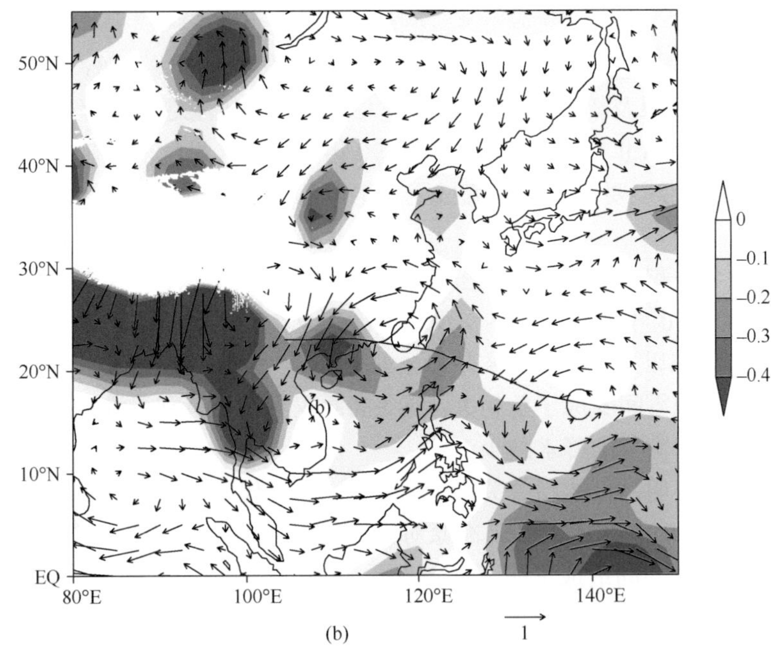

图 3.14　夏季 850hPa 水汽输送异常（kg/（m·s））

（a）1979～1999 年平均；（b）2000～2011 年平均

阴影表征气流辐合区。字母 A 和 C 分别表示异常反气旋和异常气旋；粗实线表示异常反气旋的脊线和异常气旋的槽线

另一个值得注意的是热带中东太平洋的 ENSO 信号。1979～1999 年，中国东南沿海至西太平洋地区为异常反气旋环流控制。该反气旋有两个中心，分别位于 22°N，120°E 及 20°N，140°E。该异常反气旋也可能与太平洋-东亚遥相关有关，将热带中东太平洋的暖海表面温度信号传递到东亚，使得更多的水汽被输送到长江地区到日本南部一带。2000～2011 年，东亚低纬度异常环流发生了变化，原本存在的异常反气旋被异常气旋所取代。这种变化也可能与热带中东太平海表面温度转冷有关。在 20 世纪 80～90 年代，赤道中东太平洋海表面温度较高；90 年代末以后，海表面温度处于偏冷状态（图 3.15）。

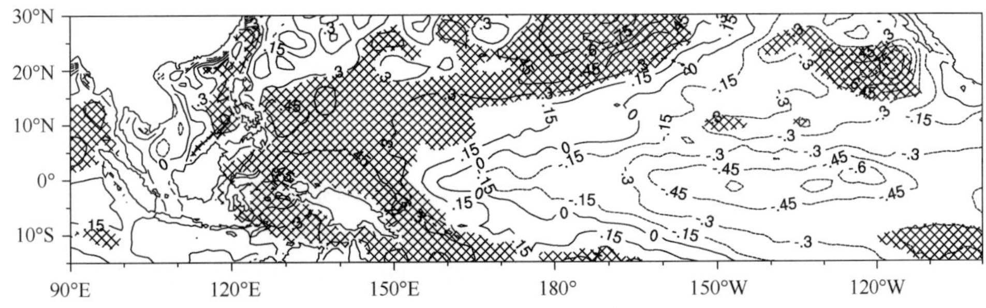

图 3.15　利用 NOAA OISST 数据计算的冬季海表面温度的变化（2000～2011 年平均值减去 1982～1999 年平均值）

标点区为超过 95%统计检验的区域

总之，东亚夏季风北界的向北推进，低层副热带西风急流的向北扩展，副高和局地哈德莱环流的北移造成了夏季雨带从长江流域-日本南部一带向北推进至淮河到朝鲜半

岛一带。

以上利用站点观测数据揭示了 90 年代末以来高原冬春积雪显著减少的事实。高原积雪的这种变化对高原及周边地区的降水和大尺度大气环流造成显著影响，包括东亚夏季雨带和东亚夏季风北界的北进。证实了 90 年代末，东亚夏季雨带发生了年代际变化，在 90 年代前雨带主要位于长江流域至日本南部，而之后北进至淮河流域到朝鲜半岛一带。

此外，高原冬季积雪与次年夏季东亚降水之间的相关关系在 90 年代末也发生了年代际变化。在 80～90 年代，高原冬季积雪与次年夏季长江到日本南部一带的降水为正相关关系。90 年代末以后，正相关区北移至淮河流域－朝鲜半岛一带，相应地长江地区的降水与高原冬季积雪间变成了负相关。前冬高原积雪偏多有利于淮河到朝鲜半岛降水增加，而长江到日本南部的降水减少。

进一步的分析表明，上述相关关系的变化与 90 年代末以来高原冬季积雪的年代际减少密切相关。高原冬季积雪减少，高原对大气的加热就加强，加之热带中东太平洋海表面温度降低，二者共同造成了东亚次年春季-夏季的海陆热力差异加强。相应地，东亚夏季风北缘和夏季风雨带均向北移动。西太平洋副高和局地哈德莱环流也随之北进，造成水汽辐合区从长江流域－日本南部一带北进至淮河流域到朝鲜半岛一带。这些变化导致淮河流域-朝鲜半岛的次年夏季降水增多，长江流域-日本南部地区次年夏季降水减少。所以说高原冬季积雪深度与东亚夏季降水的高相关区的北移与 90 年代末高原冬春积雪减少有关。但是高原冬春积雪的年代际减少的原因尚不清楚。

3.2　中国东部夏季降水年代际变率与海表面温度的可能联系

近年来，人们对年代际尺度的气候变化的理解大大加深，特别是对 20 世纪以来的年代际变化的理解。如 20 世纪 70 年代末气候系统经历了一次明显的年代际变化。很多研究指出这次年代际变化可能与热带太平洋海表面温度的强迫有关（Graham，1994）。70 年代末以来，热带中东太平洋海表面温度升高，同时太平洋-北美遥相关型增强。用观测的海表面温度驱动大气环流模式可以再现 70 年代末北半球大气环流的年代际变化特征（Graham，1994），这说明海表面温度异常在年代际气候变化中的重要作用。已有的研究揭示出北半球大气环流的年代际转折和热带太平洋海表面温度之间的联系是通过热带和中纬度地区的遥相关实现的。

在区域尺度上，受北半球大尺度环流显著影响的中国东部的气候也表现出了明显的年代际变化特征。中国东部的夏季降水也在 70 年代末经历了一次重大的年代际变化（Hu，1997），另外两次年代际变化发生在 90 年代早期和 60 年代中期（Ding et al.，2009；Wu et al.，2010）。其中 70 年代末的年代际变化具体表现为长江流域（28°～32°N，100°～122°E）夏季降水增加而华北地区降水减少（Nitta and Hu，1996；Hu，1997）。Nitta 和 Hu（1996）和 Hu（1997）在他们的研究中强调了全球海表面温度的贡献，特别是热带西太平洋和印度洋海表面温度的变化对上述年代际变化的贡献。Chang 等（2000a，2000b）也指出热带太平洋海表面温度的年代际变化可能是引发西太平洋副高压和长江地区降水在 70 年代末发生年代际转折的原因。

中国东部经历的另一次年代际变化发生在 1992 年和（或）1993 年。Wu 等（2010）发现华南的夏季降水在 1992 年和（或）1993 年经历了一次年代际变化，表现为 1980～1992 年华南降水偏少，而 1993～2002 年华南降水则偏多。Wu 等（2010）认为华南降水的这次年际变化受到赤道印度洋的海表面温度影响，但不受热带太平洋海表面温度的影响。而在最近的研究中，Si 和 Ding（2013）提出青藏高原变暖和热带中东太平洋海表面温度的变冷共同造成了东亚季风区海陆热力差异变大，使得东亚夏季风加强，这可能是 90 年代末以后长江地区降水呈现出年代际减少的原因之一。

显然，中国东部夏季降水的年代际变化与海表面温度变率之间的关系仍未达成一致观点（Nitta and Hu，1996；Hu，1997；Chang et al.，2000；Ding et al.，2009；Wu et al.，2010；Si and Ding，2013）。这里将通过分析观测数据和模式模拟结果进一步讨论中国东部夏季降水的年代际变化与海表面温度之间的可能关系。

这里使用到了美国国家环境预报中心的第二代气候预测系统（全球预测系统，GFS）（Kumar et al.，2012；Saha et al.，2014）的大气模式参加国际大气环流模式比较计划（AMIP）的模拟数据。AMIP 试验包括 18 个成员，这 18 个成员采用了 18 个不同的始于 1957 年 1 月 1 日的大气初始条件。每一次运行中使用观测的海表面温度驱动模式。大气环流模式从 1957 年积分到 2013 年。每个大气环流模式模拟出的中国东部夏季（6～8 月）降水和所有试验的集合平均结果是本研究分析的对象。

3.2.1 观测的中国东部夏季降水的年代际变化

在分析中国东部夏季降水的年代际变化前，先分析一下中国东部夏季降水的年代际分量并分析其在中国东部夏季总降水中的占比。图 3.16（a）给出了基于观测资料得到的中国东部夏季（6～8 月）降水的总方差。最大的方差位于华南（20°N～26°N，106°E～120°E）和江淮流域（32°N～35°N，110°E～122°E）；而在华北（35°N～40°N，110°E～120°E）和东北（40°N～50°N，120°E～130°E）的降水方差则较小。图 3.16（b）给出了相应的年代际分量的方差。年代际分量的方差大值中心位于华南和长江中下游地区。

为了定量描述年代际分量的相对强度，年代际分量方差所占总方差的百分比显示在图 3.16（c）中。占比超过 25%的地区主要位于华南、长江中下游、淮河流域、华北、东北和内蒙古。说明了降水的年代际分量在这些地区降水中的重要性。

为了揭示中国东部夏季降水年代际变化的空间模态和时间变率，用 EOF 方法分解经过 15 年低通滤波的夏季降水距平。前三模态及其相对应的时间系数如图 3.17 所示。前三模态的方差贡献分别为 44.6%、17.1%和 13.6%。前三模态的总方差贡献达到 75.3%，意味着前三模态可以代表中国东部夏季降水年代际分量的大部分变率。

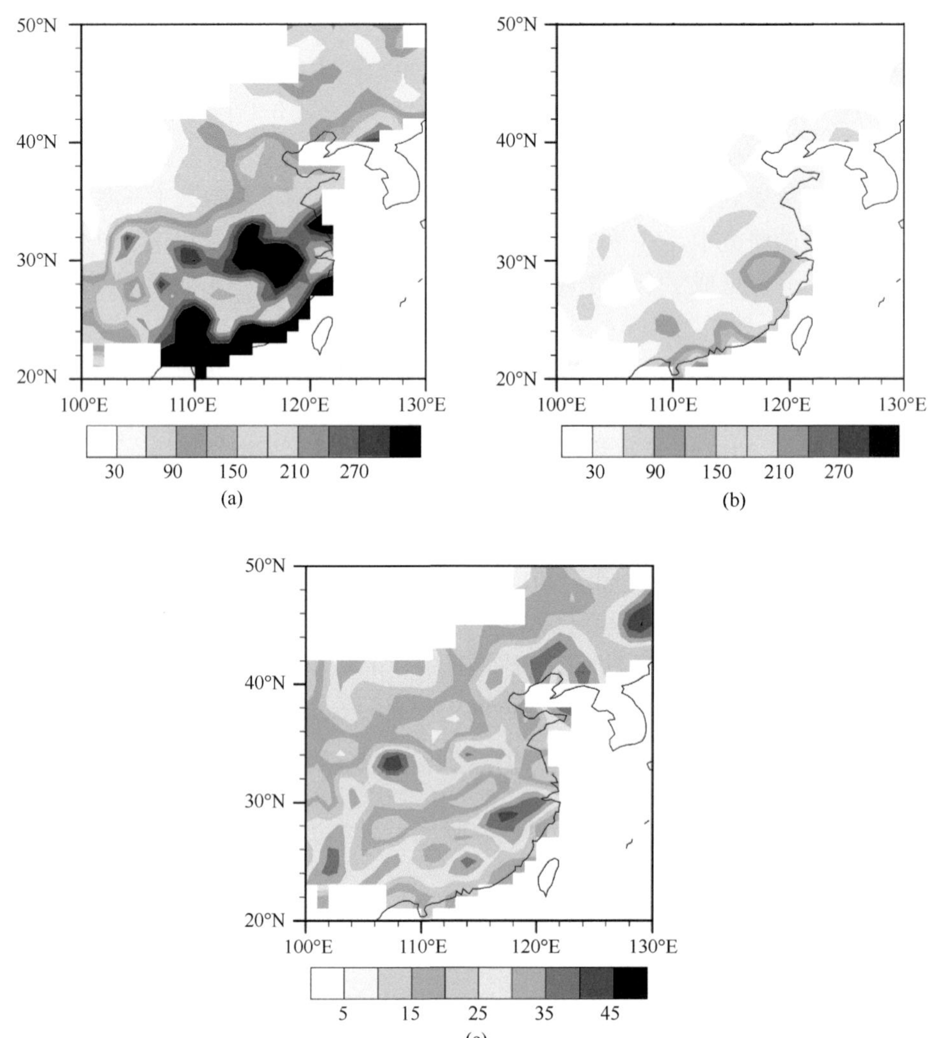

图 3.16　观测资料中的（a）夏季中国东部总降水的方差；（b）降水的年代际分量的方差；（c）年代际分量方差占总方差的比例

图（a）～（b）的单位为 mm²，图（c）的单位为%

EOF 第一模态表现为强变率信号主要位于华南，相反的变化位于中国北部地区（30°N 以北）。相应的第一模态时间系数表现出了明显的年代际变化：在 20 世纪 60 年代早期至 70 年代和 90 年代早期至 21 世纪初期时间系数为正，而从 80～90 年代早期和 21 世纪第一个 10 年的中期至第二个 10 年早期时间系数表现为负。90 年代早期的年代际变化与 Wu 等（2010）的研究发现较为一致，他们的研究发现华南降水在 1992 年和（或）1993 年前后由偏少变为偏多。

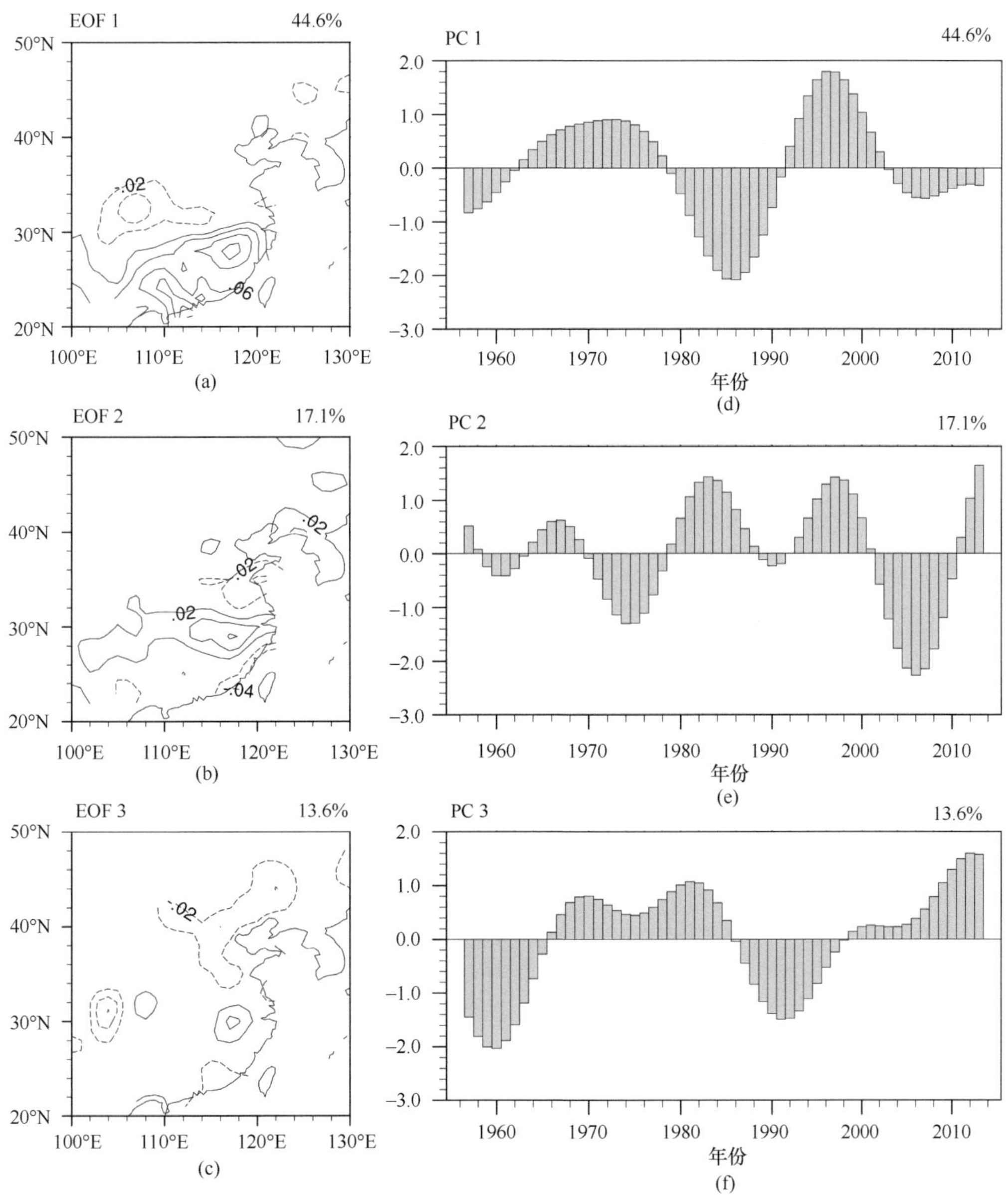

图 3.17　经过 EOF 分解得到的中国夏季降水年代际分量的前三个模态的空间模态和相应的时间系数
（a）第一模态的空间模态；（b）第二模态的空间模态；（c）第三模态的空间模态；
（d）第一模态的时间系数；（e）第二模态的时间系数；（f）第三模态的时间系数

EOF 第二模态主要反映了长江流域降水的年代际变化，其中有两个明显的位相转变点。一个发生在 20 世纪 70 年代末期（从负变正），另一个发生在 90 年代末期（从正转负）。第一个突变点与全球大气-海洋系统的年代际转折时间较为吻合（Graham，1994；Kachi and Nitta，1997；Hu，1997），这也与东亚地区的海-气系统的年代际变化时间较为一致（Nitta and Hu，1996；Hu，1997；Chang et al.，2000a，2000b；Gong and Ho，2002；Ding et al.，2009）。第二次位相转变表明长江流域降水在 90 年代末转为减少，但淮河和华南降水则转为偏多，这也与 Si 等（2009）和 Si 和 Ding（2013）的研究结果一致。相比于第一模态时间系数，第二模态时间系数反映更多的是高频特征。

EOF 第三模态的方差贡献较小（13.6%），正值主要分布在长江流域地区，而负值分布在长江流域以外的其他地区。

图 3.18 给出了中国东部夏季降水年代际分量的三个模态时间系数与春季（3～5 月）全球海表面温度的相关系数。第一模态时间系数与海表面温度的相关系数空间分布表现

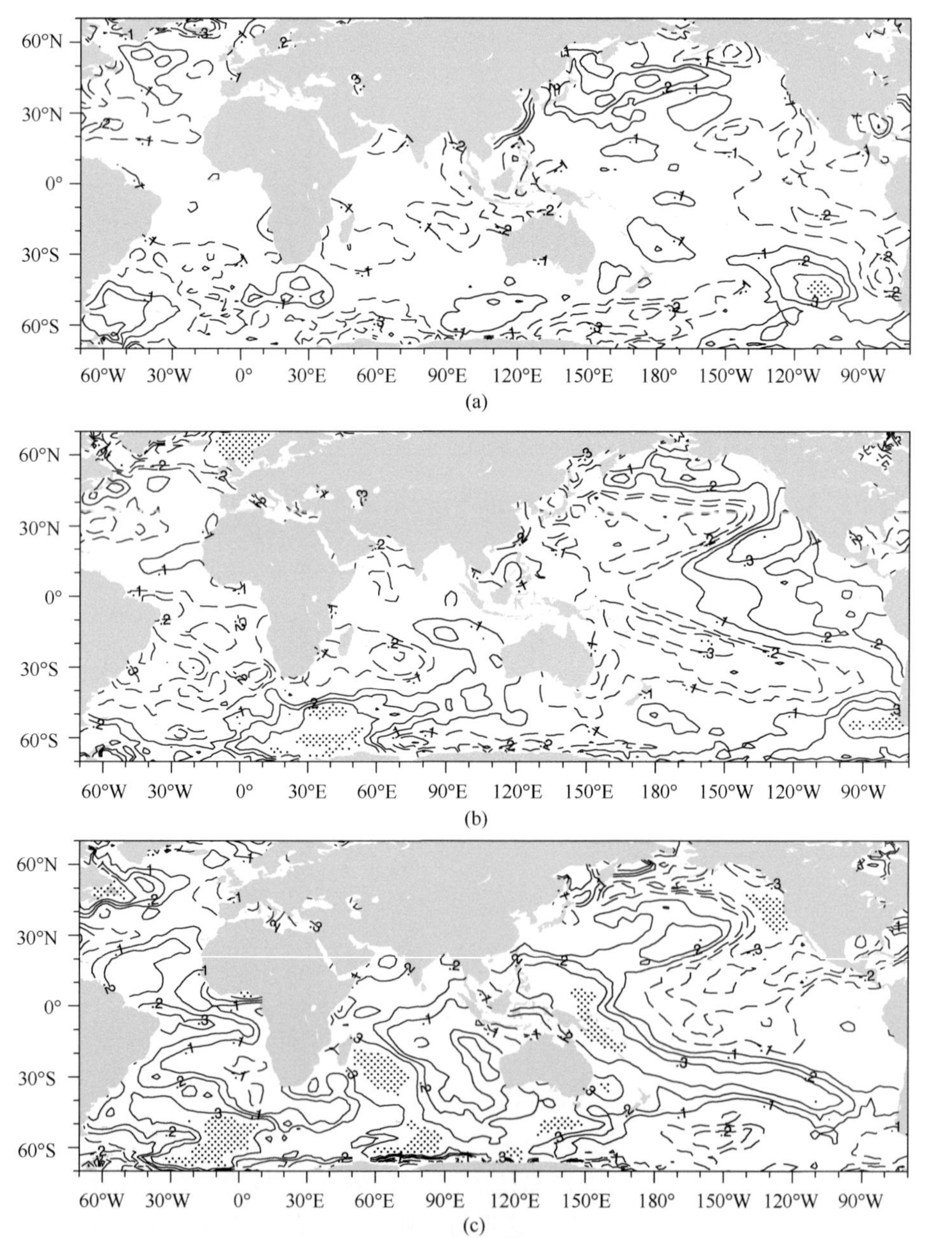

图 3.18　中国东部夏季降水年代际分量的前三个 EOF 模态时间系数与观测的全球春季（3～5 月）海表面温度的相关

（a）第一模态；（b）第二模态；（c）第三模态

为类似太平洋年代际振荡（PDO）的负位相的模态，但所有的相关系数都不显著。这表明中国东部夏季降水的第一模态可能受海表面温度的年代际变率强迫影响相对较小，而受大气内部动力过程影响相对较大。

第二模态时间系数与海表面温度的相关在南半球呈现出了一种类似于跷跷板的模态，正相关区位于南极地区，负相关位于南半球中纬度。这说明第二模态可能与南极地区的变率有关，如南极涛动（AAO）的变化。实际上，Nan 和 Li（2003）的研究也指出南极涛动指数与长江夏季降水呈正相关关系。从统计关系上看，南极涛动处在正位相时，通常东亚夏季风偏弱，西北太平洋副热带高压偏西、偏强，长江流域水汽辐合，上升运动也加强。这些环流异常有利于长江地区出现降水偏多的状态，反之亦然。因此南极涛动作为一种“大气桥”将长江夏季降水（中国东部夏季降水年代际分量的第二模态）与南半球类似于跷跷板海表面温度异常联系起来。此外，相关系数的空间分布在热带太平洋地区也表现为类似于 El Niño 型的分布，也说明中国东部夏季降水年代际变化的第二模态也可能与 ENSO 的年代际变化有一定联系。

第三模态时间系数与海表面温度相关表现为正相关，出现在印太地区和南大西洋地区，即这些地区的海表面温度可能对中国东部夏季降水年代际分量的第三模态造成影响。1000hPa 的位势高度与印太地区和南大西洋地区（0°～70°S，60°W～180°）的海表面温度指数的相关表明（图略），当这两个海区的海表面温度偏高时，低层位势高度会上升，中国北部地区会出现异常的反气旋环流，这与该地区的降水负距平的出现是吻合的。

3.2.2　中国东部夏季降水年代际变化的模拟

为了研究海表面温度的强迫对中国东部夏季降水的年代际变化能够产生多大的影响，这里用实际的全球海表面温度强迫下的大气环流模式进行模拟研究。为得到模式模拟的中国东部夏季降水年代际分量的主要模态，将 18 个模拟成员的时间序列整合成一个长时间序列，然后用常规的 EOF 分析方法分解得到的整合序列。每个 EOF 模态对应的主成分包含 18 个连续的时间序列，表征 18 个单独的模拟结果的时间演变特征。每个模拟成员的时间系数在图 3.19 中用虚线表征，粗实线是 18 个成员的平均值。

图 3.19 给出了模拟得到的中国东部夏季降水年代际变化的主要模态和对应的时间系数。对于第一模态而言，模式能够再现出观测数据得到的空间分布型，即异常信号主要位于华南地区，相反的变化位于 30°～40°N 地区。观测数据得到的第一模态和模拟出的第一模态的空间相关系数为 0.77（表 3.1）。然而，尽管模式可以较好地模拟出第一模态的空间型，但时间系数的演变特征无论在单个模拟成员中还是集合平均的结果中都没能准确再现。这可能是由于数值模式存在某种共性的缺陷。比如，Jha 等（2014）发现“第五次耦合模式比较计划（CMIP5）”中的 10 个耦合模式的大部分模式都能较好地描述与 ENSO 相关的海表面温度变率的空间模态，但基本上没有模式能够准确描述 ENSO 的演变特征。

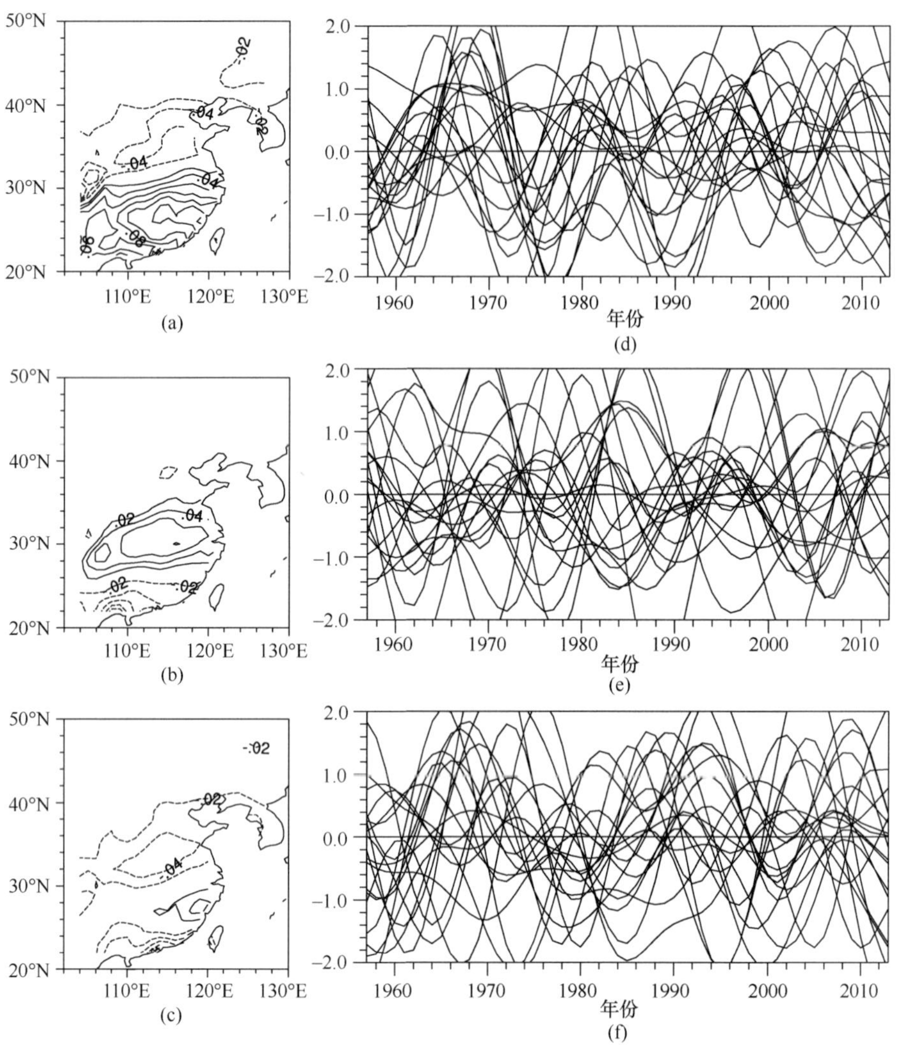

图 3.19　NCEP 大气环流模式模拟得到的 15 年低通滤波中国东部夏季降水的 EOF 前三个主模态

（a）～（c）EOF 前三个主模态；（d）～（f）相应的时间系数

细虚线表示 18 个模拟成员的时间系数，粗实线代表 18 个成员时间系数的集合平均

表 3.1　观测资料（图 3.17）和 NCEP 大气环流模式模拟（图 3.19）得到的 15 年低通滤波的中国夏季降水的前三个 EOF 模态的空间相关系数

模态	EOF1-Obs	EOF2-Obs	EOF3-Obs
EOF1-AGCM	0.77	0.11	0.41
EOF2-AGCM	−0.32	0.61	0.22
EOF3-AGCM	0.23	0.17	0.27

模式同样能够较好地捕捉到第二模态的空间特征，其结果与观测数据得到的第二模态空间相关系数达到 0.61（表 3.1）。观测和模拟的第二模态时间系数为 0.41，表征海表面温度的异常对第二模态的形成产生了一定影响。有趣的是，18 个成员的第 15 个成员能够较好地模拟第二时间系数的演变特征及其与全球海表面温度异常的关系（图 3.20）。

例如，在成员15中，模拟和观测的第二时间系数达到0.68。

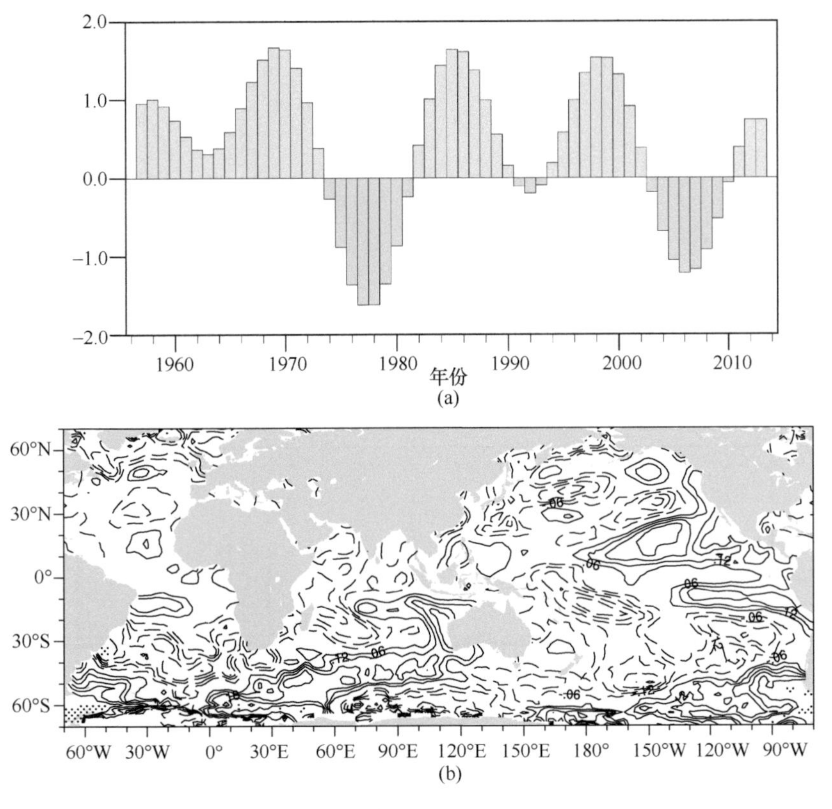

图3.20

（a）基于NCEP大气环流模式第15个成员得到的15年低通滤波的中国东部降水的EOF第二模态所对应的时间系数；（b）该时间系数与全球春季观测海表面温度在1957～2013年间的相关系数分布

对于第三模态，模式可以在一定程度上模拟出模态的空间分布特征，与实际第三模态的空间相关系数为0.27，但模式并没有模拟出第三模态时间系数的演变特征。

此外，为了确认上述结果的正确性，将模式集合平均的降水投影到观测降水得到的前三个EOF模态上（图3.21）。通过这种方法，能分析出模式是否能模拟出EOF模态。图3.21给出了投影的时间系数。与观测降水的前三个时间系数相比[图3.17（d）～（f）]，可以发现投影的时间系数的演变特征与观测的前三个模态时间系数演变并不是很一致。观测得到的前三个时间系数和投影得到的时间系数的相关系数分别为0.16、0.34和0.5。

上述结果表明EOF第一模态的演变可能受海表面温度的强迫相对较小，而第二模态和第三模态则与海表面温度的强迫相对较大。为了进一步阐明上述结果，用全球海表面温度与集合平均15年低通滤波的中国东部夏季降水的前三个模态对应的时间系数进行相关分析。与观测得到的结果相似，第一主成分与海表面温度异常的相关系数均不能通过信度为95%的显著性检验［图3.22（a）］，证实了EOF第一模态（表征华南夏季降水的年代际变化）受海表面温度强迫的影响相对较小，而受大气内部动力学过程影响相对较大。

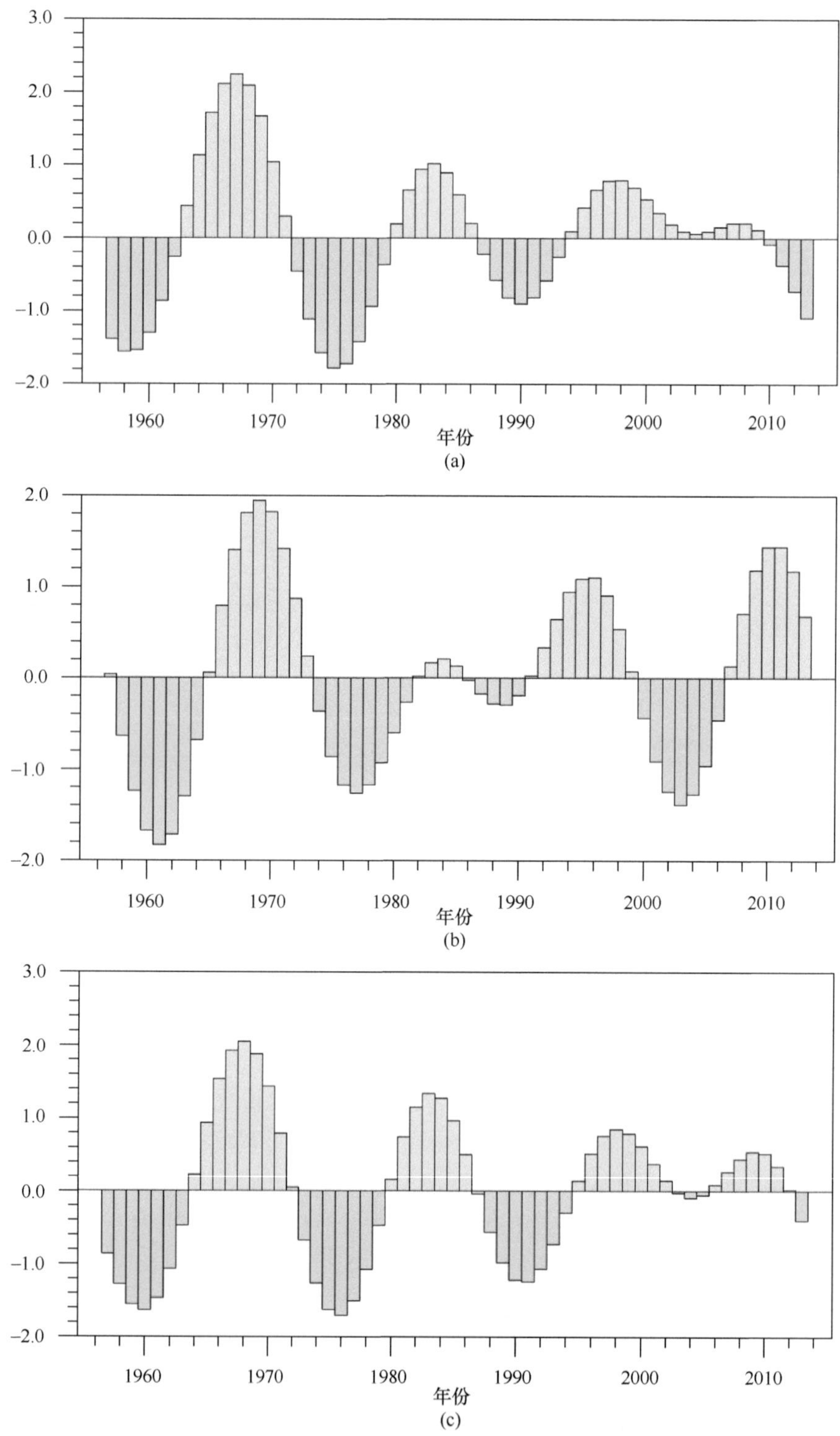

图 3.21　模式模拟降水投影到观测降水前三个 EOF 模态（图 3.17）上得到的时间序列

（a）第一模态时间序列；（b）第二模态时间序列；（c）第三模态时间序列

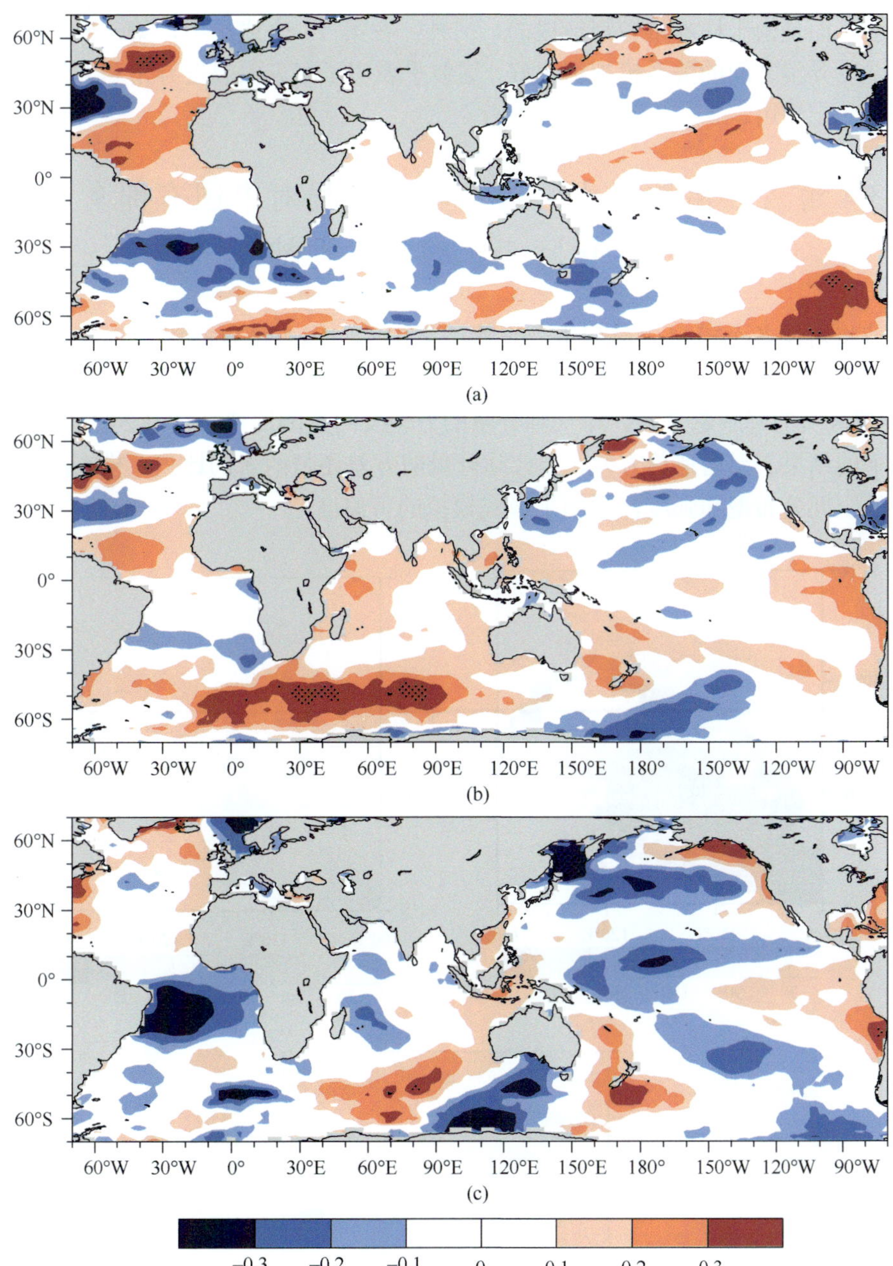

图 3.22　模式集合平均的 15 年低通滤波的中国东部夏季降水的前三个模态时间系数与观测的全球春季海表面温度的相关

（a）第一模态；（b）第二模态；（c）第三模态

对于第二模态而言［图 3.22（b）］，模式并不能再现出利用观测数据得到的相关系数的空间分布和强度，特别是南半球跷跷板型的海表面温度异常在模式中基本没有体现出来。同样的，模式也未能模拟出第三主分量与印太海表面温度和南大西洋海表面温度之间的关系［图 3.22（c）］。模式在模拟第二模态和第三模态与海表面温度之间的关系上的能力不足，可能与模式误差有关，也可能是观测中得到的这种相关关系并不十分稳定、显著，而是由于样本量较短造成的。另外，在第 15 个成员中，第二模态的发展与海表面温度异常之间的关系模拟得很好，这似乎表明了海表面温度异常和大气初始条件都起到了一定作用。

3.2.3 海表面温度和大气内部动力过程对中国东部夏季降水年代际变化的相对贡献

本节将对比各个模拟成员和集合平均结果中的中国东部夏季降水年代际分量的方差，从而进一步分析海表面温度对中国东部夏季降水年代际变化的影响。图 3.23 给出了 18 个模拟成员的降水总方差，年代际分量的方差及两者的比值。图 3.24 所示为集合平均状态下的结果。无论是总方差、年代际分量的方差还是两者的比值，模式都能模拟出观测中的空间分布型和强度，说明了模式模拟的可信度。

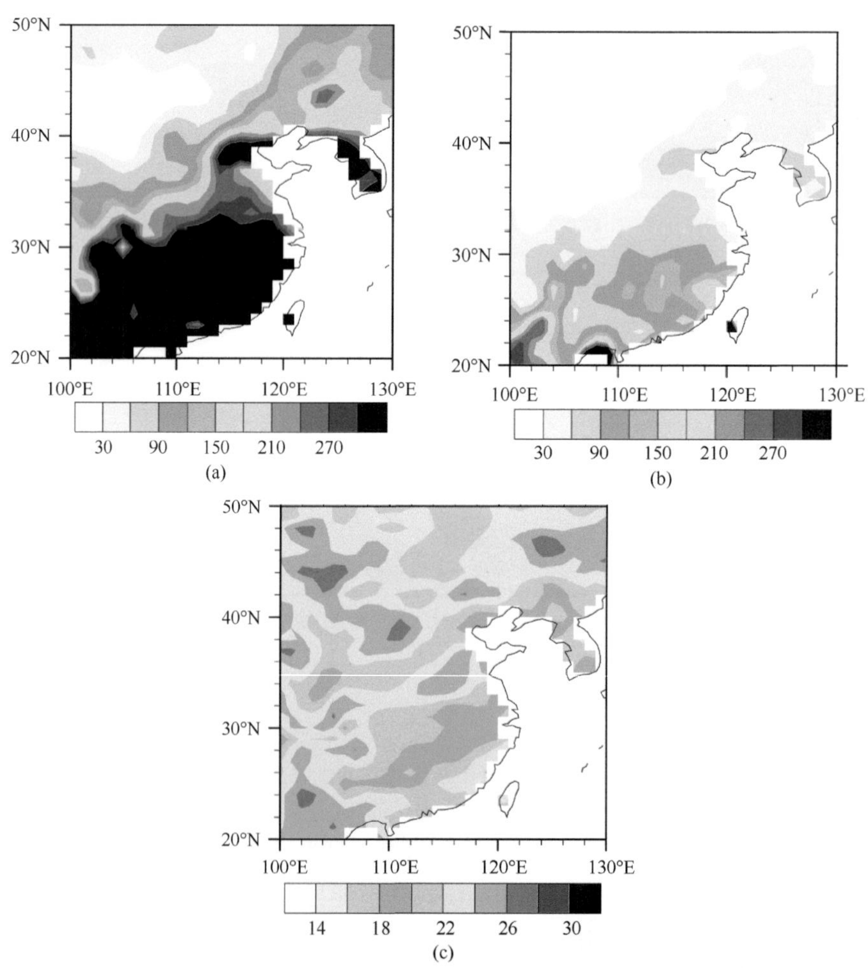

图 3.23 18 个模拟成员的中国东部夏季降水方差的平均

（a）总方差；（b）年代际分量方差；（c）二者的比值

（a）和（b）的单位为 mm^2；（c）的单位为%

但在集合平均的结果中，总方差和年代际分量的方差的强度均呈现显著下降的现象，这是由于与海表面温度强迫无关的大气内部动力过程在很大程度上在集合平均的结果中被排除了。与单个模拟成员相比，集合平均结果中的年代际分量的方差与总的方差的比明显偏大。具体而言，这种增大主要出现在长江和华北，而在华南的变化并不明显。这说明排除与海表面温度强迫无关的大气内部动力过程后，年代际分量的变化的贡献在长江流域和华北地区增大而在华南则变化不大，表明长江和华北的夏季降水的年代际分量的变化受海表面温度强迫的影响相对较大，而华南降水的年代际变化受大气内部动力过程影响相对较大。

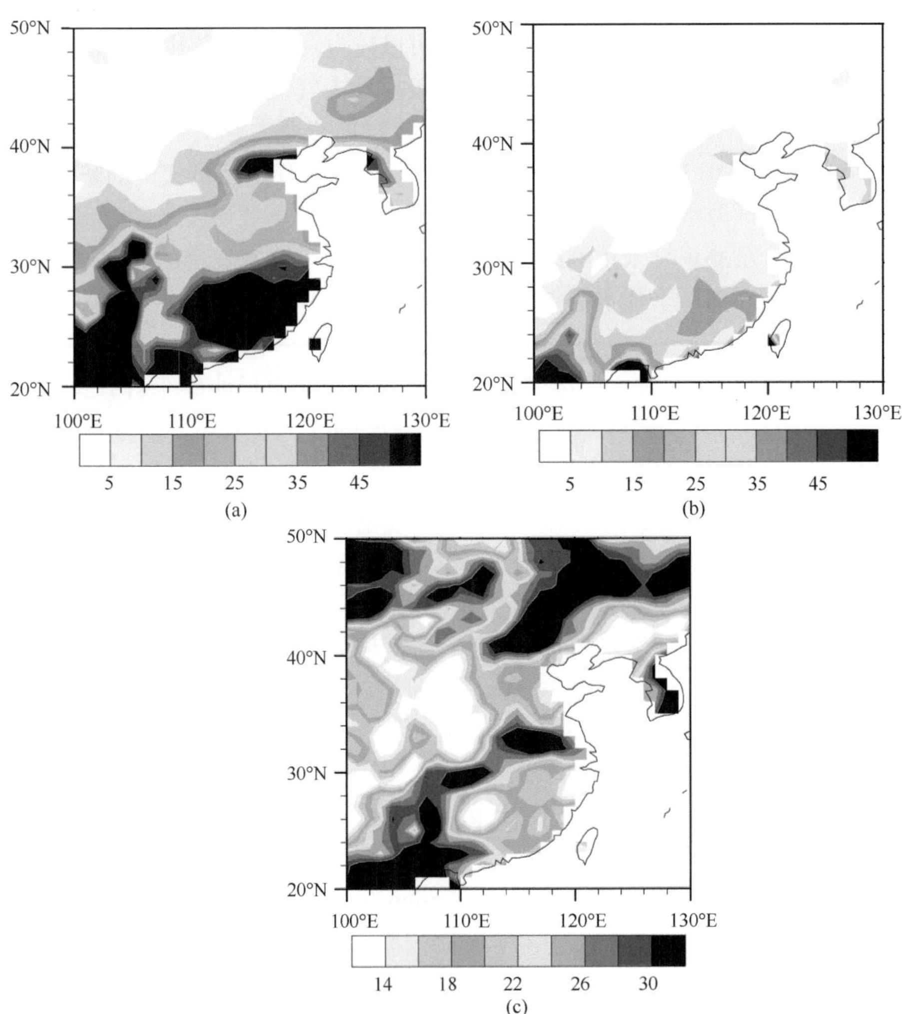

图 3.24 集合平均（18 个成员）的中国东部夏季降水方差

（a）总方差；（b）年代际分量方差；（c）二者的比值

（a）～（b）的单位为 mm^2；（c）的单位为%

上述结果说明海表面温度强迫对降水的年代际变化的影响在不同的区域表现不同，也说明不同地区的夏季降水的年代际变化与不同的物理过程相联系。此外，某些模拟成员可以描述出观测得到的第二模态的时间演变特征，这表明在长江地区夏季降水的年代际变化中，大气内部动力学过程和海洋强迫都有一定贡献。需要指出的是，所分析的相关都是同时相关或时长为 1 个季节的滞后相关。在更长的滞后时段上，海表面温度对中国东部夏季降水年代际变化的影响值得在将来的研究中讨论。另外，分析年代际变化中的较短的时间样本长度也会影响 EOF 分解出的模态的可信度，对于高阶模态更是如此（第 2、3 模态）。对于模式模拟而言，准确描述某些区域气候特征仍存在较大挑战。模式误差对模拟东亚气候的影响也需要进一步回答（Kumar et al.，2012）。

实际上，除了模式误差的影响外，AMIP 模式模拟时没有考虑海洋和大气之间的耦合过程（忽略了大气对海洋的反馈）也可能在一定程度上影响结果。如 Wang 等（2005）的研究表明，考虑了海气耦合过程的耦合模式可以较为真实地模拟出亚太地区降水和海表面温度之间的关系。但当用观测的海表面温度驱动大气模式时，二者之间的关系很难在模式模拟中再现出来，这意味着海气耦合过程对模拟亚太季风区的降水变化非常重要。Zhu 和 Shukla（2013）的研究进一步表明，海气耦合作用在模式中的缺失是造成年际尺度上亚太季风区降水和海表面温度关系不能被模拟的重要误差来源之一。这些研究说明了用海气耦合预测系统来预测或模拟亚洲季风区夏季降水变率的必要性。但这种海气耦合作用在中国东部夏季降水的年代际变化中的作用仍不清楚。

3.3　热带西太平洋海表面温度异常对梅雨年代际变化影响的数值模拟

20 世纪 90 年代末，热带西太平洋海表面温度出现了增暖的趋势。在 80～90 年代，热带西太平洋海表面温度相对较低。自 90 年代末以来，该区域海表面温度显著升高。90 年代末梅雨雨带的北移是否与热带西太平洋海表面温度变暖有关，目前涉及 90 年代末梅雨雨带年代际北移的研究还较少。这里将用区域气候模式进行一系列的数值模拟试验来研究热带西太平洋海表面温度年代际异常对梅雨年代际变化的影响。本节中，6～7 月被选作梅雨季节。尽管梅雨季的起始和结束日期每年都不同，但基本上 6～7 月涵盖了每年梅雨季节的主要时段。

这里用到了 3.0 版本的区域气候模式 RegCM3.0（Pal et al.，2007）。根据已有的研究结果，该模式可以模拟出实际观测的东亚气候的季节变率和年际变率（Liu et al.，1994；张冬峰等，2007），并能较好地再现出 1951～2000 年的中国夏季降水的年代际变化特征（黄建斌等，2007）。

图 3.25 给出了热带太平洋冬季海表面温度 2000～2008 年和 1982～1999 年的两个时段的差值。由图可见，进入 21 世纪以后，热带中东太平洋呈现出类似于 La Niña 模态的海表面温度状态，而热带西太平洋呈现出增暖的趋势，且通过信度为 95%的统计检验。本节将讨论该海域的海表面温度异常对梅雨降水和东亚大尺度环流的影响。

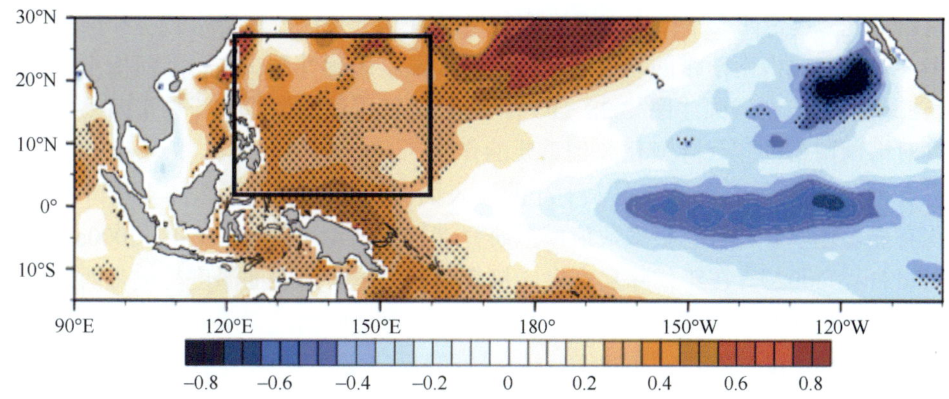

图3.25 利用NOAA OISST数据集得到的冬季海表温度的变化（2000～2008年平均值减去1982～1999年平均值）

标点区域为通过95%信度统计检验的区域。方框标记的是海表面温度敏感性试验中区域（0°～25°N，120°E～160°E）

模式区域包括东亚和西太平洋地区，中心点位于23°N，125°E，模式水平网格距为60km。地表利用数据基于United States Geological Survey（USGS）开发的全球地表覆盖特征数据（GLCC）。海表面温度数据采用NOAA提供的最优插值海表面温度数据集。气象初始条件和随时间变化的边界条件均来源于NCEP/NCAR再分析数据。边界条件每6h更新一次，采用松弛算法。地表过程采用Biosphere-Atmosphere Transfer方案，边界层中的物理参数化过程采用Holtslag等（1990）提出的非局地方案。对流降水在模式中采用Kuo方案。次网格水汽方案（SUBEX）用来描述非对流云和降水。辐射传输采用NCAR Community Climate Model version 3提供的方案。一共设计了三种试验来分析海表面温度的年代际变化和模式中相应的大气的响应。

第一组试验（1982年3月～2008年9月）以预先设定好的观测的逐月OISST海表面温度作为驱动。该实验为控制试验（暖海表面温度试验）。第二组试验中，将热带西太平洋（图3.25中用黑色方框标记的区域）海表面温度异常从控制试验中的暖海表面温度降低到近似于正常的海表面温度，而其他设置同控制试验，该试验从1999年9月积分至2009年9月，并称其为“正常海表面温度敏感性试验”。第三组试验与第二组试验类似，只是将热带西太平洋海表面温度从第二组试验的海表面温度进一步降低，让其处于比正常情况偏冷的状态。该组试验称为“冷海表面温度敏感性试验”。在控制试验和其他两组敏感性试验中，唯一的不同就是热带西太平洋海表面温度，因此各组试验模拟得到的大气环流和降水的差异反映的是热带西太平洋海表面温度年代际异常的影响。

3.3.1 热带西太平洋海表面温度异常对梅雨年代际变化的影响

图3.26给出了控制试验中模拟出的梅雨雨带1982～2008年的演变特征。与实际观测较为一致(图3.27)，控制试验再现出了90年代末梅雨雨带的年代际北移的现象。1999年以前，梅雨雨带主要位于长江流域；之后，其向北推进至淮河流域。

下面分析梅雨降水对西太平洋暖海表面温度降低的响应。在正常海表面温度敏感性试验中，梅雨降水的响应主要表现为淮河梅雨减弱长江梅雨增强［图3.28（a)］。这表明在梅雨期间，热带西太平洋海表面温度的增暖有利于长江流域降水减少和淮河流域降水增多，这将造成梅雨雨带的北进。在冷海表面温度敏感性测试中，淮河梅雨进一步减弱，长江梅雨进一步增强［图 3.28（b）］。这验证了所做的假设，即热带西太平洋海表面温度对梅雨雨带的年代际变化起到重要的作用。

已有的研究揭示了热带中东太平洋的海表面温度可能对中国东部夏季降水的年代际变化有显著影响，并且有很多数值模拟研究支持该结论（Chang et al.，2000a，2000b；Gong and Ho，2002）。在年代际尺度上，热带中东太平洋海表面温度与热带西太平洋海表面温度呈现出负相关关系，即如果赤道西太平洋海表面温度偏暖则中东太平洋海表面温度则偏冷（Huang，2001）。这种海表面温度的反向变化与 90 年代末以来观测到的海表面温度趋势十分相似。

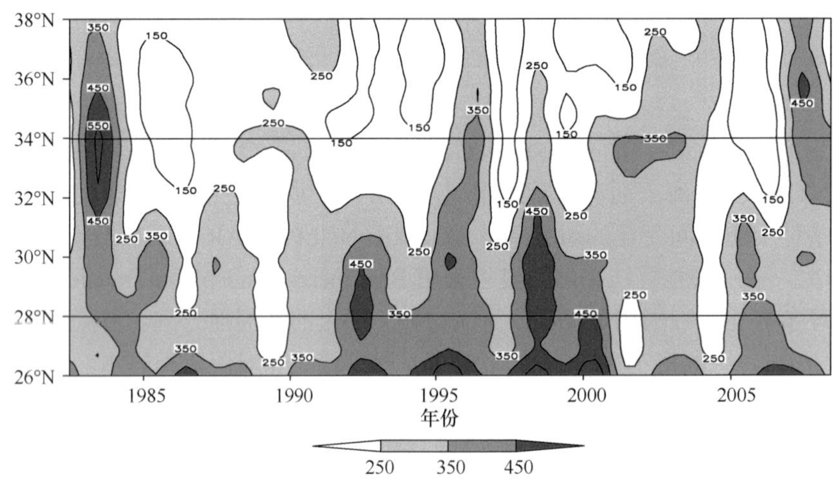

图 3.26　控制实验模拟的 1982～2008 年的 6～7 月江淮地区（110°E～122°E）降水的纬度-时间剖面

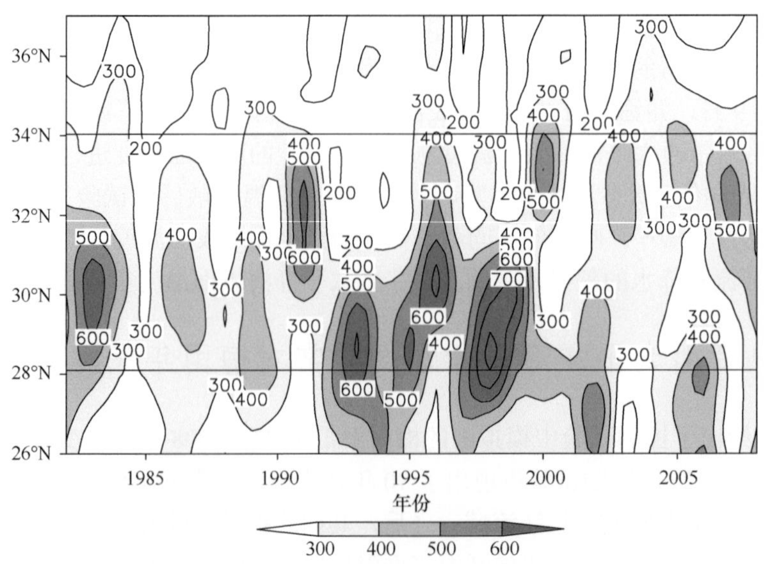

图 3.27　1982～2008 年观测的 6～7 月江淮地区（110°E～122°E）降水的纬度-时间剖面

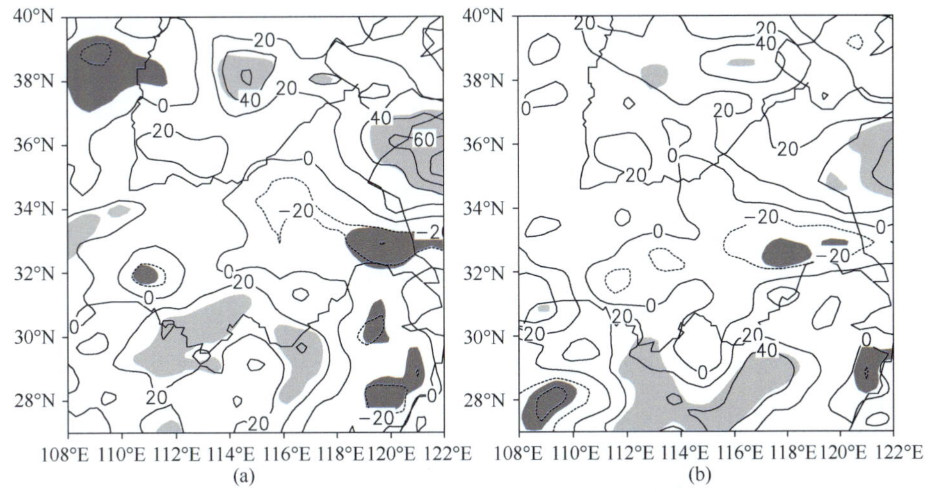

图 3.28　模式模拟的的 6～7 月降水与控制试验的差值

（a）为正常海表面温度敏感性试验的结果；（b）为冷海表面温度敏感性试验的结果；
通过信度为 95%的统计检验的值以阴影表示

3.3.2　热带西太平洋海表面温度异常对东亚环流年代际变化的影响

由于热带西太平洋的位置恰好与东亚地区局地哈德莱环流圈的上升支的位置，热带西太平洋上空的对流活动异常引起的强上升运动会加强局地的哈德莱环流圈。在正常海表面温度敏感性试验中［图 3.29（a）］，减弱的上升支出现在低纬度地区（25°N 以南），中纬度（25°N 以北）的下沉支也表现为减弱的特征。这表征东亚地区局地哈德莱环流减弱，由此可知热带西太平洋的暖海表面温度有利于加强其上空对流活动的发展，从而加强梅雨期间的局地哈德莱环流圈。在冷海表面温度敏感性试验中［图 3.29（b）］，上升支减弱并明显偏南。这进一步表明热带西太平洋海表面温度增暖有利于加强局地洋面

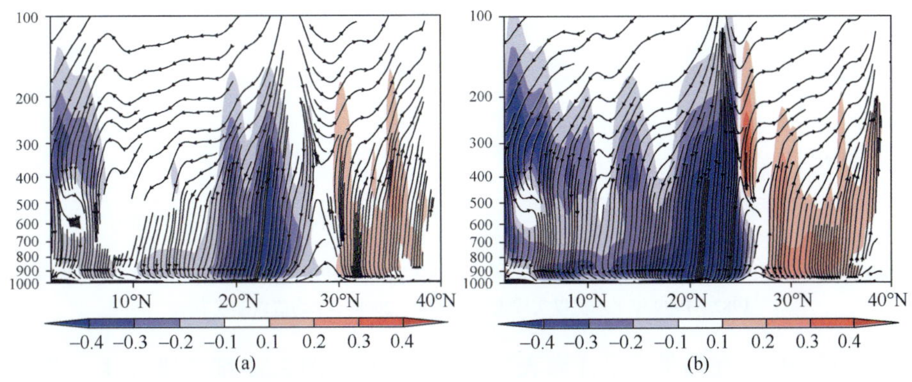

图 3.29　6～7 月经向（125°E～145°E）环流异常

（a）为正常海表面温度敏感性试验与控制试验的差值；（b）为冷海表面温度敏感性试验与控制试验差值
阴影：垂直速度，单位：10^{-3} Pa/s；流线：流场

上空的对流，并促进梅雨期间的东亚局地哈德莱环流加强北进。由于下沉运动会引起绝热加热并抑制对流活动，局地哈德莱环流向北扩展至 30°N 会导致中纬度对流层的增暖和副热带干燥区进一步扩大（Fu et al.，2006；Hu and Fu，2007），这最终导致了长江流域梅雨降水减少。

前人的研究（Chang et al.，2000a，2000b）揭示中国东部的梅雨与西太平洋副热带高压活动密切相关。北移的副高会导致 850hPa 上中国东南沿海出现异常的反气旋环流。一方面，该反气旋起到阻挡梅雨锋的作用，使得锋面维持时间较长而产生稳定少动的降水；另一方面，该反气旋通过增强海洋中的下沉气流引起西太平洋增暖，使得更多水汽被输送到降雨区。强梅雨降水同样会引发正反馈过程，导致季风区附近的异常反气旋加强。上述的副高和梅雨降水之间的关系在年际尺度和年代际尺度上也存在（Chang et al.，2000a，2000b）。

由于副高的位置位于东亚局地哈德莱环流的下沉支地区，因此加强并向北扩展的局地哈德莱环流有利于副高的加强和向北推进。图 3.30 给出了梅雨发生年代际转折前后的副高的位置变化。500hPa 上 5880 位势米等值线用来描述副高的演变特征。如图 3.30 所示，热带西太平洋海表面温度变暖后，副高向北推进了 2～3 个纬度，并东撤至 125°E 以东（相对的演变特征分别用实线和点线表示）。

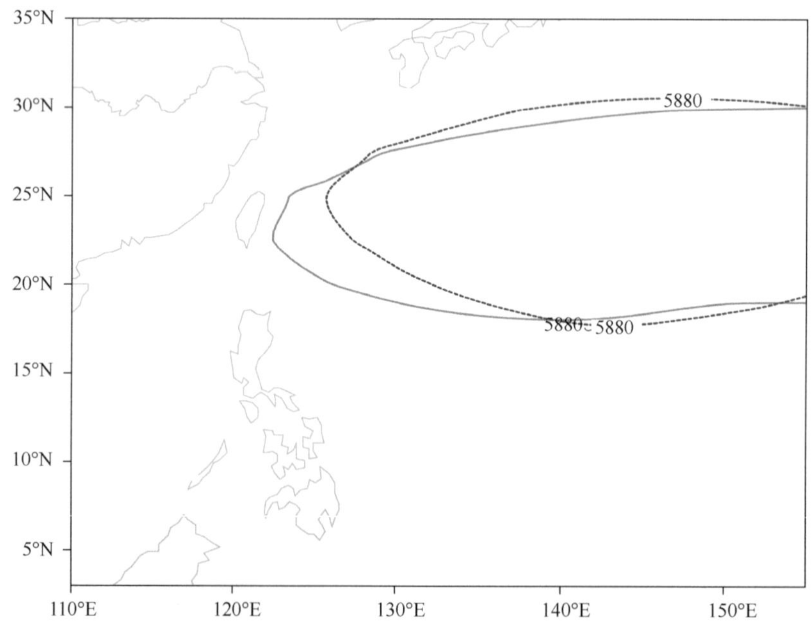

图 3.30 基于 NCEP/NCAR 再分析数据得到的 6～7 月 500hPa 位势高度中 5880 位势米特征线
1982～1999 年平均值以实线表示，2000～2008 年平均值以虚线表示

在控制试验中，在热带太平洋海表面温度变暖前（图 3.31 细实线）、后（图 3.31 粗实线），副高位置变化（用 500hPa 位势高度场上 5530 位势米等值线描述）可以被模拟出来。在正常海表面温度敏感性试验中（图 3.31 中虚线）和冷海表面温度敏感性试验（图 3.31 中点线）中，热带太平洋海表面温度的变冷导致了副高向西南方向移动。如此一来，

海表面温度敏感性试验验证了我们的猜想，即热带太平洋海表面温度在副高 20 世纪 90 年代末的年代际变化中起到了非常重要的强迫作用。暖海表面温度异常导致热带西太平洋地区出现异常加强的上升运动和加强的对流，进一步加强了东亚局地的哈德莱环流，使得梅雨时期内的副热带高压向东北方向移动。

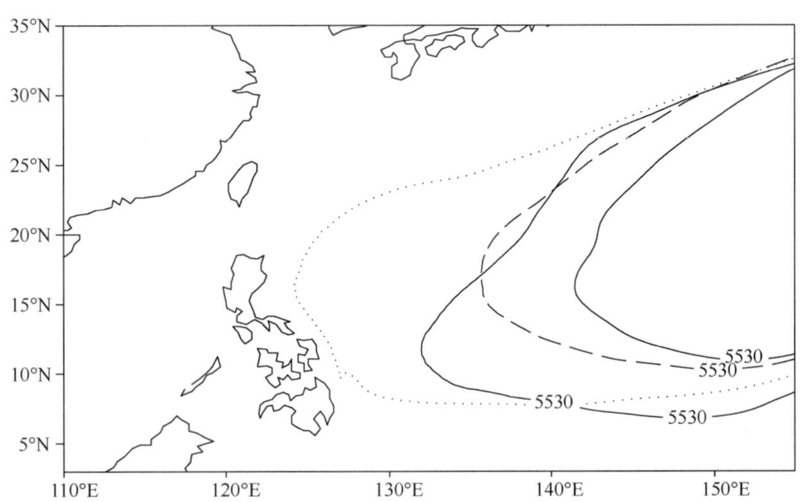

图 3.31　控制试验模拟得到的 6～7 月 500hP 位势高度场中的 5530 位势米特征线

1982～1999 年平均值以细实线表示，2000～2008 年平均值用粗实线表示。虚线为正常海表面温度敏感性试验中模拟得到的 2000～2008 年平均值；点线为冷海表面温度敏感性试验中得到的 2000～2008 年平均值

副热带低空急流与副高密切相关。这支低空急流向梅雨锋地区输送大量水汽，不仅造成湿度梯度加大，同时有利于形成深厚的湿中性层结条件。如图 3.32 所示，与副高东北方向移动相对应，副热带低空急流也呈现出向东北方向推进的特征，表征东亚夏季风的向北推进。这进一步造成梅雨期间长江以南地区降水减少和以北地区降水增多。在正常海表面温度敏感性试验中［图 3.33（a）］，伴随着 20 世纪 90 年代末海表面温度增暖的衰弱，副热带低空急流表现为向南撤退，这有利于梅雨期间长江南（北）侧降水增多（减少）。冷海表面温度敏感性试验强迫出现与正常海表面温度试验中类似的纬向风异常特征［图 3.33（b）］，进一步突出了热带太平洋海表面温度的重要强迫作用。

以上的分析表明，热带西太平洋海表面温度异常是梅雨降水发生年代际变化的重要强迫条件。该海区海表面温度变暖会导致梅雨期间东亚局地哈德莱环流、副高和副热带低空急流均向北移动。以上各关键系统的向北移动造成了梅雨雨带的年代际北移。

以上分析结果表明在 20 世纪 90 年代末，热带西太平洋海表面温度呈现出显著的增暖趋势。在 80 年代和 90 年代，热带西太平洋海表面温度处于相对偏冷的状态，而在 90 年代末以后呈显著增暖的状态，形成了一种年代际尺度上类似于 La Niña 型的海表面温度状态。

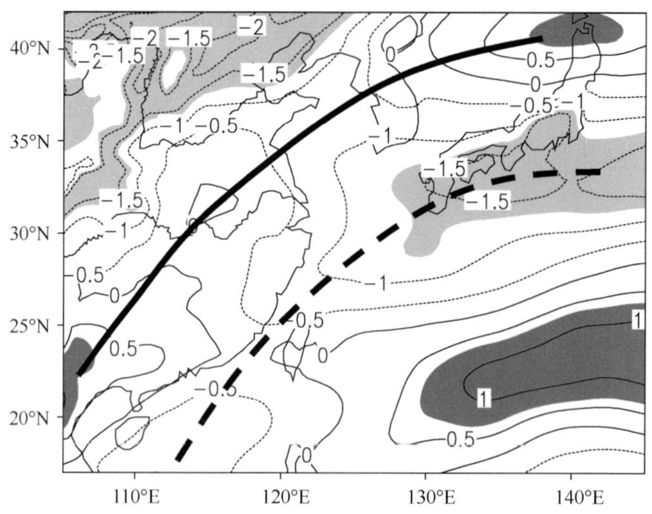

图 3.32　控制试验模拟得到的 6～7 月 850hPa 纬向风（m/s）的差值（2000～2008 年平均值减去 1982～1999 年平均值）

实线（虚线）标记西南风加强（减弱）区域

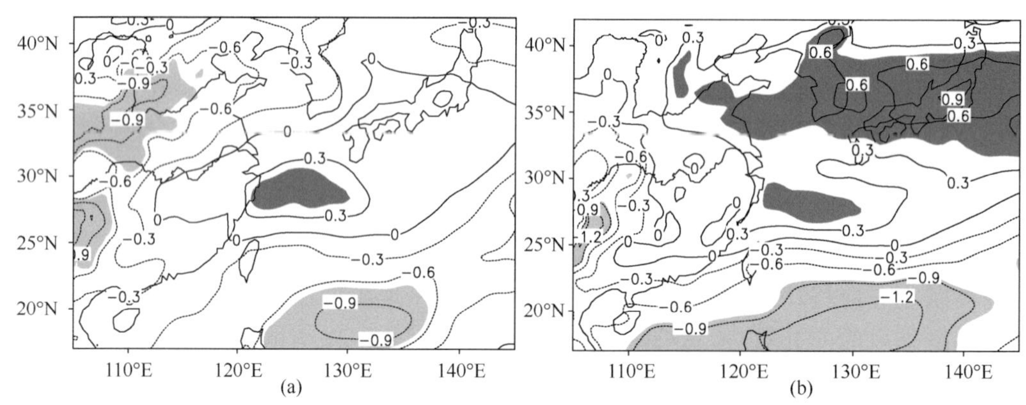

图 3.33　同图 3.28（但要素为 850hPa 纬向风）（m/s）

实线、虚线分别表示纬向风加强、减弱

一些研究揭示热带太平洋地区的海表面温度的变化可能是中国降水年代际变化的原因。与以往的研究关注热带中东太平洋海表面温度强迫作用不同，本节的分析中考虑到热带西太平洋海表面温度的增暖趋势，并讨论其对梅雨雨带年代际变化的影响。应用区域气候模式，设计了 3 组数值模拟试验来讨论热带西太平洋海表面温度增暖对梅雨降水在 20 世纪 90 年代末发生的年代际转折的影响。结果表明，热带西太平洋海表面温度的变暖会使得东亚局地哈德莱环流和副高加强。这将导致东亚副热带低空急流和梅雨雨带向北推进，最终造成淮河流域降水增多而长江流域降水减少。

3.4　近年来梅雨特征分析

“梅雨”是指初夏时节从中国江南到江淮流域一带的降水集中期。梅雨期在气候上有着雨量大且暴雨频繁、日照时数少、高温高湿、风力较小等特点。中国梅雨主要发生在南海夏季风爆发之后（气候值为 5 月第 5 候），立秋（8 月 8 日左右）之前，是东亚夏季风向北推进到江南至江淮一带的阶段性产物，是东亚地区独有的天气气候现象，是初夏东亚大气环流调整的结果。梅雨期的降水对中国东部夏季降水分布格局具有重要的影响。

3.4.1　中国梅雨监测指标

根据《梅雨监测业务规定》，按照气候类型将梅雨监测区域分为江南区（Ⅰ）、长江区（Ⅱ）、江淮区（Ⅲ），其中长江区包括了长江中游区（$Ⅱ_a$）和长江下游区（$Ⅱ_b$）。各气候分区的梅雨监测站点分别为江南区 65 个、长江区 157 个、江淮区 55 个（图 3.34）。以区域内各监测站的降水为主要条件，以西北太平洋副热带高压脊线位置、日平均温度、南海夏季风爆发时间等为辅助条件确定区域入（出）梅与梅雨期，具体方法如下。

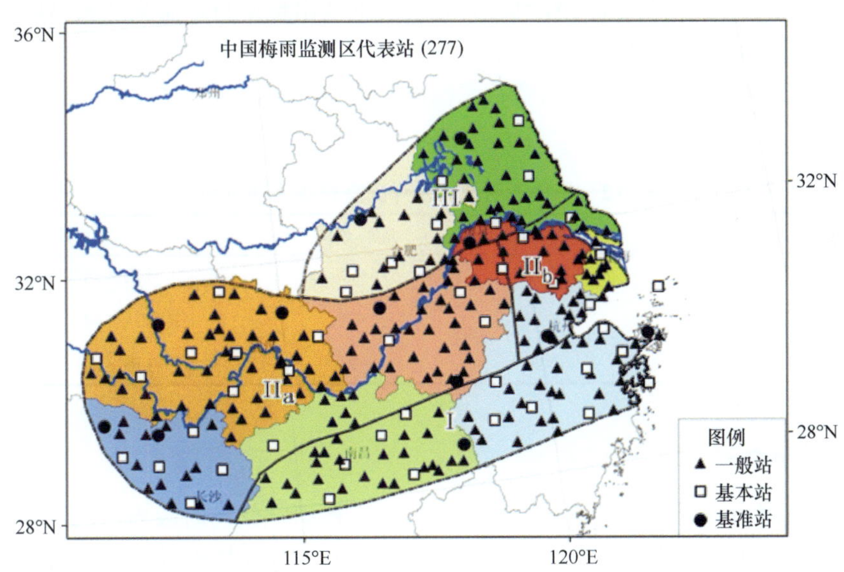

图 3.34　梅雨监测区域的气候分区（Ⅰ、Ⅱ（$Ⅱ_a$+$Ⅱ_b$）、Ⅲ）和行政分区中国家气象观测站分布

1）入（出）梅降水条件

（1）雨日的确定：某日区域中有 1/3 以上监测站出现不小于 0.1 mm 的降水，且区域内日平均降水量≥R_d（mm），该日为一个雨日。其中，安徽江淮之间、江苏（长江以南和长江以北）、湖南和上海等地 R_d 取值为 1.0 mm，其他区域 R_d 取值均为 2.0 mm。

（2）雨期开端日的确定：从第 1 个雨日算起，往后 2 日、3 日、…、10 日中，雨日数占相应时段内总日数的比例不小于 50%，则第一个雨日为雨期开端日。

（3）雨期结束日的确定：从雨期的最后 1 个雨日算起，往前 2 日、3 日、…、10 日的雨日数占相应时段内总日数的比例不小于 50%，则最后一个雨日为雨期结束日。

对雨期异常长的情况，在雨期进入 8 月后第一个非雨日的前一天为雨期结束日；若尚不能满足雨期结束日条件，则需要往前推算确定雨期结束日。

（4）雨期的确定：一个雨期需满足以下条件：任何连续 10 日的雨日比例不小于 40%、雨日数不小于 6 天且没有连续 5 天（含 5 天）以上的非雨日、站平均降水强度不小于 5 mm/d。一个雨期长度为该雨期的开端日到结束日所经历的日数。

（5）入梅时间的确定：第一个雨期的开端日即为入梅日。

（6）出梅时间的确定：最后一个雨期结束日的次日即为出梅日。

（7）梅雨期的确定：梅雨期内可以出现有一个以上的雨期，梅雨期长度为入梅日到出梅日前一天的日数。

2）梅雨期的其他条件

（1）梅雨一般发生在南海夏季风爆发之后，7 月中旬之后不再有新的梅雨期开端日，梅雨期结束日出现在立秋之前。

（2）西北太平洋副热带高压脊线位置条件：梅雨期内，西北太平洋副高脊线 5 天滑动的位置有 1 候超过北界位置 2 个纬度，且没有继续出现雨日，监测区域出现高温干热天气，该区域梅雨期则结束（表 3.2）。

（3）区域梅雨在入梅条件中需要考虑梅雨发生在高温高湿的环境中，日平均气温不低于 22℃。

表 3.2 梅雨期西北太平洋副高脊线活动范围

区域选择	南界（°N）	北界（°N）	备注
浙江/江西	≥18	<25	江南区同（Ⅰ）
湖南/上海/湖北 安徽南部/江苏长江以南	≥19	<26	长江区同（Ⅱ）
安徽北部/江苏长江以北	≥20	<27	江淮区同（Ⅲ）

3）特殊梅雨期

如依据监测指标无法确定该年度梅雨期，但在梅雨气候态时段内若满足以下条件：有明显的连续降水天气出现、有 1 次以上（含 1 次）区域性暴雨过程、雨期条件（开端日、结束日、雨日等）接近梅雨期客观规定要求，则可认为该年份为非空梅年。

4）梅雨期的确定

江南区（Ⅰ）、长江区（Ⅱ）、江淮区（Ⅲ）等气候分区内的梅雨期，其监测区域的入梅日、出梅日为该气候区梅雨期的开始（结束）日。入梅日至出梅日前一天的日数即为该气候分区的梅雨期长度。

梅雨其他参数的气候统计主要基于梅雨气候区的总体特征。平均梅雨期为各梅雨气候区域梅雨期长度的平均值。由多段雨期累计构成（不包括雨期间断）的时间长度称为梅雨降水集中期。中国不同区域梅雨的开始和结束在时间和空间上存在很大差异，将 4 个气候分区中梅雨期最早开始的入梅日期作为中国梅雨季节的入梅日，以其中最晚的出梅日期作为中国梅雨季节的出梅日。入梅日至出梅日前一天的日数即为中国梅雨季节的长度。梅雨季节内梅雨区域累计平均降水量为梅雨季节平均降水量。

5）梅雨强度的确定

梅雨期内区域平均降水量，即区域内所有梅雨监测站的梅雨期总降水量的平均值为该区域梅雨雨强。其计算公式为

$$P_i = \frac{1}{N}\sum_{j=1}^{N} P_{ij} \tag{3.1}$$

式中，P_i 为某区域梅雨期的雨强；P_{ij} 为某区域第 j 站的梅雨期总降水量；N 为该区域内总站数。

区域梅雨强度指数（M_i）计算公式：

$$M_i = \frac{L}{L_0} + \frac{\frac{(R/L)}{(R/L)_0}}{2} + \frac{R}{R_0} - 2.50 \tag{3.2}$$

式中，M_i 为第 i 区域梅雨强度指数；L 为某一年梅雨期的长度（日数）；L_0 为历年梅雨期的平均长度（日数）；R 为某一年梅雨期内监测站总降水量；R_0 为历年梅雨期监测站总降水量的平均值；（R/L）为梅雨期内平均日降水强度；$(R/L)_0$ 为历年梅雨期平均日降水强度的平均值。梅雨强度指数的等级划分见表 3.3。

表 3.3　梅雨强度指数的等级划分

等级	强	偏强	正常	偏弱	弱
M_i 界值	$M_i \geqslant 1.25$	$1.25 > M_i \geqslant 0.375$	$0.375 > M_i > -0.375$	$-0.375 \geqslant M_i > -1.25$	$-1.25 \geqslant M_i$

以各气候分区中各梅雨雨强的平均值为中国梅雨雨强，以各气候分区中各梅雨强度指数的平均值为中国梅雨强度指数。

3.4.2　2011～2016 年中国梅雨总体特征

从 2011～2016 年梅雨期的降水特征来看，近年来入梅日、出梅日、持续时间、梅雨雨量等各项指标上都呈现了显著的年际变化（表 3.4～表 3.6）。

表 3.4　江南梅雨（Ⅰ型）历年信息

Ⅰ型	入梅日（月-日）	出梅日（月-日）	梅雨季雨量/mm	梅雨季长度/天	梅雨强度
2011 年	6-03	6-22	464.0	19	0.4
2012 年	6-04	7-01	302.9	27	–0.8
2013 年	6-06	7-01	282.5	25	–0.4
2014 年	6-16	7-17	440.4	31	0.4
2015 年	5-27	7-26	676.7	60	2.0
2016 年	5-25	7-19	526.0	55	1.3
1981～2010 年平均	6-08	7-08	364.7	30.1	

表 3.5　长江中下游梅雨（Ⅱ型）历年信息

Ⅱ型	入梅日（月-日）	出梅日（月-日）	梅雨季雨量/mm	梅雨季长度/天	梅雨强度
2011 年	6-03	7-20	468.8	47	1.3
2012 年	6-22	7-21	252.6	29	–0.2
2013 年	6-20	7-01	122.7	11	–1.1
2014 年	6-20	7-20	305.7	30	0.1
2015 年	5-26	7-27	546.5	62	2.0
2016 年	6-19	7-21	584.3	32	1.6
1981～2010 年平均	6-14	7-13	281.0	29.3	

表 3.6　江淮梅雨（Ⅲ型）历年信息

Ⅲ型	入梅日（月-日）	出梅日（月-日）	梅雨季雨量/mm	梅雨季长度/天	梅雨强度
2011 年	6-17	7-21	376.9	34	1.1
2012 年	6-27	7-15	260.1	18	0.0
2013 年	[6-23]	[6-27]	[81.5]	[4]	[–1.2]
2014 年	[7-01]	[7-06]	[83.3]	[5]	[–1.3]
2015 年	6-24	7-20	347.0	26	0.7
2016 年	6-20	7-16	420.6	26	1.1
1981～2010 年平均	6-21	7-15	264.4	24.8	

注：[ ]表示空梅。

2011 年江南梅雨 6 月 3 日入梅，较常年偏早 5 天，6 月 22 日出梅，较常年偏早 16 天，梅雨量为 464.0 mm，较常年偏多 27.2%；长江中下游梅雨 6 月 3 日入梅，较常年同期偏早 11 天，7 月 20 日出梅，较常年偏晚 7 天，梅雨量为 468.8 mm，较常年偏多 66.8%；江淮梅雨 6 月 17 日入梅，较常年偏早 4 天，7 月 21 日出梅，较常年偏晚 6 天，梅雨量为 376.9 mm，较常年偏多 42.5%。因此，2011 年梅雨总的气候特征为入梅时间早，出梅时间晚，梅雨期显著偏长，梅雨期雨量显著偏多，梅雨强度偏强。

2012 年江南梅雨 6 月 4 日入梅，较常年偏早 4 天，7 月 1 日出梅，较常年偏早 7 天，梅雨量为 302.9 mm，较常年偏少 16.9%；长江中下游梅雨 6 月 22 日入梅，较常年同期偏晚 8 天，7 月 21 日出梅，较常年偏晚 8 天，梅雨量为 252.6 mm，较常年偏少 10.1%；江淮梅雨 6 月 27 日入梅，较常年偏晚 6 天，7 月 15 日出梅，与常年一致，梅雨量为 260.1 mm，较常年偏少 1.6%。因此，2012 年梅雨总的气候特征为入梅时间早，出梅时间早，梅雨期显著偏短，梅雨期雨量显著偏少，梅雨强度偏弱。

2013 年梅雨监测显示：江南梅雨 6 月 6 日入梅，较常年偏早 2 天，7 月 1 日出梅，较常年偏早 7 天，梅雨量为 282.5mm，较常年值偏少 22.5%；长江中下游入梅时间为 6 月 20 日，较常年偏晚 6 天，出梅日期为 7 月 1 日，较常年偏早 12 天，梅雨量为 122.7mm，较常年偏少 56.3%；江淮地区出现自 1951 年有监测记录以来，继 1958 年、1966 年、1988 年、2009 年后的第 5 个空梅年。因此，2013 年梅雨总的气候特征为入梅时间早，出梅时间早，梅雨期显著偏短，梅雨期雨量显著偏少，梅雨强度偏弱。

2014 年江南梅雨 6 月 16 日入梅，较常年偏晚 8 天，7 月 17 日出梅，较常年偏晚 9

天，梅雨量为 440.4 mm，较常年偏多 20.8%；长江中下游入梅时间均为 6 月 20 日，较常年偏晚 6 天，出梅日期为 7 月 20 日，较常年偏晚 7 天，梅雨量为 305.7mm，较常年偏多 8.8%，江淮地区出现自 1951 年有监测记录以来，继 1958 年、1966 年、1988 年、2009 年以及 2013 年后的第 6 个空梅年。因此，2014 年梅雨总体气候特征为江南和长江中下游梅雨量偏多、梅雨期接近常年、梅雨强度略偏强，而江淮地区雨量偏少、梅雨期明显偏短、梅雨强度明显偏弱。

2015 年江南梅雨 5 月 27 日入梅，较常年偏早 12 天，7 月 26 日出梅，较常年偏晚 18 天，梅雨量为 676.7 mm，较常年偏多 85.4%，为 2000 年以来第一高值年；长江中下游梅雨 5 月 26 日入梅，较常年同期偏早 19 天，7 月 27 日出梅，较常年偏晚 14 天，梅雨量为 546.5 mm，较常年偏多 94.5%，为 2000 年以来第二高值年；江淮梅雨 6 月 24 日入梅，较常年偏晚 3 天，7 月 20 日出梅，较常年偏晚 5 天，梅雨量为 347.0 mm，较常年偏多 31.2%。因此，2015 年梅雨总的气候特征为入梅时间早，出梅时间晚，梅雨期显著偏长，梅雨期雨量显著偏多，梅雨强度偏强。

2016 年江南梅雨 5 月 25 日入梅，较常年偏早 14 天，7 月 19 日出梅，较常年偏晚 11 天，梅雨量为 526.0 mm，较常年偏多 44.0%，为 2000 年以来第二高值年；长江中下游梅雨 6 月 19 日入梅，较常年同期偏晚 5 天，7 月 21 日出梅，较常年偏晚 8 天，梅雨量为 584.3mm，较常年偏多 108.0%，为 2000 年以来第一高值年；江淮梅雨 6 月 20 日入梅，较常年偏早 1 天，7 月 16 日出梅，较常年偏晚 1 天，梅雨量为 420.6 mm，较常年偏多 59.1%。因此，2016 年梅雨总的气候特征为入梅时间早，出梅时间晚，梅雨期显著偏长，梅雨雨量显著偏多，梅雨强度明显偏强。

3.4.3　2011～2016 年中国梅雨期间的大气环流特征

图 3.35～图 3.40 给出了 2011～2016 年每一年中国梅雨期间的 500hPa 高度场和整层积分水汽输送场以及中国降水量分布。从环流场来看，梅雨期间，梅雨关键区总是位于副高北边缘，热带水汽能够通过副高西侧的西南气流输送到梅雨区。同时，在中高纬地区，中国的东部地区处于高压脊前部，有利于冷空气的南下。这样，冷暖空气在长江一带交汇，形成梅雨锋。

1. 2011 年

2011 年梅雨期间，在北半球 500hPa 高度距平场上［图 3.35（a）］，西太平洋副高偏强、脊线位置偏北，印缅槽偏强，有利于西南低空急流发生频数偏多、强度偏强，引导来自孟加拉湾和南海的水汽向我国长江中下游地区输送。同时，我国中东部中纬度地区主要受高空槽控制，冷空气活动相对活跃，有利于冷暖气流在梅雨区频繁交汇。在这种环流形式影响下，在整层水汽积分场上［图 3.35（b）］，我国长江至江淮地区为显著的水汽辐合区，有利于梅雨雨量偏多［图 3.35（c）］。

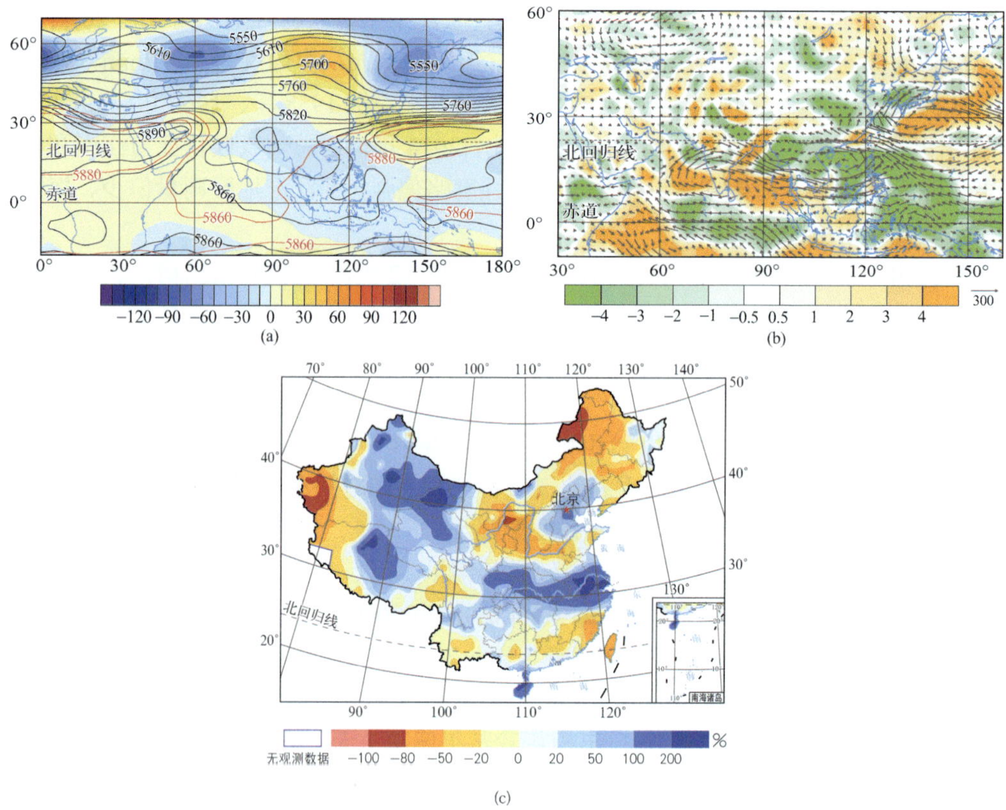

图 3.35　2011 年 6 月 9 日～25 日梅雨期 500hPa 高度及距平、整层积分水汽输送、降水距平百分率分布
（a）500hPa 高度（等值线）及距平（彩色阴影）（单位：gpm，红色等值线表示气候平均的 5860gpm 和 5880gpm 等值线，近似代表西太副高气候平均的位置）；（b）整层积分水汽输送［矢量，单位：kg/（s·m）］和辐合辐散距平［彩色阴影，单位：10^{-5} kg/（s·m^2）］；（c）全国降水距平百分率（单位：%）

2. 2012 年

2012 年梅雨期间，在北半球 500hPa 高度距平场上［图 3.36（a）］，亚洲中高纬地区呈北高南低形势，高纬度地区阻高发展，不利于冷空气南下我国。我国大部地区虽在弱的负高度距平控制下，中纬度地区上空槽较弱，冷空气活动不活跃，不利于冷暖气流在梅雨区频繁交汇。副高异常偏西、略偏强，引导来自孟加拉湾和南海的水汽向我国长江中下游地区输送，江南一带上空受脊的控制，有利于长江多雨、江南少雨；与此同时，巴湖一带维持着一低压槽，造成冷、暖空气难以汇聚在江南一带。在这种环流形式影响下，在整层水汽积分场上［图 3.36（b）］，南海北部为一致的西南风水汽输送异常带，长江以南偏西风水汽输送增强，长江南部和南海大部为明显的水汽辐合区，其中南海大部与热带夏季风直接相关联，江南南部的水汽辐合与东亚副热带夏季风的活动密切相关，导致该地区降水增加。我国江南至江淮地区为显著的水汽辐合区，有利于江南和江淮地区梅雨雨量偏多、而长江流域降水偏少［图 3.36（c）］。

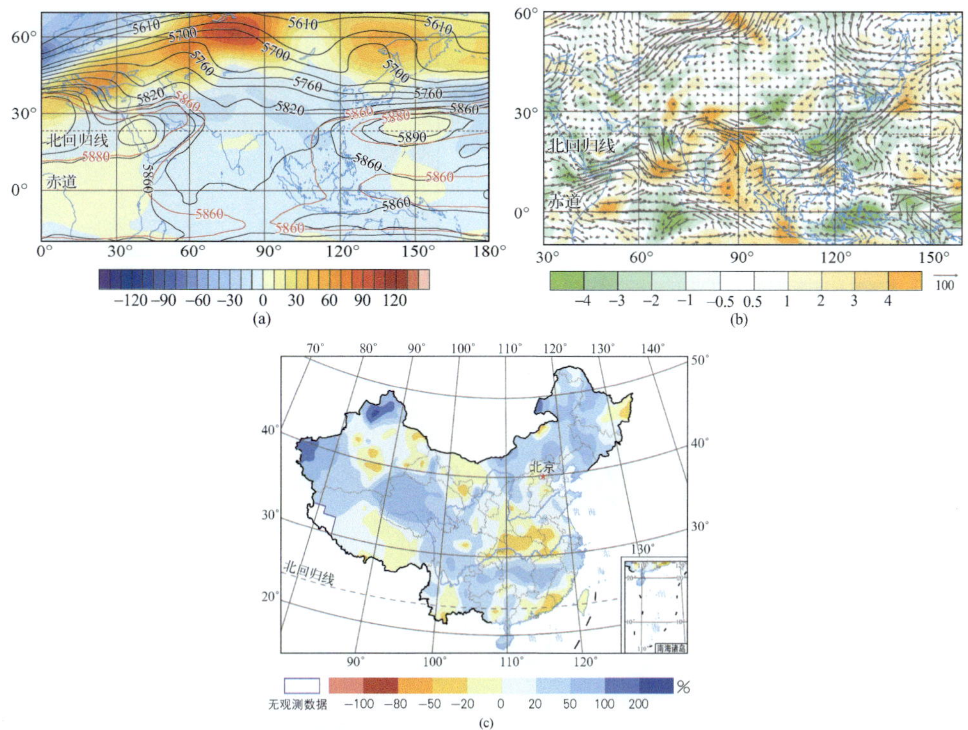

图3.36　2012年6月7日～7月19日梅雨期500hPa高度及距平、整层积分水汽输送、降水距平百分率分布图

(a) 500hPa高度（等值线）及距平（彩色阴影）(单位：gpm，红色等值线表示气候平均的5860gpm和5880gpm等值线，近似代表西太副高气候平均的位置)；(b) 整层积分水汽输送［矢量，单位：kg/(s·m)］和辐合辐散距平［彩色阴影，单位：10^{-5} kg/(s·m^2)］；(c) 全国降水距平百分率（单位：%）

3. 2013年

2013年梅雨期间，在北半球500hPa高度距平场上［图3.37(a)］，鄂霍茨克海一带处于阻塞高压脊的控制下，贝加尔湖附近是一个低槽中心，中国东部的中高纬地区则是比较平直的西风带，不利于冷空气的南下。副高异常偏弱、偏东，江南一带处于副高北侧下沉气流的控制下，同时，不利于引导热带暖湿气流的北上。在这种环流形式影响下，在整层水汽积分场上［图3.37(b)］，孟加拉湾和南海为异常反气旋环流，不利于西南水汽向华南输送，我国江南至江淮地区为显著的水汽辐散区，不利于降水，梅雨雨量偏少［图3.37(c)］。

4. 2014年

2014年梅雨期间，在北半球500hPa高度距平场上［图3.38(a)］，东亚地区由北向南表现为“+–+”的分布型，东亚阻塞形势发展，亚洲中纬度低槽明显加深，西太平洋副高偏强、偏西、偏南，这种形势有利于冷暖气流在长江以南地区频繁交汇，致使长江以南大部地区降水偏多［图3.38(c)］。在整层水汽积分场上［图3.38(b)］，长江以南地区有水汽的辐合，造成2014年梅雨期间江南梅雨和长江中下游梅雨雨量偏多，而江淮地区水汽输送较弱，故而梅雨雨量偏少［图3.38(c)］。

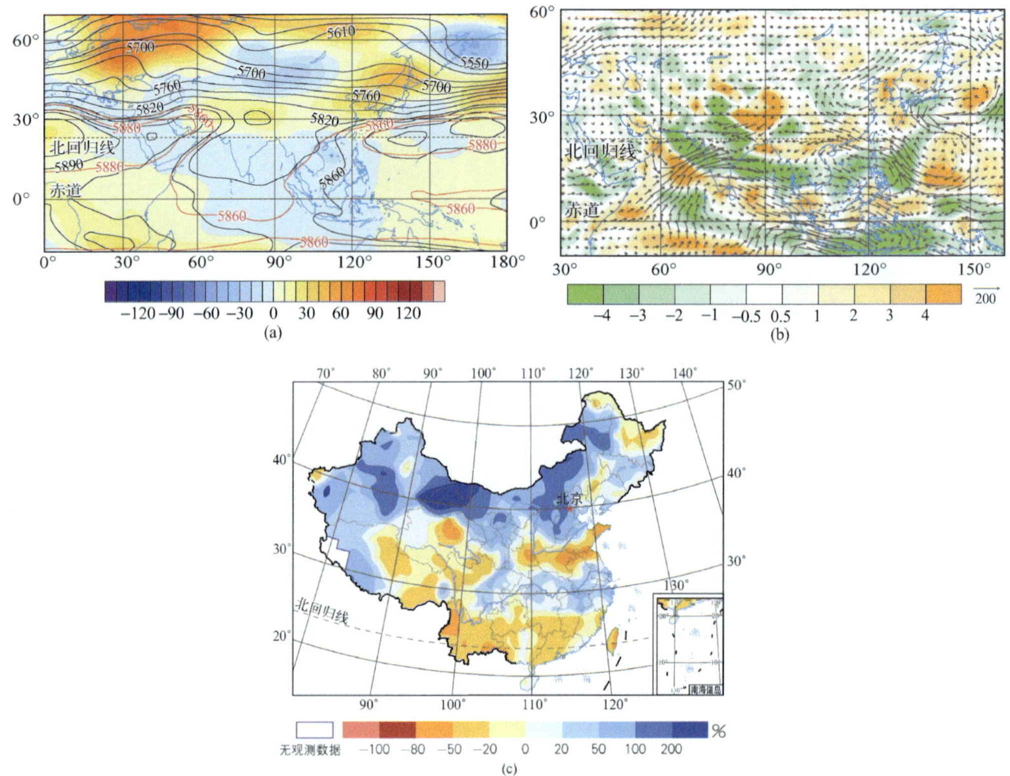

图 3.37 2013 年 6 月 6 日～30 日梅雨期 500hPa 高度及距平、整层积分水汽输送、降水距平百分率分布图
（a）500hPa 高度（等值线）及距平（彩色阴影）（单位：gpm，红色等值线表示气候平均的 5860gpm 和 5880gpm 等值线，近似代表西太副高气候平均的位置）；（b）整层积分水汽输送［矢量，单位：kg/（s·m）］和辐合辐散距平［彩色阴影，单位：10^{-5} kg/（s·m^2）］；（c）全国降水距平百分率（单位：%）

5. 2015 年

2015 年梅雨期间，在北半球 500hPa 高度距平场上［图 3.39（a）］，西太平洋副高显著偏强、偏大、西伸脊点偏西，有利于西南低空急流发生频数偏多、强度偏强，引导来自孟加拉湾和南海的水汽向中国长江中下游地区输送。同时，贝加尔湖以北的高纬度地区为明显的正高度距平所覆盖，贝加尔湖以南的中纬度地区主要受负高度距平控制，入侵中国南方地区的冷空气活动相对比较活跃。这种形势有利于冷暖气流在江淮至江南的梅雨区频繁交汇，在整层水汽积分场上［图 3.39（b）］，长江中下游和江南地区为显著的水汽辐合区，有利于梅雨雨量偏多［图 3.39（c）］。

6. 2016 年

2016 年梅雨期间，在北半球 500hPa 高度距平场上［图 3.40（a）］，西太平洋副高显著偏强、偏大、西伸脊点偏西，有利于西南低空急流发生频数偏多、强度偏强，引导来自孟加拉湾和南海的水汽向我国长江中下游地区输送。同时，我国中东部中纬度地区主要受高空槽控制，冷空气活动相对活跃，有利于冷暖气流在梅雨区频繁交汇。在这种环流形式影响下，在整层水汽积分场上［图 3.40（b）］，我国江南至江淮地区为显著的水汽辐合区，有利于梅雨雨量偏多［图 3.40（c）］。

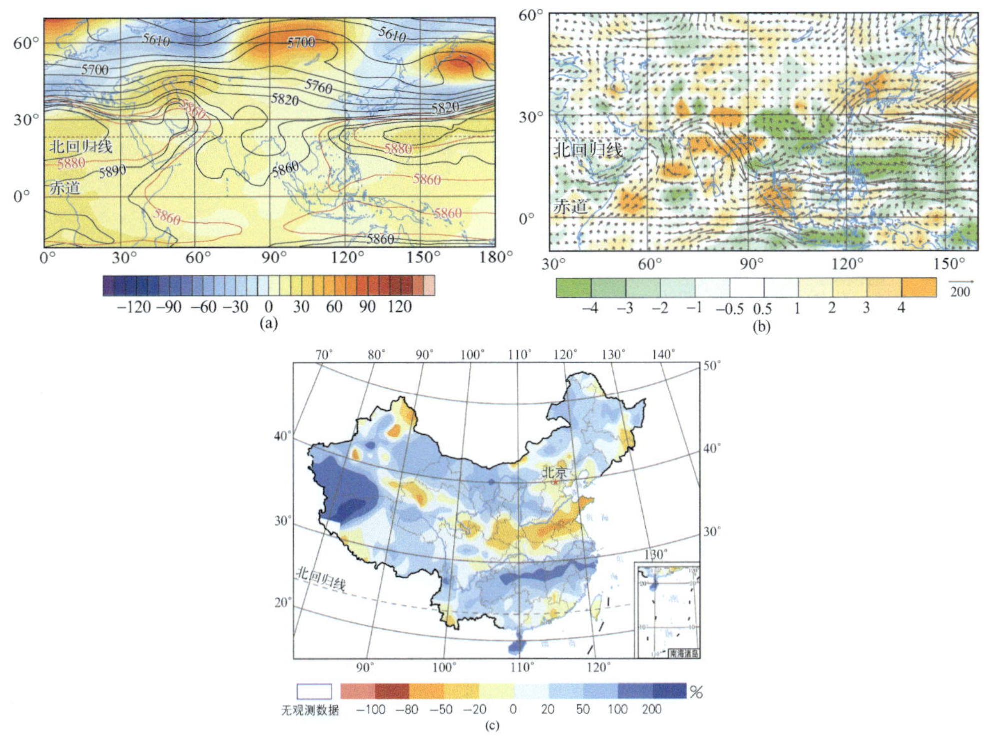

图3.38 2014年6月16日～7月20日梅雨期500hPa高度及距平、整层积分水汽输送、降水距平百分率分布图

(a) 500hPa高度（等值线）及距平（彩色阴影）（单位：gpm，红色等值线表示气候平均的5860gpm和5880gpm等值线，近似代表西太副高气候平均的位置）；(b) 整层积分水汽输送［矢量，单位：kg/（s·m）］和辐合辐散距平［彩色阴影，单位：10^{-5}kg/（s·m^2）］；(c) 全国降水距平百分率（单位：%）

3.4.4 2011年春末夏初长江中下游地区旱涝急转成因分析

旱涝异常是短期气候预测的重要内容，也是国内外大气科学研究的热点（黄荣辉和孙凤英，1994；Karl et al.，1995；吴国雄和刘还珠，1995；Dai et al，1998；Frich et al.，2002；张琼等，2003；杨修群等，2005），按照时间尺度一般可以分为季节平均和季节内降水异常变化两种类型（吴志伟，2006），以往许多研究大多关注季节平均降水异常（Yeh et al.，1984；Tao and Chen，1987；陈隆勋等，1991；龚道溢等，2002；Ju et al.，2005）。20世纪90年代以来，鉴于季节内降水异常所造成灾害的严重性，对该异常现象的研究也越来越受到关注，旱涝急转是季节内降水异常的典型代表，在夏季中国华南、长江中下游及西南等地区时有发生。唐惠芳和韩建钢（1994）、张屏等（2008）从降水特征方面对旱涝急转现象进行了阐述，指出旱涝急转是由于一场强降水或雨量较大的连阴雨使某一地区迅速由旱转涝的天气过程；吴志伟等（2006）对长江中下游地区降水进行分析，定义一个旱和涝时间尺度均在两个月左右的长周期旱涝急转指数，定量地研究了夏季长周期旱涝急转现象及其对应的前期大气环流特征；唐明等（2007）从时间和空间两方面对淮北地区旱涝急转现象进行描述，简要分析了旱涝急转的成因；王胜等（2009）结合淮河流域旱涝规律和降水记录提出一种旱涝急转标准，即前期淮河流域降

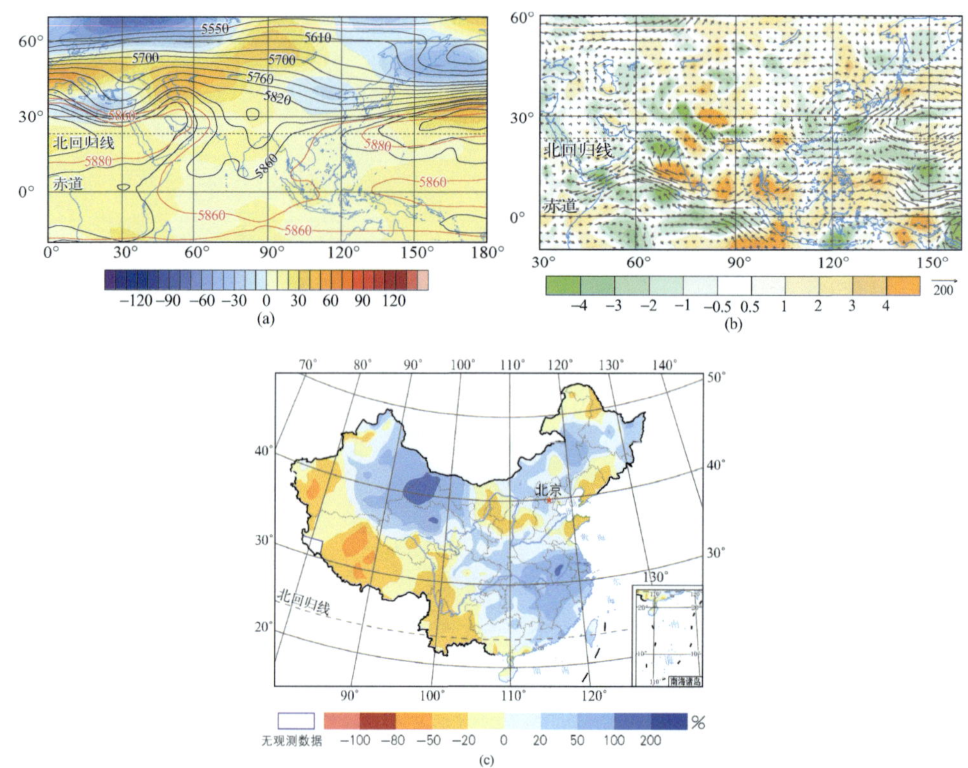

图 3.39　2015 年 5 月 26 日～7 月 26 日梅雨期 500hPa 高度及距平、整层积分水汽输送、降水距平百分率分布图

(a) 500hPa 高度（等值线）及距平（彩色阴影）(单位：gpm，红色等值线表示气候平均的 5860gpm 和 5880gpm 等值线，近似代表西太副高气候平均的位置)；(b) 整层积分水汽输送［矢量，单位：kg/（s·m）］和辐合辐散距平［彩色阴影，单位：10^{-5} kg/（s·m^2）］；(c) 全国降水距平百分率（单位：%）

水持续偏少且半数以上台站连续两旬降水距平百分率偏少 50%以上，而后出现一次强降水使得半数以上站点降水距平百分率偏多 50%以上。以上研究主要对旱涝急转的特征及原因进行了简要分析，但对旱涝急转现象的内在影响机制及其与前期大气环流等的联系并未做深入的探讨，有待于进一步细致的研究。

ENSO 是影响中国夏季降水的主要因子之一。ENSO 冷、暖事件及发展或消亡对副高、海洋及大气环流型等均有影响，并造成亚洲、中国东部、东南部干旱、洪涝等降水异常（黄荣辉，1990；刘永强和丁一汇，1995；陶诗言和张庆云，1998；Chang et al.，2000a，2000b；Wang et al.，2000；陈文，2002）。发生于 2010 年 7 月的强 La Niña 事件，于 2011 年 1 月达到峰值后开始减弱，2011 年 4～5 月最弱，而后又再度加强，与此同时，中国南方地区降水异常事件频发，除发生大范围严重的冬-春连旱外，2011 年春末至夏初，长江中下游地区发生一次旱涝急转现象，给人民生命、财产带来了重大损失。与以往不同，2011 年长江中下游地区旱涝急转具有三个显著特征：前期干旱维持时间长、旱涝转折迅速剧烈、转折后降水量大。主要表现为 1～5 月，长江中下游地区降水整体偏少，出现严重干旱现象；6 月初，伴随一场强降水过程长江中下游迅速由旱转涝，整个过渡时间不到一周，转变十分迅速剧烈；之后强降水持续 20 天左右，且整个 6 月降水达到以往夏季（6～8 月）整体降水的量级，降水量大。本节对此次长江中下游地区旱涝

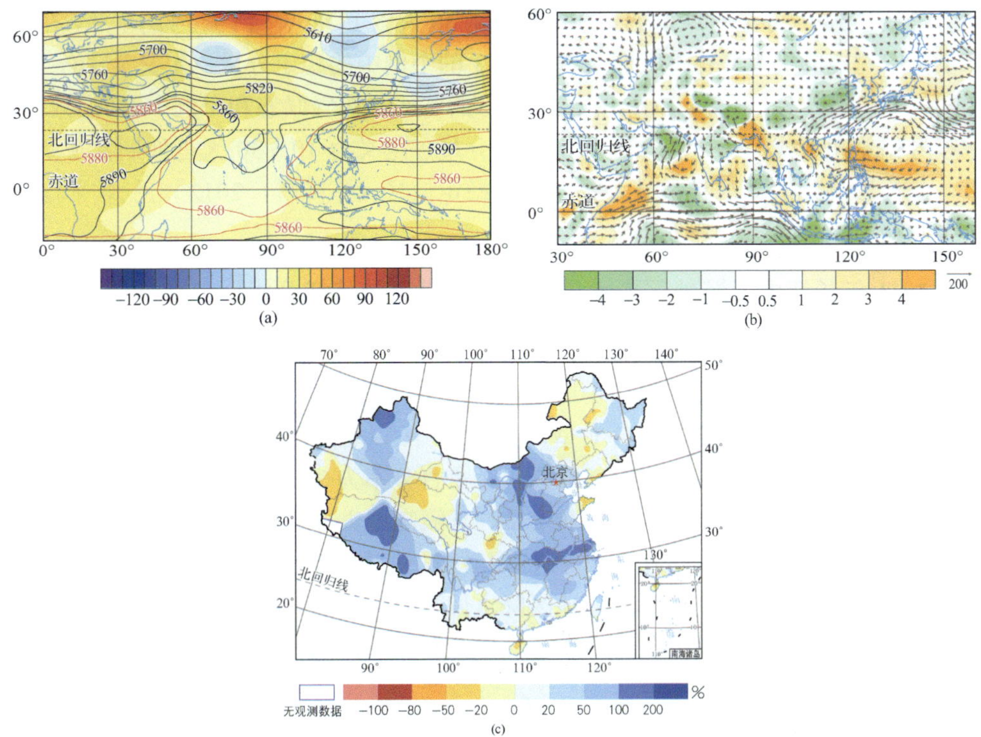

图 3.40　2016 年 5 月 25 日～7 月 22 日梅雨期 500hPa 高度及距平、整层积分水汽输送、降水量距平百分率分布图

(a) 500hPa 高度（等值线）及距平（彩色阴影）（单位：gpm，红色等值线表示气候平均的 5860gpm 和 5880gpm 等值线，近似代表西太副高气候平均的位置）；(b) 整层积分水汽输送［矢量，单位：kg/（s·m）］和辐合辐散距平［彩色阴影，单位：10^{-5}kg/（s·m^2）］；(c) 全国降水距平百分率（单位：%）

急转特征进行分析，并尝试探究其作用机制，为进一步认识旱涝急转现象及其影响机制提供参考。

选用 NCEP/NCAR 提供的 1948～2011 年垂直方向 1000～10 hPa 共 17 层等压面的风场（u、v 分量）、温度场（T）、高度场（H）、垂直速度场（ω）、垂直方向 1000～300 hPa 共 8 层等压面的比湿场（q）及向外长波辐射场（OLR），水平空间分辨率 2.5°×2.5°的全球格点再分析日平均、月平均资料（Kalnay et al.，1996），美国 NOAA 提供的 1981～2011 年逐日、月平均海表面温度场再分析资料（2°×2°），中国气象局国家气候中心提供的中国 160 测站逐月降水量资料（1951～2011 年）以及中国气象信息中心提供的中国区域 2011 年逐日 08：00（北京时，下同）降水格点资料（0.25°×0.25°），利用巴特沃斯带通滤波、相关、距平等分析方法，对 2011 年初夏发生在中国长江中下游地区的由前期异常干旱转为急剧洪涝的降水异常事件及其影响机制进行初步分析。

利用丁一汇（2005）水汽输送和收支计算方法，进行水汽特征分析；利用奇异值分解法（SVD）对前期北太平洋和印度洋海表面温度与中国 160 个测站降水进行分析，得到前期海表面温度异常对此次长江中下游地区降水异常的某些影响作用（魏凤英，2007）。利用 10～30 天延伸期稳定分量提取方法，即通过经验正交函数分解方法（EOF）提取出 10～30 天气候态基底，并将逐日实况资料投影到气候态基底上，利用方差贡献率作为考察该 EOF 分量对原场的影响指标。将 30 天内 EOF 中同一序号的基底，在气候态和个例中对应的贡献率排序序号相差小于 3 的个例中的稳定分量，定义为 10～30 天延伸期气候态稳定分量；将 EOF 中同一序号的基底，在气候态和个例中对应的贡献率排序序号相差大于或等于 3 的个例中的稳定分量，定义为 10～30 天延伸期异常型稳定分量，分析影响此次降水异常是否具有前期稳定信号（王阔等，2012）。气候平均态为 1981～2010 年平均。

1. 2011 年长江中下游地区降水异常及其旱涝急转特征分析

图 3.41 为中国 160 个测站 2011 年前冬（2010 年 12 月至 2011 年 2 月）、春季（3～5 月）和 6 月降水距平百分率图。由图 3.41（a）可以看出，2011 年前冬中国降水整体偏少，降水异常呈正、负相间的分布型，其中 40°N 以北大部地区、云贵高原东部、华南北部和青藏高原东部地区降水偏多，降水距平百分率为 20%～50%，部分地区达 50% 以上，而江淮和华南大部分地区、东北南部、青藏高原大部等地区降水偏少，其中青藏高原西部和长江流域降水偏少达 50%以上，呈区域性严重干旱型。春季干旱形势进一步加剧，除东北、新疆和青藏高原部分地区降水偏多外，全国大部分地区降水偏少，中国东部的干旱持续并向北方及西南地区扩展，华北和东北南部、内蒙古及西南东部地区均

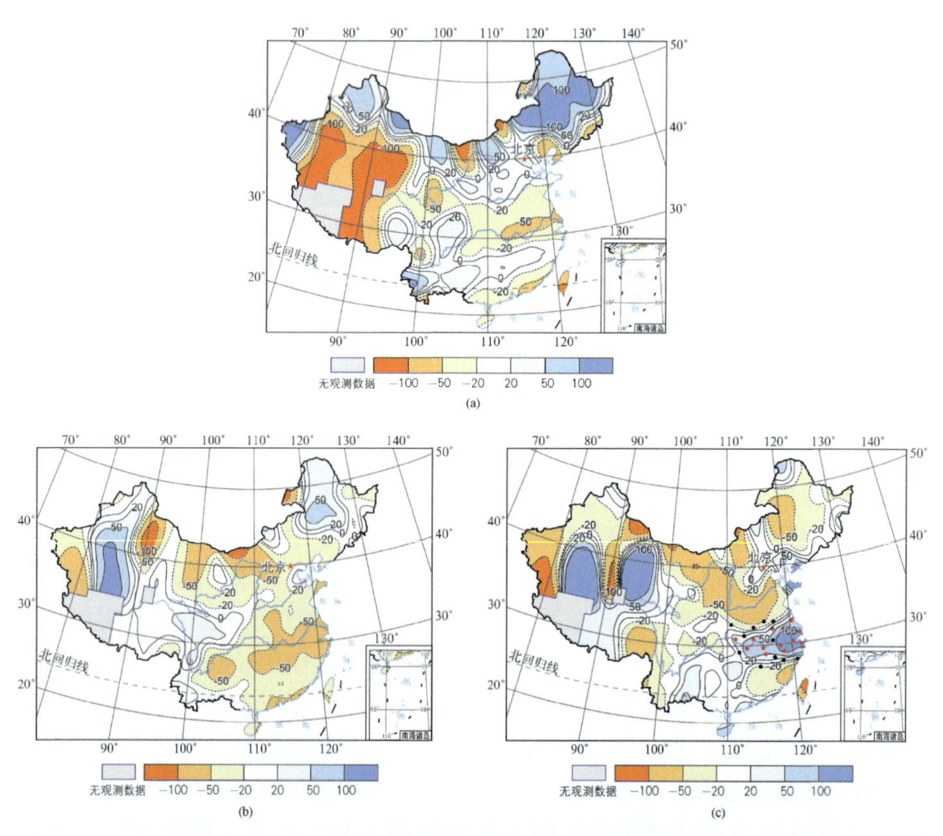

图 3.41　2011 年中国降水距平百分率图

（a）前冬；（b）春季；（c）6 月

红、黑圆点：（27°N～32°N，110°E～123°E）区域测站位置；红色圆点：降水距平百分率≥50%测站

转为负距平分布，降水偏少 20%～50%。长江中下游地区干旱范围进一步加大，从长江流域向南扩展，降水距平百分率达–50%以上［图 3.41（b）］。进入 6 月份，干旱形势有所缓解，长江中下游地区变化最为显著，（27°N～32°N，110°E～120°E）区域内的降水距平百分率由前期–50%急剧转为 50%以上，降水形势迅速由旱转涝，造成这些地区严重的洪涝灾害［图 3.41（c）］。

选取 6 月长江中下游地区降水异常偏多（距平百分率超过 50%）的 13 个测站［图 3.41（c）］，对该区域 1951～2011 年 5 月、6 月区域平均降水量差值分析，6 月与 5 月降水量差值具有明显的阶段性变化，如图 3.42（a）所示，在 20 世纪 50 年代初期、60 年代后期、80 年代、90 年代至 21 世纪初，6 月降水均较 5 月偏多，其差值为 0～300mm，而 2011 年差值极大，达 487.3 mm，较前期最大差值 293.7mm 多 193.6mm。从图 3.42（b）可以看出，2011 年 1～5 月长江中下游降水异常关键区内的候降水量偏少，最大达–20mm 以上，其中 29 候长江中下游地区出现一次短暂的强降水过程，降水量较常年偏多，但降水并未持续。从 31 候（6 月第 1 候）开始降水形势发生变化，从 30 候较常年偏少 25mm 左右急剧转为较常年偏多 20mm 以上，且降水形势持续发展，32 候较常年偏多 40 mm 左右，33 候和 34 候降水量分别比气候态偏多 80mm 和 60mm 以上，5 月、6 月份降水量距平值也表明，2011 年 5 月降水异常偏少而 6 月降水异常偏多（图略），此次降水异常变化的剧烈程度为 1951 年以来历史第 1 位，也是 60 年来唯一的一次。

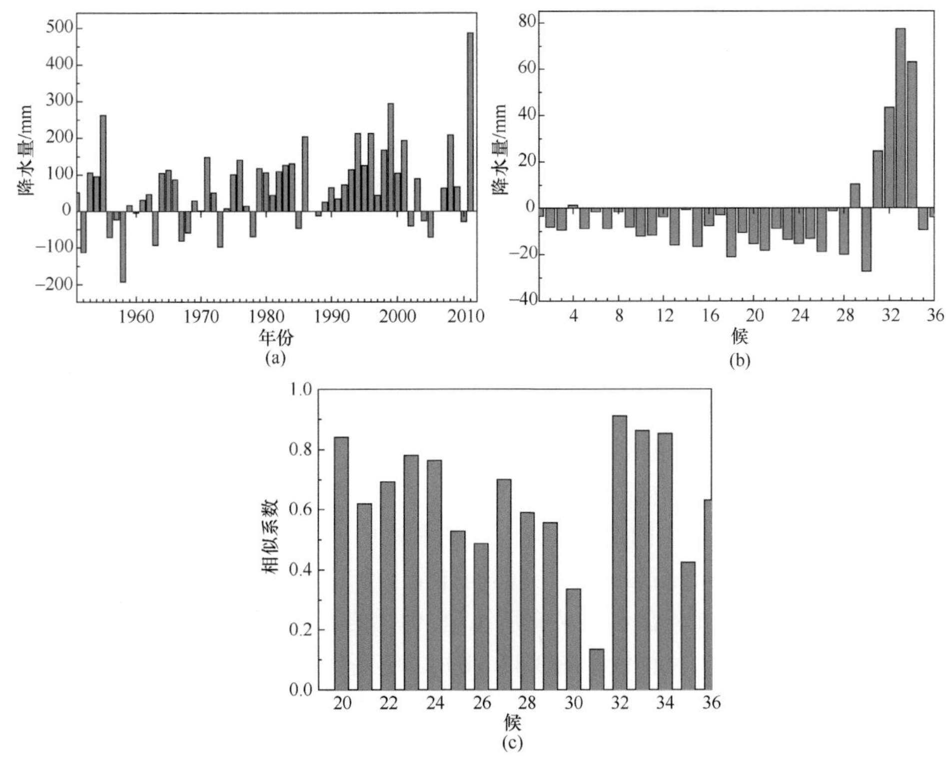

图 3.42　长江中下游地区 13 个测站降水量差值分析

（a）1951～2011 年 6 月与 5 月降水量差值；（b）2011 年第 1～36 候降水量距平；（c）2011 年 4～6 月相邻两候降水量空间距离相似系数

为进一步确定旱涝急转的转折时间点，对 4～6 月相邻前后两候的降水量求空间距离相似系数，图 3.42（c）中横坐标 20 代表第 20 候和第 19 候的相似，21 代表第 21 候和第 20 候的相似，依此类推，得到距离相似系数随时间的演变，可以看出，第 19～30 候，距离相似系数都在 0.35 以上，说明前期降水形势相似，对应第 29 候在图 3.42（b）中虽然表现为降水较常年偏多，但总体空间降水形势却与第 28 候前后的形势极为相似（距离相似系数为正值，且较大），即说明第 30 候以前整体降水形势相似，都处于一致偏旱的状态。第 31 候距离相似系数达到一个极小值，大约为 0.13 左右，该值无法通过 0.05 水平的显著性检验，表明第 31 候与第 30 候的降水形势并未存在明显的一致性，即第 31 候降水形势出现转变。此后，第 32～34 候距离相似系数始终保持在 0.8 以上，具有很高的一致性，说明第 31～34 候的降水形势极为一致，对比实际降水［图 3.42（b）］可以发现，第 31～34 处于降水形势急剧转涝期，距离相似系数的这种变化，清晰地显示出降水从偏旱向偏涝跃变的状态，且从距离相似系数的演变可以看出，降水转折的时间点为第 31 候，由此可以确定此次旱涝急转的转折时间点为第 31 候，从前期的持续偏旱转为后期的持续偏涝。以上分析表明，在 2011 年春末夏初的第 31 候长江中下游流域，尤其是 27°N～32°N 区域发生了一次显著且剧烈的旱涝急转事件。

2. 2011 年长江中下游地区旱涝急转成因及机制分析

本节主要通过水汽输送异常、大气环流异常、海表面温度异常等因素对 2011 年 6 月长江中下游地区旱涝急转期间其降水异常变化的成因及机制进行简要分析。

1）大气环流演变特征

图 3.43 为 2011 年 5～6 月及第 30～32 候的 500 hPa 高度场演变及距平形势图，5～6 月中高纬整体表现出多槽脊形势，冷空气相对活跃。5 月［图 3.43（a）］总体上东亚大槽位于 120°E 附近，大槽底部偏南，与气候态相比，东亚大槽异常偏西、偏强，因此，造成春季的季节转换较历史同期稍慢，中国东部地区受北方冷空气控制，而西太平洋副高停留在 135°E 以东洋面上，东南水汽输送较弱，冷暖空气交汇偏南，不利于长江流域及中国南方降水发生。旱涝急转前后，中高纬东亚—北太平洋海域上空以东亚大槽、鄂霍次克阻塞高压和洋中槽为主要特征。第 30 候［图 3.43（c）］鄂霍次克海出现强烈的阻塞形势，其右侧洋中槽发展成为强烈的切断低压，两者向南发展，使得西太平洋副高（5880gpm 线）在太平洋上空被割裂成 2 个区域，并抑制其西伸发展。第 31 候［图 3.43（d）］随着鄂霍次克阻塞高压的消失，东亚大槽和洋中槽虽然强度仍较强，但却向北收缩，受其影响，西太平洋副高加强，并突然西伸至 110°E 以东地区，之后中高纬东亚大槽和洋中槽维持，而西太平洋副高虽然有所东退，但始终稳定维持在 120°E 以东地区［图 3.43（e）］，整体形势与 6 月相似［图 3.43（b）］。中高纬鄂霍次克阻塞高压的消亡和东亚大槽、洋中槽的收缩及稳定维持，匹配中低纬度西太平洋副高的突然西伸并维持，为此次旱涝急转事件提供冷空气和充足的水汽，使得冷暖空气在长江中下游地区持续交绥，为该区域的集中、持续强降水提供有利的动力和水汽条件。

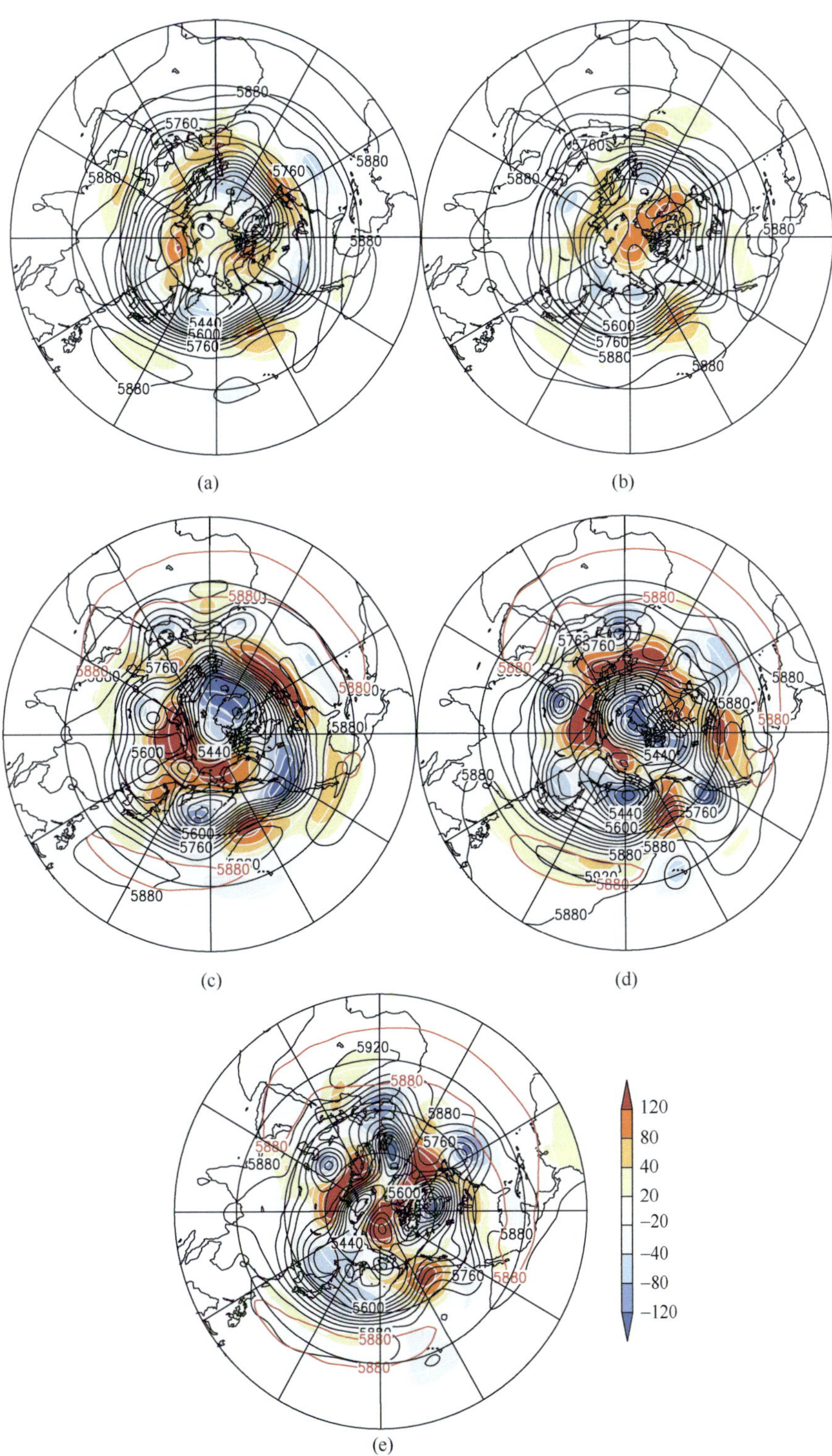

图 3.43　2011 年 500hPa 高度场形势演变（单位：gpm）

（a）5 月；（b）6 月；（c）第 30 候；（d）第 31 候；（e）第 32 候

红色等值线：5880 gpm 气候态位置；阴影：距平场

如上所述，导致降水异常急转的直接因子是由西北太平洋副高的突然西伸加强所致，因此，对春末至夏初的副高变化特征进行分析。图 3.44 分别为 2011 年第 12～36 候（3～6 月）500 hPa 高度场沿 120°E、140°E、160°E 剖面的候平均纬度-时间剖面图，为了更好地分析西北太平洋副高的变化特征，只绘出大于 5820gpm 的等高线。从 500hPa 高度沿 120°E 剖面图可见［图 3.44（a）］，2011 年春季至夏初表征西北太平洋副高的 5880gpm 线的阴影面积较气候态偏小，其中第 27 候左右出现一次短暂的加强，对应于华南的一次强降水过程，第 31～34 候左右 5880 gpm 线的阴影区面积较大，表明这一时段西太平洋副高强度偏强［图 3.44（a）］。图 3.44（b）和 3.44（c）中 5880 gpm 线的变化表明，西北太平洋副高脊线与多年平均位置相吻合，春季强度偏弱。综合分析表明，春末至夏初，副高中心从 160°E 向 120°E 有明显的西伸过程，但在向西扩展的同时有停滞现象，但 2011 年具有春季副高总体偏弱，而第 31 候后整体偏强的特征。

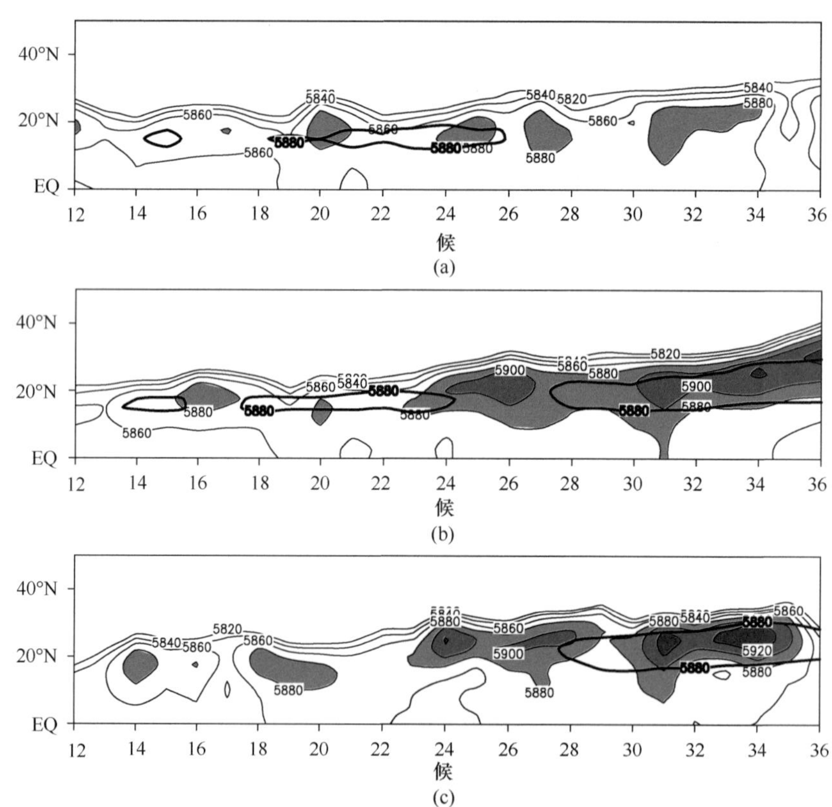

图 3.44　2011 年 3～6 月（第 12～36 候）候平均 500hPa 高度场纬度-时间剖面图（单位：gpm）

（a）120ºE；（b）140ºE；（c）160ºE

等值线间隔：20 gpm；阴影：≥5880 gpm 区域；黑粗线：气候态 5880 gpm

2）旱涝急转的 OLR 和水汽输送特征

充足的水汽输送以及强对流活动是造成强降水的必要条件，为进一步研究引发此次旱涝急转的强降水过程，对第 29～34 候平均 OLR 距平和整层水汽通量（图 3.45）进行分析。可以看到第 29 候［图 3.45（a）］，西太平洋副高的下沉区位于 150°E 以东，其西侧以上升运动为主，不利于副高西伸发展，长江中下游地区处于弱对流区，水汽输送较弱。第 30 候［图 3.45（b）］副高向东扩展，其下沉区向东发展至 130°E 附近，而在 160°E 以东的热带太平洋地区的对流活动，不利于西太平洋副高的加强，中国长江以南地区受较强烈的下沉运动控制，此外，第 29 候在菲律宾以东洋面生成并发展的强热带风暴向北发展，于第 30 候将中国南方和西太平洋副高的下沉运动割裂成两个区域，成为抑制副高发展的另一个因素。水汽输送和垂直运动的不利条件使得第 29～30 候仍未能形成有利的降水条件，维持前期偏旱型。第 31 候西太平洋副高突然西伸至中国 110°E 以东地区，在华南地区的强下沉活动减弱消失，使得孟加拉湾向中国长江中下游地区的水汽输送加强，形成一条强的水汽输送带，另外，中国长江中下游地区转为强对流区，对流

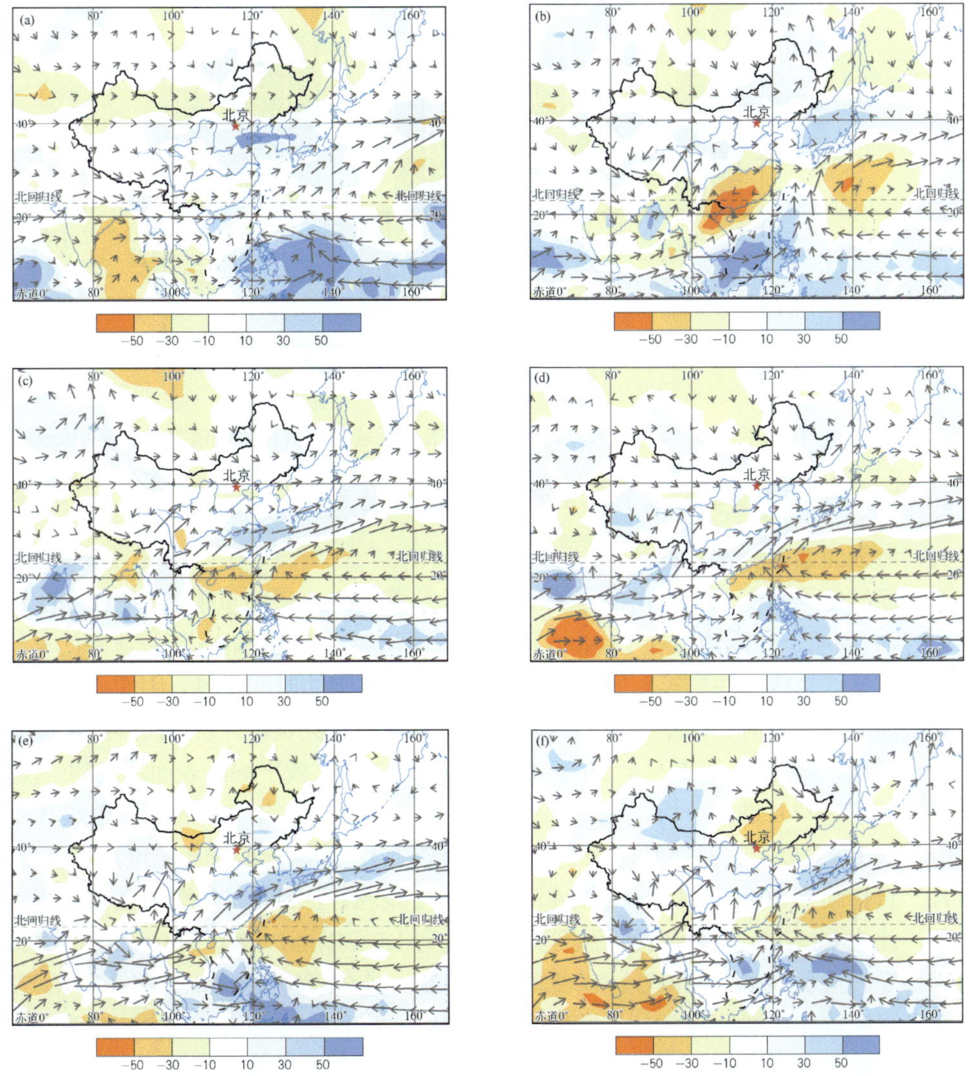

图 3.45　2011 年第 29～34 候平均 OLR 距平（阴影）和整层水汽输送通量［矢量，单位：g/（cm·s）］

（a）～（f）第 29～34 候

活动增强，强对流活动加之充足的水汽输送造成长江中下游地区发生强降水过程［图 3.45（c）］。结合水汽通量与（20°N～35°N，110°E～120°E）区域水汽通量场距离相似系数（图 3.46），可以发现急转前该区域呈弱的水汽输送，第 30 候受中国南方下沉运动影响，与第 29 候场距离相似系数为负值，水汽输送形势发生逆转，随着第 31 候副高西伸，长江中下游受上升运动控制，水汽输送形势与第 30 候相反（距离相似系数为负值），此后，上述形势继续稳定维持，降水形势持续，导致 6 月份长江中下游持续大范围的强降水过程，出现如前所述的“旱涝急转”现象。

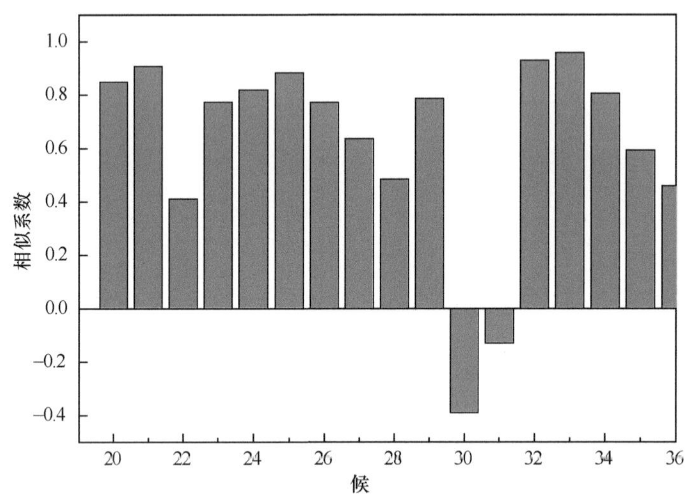

图 3.46 2011 年 4～6 月（20°N～35°N，110°E～120°E）区域相邻两候水汽通量场距离相似系数

3）海表面温度异常特征及其与 5 月、6 月降水的关系

（1）海表面温度异常特征分析。

海表面温度异常变化对旱涝的影响研究问题日益受到广泛的重视。徐予红和陶诗言（1996）研究表明，江淮流域在 El Niño 年是典型的涝年，在 La Niña 年是典型的旱年。然而，此次旱涝急转事件与年际的旱涝情况具有明显不同的时间尺度，因而赤道中东太平洋海表面温度作为对长江中下游地区降水的海表面温度关键区，在不同时间尺度下的作用并不相同。对 2010 年 1 月至 2011 年 6 月 5°S～5°N 区域平均海表面温度的经度-时间剖面图（图 3.47）进行分析，可以看出 2010 年为 La Niña 年（海水表层温度比气候平均值偏低 0.5℃以上，且持续时间超过 6 个月以上），此次冷海表面温度事件从 2010 年 7 月一直持续到 2011 年 4 月，之后 La Niña 强度减弱，但到 6 月份海表面温度仍然是负距平。此次 La Niña 事件海表面温度负异常达到 1.5℃以上，180°～90°W 之间大范围的海域均受较大负异常（>1.0℃）海表面温度控制。具体表现为：2011 年 120°W 左右热带东太平洋首先出现冷异常，是最早达到 La Niña 事件标准的海域，之后向东、西发展，向东扩展至整个热带东太平洋，向西扩展至 165°E 左右的热带太平洋海域。此外，1～5 月平均 MEI 指数位于 1950～2011 年以来的第 6 位，是 1974 年以来的第 1 位（表略），为强 La Niña 年（图略）。因此，下面着重分析海表面温度异常及其对 2011 年长江

流域降水异常事件的影响机制。

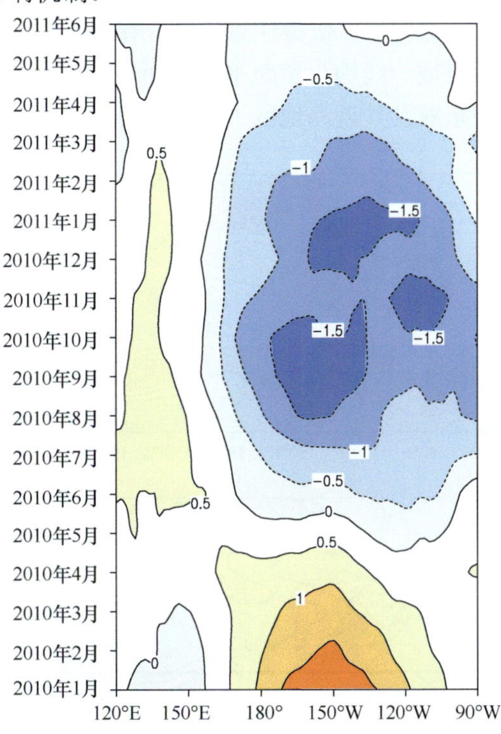

图 3.47　2010 年 1 月至 2011 年 6 月 5°S～5°N 平均海表面温度距平经度-时间剖面（单位：℃）

图 3.48 为 2011 年前冬、春季和 6 月份海表面温度距平场分布图，前冬赤道中、东太平洋为范围较大的显著负异常，而赤道西太平洋为正异常，呈典型的 La Niña 年。赤道太平洋海表面温度这一东低、西高的分布特征，有利于西太平洋区域 Walker 环流的上升气流的加强，导致纬向环流的增强；西太平洋上空 Walker 环流上升支的加强，迫使整层气压降低，西太平洋副高偏东，不利于其向西扩展。太平洋海表面温度的正异常区域主要位于 30°N 和 30°S 附近海域，西风漂流区（30°S，120°W）为海表面温度偏高显著正异常中心［图 3.48（a)］。在向春季转换中可以明显地发现，赤道东太平洋负异常海表面温度程度转弱，且控制范围缩小，La Niña 事件减弱。在 30ºN 和 30°S 附近海域，海表面温度仍存在正距平中心，但与冬季比较，异常程度减弱；在 60°S 的南太平洋海域则演变为负距平中心［图 3.48（b)］。赤道及其以南至 30°S 海域、60°S 附近南印度洋海域主要为负距平控制区，其余海域主要为正距平，其中澳大利亚西海岸附近海域为较大的正距平中心。由前冬至春季，赤道附近负距平向北延伸至印度半岛两侧的阿拉伯海和孟加拉湾，使得北印度洋几乎均为负距平控制，而南半球正距平区增大，负距平区减小［图 3.48（a）和图 3.48（b)］。受印度洋海表面温度强迫的影响，1 月，印度洋 Hadley 环流的上升支位于 15°S～10°N 范围内［图 3.49（a)］，在其南北两侧形成典型的闭合 Hadley 环流。随着印度洋冷海表面温度异常的减弱，印度洋赤道以北海表面温度增温，春季其上升支向北扩展，4 月［图 3.49（b)］，北半球 Hadley 环流已不明显，其低层与 1 月一样，仍为偏北风，不利于水汽向长江中下游输送；5 月［图 3.49（c)］

Hadley 环流上升支扩展至 40°N 附近，北侧 Hadley 环流消失，南半球 Hadley 环流近地面偏南风形成越赤道气流，但较弱。值得注意的是，春季在整个东亚、南亚、东南亚及澳大利亚大陆东海域附近海域一线均为负距平海表面温度控制，与东亚大槽偏强，大陆冷空气活动异常偏多，使东亚及其近海地区下垫面偏冷，不利于暖湿气流的活动有关。

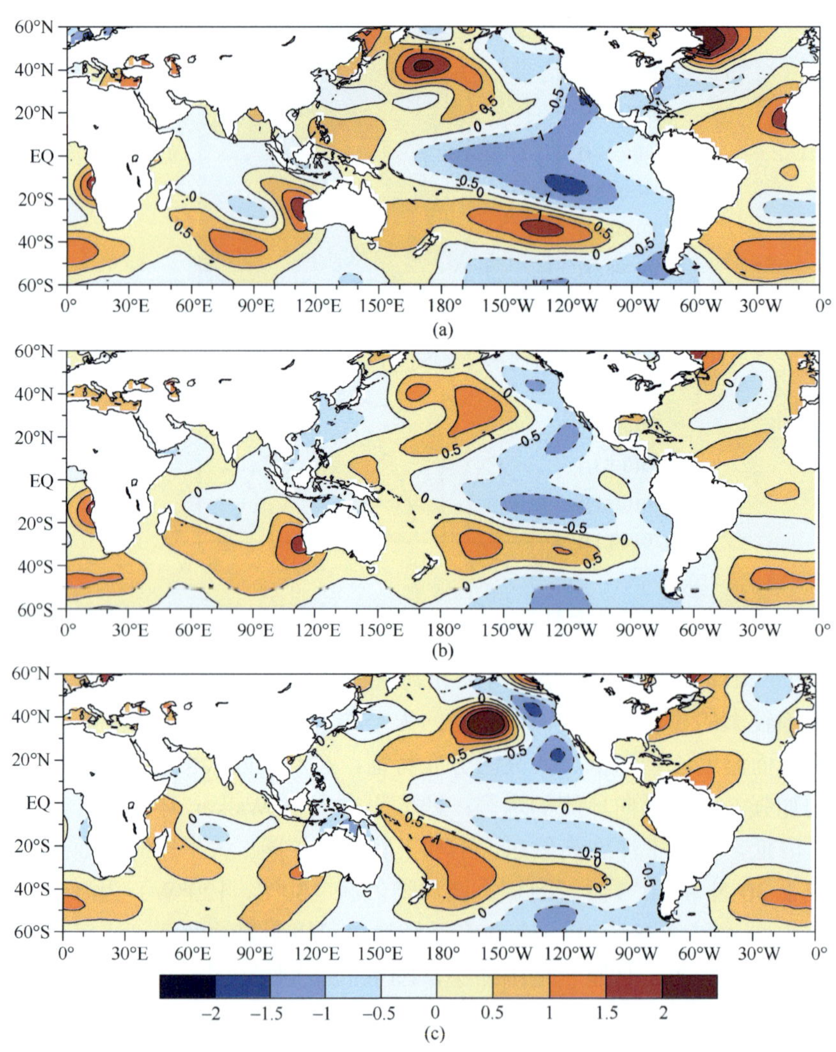

图 3.48　2011 年海表面温度距平（SSTA）分布图（单位：℃）

（a）前冬；（b）春季；（c）6 月份

阴影：距平场

6 月份海表面温度异常最主要特征为赤道东太平洋海表面温度演变为正距平，La Niña 现象消失，与春季相比，除赤道东太平洋外，东太平洋负距平区仍持续为负异常，其中在 40°N 和 20°N 的北美大陆西海岸附近海域负异常中心加强，范围增大。此外，在西风漂流区太平洋海表面温度正距平中心加强，中心位于 160°W 附近海域，与冬季相比，略微偏东；在 60°S 的南太平洋海域，负距平中心仍维持，但异常程度减弱。随着赤道东太平洋部分海表面温度演变为正距平，Walker 环流强度减弱，5 月下旬，在急转前的

OLR 场上［图 3.45（a）和图 3.45（b）］，130°E 以东西太平洋副高控制区下沉运动逐渐加强，6 月初 110°E 以东整个西太平洋副高区均转为下沉运动控制［图 3.45（c）-（f）］，副高突然西伸并在此维持。印度洋负距平海表面温度控制区域急剧收缩，仅在(15°S，80°E)附近海域存在较弱的负距平中心，其余海域均转为正距平区，使得印度洋上空的 Hadley 环流上升支增强，南半球 Hadley 环流近地面偏南风强盛，与 5 月相比，越赤道气流增强，孟加拉湾等地区暖湿空气活跃且向北的水汽输送随之增强［图 3.49（d）］。

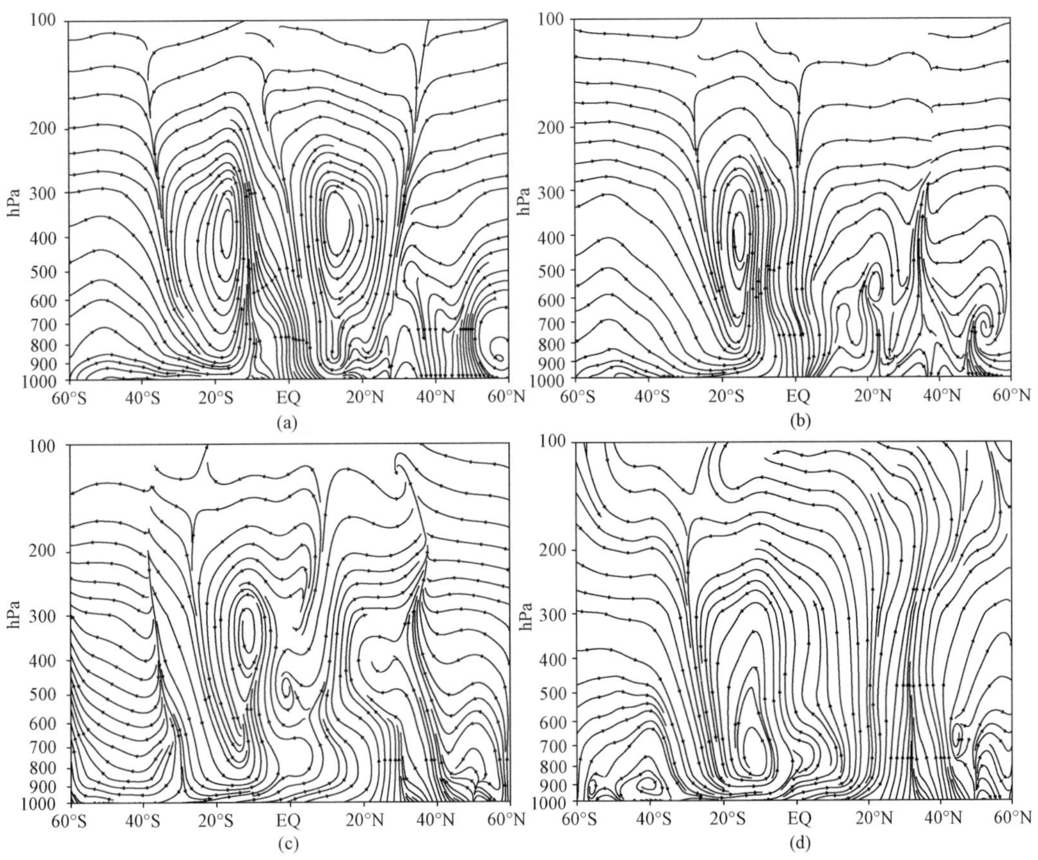

图 3.49　2011 年印度洋区 80°E～100°E 平均环流纬度-垂直剖面图

（a）1 月；（b）4 月；（c）5 月；（d）6 月

（2）前冬关键区海表面温度对中国 5 月、6 月降水的 SVD 分析。

为分析影响急转前后长江中下游地区降水的前兆信号，选取（20°S～20°N，150°E～90°W）之间的太平洋海域及（40°S～20°N，30°E～120°E）之间的印度洋海域两个关键区海表面温度与中国 5 月、6 月降水进行 SVD 分析。SVD 分析表明，前冬季赤道中东太平洋和印度洋海表面温度均对中国 5 月、6 月降水有较好的相关性，5 月两个场前 10 个模态方差贡献率分别占总方差贡献率的 77.37%和 95.97%；6 月达到 74.44%和 93.24%，能够较好地表征海表面温度与降水之间的关系，其显著相关区（通过 5%水平的显著性检验）分别对应不同的海表面温度场及降水场配置，能够较好地表征海表面温度与降水之间的关系（图略）。在 SVD 分析中，挑选左、右场与实况海表面温度场及降水场相似的模态进行分析，以此研究海温场与降水场之间的相关性。

从前述海表面温度背景分析可以看出，前冬赤道中东太平洋海表面温度呈现明显的 La Niña 位相，而所对应的长江中下游降水表现为 5 月整体偏旱而 6 月整体偏涝，出现 5 月至 6 月间的旱涝急转现象。从 SVD 分解的模态中寻找与上述实况相对应的类型，发现 2011 年赤道中东太平洋前冬海表面温度分布形势与长江中下游地区 5 月、6 月的降水分布形势与 SVD 第 7 对空间分布型所表现的前冬赤道中东太平洋海表面温度与长江中下游地区 5 月降水及 6 月降水之间的匹配关系最为接近。其中，前冬赤道中东太平洋海表面温度与中国 5 月降水的 SVD 第 7 对空间分布型（图 3.50）占总方差贡献率的 3.78%，左、右两场时间系数之间的相关系数为 0.75；而前冬赤道中东太平洋海表面温度与中国 6 月降水的 SVD 第 7 模态（图 3.51）占总方差贡献率的 4.34%，左、右两场时间系数之间的相关系数为 0.76。从上述计算出的左、右两场时间系数之间的相关系数大小，可以表明赤道中东太平洋前冬海表面温度与 5 月和 6 月长江中下游降水这两个空间分布型有密切的联系。

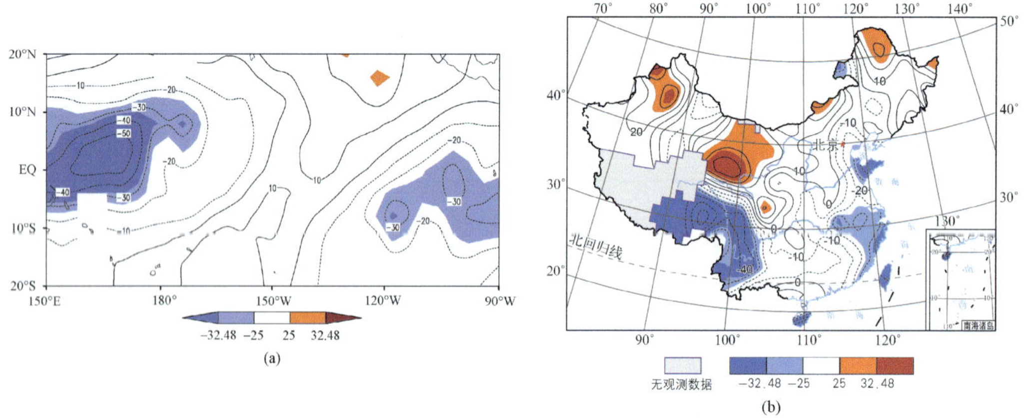

图 3.50　1951～2011 年前冬赤道中东太平洋海表面温度（左场）与中国 160 个测站 5 月降水（右场）SVD 同性相关第 7 模态空间分布

（a）赤道中东太平洋；（b）中国

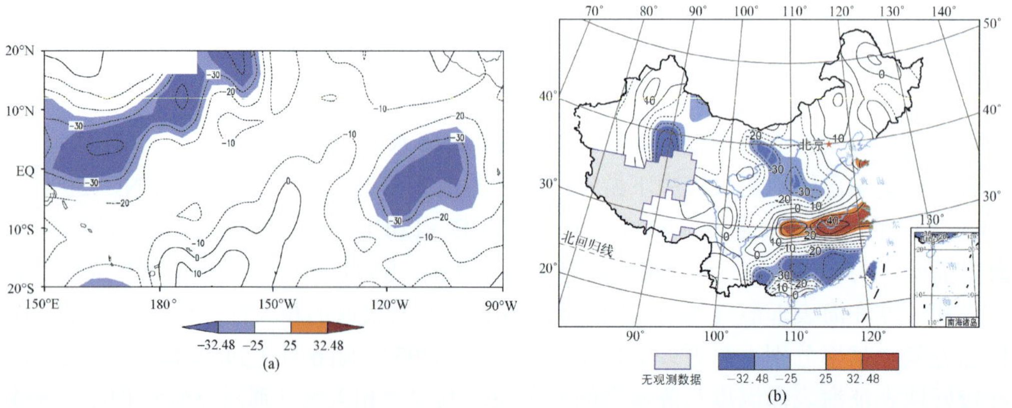

图 3.51　同图 3.50（但为前冬赤道中东太平洋海表面温度与中国 6 月降水 SVD 同性相关第 7 模态）

（a）赤道中东太平洋；（b）中国

不过，虽然上述分析中 SVD 分解第七模态前冬中东太平洋海表面温度与长江中下游 5 月和 6 月降水间的匹配关系与 2011 年实况形势相一致，但这仅说明 2011 年赤道中东太平洋前冬海表面温度异常与长江中下游地区 5 月、6 月出现的旱涝急转有一定的联系，如果从模态所占的解释方差而言，第 7 对空间分布型所占总体解释方差的比例较少，属于并不经常出现的“异常”模态，其在统计学意义上的显著性还需要进一步讨论和分析。然而，从上述分析可以认为在一定程度上前冬赤道中东太平洋海表面温度异常对长江中下游地区 5 月、6 月降水可能会产生截然不同的影响，这种不同的影响可能会对长江中下游 5 月、6 月出现的旱涝急转有一定的贡献，亦是 2011 年长江中下游地区出现旱涝急转的一个可能原因。

进一步研究印度洋前冬海表面温度与长江中下游 5 月、6 月降水形势间的匹配关系，从前冬印度洋海表面温度与中国地区 5 月、6 月降水的 SVD 分解模态的空间分布中寻找与 2011 年实况场相似的匹配型，发现 SVD 分解的第 2 模态反映的前冬印度洋海表面温度与 5 月长江中下游降水间匹配关系与实况相似，而 SVD 分解的第 3 模态反映的前冬印度洋海表面温度与 6 月长江中下游降水间匹配关系与实况相似。图 3.52 所示为 SVD 分解的第 2 对空间分布模态，该分布型占总方差贡献率的 17.3%，左、右两场时间系数之间的相关系数为 0.71，说明这对空间分布型之间具有密切联系。图 3.53 所示为 SVD 分解的第 3 对空间分布模态，这对空间分布型占总体解释方差的 8.67%，左、右两场时间系数之间的相关系数亦为 0.71，表明这对空间分布型具有密切的联系。图 3.52 中 2011 年左、右两场的时间系数分别为−12.88 和−5.00，而图 3.53 中分别为−16.25 和−6.54，都为负值，说明 2011 年实际的海表面温度与降水空间分布与图 3.52 和图 3.53 中表现的形势相反。以上分析总体表明前冬印度洋中部尤其是（20°S～5°S，60°E～110°E）范围内海表面温度较低时，长江中下游地区 5 月份降水偏少，而 6 月份降水偏多。

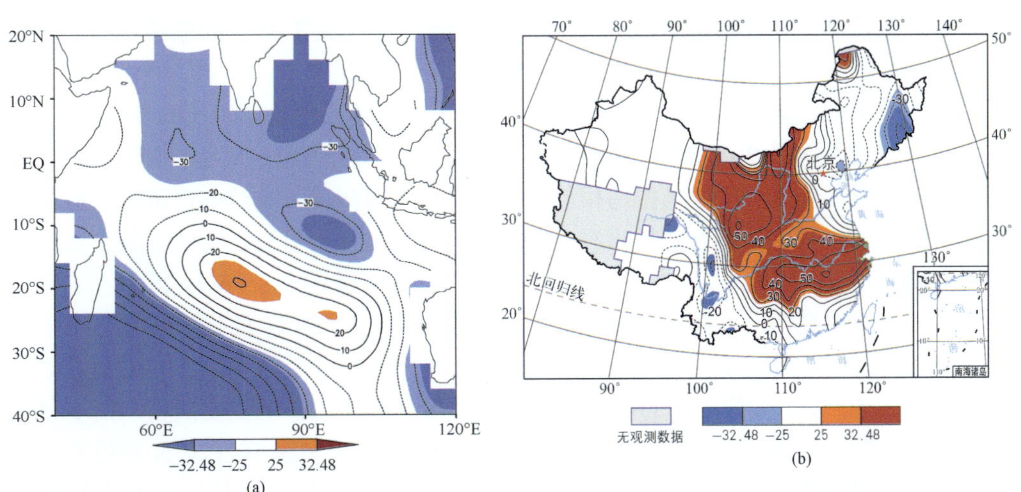

图 3.52　同图 3.50（但为前冬印度洋海表面温度与中国 5 月降水 SVD 同性相关第 2 模态）

（a）印度洋；（b）中国

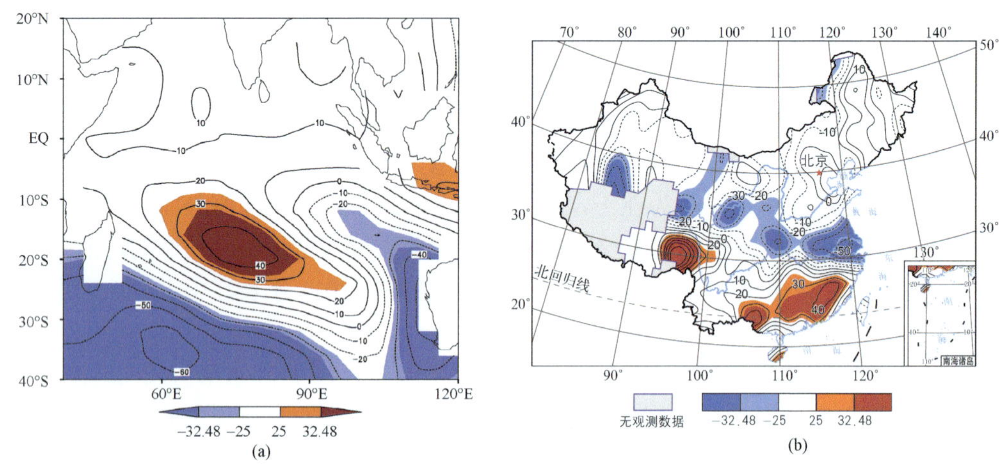

图 3.53 同图 3.50（但为前冬印度洋海表面温度与中国 6 月降水 SVD 同性相关第 3 模态）

（a）印度洋；（b）中国

总体而言，从赤道中东太平洋和印度洋海表面温度与长江中下游地区 5 月、6 月降水的 SVD 分解分析表明，类似于 2011 年长江中下游地区的旱涝急转现象，其在前期海洋因子变化中亦有所表现，如前冬赤道中东太平洋关键区海表面温度为北负南正位相时，长江中下游地区降水总体都表现为 5 月偏少而 6 月偏多的形势，可能造成该地区春末夏初出现旱涝急转现象。

4）急转前后大气环流的低频特征分析

由于此次降水异常具有前期干旱持续，后期强降水时、空集中且强度较强等特征，上述分析对其前期、同期的大尺度环流异常及海洋背景场进行了分析，但对应此次异常显著的旱涝急转事件其低频场是否有前期信号？因此，本节对其环流的低频特征进行了初步分析，得到一些有益的结论。

采用低通 Butterworth 滤波方法对 2011 年 1～6 月的日平均 500 hPa 涡度场进行 10～20 天（准双周）及 30～60 天低频振荡计算。由于 2011 年 1～5 月中国华南和长江流域降水均偏少，且其涡度低频振荡相似，因此，本节对华南、长江中下游干旱持续并加剧的春季 3～6 月降水异常急转进行分析。图 3.54（a）所示为长江中下游主要地区（110°E～120°E）10～20 天低频振荡的纬向-时间剖面，可以看出 3～5 月 20 日左右，北半球均为一致的中高纬度（40°N～80°N）向中低纬度地区（20°N 附近）自北往南的涡度传播过程。3～4 月中上旬，涡度传播来源于 80°N 附近，4 月下旬至 5 月中旬，则表现为以 40°N～50°N 为大值中心的向南传播，低纬度地区无明显的涡度活动，而 5 月末至 6 月，与前期相比涡度传播有所不同，5 月下旬和 6 月中旬在 10～20°N 附近有两次较明显的涡度向北传播，并与中纬度向南的传播在 25°N 附近的汇合。长江中下游 25°N～35°N 剖面的经向-时间剖面图，也具有相似的涡度传播过程，在春季 3～5 月 110°E～120°E 东亚大陆向东的涡度传播，6 月开始转为由 140°～150°E 西北太平洋向西的传播，表明太平洋上空动力机制对 6 月长江中下游降水有重要的作用［图 3.54（b）］。

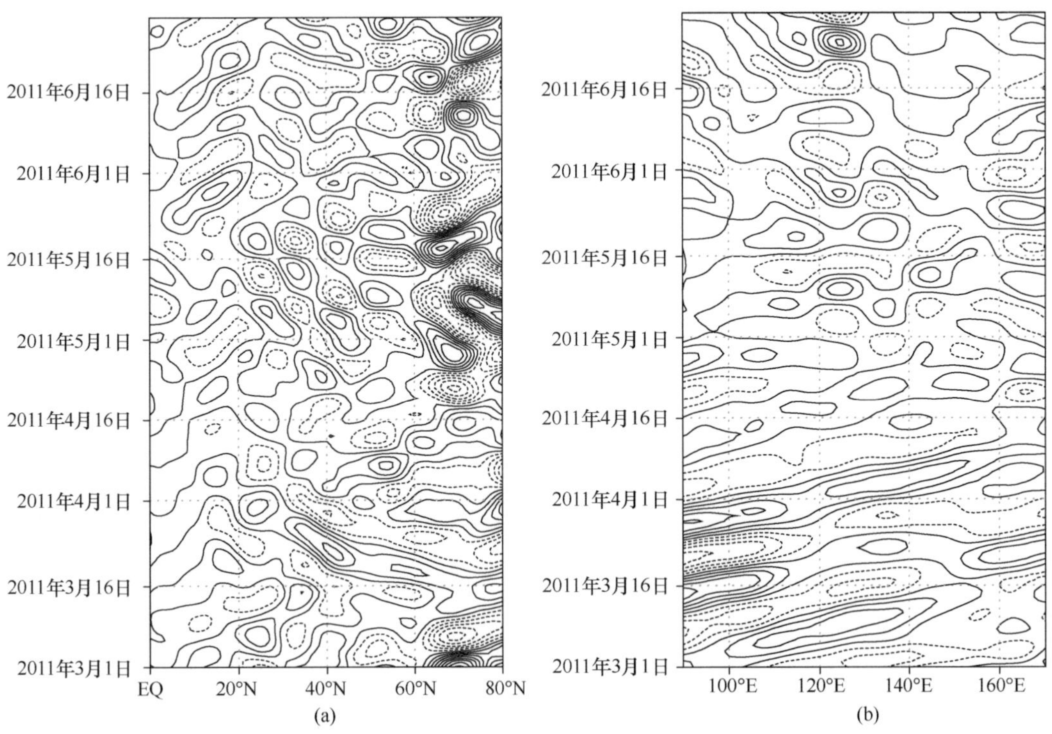

图 3.54　2011 年 3～6 月 10～20 天的 500 hPa 涡度低频振荡

（a）110°E～120°E 平均纬度—时间剖面；（b）20°N～25°N 平均经度—时间剖面

利用 10～30 天延伸期稳定分量提取方法，将 2011 年 1 月 1 日～6 月 18 日 500 hPa 高度场进行稳定分量提取分析，主要分析长江中下游地区发生旱涝急转期 5 月 30 日至 6 月 7 日的高度场异常特征。由图 3.55 中 10～30 天异常型稳定分量逐日变化可知，在 6 月 3 日以前，异常型稳定分量在中纬度地区 50°N～60°N 附近维持典型的慢变波形，正负中心交替排列明显。亚欧大陆主要为“+−+”的 3 个中心控制，尤其在西伯利亚地区有一闭合高压中心存在，促使冷空气活动显著，且势力强大，在长江中下游地区无法形成冷暖交汇的局面。冷空气异常活跃，不断有冷空气入侵，是造成我国这一时期持续性干旱的原因之一。在太平洋上，副高对应地区显示变化不明显，略有偏强。北太平洋地区为负值中心。南海季风偏弱，不利于长江中下游地区降水。3 日以后，异常型稳定分量发生转型，在蒙古地区的高中心系统强度减弱，只存在一圈闭合等值线，向东北方向延伸，降低了侵袭我国冷空气的强度。另外，在太平洋地区，0 线断裂，分为东、西两支，并在北太平洋负值中心两侧形成两个正中心，形成“Ω”形环流形势，迫使负值中心向北移动，导致西太平洋副热带高压位置和强度发生快速转变，引起南海季风由弱转强，配合水汽输送在我国长江中下游地区形成降水。在 6 月 5 日和 6 日以后可以看出异常型稳定分量环流形势基本变化不大，西伯利亚地区的高值中心进一步减弱，闭合等值线消失，与东西伯利亚高值区相连。北太平洋低值中心有减弱趋势，对应在西太平洋的高中心向东移动。这些环流形式维持了冷空气南下和南海季风的强度，有利于我国长江中下游地区产生持续降水。

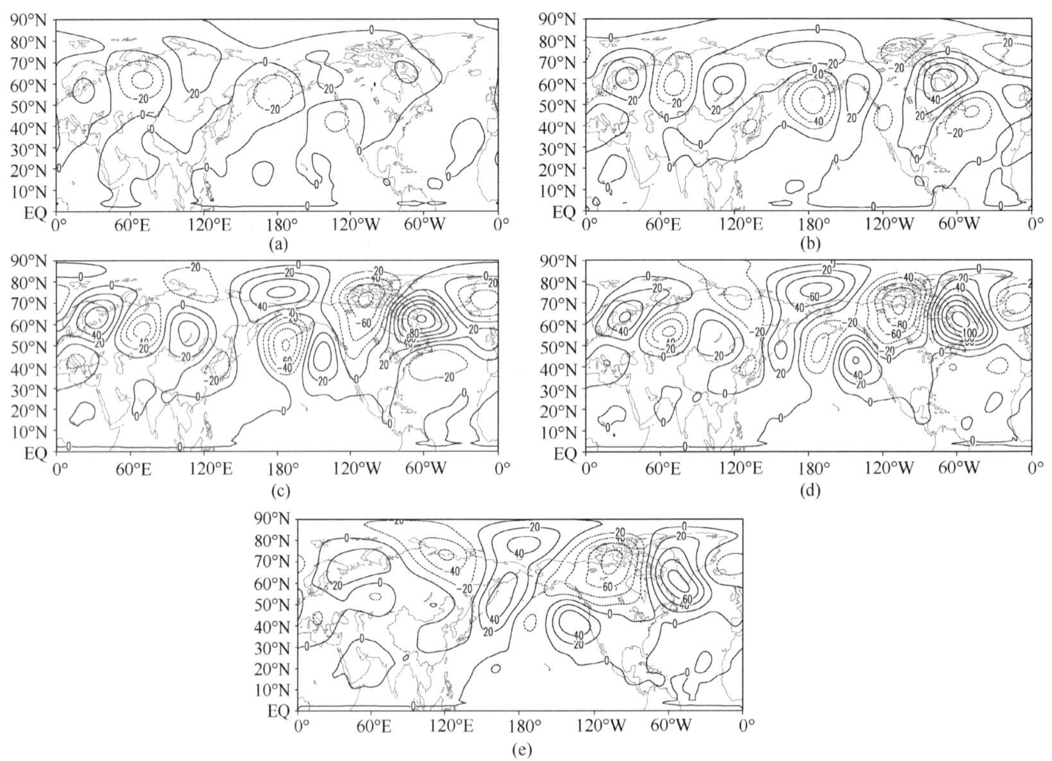

图 3.55　北半球 500 hPa 高度场异常型稳定分量分布

（a）5 月 30 日；（b）6 月 1 日；（c）6 月 3 日；（d）6 月 5 日；（e）6 月 7 日

综上所述，2011～2016 年梅雨季在入梅日、出梅日、持续时间、梅雨雨量等各项指标上都呈现了显著的年际变化。其中，2011 年出现旱涝急转，2013～2014 年江淮流域出现空梅，2015 年梅雨期偏长，梅雨量偏多。对 2011 年春末夏初发生在中国长江中下游地区旱涝急转的降水异常事件及其影响机制分析结果表明：①长江中下游地区，尤其是（27°N～32°N，110°E～120°E）区域在 6 月第 1 候（6 月 3 日左右）发生了 1951 年以来最严重的一次旱涝急转事件；②海表面温度距平及 SVD 分析表明，此次事件属于方差贡献较小的异常模态，其前期信号存在于赤道中东太平洋及赤道印度洋；③涡度低频振荡分析表明，太平洋上空动力机制对 6 月长江中下游降水有重要的作用，在 10～30 天稳定分量分析中发现中高纬环流形势持续稳定为此次事件提供大尺度环流背景场；④前期赤道中东太平洋为较强的拉尼娜事件，赤道印度洋为大范围的异常冷海表面温度控制，受其影响，副高异常偏东、Walker 环流偏强、印度洋 Hadley 环流偏弱，中国西南、东南水汽输送不足，致使长江中下游地区急转前发生持续严重干旱。随着赤道中东太平洋及印度洋冷海表面温度异常的减弱，副高的突然异常西伸（6 月第 1 候）且持续、Walker 环流减弱、印度洋 Hadley 环流增强，匹配中高纬度大尺度稳定维持的气候背景，使冷暖空气在长江中下游地区持续交汇，该地区降水异常偏多并持续，导致 6 月长江中下游持续性洪涝，最终造成此次“旱涝急转”事件的发生。

参考文献

陈隆勋, 朱乾根, 罗会邦, 等. 1991. 东亚季风. 北京: 气象出版社. 362.

陈文. 2002. El Niño 和 La Niña 事件对东亚冬、夏季风循环的影响. 大气科学, 26(5): 595-610.

丁一汇. 2005. 高等天气学. 北京: 气象出版社. 585.

龚道溢, 朱锦红, 王绍武. 2002. 长江流域夏季降水与前期北极涛动的显著相关. 科学通报, 47(7): 546-549.

胡泊, 张志森, 乔少博, 等. 2016. 1990 年代末东亚北部地区夏季水汽输送年代际变化特征及其影响机制.大气科学, 40(5): 933-945.

黄建斌, 朱锦红, 李振华. 2007. 用区域气候模式对 1951～2000 年我国夏季降水的模拟. 北京大学学报, 43(3): 351-357.

黄荣辉. 1990. 引起我国夏季旱涝的东亚大气环流异常遥相关及其物理机制的研究. 大气科学, 14(1): 108-116.

黄荣辉, 孙凤英. 1994. 热带西太平洋暖池的热状态及其上空的对流活动对东亚夏季气候异常的影响. 大气科学, 18(2): 141-151.

刘永强, 丁一汇. 1995. ENSO 事件对我国季节降水和温度的影响. 大气科学, 19(2): 200-208.

唐慧芳, 韩建刚. 1994. 1994 年夏季我国灾害性天气概述. 中国减灾, 4(4): 6-9.

唐明, 邵东国, 姚成林. 2007. 沿淮淮北地区旱涝急转的成因及应对措施. 中国水利水电科学研究院学报, 5(1): 26-32.

陶诗言, 张庆云. 1998. 亚洲冬夏季风对 ENSO 事件的响应. 大气科学, 22(4): 399-407.

王阔, 封国林, 孙树鹏, 等. 2012. 基于 2008 年 1 月中国南方低温雨雪冰冻事件 10～30 天延伸期稳定分量的研究. 物理学报, 61(10): 109201-1-109201-10.

王瑞, 李伟平, 刘新, 等. 2009. 青藏高原春季土壤湿度异常对我国夏季降水影响的模拟研究. 高原气象, 28(6): 1233-1241.

王绍武, 朱锦红 .1999. 国外关于年代际气候变率的研究.气象学报, 57(3): 376-384.

王胜, 田红, 丁小俊, 等. 2009. 淮河流域主汛期降水气候特征及"旱涝急转"现象. 中国农业气象, 30(1): 31-34.

魏凤英. 2007. 现代气候统计诊断与预测技术. 北京: 气象出版社. 296.

吴国雄, 刘还珠. 1995. 降水对热带海表温度异常的邻域响应 I. 数值模拟. 大气科学, 19(4): 422-434.

吴志伟. 2006. 长江中下游夏季风降水"旱涝并存、旱涝急转"现象的研究. 南京信息工程大学硕士学位论文.

吴志伟, 李建平, 何金海, 等. 2006. 大尺度大气环流异常与长江中下游夏季长周期旱涝急转. 科学通报, 51(14): 1717-1724.

徐予红, 陶诗言. 1996. 东亚季风的年际变化与江淮流域梅雨期旱涝//黄荣辉. 灾害性气候的过程及诊断. 北京: 气象出版社.

杨修群, 谢倩, 朱益民, 等. 2005. 华北降水年代际变化特征及相关的海气异常型. 地球物理学报, 48(4): 789-797.

叶笃正, 高由禧. 1979. 青藏高原气象学. 北京: 科学出版社. 279.

张冬峰, 欧阳里程, 高学杰, 等. 2007. RegCM3 对东亚环流和中国气候模拟能力的检验.热带气象学报, 23(5): 444-452.

张屏, 汪付华, 吴忠连, 等. 2008. 淮北市旱涝急转型气候规律分析. 水利水电快报, 29(增刊): 139-141.

张琼, 刘平, 吴国雄. 2003. 印度洋和南海海表面温度与长江中下游旱涝. 大气科学, 27(6): 992-1006.

Chang C P, Zhang Y S, Li T. 2000a. Interannual and interdecadal variations of the East Asian summer monsoon and tropical Pacific SSTs. Part I: Roles of the subtropical ridge. J Climate, 13(24): 4310-4325.

Chang C P, Zhang Y S, Li T. 2000b. Interannual and interdecadal variations of the East Asian summer monsoon and tropical Pacific SSTs. Part II: Meridional structure of the monsoon. J Climate, 13(24): 4326-4340.

CLIVAR.1995. CLIVAR: a study of climate variability and predictability - science plan. WCRP 89, WMO/TD -690, World Meteorological Organization.

Dai A G, Trenberth K E, Karl T R. 1998. Global variations in droughts and wet spells: 1900-1995. Geophys Res Lett, 25(17): 3367-3370.

Ding Y. 1992. Effects of the Qinghai–Xizang(Tibetan)Plateau on the circulation features over the plateau and its surrounding areas. Adv Atmos Sci, 9(1): 113-130.

Ding Y, Sun Y, Wang Z, et al. 2009. Inter–decadal variation of the summer precipitation in China and its association with decreasing Asian summer monsoon. Part II: possible causes. Int J Climatol, 29(13): 1926-1944.

Ding Y H, Wang Z Y, Sun Y. 2007. Inter-decadal variation of the summer precipitation in East China and its association with decreasing Asian summer monsoon. Part I: Observed evidences. Int J Climatol, 28(9): 1139-1161.

Flohn H. 1957. Large–scale aspects of the summer monsoon in South and East Asia. J Meteor Soc Japan, 75: 180-186.

Frich P, Alexander L V, Della-Marta P, et al. 2002. Observed coherent changes in climatic extremes during the second half of the twentieth century. Clim Research, 19(3): 193-212.

Fu Q, Johanson C M, Wallace J M, et al. 2006. Enhanced mid-latitude tropospheric warming in satellite measurements. Science, 312(5777): 1179.

Gong D Y, Ho C H. 2002. Shift in the summer rainfall over the Yangtze River valley in the late 1970s. Geophys Res Lett, 29(10): 1436.

Graham N E.1994. Decadal-scale climate variability in the tropical and North Pacific during the 1970s and 1980s: Observations and model results. Clim Dyn, 10(3): 135-162.

Holtslag A, de Bruijn E, Pan H -L. 1990. A high resolution air mass transformation model for short-range weather forecasting. Mon Wea Rev, 118(8): 1561-1575.

Hsu H H, Liu X. 2003: Relationship between the Tibetan plateau heating and East Asian summer monsoon rainfall. Geophys Res Lett, 30(20): 2066.

Hu P, Qiao S B, Feng G L. 2014. Interdecadal variation of precipitation pattern and preliminary studies during the summer of late-1990s in East Asia. Acta Phys Sin, 63(20): 209204.

Hu Y Y, Fu Q. 2007. Observed poleward expansion of the Hadley circulation since 1979. Atmos Chem Phys, 7(19): 5229-5236.

Hu Z Z. 1997. Interdecadal variability of summer climate over East Asia and its association with 500 hPa height and global sea surface temperature. J Geophys Res, 102(016): 19403-19412.

Huang R. 2001. Decadal variability of the summer monsoon rainfall in East Asia and its association with the SST anomalies in the tropical Pacific. CLIVAR Exchange, 2: 7-8.

Huang R, Liu Y, Feng T. 2013. Interdecadal change of summer precipitation over East China around the late-1990s and associated circulation anomalies, internal dynamical causes. Chin Sci Bull, 58(12): 1339-1349.

International CLIVAR Project Office. 1997. A research programme on climate variability and prediction for the 21st century, CLIVAR, World Climate Research Programme Bundsstr: Max-Plank-Institute for meteorology.

Jha B, Hu Z-Z, Kumar A.2014. SST and ENSO variability and change simulated in historical experiments of CMIP5 models. Clim Dyn, 42(7-8): 2113-2124.

Jiang D B, Wang H J. 2005. Natural interdecadal weakening of East Asian summer monsoon in the late 20th century. Chin Sci Bull, 50(17): 1923-1929.

Ju J H, Lü J M, Cao J, et al. 2005. Possible impacts of the Arctic Oscillation on the interdecadal variation of summer monsoon rainfall in East Asia. Adv Atmos Sci, 22(1): 39-48.

Kachi M, Nitta T.1997.Decadal variations of the global atmosphere-ocean system. J Meteorol Soc Japan, 75:

657-675.

Kalnay E, Kanamitsu M, Kistler R, et al. 1996. The NCEP/NCAR 40-year reanalysis project. Bull Amer Meteor Soc, 77(3): 437-471.

Karl T R, Knight R W, Plummer N. 1995. Trends in high-frequency climate variability in the twentieth century. Nature, 377(6546): 217-220.

Kumar A, Chen M, Zhang L, et al. 2012. An analysis of the non-stationarity in the bias of sea surface temperature forecasts for the NCEP Climate Forecast System(CFS)version 2. Mon Wea Rev, 140(9): 3003-3016.

Li C, Yanai M. 1996. The onset and international variability of the Asian summer monsoon in relation to land–sea thermal contrast. J Climate, 9(2): 358-375.

Liu X, Yanai M. 2002. Influence of Eurasian spring snow cover on Asian summer rainfall. Int J Climatol, 22: 1075-1089.

Liu Y Q, Giorgi F, Washington W M. 1994. Simulation of summer monsoon climate over East Asia with an NCAR regional climate model. Mon Wea Rev, 122(10): 2331-2348.

Nan S, Li J. 2003. The relationship between the summer rainfall in the Yangtze River valley and the boreal spring Southern Hemisphere annular mode. Geophys Res Lett, 30(24): 2266.

Nitta T, Hu Z-Z.1996. Summer climate variability in China and its Association with 500 hPa height and tropical convection. J Meteorol Soc Japan, 74: 425-445.

Pal J S, Giorgi F, Bi X, et al. 2007. Regional climate modeling for the developing world: The ICTP RegCM3 and RegCNET. Bull Amer Meteor Soc, 88(9): 1395-1409.

Saha S, Moorthi S, Wu X. et al. 2014. The NCEP climate forecast system version 2. J Climate, 27(6): 2185–2208.

Shukla J. 1984. Predictability of time averages. Part Ⅱ: The influence of the boundary forcing. In: Burridge D M, Kallen E. Problems and Prospects in Long and Medium Range Weather Forecasting. Springer-Verlag. 155-206.

Shukla J, Mooley D A. 1987. Empirical prediction of the summer rainfall over India. Mon Wea Rev, 115(3): 695-703.

Si D, Ding Y. 2013. Decadal change in the correlation pattern between the Tibetan Plateau winter snow and the East Asian summer precipitation during 1979–2011. J Climate, 26(19): 7622-7634.

Si D, Ding Y, Liu Y. 2009. Decadal northward shift of the Meiyu belt and possible cause. Chin Sci Bull, 54(24): 4742-4748.

Tao S, Ding Y. 1981. Observational evidence of the influence of the Qinghai-Xizang(Tibet)Plateau on the occurrence of heavy rain and severe convective storms in China. Bull Amer Meteor Soc, 62(1): 23-30.

Tao S Y, Chen L X. 1987. A review of recent research on the East Asian summer monsoon in China. In: Chang C P, Krishnamurti T N. Monsoon Meteorology. Oxford: Oxford University Press. 60-92.

Vernekar A D, Zhou J, Shukla J. 1995. The effect of Eurasian snow cover on the Indian monsoon. J Climate, 8(2): 248-266.

Wang B, Wu R G, Fu X H. 2000. Pacific-East Asian teleconnection: How does ENSO affect East Asian Climate? J Climate, 13(9): 1517-1536.

Wang B, Ding Q, Fu X, et al. 2005. Fundamental challenge in simulation and prediction of summer monsoon rainfall. Geophys Res Lett, 32(15): L15711.

Wang H J. 2001.The weakening of the Asian monsoon circulation after the end of 1970’s. Adv Atmos Sci, 18(3): 376-386.

Wu R, Wen Z, Yang S, et al. 2010. An Interdecadal Change in Southern China Summer Rainfall around 1992/93. J Climate, 23(9): 2389-2403.

Wu T, Qian Z. 2003. The relation between the Tibetan winter snow and the Asian summer monsoon and rainfall: An observational investigation. J Climate, 6(12): 2038-2051.

Yanai M, Li C, Song Z. 1992. Seasonal heating of the Tibetan Plateau and its effects on the evolution of the Asian summer monsoon. J Meteor Soc Japan, 70: 319-351.

Yeh T C, Wetherald R T, Manabe S. 1984. The effect of soil moisture on the short-term climate and hydrology change-A numerical experiment. Mon Wea Rev, 112(3): 474-490.

Yu R, Wang B, Zhou T J. 2004.Tropospheric cooling and summer monsoon weakening trend over East Asia.Geophys Res Lett, 31(22): L22212.

Zhang Y, Li T, Wang B. 2004. Decadal change of the spring snow depth over the Tibetan Plateau: The associated circulation and influence on the East Asian summer monsoon. J Climate, 17(14): 2780-2793.

Zhao P, Zhou Z, Liu J. 2007. Variability of Tibetan spring snow and its associations with the hemispheric extratropical circulation and East Asian summer monsoon rainfall: An observational investigation. J Climate, 20(15): 3942-3955.

Zhou T J, Yu R C. 2006. Twentieth-century surface air temperature over China and the globe simulated by coupled climate models. J Climate, 19(22): 5843-5858.

Zhu J, Shukla J. 2013. The role of air-sea coupling in seasonal prediction of Asia-Pacific summer monsoon rainfall. J Climate, 26(15): 5689-5697.

Zhu Y, Wang H, Ma J, et al. 2015. Contribution of the phase transition of Pacific Decadal Oscillation to the late 1990s' shift in East China summer rainfall. J Geophys Res, 120: 8817-8827.

Zhu Y, Wang H, Zhou W, et al. 2011. Recent changes in the summer precipitation pattern in East China and the background circulation. Clim Dyn, 36(7): 1463-1473.

第 4 章　增暖背景下东亚气候的年代际转折特征

全球气候增暖背景下，中国乃至欧亚大部分区域的温度呈显著增高的趋势。然而近年来欧亚地区冬季大范围极端低温事件却频繁发生。干旱事件频发，超过一半以上的陆地地区受到不同程度干旱的影响，且气候变化对干旱及半干旱地区影响更加显著。同时夏季降水也发生显著的年代际转折。东亚地区也存在着局地的差异性，不同的外强迫因子（印度洋海表面温度和北大西洋海表面温度）和环流（西太平洋副高、南亚高压和印度低压等）变化影响着不同区域（长江中下游、华北和东北等地）夏季降水的年代际变化特征。因此本章介绍有关东亚气候的年代际转折成因的相关研究，其中包括北大西洋海表面温度对 20 世纪 90 年代末东亚北部夏季水汽的年代际转折的影响，长江中下游地区夏季年代际尺度干湿变化特征，以及欧亚北部频繁冷冬的变化特征及其机理等。

4.1　20 世纪 90 年代末东亚夏季降水年代际变化及其与水汽输送的关系

东亚北部地区（主要包括中国华东、东北及日本等地）地处中高纬地区，其不仅受到低纬度亚洲季风的影响，还会受到中纬度副热带环流异常所导致的水汽输送异常的影响。该区域夏季降水异常而引起的旱涝问题一直是气象学者们关注的重点（廉毅等，1997；沈柏竹等，2011；封国林等，2012a；龚志强等，2013）。东亚夏季降水具有多时间尺度变化特征，不仅具有季节变化、年际变化，还具有明显的年代际变化特征。平凡等（2006）的研究指出，在考虑年际变化的同时，也必须考虑年代际变化特征，将这两种时间尺度的降水进行分离，才能更好地预测中国汛期降水。影响东亚北部地区夏季降水的因素有很多（Huang et al.，1993；廉毅等，2003；杨修群等，2005；张庆云等，2007；丁一汇等，2008；李建平等，2013），但是大气中必须有着充足的水汽和水汽的输入才可能形成降水。黄荣辉等（1998）研究表明，水汽输送的年代际变化可能对中国夏季降水的年代际变化有着重要的影响。因此，对东亚北部区域的水汽输送异常进行的研究，有利于进一步了解中国东北和华北等地夏季降水的物理机制。

很多气象工作者对东亚北部地区的水汽输送特征做了大量的研究，得出了有助于理解东亚北部地区水汽输送年际和年代际特征的结论。例如，马京津等（2006）研究表明，华北夏季水汽输送通量及其轨迹具有明显的年际和年代际变化特征。曹丽青等（2004）研究发现 20 世纪 60 年代初至 80 年代中期华北地区的水汽呈下降趋势，之后开始上升，90 年代中期以后华北地区水汽又呈下降趋势。此外，华北地区夏季水汽含量的变化与中国南海至西太平洋地区和中纬度西风带有无水汽向中国华北地区输送有关（周晓霞等，2008）。来源于西太平洋及中高纬度西风带的水汽输送对华北暴雨产生也有着重要的影响（梁萍，2007）。顾正强等（2013）研究发现，1970～1990 年东北区域内的水汽增加，而 2000 年以后东北区域内的水汽大幅度的减少，进而对东北地区夏季降水也存在明显年代际特征给出有利佐证（孙力等，2002）。总而言之，东亚北部地区水汽输送在 20 世纪 70 年代和 90 年代末存在显著的年代际转折，并直接导致了该地区降水的年代际变化。

对应 20 世纪 90 年代末发生的东亚地区夏季降水的调整（黄荣辉等，2013；Zhu et al.，2011；Si et al.，2013），东亚北部地区东亚季风区北部或北部边缘，其夏季降水很大程度上取决于来自中纬度的副热带季风的影响，且受到台风等扰动极端事件的影响程度比南方地区弱，在 90 年代末东亚北部地区夏季降水的年代际调整特征的显著程度明显强于东亚南部地区，有必要对该区域开展相对独立的研究。同时，侧重从中纬度水汽输送的角度出发来研究此次年代际变化特征的也相对较少，且水汽输送异常与北大西洋海表面温度异常之间相互作用的机理尚不明确。因此，本节尝试根据 1983～2011 年降水量、环流和海表面温度的再分析资料，利用大气学中常用的方法探讨 90 年代末东亚北部地区夏季水汽输送的年代际调整及其对应的大气环流内部过程和海表面温度外强迫的年代际变化。

4.1.1 20 世纪 90 年代末东亚夏季降水年代际变化特征

图 4.1 为东亚 1983～2011 年夏季（6～8 月）降水距平百分率的纬度-时间剖面图。从图上可以看出明显的年代际的变化特征，80 年代初到 90 年代末 30°N 以北地区降水偏多，30°N 以南地区降水相对于东亚北部地区偏少；而 90 年代末到今 30°N 以北地区降水由多变少，30°N 以南降水也相应地由少变多。而且从图上也可以看出在东亚北部地区的年代际变化特征更加明显。为了更容易地看出东亚北部地区夏季降水的年代际变化，图 4.2（a）和图 4.2（b）分别为东亚南部地区夏季降水距平折线图和东亚北部地区夏季降水距平折线图。从图 4.2 可以看出，东亚北部地区（100°E～130°E，30°N～55°N）夏季降水在 1998 年出现年代际转变，从正距平转变成负距平，对应了 EOF 分解第三模态的时间系数序列。而东亚南部地区（100°E～130°E，10 °N～30°N）夏季降水在 20 世纪 90 年代初和 21 世纪初都发生了年代际的转折，由负距平到正距平再到负距平。

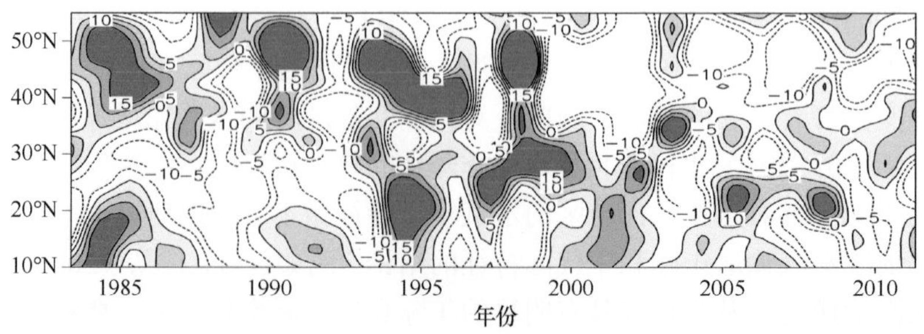

图 4.1 东亚沿 100°E～130°E 夏季（6～8 月）降水距平百分率（%）的纬度-时间剖面图

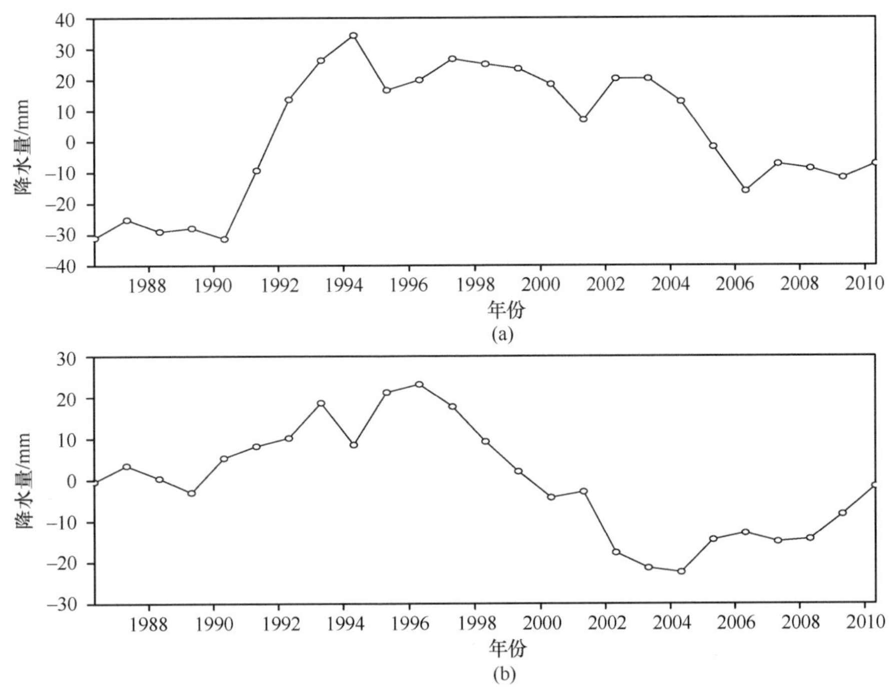

图 4.2　东亚地区夏季 7 年滑动平均降水距平折线图

（a）东亚南部地区（100°E～130°E，10°N～30°N）；（b）东亚北部地区（100°E～130°E，30 °N～55°N）

为了更清楚地看出东亚地区夏季降水的年代际变化，图 4.3（a）和图 4.3（b）分别给出 1983～1998 年和 1999～2011 年东亚夏季降水距平百分率，图 4.3（c）给出 1983～1998 年和 1999～2011 年降水距平百分率差值。从图 4.3（a）和图 4.3（b）中可以看出东亚出现非常明显的年代际变化。1983～1998 年中东亚北部地区降水偏多，东亚南部地区降水偏少，呈现明显的“偶极型”的降水特征。1999～2011 年降水雨型与 1983～1998 年降水雨型的情况相反，东亚北部地区降水偏少，东亚南部地区降水偏多。从差值图[图 4.3（c）] 中可以看出，与 1999～2011 年降水雨型几乎一致。因此，东亚地区在 20 世纪 90 年代末具有非常明显的年代际变化。

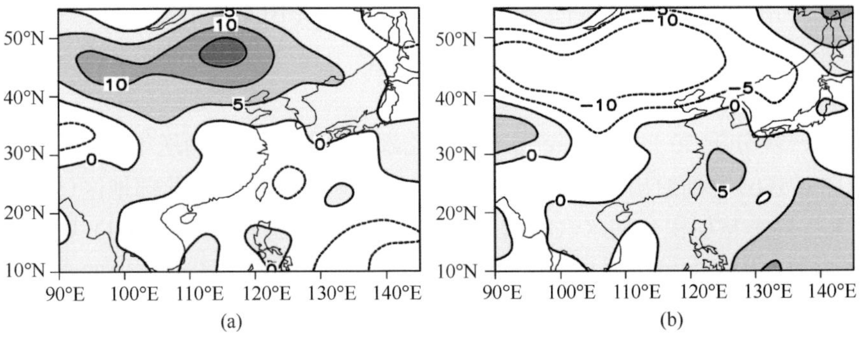

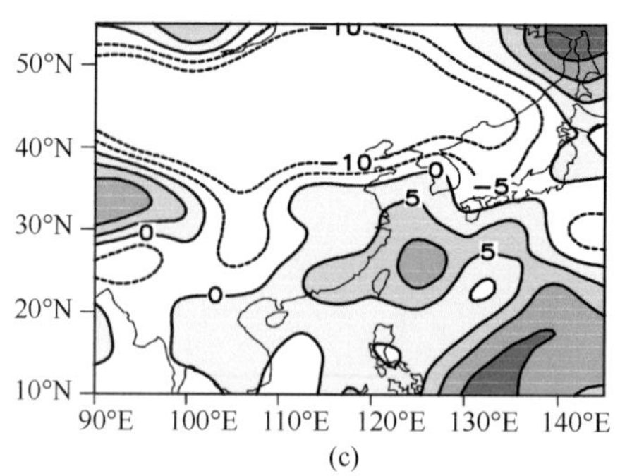

(c)

图 4.3　东亚夏季（6～8 月）降水距平百分率

（a）1983～1998 年；（b）1999～2011 年；（c）差值图

4.1.2　20 世纪 90 年代末东亚夏季大尺度气候异常与水汽输送联系

胡泊等（2014）的研究发现，在 90 年代末东亚北部地区夏季降水比东亚南部地区夏季降水年代际变化特征更明显。在对东亚北部夏季水汽通量和边界进行研究之前，先要了解影响东亚北部地区夏季的水汽路径有哪些。因此利用 NCAR/NCEP 发布的 6h 再分析资料，并通过水汽通量公式计算得到了 1983～2011 年东亚及其周边地区夏季月平均水汽输送通量的矢量分布图（图 4.4）。图中矩形方框代表东亚北部地区（90°～145°E，35°～55°N）。东亚北部主要包括中国东北和华北以及日本等。从图中可以看出，输入到东亚北部地区的水汽路径主要有 4 支；第一支是中纬度西风带气流所带来的水汽；第二支是沿西太平洋副热带高压西南侧的东南季风从热带西太平洋所带来的水汽；第三支是越赤道气流经我国南海附近来的水汽；第四支水汽是印度西南季风经阿拉伯海和孟加拉湾流向我国东部的水汽。四支水汽路径影响了东亚北部地区不同的水汽边界。其中，第二支、第三支和第四支的水汽主要从东亚北部地区的南边界进入并从东边界输出，因东亚北部地区主要集中在中纬度西风带地区，东亚北部地区四个边界都会受到来自西风带气流所带来水汽的影响。同时从图中也可以发现，由于地形的影响，青藏高原、秦岭等山脉的阻挡作用，后三支路径的水汽输送主要影响到我国东部沿海地区，且到了 40°N 以北的东亚北部地区后南风风量明显减弱。由此，中纬度西风带气流所带来的水汽对东亚北部地区的降水的作用会更突出。

为了进一步分析 20 世纪 90 年代末东亚北部地区夏季水汽输送年代际变化特征，图 4.5（a）和图 4.5（b）分别给出 1983～1998 年和 1999～2011 年东亚北部地区（90°～145°E，35°～55°N）夏季整层积分的水汽输送的合成，图 4.5（c）和图 4.5（d）则为与之相对应的辐合辐散。从图中可以看出，1983～1998 年期间，来自太平洋等地的水汽在东亚北部地区形成气旋式异常输送，水汽输送辐合，对应着水汽输送增强，有利于东亚北部地区降水。而在 1999～2011 年的水汽输送与前段时间的水汽输送呈现相反的趋势，东亚北部地区水汽输送形成反气旋式异常输送，东亚北部地区以水汽辐散为主，不利于东亚北部地区降水偏多。

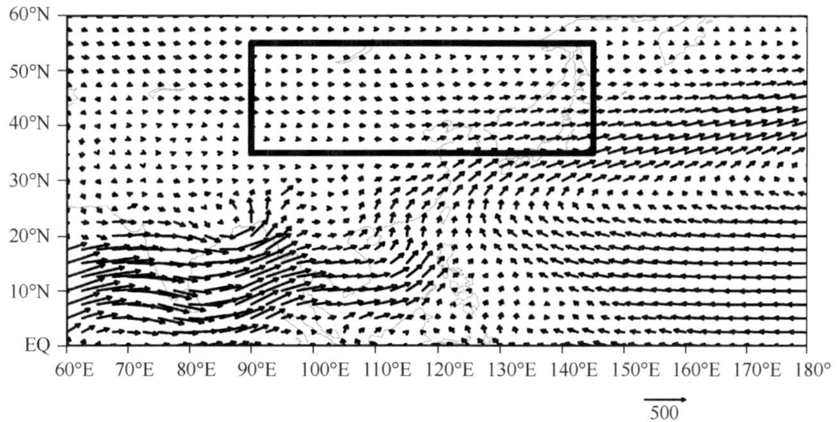

图 4.4　1983～2011 年东亚及周边地区垂直积分的夏季平均水汽输送通量矢量分布［单位：kg/（m·s）］

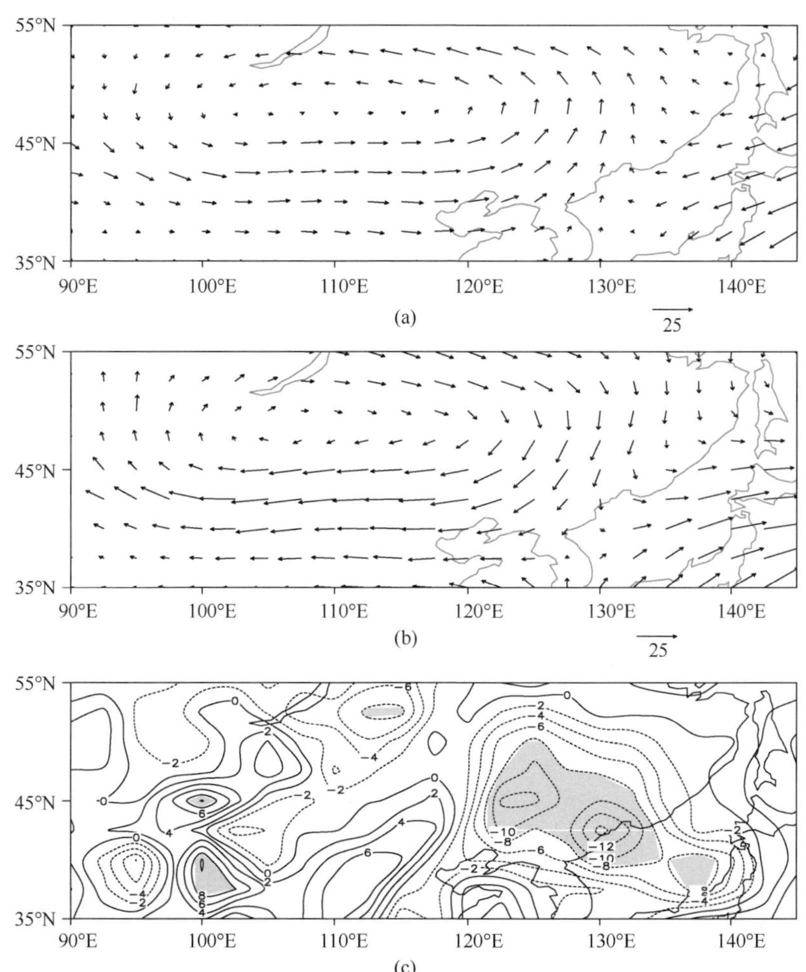

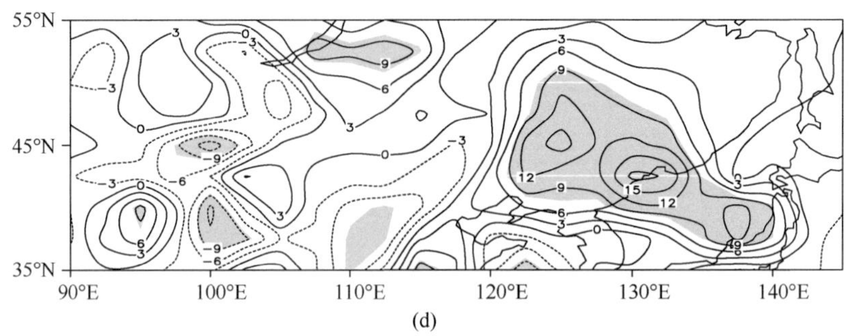

(d)

图 4.5　东亚北部地区垂直积分的夏季水汽输送通量及其辐合辐散

（a）、（c）1983～1998 年平均与气候态之差；（b）、（d）1999～2011 年平均与气候态之差（阴影部分为通过显著水平为 0.1 的显著性检验）[单位：kg/（m·s）]

图 4.6（a）和图 4.6（b）分别为东亚北部地区 1983～1998 年和 1999～2011 年两个时间段合成的夏季水汽收支垂直积分通过各边界的水汽通量和总水汽收支图。将通过东亚北部（90°～145°E，35°～55°N）区域四个边界的水汽作为东亚北部地区各边界的水汽通量。从图中可以看出，1983～1998 年和 1999～2011 年东亚北部地区夏季的水汽都是来自北边界、南边界和西边界的水汽，并从东边界流向太平洋地区。1999～2011 年东亚北部地区夏季水汽净收入比 1983～1998 年水汽总收支明显减少，对应东亚北部地区夏季降水由多变少的特征。然而 1983～1998 年经向进入东亚北部地区的北边界和南边界的水汽较 1999～2011 年进入东亚北部地区的水汽增多，而纬向进入东亚北部地区西边界的水汽减少，东边界输出的水汽则增多。因此，纬向水汽输入和输出的变化可能直接导致 20 世纪 90 年代末期东亚北部地区夏季水汽输送发生年代际转折。

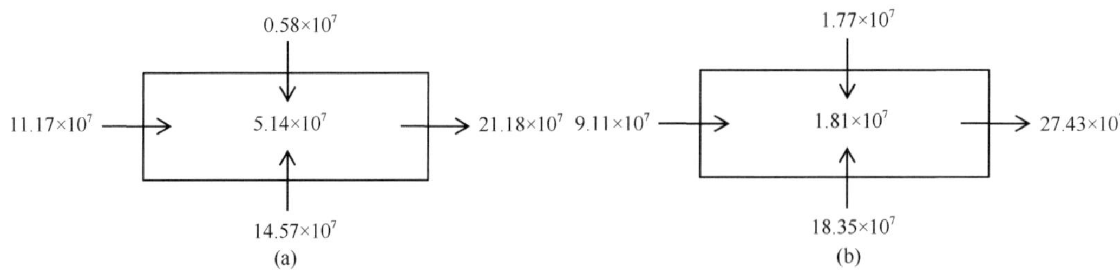

图 4.6　东亚北部地区夏季通过各边界的水汽收支和总的水汽收支的示意图（单位：kg/s）

（a）1983～1998 年；（b）1999～2011 年

基于上述结果，计算了东亚北部地区纬向整层水汽输送通量和经向整层水汽输送通量的 5 年滑动平均［图 4.7（a）～（b）］。从柱状图可以看出，纬向整层水汽输送通量在 20 世纪 90 年代中后期发生了年代际的转折，从水汽偏少转向水汽偏多；而经向的整层水汽输送通量在 90 年代末期的年代际转折没有纬向整层水汽输送通量的年代际转折明显。因此，进一步证实了导致 90 年代末东亚北部地区夏季降水年代际发生转折中纬向水汽输送异常的作用强于经向水汽输送。

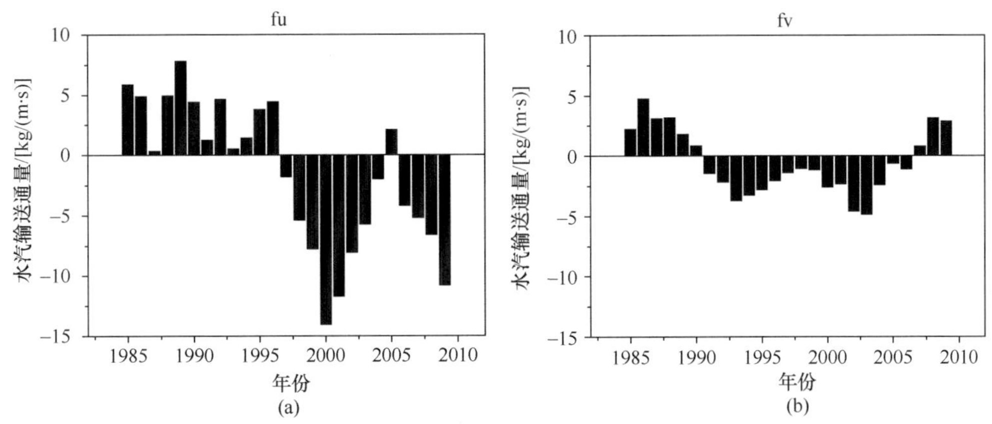

图 4.7　1983～2011 年夏季纬向整层水汽输送通量和经向整层水汽输送通量的 5 年滑动平均
（a）纬向；（b）经向

图 4.8（a)～(d）给出了东亚北部地区各边界的水汽通量序列图和相应的滑动 T 检验（MTT）（符淙斌，1992），其中滑动 T 检验采用的是 5 年滑动检验。从东亚北部地区四个边界的水汽输送通量可以发现，东边界水汽、南边界水汽和北边界水汽更多地表现出年际的振荡，而西边界的水汽年代际的振荡更明显。西边界的水汽在 90 年代末由多变少，对应着东亚北部地区夏季降水的由偏多到偏少。同时利用 5 年滑动的 MTT 对东亚北部四个边界进行年代际调整的检验发现，只有西边界水汽通量的突变检验通过了显著水平为 0.05 的显著性检验，且发生突变的时间大致在 20 世纪 90 年代末。由表 4.1 中降水量与各边界的水汽输送通量相关系数可知，降水量与水汽净输入量相关系数为 0.76，通过了 0.05 显著性检验。同时，夏季降水量与东边界的水汽通量相关系数为–0.29，与西边界水汽通量相关系数 0.59，与北边界水汽通量相关系数为 0.23，与南边界相关系数通量为 0.06。东亚北部地区夏季降水量只与总水汽收支和西边界的水汽通量通过了显著水平为 0.05 的显著性检验。由此表明水汽净收支是降水的前提条件，而西边界的水汽对东亚北部地区的降水起着更为重要的作用。

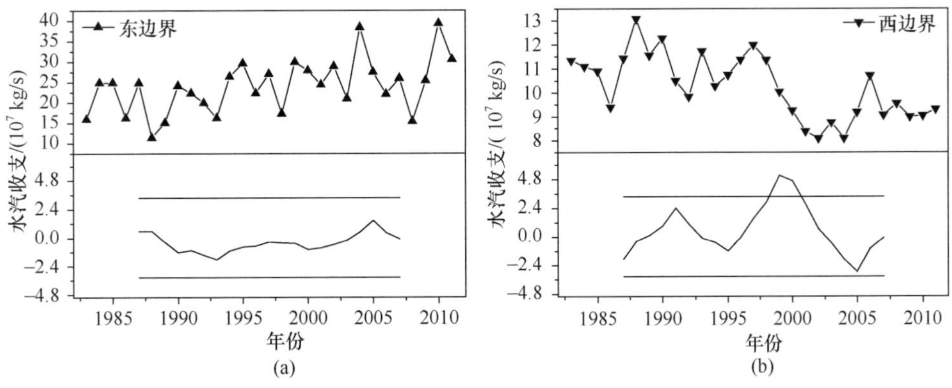

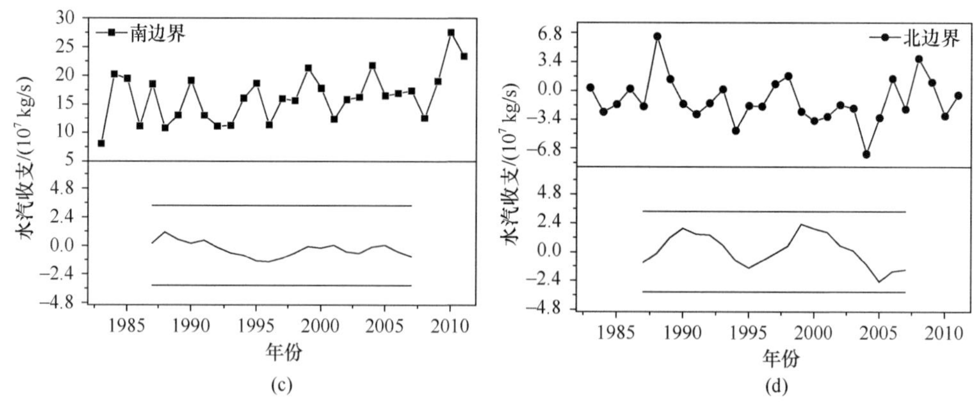

图 4.8 东亚北部四个边界水汽收支序列及其 MTT 检验

（a）东边界；（b）西边界；（c）南边界；（d）北边界

表 4.1 东亚北部地区夏季降水与各边界水汽收支和总收支的相关系数

项目	东边界	西边界	南边界	北边界	总收支
系数	–0.29	0.59*	0.06	0.23	0.76*

*表示通过显著水平为 0.05 的显著性检验。

4.1.3 20 世纪 90 年代末水汽输送与海表面温度年代际异常的关系

大西洋年代际振荡（AMO）可能是导致北半球海表温度（Zhang et al.，2007）和全球气温发生变化（Kravtsov and Spannagle，2008）的主要因素。图 4.9（a）～（c）分别为东亚北部地区夏季西边界水汽通量与前冬、春季和夏季大西洋海表面温度的相关系数分布图。前冬、春季和夏季北大西洋海表面温度都和东亚北部地区夏季西边界的水汽通量有显著的相关性，只是在通过显著水平为 0.05 的显著性检验的区域有所差别。前冬北大西洋海表面温度与东亚北部地区夏季西边界水汽通量通过检验的相关区域主要集中在北大西洋中高纬（60°W～0°, 55°N～70°N）区域和中低纬（40°W～15°W, 30°N～60°N）区域；春季和夏季北大西洋海表面温度在中高纬地区依旧与东亚北部地区夏季西边界水汽通量相关性显著；然而在中低纬地区，北大西洋海表面温度与东亚北部地区夏季西边界水汽通量随着季节的变化通过显著水平为 0.05 显著性检验的区域逐渐往东南方向转移。春季和夏季北大西洋海表面温度与东亚北部地区西边界水汽输送通量通过相关性检验区域分别集中在（65°W～30°W，25°N～35°N）和（70°W～50°W，25°N～35°N）区域。因此，将前冬、春季和夏季北大西洋海表面温度与东亚北部地区夏季西边界水汽输送通量通过显著水平为 0.05 的显著性检验的区域计算逐年海表面温度距平的平均值，并将均值序列作为前冬、春季和夏季北大西洋海表面温度异常指数。已有研究表明，海表温度的异常直接影响邻近地区的气候变化，而对远离的地区则可能是对大气产生影响后，再通过遥相关来传播（白人海，2001）。冬季的大西洋海表面温度可能对包括东亚地区在内的广大北半球中高纬度夏季气候存在显著的影响（Ogi，2003）。

为了更好地研究东亚北部地区夏季水汽输送通量与北大西洋海表面温度两者之间的联系，将前冬、春季和夏季北大西洋海表面温度异常指数序列与夏季东亚北部地区各个边界水汽输送和总水汽收支求相关（表 4.2）。由表 4.2 可见，前冬北大西洋海表面温度与东亚北部地区夏季西边界的水汽输送通量的相关系数通过了显著水平为 0.05 的显著性检验，而与其他三个边界的水汽没有通过显著水平为 0.05 的显著性检验，同时与总水汽收支的相关性也通过了显著水平为 0.05 的显著性检验，并且这种相关性情况一直持续到夏季。由此，东亚北部地区西边界的水汽通量与前期和同期的北大西洋海表面温度有显著相关性，并对夏季东亚北部的降水起到主要作用。

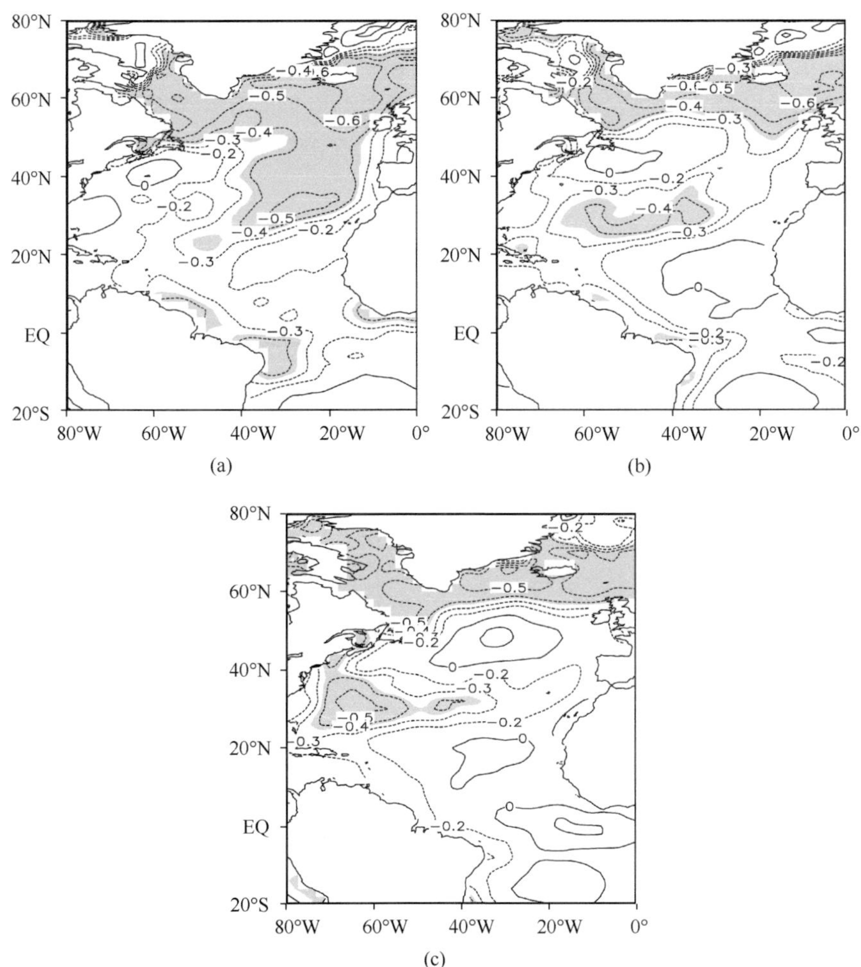

图 4.9　夏季西边界水汽通量与前冬、春季和夏季大西洋海表面温度的相关系数分布图

（a）前冬；（b）春季；（c）夏季

图中阴影区域是通过显著水平为 0.05 的显著性检验

为了进一步分析前冬北大西洋海表面温度对东亚北部地区水汽输送的影响，将前冬北大西洋海表面温度指数序列标准化，大于 1 个标准差的年定义为偏暖年，小于一个标准差的年定义为偏冷年。偏冷年为 1985 年、1986 年、1987 年、1990 年、1991 年、1994

表 4.2 北大西洋各季海表面温度指数与东亚北部各边界水汽收支、总净收支水汽相关系数

项目	东边界	西边界	南边界	北边界	水汽收支
前冬	0.35	−0.58*	0.30	-0.03	-0.53*
春季	0.41*	−0.42*	0.35	-0.06	-0.49*
夏季	0.22	−0.40*	0.26	-0.07	-0.43*

*表示通过显著水平为 0.05 的显著性检验。

年，偏暖年为 2002 年、2004 年、2005 年、2006 年、2008 年、2011 年。从北大西洋海表面温度偏冷年和偏暖年合成的东亚北部地区垂直积分的水汽输送通量和辐合辐散图（图 4.10）可以看出，在北大西洋海表面温度偏冷年时，东亚北部地区的水汽输送呈气旋式异常输送，对应着东亚北部地区水汽输送辐合，有利于水汽输送增强，这样的形势使得东亚北部地区降水偏多；对比北大西洋海表面温度偏暖年所对应的东亚北部地区水汽输送形成反气旋式异常输送，东亚北部地区以水汽辐散为主，不利于东亚北部地区降水偏多。

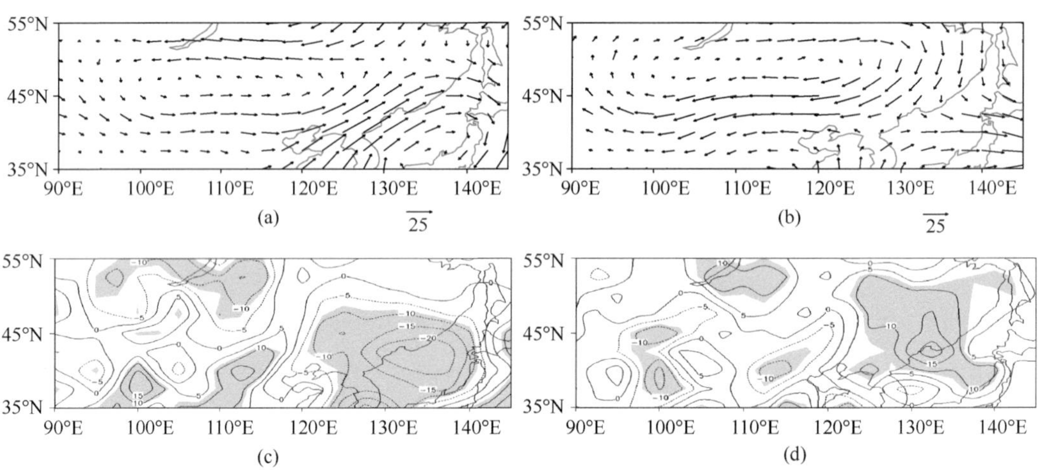

图 4.10 前冬北大西洋海表面温度合成的夏季水汽输送及其辐合辐散［单位：g/(cm²·hPa·s)］

（a）、（c）偏冷年；（b）、（d）偏暖年

阴影部分为通过显著水平为 0.1 的显著性检验

本节进一步分析前冬的北大西洋海表面温度对东亚北部地区环流形势的影响，进而明确北大西洋海表面温度影响东亚北部地区水汽输送的可能动力过程。大气环流也存在着年代际的转折，大气环流的年代际演变对应着降水和水汽的年代际变化（施能，1995）。图 4.11（a）和图 4.11（b）分别为 500 hPa 高度场 1999～2011 年和 1983～1998 年两时段的差值图和前冬北大西洋海表面温度与 500 hPa 高度场的相关系数分布图。从图 4.11（b）中可以看出，前冬北大西洋海表面温度与 500hPa 高度场通过检验的区域主要集中在东亚北部地区。同时，图 4.11（a）中，1999～2011 年东亚北部地区和地中海上游地区的高度场比 1983～1998 年东亚北部地区的高度场偏高，中亚地区到中国东部华南地区为负距平所控制，在东亚地区从北向南呈现“+−”的偶极分布特征。欧亚大陆中高纬度高度场从西到东呈“+−+”分布，即在北大西洋海表面温度偏高时易出现“两脊一槽”

的分布，这样的环流形势容易在东亚北部地区形成阻塞高压，不利于东亚北部地区的水汽输送。图 4.12（a）和图 4.12（b）分别为 850hPa 风场 1999～2011 年和 1983～1998 年两时段的差值图和前冬北大西洋海表面温度与 850hPa 纬向风场的相关系数分布图。前冬北大西洋海表面温度与 850hPa 纬向风场在东亚北部地区 50°N 以北为正相关，50°N 以南为负相关。这样的配置使得 850hPa 风场在东亚北部为异常的反气旋所控制，低层风场辐散，下沉运动增强，高层辐合。高低层环流异常配置使得 20 世纪 90 年代末以后东亚北部地区水汽输送减少，同时不利于该地区降水。水汽通量是表示单位时间流经某个单位截面面积的水汽含量，分为水平水汽通量和垂直水汽通量。这反映了大气中的水汽由气流携带从一个地区输送到另一个地区的输送路径和强度。水平水汽通量和垂直水汽通量分别是由纬向风和经向风与比湿相乘得来的。因此，在北大西洋海表面温度的影响下，东亚北部地区的比湿发生明显的年代际变化，从而造成东亚北部水汽输送在 90 年代末发生年代际变化。图 4.13（a）和图 4.13（b）分别为 850hPa 比湿 1999～2011 年和 1983～1998 年两时段的差值图和前冬北大西洋海表面温度与 850hPa 比湿的相关系数分布图。从图中可以发现，前冬北大西洋海表面温度与我国华北、东北地区相关性通过显著水平为 0.05 的显著性检验。同时我国华北地区和东北地区的比湿在 90 年代末以后相对减少，沿海地区水汽相对增多。这也恰好对应了 90 年代末东亚北部地区夏季水汽输送减少的变化特征。

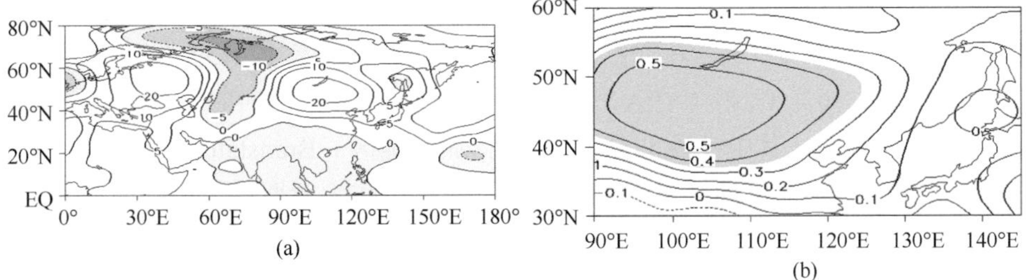

图 4.11　前冬北大西洋海表面温度对东亚北部环流形势的影响（500hPa 高度场）

（a）500hPa 高度场 1999～2011 年和 1983～1998 年两时段差值图（单位：gpm）；（b）前冬北大西洋海表面温度与 500hPa 高度场的相关系数分布图

图（b）中阴影区域是通过显著水平为 0.05 的显著性检验

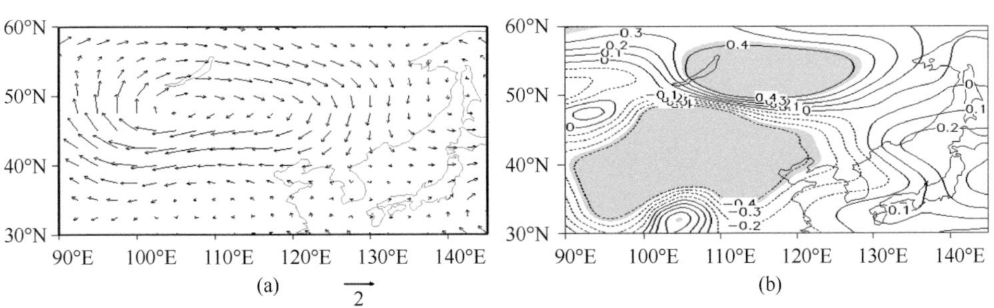

图 4.12　前冬北大西洋海表面温度对东亚北部环流形势的影响（850hPa 风场）

（a）850hPa 风场 1999～2011 年和 1983～1998 年两时段差值图（单位：m/s）；（b）前冬北大西洋海表面温度与 850hPa 纬向风场的相关系数分布图

图（b）中阴影区域是通过显著水平为 0.05 的显著性检验

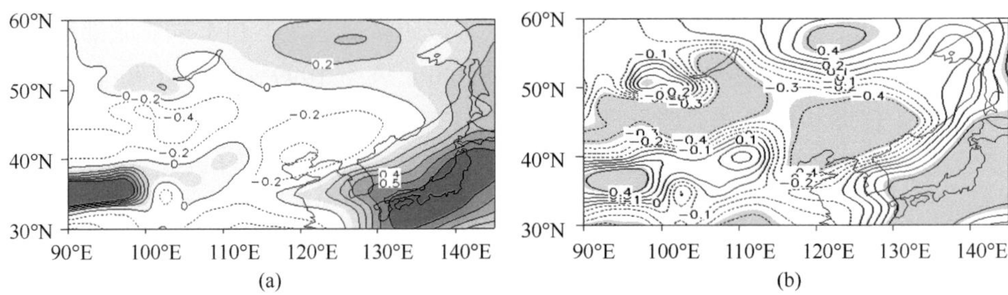

图 4.13　前冬北大西洋海表面温度对东亚北部地区环流形势的影响（850hPa 比湿）

（a）850hPa 比湿 1999～2011 年和 1983～1998 年两时段差值图（单位：g/kg）；（b）前冬北大西洋海表面温度距平指数与 850hPa 比湿的相关系数分布图

图（b）中阴影区域是通过显著水平为 0.05 的显著性检验

以上的结果表明，前冬的北大西洋海表面温度通过影响与东亚北部地区夏季水汽输送相联系的环流特征，从而使东亚北部地区夏季水汽输送在 20 世纪 90 年代末发生年代际调整。接下来进一步分析环流结构与北大西洋海表面温度异常对应的环流结构之间存在的对应关系。图 4.14 给出了东亚北部地区夏季西边界水汽输送与同期 500hPa 高度场和 200hPa 高度场的相关系数。从图 4.14（a）可以发现，位势高度场在北大西洋地区为显著的正相关，北大西洋地区的上区域和下区域为显著的负相关，黑海附近区域为显著的负相关，中亚地区为显著的正相关，东亚北部地区则出现显著的负相关。这样的“+−”相间的遥相关结构在对流层中、高层均存在［图 4.14（b）］。同时，这种遥相关结构在 200hPa 纬向风和经向风中也存在（图略）。这种结果和 Xu 等（2013）的研究结果相似，将这种波列称为大西洋-欧亚（AEA）遥相关。Ambrizzi 等（1995）也发现遥相关沿着急流波导呈纬向分布，其中一支波列位于北非-亚洲地区。Branstator（2002）、Ding 等（2005）研究指出，中纬度地区对流层上层的急流可以作为罗斯贝波传播的波导。

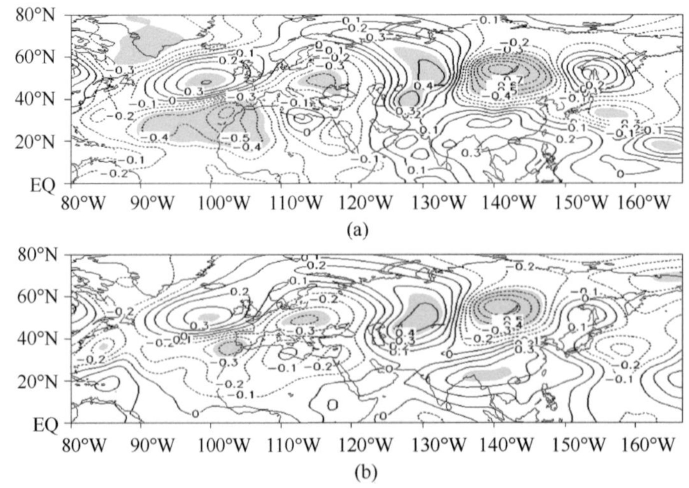

图 4.14　1983～2011 年夏季西边界水汽输送通量与同期 500hPa 高度场和 200hPa 高度场的相关系数分布图

（a）500hPa 高度场；（b）200hPa 高度场

阴影区域是通过显著水平为 0.05 的显著性检验

为了进一步分析北大西洋海表面温度对大西洋-欧亚（AEA）遥相关结构的影响，图 4.15 给出了 1983～2011 年夏季北大西洋海表面温度对 200hPa 高度场和 200hPa 经向风场的回归系数分布。从图中可以发现，无论是在 200hPa 高度场还是在 200hPa 经向风场中均存在北大西洋-黑海-中亚-东亚北部遥相关结构，并且在经向风场上面的表现更明显。因此夏季北大西洋海表面温度影响了大西洋-欧亚（AEA）遥相关型，从而造成了东亚地区夏季水汽输送在 20 世纪 90 年代末发生转折。

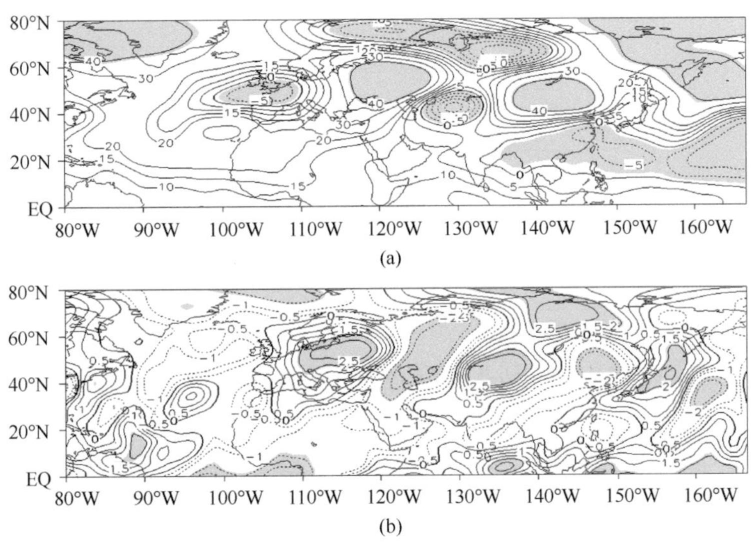

图 4.15　1983～2011 年夏季北大西洋海表面温度指数对 200hPa 高度场和 200hPa 径向风场的回归系数分布图

（a）200hPa 高度场；（b）200hPa 经向风场

图中阴影区域是通过显著水平为 0.05 的显著性检验

同时，北大西洋海表面温度与东亚夏季气候异常存在着一种超前滞后的关系。周波涛（2011）研究证实了冬季海表面温度会由于自身的持续性，将信号持续到夏季，并影响对流活动进而导致东亚夏季环流异常。因此将前冬大西洋海表面温度与东亚北部地区夏季西边界水汽相关性通过显著水平为 0.05 的显著性检验区域作为北大西洋海表面温度距平指数，并作出前冬、春季和夏季北大西洋海表面温度距平的演变图（图 4.16）。从图 4.16 可以发现，前冬、春季和夏季的北大西洋海表面温度在 20 世纪 90 年代中后期都存在由偏低相位到偏高相位转变的趋势。前冬的北大西洋海表面温度和春季的北大西洋海表面温度的相关系数高达 0.81，春季的北大西洋海表面温度与夏季的北大西洋海表面温度的相关系数为 0.79，都通过了显著水平为 0.05 的显著性检验。并且通过北大西洋海表面温度隔季相关图（图略）也可以看出，在中高纬地区和 20°N 附近地区隔季的海表面温度依旧存在显著的相关性。表明了冬季的北大西洋海表面温度由于自身的发展会延续到夏季。

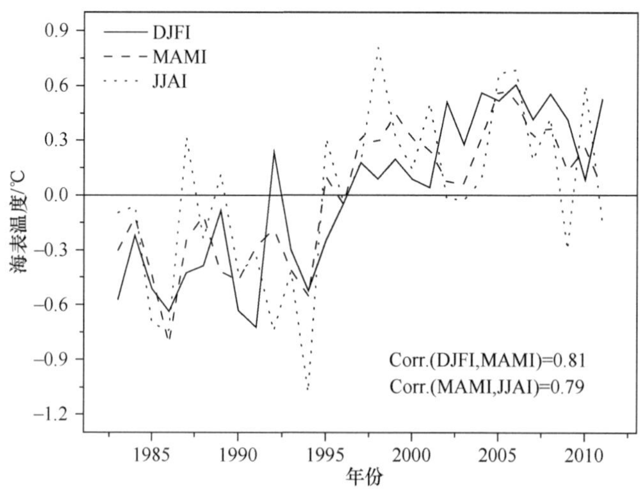

图 4.16 冬季、春季和夏季北大西洋海表面温度距平的时间序列图

4.2 近 52 年长江中下游地区夏季年代际尺度干湿变化及其环流演变分析

我国地域广阔，东北、华北、西北、西南及长江中下游地区均受到不同程度旱灾的影响，这严重威胁到人们的生产生活（张庆云等，2003a；侯威等，2008；章大全等，2010）。长江中下游地区经济发达，人口密度大，开展对这一地区干旱与洪涝等灾害性天气气候的预测，已成为政府关注与科学研究的焦点。有研究显示，长江中下游地区夏季降水在 20 世纪 70 年代后期明显增加，但降水天数减少，降水强度增强，干旱和洪涝等极端事件频发（叶笃正和黄荣辉，1991；Wang and Zhou，2005；Zhang et al.，2008；封国林等，2012a）。长江中下游地处亚热带季风区，南海季风爆发后，水汽从南半球越过赤道经孟加拉湾/南海向我国东部地区输送，季风区内水汽输送与雨带位置一致（周晓霞等，2008）。东亚夏季风的强弱也会影响长江中下游夏季旱涝（施能和朱乾根，1996），西太平洋副高是东亚夏季风体系的环流成员之一（黄士松和汤明敏，1987），西太平洋副高的位置与强度对我国东部地区的天气气候有重要的影响（陶诗言和徐淑英，1962；张庆云和陶诗言，1999；朱乾根等，2000），同时，西太平洋副高的位置与强度受南亚高压的制约（陶诗言和朱福康，1964）。已有研究（陶诗言等，1998；孙淑清和马淑杰，2003；王蕾和张人禾，2006）表明，海表面温度是影响气候变化的一个重要外强迫因子，关键区海表面温度异常对中国夏季降水有指示作用。封国林等（2012b）研究发现，2011 年春季海表面温度场的转变引起了环流形势的变化，导致长江中下游地区在春末夏初出现旱涝急转现象。

干旱是长期水汽异常偏少（Huschke，1959），其发展具有一定的积累过程，影响区域比较大，属于一种中长期的气候行为（Hirschi et al.，2011）。因此，前期及同期环流形势的维持与演变对干旱有十分重要的影响。研究显示，长江中下游夏季旱年，前冬阻塞形势发展（孙淑清和孙柏民，1995），春季南印度洋和南海海表面温度异常偏冷（张琼等，2003），夏季中高纬度乌拉尔山与鄂霍次克海高压脊偏弱（张庆云和陶诗言，1998）。值得注意的是，在已有研究中，对长江中下游夏季旱涝的个例分析及降水趋势变化的研究比较多（施能和朱乾根，1996；Gong and Wang，2000；王遵娅和丁一汇，2008），但对该地区夏季干湿的分阶段变化特征及其年代际环流演变的考察较为欠缺。鉴于此，本节主要分析 1961～2012 年长江中下游地区夏季干湿变化的阶段性特征，并且重点研究不同时段夏季及前期环流背景场的异常特征。在此基础上，综合分析前冬至夏季环流形势的演变过程，从环流演变的过程性角度出发，建立了干湿变化三个不同时段的概念模型，为长江中下游地区夏季干旱预测提供新的思路。

4.2.1　1961～2012 年长江中下游地区夏季干湿变化

标准化降水指数 SPI 是基于降水的气象干旱指数，可以反映实测降水量相对于降水概率分布函数的标准偏差。降水资料满足偏态分布，根据 Gamma 概率分布计算给定时间尺度的累积概率，将累积概率转换为标准正态分布函数，这样有利于消除降水量的时空分布差异。因此，计算得到的 SPI 能够用于不同时间尺度、不同区域的干旱研究（Mckee et al.，1993；Lana et al.，2001；Heim，2002）。SPI 是国内研究干旱的主要指标之一，可以表征短期降水异常和土壤湿度，适用于特定区域近时干旱监测和季节预测（Byun and Wilhite，1999）。

利用长江中下游地区 353 个站点 1961～2012 年的逐月降水资料，计算夏季降水量的累积概率密度，并将其转化成标准正态分布函数，最后近似求得各站点夏季 SPI（Thom，1966；Mckee et al.，1993）（取 1961～2012 年夏季降水量的平均为气候态，计算过程中的参数采用最大似然估计求得）。利用季节尺度的 SPI 来表征夏季长江中下游地区各站点的干湿状态，当 SPI 值大于 0，表明降水偏多，处于偏湿状态；SPI 值小于 0，表明降水偏少，处于偏干状态。SPI 旱涝等级划分规则见表 4.3（Mckee et al.，1995）（基于长江中下游地区各站点 1961～2012 年逐年夏季 SPI，根据表 4.3 得到各站点逐年夏季的干湿状态），并统计了整个长江中下游地区逐年夏季中旱及以上等级的站点数目（干旱站点数目），即逐年夏季 SPI 值小于或等于–1.0 的站点数目。

表 4.3　标准化降水指数（SPI）旱涝等级划分

SPI	旱涝程度
SPI ≤ –2.0	重旱
–1.5 ≤ SPI < –2.0	大旱
–1.0 ≤ SPI < –1.5	中旱
–1.0 < SPI < 0	轻旱
0 < SPI < 1.0	轻涝
1.0 ≤ SPI < 1.5	中涝
1.5 ≤ SPI < 2.0	大涝
SPI ≥ 2.0	重涝

图 4.17 给出了长江中下游地区 1961～2012 年夏季干旱站点数目的逐年变化及其 MK（Mann-Kendall）突变检测结果（Mann，1945；Litchfield and Wilcoxon，1955）。从图 4.17（a）可看出，干旱站点数目具有明显的年际变化，在 70 年代早期减少、中后期明显增加，90 年代以后干旱站点数目则显著减少。据此，图 4.17（b）进行了 MK 突变检测，当统计量 UF/UB 的值大于（小于）0 时，表明序列呈上升（下降）趋势，并且当 UF/UB 曲线超过信度线时，则表明序列有显著上升（下降）趋势（魏凤英，2007）。由图中 UF 曲线可见，UF 值在 70 年代由正转负，表明该地区干旱站点数目有减少的趋势。MK 突变检测中，若 UF 和 UB 曲线相交于信度线之间，则该点为突变点（符淙斌和王强，1992）。注意到，UF 和 UB 曲线在 70 年代中后期至 80 年代中期一直交叉，同时，有研究（施能等，1995；Gong and Ho，2002；马柱国和任小波，2007；张人禾等，2008）表明，在 70 年代末与 80 年代中后期长江中下游夏季降水及我国东部夏季气候发生了明显的突变/转折。基于以上分析，将 1961～2012 年长江中下游地区夏季干湿变化划分为三个时段：1961～1973 年为第一时段，该时段干旱站点较多；1974～1986 年为第二时段，干旱站点数目呈现不稳定变化，该时段处于过渡阶段，且在时间上也与目前学术界公认的一次全球气候突变/转折的发生时间（20 世纪 70 年代末至 80 年代初）相吻合（Graham，1994；Alley et al.，2003；Xiao and Li，2007）；1987～2012 年为第三时段，该时段干旱站点较少。图 4.17（a）中黑色虚线分别为三个时段干旱站点数目的均值，表明干旱站点显著减少。

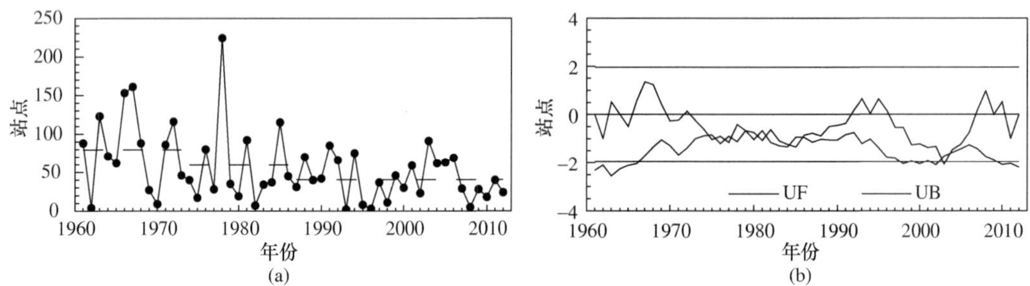

图 4.17　长江中下游地区 1961～2012 年夏季干旱站点数目变化及其 MK 方法检测结果

（a）夏季干旱站点数目逐年变化（虚线为各时段干旱站点数目均值）；（b）Mann-Kendall 方法统计量曲线（虚线为 95%的置信水平）

图 4.18 给出了长江中下游地区夏季 SPI 分布。计算是根据各站点逐年夏季 SPI 合成每一时段各站点的 SPI 值。从图 4.18 中可见，在第一时段（1961～1973 年），长江中下游大部分地区干旱，浙江东部、江苏南部部分地区及上海市干旱比较严重，只有江苏北部及江西南部部分地区无旱。第二时段（1974～1986 年）相对于第一时段，干旱强度减弱，范围缩小，尤其是浙江东部、江苏南部及上海地区干旱明显减轻。第三时段（1987～2012 年），长江中下游绝大部分地区 SPI 为正值，只有很少的地区存在干旱。综合图 4.17 和图 4.18 的结果，说明长江中下游地区夏季干旱程度及干旱范围有明显的年代际变化，干旱范围在不断缩小，且干旱程度持续减弱。

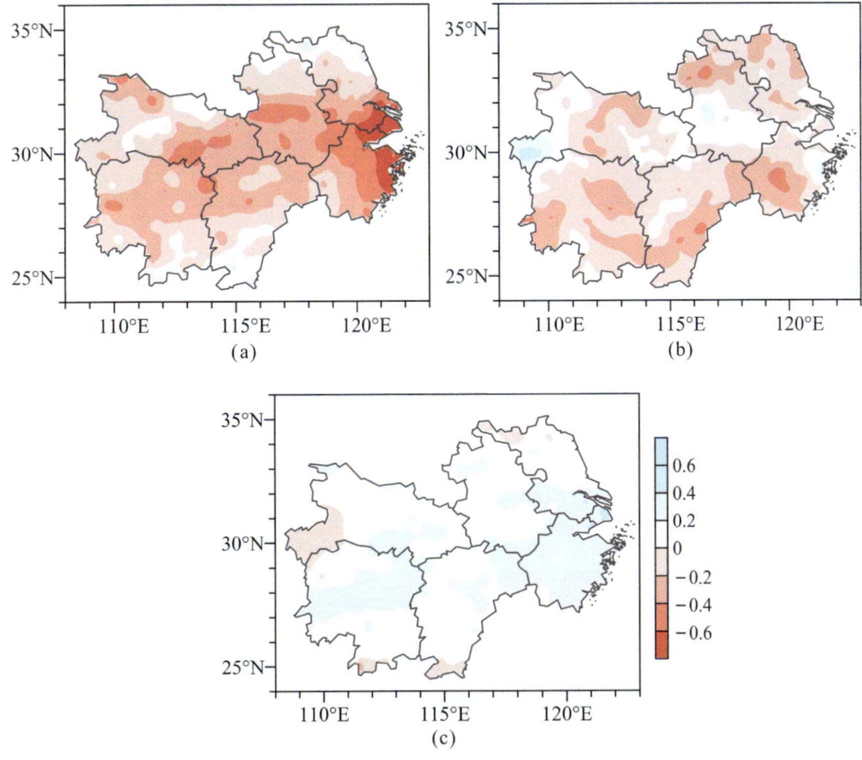

图 4.18 长江中下游地区夏季标准化降水指数（SPI）分布

（a）1961～1973 年；（b）1974～1986 年；（c）1987～2012 年

4.2.2 不同时段夏季环流背景场异常特征分析

1. 不同高度水平环流及整层水汽输送通量

图 4.19 给出了不同时段夏季 500 hPa 高度场及其距平场，第一时段［图 4.19（a）］，欧亚上空为显著负距平，乌拉尔山至蒙古上空为显著负距平中心，鄂霍次克海上空为负距平，不利于乌拉尔山与鄂霍次克海高压脊发展；贝加尔湖西部槽北移偏强，东亚大槽偏强且槽区较宽，亚洲中高纬度西风环流平直，不利于冷空气南下；南支槽加深，槽前从孟加拉湾向我国东部地区的西南水汽输送偏强；副高偏弱，西太平洋副高偏弱尤为明显。第二时段［图 4.19（b）］相对于第一时段，欧亚上空负距平明显减弱，部分地区甚至出现正距平；巴尔喀什湖附近为正距平中心，巴尔喀什湖高压脊发展，我国东北上空有一浅槽；东亚大槽位置偏东，南支槽西移减弱，西太平洋副高增强，但仍弱于气候态。第三时段［图 4.19（c）］，500 hPa 高度场为正距平控制，乌拉尔山及贝加尔湖附近为显著正距平中心，乌拉尔山与贝加尔湖高压脊发展；东亚大槽东移偏弱，南支槽异常偏西偏弱，西太平洋副高显著偏强，使得其西侧向我国东部地区的偏南水汽输送增强。

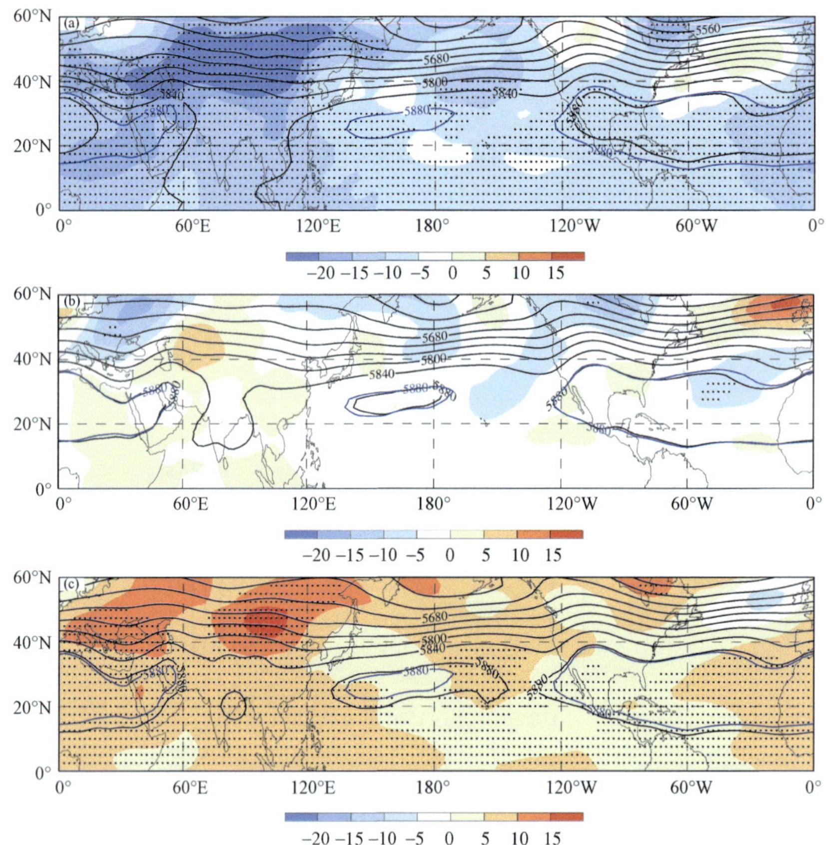

图 4.19 夏季 500 hPa 高度场（等值线）及其距平场（阴影，单位：gpm）

（a）1961～1973 年；（b）1974～1986 年；（c）1987～2012 年

蓝色实线为气候态 5880 线，圆点区置信水平高于 95%

将 1961～2012 年逐年夏季各站点的 SPI 进行区域平均，得到可以反映长江中下游地区逐年夏季整体干湿状态的 SPI（定义为 Y_SPI）。图 4.20（a）给出了夏季海平面气压场与 Y_SPI 的相关系数分布，北半球低纬度太平洋及东亚地区海平面气压与 Y_SPI 为显著正相关关系。在第一时段［图 4.20（b）］，欧亚大陆及赤道东太平洋海平面气压为显著负距平，我国及蒙古地区为显著负距平中心，且北太平洋为弱的负距平，阿留申低压较强；印度及孟加拉湾附近为显著负距平，印度低压偏强。第二时段［图 4.20（c）］，北半球基本为弱的正距平控制，蒙古地区为正距平中心，北太平洋出现弱的正距平，阿留申低压减弱；南亚地区海平面气压正异常，印度低压较弱。相对于第一时段，第三时段［图 4.20（d）］欧亚大陆为正距平，我国大部分区域为显著正距平，且蒙古地区为显著正距平中心，北太平洋、阿留申群岛及南亚地区为弱的正距平，阿留申低压与印度低压填塞减弱。

图 4.21（a）所示为夏季 200 hPa 高度场与 Y_SPI 的相关系数分布，由图可知，蒙古以北部分地区及低纬度高空高度场与 Y_SPI 呈显著正相关关系。第一时段［图 4.21（b）］，欧亚高空高度场负异常，低纬度高空为显著负距平控制，南亚高压比气候态弱，意味着长江中下游易处于偏干状态。第二时段［图 4.21（c）］，200 hPa 高度场负距平减弱甚至出现正距平，且南亚高压比第一时段强，但弱于气候态，说明 Y_SPI 值由负转正，

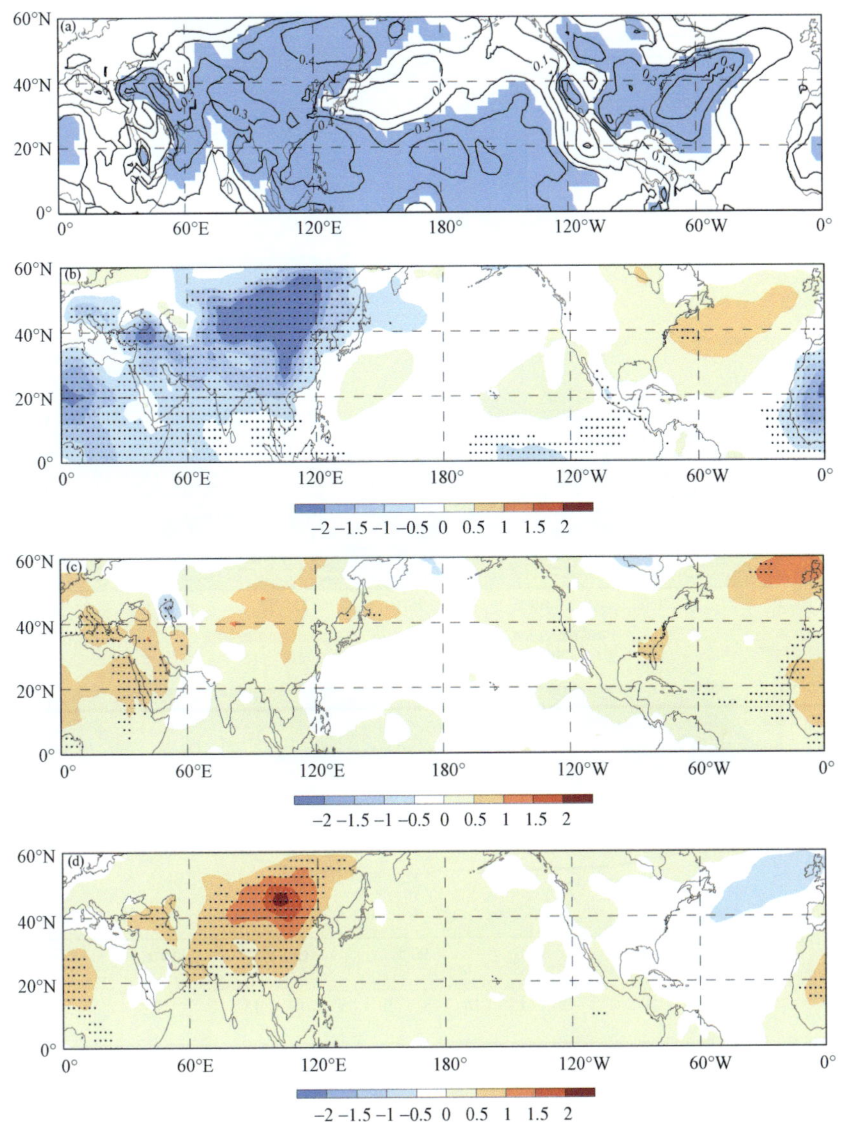

图 4.20　夏季长江中下游干湿状态与海平面气压的相关系数及其不同时段海平面气压的距平场

（a）夏季海平面气压与长江中下游区域平均的 SPI（Y_SPI）的相关系数及其（b）1961～1973 年，（c）1974～1986 年，（d）1987～2012 年距平场（阴影，单位：hPa）（a）蓝色区域与（b～d）圆点区置信水平高于 95%

长江中下游处于干旱向湿润转变的阶段。第三时段［图 4.21（d）］高空高度距平场与第一时段基本相反，欧亚高空为显著正距平控制，南亚高压位置偏东，强度偏强，则长江中下游易处于湿润状态。南亚高压对长江中下游夏季各时段干湿变化的影响与张琼和吴国雄（2001）指出的“在 20 世纪 70 年代南亚高压强度的变化导致了长江中下游地区旱涝转变”相一致。这进一步说明，夏季 200 hPa 高度场在第二时段发生明显的转折，即由第一时段的负距平转变为第三时段的正距平。

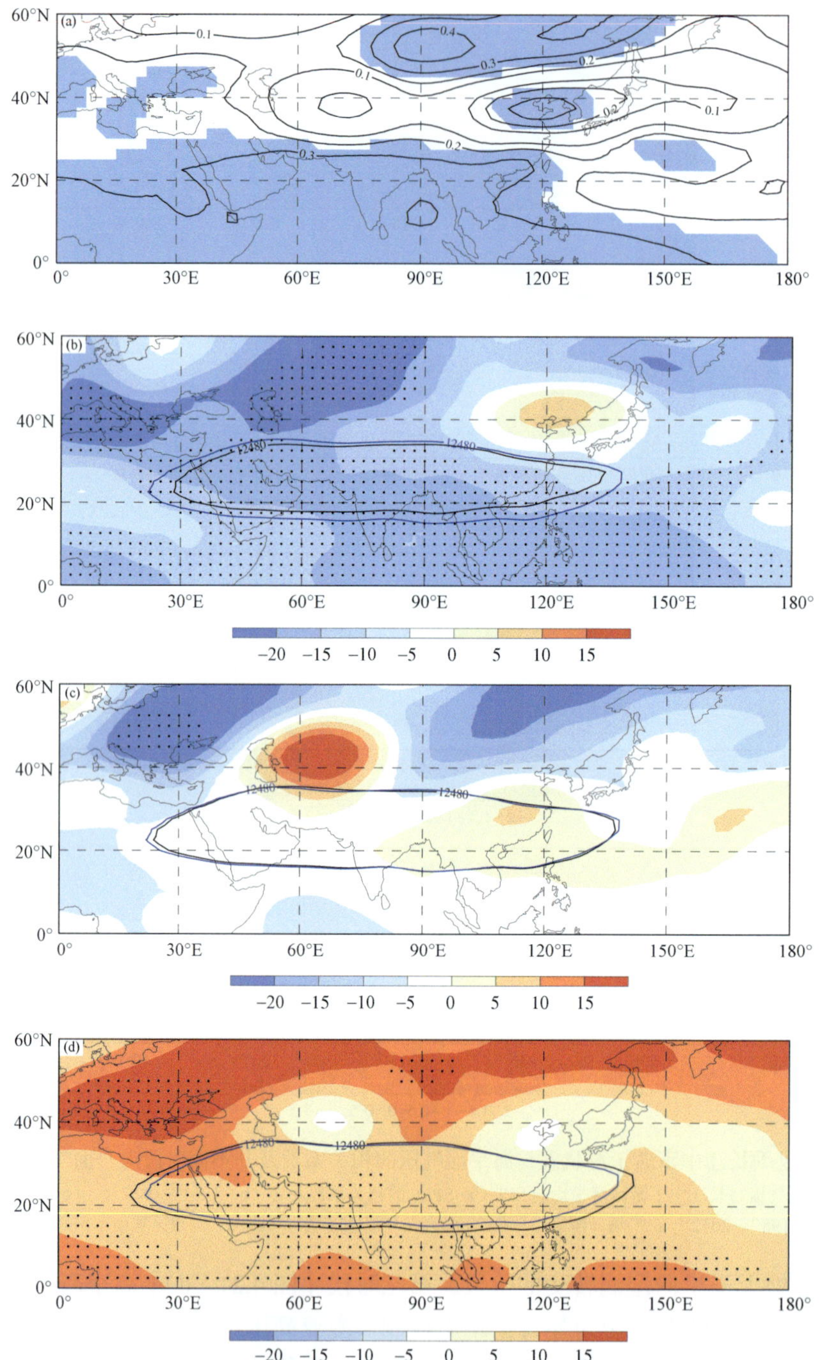

图 4.21　夏季 200 hPa 高度场与 Y_SPI 的相关系数及其距平场（单位：gpm）

（a）200 hPa 高度场与 Y_SPI 的相关系数分布；（b）1961～1973 年；（c）1974～1986 年；（d）1987～2012 年

打点区域超过 95%置信水平，蓝色实线为气候态 12480 线，黑色实线为该时段 12480 线

我国东部地区夏季主要水汽来源于孟加拉湾的偏南水汽输送及西太平洋副高西侧来自南海的水汽输送，且对流层低层来自印度季风区的水汽输送为最主要水汽来源（陆

渝蓉和高国栋，1983；丁一汇和胡国权，2003）。图 4.22 给出了不同时段夏季整层水汽输送通量距平场，第一时段［图 4.22（a）］，从孟加拉湾沿青藏高原东侧至我国东部地区为显著异常的西南风水汽输送距平，并且在日本海至北太平洋为异常偏西风水汽输送距平，这意味着该时段夏季风水汽输送偏强，水汽随夏季风到达长江流域后继续北上，使得长江流域降水偏少。第二时段［图 4.22（b）］，赤道印度洋附近有异常西风水汽输送距平，孟加拉湾为异常气旋式水汽输送距平。同时，从北太平洋经日本至东海为异常偏东北风水汽输送距平且我国东部地区为显著偏北水汽输送距平，这说明从孟加拉湾及南海向我国东部地区的偏南水汽输送异常偏少。而第三时段［图 4.22（c）］，从日本海经我国东部地区至中南半岛及孟加拉湾为显著偏东北风水汽输送距平，这意味着该时段夏季风水汽输送偏弱，水汽滞留在长江流域，有利于长江中下游夏季降水，这与已有研究一致（张庆云等，2003b）。显然，第一时段夏季，长江流域虽然盛行强的西南暖湿气流，但是没有明显的冷空气配合，冷暖空气交绥受阻，使得长江中下游降水异常偏少；第二时段，长江流域盛行偏北气流，冷空气明显偏强，而南支槽与西太平洋副高同时偏弱，暖湿气流也明显偏弱，仍不利于长江中下游降水；第三时段，北方有强的东北气流南下，与西太平洋副高西侧向东北输送的暖湿气流交汇于长江流域，长江流域上空出现明显气旋性环流，有利于长江中下游降水偏多。

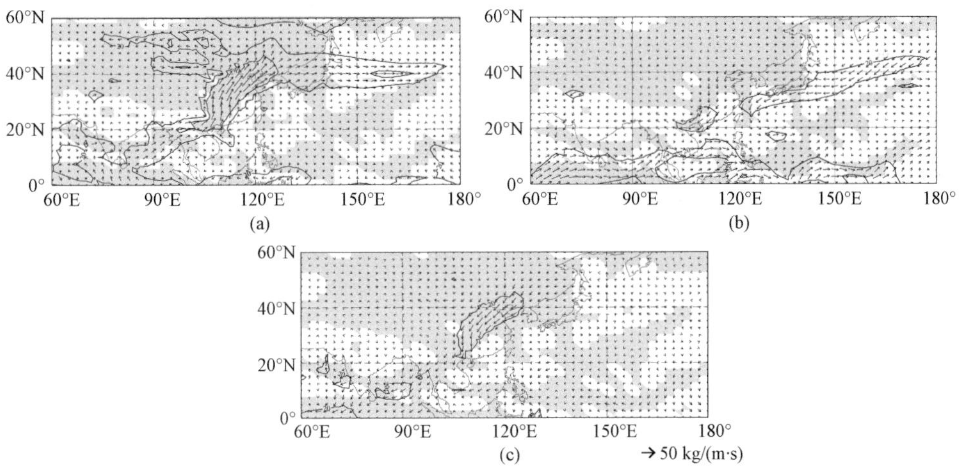

图 4.22　夏季整层水汽输送通量距平场（矢量）

（a）1961～1973 年；（b）1974～1986 年；（c）1987～2012 年

等值线为水汽输送通量距平的量值，阴影区置信水平高于 95%

从环流系统看，第一时段夏季，由于乌拉尔山及鄂霍次克海高压脊发展受抑，亚洲中高纬度西风环流平直，冷空气停滞在我国北方，同时南支槽偏东偏强，南支槽槽前向我国东部地区的西南水汽输送偏强，长江流域暖湿气流偏强。第二时段夏季，东亚大槽偏东，巴尔喀什湖高压脊发展，东北上空有一冷槽，中高纬度冷空气异常活跃，从而使得长江流域盛行偏北冷空气，暖湿气流明显不足。第三时段相对于第一时段，乌拉尔山西部及贝加尔湖高压脊发展，贝加尔湖高压脊明显偏强，脊前冷空气活跃；西太平洋副高偏西偏强，有利于西太平洋副高西侧向我国东部地区的水汽输送，冷暖气流交汇于长江流域，长江流域上空出现明显气旋性环流。

2. 海表面温度异常及其对环流的影响

海表面温度是影响气候变化的一个重要外强迫因子，印度洋海表面温度异常对亚洲天气气候有重要影响（肖子牛等，2000），且夏季南海海表面温度偏高时，西太平洋副高西伸发展，长江中下游夏季降水偏多（梁建茵和林元弼，1992）。图 4.23（a）给出了夏季海表面温度场与 Y_SPI 相关系数分布，20°S 以北的印度洋、孟加拉湾、南海、西太平洋及赤道东太平洋部分海域的海表面温度与 Y_SPI 显著相关，这些区域是影响长江中下游夏季干旱的关键区。第一时段［图 4.23（b）］，全球海表面温度冷异常，关键区海表面温度显著偏冷，意味着长江中下游夏季易发生干旱。在第二时段［图 4.23（c）］，全球海表面温度负异常显著减弱，部分关键区海表面温度为正距平，印度洋及赤道东太平洋海表面温度增温尤为明显。第三时段［图 4.23（d）］相对于第一时段，全球海表面温度场为正距平，关键区海表面温度明显偏暖，则长江中下游夏季易处于湿润状态。

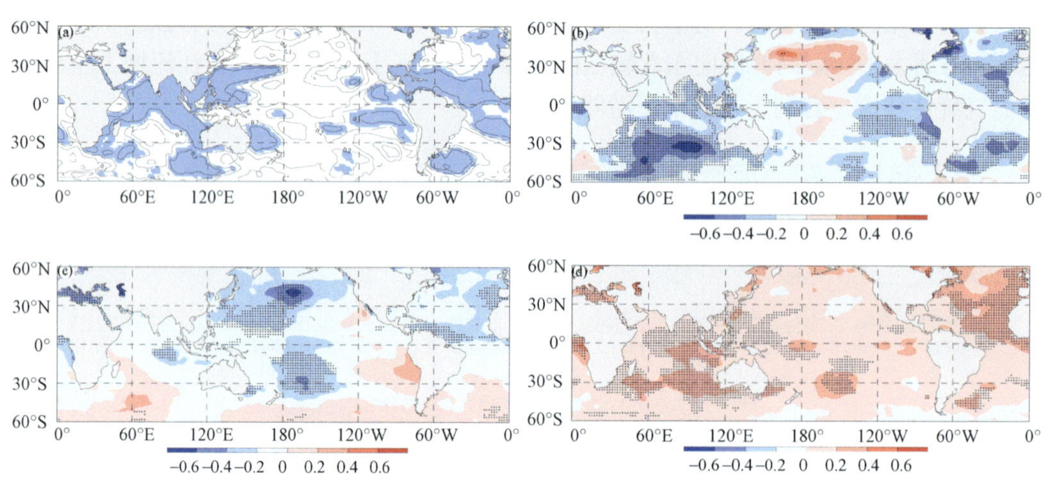

图 4.23　夏季海表面温度场与 Y_SPI 的相关系数及其距平场（单位：℃）

（a）海表面温度与 Y_SPI 的相关系数分布；（b）1961～1973 年；（c）1974～1986 年；（d）1987～2012 年
阴影区域超过 95%置信水平

夏季，第一时段全球海表面温度冷异常，印度洋、南海及赤道西太平洋海表面温度显著偏冷，西太平洋副高与南亚高压偏弱，同时海陆气压梯度增大，印度洋及南海对流层低层偏南风增强，有利于东亚夏季风偏强；第二时段为全球海表面温度距平由负转正的阶段，印度洋海表面温度明显增高，西太平洋副高与南亚高压增强，海陆气压梯度减小，抑制夏季风的加强；第三时段海表面温度距平场与第一时段基本相反，印度洋及南海海表面温度为显著正距平，西太平洋副高与南亚高压偏强，海陆气压梯度较小，印度洋及南海对流低层偏南风较弱，不利于夏季风北进。这进一步验证了前文不同时段强、弱夏季风水汽输送对长江中下游夏季干旱的影响。

4.2.3 不同时段前期（前冬、春季）环流背景场异常特征

1. 前冬水平环流形势及海表面温度场对比分析

图 4.24 给出了不同时段前冬 500 hPa 高度场及其距平场，第一时段［图 4.24（a）］，高纬度上空为正负相间（由西至东，下同）的高度距平波列，乌拉尔山与北太平洋上空为正距平中心，东亚大槽偏西偏强，有利于阻塞形势发展；中低纬度上空为显著负距平，地中海附近为显著负距平中心；青藏高原北部脊偏弱，我国上空为显著负距平。在第二时段［图 4.24（b）］，高纬度上空正负相间的距平波列较弱，乌拉尔山与鄂霍次克海附近的正距平易形成阻塞形势；东亚大槽减弱，欧亚上空负距平明显减弱。第三时段［图 4.24（c）］相对于第一时段，高纬度上空亦为正负相间的距平波列，但与第一时段的距平波列相位相反，乌拉尔山及鄂霍次克海上空的负距平，东亚大槽异常偏弱，阻塞形势发展受抑；中低纬度上空受正距平控制，地中海附近为正距平中心；青藏高原北部脊偏强，我国上空为显著正距平。

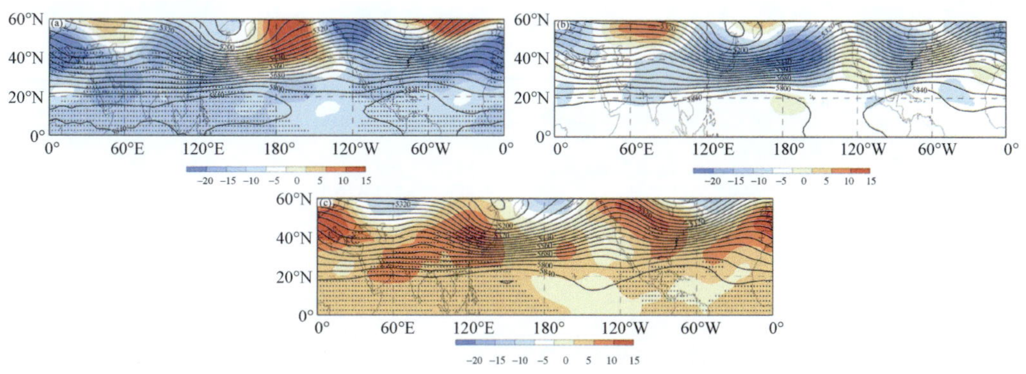

图 4.24　前冬 500 hPa 高度场（等值线）及其距平场（阴影）（单位：gpm）
（a）1961～1973 年；（b）1974～1986 年；（c）1987～2012 年
圆点区置信水平高于 95%

图 4.25（a）给出了前冬海平面气压场与 Y_SPI 的相关系数分布，欧亚大陆海平面气压与 Y_SPI 呈正相关关系。第一时段［图 4.25（b）］，北半球中低纬度海平面气压场为负距平，欧亚及赤道东太平洋附近为显著负距平，蒙古高压明显偏弱；阿留申群岛及北太平洋为正距平中心，阿留申低压偏弱。在第二时段［图 4.25（c）］，欧亚大部分区域为弱的正距平，蒙古高压加强；北太平洋为负距平中心，阿留申低压较强。第三时段［图 4.25（d）］相对于第一时段，北半球中低纬度海平面气压为正距平，蒙古冷高压偏强，冷空气比较活跃；阿留申群岛附近为负距平，阿留申低压偏强。

前冬［图 4.26（a）］，赤道南印度洋、鄂霍次克海及我国东海海表面温度与 Y_SPI 呈显著正相关关系。在第一时段［图 4.26（b）］，全球海表面温度异常偏冷，鄂霍次克海、南印度洋及东海冷异常尤为显著。第二时段［图 4.26（c）］，海表面温度负距平减

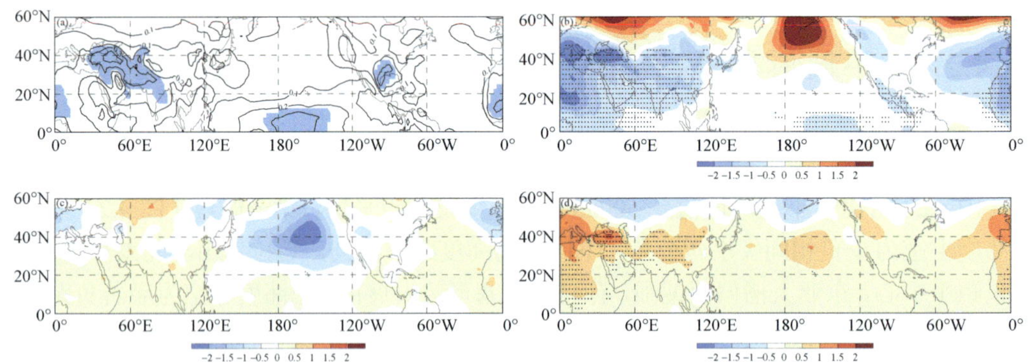

图 4.25　前冬海平面气压与 Y_SPI 的相关系数分布及不同时段海平面气压的距平场

（a）前冬海平面气压与 Y_SPI 的相关系数；（b）1961～1973 年、（c）1974～1986 年、（d）1987～2012 年距平场（阴影，单位：hPa）；（a）蓝色区域与（b）～（d）圆点区置信水平高于 95%

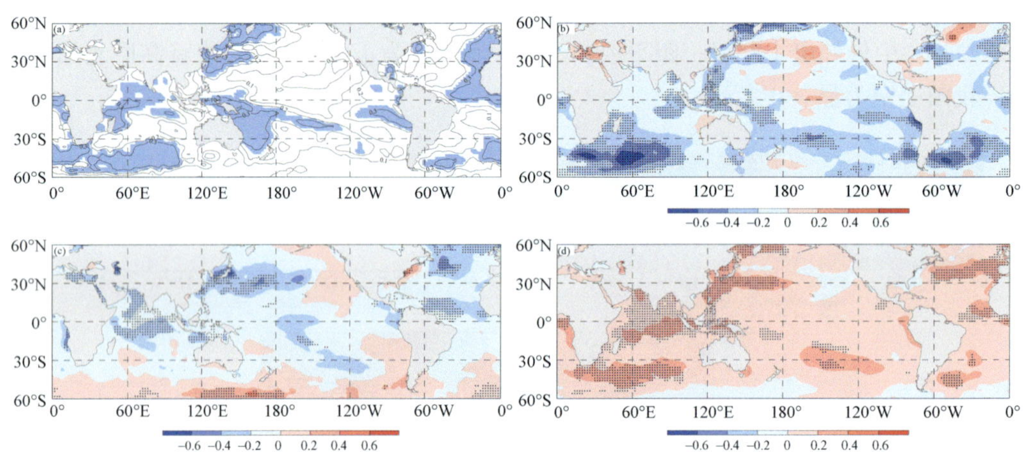

图 4.26　前冬海表面温度场与 Y_SPI 的相关系数及其距平场（单位：℃）同图 4.25

（a）海表面温度与 Y_SPI 的相关系数分布；（b）1961～1973 年；（c）1974～1986 年；（d）1987～2012 年

（a）蓝色区域与（b）～（d）圆点区域表示超过 95%置信水平

弱，部分关键区海表面温度为弱的正距平，南印度洋海表面温度增温趋势明显。第三时段［图 4.26（d）］相对于前两个时段，全球海表面温度整体偏高，关键区海表面温度显著偏高。

2. 春季水平环流形势及海表面温度场对比分析

图 4.27 给出了不同时段春季 500 hPa 高度场及其距平场，第一时段［图 4.27（a）］，中高纬度上空为“负-正-负”的距平波列，欧亚及北美上空为显著负距平控制，北太平洋上空为正距平中心，东亚大槽异常偏西偏强；青藏高原北部脊偏弱，我国上空为显著负距平。在第二时段［图 4.27（b）］，乌拉尔山至鄂霍次克海为“正-负-正”距平波列，乌拉尔山与鄂霍次克海上空为正距平，北太平洋上空为负距平中心，乌拉尔山与鄂霍次克海高压脊发展，东亚大槽偏东偏强，我国上空为弱的负距平。相对于第一时段，第三时段［图 4.27（c）］乌拉尔山与北太平洋上空为负距平，东亚大槽北移减弱，阻塞形势

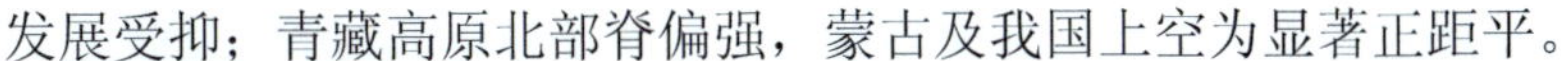
发展受抑；青藏高原北部脊偏强，蒙古及我国上空为显著正距平。

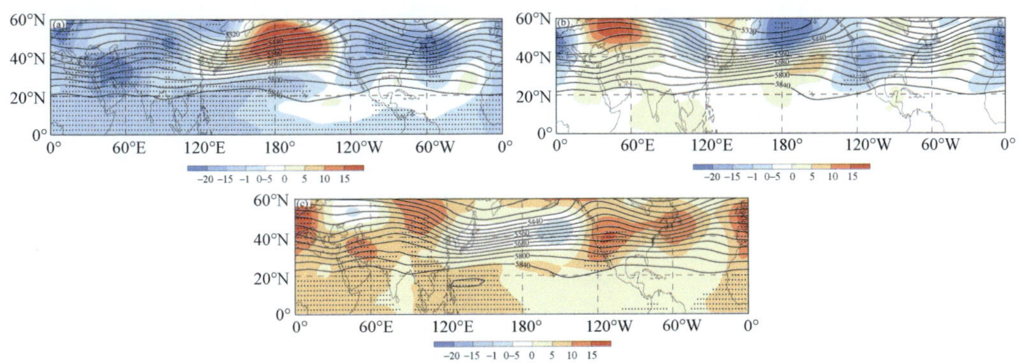

图 4.27　春季 500 hPa 高度场（等值线）及其距平场（阴影）（单位：gpm）
（a）1961～1973 年；（b）1974～1986 年；（c）1987～2012 年
圆点区置信水平高于 95%

图 4.28（a）给出了春季海平面气压场与 Y_SPI 相关系数分布。由图可见，阿留申群岛、赤道太平洋及里海附近海平面气压场与 Y_SPI 呈显著正相关关系。第一时段［图 4.28（b）］，欧亚地区为显著负距平，蒙古高压明显偏弱；赤道太平洋海平面气压显著负异常，北太平洋及阿留申群岛附近为正距平中心，阿留申低压明显偏弱。第二时段［图 4.28（c）］，欧亚大部分地区海平面气压正异常，蒙古高压增强；阿留申群岛附近为负距平中心，阿留申低压偏强。在第三时段［图 4.28（d）］，欧亚部分区域为显著正距平，蒙古及我国大部分地区为显著正异常中心，蒙古高压异常偏强；赤道太平洋及阿留申群岛附近为正距平，阿留申低压填塞减弱。

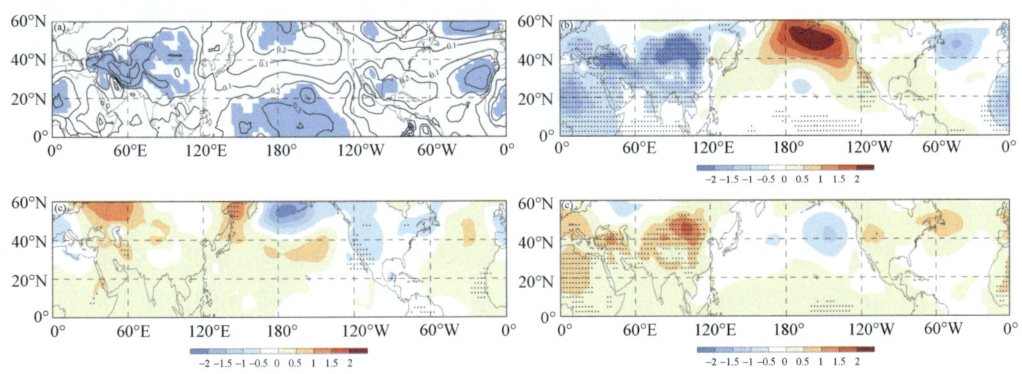

图 4.28　春季海平面气压场与 Y_SPI 的相关系数及其不同时段距平场
（a）春季海平面气压与 Y_SPI 的相关系数；（b）1961～1973 年，（c）1974～1986 年，
（d）1987～2012 年海平面气压距平场（阴影，单位：hPa）
（a）蓝色区域与（b）～（d）圆点区置信水平高于 95%

春季［图 4.29（a）］，南印度洋、赤道印度洋及赤道东太平洋海表面温度与 Y–SPI 呈显著正相关关系。第一时段［图 4.29（b）］，全球海表面温度偏冷，关键区海表面温度冷异常尤为显著。在第二时段［图 4.29（c）］，全球海表面温度冷异常减弱，部分海域海表面温度为正距平，且南印度洋及赤道东太平洋增温明显。第三时段［图 4.29（d）］

相对于前两个阶段，全球海表面温度场异常偏暖，赤道印度洋及赤道东太平洋偏暖尤为显著，有利于西太平洋副热带高压与南亚高压的偏强（张琼等，2003）。

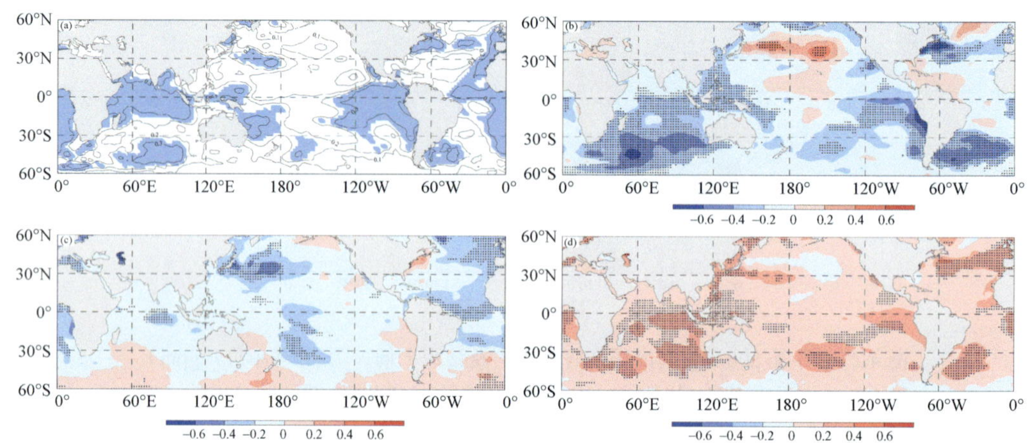

图 4.29 春季海表面温度场与 Y_SPI 的相关系数及其距平场（单位：℃），同图 4.28

（a）海表面温度与 Y_SPI 的相关系数分布；（b）1961～1973 年；（c）1974～1986 年；（d）1987～2012 年

（a）蓝色区域与（b）～（d）圆点区域置信水平高于 95%

4.2.4 不同时段环流演变及其概念模型

1. 前冬至夏季环流演变及其影响

500 hPa 高度场及其距平场分析表明，第一时段，前冬高纬度上空正负相间的高度距平波列在春季调整为“正-负-正”的距平波列，并在夏季消失；中低纬度上空从前冬至夏季维持显著负距平，前冬地中海附近的负距平中心在春季东移至里海附近，该负异常中心在夏季稳定维持在蒙古上空，且强度加强；夏季，东亚大槽位置偏北，亚洲上空西风环流平直，南支槽发展，西太平洋副高异常偏弱。第二时段，前冬高纬度上空正负相间的距平波列较弱，乌拉尔山与鄂霍次克海附近的正距平在春季加强，有利于阻塞形势发展，且乌拉尔山附近的正距平中心在夏季减弱并移至巴尔喀什湖附近，而中低纬度上空从前冬至夏季负距平持续减弱；夏季，巴尔喀什湖高压脊偏强，东北上空有一冷槽，西太平洋副高比第一时段偏强。在第三时段，前冬高纬度上空正负相间的距平波列与第一时段相位相反，这一波列在春季转变为“负-正-负”的距平波列，乌拉尔山与北太平洋上空为负距平，而蒙古及我国上空前冬至夏季维持显著正距平；前冬，乌拉尔山与鄂霍次克海高压脊偏弱，东亚大槽偏弱，阻塞形势发展受抑；夏季，乌拉尔山与贝加尔湖高压脊偏强，南支槽异常偏弱，西太平洋副热带高压显著偏强。由此可见，500hPa 高度场没有呈现出一致性的变化趋势，而表现为明显的年代际变化，即第一时段与第三时段所对应季节的高度距平场相位明显相反，说明在第二时段 500 hPa 高度场发生明显的突变/转折，即由负（正）相位转为正（负）相位，这与已有的研究相一致（施能和朱乾根，1996；颜鹏程等，2014）。

前冬，赤道中太平洋及里海附近海平面气压与 Y_SPI 为显著正相关关系，在春季与夏季显著正相关区域进一步扩大至阿留申群岛附近及东亚地区，且北半球低纬度太平洋海平面气压与 Y_SPI 的正相关关系随季节变得越来越显著。第一时段，前冬欧亚大陆为显著负距平、蒙古冷高压偏弱，阿留申群岛附近为正距平中心、阿留申低压异常偏弱，里海附近的显著负距平中心在春季移至蒙古地区，同时阿留申群岛附近的正距平中心在春季减弱；夏季，欧亚大陆显著负距平加强，蒙古地区负距平中心尤为显著，印度低压偏强，则长江中下游夏季易发生干旱。第二时段，前冬至夏季欧亚大部分地区海平面气压维持弱的正距平，前冬至春季阿留申群岛附近为负距平中心，蒙古高压加强、阿留申低压偏强；夏季，阿留申群岛附近为弱的正距平，阿留申低压与印度低压同时偏弱，有利于长江中下游夏季干旱减弱。第三时段，前冬，欧亚大陆为正距平，里海附近为显著正距平中心，蒙古高压偏强，阿留申群岛附近为负距平，阿留申低压偏强；春季，里海附近的正距平中心移至蒙古地区并且强度加强，阿留申群岛为弱的正距平，阿留申低压填塞减弱；夏季，蒙古地区的正距平中心持续加强，我国及周边地区海平面气压显著正异常，印度低压偏弱，这意味着长江中下游地区夏季易处于偏湿状态。由此可见，与第二时段长江中下游夏季干湿转变相对应，北半球海平面气压场在第二时段发生了明显的转折，使得第一时段与第三时段所对应季节的海平面气压距平场相位相反。

前冬至夏季，赤道南印度洋海表面温度与 Y_SPI 显著相关，并且赤道印度洋显著相关区随季节范围扩大，而南印度洋显著相关区范围缩小。第一时段，海表面温度场从前冬至夏季整体持续偏冷，20°S 以北印度洋偏冷异常显著，南印度洋冷中心持续向北移动，西太平洋副高偏弱，这意味着该时段长江中下游夏季易发生干旱。第二时段，全球海表面温度负异常显著减弱，甚至出现正海表面温度异常，海表面温度距平由负转正，使得长江中下游夏季干湿状态发生转变。而第三时段，前冬至夏季全球海表面温度场整体持续偏暖，印度洋海表面温度偏暖尤为显著，南印度洋暖中心持续向北移动，且范围扩大；南亚高压与西太平洋副高偏强，长江中下游夏季易处于湿润状态。全球海表面温度场在第二时段发生了转折，即在第一时段全球海表面温度为冷异常，表现为负距平；第三时段全球海表面温度为暖异常，表现为正距平。

2. 概念模型

结合前冬至夏季环流形势及海表面温度场的异常特征及其演变过程，初步建立了长江中下游地区各个时段的概念模型：

第一时段，前冬至夏季全球海表面温度持续偏冷，南印度洋与南海海表面温度冷异常在春季显著增强，使得西太平洋副热带高压与南亚高压偏弱。前冬，青藏高原北部脊偏弱，蒙古高压偏弱，冷空气活动较弱；东亚大槽位置偏西，阿留申低压异常偏弱。春季，槽脊系统东移减弱，有利于经向环流转变为纬向环流；蒙古地区海平面气压负异常中心在夏季维持并加强。夏季，印度低压偏强，南支槽加深发展，夏季风水汽输送明显偏强；同时乌拉尔山高压脊偏西偏弱，东亚大槽偏北，亚洲中高纬度为平直西风气流，冷空气南下受阻。在以上环流配置下，长江中下游夏季暖湿气流偏强，中高纬度冷空气异常偏弱，不利于冷暖空气交汇，导致长江中下游大部分地区发生干旱。

第二时段，前冬至夏季全球海表面温度冷异常减弱，部分海域出现弱的正距平，南印度洋海表面温度增温趋势明显，西太平洋副高与南亚高压增强。前冬，欧亚海平面气压为正距平、蒙古冷高压增强，乌拉尔山与鄂霍次克海上空的正距平在春季加强，有利于高压脊发展，且前冬与春季阿留申低压偏强。夏季，巴尔喀什湖高压脊发展，且我国东北上空有一浅槽，北方冷空气活跃；相对于第一时段，印度低压偏弱，南支槽西移减弱，槽前从孟加拉湾向我国东部地区的西南水汽输送减弱，同时西太平洋副高仍弱于气候态，其西北侧来自南海的偏南水汽输送较弱。在这样的环流演变与配置下，我国长江中下游地区夏季盛行偏北冷空气，暖湿空气明显不足，导致长江中下游部分地区发生干旱。

第三时段，前冬至夏季全球大部分海域出现暖异常，印度洋与南海海表面温度偏暖尤为显著，西太平洋副高与南亚高压偏强，同时欧亚上空维持显著正距平。前冬，乌拉尔山与鄂霍次克海高压脊偏弱，东亚大槽偏弱，不利于阻塞形势发展；青藏高原北部脊发展，蒙古冷高压强盛，冷空气活跃。春季，印度洋海表面温度暖异常明显增强，贝加尔湖高压脊发展，蒙古及我国上空为显著正距平。夏季，印度低压异常偏弱，南支槽异常偏西偏弱，且夏季风水汽输送偏弱，水汽滞留在长江流域；同时贝加尔湖高压脊偏强，脊前中高纬度冷空气南下。在以上环流的演变与配置下，冷暖空气交绥于长江流域，有利于长江中下游夏季降水偏多。

4.3 欧亚北部2004年以来频繁冷冬的特征分析及机理

气候增暖背景下高温热浪事件显著增多，给国民经济和人们生活带来越来越多的损失。高温热浪事件产生主要与高压系统在某一区域持续性维持有关。我国夏季受低纬度暖系统的影响，当西太平洋副高在某一地区长时间维持时，容易形成持续性的异常高温事件，而身处副热带地区的长江中下游地区为显著影响区之一，如2013年7～8月该地区发生持续40多天大范围极端高温天气，为历史罕见。因此，在全球变暖背景下如何利用前期信号预测夏季极端高温情况需求强烈，意义重大。目前对前期信号的研究主要集中在海表面温度（SST），下垫面积雪以及中高纬环流上。例如，厄尔尼诺衰减年的夏季，西太平洋副高偏南，影响我国的西南气流偏弱，东亚夏季风偏弱，我国夏季主要季风雨带偏南，长江中下游地区多雨，不利于高温。厄尔尼诺发展年的夏季，西太平洋副热带高压偏北，影响我国的西南气流偏强，东亚夏季风偏强，长江中下游地区少雨，有利于高温。拉尼娜对我国夏季气候的影响与厄尔尼诺大致相反，但没有厄尔尼诺影响显著。前期青藏高原积雪偏多时，中国夏季气温在黑龙江、新疆西部及西藏经云南到华南地区均为正相关区域，而在新疆东部经河套西部到黄河以南再到长江以北的中原地区均为显著负相关区域。此外，长江淮河流域夏季旱年前冬，欧亚中高纬呈经向型环流，东亚大槽较常年强且南伸，乌拉尔山及鄂霍次克海阻塞形势发展，寒潮活动频繁，而涝年前冬则基本相反。

因此，在全球变暖背景下对欧亚地区频繁冷冬特征及其机理探究，尤其是对频繁冷冬年相互间差异对比具有重要意义。除此之外，全球增暖背景下频繁冷冬对应中高纬环流异常可能会对后期我国气候产生影响，有必要进一步探究该特殊背景下冬季中高纬环流异常对我国气候尤其是高温的影响。

4.3.1 2004 年以来冬季低温显著影响区

为了得到2004 年以来冬季低温显著影响区，对 2004～2012 年冬季地面气温距平进行合成，由图 4.30 可知，40°N 以南除青藏高原、非洲东北部等显著变暖外其他区域不明显；40°N 以北欧亚大陆以变冷为主，最显著影响区域位于欧亚北部，温度距平低于–1.0℃范围为 50°E～120°E。因此，以气温距平低于–1.0℃为标准，选取欧亚北部区（40°N～65°N，50°E～120°E）作为气温异常典型区，并研究该区域 2004 年以来频繁冷冬的异常特征。

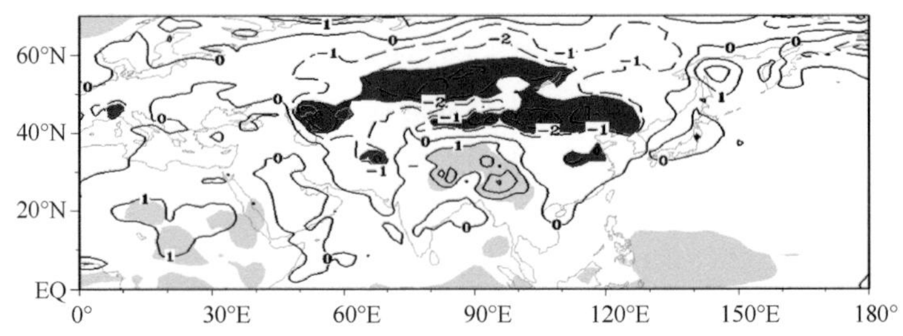

图 4.30 2004～2012 年冬季地面气温距平合成分布（单位：℃；阴影区域表示通过信度为 0.05 的统计检验）

图 4.31 给出了 1961～2012 年冬季欧亚北部区地面气温距平时间序列。由图 4.31 可知，欧亚北部有增暖趋势，线性趋势为 0.16℃/10a，表现出明显“偏冷-偏暖-偏冷”的年代际变化特征。20 世纪 60～70 年代气温显著偏低，其中 1965～1979 年 15 年出现 11 个偏冷年，80 年代至 21 世纪初以偏暖为主，其中 1980～2003 年 24 年出现 20 个偏暖年，2004 年以来 9 年出现 7 个偏冷年，近 4 年连续偏冷，冷冬进入频发期。经过 11 年滑动平均处理后也表现出类似的年代际变化特征，两次转折分别发生在 1982 年、2005 年左右。

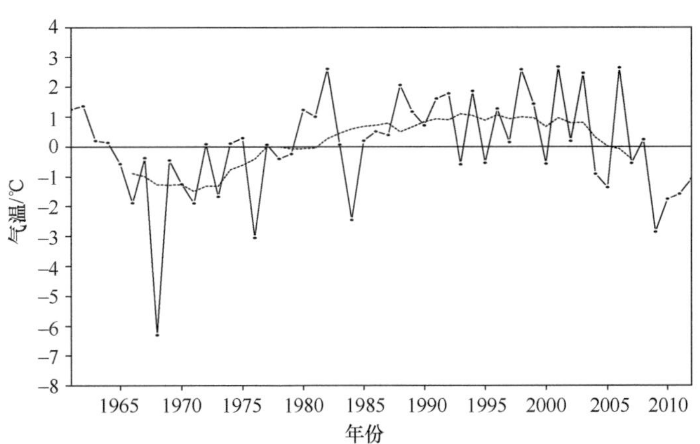

图 4.31 1961～2012 年冬季欧亚北部区（40°N～65°N，50°E～120°E）地面气温距平时间序列

虚线为 11 年滑动平均序列

4.3.2　2004年以来欧亚北部两种类型冷冬对比

1. 欧亚北部冬季温度异常的两个主模态

为了得到欧亚北部冬季气温异常的主要分布特征，对1961～2012年欧亚北部冬季地面气温距平进行EOF（经验正交函数）分解。前两个模态解释方差达79%，这两个主分量彼此可分，并且可以和其他主分量区分开，因此可以表征该区域的冬季气温异常的主要分布型。从图4.32（a）的EOF1空间分布可以看出，第一模态表现为全区一致变化，变化幅度由北至南递减。结合图4.32（b）可知，PC1正位相代表全区偏冷，负位相相反。与图4.31类似，PC1年代际变化特征明显，60～70年代以偏冷年为主，80～90年代以偏暖年为主，21世纪以来气温下降趋势明显。从图4.32（c）的EOF2空间分布可以看出，第二模态表现为以55°N为分界线南北气温呈反相变化，南部变化幅度最大区域位于50°N以南，北部位于最北端。结合图4.32（d）可知，PC2正位相代表55°N以南偏冷，以北偏暖，负位相相反。PC2最大值出现在2011年，为2.61，最小值出现在1978年，为–2.61。

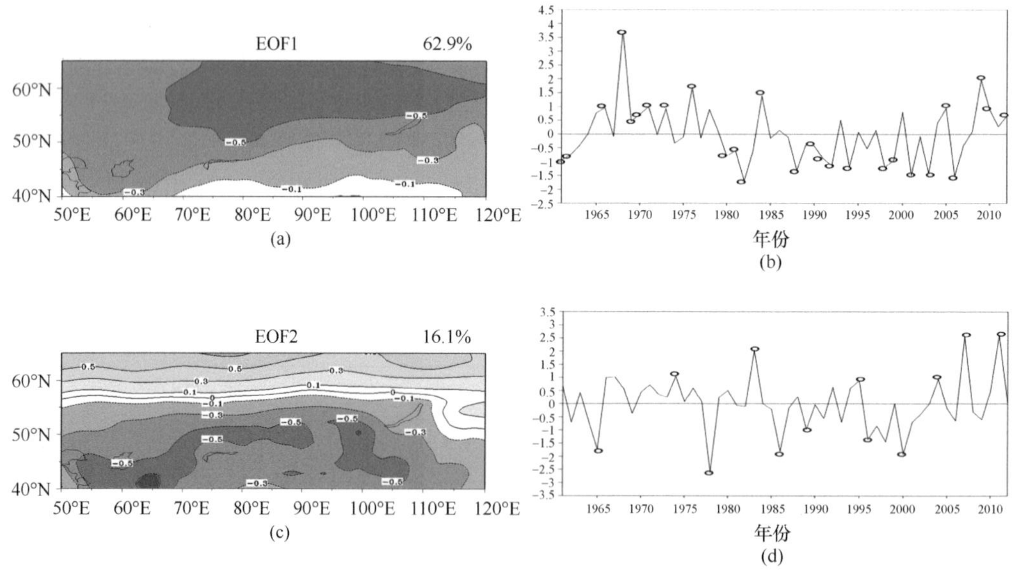

图4.32　欧亚北部冬季气温距平场EOF的前两个主模态：(a)、(b)分别为EOF第一模态的空间分布型和对应标准化时间系数1961～2012；(c)、(d)同(a)、(b)，但为第二模态

对于一个特定年份的总方差而言，每个模态都有一定量解释方差。为了进一步区分前两个模态在任意年份作用大小，如果该年第一模态（第二模态）解释方差为所有模态中最大，且解释方差超过35%，即表明这一具体年份温度异常主要表示第一模态（第二模态）的特征，这样即可挑选出所有以第一模态（第二模态）为主模态的典型年。进一步从这些年份中筛选出PC1（PC2）大于0的年份，则为全区偏冷年（南部偏冷年），相反则为全区偏暖年（南部偏暖年）。

采用该定义后计算发现，52 年中以第一模态为主模态年份共为 27 个，全区偏冷年 12 个，全区偏暖年 15 个，平均解释方差达 72.2%；以第二模态为主模态年份为 12 个，南部偏冷、暖年均为 6 个，平均解释方差为 54.6%。前两个模态典型年分别以圆圈标记在图 4.32（b）、图 4.32（d）中。欧亚北部区 2004 年以来 9 年中出现 7 个偏冷年（图 4.32），其中 2005 年、2009 年、2010 年、2012 年为第一模态典型年，均为全区偏冷年［图 4.32（b）］，第一模态解释方差分别为 71%、87%、71%及 56%；2004 年、2007 年、2011 年为第二模态典型年，均为南部偏冷年，第二模态解释方差分别达到 37%、78%、87%。

表 4.4 给出欧亚北部 585 个格点所有全区偏冷年、南部偏冷年地面气温距平场与对应主模态距平相关系数（ACC）分布。从表中可以发现，所有典型年与对应主模态间 ACC 大都在 0.5 以上，远远通过信度为 0.001 的统计检验，表明 2004 年以来全区偏冷年、南部偏冷年气温异常分布与历史上典型年非常相似。因此下面分别对所有全区偏冷年、南部偏冷年合成，全面比较两种类型冷冬。

表 4.4　所有全区偏冷年、南部偏冷年地面气温距平场与对应主模态距平相关系数（ACC）分布

EOF1+	1966 年	1968 年	1969 年	1970 年	1971 年	1973 年
ACC	0.34	0.93	0.73	0.58	0.50	0.52
EOF1+	1976 年	1984 年	2005 年	2009 年	2010 年	2012 年
ACC	0.74	0.79	0.77	0.87	0.48	0.55
EOF2+	1974 年	1983 年	1995 年	2004 年	2007 年	2011 年
ACC	0.65	0.92	0.71	0.54	0.93	0.94

2. 欧亚北部区两种类型冷冬温度场与环流场对比

图 4.33 给出了全区偏冷年与南部偏冷年地面气温距平合成分布。全区偏冷年气温距平场表现为显著偏冷区域位于 40ºN 以北的欧亚大陆，偏冷中心位于 60ºN 附近，气温距平低于–2.0℃范围从 20°E～130°E，40°N 以南以偏暖为主，比较显著区域位于非洲北部及青藏高原［图 4.33（a）］；南部偏冷年气温距平场以 55°N 附近为分界线从北至南呈“+、–”分布，60°N 以北显著偏暖，中心位于极区，50°N 以南的亚洲大陆显著偏冷，偏冷中心位于 40°N 附近，温度距平低于–2.0℃范围为 50°E～100°E［图 4.33（b）］。从图 4.33 还可以看出，两个主模态不仅为欧亚北部区两个主要异常温度分布类型，也可表征整个欧亚大陆异常温度主要分布特征。

气温异常与大气环流密切相关，图 4.34 给出了全区偏冷年与南部偏冷年环流距平场合成分布。在对流层高层 200hPa 上，全区偏冷年 45ºN 以北为东风异常带，中心位于 60°N 附近，表明极地急流偏弱，20°N～40°N 为西风异常带，显著区域位于北大西洋-地中海及我国西北上空［图 4.34（a）］；南部偏冷年欧亚地区与北大西洋表现出不一致变化特征，欧亚地区在 50ºN 附近为东风异常带，30°N 附近为西风异常带，表明西、东亚副热带急流偏强，北大西洋表现为 20°N～45°N 东风异常，45°N～70°N 相反［图 4.34（b）］。在对流层中层 500hPa 上，全区偏冷年从北至南呈“+、–”形势，60ºN 以北几乎全为显著正距平，中心位于极区，最大强度超过 60gpm。中纬度存在两个显著负距平中心并且

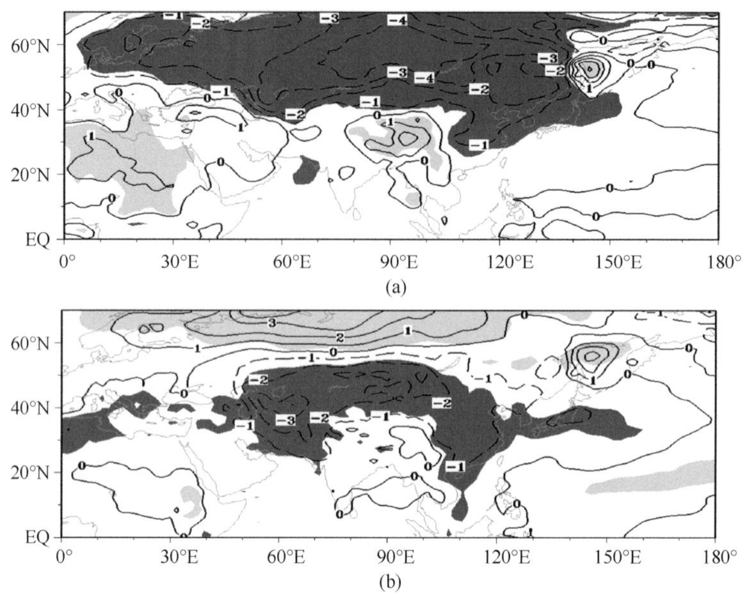

图 4.33　(a) 全区偏冷地面气温距平场合成分布；(b) 同 (a)，但为南部偏冷年

单位：℃；阴影区域表示通过信度为 0.05 的统计检验

呈现出带状的分布特征，中心分别位于西欧沿岸和贝加尔湖，表明西欧沿岸脊偏弱、东亚大槽偏西偏强 [图 4.34 (c)]；南部偏冷年也表现出欧亚地区与北大西洋不一致变化特征，欧亚地区在 50ºN 以北地区为显著正距平，范围为 50ºE～120ºE，中心位于 (65ºN，80ºE) 附近，最大强度超过 60gpm，表明乌拉尔阻塞高压与贝加尔湖阻塞高压均偏强，两个显著负距平中心分别位于里海以东和日本中部上空，表明中亚多低槽活动及东亚大槽偏强，北大西洋则表现为格陵兰岛南部为负距平，北大西洋中部为显著正距平[图 4.34 (d)]。在对流层底层海平面气压场上，全区偏冷年以 50ºN 附近为分界线从北至南呈"+、–"分布，西伯利亚高压略偏强但位置偏北，异常低温范围偏北，北大西洋涛动区异常对应 NAO 负位相 [图 4.34 (e)]；南部偏冷年欧亚大陆除青藏高原外均为正距平，显著正距平中心位于 50ºN 附近，表明西伯利亚高压偏强，东亚冬季风加强，北太平洋中部为显著负距平，北大西洋涛动区异常对应 NAO 正位相 [图 4.34 (f)]。无论是全部偏冷年还是南部偏冷年，各层环流异常均表现出相当正压结构。对欧亚北部的影响而言，全区偏冷年对流层上层 60ºN 附近西风偏弱、40ºN 附近西风偏强有利于对流层中下层在 50ºN 附近形成气旋式环流，相应西伯利亚高压略偏强位置偏北，南部偏冷年 50ºN 附近西风偏弱、30ºN 附近西风偏强有利于对流层中、下层乌拉尔-贝加尔湖阻塞高压及西伯利亚高压显著偏强。

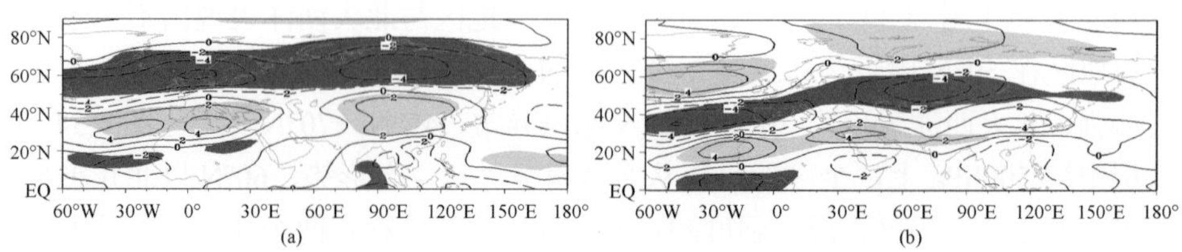

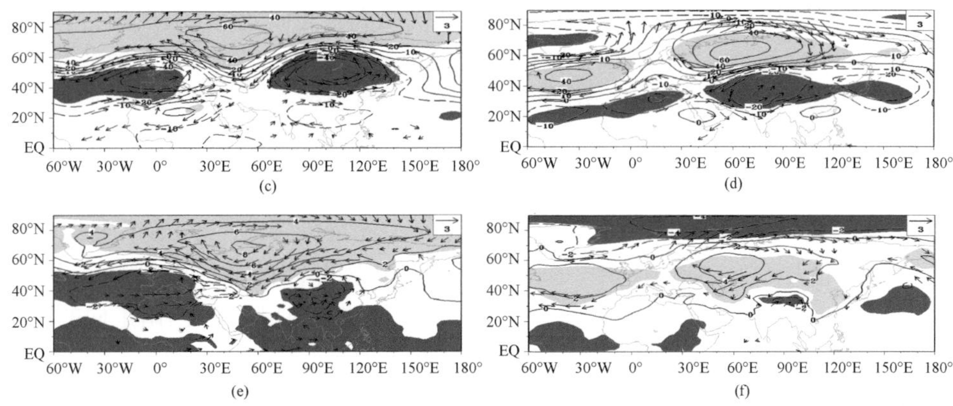

图 4.34　全区偏冷年大气环流距平场合成分布

(a) 200hPa 纬向风场（单位：m/s）；(c) 500hPa 高度场（单位：gpm）与风场（单位：m/s）；(e) 海平面气压场（hPa）与 850hPa 风场（单位：m/s）；(b)，(d)，(f) 同 (a)，(c)，(e)，但为南部偏冷年环流距平场合成分布（阴影区域表示通过信度为 0.05 的统计检验）

4.3.3　2004 年以来 4 个全区偏冷年形成机理

1. 全区偏冷年显著大气环流异常特征及与 SST 联系

从图 4.34 的分析可以看出，两种类型冷冬均对应（NAO）区环流异常，而北极涛动（AO）在保留 NAO 特征基础上对北半球热带外气候更具有代表性（Thompson and Wallace，1998，2000）。除此之外，相关研究表明，ENSO 对东亚冬季风强弱有较好指示意义，La Niña（El Niño）年有利于东亚冬季风偏强（偏弱），这种影响在中低纬地区尤为显著（Li，1990；Wang et al.，2000，2010）。因此，表 4.5 给出了 1961～2012 年 PC1、PC2 与 AO、NAO 及 Niño3.4 指数同期相关系数，可以看出 PC1 与 AO、NAO 指数呈显著负相关，尤其是 AO 指数，相关系数达到–0.64，通过了信度为 0.001 的统计检验，对 12 个全区偏冷年 AO 指数与 PC1 进行统计分析后发现，12 年中二者反位相变化年份有 11 个，一致率达到 92%，且往往 PC1 越大对应 AO 负位相强度越高（图略），表明全区偏冷年与 AO 负位相关系确实密切。

表 4.5　1961～2012 年 PC_1、PC_2 与 AO、NAO 及 Niño3.4 指数同期相关系数分布

	AO	NAO	Niño3.4
PC1	–0.64***	–0.53***	–0.01
PC2	0.25*	0.30**	–0.26*

*、**、***分别表示通过信度为 0.10、0.05、0.001 的统计检验。

为了具体探究全区偏冷年与 AO 负位相关系，图 4.35 给出了 1961～2012 年冬季 AO 指数*（–1）对同期环流场及 SST 线性回归分布。从图中可以发现，当 AO 呈显著负位相时，500hPa 风场上从格陵兰岛、中西欧、乌拉尔山至贝加尔湖附近依次形成“+、–、+、–”的 Rossby 波列分布，对应高纬西风减弱，极涡减弱，欧亚北部地区为异常气旋式环流［图 4.35（a)］，有利于极地冷空气南下并在欧亚北部聚集，从而导致全区偏冷

[图 4.35（b）]，这与 Hurrell（1995，1996）的相关研究有类似之处。有关该过程的物理机制，孙诚和李建平（2012）指出，负位相的 AO 会使费雷尔环流减弱，欧亚北部因异常北风及经向冷平流作用而降温。因此，AO 负位相是导致全区偏冷年的主要大气环流异常因子。

作为大气系统最主要的外强迫之一，海表面温度（SST）一直是气象学家关注的重点。从图 4.35（a）中 AO*（–1）回归的同期 SST 分布可以看出，AO 负位相时 SST 特征主要表现为北大西洋 SST 高、中、低纬呈现出明显东北-西南走向的“+、–、+”带状分布以及 PDO 正位相。对于北大西洋 SST 高、中、低纬呈现出东北-西南走向的“+、–、+”带状分布而言，根据热成风原理，可通过非绝热加热造成北大西洋中、低（高）纬间温度梯度增大（减小），西风增强（减弱），有利于 NAO/AO 负位相维持和增强，相互间存在一个正反馈过程，是造成 NAO/AO 负位相一个主要外强迫信号。对于 PDO 正位相而言，有利于北太平洋出现显著气旋式环流，高纬度地区出现纬向东风异常，加强贝加尔湖附近气旋式环流，间接加强 AO 负位相。因此，北大西洋 SST 高、中、低纬呈东北-西南走向的“+、–、+”带状分布是 AO 负位相一个主要外强迫信号，PDO 正位相也间接产生一定影响。

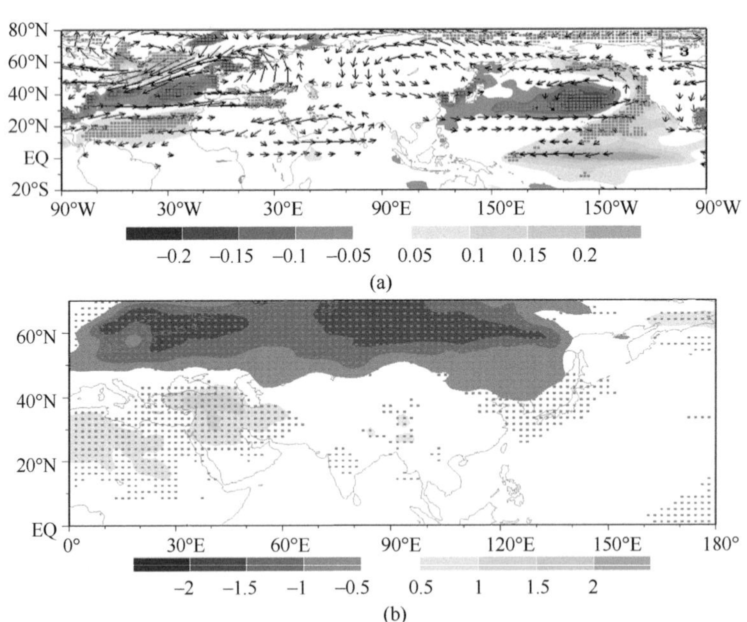

图 4.35　1961～2012 年冬季 AO 指数*（–1）对 500hPa 风场（单位：m/s，矢量箭头），SST（单位：℃，阴影部分）及地面气温场（单位：℃）线性回归分布（黑点表示通过信度为 0.05 的统计检验）

（a）500hPa 风场和 SST；（b）地面气温场

2. 2004 年以来 4 个全区偏冷年 AO 指数及 SST 实况特征

对于 2004 年以来 4 个全区偏冷年显著大气环流异常而言，2005 年、2009 年、2010 年、2012 年冬季 AO 指数分别为–0.81、–3.42、–0.91、–1.12，均为明显负位相。图 4.36 给出了 4 个全区偏冷年 SSTA 分布，其中 2009 年、2010 年冬季北大西洋 SST 高、中、低纬呈东北-西南走向的“+、–、+”带状分布特征非常显著，2005 年、2012 年虽然北大西洋中纬度地区 SST 为正常态，但高、低纬暖 SST 非常明显，同样类似于高、中、低纬呈东北-西南走向的“+、–、+”带状分布，但 4 个全区偏冷年 PDO 指数差异较大，正、负位相均为两年。因此，2004 年以来 4 个全区偏冷年对应 AO 负位相与北大西洋 SST 高、中、低纬呈东北-西南走向的“+、–、+”带状分布特征，与历史上典型年是类似的，是导致 4 个全区偏冷年的重要原因。

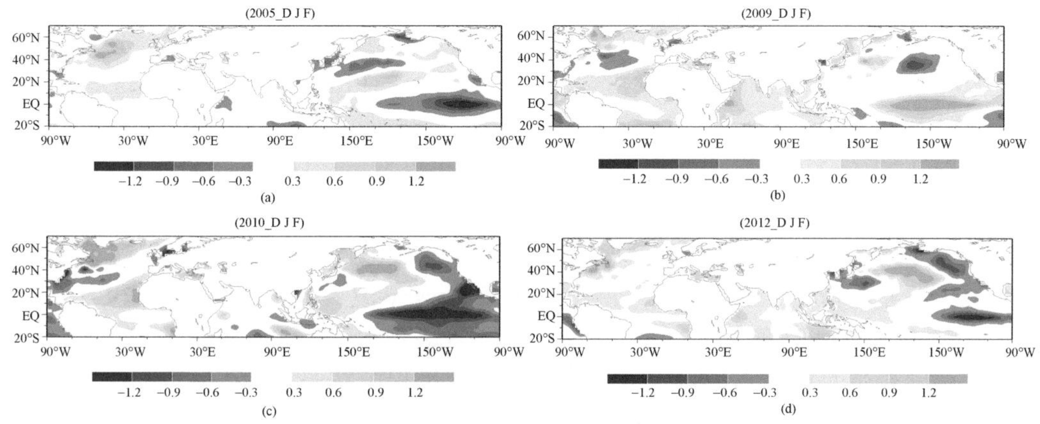

图 4.36　（a）2005，（b）2009，（c）2010，（d）2012 年冬季 SSTA 分布（阴影，单位：℃）

4.3.4　2004 年以来 3 个南部偏冷年形成机理

1. 南部偏冷年显著大气环流异常及与 SST 联系

由表 4.5 还可以看出，PC2 与同期 AO/NAO 指数呈显著正相关，与 Niño3.4 指数为负相关，均通过了信度为 0.10 的统计检验。从 2004 年以来 3 个南部偏冷年可以发现，AO/NAO 指数分别为 0.11/0.59、0.86/0.38、0.65/1.05，Niño3.4 指数距平值分别为 0.53、–1.76、–0.92，即 3 个南部偏冷年中 AO/NAO 指数均为弱正位相，赤道中东太平洋出现 2 个 La Niña 事件，对应关系较好。但如果采用 AO/NAO 指数为正位相且 Niño3.4 指数为显著负位相（距平低于–0.5℃）作为南部偏冷年发生判据的话，满足条件 8 个年份有 4 年为南部偏冷年，一致率只有 50%。因此，仅仅从 AO/NAO 弱正位相及持续 La Niña 事件来描述南部偏冷年特征既不充分也不够准确，应该关注更显著的大气环流异常及其对应整个 SST 背景。

对流层中层的环流系统是影响冷空气活动及气温变化重要因子。从对图 4.36（d）的分析可知，南部偏冷年 500hPa 高度场最显著的环流特征表现为“北高南低”形势分布，乌拉尔-贝加尔湖阻塞高压偏强，亚洲中纬度地区多低槽活动，与南部偏冷年“北暖南冷”气温异常有很好的对应关系。因此以图 4.36（d）中通过信度为 0.05 的统计检验区域为标准，定义 UB=H^*（40ºE～110ºE，55ºN～70ºN）、MA= –H^*（60ºE～160ºE，30ºN～45ºN）分别代表乌拉尔-贝加尔湖阻塞高压、亚洲中纬度低槽强度，这里 H^*代表 500hPa 高度场区域平均的标准化值。分别计算 PC2 与上述两个指数相关系数发现，PC2

与 UB、MA 指数关系非常密切，相关系数分别达到 0.65、0.54，均通过信度为 0.001 的统计检验。与此同时，指数 UB 与 MA 间也有很好的相关关系，相关系数为 0.75，远远通过信度为 0.001 的统计检验。鉴于 UB 指数与 PC2 相关系数更高且 UB 指数基本可以反映 MA 指数情况，因此选 UB 指数作为南部偏冷年最显著的大气环流异常因子。

同样，图 4.37 给出了 1961～2012 年冬季 UB 指数对同期环流场及 SST 线性回归分布。从图 4.37（a）可以发现，UB 正异常时，500hPa 风场从北大西洋中部至中东欧、乌拉尔-贝加尔湖地区、东北亚地区存在一个类似欧亚遥相关（EU）的“+、–、+、–” Rossby 波列，欧亚地区 50ºN 附近纬向西风减弱，东亚副热带急流轴大大加强，有利于南部偏冷年 50ºN 以南亚洲大部偏冷，这与龚志强等（2012）的相关研究是一致的，55ºN 以北欧亚地区由于异常反气旋活动反而偏暖（图 4.37b）。

从图 4.37（a）中 UB 指数回归的同期 SST 可以看出，UB 正异常时北大西洋中部 SST 特征表现为 40ºN 附近显著偏暖，太平洋 SST 表现为“类 La Niña 事件”及 PDO 显著负位相。当北大西洋中部 SST 偏暖时，该地区上空出现显著反气旋式环流，对类似于欧亚遥相关（EU）的“+、–、+、–” Rossby 波列产生起到重要作用，有利于乌拉尔-贝加尔湖阻塞高压偏强；当赤道太平洋表现出“类 La Niña 事件”时，会造成东亚副热带西风急流加强，50ºN 附近纬向西风相应减弱，有利于乌拉尔-贝加尔湖阻塞高压建立，且作用效果在 PDO 负位相时更加显著。因此，乌拉尔-贝加尔湖阻塞高压主要外强迫 SST 特征为北大西洋中部显著偏暖，其次则为 PDO 负位相下的“类 La Niña 事件”。

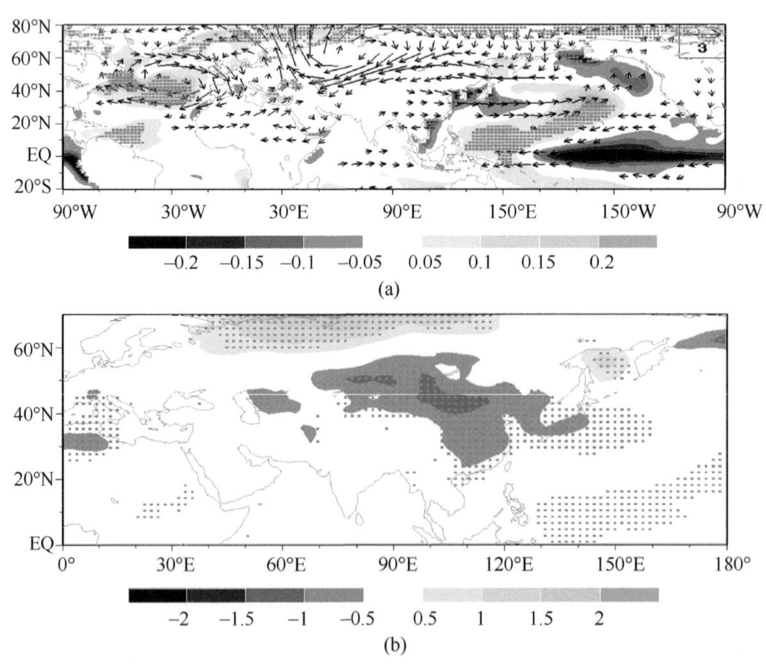

图 4.37 1961～2012 年冬季 UB 指数对（a）500hPa 风场（矢量箭头，单位：m/s），SST（阴影，单位：℃）及（b）地面气温场（单位：℃）线性回归分布（黑点表示通过信度为 0.05 的统计检验）

2. 2004 年以来 3 个全区偏冷年 UB 指数及 SST 实况特征

对于 2004 年以来 3 个南部偏冷年显著大气内部活动异常而言，2004 年、2007 年、2011 年冬季 UB 指数分别为 1.37、0.85、2.99，均表现为明显正异常。图 4.38 则给出了 3 个南部偏冷年 SSTA 分布，2004 年、2007 年北大西洋中部 SST 均为异常偏暖，2011 年偏暖程度稍弱甚至小范围偏冷，但其上空异常反气旋式环流十分显著（图略），是造成 3 个南部偏冷年的重要原因。2007 年、2011 年是 PDO 负位相下的显著 La Niña 事件，南部偏冷程度更强（PC2 均高于 2.5）。

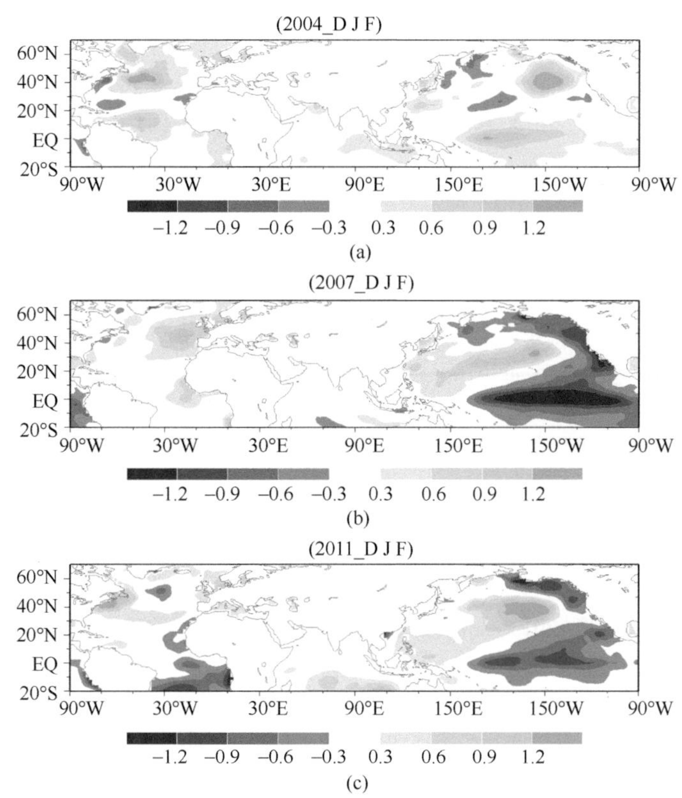

图 4.38　（a）2004 年，（b）2007 年，（c）2011 年冬季 SSTA 分布（阴影，单位：℃）

以上指出了东亚气候的年代际变化特征，即东亚北部夏季降水年代际变化特征、长江中下游地区夏季年代际尺度干湿变化特征，以及频繁冷冬的特征和机制。研究了夏季北大西洋海表面温度激发出横跨北大西洋和欧亚大陆中高纬度地区的大西洋-欧亚（AEA）遥相关结构，并进一步影响东亚北部地区夏季水汽输送；分析了 1961～2012 年长江中下游地区夏季干湿变化的阶段性特征及前冬至夏季环流演变的过程，并初步建立了概念模型；探讨了 1961～2012 年冬季欧亚北部区气温表现出明显“偏冷-偏暖-偏冷”的年代际变化特征，以及 AO 对全区偏冷年的影响。目前研究的东亚气候的年代际转折特征还不够全面，还有待于继续深入研究。

参考文献

白人海. 2001. 大西洋海表温度异常与中国东北地区夏季降水的关系. 海洋通报, 20(1): 23-29.
曹丽青, 余锦华, 葛朝霞. 2004. 华北地区大气水分气候变化及其对水资源的影响. 河海大学学报(自然科学版), 32(5): 504-507.
丁一汇, 胡国权. 2003. 1998 年中国大洪水时期的水汽收支研究. 气象学报, 61(2): 129-145.
丁一汇, 刘芸芸. 2008. 亚洲—太平洋季风区的遥相关研究. 气象学报, 66(5): 670-682.
封国林, 侯威, 支蓉, 等. 2012a. 极端气候事件的检测、诊断与可预测性研究. 北京: 科学出版社. 18-97.
封国林, 杨涵洧, 张世轩, 等. 2012b. 2011 年春末夏初长江中下游地区旱涝急转成因初探. 大气科学, 36(5): 1009-1026.
符淙斌, 王强. 1992. 气候突变的定义和检测方法. 大气科学, 16(4): 482-493.
龚志强, 任福民, 封国林, 等. 2012. 区域性极端低温事件的识别及其时空变化特征研究. 应用气象学报, 23(2): 195-204.
龚志强, 赵俊虎, 封国林. 2013. 中国东部 2012 年夏季降水及年代际转型的可能信号分析. 物理学报, 62(9): 099205.
顾正强, 巩远发, 龚强, 等. 2013. 东北区域水汽收支的变化及其与降水的关系. 成都信息工程学院学报, 28(6): 651-658.
侯威, 杨萍, 封国林. 2008. 中国极端干旱事件的年代际变化及其成因. 物理学报, 57(6): 3932-3940.
胡泊, 乔少博, 封国林. 2014. 20 世纪 90 年代末东亚夏季降水年代际变化及其成因初探. 物理学报, 63(20): 209204.
黄荣辉, 刘永, 冯涛. 2013. 20 世纪 90 年代末中国东部夏季降水和环流的年代际变化特征及其内动力成因. 科学通报, 58(8): 617-628.
黄荣辉, 张振洲, 黄刚, 等. 1998. 夏季东亚季风区水汽输送特征及其与南亚季风区水汽输送的差别. 大气科学, 22(4): 460-469.
黄士松, 汤明敏. 1987. 论东亚夏季风体系的结构. 气象科学, 7(3): 1-16.
李建平, 任荣彩, 齐义泉, 等. 2013. 亚洲区域海-陆-气相互作用对全球和亚洲气候变化的作用研究进展. 大气科学, 37(2): 518-538.
廉毅, 安刚, 王琪, 等. 1997. 吉林省 40 年来气温和降水的变化. 应用气象学报, 8(2): 197-204.
廉毅, 沈柏竹, 高枞亭, 等. 2003. 东亚夏季风在中国东北区建立的标准、日期及其主要特征分析. 气象学报, 61(5): 548-558.
梁建茵, 林元弼. 1992. 南海海表面温度异常对七月份中国气候的影响及数值试验. 热带气象, 8(2): 134-141.
梁萍, 何金海, 陈隆勋, 等. 2007. 华北夏季强降水的水汽来源. 高原气象, 26(3): 460-465.
陆渝蓉, 高国栋. 1983. 中国大气中的水汽平均输送. 高原气象, 2(4): 34-47.
马京津, 高晓清. 2006. 华北地区夏季平均水汽输送通量和轨迹的分析. 高原气象, 25(5): 893-899.
马柱国, 任小波. 2007. 1951–2006 年中国区域干旱化特征. 气候变化研究进展, 3(4): 195-201.
平凡, 罗哲贤, 琚建华. 2006. 长江流域汛期降水年代际和年际尺度变化影响因子的差异. 科学通报, 51(1): 104-109.
沈柏竹, 林中达, 陆日宇, 等. 2011. 影响东北初夏和盛夏降水年际变化的环流特征分析. 中国科学(地球科学), 41(3): 402-412.
施能, 朱乾根. 1996. 北半球大气环流特征量的长期趋势及年代际变化. 南京气象学院学报, 19(3): 283-289.
施能, 陈家其, 屠其璞. 1995. 中国近 100 年来 4 个年代际的气候变化特征. 气象学报, 53(4): 431-439.
施能, 朱乾根, 吴彬贵. 1996. 近 40 年东亚夏季风及我国夏季大尺度天气气候异常. 大气科学, 20(5):

575-583.
孙诚, 李建平. 2012. 2009/2010 年北半球冬季异常低温分析. 气候与环境研究, 17(3): 259-273.
孙力, 安刚, 廉毅, 等. 2002. 中国东北地区夏季旱涝的大气环流异常特征. 气候与环境研究, 7(1): 102-113.
孙淑清, 马淑杰. 2003. 海表面温度异常对东亚夏季风及长江流域降水影响的分析及数值实验. 大气科学, 27(1): 36-52.
孙淑清, 孙柏民. 1995. 东亚冬季风环流异常与中国江淮流域夏季旱涝天气的关系. 气象学报, 53(4): 440-450.
陶诗言, 徐淑英. 1962. 夏季江淮流域持久旱涝现象的环流特征. 气象学报, 32(1): 1-10.
陶诗言, 朱福康. 1964. 夏季亚洲南部 100 毫巴流型的变化及其与西太平洋副热带高压进退的关系. 气象学报, 34(4): 385-396.
陶诗言, 张庆云, 张顺利. 1998. 1998 年长江流域洪涝灾害的气候背景和大尺度环流条件. 气候与环境研究, 3(4): 290-298.
王蕾, 张人禾. 2006. 不同区域海表面温度异常对中国夏季旱涝影响的诊断研究和预测试验. 大气科学, 30(6): 1147-1159.
王遵娅, 丁一汇. 2008. 夏季长江中下游旱涝年季节内振荡气候特征. 应用气象学报, 19(6): 710-715.
魏凤英. 2007. 现代气候统计诊断与预测技术. 北京: 气象出版社. 63-66.
肖子牛, 孙绩华, 李崇银. 2000. El Niño 期间印度洋海表面温度异常对亚洲气候的影响. 大气科学, 24(4): 461-469.
颜鹏程, 封国林, 侯威, 等. 2014. 500 hPa 温度场时间序列的年代际突变过程统计特征. 大气科学, 38(5): 861-873.
杨修群, 谢倩, 朱益民, 等. 2005. 华北降水年代际变化特征及相关的海气异常型. 地球物理学报, 48(4): 789-797.
叶笃正, 黄荣辉. 1991. 我国长江黄河两流域旱涝规律成因与预测研究的进展、成果与问题. 地球科学进展, 6(4): 24-29.
张庆云, 吕俊梅, 杨莲梅. 2007. 夏季中国降水型的年代际变化与大气内部动力过程及外强迫因子关系. 大气科学, 31(6): 1290-1300.
张庆云, 陶诗言. 1998. 亚洲中高纬度环流对东亚夏季降水的影响. 气象学报, 56(2): 199-211.
张庆云, 陶诗言. 1999. 夏季西太平洋副热带高压北跳及异常的研究. 气象学报, 57(5): 539-548.
张庆云, 陶诗言, 陈烈庭. 2003b. 东亚夏季风指数的年际变化与东亚大气环流. 气象学报, 61(4): 559-568.
张庆云, 卫捷, 陶诗言. 2003a. 近 50 年华北干旱的年代际和年际变化及大气环流特征. 气候与环境研究, 8(3): 307-318.
张琼, 刘平, 吴国雄. 2003. 印度洋和南海海表面温度与长江中下游旱涝. 大气科学, 27(6): 992-1006.
张琼, 吴国雄. 2001. 长江流域大范围旱涝与南亚高压的关系. 气象学报, 9(5): 569-577.
张人禾, 武炳义, 赵平, 等. 2008. 中国东部夏季气候 20 世纪 80 年代后期的年代际转型及其可能成因. 气象学报, 66(5): 697-706.
章大全, 张璐, 杨杰, 等. 2010. 近 50 年中国降水及温度变化在干旱形成中的影响. 物理学报, 59(1): 655-663.
周波涛. 2011. 冬季澳大利亚东侧海表面温度与长江流域夏季降水的联系及可能机. 科学通报, 56(16): 1301-1307.
周晓霞, 丁一汇, 王盘兴. 2008. 夏季亚洲季风区的水汽输送及其对中国降水的影响. 气象学报, 66(1): 59-70.
朱乾根, 林锦瑞, 寿绍文, 等. 2000. 天气学原理和方法. 北京: 气象出版社. 350-359.
Alley R B, Marotzke J, Nordhaus W D, et al. 2003. Abrupt climate change. Science, 299(5615): 2005-2010.

Ambrizzi T, Hoskins B J, Hsu H H. 1995. Rossby wave propagation and teleconnection patterns in the austral winter. J Atmos Sci, 52(21): 3361-3672.

Branstator G. 2002. Circumglobal teleconnections, the jet stream waveguide, and the North Atlantic Oscillation. J Climate, 15(14): 1893-1910.

Byun H R, Wilhite D A. 1999. Objective quantification of drought severity and duration. J Climate, 12(9): 2747-2756.

Ding Q H, Wang B. 2005. Circumglobal teleconnection in the Northern Hemisphere summer. J Climate, 18(17): 3483-3505.

Gong D Y, Ho C H. 2002. Shift in the summer rainfall over the Yangtze River valley in the late 1970s. Geophys Res Lett, 29(10): 78-1-78-4.

Gong D Y, Wang S W. 2000. Severe summer rainfall in China associated with enhanced global warming. Climate Research, 16(1): 51-59.

Graham N E. 1994. Decadal-scale climate variability in the tropical and North Pacific during the 1970s and 1980s: Observations and model results. Clim Dyn, 10(3): 135-162.

Heim R R Jr. 2002. A review of twentieth-century drought indices used in the United States. Bull Amer Meteor Soc, 83(8): 1149-1165.

Hirschi M, Seneviratne S I, Alexandrov V, et al. 2011. Observational evidence for soil-moisture impact on hot extremes in southeastern Europe. Nature Geoscience, 4(1): 17-21.

Huang J P, Yi Y H, Wang S W, et al. 1993. An analogue-dynamical long-range numerical weather prediction system incorporating historical evolution. Quart J Roy Meteor Soc, 119(511): 547-565.

Hurrell J W. 1995. Decadal trends in the North Atlantic Oscillation: Regional temperature and precipitation. Science, 269(5224): 676-679.

Hurrell J W. 1996. Influence of variations in extratropical wintertime teleconnections on Northern Hemisphere temperature. Geophys Res Lett, 23(6): 665-668.

Huschke R E. 1959. Glossary of Meteorology. Boston, Mass: American Meteorological Society. 638.

Kravtsov S, Spannagle C. 2008. Multidecadal climate variability in observed and modeled surface temperatures. J Climate, 21(5): 1104-1121.

Lana X, Serra C, Burgueño A. 2001. Patterns of monthly rainfall shortage and excess in terms of the standardized precipitation index for Catalonia(NE Spain). Int J Climatol, 21(13): 1669-1691.

Li C Y. 1990. Interaction between anomalous winter monsoon in East Asia and El Niño events. Adv Atmos Sci, 7(1): 36-46.

Litchfield J T Jr, Wilcoxon F. 1955. Rank correlation method. Analytic Chemistry, 27(2): 299-300.

Mann H B. 1945. Nonparametric tests against trend. Econometrica, 13(3): 245-259.

McKee T B, Doesken N J, Kleist J. 1993. The relationship of drought frequency and duration to time scales In: Eighth Conference on Applied Climatology. California: American Meteorological Society. 179-183.

McKee T B, Doesken N J, Kleist J. 1995. Drought monitoring with multiple time scales In: Ninth Conference on Applied Climatology. American Meteorological Society. 233-236.

Ogi M, Tachibana Y, Yamazaki K. 2003. Impact of the wintertime North Atlantic Oscillation(NAO)on the summertime atmospheric circulation. Geophys Res Lett, 30(13): 1704.

Si D, Ding Y H. 2013. Decadal Change in the correlation pattern between the Tibetan Plateau winter snow and the East Asian summer precipitation during 1979–2011. J Climate, 26(19): 7622-7634.

Thom H C S. 1966. Some Methods of Climatological Analysis. Geneva, Switzerland: Secretariat of the World Meteorological Organization. 53.

Thompson D W, Wallace J M. 1998. The Arctic Oscillation in the wintertime geoptential height and temperature fields. Geophys Res Lett, 25(9): 1297-1300.

Thompson D W, Wallace J M. 2000. Annular modes in the extratropical circulation. Part Ⅰ: month-to-month variability. J Climate, 13(5): 1000-1016.

Wang B, Wu R, Fu X. 2000. Pacific–East Asia teleconnection: How does ENSO affect East Asian climate? J Climate, 13(9): 1517-1536.

Wang B, Wu Z W, Chang C P, et al. 2010. Another look at interannual-to-interdecadal variations of the East

Asian winter monsoon: The northern and southern temperature modes. J Climate, 23(6): 1495-1511.
Wang Y Q, Zhou L. 2005. Observed trends in extreme precipitation events in China during 1961–2001 and the associated changes in large-scale circulation. Geophys Res Lett, 32: L09707.
Xiao D, Li J P. 2007. Spatial and temporal characteristics of the decadal abrupt changes of global atmosphere-ocean system in the 1970s. J Geophys Res Atmos, 112: D24S226.
Xu H L, Feng J, Sun C. 2013. Impact of preceding summer North Atlantic Oscillation on early autumn precipitation over Central China. Atmos Oceanic Sci Lett, 6(6): 417-422.
Zhang Q, Xu C Y, Zhang Z, et al. 2008. Spatial and temporal variability of precipitation maxima during 1960–2005 in the Yangtze River basin and possible association with large-scale circulation. J Hydrol, 353(3-4): 215-227.
Zhang R, Delworth T L. 2007. Impact of the Atlantic Multidecadal Oscillation on North Pacific climate variability . Geophys Res Lett, 34(23): L2370.
Zhu Y L, Wang H J, Zhou W, et al. 2011. Recent changes in the summer precipitation pattern in East China and the background circulation. Clim Dyn, 36(7-8): 1463-1473.

第 5 章 年际-年代际海洋转折的预警信号辨识与捕捉

针对不同尺度和不同统计特征量的气候的突然转折，相应的检测方法的研究也随之展开。传统的突变检测方法有低通滤波法、滑动 T 检验（MTT）、克拉默法（Cramer's）、山本（Yamamoto et al.，1985）、Mann-Kendall（MK）（Goossens and Berger，1986）、Spearman 法，以及近些年提出来的 Fisher 突变检测（Cabezas and Fath，2002；Fath et al.，2003）等。这类突变检测方法主要根据序列不同时段统计量存在的差异，依据给定的阈值识别突变点的位置。

近些年发展了一些非线性突变检测方法，包括基于启发式分割（BG）算法（封国林等，2005；龚志强等，2006），重标极差（何文平等，2010），滑动移除重标极差（MC－R/S）（何文平等，2012）、复杂度（侯威等，2005a，2005b），以及基于偏度峰度等新型的突变检测方法（He et al.，2012）。此类检测方法借助于新的统计手段，检测不同时段的统计量差异，从而给出突变点位置。其中 Pincus 在 1991 年提出的近似熵（Approximate Entropy，ApEn）是一种通过分析序列不同时段复杂程度来判别转折的方法。该方法最早的应用大多集中于生物信号的处理，现已在许多领域得到广泛应用。

本章在此基础上发展滑动移除近似熵（moving cut-approximate entropy，MC-ApEn），应用于年际-年代际信号转折的研究。在上述气候转折识别方法的研究中，也发现传统意义上气候转折的研究，仅仅考虑到某一个时刻系统由一个状态跳转到另一个状态，统计量出现时间不连续，即认为发生转折，但是没有考虑到转折的过渡过程。因此本章还展开对气候转折过程的研究，论证突变过程方法（abruptchange process，ACP；Yan et al.，2015），进一步拓展气候转折的概念，增强对这种转折的辨识能力以及捕捉能力。

5.1 年际-年代际转折识别新方法

5.1.1 基于滑动移除近似熵的年际-年代际转折识别方法

近似熵（apEn）是从衡量时间序列复杂性的角度提出的针对非线性时间序列复杂度大小的一种非负的定量描述方法。具有所需数据点较少、抗噪、抗干扰能力强以及能对随机信号、确定性信号或两种混合信号都能适应等特点。该方法在医学、生物学、机械设备故障诊断、语音信号端点检测等方面得到了广泛应用。它反映了时间序列在模式上的自相似程度，即序列在 m 维情况下两点组成的模式间的近似程度，以及当维数变化时，产生新模式的可能性大小以及时间序列中新信息的发生率。ApEn 值越大，说明产生新模式的概率越大，序列越复杂，系统可预测性越差。它给出新模式发生率随维数而增减的情况，从而反映数据在结构上的复杂性。同时它并不是企图完全重构吸引子，因此对各种非线性时间序列有很好的适用性（王启光等，2008；何文平等，2011a）。

1. 近似熵（ApEn）计算方法

ApEn 是一种基于边缘概率分布统计量化时间序列复杂程度的物理量，其算法如下（Pinus，1991，1995；何文平等，2011b）：

对时间序列{u（i），i=1，2，…，N}进行相空间重构，重构维数为 m，据此可构造一组维数为 m 的新向量 $\boldsymbol{X}$（1），$\boldsymbol{X}$（2），…，$\boldsymbol{X}$（N–m+1），其中，

$$\boldsymbol{X}(i)=\{\mu(i),\mu(i+1),\cdots,\mu(i+m-1)\}，\ i=1, 2, \cdots, N-m+1 \tag{5.1}$$

计算任意向量 $\boldsymbol{X}$（i）与其余向量 $\boldsymbol{X}$（j）之间的相对欧式距离 $d[\boldsymbol{X}(i),\boldsymbol{X}(j)]$，即

$$d[\boldsymbol{X}(i),\boldsymbol{X}(j)]=\max[|\mu(i+k)-\mu(j+1)|]，\ k=0, 1, \cdots, m-1 \tag{5.2}$$

设定容许偏差为 r，统计每个向量 $\boldsymbol{X}$（i）的 $d[\boldsymbol{X}(i),\boldsymbol{X}(j)]$ 小于 r 的数目，求出该数目与向量总数 N–m+1 的比 $C_i^m(r)$，

$$C_i^m r=\{d[\boldsymbol{X}(i),\boldsymbol{X}(j)]<r\text{的数目}\}/(N-m+1) \tag{5.3}$$

将 $C_i^m(r)$ 取对数，再求其对所有 i 的平均值，记作 $\phi^m(r)$，即

$$\varphi^m(r)=\frac{1}{N-m+1}\sum_{i=1}^{N-m+1}\ln C_i^m(r) \tag{5.4}$$

维数 m 增加 1，重复 1～4 步，得 $C_i^{m+1}(r)$ 和 $\phi^{m+1}(r)$；

ApEn 的估计值定义为

$$\text{ApEn}(m,r)=\varphi^m(r)-\varphi^{m+1}(r) \tag{5.5}$$

显然，ApEn 值与 m，r 的取值有关。Pincus 建议取 $m=2,r=0.1\sim0.2\sigma$（σ是原始数据的标准偏差）。本节取参数 $m=2,r=0.15\sigma$。

2. 滑动移除近似熵（MC-ApEn）计算方法

MC-ApEn 是在 ApEn 方法的基础上通过滑动移除技术形成的一种突变检测方法，其具体计算过程如下（何文平等，2011a）：

（1）选择滑动移除数据的窗口长度 L；

（2）从待分析时间序列的第 i（i=1，2，…，N–L+1；N 为时间序列中的总记录个数）个数据开始连续移除 L 个数据，再将剩余 N-L 个数据直接连在一起得到一个新的时间序列；

（3）计算新序列的 ApEn 值；

（4）保持移除数据的窗口长度不变，以步长 L 逐步移动窗口，重复 2、3 步操作，直到原序列结束为止；

（5）通过 1～4 步操作可得到一个随着窗口移动的 ApEn 序列；

（6）基于不同动力学性质的数据其复杂性大小不相同，而具有相同动力学性质的数

据的复杂性差异不大这一特点，结合步骤（5）中得到的 ApEn 序列判断突变点或突变区间。

5.2 节中将进一步研究该方法的实用性及可靠性。

5.1.2 基于突变过程的年际-年代际转折识别方法

气候序列在发生转折的过程中往往存在一定的持续过程，而在以往的关于气候突变的研究中往往被忽略。本节以均值类型的气候转折作为重点，说明这种突变的持续过程。气候突变过程识别新方法是基于一个生态学的模型——Logistic 模型（May，1976）。该模型表征的是一个存在突变过程的时间序列，突变过程的特征量用模型中的参数表示。这样用模型去逐步回归时间序列，可以提取出模型在实际序列中的参数，研究分析这些参数可以真实的还原气候突变的过程。

1. Logistic 模型

Logistic 模型，是一个经典的生态学模型（May，1976）。模型描述的是一个系统由一个状态过渡到另一个状态的过程。可以用方程表述如下：

$$\dot{x} = \kappa\left(\nu - x\right) \tag{5.6}$$

将方程写成差分格式 $x_{i+1} = \tau\kappa\left(\nu - x_i\right)x_i + x_i$，可以进行数值求解。图 5.1（a）给出在几种参数取值下的数值解，发现这是一个由参数控制下的突变，并且突变过程受到参

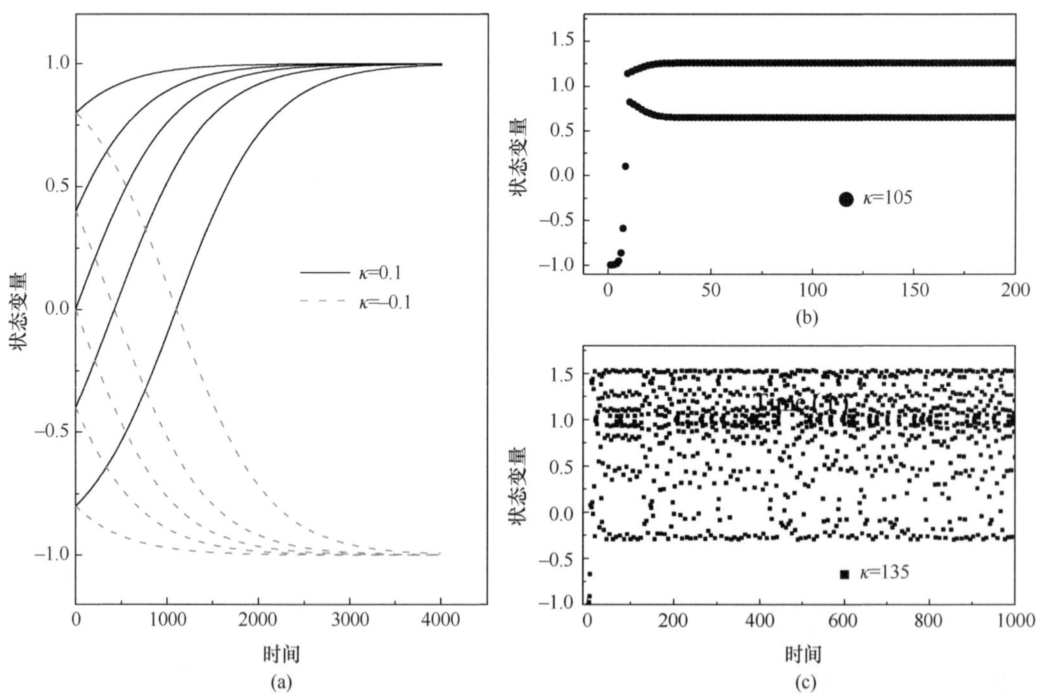

图 5.1　Logistic 模型的数值解

（a）、（b）、（c）分别是控制参数取值不同情况下的系统最终状态分布情况

数的控制。系统在状态 $x=0$，$x=\nu$ 之间演化，其中系统朝哪一个方向（增加或减少）演化，受到参数κ的控制。考虑到更为一般的情况，将方程（5.6）改写为方程（5.7）的形式，即考虑到系统可以从一般状态 $x=\mu$ 进行演化。

$$\dot{x}=\kappa(x-\mu)(\nu-x) \tag{5.7}$$

Yan 等（2015，2016）和闫冠华等（2012）研究结果表明系统并不是总能演化到一个新的状态，有时候会急剧地朝一个无穷大（小）的方向发展。结论如表 5.1 所示。

表 5.1　Logistic 模型解的稳定性分析（假定$\nu<\mu$）

κ	状态变量初值选取	系统最终状态
$\kappa>0$	$x_0<\nu$	不稳定、发散
	$x_0>\nu$	稳定：收敛于 $x=\mu$
$\kappa<0$	$x_0<\mu$	稳定：收敛于 $x=\nu$
	$x_0>\mu$	不稳定、发散

系统的初始状态如果在两个稳定的状态之间，系统将收敛于其中一个状态，否则系统将变得不稳定。此外，当系统参数κ取值过大的时候，系统出现分叉的现象。如图 5.1（b）和图 5.1（c）所示，系统的状态趋向于无序。因此，参数κ是稳定性参数，其取值越大，系统越不稳定。

2. Logistic 模型的广义势函数

式（5.7）是 Logistic 模型的一般形式，方程左端是对状态函数的一次时间导数，可以理解为广义速度。对广义速度继续求时间的一次导数，可以得到广义力，表达如下：

$$\ddot{x}=2\kappa^2\left(x-\frac{\mu+\nu}{2}\right)(x-\mu)(x-\nu) \tag{5.8}$$

对广义力进行空间积分（系统状态自身）则得到广义势能：

$$\begin{aligned}V(x)&=-\int_0^x\ddot{x}\mathrm{d}x=-\int_0^x\left[2\kappa^2\left(x-(\mu+\nu)/2\right)(x-\mu)(x-\nu)\right]\mathrm{d}x\\&=\frac{k^2}{2}\left\{x^4-2(\mu+\nu)x^3+\left(\mu^2+\nu^2+4\mu\nu\right)x^2-2(\mu-\nu)\mu\nu x\right\}\end{aligned} \tag{5.9}$$

注意到这是一个四次方的函数，根据 Thom（1972）的理论，这个函数描述的系统会出现尖点型突变。因此用该模型去描述系统的突变是合理的。

3. 气候突变过程分析方法：通过回归获得参数

对于任意一段时间序列，可以假定其存在一个均值类型的突变，然后用方程（5.7）的解对之进行回归。可以得到参数μ，ν，κ，如果序列没有突变，则$\mu=\nu$；否则$\mu-\nu$之间存在一定的差值，差值大小称为突变幅度。

构造一个理想时间序列，如图 5.2 所示，用方程（5.7）的解对之进行回归。为了简化步骤，将理想时间序列分成 3 个阶段，分别进行回归。其中阶段 1 和阶段 3 经历的时间，分别用 n_1 和 n_3 进行表示；阶段 2 经历的时间用 n_2 进行表示。于是对比这三个阶段和方程（5.7）的解可知，阶段 1 和阶段 3 分别表示 logistic 模型的两个稳定状态：

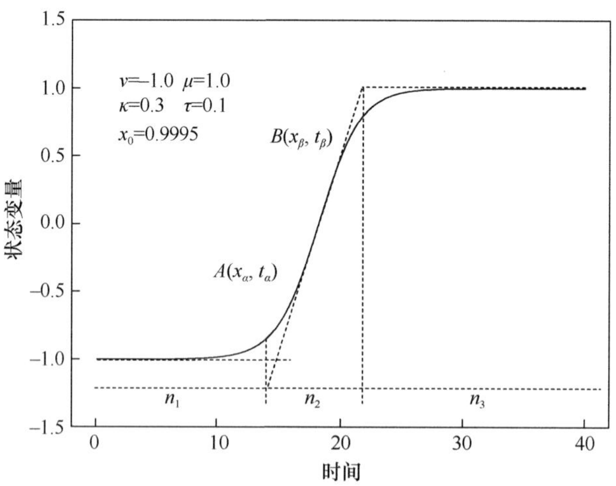

图 5.2　突变过程回归示意图

横坐标是时间，纵坐标是系统状态，A、B 分别是曲线上的两个点

$$\begin{cases} \nu = \sum_{i=1}^{n_1} x_i \Big/ n_1 \\ \mu = \sum_{i=n_1+n_2+1}^{n} x_i \Big/ n_3 \end{cases} \tag{5.10}$$

阶段 2 的过渡过程可以近似地看成线性的，因此可以用最小二乘法进行求解：

$$h = \sum_{i=n_1+1}^{n_1+n_2} \overline{i} \cdot \overline{x}_i \Big/ \sum_{i=n_1+1}^{n_1+n_2} \overline{i}^2 \tag{5.11}$$

式中，参数 h 表示线性过程的斜率，定义为突变变率，可以用曲线上面的两个点 $A\left(x_\alpha,t_\alpha\right)$、$B\left(x_\beta,t_\beta\right)$ 来表示：

$$h = \frac{x_\alpha - x_\beta}{t_\alpha - t_\beta} \tag{5.12}$$

注意到这两个点在方程表示的曲线上，因此可以通过方程的解来表示。而方程的解可以通过对式（5.7）进行积分得到：

$$\begin{aligned} &\dot{x} = \frac{\mathrm{d}x}{\mathrm{d}t} = \kappa\left(x-\mu\right)\left(\nu - x\right) \\ &\Rightarrow \frac{1}{\mu-\nu}\int_{x_0}^{x}\left(\frac{1}{x-\nu}-\frac{1}{x-\mu}\right)dx = \kappa\int_{t_0}^{t}\mathrm{d}t \\ &\Rightarrow \ln\left(\frac{x-\nu}{x-\mu}\right)\left(\frac{x_0-\mu}{x_0-\nu}\right) = \kappa\left(\mu-\nu\right)\left(t-t_0\right) \\ &\Rightarrow \frac{x-\nu}{x-\mu} = \frac{x_0-\nu}{x_0-\mu}e^{\kappa(\mu-\nu)(t-t_0)} \end{aligned} \tag{5.13}$$

为简便计算，设中间变量：

$$\xi(t)=\frac{x_0-\nu}{x_0-\mu}e^{\kappa(\mu-\nu)(t-t_0)}=\frac{x-\nu}{x-\mu} \tag{5.14}$$

则

$$t=t_0+\frac{1}{(\mu-\nu)\kappa}\ln\frac{x_0-\mu}{x_0-\nu}\xi(t) \tag{5.15}$$

由于假定 A、B 两点所在的过程是线性的，因此可以通过定义位置参数α、β来确定 A、B 的位置：

$$\begin{cases}\alpha=\dfrac{x_\alpha-\nu}{\mu-\nu}\\[2ex]\beta=\dfrac{x_\beta-\nu}{\mu-\nu}\end{cases} \tag{5.16}$$

再将式（5.15）、式（5.16）代入突变变率定义式（5.12），则以下关系成立：

$$\begin{aligned}h&=\frac{x_\beta-x_\alpha}{t_\beta-t_\alpha}=\frac{\left[\beta(\mu-\nu)+\nu\right]-\left[\alpha(\mu-\nu)+\nu\right]}{\dfrac{1}{(\mu-\nu)\kappa}\left(\ln\dfrac{x_0-\mu}{x_0-\nu}\xi(t_\beta)-\ln\dfrac{x_0-\mu}{x_0-\nu}\xi(t_\alpha)\right)}\\&=\frac{\kappa(\mu-\nu)^2(\beta-\alpha)}{\ln\dfrac{\xi(t_\beta)}{\xi(t_\alpha)}}=\frac{\kappa(\mu-\nu)^2(\beta-\alpha)}{\ln\dfrac{\beta(\alpha-1)}{\alpha(\beta-1)}}\end{aligned} \tag{5.17}$$

设比例系数$\chi(\alpha,\beta)=\dfrac{\beta-\alpha}{\ln\dfrac{\beta(\alpha-1)}{\alpha(\beta-1)}}$，则突变变率可以写为

$$h=\kappa(\mu-\nu)^2\chi \tag{5.18}$$

图 5.3 为利用数值试验，分析比例系数χ和位置参数α、β的关系，发现当位置参数在一定范围内变化的时候（图中白色区域），比例系数几乎不变，因此给后续分析中给定参数：α=0.2，β=0.8。此即意味着 A 点靠近突变开始时刻，B 点则靠近结束时刻。则式（5.18）给出气候突变变率与稳定性参数、突变幅度之间的定量关系：突变变率与稳定性参数之间为一次函数关系；突变变率与突变幅度之间呈现二次函数关系。

至此，利用 Logistic 模型对实际序列进行回归，可以通过式（5.10）获得参数μ，ν。而式（5.11）则能够提取到 h。表 5.2 所示为 9 组理想序列，并进行参数提取，提取结果发现误差均在 0.01 量级，满足要求。在获得参数 h 的基础上，可以通过式（5.18）计算得到参数κ。

需要说明的是在对序列进行分阶段的时候，各阶段的长度是可变的，其中：

$$\begin{cases}n_1\in[1,n-2]\\n_2\in[n_1+1,n-1]\\n_3=n-n_1-n_2\end{cases} \tag{5.19}$$

式中，n 为序列总长度。在 n_1、n_2、n_3 的变化过程中，逐次进行回归，取残差最小的那一组作为最优回归并记录下来。

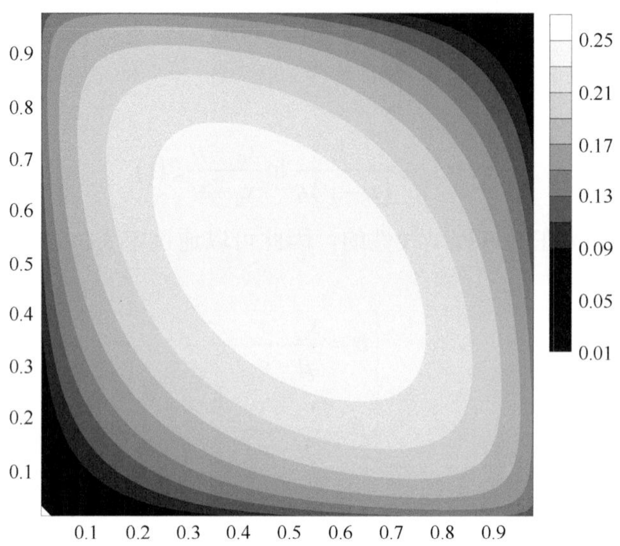

图 5.3　系数χ与参数α、β的关系

横纵坐标分别是参数α、β，颜色等级表示参数χ

表 5.2　ACP 方法对参数的提取能力验证的理想实验

编号	ν			μ			η		
	给定值	提取值	误差	给定值	提取值	误差	给定值	提取值	误差
1	−4.0000	−3.9527	0.0473	1.0000	0.9679	0.0321	0.1000	0.0929	0.0071
2	−4.0000	−3.9530	0.0470	1.0000	0.9946	0.0054	0.3000	0.2745	0.0255
3	−4.0000	−3.9510	0.0490	1.0000	0.9978	0.0022	0.5000	0.4527	0.0473
4	−4.0000	−3.9270	0.0730	4.0000	3.9780	0.0220	0.1000	0.0922	0.0078
5	−4.0000	−3.9198	0.0802	4.0000	3.9958	0.0042	0.3000	0.2763	0.0237
6	−4.0000	−3.9209	0.0791	4.0000	3.9983	0.0017	0.5000	0.4556	0.0444
7	−4.0000	−3.9031	0.0969	7.0000	6.9814	0.0186	0.1000	0.0918	0.0082
8	−4.0000	−3.8917	*0.1083*	7.0000	6.9959	0.0041	0.3000	0.2783	0.0217
9	−4.0000	−3.8771	*0.1229*	7.0000	6.9986	0.0014	0.5000	0.4682	0.0318

4. 气候突变过程分析方法：基于窗口滑动检测

上一节基于单一时间序列，提出气候突变过程分析方法，并基于参数实现气候突变过程的再现。本节将进一步提出窗口（子序列）的概念，实现对序列中可能存在的多次突变进行识别。

图 5.4 中，构造了一个理想序列，序列在时刻 t=150 离开状态 x=2，经过一段时间之后，在时刻 t=350 转变到状态 x=4。在对其进行突变检测的过程中，在原序列（黑色粗线）中选取任意长度的子序列，则子序列中可能包括一个完整的突变过程，也可能只包括突变的一部分，或者子序列中没有任何的突变过程（虚线框中所示）。将子序列用 2.1.3 节中的方法进行回归，在子序列每一次滑动中可以获得包括突变开始时刻、结束时刻、突变变率等参数。

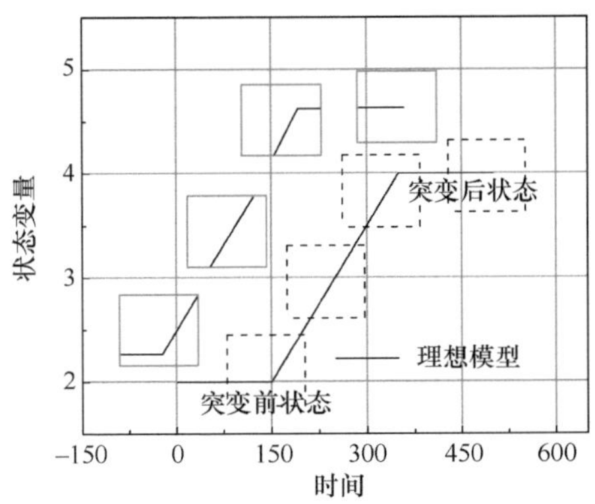

图 5.4　构造子序列在原序列上面滑动检测示意图

实线矩形框表示的是截取虚线框内的序列进行单独检测示意

当子序列在初始不稳定状态滑动的时候，系统大部分时间停留在状态 x=2 上面，因此该状态被检测到的概率较大；子序列滑动在突变过程中的时候检测到的开始状态和结束状态始终在变化，因此这一段的系统状态停留时间较短，检测到的状态概率较小；继续滑动子序列，检测子序列在状态 x=4 上面的时候，该状态的概率较大。因此，此例中两个状态的概率较大。图 5.5（a）中统计了开始状态的概率，图 5.5（b）中是统计结束

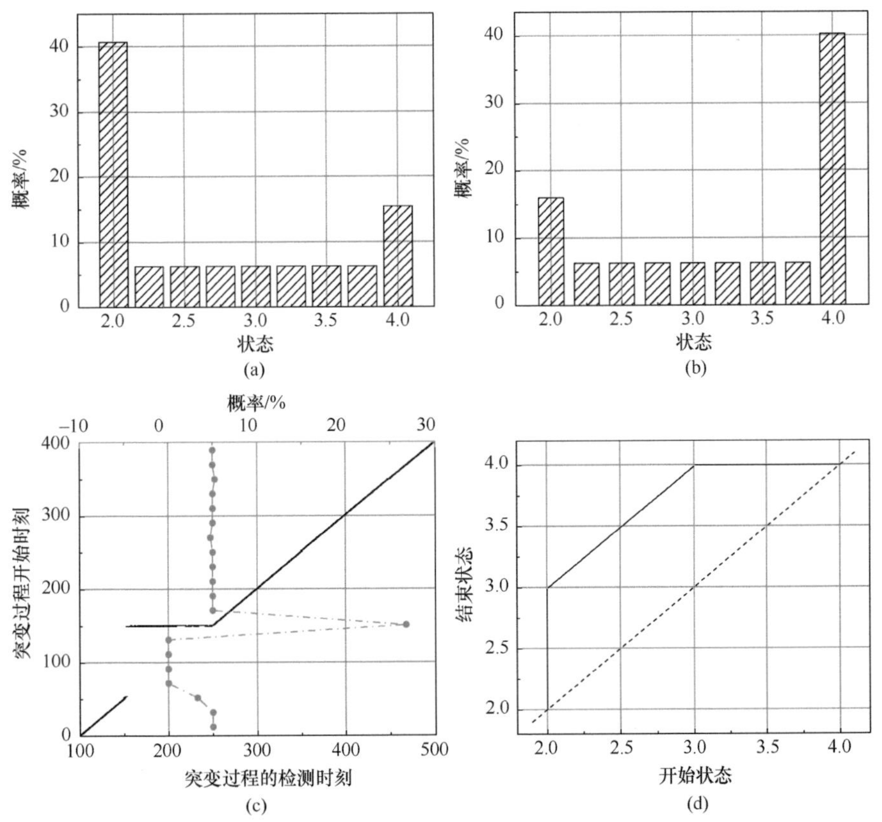

图 5.5　基于理想时间序列的气候突变过程参数分析

（a）、（b）分别是统计突变之前的开始状态和滞后的结束状态；（c）统计突变开始时刻及其被检测到的频率；（d）“始-末”状态相图

状态的情况。对比图 5.5（a）和 5.5（b）发现，系统停留在两个状态的概率不一致，造成这种情况的原因是子序列的宽度相对于原序列来说不可忽略不计。如图 5.6 所示。四个不同时刻，子序列所在的位置。其中，box1-3，子序列是参与运算的，即方框中的序列长度等于设定的子序列长度，而当子序列处于 box4 中的时候，子序列不存在，因此这一段时期系统所在的状态不会被检测到。当检测系统突变结束之后的状态时，情况同上，在开始一段的序列将不会被检测到。

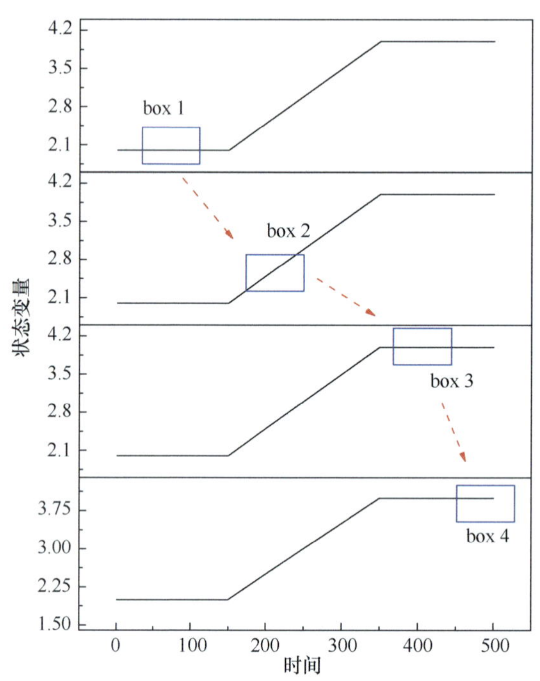

图 5.6　基于子序列滑动检测示意图

box 1～4 分别表示子序列滑动到不同位置的情况，box 1 是子序列处于开始状态，box 2 是子序列处于突变过程中，box 3、box 4 是子序列处于结束状态

图 5.5（c）中，对检测到的突变开始时刻进行分析，横坐标是突变的检测时刻，即子序列在滑动过程中末端所在位置，纵坐标是在此刻检测到的突变开始时刻所在位置（这一实际情况见图 5.7）。结果表明，子序列滑动到大约 t=150 时刻，检测到突变开始时刻，并且一直持续到大约 t=250，检测到的突变开始时刻始终保持不变。灰色线统计了这个时刻（t=150）的出现概率，发现该时刻被检测到的概率最大。如果序列中不存在突变，将不会有突变开始时刻被检测到较大的概率。如图 5.8 所示的数值试验，其中序列 1、2 分别是两条直线、序列 3 是由三角函数构造的理想序列（实线）。统计三条序列的突变开始时刻的概率（虚线），发现没有任何一条序列出现峰值，即表明这些序列中没有检测到突变。

图 5.5（d）中设计了一个系统“开始-结束状态”相图，其中横坐标表示系统的开始状态，纵坐标表示系统的结束状态。发现整个检测过程中可以分为三个部分：①竖直部分，开始状态保持不变，结束状态持续增加，结合理想序列发现此时序列的突变过程

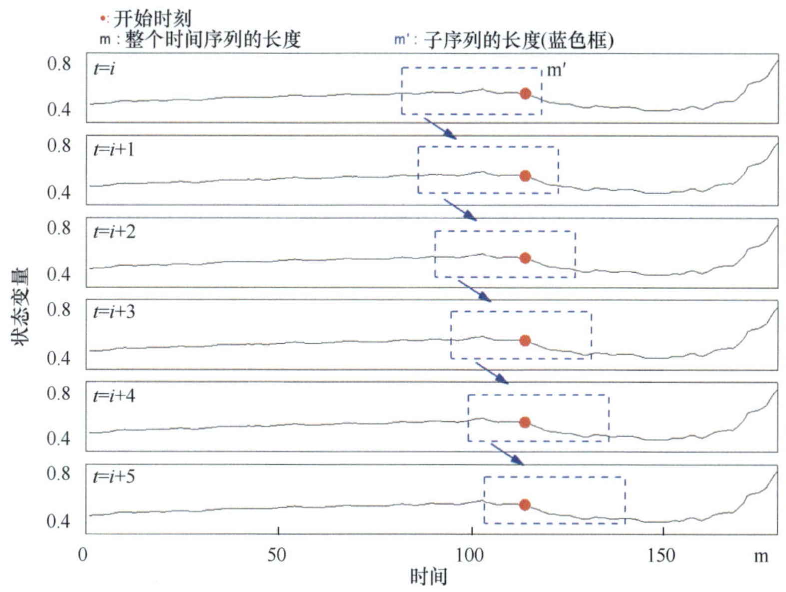

图 5.7　不同检测时刻检测到相同突变开始时刻示意图

红点是这一时段突变开始时刻，而虚框是观察窗口在序列上的滑动

1. 检测到的突变开始时刻；2. 实际时间序列；3. 子序列覆盖的长度

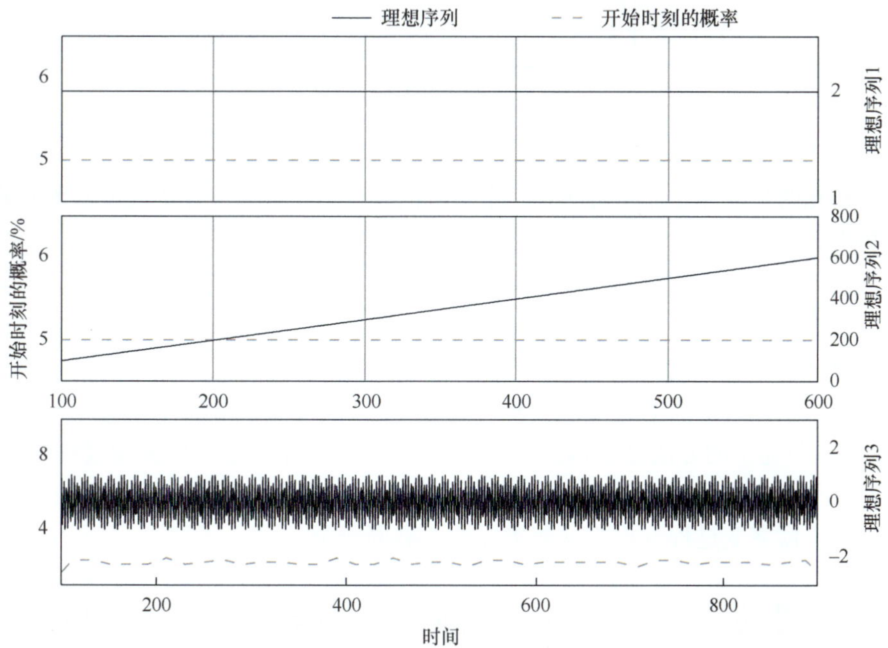

图 5.8　几条理想序列的突变开始时刻检测

理想序列 1、2 分别表示的是横线和斜线的情况，理想序列 3 则是利用正弦函数叠加的情况

的开始端包括在子序列中，表明系统正在偏离原来的状态；②斜线部分，开始状态和结束状态的差值保持不变，结合理想序列发现子序列的长度要小于原序列的突变过程，因此该时段系统持续增加/减少(值得注意的是，如果子序列的长度不小于突变过程的时候，

没有这一部分，图略）；③水平部分，开始状态持续增加，结束状态保持不变，这一过程与红色部分相反，结合实际序列发现突变过程的结束段包括在子序列中，此时系统逐渐稳定到一个新的状态。这三个状态还原了系统的整个突变过程，由一个状态到另一个状态的过渡。

考虑到实际气候序列中，存在多次突变的情况，因此借助于百分位阈值法对上述检测到的“突变”进行筛选。图 5.9 为利用突变幅度进行筛选的示意图，横坐标是检测到的突变幅度（结束状态与开始状态的差值），实际序列的检测结果表明这种分布满足正态分布（颜鹏程等，2015）。图中α是显著性水平，本节取α=0.02，即满足下式条件时突变成立：

$$\left|\omega_i - E\left(\omega_i\right)\right| > 2.35\sigma\left(\omega_i\right) \tag{5.20}$$

式中，$E\left(\omega_i\right)$、$\sigma\left(\omega_i\right)$分别为突变幅度$\omega_i$的期望和标准差。

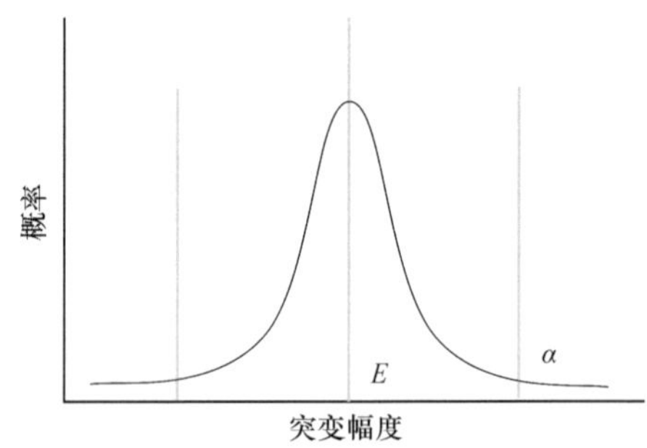

图 5.9 基于突变幅度的百分位阈值确定突变

需要补充的是，百分位阈值法是一个传统的统计方法，用来作为突变检测存在一定的缺陷和不足：

（1）百分位是一个相对的标准，即无论序列如何变化，总存在超出阈值的情况；

（2）某些序列（如降水）不能很好地满足正态分布，此时计算过程中需要对原始序列进行变换（Box-Cox 变换，钱忠华等，2010a，2010b）；

（3）应用于空间格点的突变检测时，没有考虑到相邻格点的相互作用。

因此，本节提出的方法是在传统突变检测的基础上，拓展了气候突变过程这一概念，增加了对于气候突变的研究手段。但是并不能弥补传统的突变检测中的漏检/误检的不足，这也是气候突变过程分析方法将来需要发展的一个方面。

5.2 滑动移除近似熵在年际-年代际转折识别中的应用

基于 ApEn 发展起来的 MC-ApEn 方法可以很好地度量气候系统的复杂性，能有效地检测各种时间序列中存在的动力学结构突变。但是文献中仅仅研究了理想突变检测的情况，而许多观测资料中存在着各种各样的趋势，如季节变化引起的周期性趋势、全球变暖所造成的线性趋势、多项式趋势等。因此，研究各种趋势对 MC-ApEn 的定量影响对于该方法在实际观测资料中的广泛应用非常重要（何文平等，2008）。

鉴于此，本节利用非线性理想时间序列研究了周期趋势、线性趋势、二阶多项式趋势以及更高阶非线性趋势对于 MC-ApEn 的影响，重点考察了周期性趋势以及不同强度的线性趋势和二阶多项式趋势对其的影响。通过大量数值试验发现，周期性趋势、线性趋势和非线性趋势对 MC-ApEn 方法的突变检测结果影响较小，表明 MC-ApEn 方法适用于具有周期和各种非线性趋势特征的观测资料的突变检测，进而证实了 MC-ApEn 方法突变检测的可靠性，展示了该方法的潜在应用前景。

5.2.1　不同趋势对 MC-ApEn 的影响研究

为了模拟气候系统的非线性特征，类似于文献（何文平等，2011b）构建了非线性理想时间序列，记为 IS0，序列总长为 2000，前 1000 个数据由 Logistic 映射模型产生，后 1000 个数据由正态分布的随机数模拟产生。Logistic 映射表达式如下：

$$x(n+1)=\kappa x(n)\big(1-x(n)\big), x\in[0,1] \tag{5.21}$$

式中，初值 $x(0)=0.8$，参数 $\kappa=3.8$。

IS0 及其标准化后的序列 IS1 随时间的演化曲线已由图 5.10 给出，从该时间序列的构造过程来看，两段子序列分别具有不同的动力学特征，在 t=1001，序列由确定性模型——Logistic 映射转变成了随机行为，即系统在该点发生了动力学结构突变。

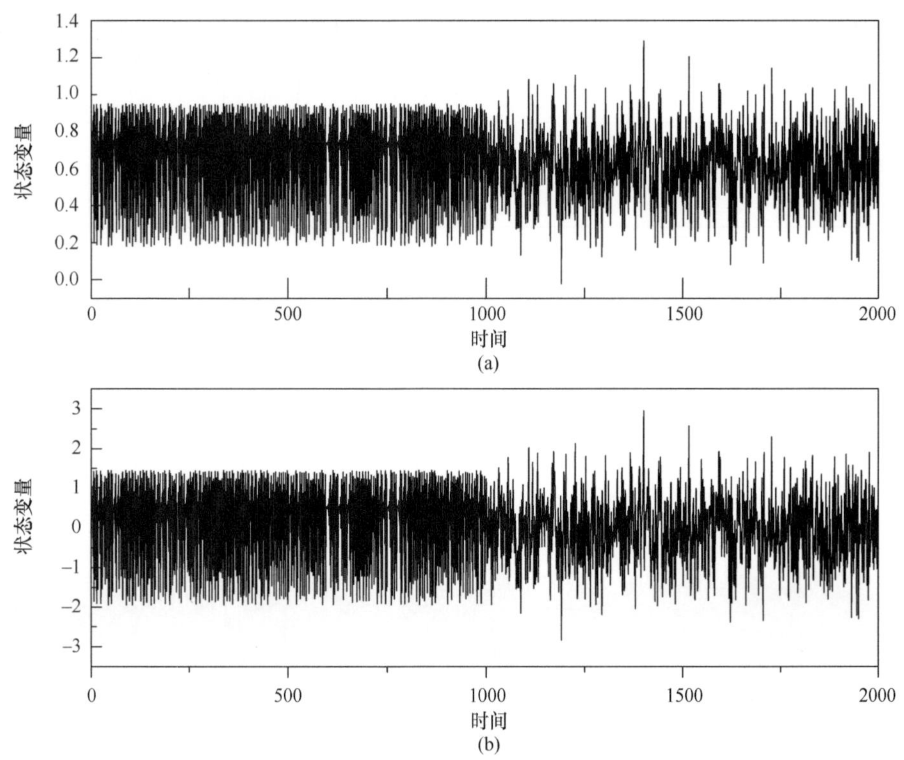

图 5.10　存在动力学结构突变的理想时间序列

（a）非线性时间序列 IS0 随时间的演变情况，序列总长为 2000，前 1000 个数据由 Logistic 模型产生，后 1000 个数据由正态分布的随机数模拟产生；（b）非线性时间序列 IS0 经标准化后得到的新序列 IS1 随时间的演变情况

1. 周期趋势对 MC-ApEn 方法的影响

周期是时间序列的重要特征之一，任何复杂信号，都可以近似地看成是由各种频率不同、振幅不等的正弦波叠加而成，周期信号只是该复杂信号的分量之一（施晓晖，2008）。为了测试周期信号对 MC-ApEn 的影响，在理想时间序列 IS1 中叠加了各种正弦周期信号，以便探究 MC-ApEn 对具有周期趋势性质的时间序列突变检测结果的影响程度。本节分别考虑了周期（T）大小和振幅（A）大小对 MC-ApEn 的影响。

图 5.11 给出了 IS1 叠加振幅为 1、周期大小分别为 2π、π、0.5π、0.25π 的正弦周期信号后的理想时间序列。图 5.12 所示为滑动子序列长度 L=40 时，具有不同周期性趋

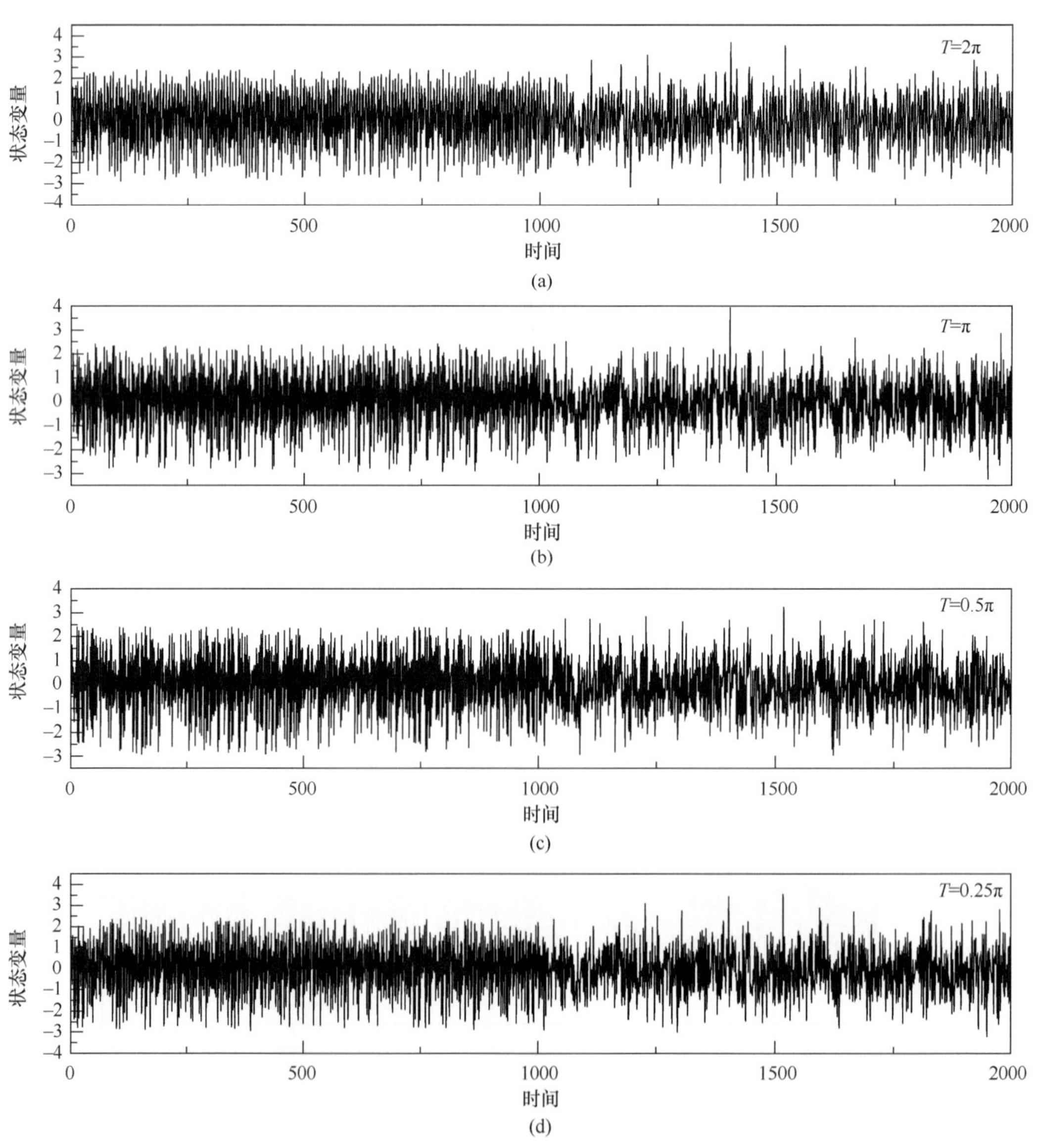

图 5.11　含正弦周期性趋势的理想时间序列 IS1

（a）正弦周期大小 T=2π；（b）同（a），但 T=π；（c）同（a），但 T=0.5π；（d）同（a），但 T=0.25π

势的理想时间序列 IS1 的 MC-ApEn 检测结果。从图 5.12 可知，对于不同周期大小的理想序列，尽管得到的 ApEn 大小略有差异，但 MC-ApEn 检测得到的突变开始时间完全相同，ApEn 随时间的演变趋势几乎一致，在突变点前后都呈现出了与序列结构改变前截然不同的状态。即以 t=1000 作为分界点，序列 IS1 前半部分是由确定性动力学方程 Logistic 映射产生的，其复杂性要小于随机数。众所周知，时间序列随机性越大，可预测性越低，其 ApEn 值就越大，这正符合图 5.12 中所呈现的情况，即被移除的时间序列的复杂性越低，得到的 ApEn 值越大，反之亦然。据此可以判断序列从一种稳定状态跳跃式地转变到了另一种稳定状态，并从图 5.12 中可以非常明显地看到突变的开始时间，ApEn 在突变点前后发生的这种明显的均值跃变可以通过滑动 t-检验、Cramer 法等传统的检测方法对其进行识别（图略）。

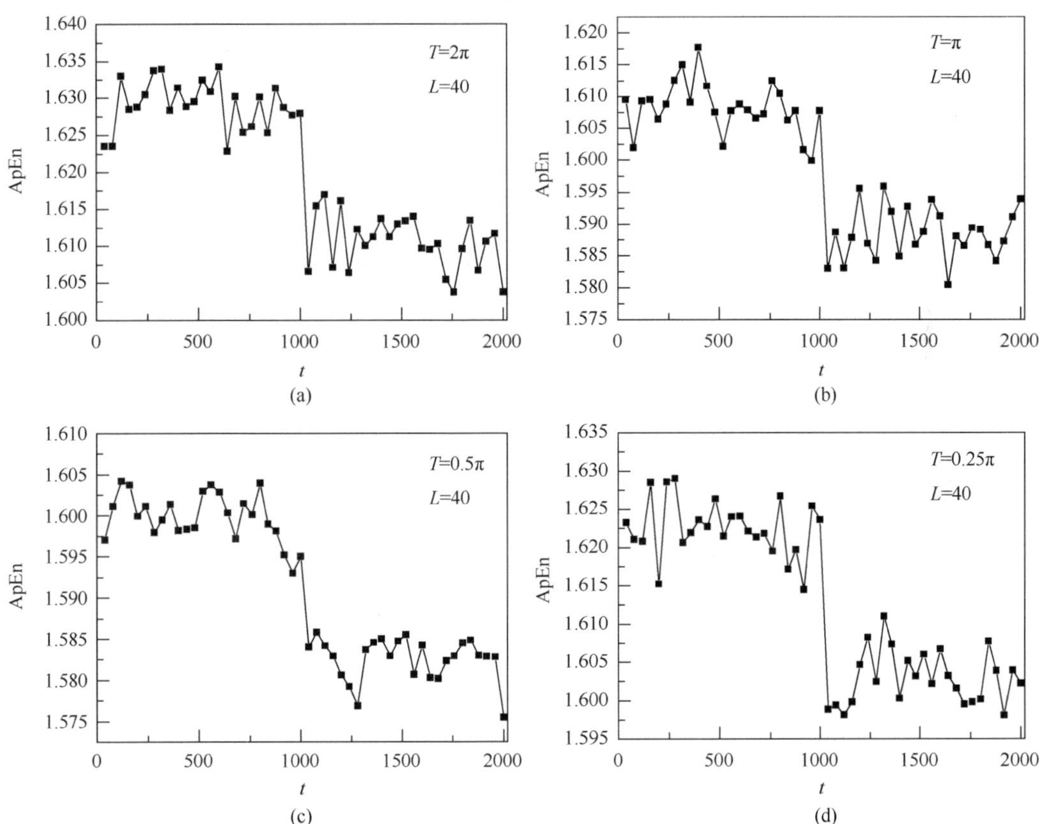

图 5.12　MC-ApEn 对含不同周期性趋势的理想序列 IS1 的突变检测（子序列长度 L=40）

（a）周期 T=2π；（b）T=π；（c）T=0.5π；（d）T=0.25π

此外，本节还对子序列长度取任意值时含周期信号的 IS1 进行了测试。作为一个分析试验的例子，图 5.13 给出了子序列长度 L=20 时，图 5.11 中四种理想时间序列的 MC-ApEn 突变检测结果，发现周期信号对于长度较小的子序列的影响仍然可以忽略不计，而且对于子序列长度更长时的情形也做了大量试验，得到了同样的结果。为了进一步验证结果的可靠性，本节对类似于 IS1 的众多理想时间序列进行了检测，与 IS1 时得到的结论完全一致。同时，试验中也任意选择了大量更大时间尺度的周期性趋势进行了数值试验，与图 5.11 中四种周期性趋势得到的结果无异。通过取不同长度的原序列和滑动子序列进行数值试验的过程中发现，当原序列长度一定时，滑动子序列越长，MC-ApEn 方法检测得到的突变点的位置越清晰。这可能由于样本量的增加改善了 ApEn 计算结果的稳定性。

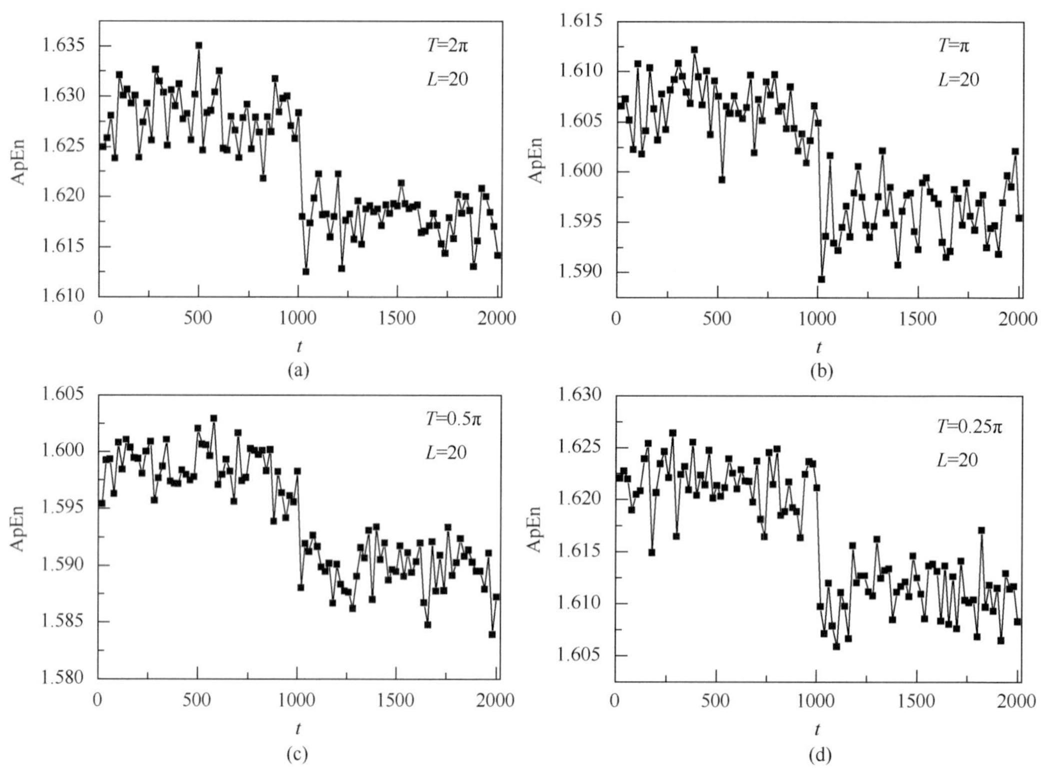

图 5.13　MC-ApEn 对含不同周期性趋势的理想序列 IS1 的检测结果（子序列长度 L=20）

（a）周期 T=2π；（b）T=π；（c）T=0.5π；（d）T=0.25π

2. 周期趋势的振幅对 MC-ApEn 的影响

上节讨论了周期大小对 MC-ApEn 方法的影响，为了测试不同振幅的时间序列对 MC-ApEn 检测的影响程度，以 IS1 中所存在的正弦信号的周期大小为 2π 时为例，进行了研究。图 5.14 给出了原序列长度为 2000、滑动子序列长度为 50 时 MC-ApEn 方法的四组检测结果（其他不同长度子序列的试验结果与此类似，图略）。图 5.14（a）和图 5.14（b）表征了振幅取较小时 MC-ApEn 的检测情况，从中可以发现，其 ApEn 值随时间的演变趋势基本一致，都是以 t=1001 为界，从一种相对较大值的稳定演变状态突然转变到一种较小值的稳定演变状态，即在 IS1 动力学结构改变的同时，ApEn 值随时间的演变情况发生了跃变，标志着突变的发生。

从图 5.14（c）和图 5.14（d）可知，当振幅取相对较大值 5 和 8 时，与具有较小振幅时的情形相比，无论是 ApEn 值的大小，还是其演变趋势，均呈现惊人的一致性。此外，还考虑了振幅取其他各种不同值时的情形，同时对于任意周期大小时类似的时间序列进行了分析，大量的试验结果得到的结论与图 5.2～图 5.5 中完全一致，不再赘述。因此，这表明周期信号的振幅大小对 MC-ApEn 方法的突变检测结果不会造成明显影响。

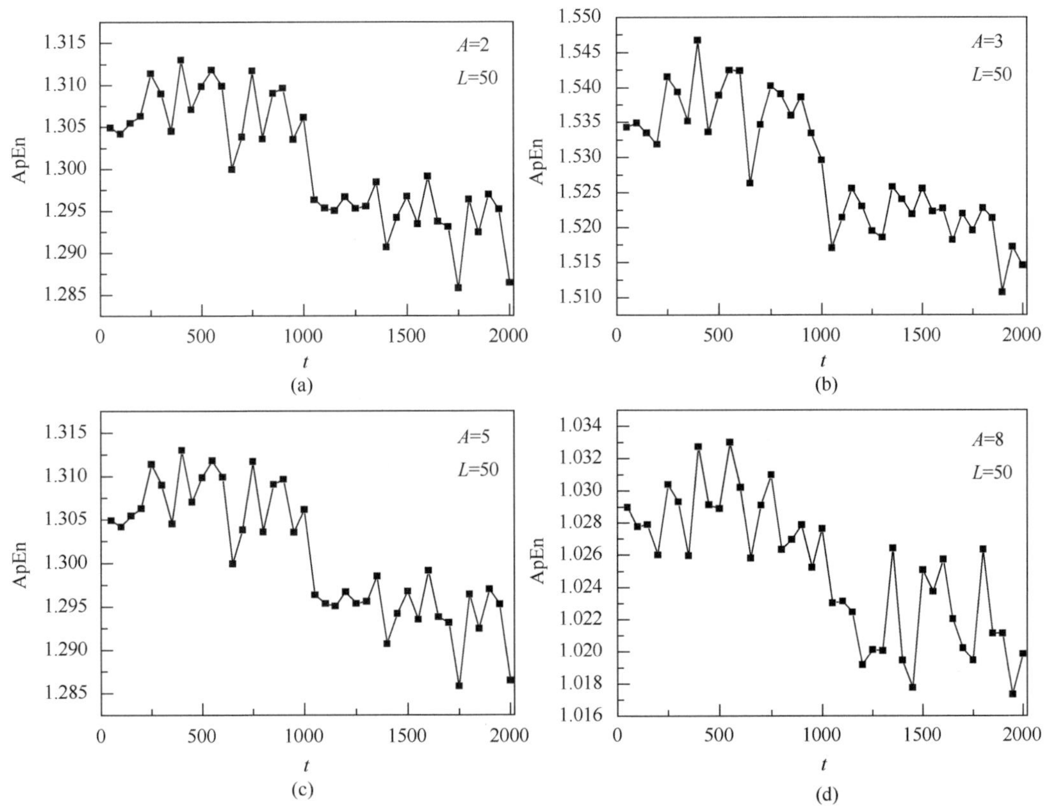

图 5.14　理想序列 IS1 中存在周期大小为 2π的正弦信号时，不同振幅对于 MC-ApEn 检测的影响
（a）振幅 A=2；（b）A=3；（c）A=5；（d）A=8

简言之，周期性趋势不会对 MC-ApEn 方法突变检测结果产生显著的影响，即无论周期大或小、周期信号的振幅强或弱，均对 MC-ApEn 检测结果的准确性影响较小。

3. 线性趋势和非线性趋势对 MC-ApEn 方法的影响

观测资料中通常展现出各种线性趋势、多项式趋势等（王炳雪和史忠科，2004；王阅等，2009；Chen et al.，2002）。为此，这里考虑了在理想时间序列 IS0 中分别叠加了不同线性趋势和二阶多项式趋势的情形，尝试通过理想数值试验来测试 MC-ApEn 方法对具有趋势特性的时间序列突变检测结果的稳定性，图 5.15 给出了 IS0 叠加不同线性趋势后随时间的演变情况。

对比不同周期趋势存在时理想序列 IS0 的 MC-ApEn 检测结果发现，无论线性趋势强弱与否，MC-ApEn 检测结果与周期性趋势存在时几乎一致，仍然能够准确地检测到理想时间序列中的突变点（图 5.16）。对其他不同斜率时的情形以及更多类似于 IS0 的时间序列进行了试验，结果均显示线性趋势对 MC-ApEn 方法的影响较小。

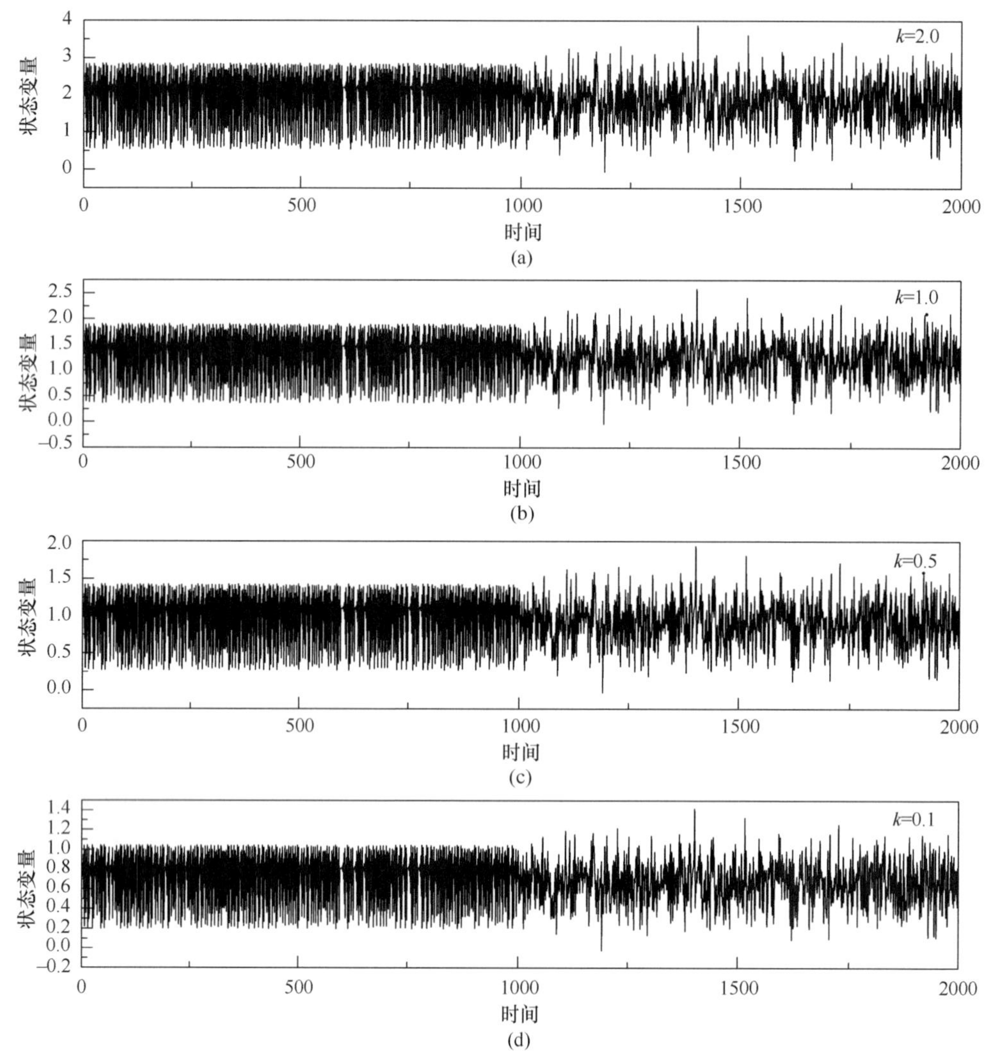

图 5.15　叠加不同线性趋势的理想时间序列 IS0 随时间的演变曲线（k 为线性趋势的斜率）
（a）k=2.0；（b）k=1.0；（c）k=0.5；（d）k=0.1

实际观测资料中更多的是不同阶的多项式趋势，为了测试其对 MC-ApEn 方法的影响，这里首先研究了对序列 IS0 任意添加了不同系数的二阶多项式趋势的情形（图略）。为了计算方便，二阶多项式的二次项与一次项系数取相同值，表 5.3 所示为 4 组取不同值的二阶多项式系数，a、b 分别表示其二次项与一次项系数。

图 5.17 给出了滑动子序列长度取 10 时 MC-ApEn 方法的检测结果，从图中可以看出，在二阶多项式系数取各种不同值时，得到的 ApEn 值的演变趋势非常一致，均是在 t=1001 前后，由于确定性方程 Logistic 模型产生的数据其复杂性要明显低于随机数，因此，容易理解对于移除等长度的数据，移除随机数后所获取的 ApEn 值更小一些，即部分随机数的移除导致剩余数据的复杂性减小。当取不同的二阶多项式系数和滑动子序列长度进行数值试验时，得到了类似结论，不再赘述。这说明二阶多项式趋势类似于线性趋势一样，对 MC-ApEn 方法检测突变影响较小。不仅如此，试验中还研究了三阶、

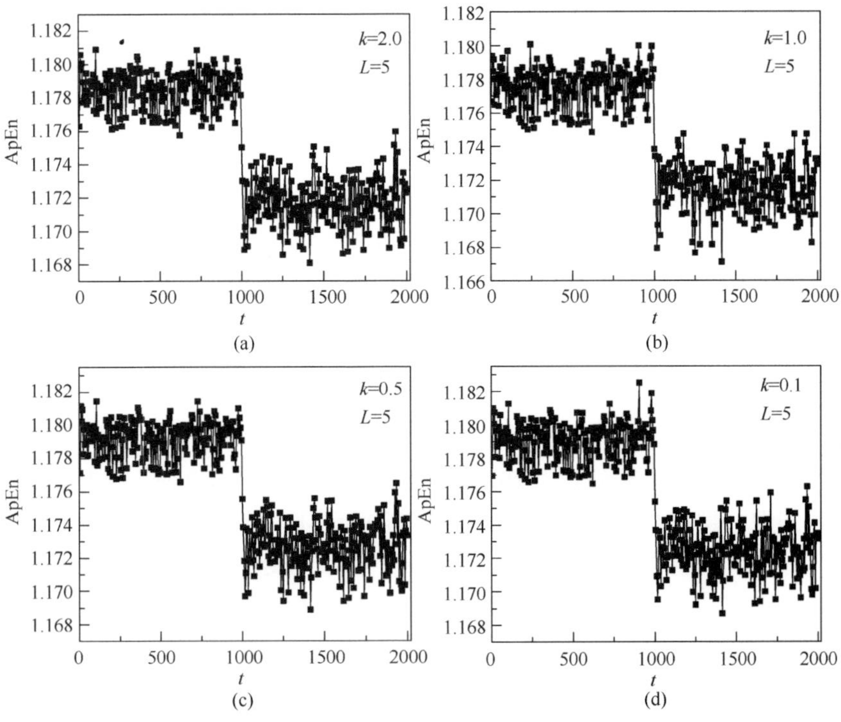

图 5.16　MC-ApEn 对叠加不同线性趋势的理想时间序列 IS0 的检测结果（*k* 为线性趋势的斜率）

（a）*k*=2.0；（b）*k*=1.0；（c）*k*=0.5；（d）*k*=0.1

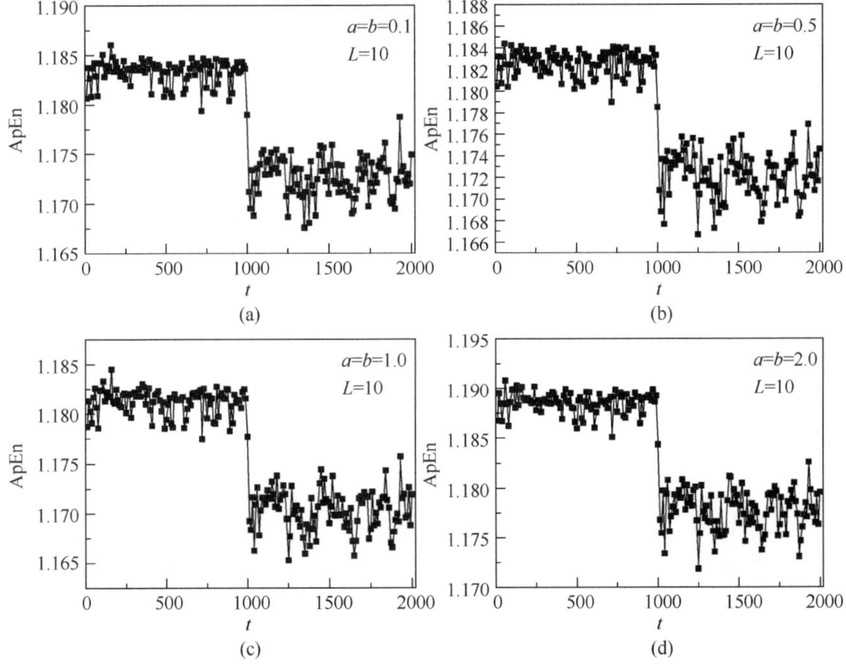

图 5.17　MC-ApEn 对叠加不同二阶多项式趋势的理想时间序列 IS0 的检测结果

（*a*、*b* 分别为二阶多项式趋势的二次项系数和一次项系数）

（a）*a*=*b*=0.1；（b）*a*=*b*=0.5；（c）*a*=*b*=1.0；（d）*a*=*b*=2.0

表 5.3　二阶多项式二次项与一次项系数

系数	Case1	Case2	Case3	Case4
a	0.1	0.5	1.0	2.0
b	0.1	0.5	1.0	2.0

四阶以及更高阶多项式趋势对于 MC-ApEn 检测结果的影响，大量试验分析得到的结果与信号中存在线性趋势和二阶多项式趋势时完全相同。因此，线性趋势和二阶多项式趋势对 MC-ApEn 方法的检测结果没有本质影响，而且更高阶趋势的影响仍然可以忽略不计，这使得该方法能够很好地适用于实际观测资料的突变检测。

4. 模拟应用实例

为了更好地模拟实际资料，根据温度资料序列所具有的长程相关性，利用 Hurst 指数构造了一组非线性时间序列。当 Hurst 指数 H 满足 $0.5<H<1.0$ 时，其构成的统计序列具有长程相关性，据此利用分形布朗运动构造序列总长为 10000，前 5000 个数据 Hurst 指数 $H=0.7$，后 5000 个数据 $H=0.9$。由于 Hurst 指数的变化导致分形布朗运动产生的时间序列差异过于明显，因此对突变前后的时间序列进行了标准化，经标准化后的时间序列如图 5.18（a）所示。必须指出的是这种标准化不会改变时间序列的长程相关性及其

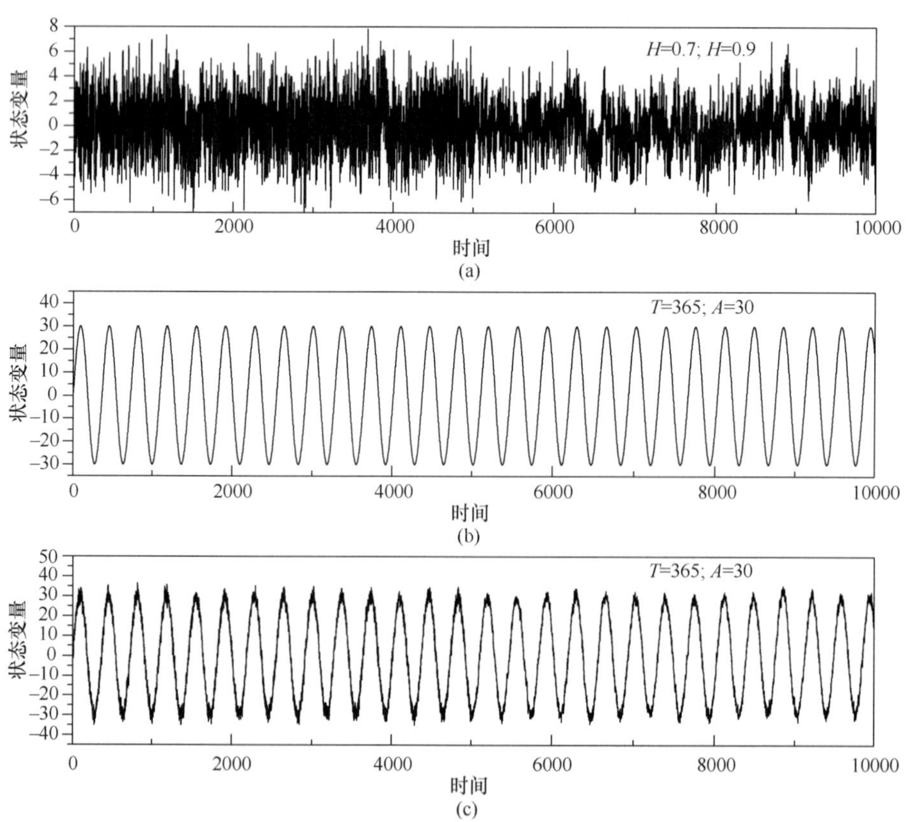

图 5.18　利用分形布朗运动产生的类似于温度资料的理想时间序列

（a）具有 Hurst 统计特性的非线性时间序列 IS2 随时间的演变情况，序列总长为 10000，前 5000 个数据 Hurst 指数 $H=0.7$，后 5000 个数据 Hurst 指数 $H=0.9$；（b）周期大小为 365，振幅大小为 30 的正弦信号；（c）由（a）和（b）叠加后的合成序列

他动力学演变特征［如图 5.18（b）］。为了更形象地模拟逐日温度序列，图 5.18（c）给出了加正弦周期为 365、振幅为 30 的时间序列 IS2 随时间的演变情况，即模拟了大约 27.4 年的逐日温度资料。图 5.19 给出了 MC-ApEn 对模拟数据的突变检测结果，可以看到，不论滑动子序列长度取多大，其 ApEn 值随时间的演变趋势基本一致，均以 t=5001 为界，从一种稳定状态突然转变到了另一种稳定状态，可以很容易地判断突变点的开始时间，说明 MC-ApEn 方法可以准确地检测具有周期性趋势的长程相关性时间序列的突变，这为该方法能够很好地适用于实际观测资料的突变检测提供了充分的依据。

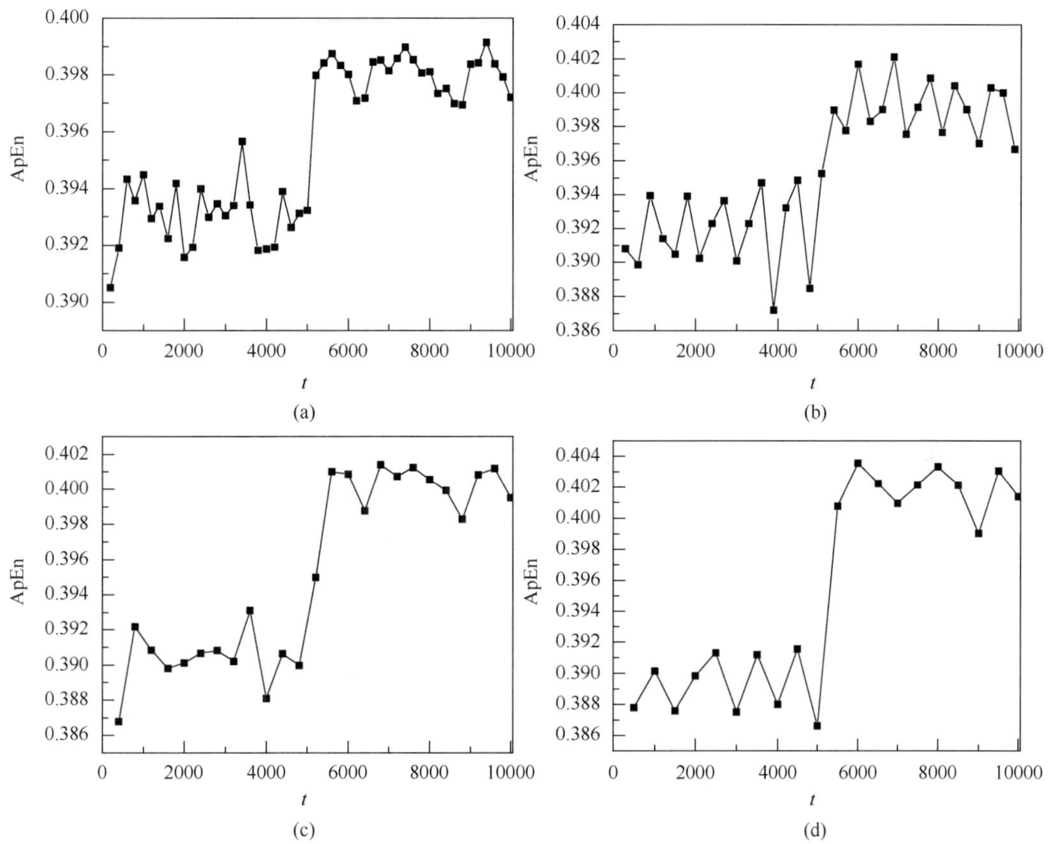

图 5.19　MC-ApEn 对叠加正弦周期大小为 365、振幅为 30 的非线性时间序列 IS2 的突变检测结果（L 是滑动子序列长度）

（a）L=200；（b）L=300；（c）L=400；（d）L=500

基于最近新发展的突变检测方法—MC-ApEn，本节通过大量数值试验，测试了非线性理想时间序列中的周期趋势、线性趋势、二阶多项式趋势以及更高阶多项式趋势信号对于 MC-ApEn 方法突变检测结果的影响程度，发现这些平稳和非平稳趋势信号对 MC-ApEn 检测结果的影响较小。这表明，MC-ApEn 的检测结果具有相当强的稳定性、可靠性以及适用性。同时，MC-ApEn 在模拟逐日温度资料中的成功应用，进一步为该方法在实际观测资料中的应用提供了实验基础，展示了其在时间序列突变检测中的广阔应用前景。但实际观测中不可避免地存在着另一种非平稳现象——噪声，它的存在可能会对时间序列中的信息的提取造成一些负面的影响。因此，非常有必要研究其对 MC-ApEn 方法的影响。值得指出的是，由于计算 ApEn 值需要一定的样本量，MC-ApEn 对于样本量较小的情况难以有效检测，因而其对样本量的要求还需要通过大量数值试验进一步的深入研究。

5.2.2 噪声对 MC-ApEn 的影响

由于受外强迫和仪器本身测量误差的影响，气象观测资料中不可避免地存在各种噪声和扰动等非平稳现象（Jame，2004；Hoffmann and Jaccobi，2008；龚志强等，2006），使观测值与大气真实状态之间存在着一定的观测误差，尽管可以对原始数据进行滤波处理，但不可能完全消除噪声，这有可能会对气象观测资料的分析结果产生一些不良影响（何文平等，2008），譬如，尖峰噪声和高斯白噪声的存在会对时间序列长程相关性的分析造成一定影响，使所获得的时间序列的标度指数较真实信号偏小（何文平等，2010）。本节主要考虑了观测资料中两种比较常见的噪声：尖峰噪声与高斯白噪声。产生尖峰噪声的原因有多种，其中包括电磁干扰以及通信系统的故障和缺陷，通信系统的电气开关和继电器状态的改变等。当线路自身产生了随机信号或电磁干扰时，气象电子通信设备的输出信号可能出现误码、雷达信号失真等现象；由于各种电磁干扰的影响，气象电子设备会受到不同程度的影响，因而不可避免地影响到气象观测资料的准确性，高斯白噪声就是其中一种重要的影响因素（汪春霆等，2010），它是短波信道中存在的复杂干扰因素之一。

鉴于噪声在资料分析中潜在的不利影响，本节在研究各种趋势对 MC-ApEn 影响的基础上（金红梅等，2012a，2012b），进一步利用非线性时间序列研究了尖峰噪声和高斯白噪声对 MC-ApEn 的影响，发现 MC-ApEn 具有较强的抗噪能力。为了模拟气候系统的非线性特征，同前一节，构建了非线性理想时间序列 IS1，序列总长为 2000，前 1000 个数据由 Logistic 模型产生，后 1000 个数据由正态分布的随机数模拟产生。IS1 随时间的演化曲线已由图 5.20 给出，从该时间序列的构造过程来看，两段子序列分别具有不同的动力学特征，当 t=1001 时，序列由确定性模型－Logistic 映射状态转变为随机行为，即系统在该时刻发生了动力学结构突变。

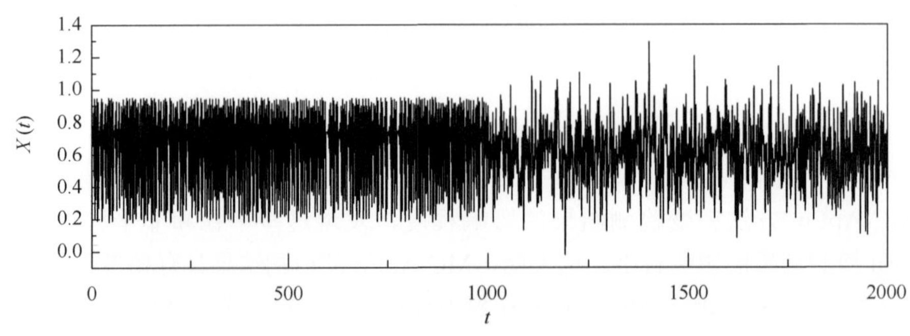

图 5.20 非线性时间序列 IS1 随时间的演变

序列总长为 2000，前 1000 个数据由 Logistic 模型产生，后 1000 个数据由正态分布的随机数模拟产生

1. 尖峰噪声对 MC-ApEn 方法的影响

为了测试尖峰噪声对 MC-ApEn 方法的影响，在理想时间序列 IS1 中分别随机叠加 12、24 个尖峰噪声，分别占原序列长度的 6‰和 12‰，尖峰噪声取值 0.9～2.5，尖峰噪声的数目相对原序列较少，原序列 IS1 的动力学性质不会发生质的变化（图 5.21）。

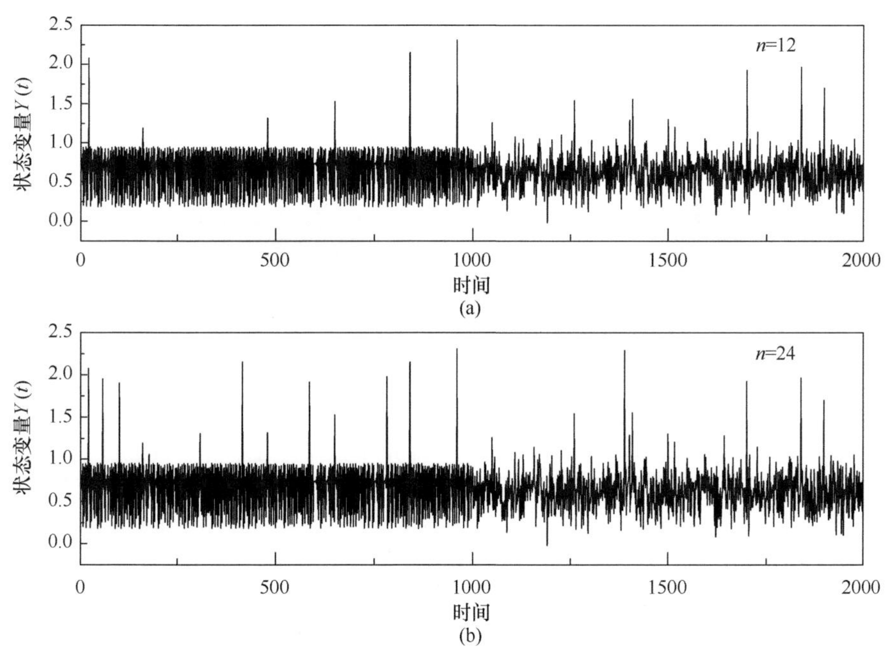

图 5.21　含尖峰噪声的时间序列（尖峰噪声取值 0.9～2.5）
尖峰噪声个数（a）n=12；（b）n=24

图 5.22 给出了图 5.2 和图 5.3 所示的理想时间序列的 MC-ApEn 检测结果。当滑动子序列长度为 20 时，尽管通过 MC-ApEn 得到的 ApEn 值大小略有差异，但突变开始时间完全一致，ApEn 随时间的演变趋势十分相似，均在 t<1000 时，通过滑动移除计算得到的 ApEn 值明显大于 t>1000 时的情形。这表明在 t=1000 前后，时间序列的复杂性发生了明显变化，意味着其动力学结构在此处发生了转变，这与理想序列 IS1 实际的动力学结构改变情况完全一致：在该序列中，前 1000 个数据是由确定性动力学方程 Logistic 映射产生，其复杂性要小于后 1000 个随机数。根据 ApEn 的物理意义，ApEn 值越大，则表示序列复杂性越高，若移除等长度的数据，移除复杂性相对较大的随机数后所获取的 ApEn 值更小一些，即部分随机数的移除导致剩余数据的复杂性减小，与理想序列的动力学性质完全相符。从 ApEn 的变化趋势可以看出，序列从一种稳定状态突然转变到了另一种稳定状态，据此可以容易地判断出突变的开始时间。

为了考察子序列长度对于 MC-ApEn 检测结果的影响，本节对子序列长度取任意值时含尖峰噪声的 IS1 进行了测试。作为一个分析试验的例子，图 5.22（c）和图 5.22（d）给出了子序列长度 L=2 时的 MC-ApEn 检测结果。发现尖峰噪声对于子序列长度较小时的影响仍然可以忽略不计，而且对于子序列长度更长时的情形也做了大量试验，得到了

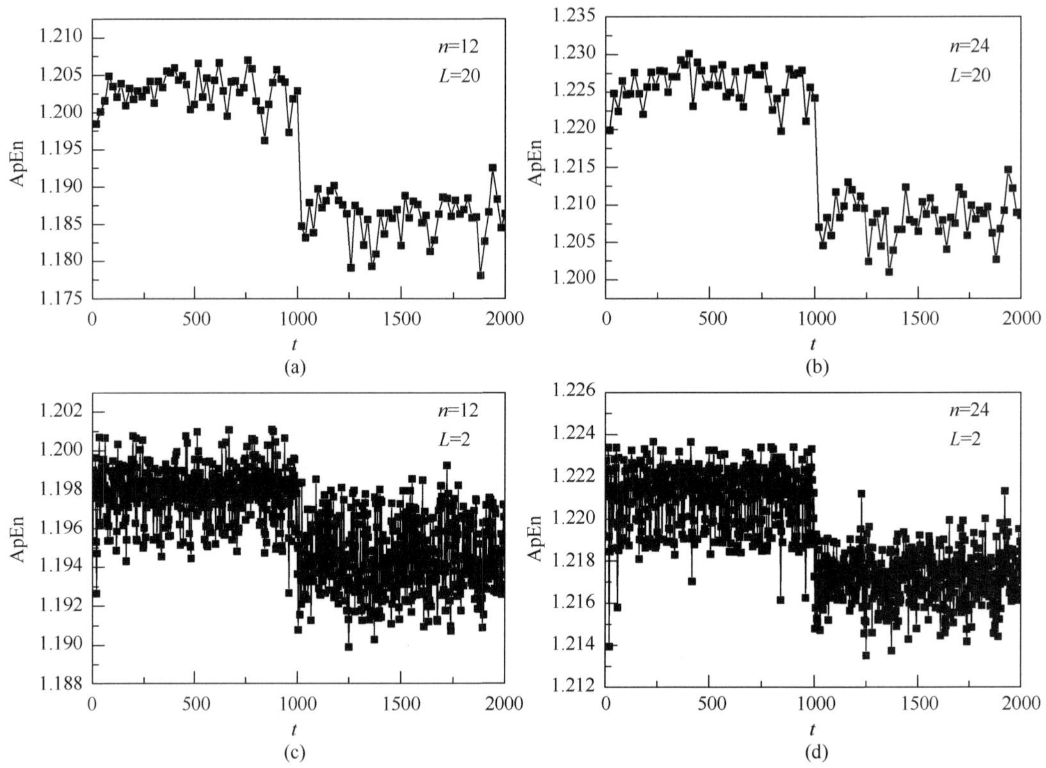

图 5.22　MC-ApEn 对含不同尖峰噪声的理想序列 IS1 的突变检测

（a）滑动子序列长度 L=20，尖峰噪声个数 n=12；（b）同（a），但 n=24；（c）同（a），但 L=2；（d）同（b），但 L=2

同样的结果。不仅如此，数值试验过程中还对时间序列随机添加了不同大小和不同数目的尖峰噪声，通过取不同尺度的滑动子序列发现，MC-ApEn 均能准确地检测到突变点。为了避免单一个例对研究结果的可靠性说服力不足的缺陷，本节对类似于 IS1 的众多理想时间序列进行了检测，与 IS1 时得到的检测结果完全一致。在数值试验过程中通过取不同长度的原序列和滑动子序列进行数值试验的过程中发现，当原序列长度一定时，滑动子序列越长，MC-ApEn 方法检测得到的突变点的位置越清晰。这可能由于样本量的增加改善了 ApEn 计算结果的稳定性。表明相对少量的尖峰噪声对 MC-ApEn 方法突变检测结果不会产生显著的影响，MC-ApEn 方法可以很好地适用于具有尖峰噪声的时间序列的突变检测。

信噪比的大小对分析信号内禀特性非常重要。为了探究尖峰噪声数目占原序列长度的比例对 MC-ApEn 突变检测结果的影响，首先保持尖峰噪声取值范围不变，增大 IS1 中所添加尖峰噪声的比例（含不同比例尖峰噪声的 IS1 随时间的演变，图略），通过多次数值试验发现 MC-ApEn 方法突变检测结果受尖峰噪声比例影响较小。图 5.23 给出了对 IS1 添加尖峰噪声比例分别为 5%、10%、15%、20%时 MC-ApEn 的突变检测情况。从图中可以看出，不论 IS1 含尖峰噪声的比例多大，其检测结果均呈现出惊人的一致性，可以非常明显地检测到突变点的位置。数值试验过程中还对 IS1 添加了更大比例的尖峰噪声，但试验结果表明尖峰噪声占原序列长度的比例对 MC-ApEn 突变检测结果影响仍然较小（图略）。

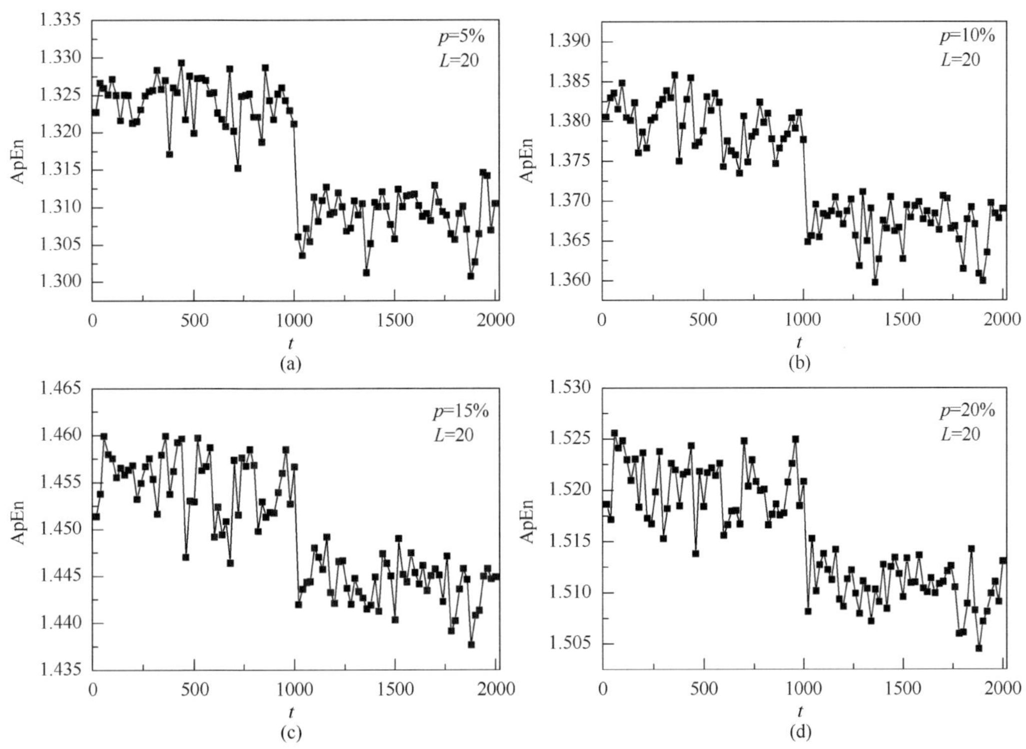

图 5.23　MC-ApEn 对含不同比例尖峰噪声的非线性时间序列 IS1 的突变检测
（尖峰噪声取值 0.9～2.5，滑动子序列长度 L=20）
（a）尖峰噪声个数占原序列长度的比例 P=5%；（b）P=10%；（c）P=15%；（d）P=20%

此外，为了测试尖峰噪声的大小对 MC-ApEn 突变检测结果的影响，在时间序列 IS1 中添加了个数占原序列长度为 10%的尖峰噪声，所含尖峰噪声的最大值约为原序列中尖峰噪声最大值的 5～6 倍［图 5.24（a）］。图 5.24（b）～（d）分别展示了取不同滑动子序列长度时 MC-ApEn 的突变检测情况，发现 ApEn 值随时间的演变趋势均以 t=1000 为界，呈现着两种不同的状态，可以清楚地看到突变的开始时间，说明 MC-ApEn 方法突变检测结果受尖峰噪声振幅的影响较小。

2. 高斯白噪声对 MC-ApEn 方法的影响

为了测试高斯白噪声对 MC-ApEn 方法突变检测的影响程度，对理想时间序列 IS1 依次添加了信噪比（signal-to-noise ratio，SNR）5～100dB 的高斯白噪声。图 5.25 为 IS1 添加 22dB、23dB、25dB、30dB 的高斯白噪声后的时间序列演变图。图 5.26 所示为滑动子序列长度 L=50 时，相应含噪序列的 MC-ApEn 检测结果。从图中可以看到，随着 SNR 逐渐增大，MC-ApEn 检测到的突变点变得更加清晰，即便对于强度较大的高斯白噪声（SNR=23dB），MC-ApEn 也能够较好地识别原始序列中的突变信息。通过多组数值试验发现，SNR=22dB 是可以检测到突变点的 SNR 临界值，当 SNR<22dB 时，MC-ApEn 检测到的突变点位置的清晰程度逐渐递减；当 SNR>22dB 时，其检测到的突变位置的清晰程度逐渐递增。如图 5.26（b）所示，当 SNR=23dB 时，ApEn 值随时间的演变趋势以 t=1000 为界，呈现着两种趋势，可以清楚地看到突变的开始时间。

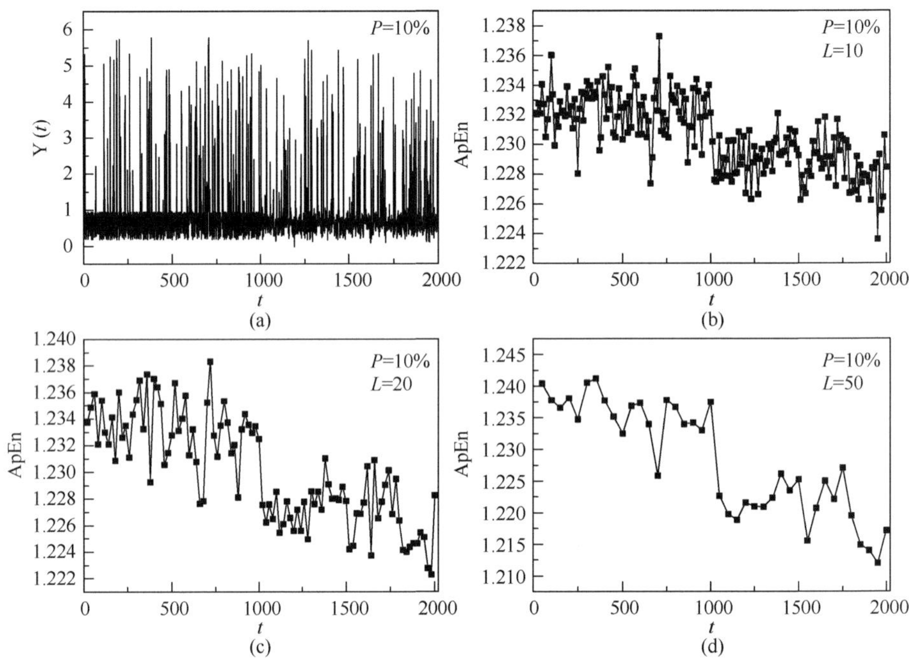

图 5.24　含尖峰噪声的非线性时间序列 IS1 及其 MC-ApEn 突变检测

（a）含个数占原序列长度 10%的尖峰噪声的非线性时间序列 IS1；（b）滑动子序列长度 L=10；（c）L=20；（d）L=50

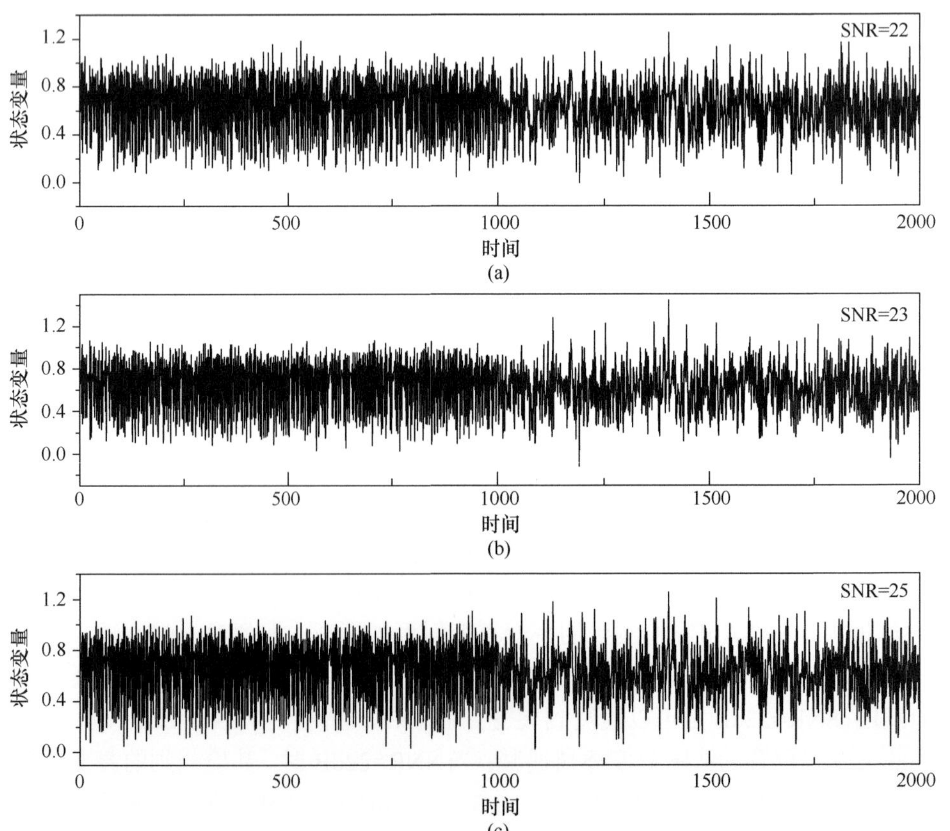

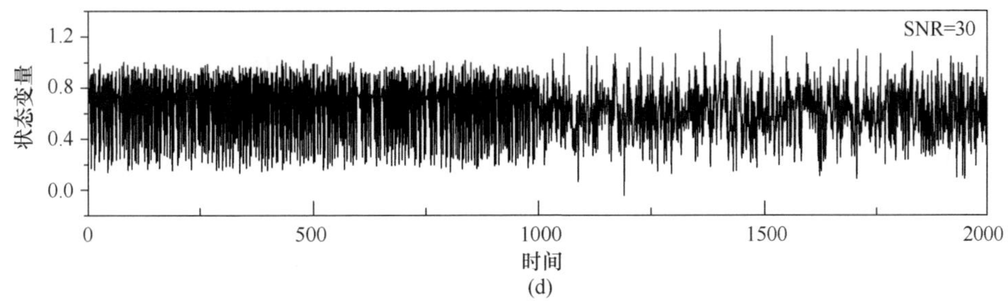

图 5.25　含高斯白噪声的理想时间序列

（a）信噪比 SNR=22；（b）SNR=23；（c）SNR=25；（d）SNR=30

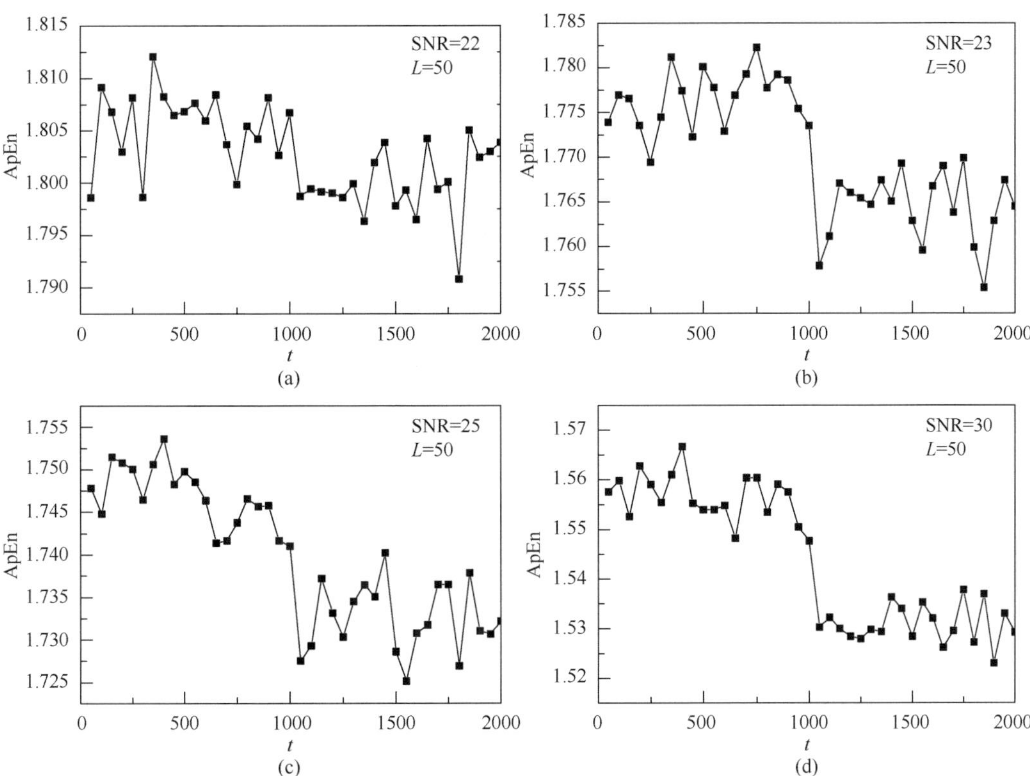

图 5.26　MC-ApEn 对含不同高斯白噪声的理想序列 IS1 的突变检测（滑动子序列长度 L=50）

（a）信噪比 SNR=22；（b）SNR=23；（c）SNR=25；（d）SNR=30

图 5.27 给出了保持原理想时间序列和所添加高斯白噪声信噪比大小不变。减小滑动子序列长度到 L=20 时 MC-ApEn 方法的突变检测情况。当 SNR=22dB 时，ApEn 值随时间的演变趋势从一种稳定状态跳跃式地转变到了另一种稳定状态，在 t=1000 这一时刻，即时间序列动力学结构发生改变的时刻，可以清楚地看到突变的发生［图 5.27（a)］。为了验证试验结果的可靠性，数值试验中还取了不同长度的滑动子序列，发现其 MC-ApEn 突变检测结果基本一致（图略）。当 SNR 达到 22dB 时就可以清楚地检测到突变点的位置，SNR 值越大，检测到的突变点越清晰，对 MC-ApEn 的影响越小。可检测到突变点的 SNR 临界值的大小可能与样本量的大小有关系。

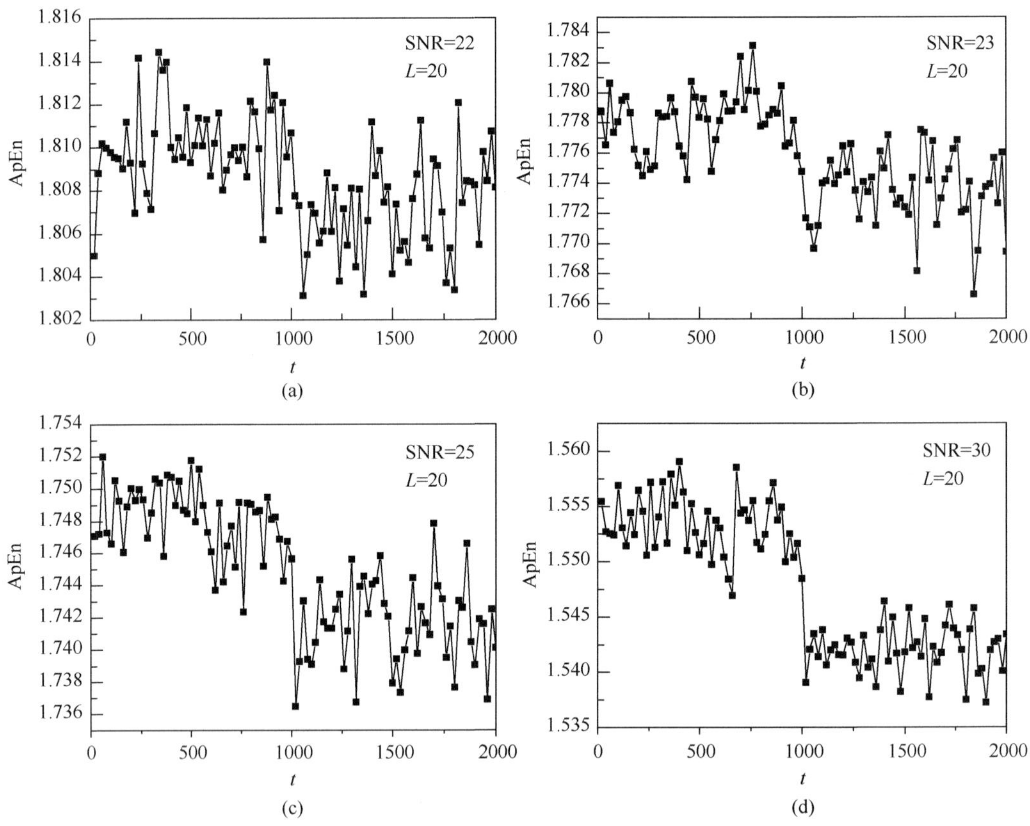

图 5.27　MC-ApEn 对含不同高斯白噪声的理想序列 IS1 的突变检测（滑动子序列长度 L=20）

（a）信噪比 SNR=22；（b）SNR=23；（c）SNR=25；（d）SNR=30

本节研究了尖峰噪声、高斯白噪声对 MC-ApEn 突变检测的影响，发现时间序列中所含尖峰噪声的数目占原序列长度的比例和尖峰噪声的大小对 MC-ApEn 的突变检测结果影响较小，表明 MC-ApEn 方法对尖峰噪声具有较强的抗噪能力。当对长度为 2000 的非线性理想时间序列 IS1 加入高斯白噪声时，对于不同长度的滑动子序列，可检测到突变点的 SNR 临界值均约为 SNR=22dB，这可能与样本量的大小有关系。这表明 MC-ApEn 的检测结果对高斯白噪声也具有较强的抗干扰能力。结合本节和上一节的研究结果可知，噪声、趋势等时间序列的非平稳性对 MC-ApEn 影响较小，这为该方法在实际观测资料中的应用提供了坚实的实验基础。

5.3　突变过程分析方法在年际-年代际转折识别中的应用

5.1 节中介绍了气候序列转折中存在的过程并提出气候突变过程分析方法，本节将利用太平洋年代际振荡指数（PDO）以及 500hPa 温度场，研究转折过程。

5.3.1　近百年来 PDO 序列突变及其过程

PDO 是基于北太平洋海表面温度计算的指数，反映了北半球中高纬度地区海表面温度的年代际变率。以往的研究表明该指数从一个状态跳转到另一个状态曾发生多次，即表明系统出现多次突变（Barnett et al.，1993；Francis et al.，1994，1998）。这些突变都对全球气候有着较好的响应。利用提出的气候突变过程分析方法，对过去一百年的 PDO 指数（数据来自美国华盛顿大学大气科学学院网站 http：//jisao.washington.edu/pdo）的突变过程展开研究。研究突变的开始、发展和结束，对于进一步理解突变有着极其重要的意义。

类似 5.1.2 节中做法，图 5.28 所示为子序列分别取 10 年、20 年、30 年、40 年情况下突变开始时间的检测结果，横坐标表示检测时间（即测试数据的截止时间），纵坐标是检测得到的突变开始年份。结果显示，在子序列遍历原序列的过程中，无论子序列处于怎样的位置，总能检测得到某些特定的突变开始年份，如：1934 年，1940 年，1957 年，1970 年，1976 年等开始的突变就经常被检测到。以 1976 年开始的突变为例，子序列设置 10 年的时候，在 1980～1986 年的时段，始终都能检测到这一次突变；子序列取 20 年的时候，在 1980～1995 年的时段都能检测到此次突变；而子序列设置 30 年的时候，对 1989～2005 年都能检测到此次突变；当子序列设置更大（40 年）的时候，同样在 1991～2012 年的时段都能检测到这次突变。基于这些结果，能够得出这样的结论：即子序列长

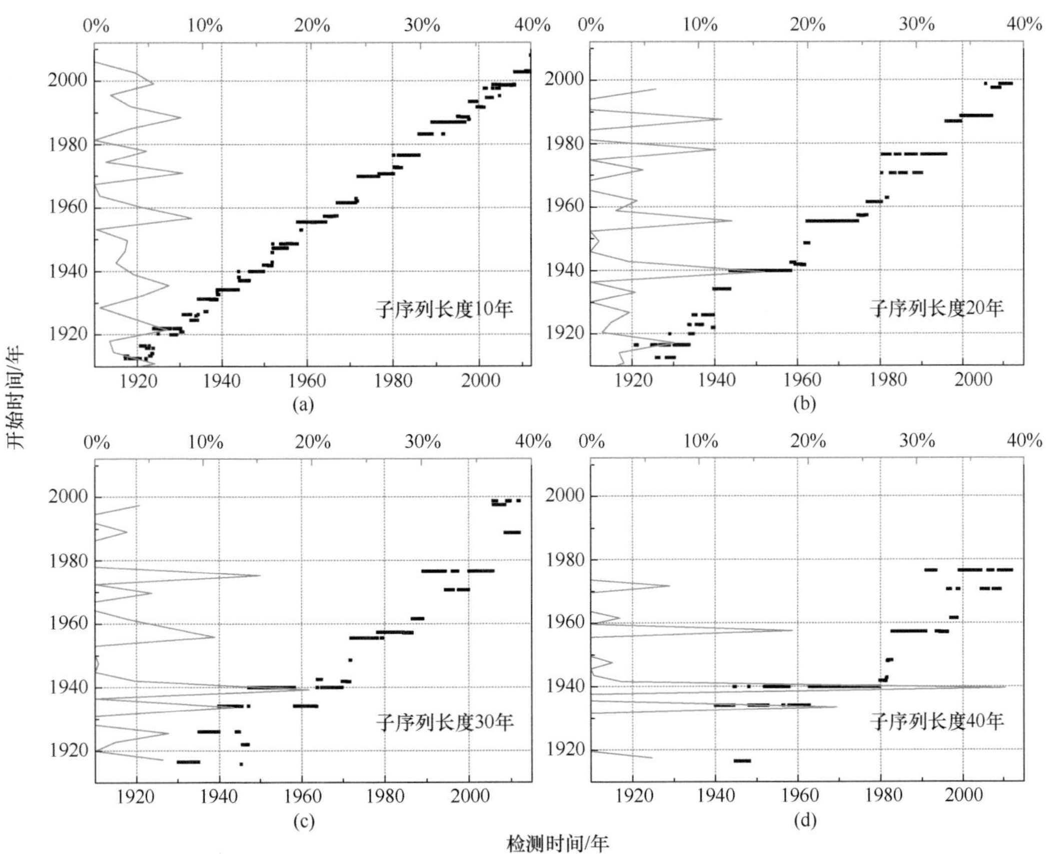

图 5.28　不同子序列选取情况下检测时间与突变开始时间

x-轴是检测时间，y-轴是突变开始时间，灰色线是突变开始时间检测到的概率，

（a）～（d）分别是不同宽度的观察窗口下的情况

度选择较小，突变标准的绝对量较小，因此检测得到的突变较多。这意味着研究的突变尺度相对于整个时间序列而言是短暂的，在子序列较小的时候，具有显著的识别能力。同时这些突变［如图 5.28（a）中检测到的诸多突变，与历史上其他时期发生的突变相比，是幅度比较小的突变］往往能够被较早的识别（偏离对角线的距离越小，对突变的识别能力越强）；在子序列长度较长的时候检测到的突变［图 5.28（d）］次数较少，表明相对历史时期这些突变发生的幅度较大，往往也容易被传统的突变检测方法所识别，值得注意的是这些突变的识别具有明显的滞后性（偏离对角线距离较大）。

1. 气候系统所在状态的统计特征

对检测到的突变，进一步考察突变系统所处的状态。气候突变过程识别方法在检测突变的过程中，检测到突变前的状态和突变后的状态，图 5.29 所示为突变的结束状态。子序列长度分别设置为 20～40 年，系统的结束状态存在两个概率比较大的状态。其中一个状态分布在–1～0，另一个分布在 0～1，故该系统是一个满足双稳态结构的气候系统。系统在突变前后分别处于不同的状态，并且在该状态附近波动（气候系统围绕气候吸引子旋转）。而突变发生的时候，系统从一个稳定状态过渡到另一个稳定状态。注意到子序列取值较小时（10 年），两个状态之间的差值较小（距离较近）；子序列取值较大的时候（如 40 年），两个状态之间的差值较大，这是由于子序列较短，研究的气候突变的尺度较小，反之亦然。

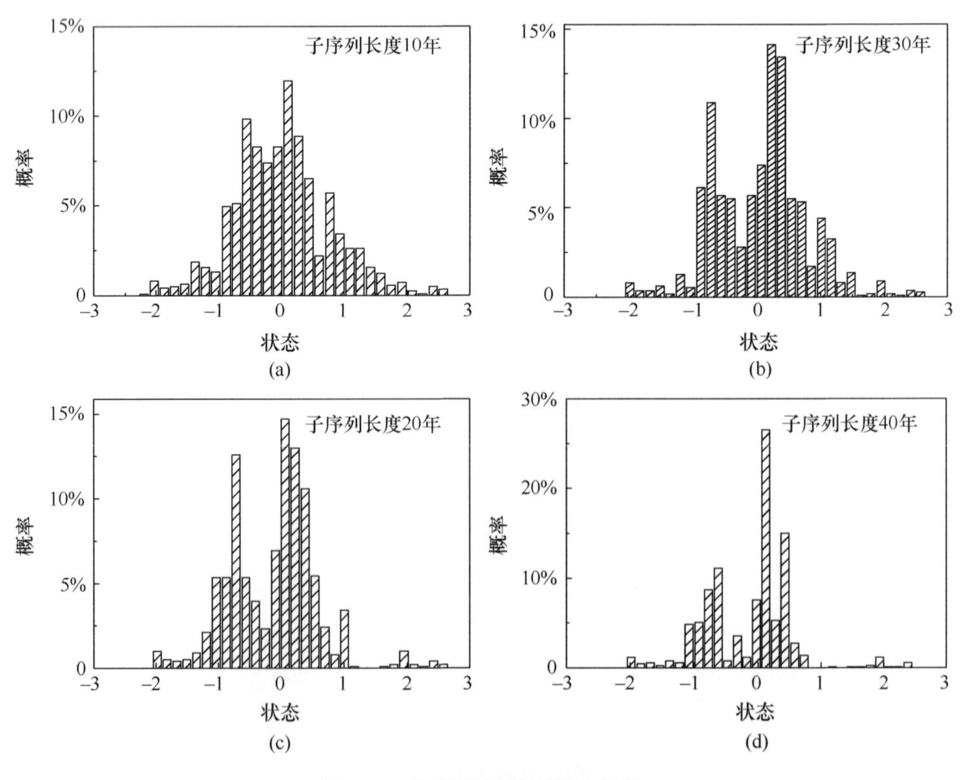

图 5.29　气候系统的双稳态结构

（a）～（d）分别是不同宽度的观察窗口下的情况

以往的研究中，证实了大多数气候系统存在此类双稳态结构（Goldblatt et al.，2006；Alexander et al.，2012），并且在历史上曾经多次发生气候系统在不同稳态之间的跳转。然而，更加引起我们兴趣的并不是突变系统已经存在的两个或多个稳定状态，而是系统在这不同状态之间的过渡过程。研究气候系统在不同稳定状态之间的过渡过程（持续了多久）将进一步加深对气候突变的了解。

2. 基于“始-末”状态相图的突变过程再现

“始-末”状态相图还原了系统的突变过程，在研究 PDO 序列的突变中绘制该系统的初始-结束状态图，如图 5.30 所示。图 5.30（e）是 PDO 序列（灰色线），黑色线是 20 点滑动平均。系统的相空间分布呈现明显的线性特征，对照前述的分析结果可知，系统的突变过程状态非常显著。分析其中的几次突变过程：

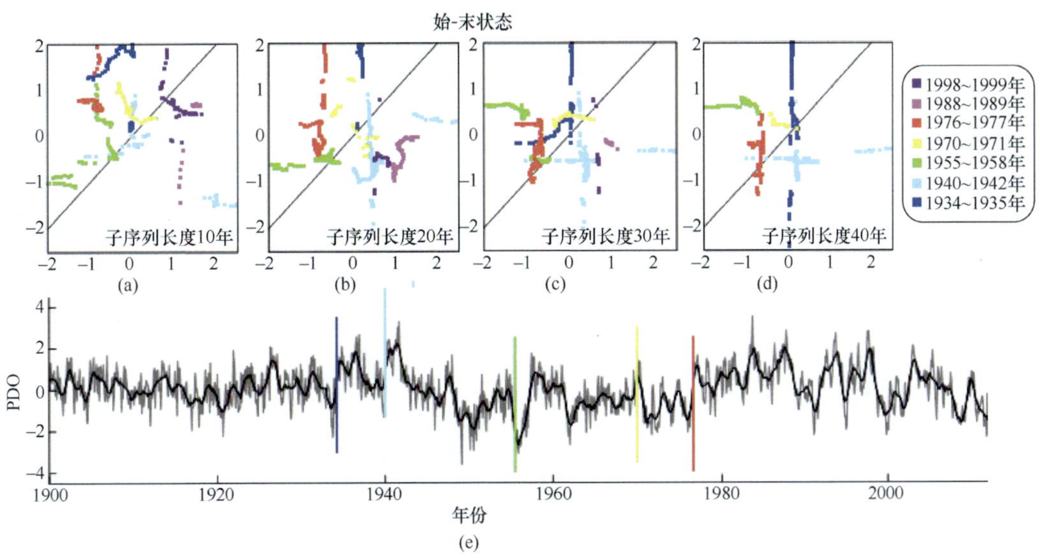

图 5.30　PDO 时间序列及其不同观察窗口下突变的“始–末”状态相图

（a）～（d）分别是不同宽度的观察窗口下的情况

（1）开始于 1934～1935 年的突变，用深蓝色线标记，子序列长度取为 10 年时，相图中为平行于对角线的线段，表明该观察窗口下的一个持续增加型突变，但是在更大的观察窗口下（20 年、30 年、40 年）出现竖直状态，这表明该时段系统是一个增加型的突变过程。

（2）开始于 1940～1942 年的突变，用浅蓝色线标记，子序列长度取为 20 年、30 年、40 年时，相图中线段在对角线右侧，表明该时段系统是一个减少型的突变过程。其中竖线表示这个突变的过程是一直减少的，而观察窗口取为 20 年和 30 年的竖线超出对角线的部分，是因为这时刻之前的序列中存在一定的上升过程，窗口取为 30 年和 40 年时的横线则是这时刻之后存在一定的减少至平衡的情况。

（3）开始于 1955～1958 年的突变，用绿色线标记，子序列长度取为 20 年、30 年、40 年时，相图为对角线左侧的横线，表明一个增加至平衡态的突变过程。开始于 1970～

1971 年的突变，用黄色线标记，观察窗口取为 30 年、40 年时，相图对角线左侧出现短线段，表明一个增加过程的结束并出现稳定。但是这稳定持续时间是短暂的。在随后 1976～1977 年开始的突变过程，用红色线标记，相图中是对角线左侧的竖线，表明系统在该时段出现一个增加型的突变过程。

（4）子序列长度取为 10 年时，观察到一些近几年发生的突变过程，如开始于 1988～1989 年的突变（粉色线标记）和开始于 1998～1999 年的突变（紫色线标记），相图给出类似的结论。

对于几次突变过程，可以进一步考察它们的持续时间，如图 5.31 所示，统计每一次突变过程的持续时间，发现持续时间总是锁定在某些固定值上面，这与突变开始时刻一一对应。蓝色线标记的是 3.5%以上识别率的突变事件，表 5.4 列出了统计结果。值得注意的是，开始于 1934 年、1940 年的突变在观察窗口取 20 年、30 年、40 年的时候都被检测到，并且无一例外都给出相同的突变持续时间：69 个月和 136 个月。1977 年开始的突变，窗口取 20 年和 30 年的时候，都检测到突变持续时间约 32 个月，并且在窗口取 20 年、30 年和 40 年的时候，还存在另一个突变持续时间 143 个月，可能此次突变存在两次或更多的突变叠加在一起。除此之外，还有一些突变（如 1922 年、1926 年、1962 年等）也被检测到持续了特定的时间。

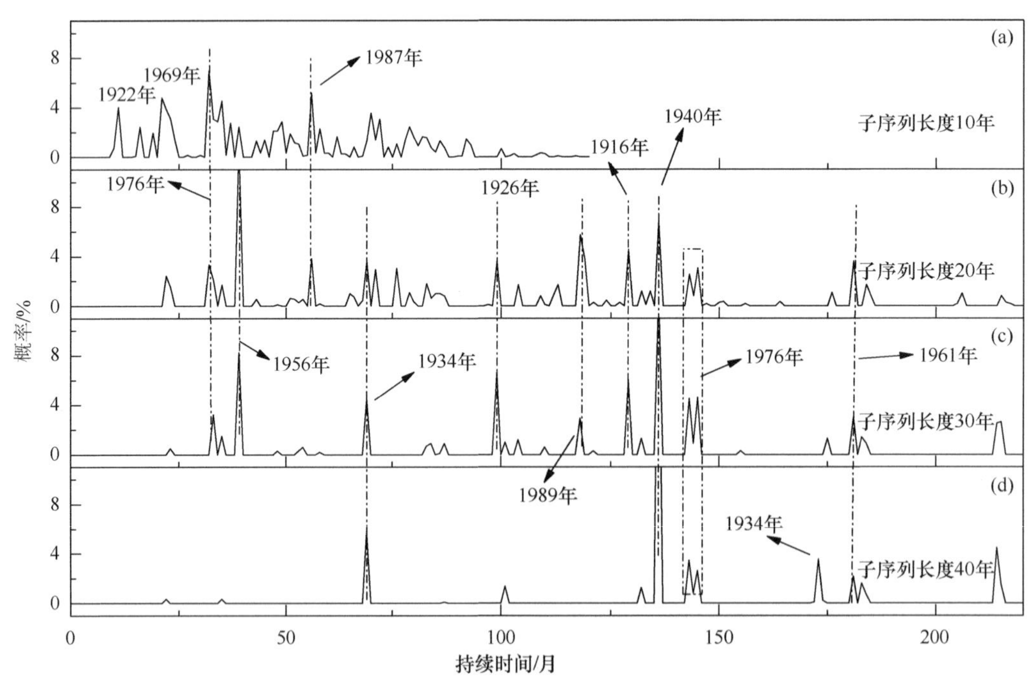

图 5.31　突变持续时间统计分布

横坐标是突变的持续时间，纵坐标是此次突变被检测到的频率，点画线表示突变开始的年份

图 5.32 所示为检测到的几次突变的开始时刻和持续时间之间的关系：20 世纪 50 年代之前的几次突变事件，其突变的持续时间由 10 年逐次缩短到 3 年左右，这一段时间（1910～1940 年）全球平均气温持续上升，开始于 1940 年的突变持续了约 11 年，这恰

恰对应于 1940～1950 年的全球降温。50 年代之后检测到的突变比较频繁，突变持续时间较短（5～6 年）的突变，持续时间由 2～3 年增加到 44 年，而 10 年以上的突变，持续时间逐次缩短至 9～10 年，对应的这一段时间（50 年代至今）全球平均气温持续升高。

表 5.4 开始于不同年份的突变的持续时间

编号	突变开始时间/年	观察窗口选取时间/年	突变持续时间/月
1	1922	10	11
2	1926	20/30	99
3	1934	20/30/40	69
4	1940	20/30/40	136
5	1956	20/30	39
6	1962	20	181
7	1970	10	22
8	1971	40	214
9	1977	10/20/30/40	32/143
10	1987	10/20	56
11	1989	20	118

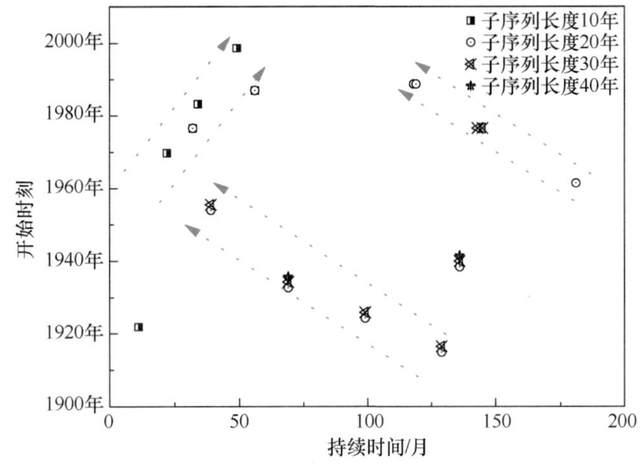

图 5.32 突变开始时刻与持续时间

横坐标是突变持续时间，纵坐标是突变的开始时刻，不同颜色表示不同观察窗口

由此可见，突变的持续时间与全球增暖是密切相关的，20 世纪 50 年代之前的全球增暖导致突变持续时间逐渐缩短，而经历 50 年代短幅降温之后，被检测到的突变更加频繁，并且原本突变持续时间小于 5 年的突变，其持续时间延长，突变持续时间大于 10 年的突变持续时间缩短。

5.3.2 500hPa 温度场的突变与突变过程

基于 NCEP-1 的资料，深入考察 500hPa 温度场上突变时间序列的时空分布特征及突变过程中的规律性。利用气候突变过程分析方法，检测得到突变开始时刻、突变幅度、突变变率、突变持续时间等参量，考察这一时期 500hPa 温度场全球范围内的温度突变事件在时间和空间上的分布情况。本节研究中观察窗口取为 10 年。

1. 全球格点突变开始时刻统计规律及空间分布

考察每一个时刻格点检测到发生突变的频次，如图 5.33 所示。研究时段存在包括 1956～1959 年、1970～1979 年、1986～1994 年，以及 1994～2004 年四次（图中加粗部分）较为显著的气候突变，这与基于 SST 和 SLP 资料（肖栋和李建平，2007）的气候突变的检测结果相一致。

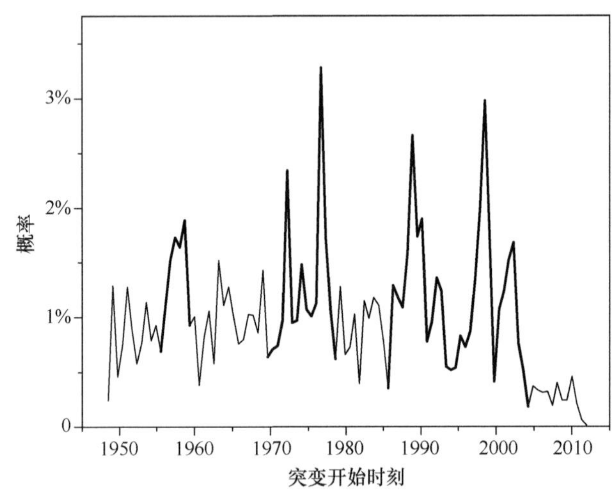

图 5.33　基于 NCEP-1 的 500hPa 温度资料统计的突变开始时刻频次统计规律

粗线是研究分析的四次突变

对检测到的四次突变，分别计算不同时期的温度平均序列，并进行突变过程拟合，如图 5.34 所示。①1956～1959 年、1970～1979 年、1994～2004 年的突变前后，平均温度升高分别为 0.37℃、0.16℃和 0.23℃。②1986～1994 年的突变，全球温度突变前后降低了 0.37℃。从突变变率来看，1986～1994 年和 1994～2004 年的两次突变的变率明显要大于 1956～1959 年、1970～1979 年的突变；就序列平均温度而言，1986～1994 年、1994～2004 年的两次突变，序列平均温度分别为 0.10℃/a 和 0.18℃/a，要显著高于 1956～1959 年（–0.20℃/a）和 1970～1979 年（–0.23℃/a）的情况，表明温度增高、突变变率也增加。

图 5.35 所示为四次突变开始时刻的空间分布情况。整体上来看，中高纬区域突变开始时刻偏早，低纬度区域偏晚。1956～1959 年，该时段的突变北半球高纬度地区、西北太平洋以及南半球零星地区发生时刻偏早，低纬度地区偏晚；1970～1979 年，突变发生较早的区域发生在北太平洋低纬度区域、南太平洋西部区域以及印度洋的中纬度区域，而低纬度地区（尤其是东太平洋和大西洋的低纬度地区）突变发生时刻显著偏晚；1986～1994 年和 1994～2004 年的突变与前一时期相类似，突变较早区域发生东半球，而太平洋和大西洋低纬度地区显著偏晚。总体上来看，1979 年之前的突变，高纬度区域、海洋上空的突变发生偏早，低纬度区域、亚欧大陆上空偏晚；而 1979 年之后的突变，东半球偏早一些，西半球太平洋上空突变偏晚。

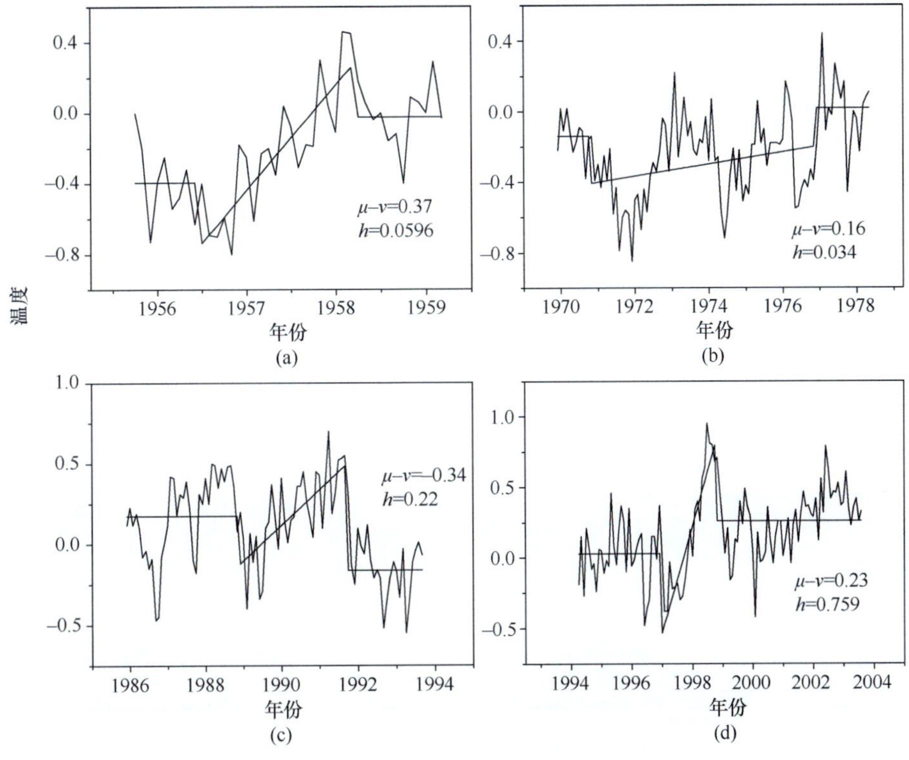

图 5.34　对四次突变过程平均温度序列的拟合

（a）1956～1959 年；（b）1970～1979 年；（c）1986～1994 年；（d）1994～2004 年

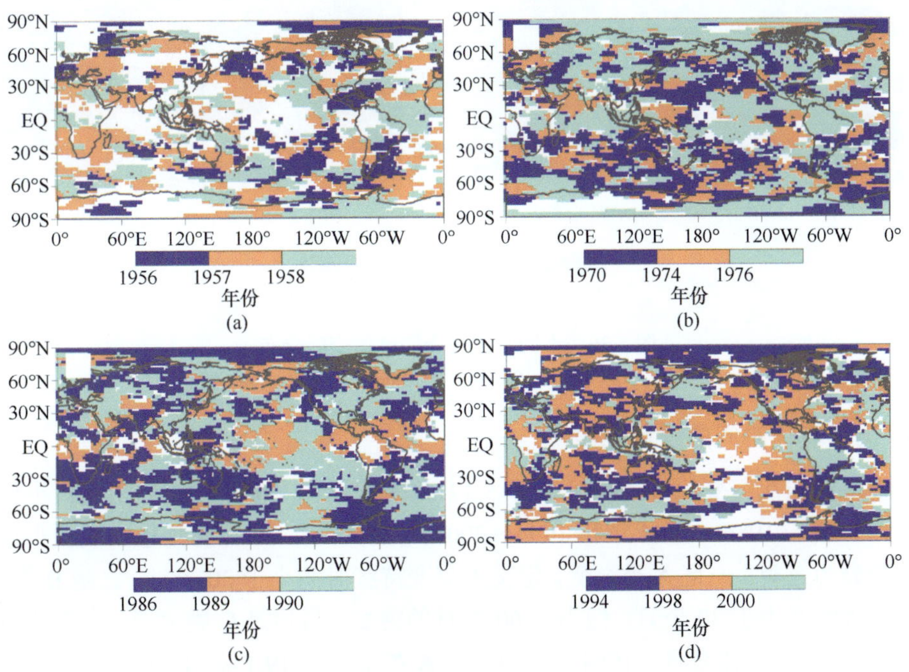

图 5.35　不同时段突变开始时刻的空间分布

（a）1956～1959 年；（b）1970～1979 年；（c）1986～1994 年；（d）1994～2004 年

2. 不同突变时期，温度的突变幅度分布规律

在前一节的基础上，分析 500hPa 温度场上不同时段发生的突变幅度的空间分布（图 5.36），其中蓝色系表示降温，黄绿色系表示升温。可看出低纬度地区的变化幅度较小，高纬度变化幅度较大。1956～1959 年，突变主要以降温为主，幅度较大区域集中高纬度地区（北半球 30°N 以北、南半球太平洋 30°S 以南）区域；降温幅度较小的区域为 30°S～30°N，尤其是靠近大陆沿岸的地方降温显著，海洋上增温显著。1970～1979 年，突变主要以升温为主，以 3.5℃作为分界线，北半球这一分界线在 30°N 附近，南半球在移动至 45°S 附近。1986～1994 年和 1994～2004 年的突变也主要以增温为主，与前一时段相比，3.5℃的分界线在北半球显著南移、南半球也北移至 30°S 附近，表明这一时段突变幅度显著增加。

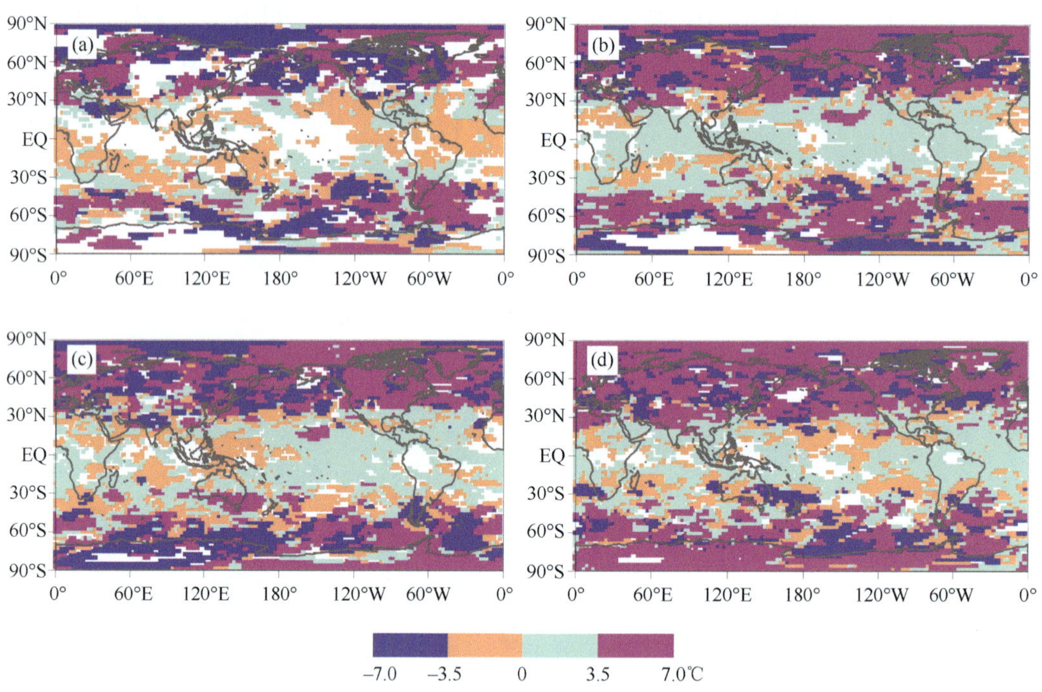

图 5.36　不同时段突变幅度的空间分布

（a）1956～1959 年；（b）1970～1979 年；（c）1986～1994 年；（d）1994～2004 年

3. 突变持续时间的统计规律

分别统计四次突变的持续时间（图 5.37），发现均在 60 个月前后出现极小值，而 1970～1979 年、1986～1994 年和 1994～2004 年突变，在 30 个月处也出现极小值，据此将突变分为三类：一是 A 类突变，定义为突变持续时间小于 30 个月，二是 B 类突变，其突变持续时间大于 30 个月，但小于 60 个月的突变；最后是 C 类突变，突变的持续时间大于 60 个月。具体来看，1954～1959 年，A 类格点占 19.1%；1970～1979 年，A 类格点数目比例增加，为 29.0%；1986～1994 年和 1994～2004 年，A 类格点占比分别为 21.7%和 25.4%。随着全球增暖，发现越来越多的突变持续时间逐渐缩短。

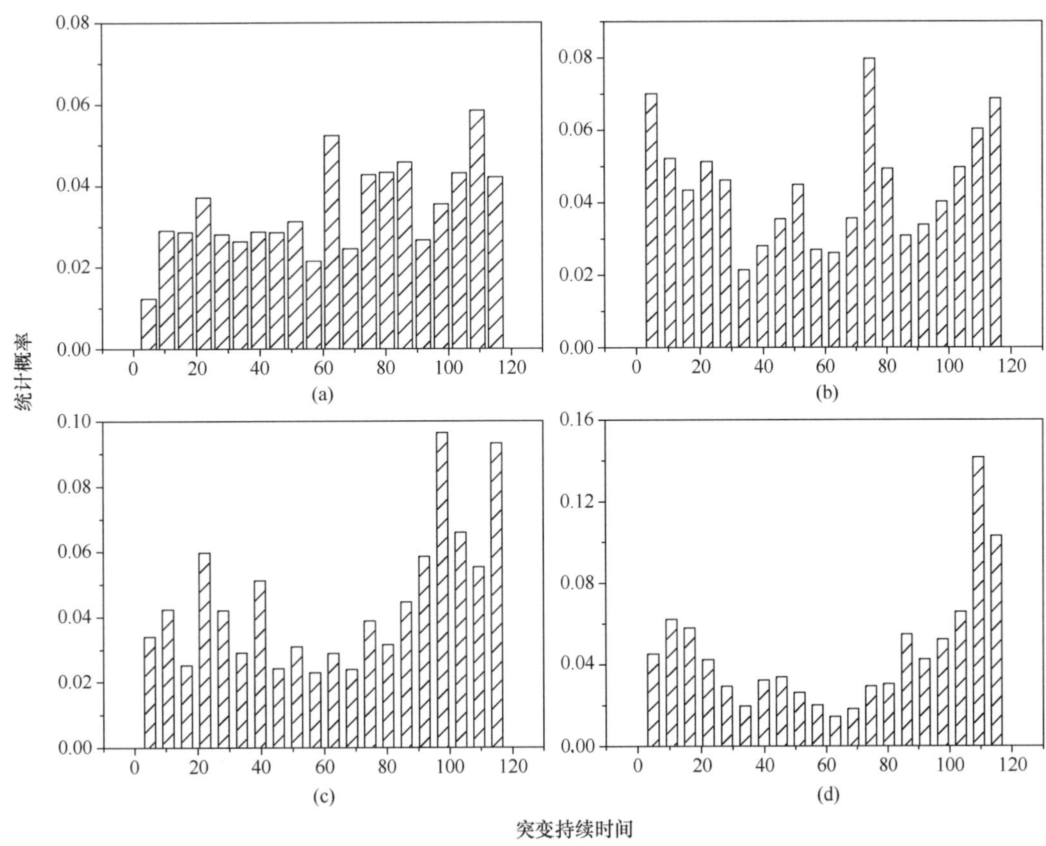

图 5.37　不同突变时期，各格点温度发生突变持续时间统计分布

（a）1956～1959 年开始的突变；（b）1970～1979 年开始的突变；
（c）1986～1994 年开始的突变；（d）1994～2004 年开始的突变

4. 突变检测过程中不稳定性探讨

前一节探讨了稳定性参数，参数绝对值越大，系统混沌性越强，即此时系统不稳定性越强。图 5.38 给出稳定性参数的统计结果，发现其分布比较集中，其中［–0.5，0.5］的情况，在 1956～1959 年占 87.4%，1970～1979 年占 78.6%，1986～1994 年占 85.2%，而 1994～2004 年占 80.9%。表明检测过程中大部分突变是相对平稳的。从概率分布来看，1956～1959 年的突变近似呈单峰分布，概率极大值位置在 0.12 处；1970～1979 年和 1994～2004 年突变期间的稳定性参数比较一致，呈负偏态分布，概率极大值位置在 –0.20 附近；1986～1994 年的情况，概率极大值位置在 0.40 附近。因此 1956～1959 年的突变相对比较稳定，1970～1979 年、1994～2004 年的突变不稳定性增强，而 1986～1994 年突变过程中系统不稳定性最显著。

进一步参照 5.1.3 节，对 500hPa 温度场的突变过程中系统的稳定性展开分析。图 5.39 中大部分突变的状态尤其是不稳定性较强的突变主要呈竖直和水平分布。这与前述研究结果类似，即当系统处于突变过程中的时候，系统是不稳定的。

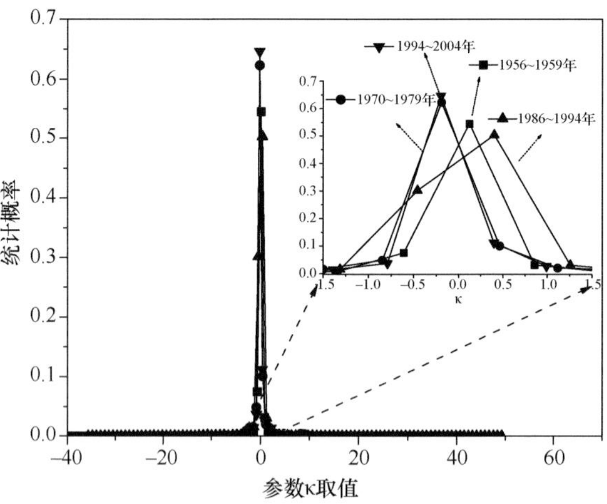

图 5.38　不同突变过程下的不稳定性参数的统计分布

(a)

(b)

(c)

(d)

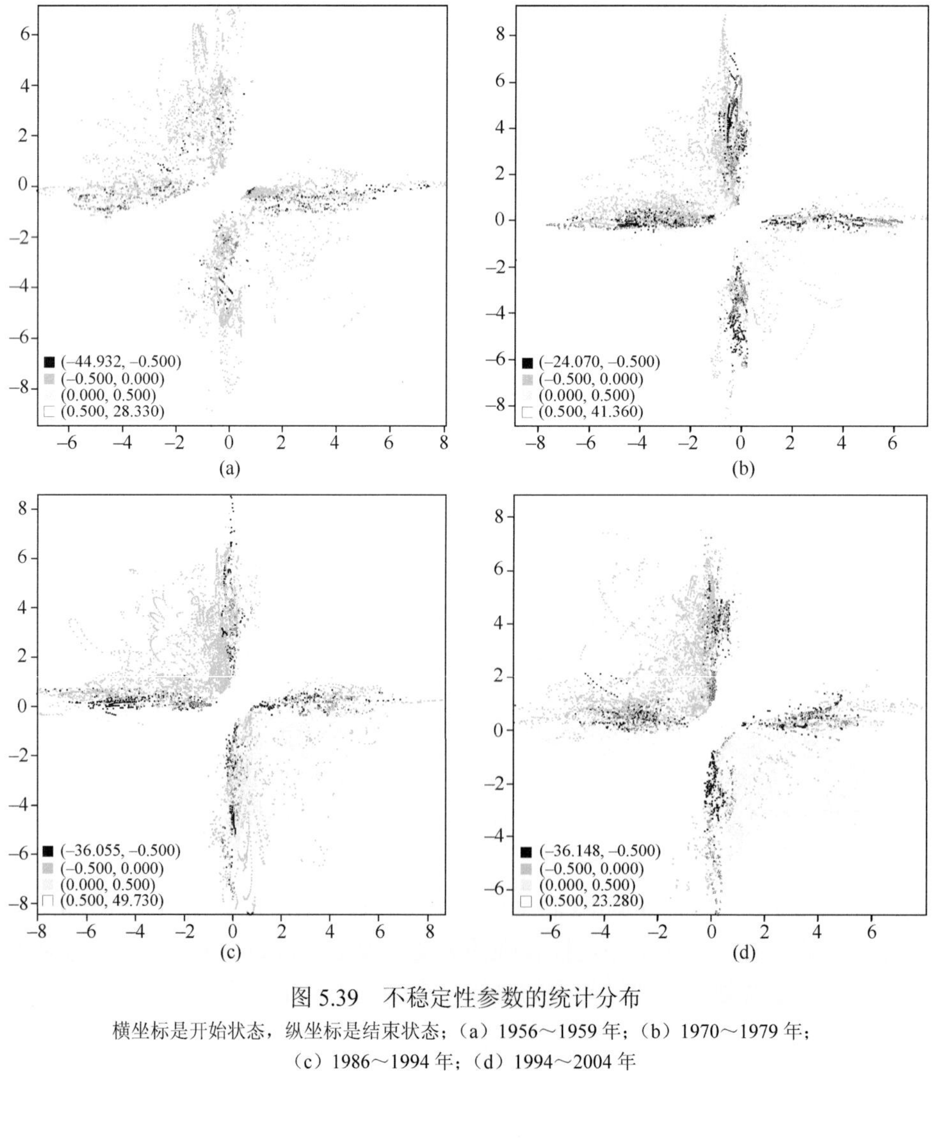

图 5.39　不稳定性参数的统计分布

横坐标是开始状态，纵坐标是结束状态；（a）1956～1959 年；（b）1970～1979 年；（c）1986～1994 年；（d）1994～2004 年

5.3.3　全球海表面温度的突变与突变过程

前一节借助于气候突变过程分析方法，展开对不同高度温度场突变的研究，结果表明不同高度之间的突变存在一定的关联性。进一步针对海洋表面温度进行突变分析，探讨气候突变在海表面温度场上的演化情况，并与上述大气的研究结论进行对比，以期找出大气发生突变的可能原因。已有研究（Xiao and Li，2007a，2007b）表明，海洋的突变存在一定的年代际变化特征。本节研究中利用气候突变过程分析方法，研究近百年全球海表面温度的突变过程，详细分析其中几次突变的开始、持续、结束的空间分布特征以及突变过程的统计特征，并借助于大量的统计结果，定量地验证了突变变化率、变化幅度以及不稳定度之间的函数关系。这个关系式也从侧面论证了突变事件的突发性和危害性之间的紧密联系。

1. 近百年来全球海表面温度的几次突变

将气候突变过程分析方法应用于全球每一个格点上近百年的海表面温度序列进行检测，每条序列检测中得到一组反映这条序列突变特征的参数，每组参数包括突变开始时刻、结束时刻、突变变率、突变幅度以及稳定性参数。本节计算中，观察窗口大小取为 10 年。依据这些参数，可以对每一条序列的每一次突变进行还原再现。

1）几次突变的发生时段及空间分布

针对任一年份开始/结束的突变格点数目进行统计，并计算其占总格点数目的概率。图 5.40 中，统计了 1848～2010 年逐年发生突变的格点频次。结果发现：①依据突变开始时刻进行统计，如图 5.40（a）所示，在三个时刻（1878 年、1942 年、1976 年）和两个时段（1890～1920 年、1990～2010 年）开始的突变的概率较高（超过 1%，后文通过数值试验对这一阈值进行论证），表明突变开始于这一时期的格点数目较多，将对这些突变做进一步研究；②图 5.40（b），依据突变结束时刻进行统计，则统一存在三个时刻（1886 年、1950 年、1982 年）和两个时段（1900～1930 年、1990～2010 年）结束的突变的概率较高（超过 1%），这表明突变结束于这一时期的格点数目较多。对比图 5.40（a）和图 5.40（b），依据突变开始、结束时刻统计的突变概率之间具有一定的对应关系。如图 5.40 中箭头和方框标记的位置，图 5.40（a）表示这些格点的突变开始于某一个时刻，图 5.40（b）表示这些突变在这些时刻结束突变，两者的对应关系较好。

为了描述图 5.40 中两个概率序列之间的定量关系，绘制了图 5.41 的相关系数图。横坐标是对图 5.40 两条序列中截取任意子序列的长度，计算这两个任意位置的子序列，标记出当两个子序列分别在原序列上面遍历时，二者相关系数最大的位置，即图中右侧坐标所示，此时计算出来的概率如图左侧坐标所示。发现当子序列长度取值为 100 年甚至更长的时候，两条序列的相关系数基本稳定，相关系数为 0.7，通过 0.99 的显著性检验。且两条序列的滞后也大约在 10 年左右，表明图 5.40 中分别依据突变开始时刻、结束时刻统计到的突变属于同一次突变。

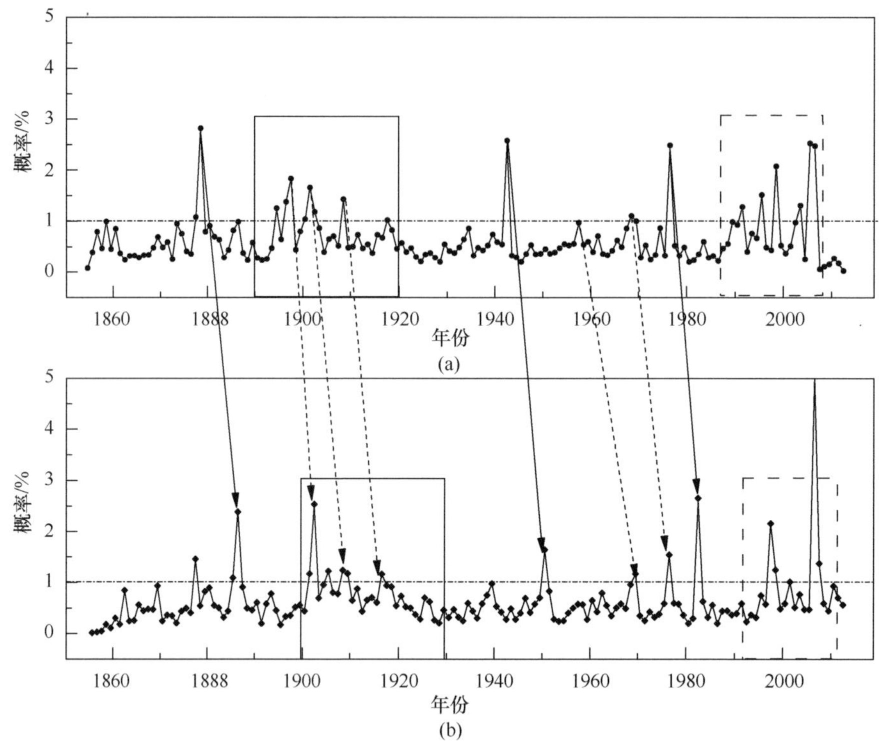

图 5.40 基于突变开始（a）、结束时刻（b）的突变发生概率的统计分布

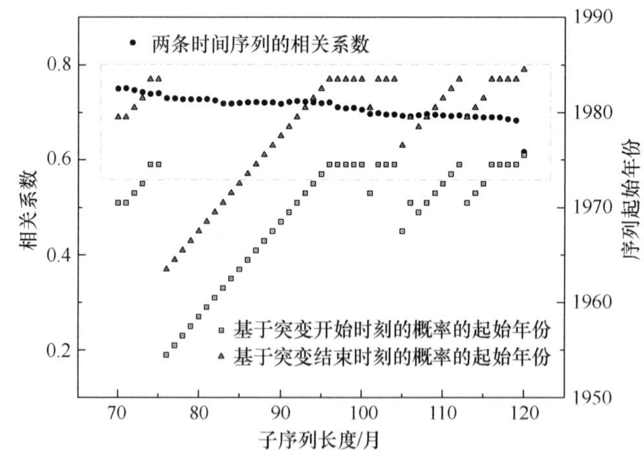

图 5.41 基于突变开始、结束时刻的突变发生频次之间的最佳相关系数

进一步验证这种概率之间的对应，即考察这些对应起来的突变开始和结束时刻是否属于同一个格点的一次突变过程。图 5.42 所示为依据开始和结束时刻识别的几次突变的空间分布情况：

（1）图 5.42（a）中，开始于 1878 年的突变，主要发生在印度洋北部地区、北太平洋和南太平中部部分地区，以及赤道大西洋地区；这些地区与结束于 1886 年［图 5.42（b）］的突变相重合，意味着这是属于同一次突变。

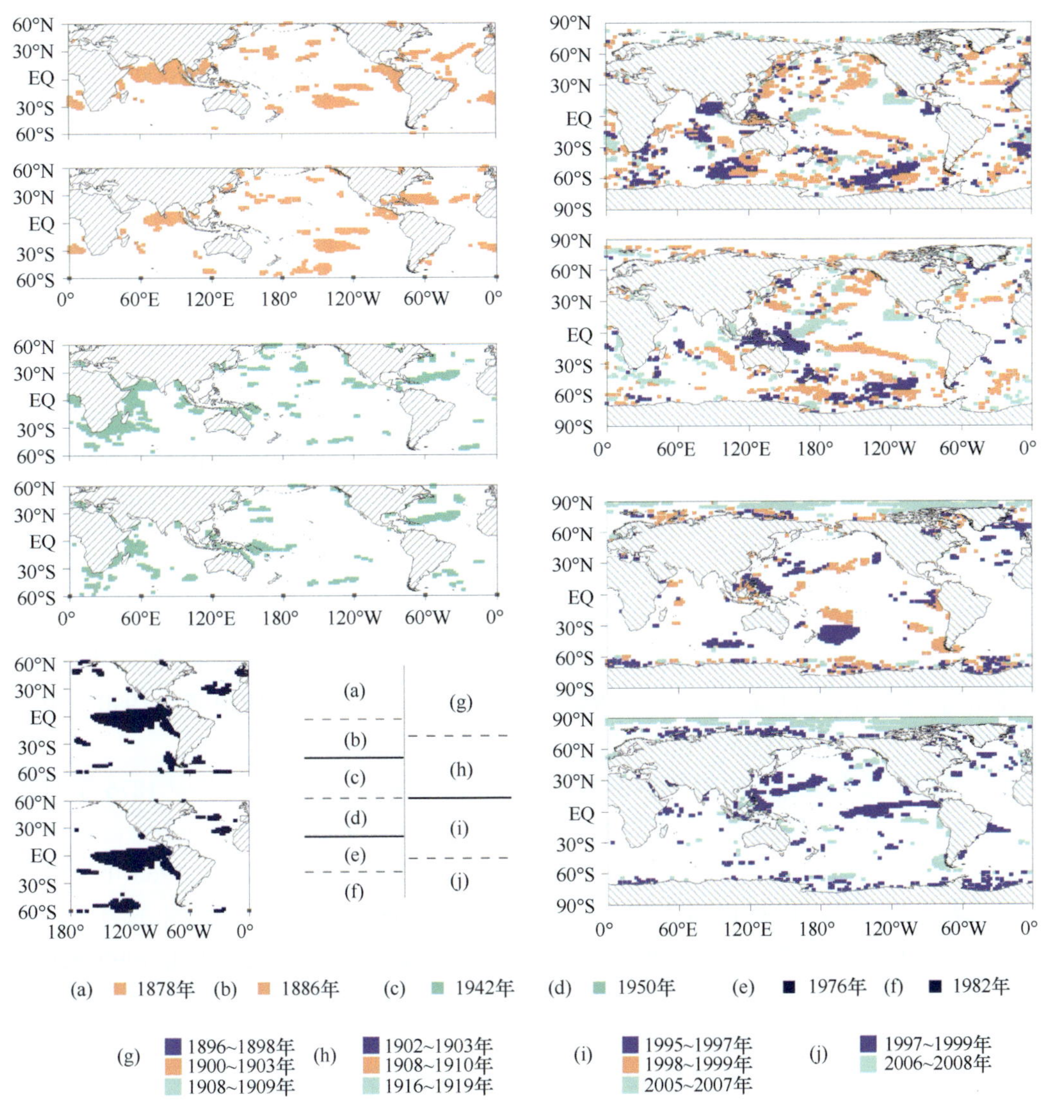

图5.42　依据开始和结束时刻的概率进行分类的突变空间分布

（a），（b）是1878年开始的突变和1886年结束的突变空间分布；（c），（d）是1942年开始的突变和1950年结束的突变；（e），（f）是1976年开始的突变和1982年结束的突变；（g），（h）是1890～1920时段开始的突变；（i），（j）是1990～2010年时段结束的突变

（2）图5.42（c）中，开始于1942年的突变，与结束于1950年的突变［图5.42（d）］在空间上相重合，主要发生在印度洋北部和西部沿岸地区、赤道大西洋部分区域，表明这是同一次突变。

（3）图5.42（e）中，开始于1976年的突变，集中爆发在赤道中东太平洋及太平洋南部靠近南极的少部分区域；这些地区的突变，与结束于1982年结束的突变［图5.42（f）］在空间上完全重合，表明这是同一次突变。

（4）图5.42（g）中，开始于1890～1920年的突变，又可以分为三个主要时段，其中1890～1898年的突变发生在印度洋和太平洋南部地区，1900～1993年的突变则以太平洋北部和大西洋为主，最晚发生在1908～1909年的突变则主要发生在赤道太平洋东部和西部地区；这与结束于1902～1903年、1896～1898年及1908～1910年［图5.42（h）］的突变空间分布一致。表明这是同一次突变。

（5）图5.42（i）中，发生在1990～2010年期间的突变可以分为四个时段，1989～1992年的突变主要发生在赤道太平洋中部地区，1995～1997年的突变集中在南太平洋西部地区，1998～1999年的突变也在南太平洋西部和北太平洋部分地区，最后发生在2005年和2007年的突变则集中在北极地区。其中1989～1992年、1995～1997年开始的突变结束于1997～1999年，而2005～2007年发生在北极极区的突变，则在2006～2008年结束［图5.42（j）］。表明这是属于同一次突变的。

以上分析证实空间某一格点的突变将经历开始、持续、结束三步。整个突变事件的空间分布情况，与肖栋和李建平（2007）等给出的突变“点”的分布情况存在很大的重合，表明“突变过程”的检测是对传统的“突变点”的检测的一种补充和延拓。

2）几次突变的过程特征

依据突变开始/结束的空间格点检测到的频率，可以将突变分为三个时刻和两个时段。据此分别考察这几次突变的温度序列的平均情况。其中两个时段又可以进一步细分，具体如图5.43所示。考察1878年、1942年、1976年、及1890～1920年、1990～2010年时段的突变，分别计算各个时期突变前后时间序列的变化情况。

从序列变化上来看，1960年以前的几次突变均表现为温度降低，其中1876年的突变，发生突变的格点序列平均温度降低了0.12℃；1890～1920年的三次突变，温度分别降低了0.11℃、0.16℃和0.06℃；1942年的突变，温度则降低了0.08℃。1960年之后的突变，表现为升温，其中1976年的突变，温度上升0.35℃；1990～2010年的突变，温度上升了0.11℃。此外，发生在两次世纪末的两次突变（1890～1920年和1990～2010年），由于分布在纬度较高地区，因此序列的平均温度较低，8～10℃，其余三次突变分布纬度相对较低，平均温度在20℃左右。

注意到几次突变所在的区域环境均在对应的时期存在较为显著的气候学突变的背景。其中19世纪末的突变主要发生在印度洋，而印度洋偶极子在那一时段从负位相转换为正位相；1940年左右的突变，可以在全球温度变化序列中找到对应关系，这一时段全球平均温度出现显著性的转折，并且持续了10年之久；开始与1976年的突变主要发生在ENSO区域，并且1976年是公认的气候转折点，很多气候要素均在此被检测到出现气候突变；20世纪末的气候突变则主要发生在高纬度地区，这造成了极地温度大幅度上升，极冰、积雪发生消融，造成海平面上升（IPCC IV，2007）。

3）几次突变过程的持续时间

突变过程分析方法给出某次突变的开始和结束时刻，可以计算出该次突变的持续时长。图5.44给出突变持续时长的空间分布。深蓝色表示突变持续时长为0～30个月、浅蓝色表示持续时长为30～60个月、绿色表示持续时长为60～90个月、黄色则表示持续时长为90～120个月。

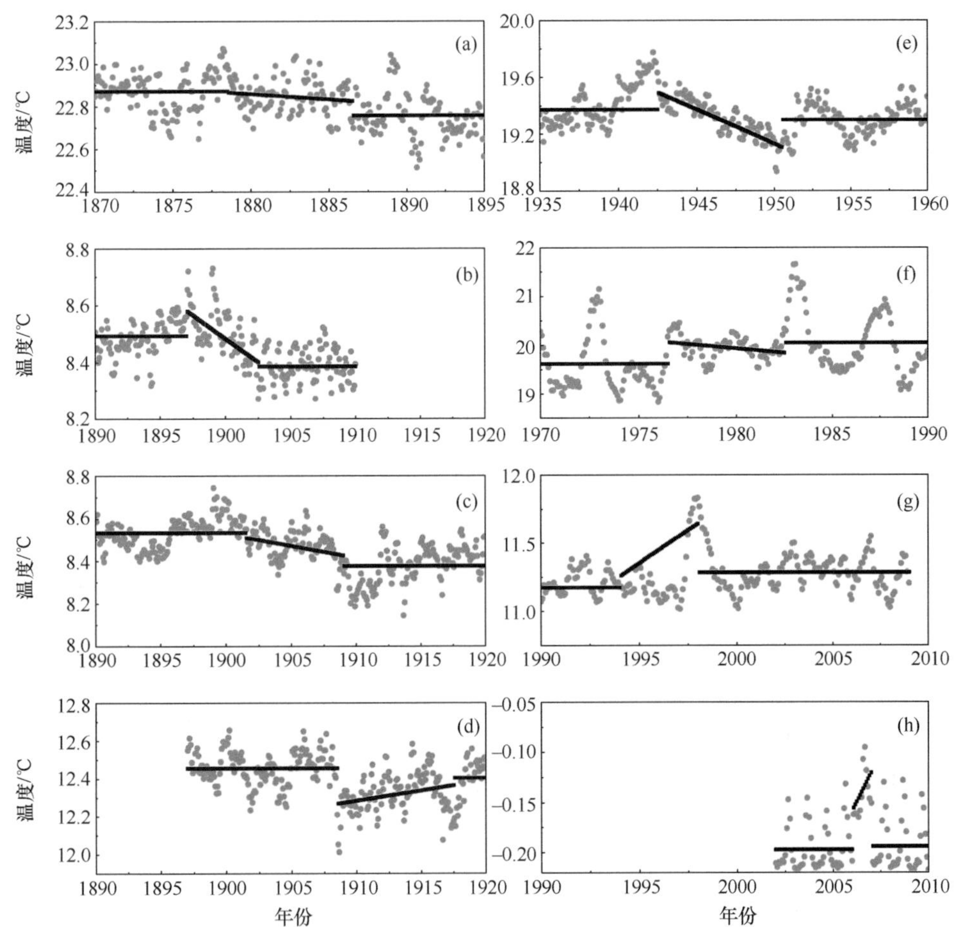

图 5.43　同一次突变背景下群发的突变时间序列的平均

（a）1878 年；（b）1896～1898 年；（c）1900～1903 年；（d）1908～1909 年；（e）1942 年；（f）1976 年；（g）1989～1999 年；（h）2005～2006 年

进一步细化 1890～1920 年和 1990～2010 年的突变，各分为三个和两个时段，包括：

（1）1878 年的突变［图 5.44（a）］，发生在北半球的，如印度洋北部、北太平洋中部和北大西洋部分地区的突变持续时间偏短，而发生在南半球的，包括南太平洋中部的突变则持续时间偏长。

（2）1896～1898 年的突变［图 5.44（b）］，主要分布在南半球的南部地区，并且持续时间都在 60 个月以上，太平洋海域的突变持续时间为 60～90 个月，印度洋南部则稍长。

（3）1900～1903 年的突变［图 5.44（c）］，主要发生在太平洋，整体上突变持续时间也较长（60 个月以上），其中东部的突变为 90～120 个月，要比西部的 60～90 个月的突变持续时间长。

（4）1908～1909 年的突变［图 5.44（d）］，分布在太平洋沿岸部分地区以及印度洋南部部分地区，发生区域较小，但整体突变持续时间也较长，均在 60 个月以上。

（5）1942 年的突变［图 5.44（e）］，从全球来看，整体上持续时间都比较长，尤其是印度洋西部沿岸地区和大西洋中部地区持续时间为 90～120 个月。

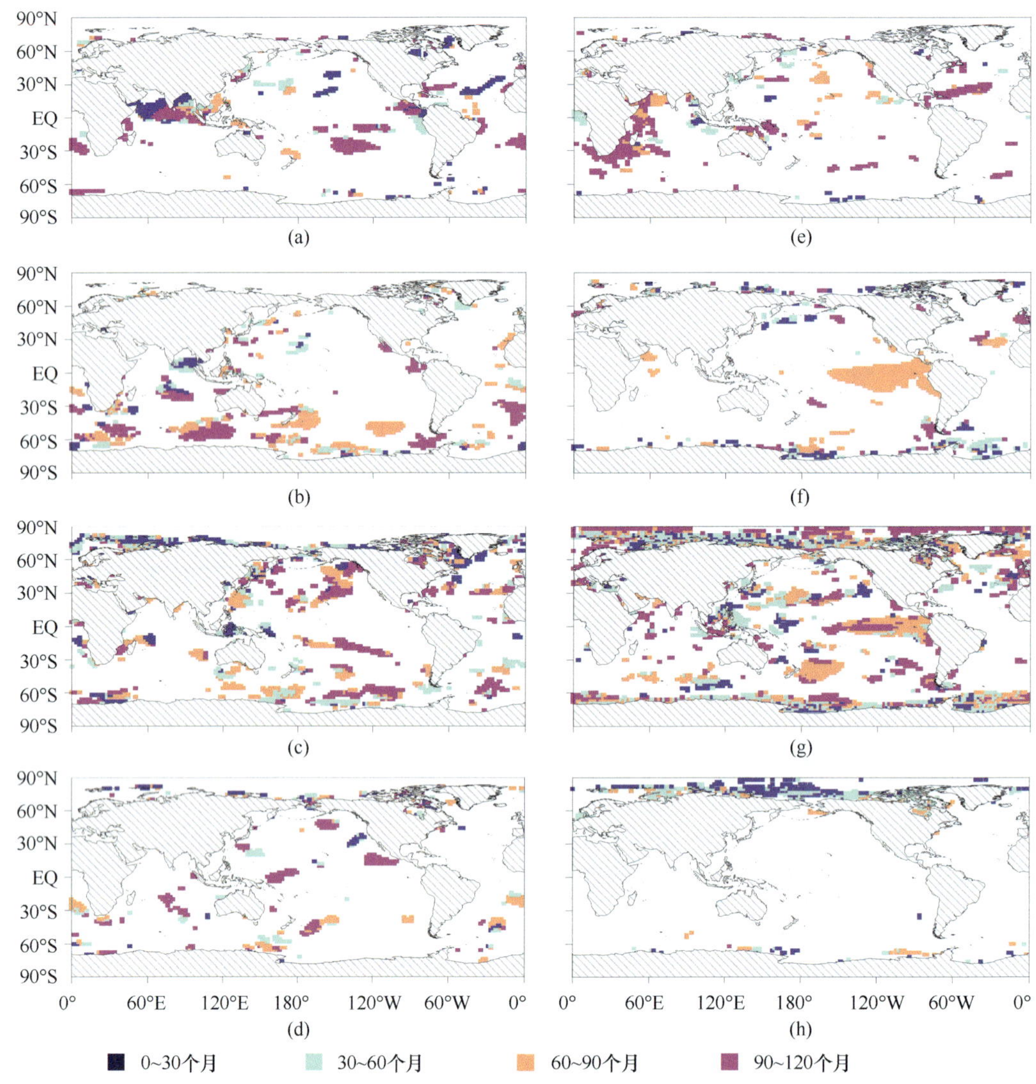

图 5.44 不同时段的突变持续时间空间分布

（a）1878 年；（b）1896～1898 年；（c）1900～1903 年；（d）1908～1909 年；（e）1942 年；（f）1976 年；（g）1989～1999 年；（h）2005～2006 年

（6）1976 年的突变［图 5.44（f）］，突变持续了 60～90 个月。

（7）1989～1999 年的突变［图 5.44（g）］，持续时间相对偏短，在极地地区和太平洋西部，突变持续时间小于 60 个月，但是赤道中东太平洋的突变持续时间略长，大于 60 个月。

（8）2005～2006 年的突变［图 5.44（g）］，主要集中在北极地区，且突变持续时间小于 30 个月。

基于以上分析发现：20 世纪 60 年代之前的突变，持续时间为 60～120 个月，且以大于 90 个月为主；70 年代的突变为 60～90 个月；80～90 年代的突变持续时间缩短至 30～60 个月为主，21 世纪初的突变则小于 30 个月。因此在全球温度增暖的背景下，突变持续时间是缩短的。

4）几次突变过程的变化幅度

气候突变分析方法能够检测到突变前后序列的差异性，即突变幅度。图 5.45 所示为不同时段的突变事件在突变持续过程中的幅度变化情况的空间分布，冷色色块表示降温，暖色表示增温。

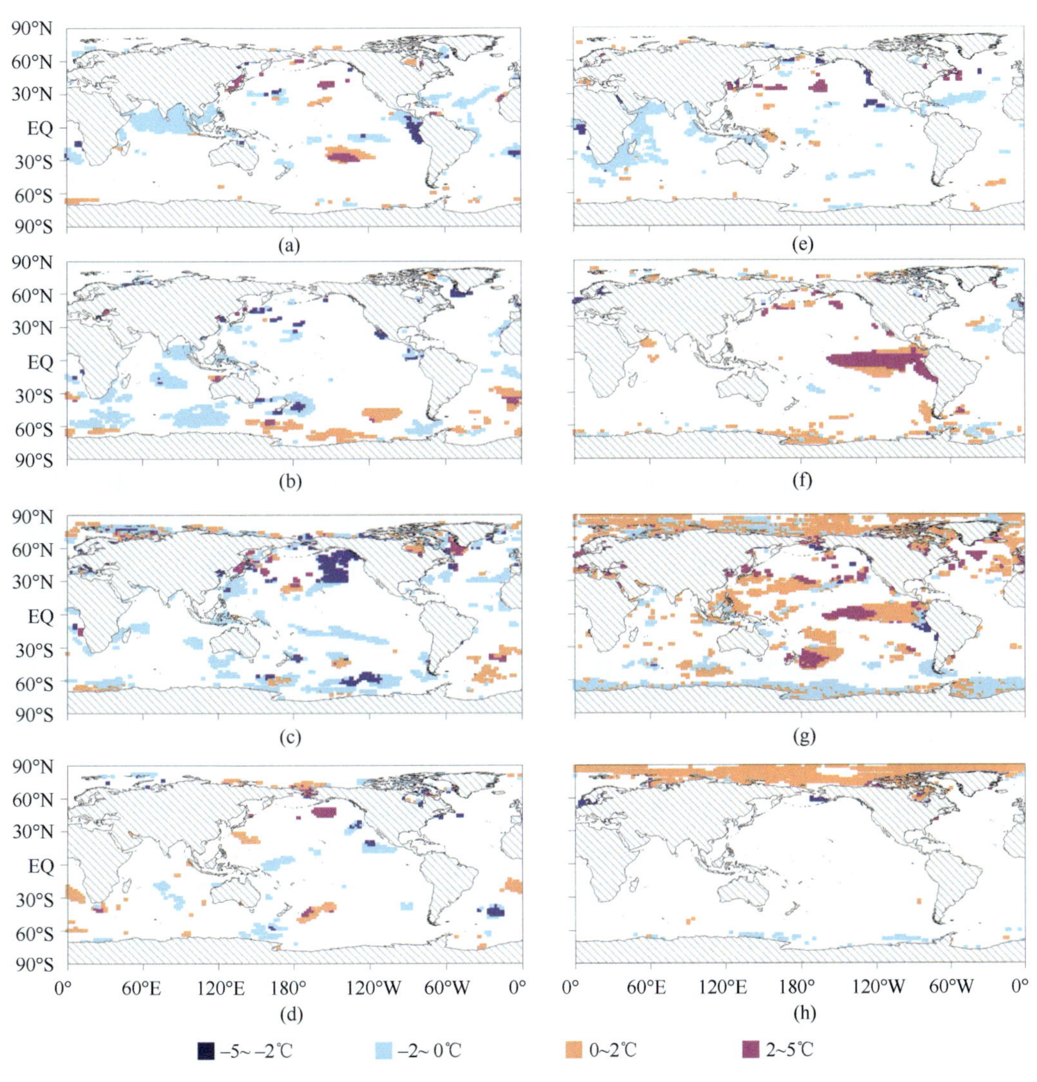

图 5.45　不同时段的突变变化幅度分布

（a）1878 年；（b）1896～1898 年；（c）1900～1903 年；（d）1908～1909 年；（e）1942 年；（f）1976 年；（g）1989～1999 年；（h）2005～2006 年

（1）1878 年的突变［图 5.45（a）］，全球仅在南太平洋北部地区出现零星增温，其他地区（印度洋北部、中国南海、大西洋低纬度地区）一致降温，降温幅度在 2℃以内。

（2）1890～1920 年的突变［图 5.45（b）～（d）］，整体以降温为主，部分地区出现增温，具体来看：1896～1897 年的突变［图 5.45（b)］，仅在南太平洋南部地区出现小幅增温，其余地区（印度洋大部分地区、西北太平洋零星区域以及大西洋低纬度部分地区）突变均降温，降温幅度在 2℃以内。1900～1903 年的突变［图 5.45（c)］，整体均表现为降温，且东北太平洋地区的降温幅度较大（超过 5℃），而南太平洋部分地区、北大西洋部分地区降温幅度较小；南大西洋高纬度地区出现小范围升温。1908～1909 年的突变［图 5.45（d)］，降温区域主要在赤道地区，而东北太平洋和以及南太平洋西部地区出现增温区域。

（3）1942 年突变［图 5.45（e)］，整体上以降温为主，其中印度洋西部沿岸地区、南部靠近南极陆地、北大西洋低纬度地区以小幅降温为主（降温幅度小于 2℃），而北太平洋部分地区，尤其是西北太平洋西风漂流带出现增温。

（4）1976 年的突变［图 5.45（f)］，主要发生在赤道中东太平洋的 ENSO 区域，呈现全区一致增温，且增温幅度较大（超过 2℃）。

（5）20 世纪末的突变［图 5.45（g)、(h)］，全球发生突变的区域几乎一致增暖，仅在 1989～1999 年时段靠近南极的部分区域出现降温，其余地区（北极、赤道中东太平洋西太暖池区域、南太平西部地区、北大西洋高纬度地区）均表现为增温，且赤道太平洋中部增温幅度超过 2℃。而 2005～2006 年的突变，增温区域主要发生在北极，且增温幅度小于 2℃。

以上分析结果表明 20 世纪 60 年代年之前的突变主要以降温为主，并且 19 世纪的几次突变主要发生在印度洋；20 世纪 70 年代的突变则转移到太平洋；20 世纪后半叶的突变，则主要分布在高纬度地区，如北极地区增温显著，靠近南极地区的突变出现小幅度降温。

5）几次突变过程中的稳定性参数

前面几节通过将突变过程性分析方法应用于近百年来全球 SST 温度序列的研究，给出三个时刻和两个时段的气候突变，以及这几次气候突变的空间分布情况。下面针对这几次突变，分析其稳定性参数。5.2 节介绍了该方法可以在检测到气候突变的同时，给出突变过程中系统的稳定性。图 5.46 所示为几次突变的稳定性参数分布以及对应的突变前后系统的状态。其中横坐标是突变前系统所在的状态，纵坐标则是突变后的状态。由 5.2 节分析可知，当系统的横坐标或者纵坐标保持不变的时候，即相图中竖直或者水平的直线上，表示系统处于突变过程之中，此时的系统应当是不稳定的。注意到几次突变的稳定性参数均在竖线上的取值较大，表明此时系统不稳定。并且对角线右侧的点较多，说明这一时期突变结束的状态要多于开始的状态，表明系统发生的是减少型的突变，即降温。1942 年的突变与之相类似。而 1976 年的突变，则在对角线左侧的点明显多于右侧，因为这是一次增加型的突变，即增温。同样在两次世纪末的突变（19 世纪末的突变和 20 世纪末的突变），系统分布所在的空间正好相反，表明前者是降温，后者是升温。

选取发生突变的概率大于 1%是有效突变，并加以分析。本节将通过数值试验，论证这一阈值选取的合理性。针对研究的全球海表面温度序列，利用洗牌算法将每一个

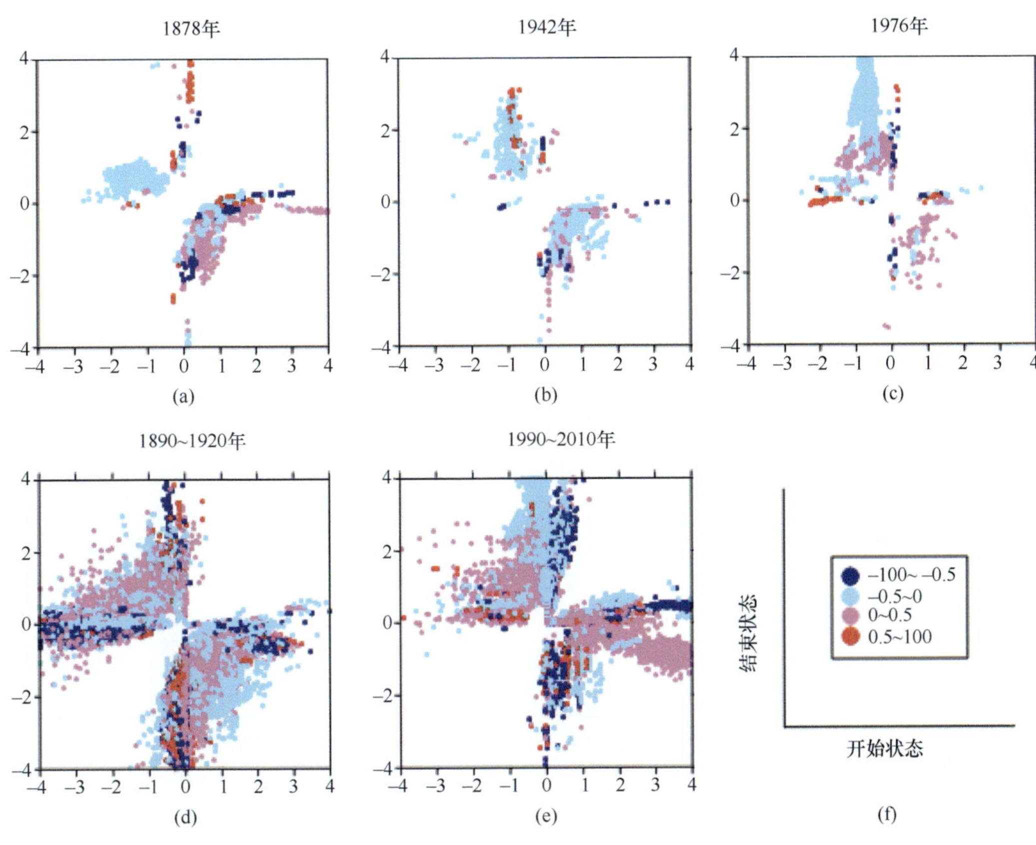

图 5.46　不同时段的突变稳定性分布

（a），（b），（c）分别是 1878 年、1942 年、1976 年的突变；（d），（e）分别是两个时段（1896～1898 年，1990～2010 年）的突变；横纵坐标分别是突变前后的系统状态；散点是稳定性参数的取值

格点上面的序列随机打乱，构造一个新的海表面温度场。新的温度场上面每一个格点的序列，由于只是随机改变序列的次序，因此新序列与原来的序列具有相同的均值和方差。这样重复之前的做法，即利用气候突变过程分析方法，对每一条序列进行突变检测，可以得到一系列的气候突变发生的开始时刻、结束时刻、稳定性度等参数。绘制依据检测到的突变开始时刻和结束时刻的频次图，分析二者的对应关系，如图 5.47 所示。发现分别基于突变开始和结束时刻的频次序列几乎是不相关的，并且任何时刻的频次均不超过 1%。即随机的序列是不能满足大部分格点在同一时刻发生突变的。重复这种计算 10 次，如图 5.48 所示，发现得到类似的结论。因此选用 1%作为识别突变的标准。

2. 全球海表面温度突变过程参数

前面分析了几次突变的空间分布特征，本节将进一步讨论 SST 系统在突变过程中的一些统计现象。图 5.49 中，统计了系统突变前后分别处于各个状态的概率，以及发生突变时的变化幅度大小的概率。图 5.49（a）是系统突变前的状态，可以发现其中 2～3 个状态的发生概率较高，即系统大部分时刻停留在这些状态上面，表明这几个状态是系统的

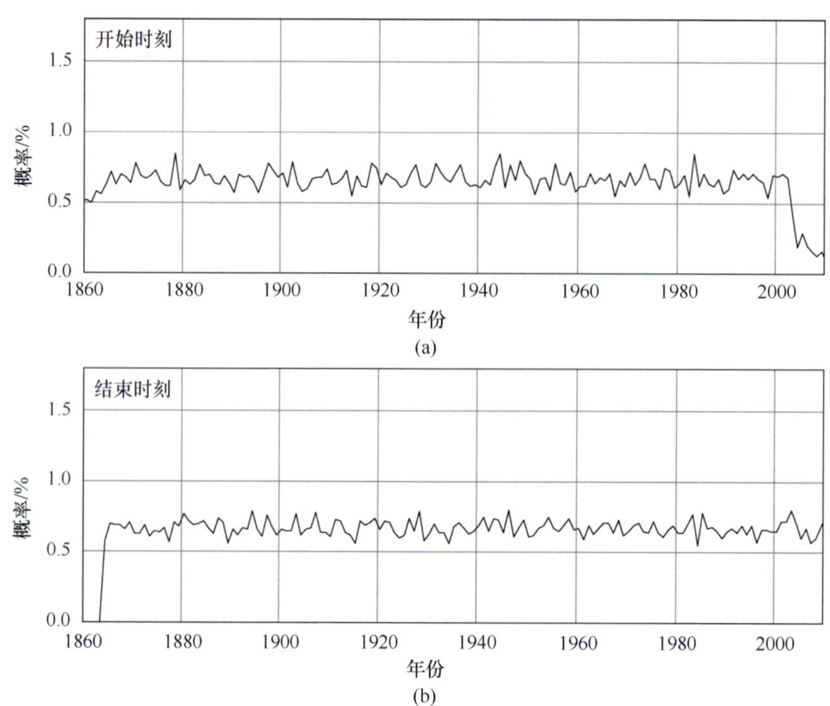

图 5.47　理想试验，基于突变开始/结束时刻发生频次的统计分布

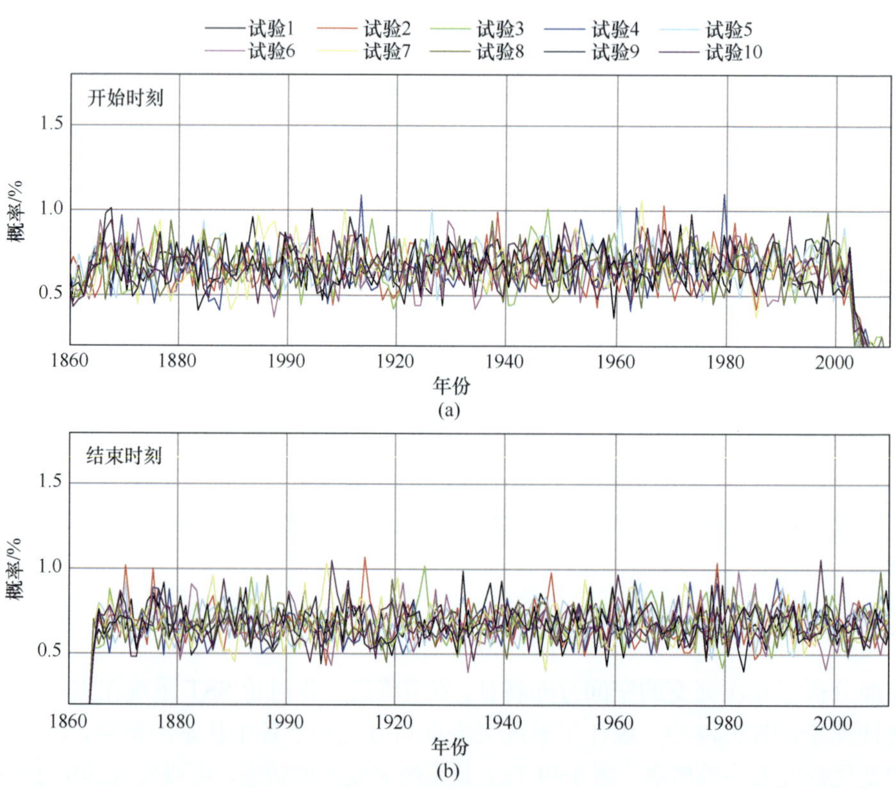

图 5.48　同图 5.47（序列增加到 10 条）

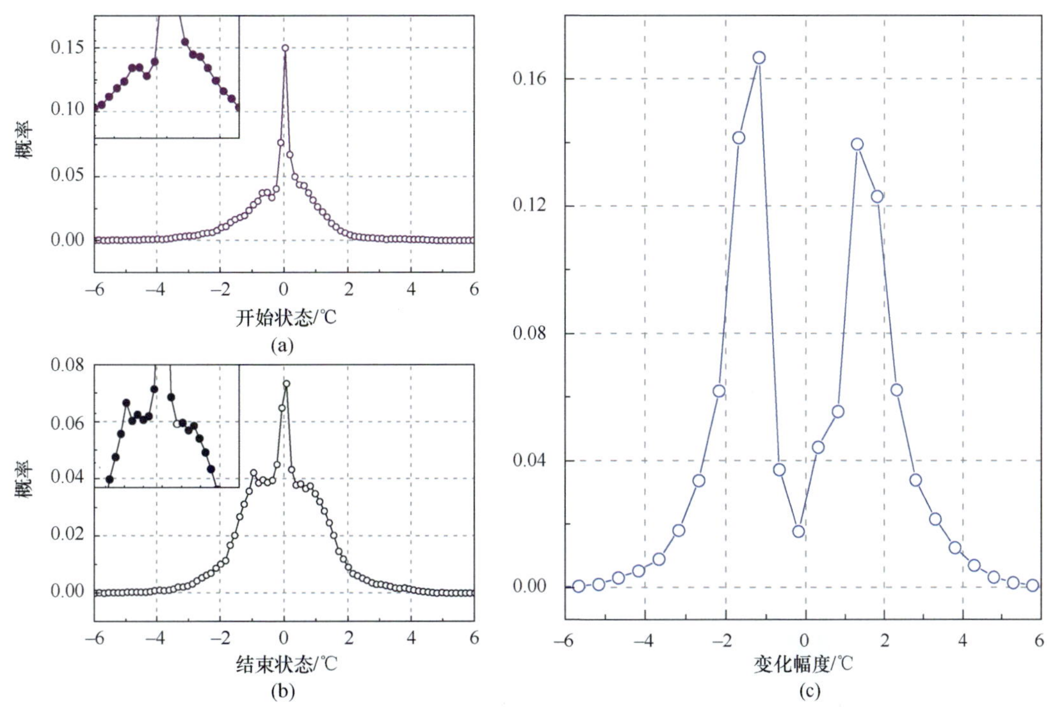

图 5.49　SST 系统的双稳态特征考察

（a），（b）分别是突变前后的系统状态变量；（c）是系统突变过程中的变化量，即突变幅度

稳定状态。系统在突变之后的状态如图 5.49（b）所示，出现多个状态的发生概率较大，表明系统在突变之后出现多个稳定状态。进一步统计系统在突变过程中的变化幅度，如图 5.49（c）所示。发现系统的变化幅度呈现显著双峰结构，并且双峰以“零”轴呈现不对称分布，表明系统在不同状态之间的跳转是不等价的。前人在关于气候系统的理论研究中也曾给出相类似的结论，即气候系统是一个多稳定的系统，可能存在两个或多个稳定状态。图 5.49 中的结果进一步佐证了海表面温度系统存在两个稳定状态或多个稳定状态。

前续分析提出气候突变分析方法的时候，进一步从理论上分析了突变变率参数 h、稳定性参数 κ、突变变化幅度 ω 之间的定量关系，即突变变率参数与稳定性参数之间呈线性关系，而与突变变化幅度之间则呈抛物线型关系。本节利用近百年来全球海表面温度序列提取的参数，进一步从实际资料中佐证这一结论。针对 1878 年、1942 年、1976 年、1890～1920 年及 1990～2010 年的突变，绘制如图 5.50 和图 5.51 所示各格点序列在历次突变过程中 h-ω、h-κ 参数的分布关系。

图 5.50 所示为突变变率参数 h 与稳定性参数 κ 之间的关系，其中图 5.50（a）～（e）所示为不同时段的突变。以图 5.50（b）的 1942 年突变为例，横坐标是稳定性参数 κ，纵坐标是突变变率 h，随着稳定性参数逐渐增加，突变变率成正比例增大，表明二者呈正比例关系。从历次突变的数值上来看，1878 年、1942 年、1976 年的突变稳定性参数为±0.15，这三次突变发生在中低纬度区域，而 1890～1920 年、1990～2010 年两个时

段的突变主要发生在高纬度地区，此时的稳定性参数增大至±4，意味着高纬度地区的系统稳定性要弱于低纬度地区。

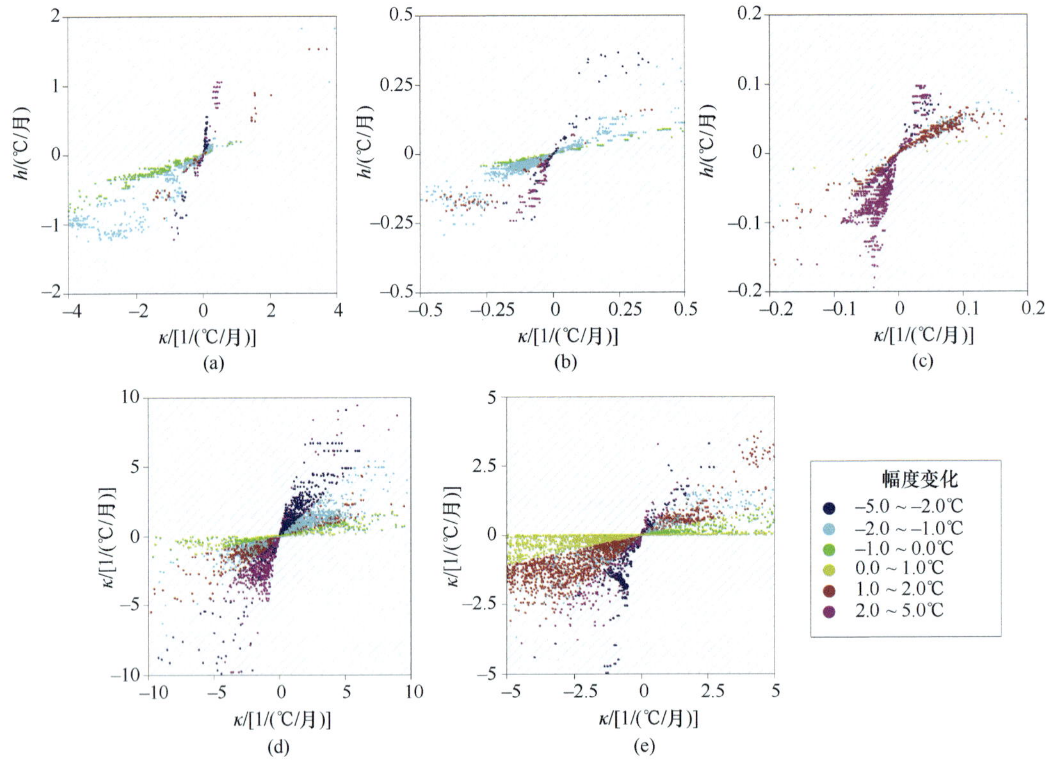

图 5.50　不同时段的突变变率参数 h 与稳定性参数 κ 之间的关系

（a）～（e）分别是 1878 年、1942 年、1976 年及 1890～1920 年、1990～2010 年两个时段的突变

图 5.51 给出突变变率参数 h 与变化幅度 ω 之间的关系。以图 5.51（e）的 1990～2010 年突变为例，横坐标是突变幅度、纵坐标是突变变率。突变变率是随着突变振幅的增大而增大的，并且呈抛物线型增加，意味着突变变率的增长是随着突变幅度的增大而加倍的，这解释了为何诸多的突变发生速度快、变化幅度大，且往往对环境造成更大的破坏。

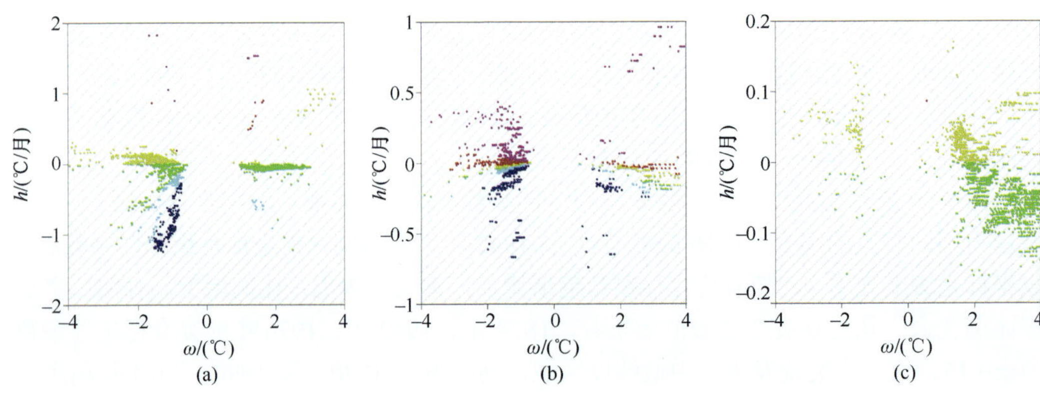

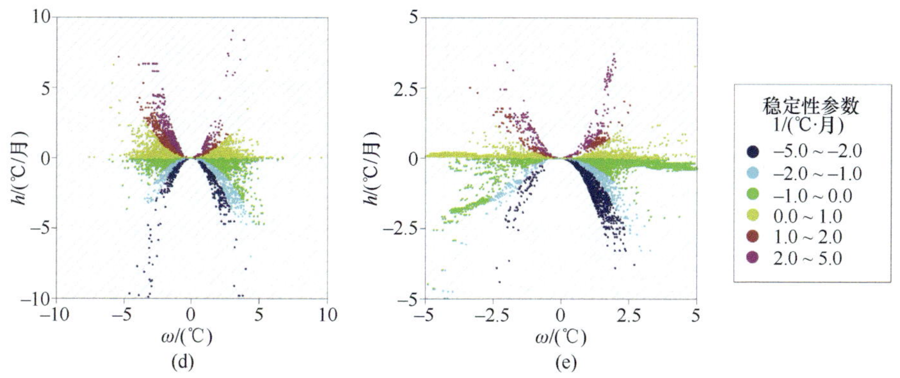

图 5.51 突变变率参数 h 与突变幅度 ω 之间的关系

（a）～（e）分别是 1878 年、1942 年、1976 年及 1890～1920 年、1990～2010 年两个时段的突变

上述结果验证了前面推导出来的定量结论：即突变变率与稳定性参数成正比，突变变率与突变幅度二次方成正比。基于这一定量关系，可以通过已有的实际气候序列的突变幅度来评估突变变率的大小，进一步评估系统的稳定性。

参 考 文 献

封国林, 龚志强, 董文杰等. 2005. 基于启发式分割算法的气候突变检测研究. 物理学报, 54(11): 5494-5499.

龚志强, 封国林, 万仕全, 等. 2006. 基于启发式分割算法检测华北和全球气候变化的特征. 物理学报, 55(1): 477-484.

何文平. 2008. 动力学结构突变检测方法的研究及其应用. 兰州: 兰州大学博士学位论文.

何文平, 邓北胜, 吴琼, 等. 2010. 一种基于重标极差方法的动力学结构突变检测新方法. 物理学报, 59(11): 8264-8271.

何文平, 何涛, 成海英, 等. 2011a. 基于近似熵的突变检测新方法. 物理学报, 60(4): 049202.

何文平, 吴琼, 成海英, 等. 2011b. 不同滤波方法在去趋势波动分析中去噪的应用比较. 物理学报, 60(2): 029203.

侯威, 封国林, 董文杰. 2005a. 基于复杂度分析 logistic 映射和 Lorenz 模型的研究. 物理学报, 54(8): 3940-3946.

侯威, 封国林, 高新全, 等. 2005b. 基于复杂度分析冰芯和石笋代用资料时间序列的研究. 物理学报, 54(5): 2441.

金红梅, 何文平, 侯威, 等. 2012a. 不同趋势对滑动移除近似熵的影响. 物理学报, 61(6). 069201.

金红梅, 何文平, 张文, 等. 2012b. 噪声对滑动移除近似熵的影响. 物理学报, 61(12): 129202.

钱忠华, 封国林, 龚志强. 2010a. 中国夏冬两季最概然温度分布及其增温趋势减缓. 物理学报, 59(10): 7498-7507.

钱忠华, 周云, 李明辉, 等. 2010b. 1954-2004 年中国夏季日平均温度偏态性分布规律. 兰州大学学报(自然科学版), 46(6): 41-46.

施晓晖. 2008. 华北夏季降水的年代际趋势突变及其可能成因. 高原山地气象研究, 28(2): 22-28.

托姆. 1992. 结构稳定性与形态发生学. 成都: 四川教育出版社.

汪春霆, 李修国, 王爱华. 2010. 基于 FPGA 的高精度高斯白噪声产生方法. 北京理工大学学报, 2010, 30(4): 474-477.

王炳雪, 史忠科. 2004. 非线性时间序列周期分析的 R/S 分析方法及其应用. 数学的实践与认识, 34(4):

104-108.

王启光, 张增平. 2008. 近似熵检测气候突变的研究. 物理学报, 57(4): 1976-1983.

王阅, 高学东, 武森, 等. 2009 . 时间序列周期模式挖掘的周期检测方法. 计算机工程, 35(22): 32-34.

肖栋, 李建平. 全球海表温度场中主要的年代际突变及其模态. 大气科学, 2007, 31(5): 839-854.

闫冠华, 颜鹏程, 侯威, 等. 2013. 一种基于 logistic 模型的过程性突变分析方法及其应用. 物理学报, 62(7): 079202.

颜鹏程, 封国林, 侯威, 等. 2014. 500 hPa温度场时间序列的年代际突变过程统计特征. 大气科学, 38(5): 861-873.

Alexander R, Reinhard C, Andrey G. 2012. Multistability and critical thresholds of the Greenland ice sheet. Nature Climate Change, 2(6): 429-432.

Barnett T P, Pierce D W, Latif M, et al. 1999. Interdecadal interactions between the tropics and midlatitudes in the Pacific basin. Geophys Res Lett, 26: 615-618.

Cabezas H, Fath B D. 2002. Towards a theory of sustainable systems. Fluid Phase Equilibria, 194-197(01): 3-14.

Chen Z, Ivanov P C, Hu K, et al. 2002. Effect of nonstationarities on detrended fluctuation analysis . Physical Review E, 65(4 Pt 1): 041107.

Fath B, Cabezas H, Pawlowski C W. 2003. Regime changes in ecological systems: an information theory approach. J Theor Biol, 222(4): 517-546.

Francis R C, Hare S R. 1994. Decadal-scale regime shifts in the large marine ecosystems of the Northeast Pacific: a case for historical science. Fish Oceanogr, 3: 279-291.

Francis R C, Hare S R, Hollowed A B, et al. 1998. Effects of interdecadal climate variability on the oceanic ecosystems of the NE Pacific. Fish Oceanogr, 7: 1-21.

Goldblatt C, Lenton T M, Watson A J. 2006. Bistability of atmospheric oxygen and the Great Oxidation. Nature, 443(7112): 683-686.

Goossens C, Berger A. 1986. Annual and seasonal climatic variations over the Northern Hemisphere and Europe during the last century. Annals of Geophysics, 4(4): 385-400.

Hoffmann P, Jaccobi C. 2008. Extracting meteorological influence from ionospheric disturbances. Wiss Mitteil Inst f Meteor Univ Leipzig, 42: 115-127.

Jame M F. 2004. Effects of meteorological conditions on reactions to noise exposure. Sti Nasa Gov, 213249.

May R. 1976. Simple mathematical models with very complicated dynamics. Nature, 261(5560): 459.

Pincus S M, Goldberger A L, Steven M, et al. 1994. Physiological time-series analysis: what does regularity quantify? Am J Physiol, 1643-1656.

Pincus S M. 1991. Approximate entropy as a measure of system complexity. Proc Natl Acad Sci USA, 88(6): 2297.

Pincus S M. 1995. Approximate entropy(ApEn)as a complexity measure. Chaos, 5(1): 110-117.

Xiao D, Li J P. 2007a. Spatial and temporal characteristics of the decadal abrupt changes of global atmosphere-ocean system in the 1970s. J Geophys Res, 112(24): 6033-6044.

Xiao D, Li J P. 2007b. Main decadal abrupt changes and decadal modes in Global Sea surface temperature field. Chinese Journal of Atmospheric Sciences, 31(5): 839-854.

Yamamoto R, Iwashima T, Sanga N K. 1985. Climatic Jump, a Hypothesis in Climate Diagnosis. J Meteor Soc Japan, 63(6): 1157.

Yan P C, Feng G L, Hou W. 2015. A novel method for analyzing the process of abrupt climate change. Nonlinear Processes in Geophysics, 22(1): 249-258.

Yan P C, Hou W, Feng G L. 2016. Transition process of abrupt climate change based on global sea surface temperature over the past century. Nonlinear Processes in Geophysics, 23(3): 115-126.

第 6 章　基于复杂网络配置的中国夏季降水影响因子辨识及预测模型构建

气候网络研究揭示了区域或者全球气候变化的时空结构以及气候动力学机制（Tsonis and Roebber，2004；Tsonis et al.，2006，2007，2008a，2008b；龚志强等，2008；Wang and Tsonis，2008；Wang et al.，2009a，2009b；王晓娟等，2009；Yamasaki et al.，2008；周磊等，2008，2009，2010），主要研究了遥相关在气候变化中的角色和作用（Tsonis et al.，2008a），厄尔尼诺和拉尼娜现象的影响（Tsonis et al.，2008b），气候突变的动力学机制以及诱因（Tsonis et al.，2007；Wang and Tsonis，2008）等。

本章通过构建北半球环流系统的复杂网络，从一个全新的角度再现了环流系统的空间结构特征，实现了遥相关型空间配置的图形化，研究各种遥相关型在不同年代的作用强弱，即遥相关型年代际尺度的配置特征，进而从多种遥相关型配合作用的角度研究其可能对中国夏季降水的影响。

环流系统作为气候系统的重要动力学过程，目前关于环流系统空间结构的研究还相对较少，而从环流系统内部遥相关型的配置关系讨论气候系统的稳定性则少之又少。主要原因是以往对遥相关型的研究主要通过 EOF 展开或计算基准区域之间的平均相关等方法进行的，这样有利于研究某一种遥相关型的变化，但不能从宏观整体角度研究各种遥相关型的配置，进而分析环流系统的空间结构。基于这些考虑，本章进一步讨论环流系统复杂网络的构建。

6.1　环流系统关联网络的构建

考虑环流系统中的各种遥相关型等在冬季相对更稳定，同时为了去除月高度场资料中包含的季节振荡信号等，主要分析了冬季（12 月至翌年 2 月）3 个月的 NCEP/NCAR 高度场资料， $H(j), j=1,120$ ，并对原始数据做标准化处理：

$$X_i(j)=\frac{H_i(j)-\langle H_i\rangle}{\sigma_i} \tag{6.1}$$

其中，$\langle H_i\rangle$ 表示平均值，$\sigma_i=\sqrt{\langle H_i^2\rangle-\langle H_i\rangle^2}$ 。任意两格点序列之间的关联系数 C_{ik} 为

$$C_{ik}=\frac{1}{120}\sum_{j=1}^{120}X_i(j)X_k(j) \quad (i=1,\cdots,2592;k=i,\cdots,2592) \tag{6.2}$$

C_{ik} 的范围为$-1\leqslant C_{ik}\leqslant 1$，$C_{ik}=1$ 表示完全正相关，$C_{ik}=-1$ 表示完全负相关，$C_{ik}=0$ 表示不相关。以 5°×5°空间分辨率的格点作为环流系统关联网络中的节点，因此两两计算关联

系数一共可以有 2592(2952–1)/2 对组合，即 2592(2952–1)/2 个关联系数 C_{ik}。类似于前面温度关联网络的研究，环流系统关联网络构建的主要思想是：以空间格点为节点，如果格点间的关联系数大于 0.5，则认为节点间存在连边。考虑到全球范围内，赤道等低纬度区域一个格点代表的空间区域显著高于极地附近的高纬度区域格点的情况，因此构建网络再现其空间结构特征的同时，采用加权重的方法来计算空间格点的顶点度，如与节点 i 连接的格点个数为 S，每个格点的纬度为λ_j，则节点 i 的顶点度计算公式为

$$k_i = \sum_{j=1}^{S} \cos\lambda_j \Big/ \sum_{j=1}^{2592} \cos\lambda_j \tag{6.3}$$

6.2 环流系统关联网络的结构特征

图 6.1 为全球 500hPa 高度场顶点度空间分布图。从图中可以看出，全球的环流场存在两个主要特征：①低纬度内格点间的关联性较好，所有格点均表现为高连通性且顶点度也类似，即低纬度系统是一种典型的全局耦合网络。全局耦合网络中，节点间基本存在直接连接的边，因此大气中的一些涨落信息等在低纬度系统内部传递较快，这个系统中高度场变化的同步性较好。②中高纬度地区节点的平均顶点度较低纬度偏少，并且其中存在一些区域的顶点度明显高于周边区域，高顶点度区域有北太平洋和北美大陆、蒙古-西伯利亚附近的亚欧大陆、南极地区和 40°S～50°S 附近的南印度洋-西南太平洋-南大西洋等。根据已有的研究，北半球的高顶点度区域分别对应了太平洋-北美型遥相关型（PNA）和欧亚-太平洋型遥相关（EU）（Wallace and Gutzler，1981）；南半球则对应了南极涛动（AAO）（龚道溢和王绍武，1998；Fan and Wang，2004）和南半球 40°S～50°S 范围的 3～4 波型遥相关（W3）（Yuan and Martinson，2001）。低纬度和中高纬度地区的顶点度空间分布的差异的另外一个表现就是中高纬度区域的网络是顶点度分布满足无标度特征（scale free）的无标度网络，同时也是一种典型的小世界网络，低纬度地区则是典型的全局耦合网络。值得注意的是，在北半球的中高纬度地区，北大西洋涛动（NAO）（Tsonis et al.，2006）、北太平洋涛动（NPO）（Huang et al.，1998）和北极涛动

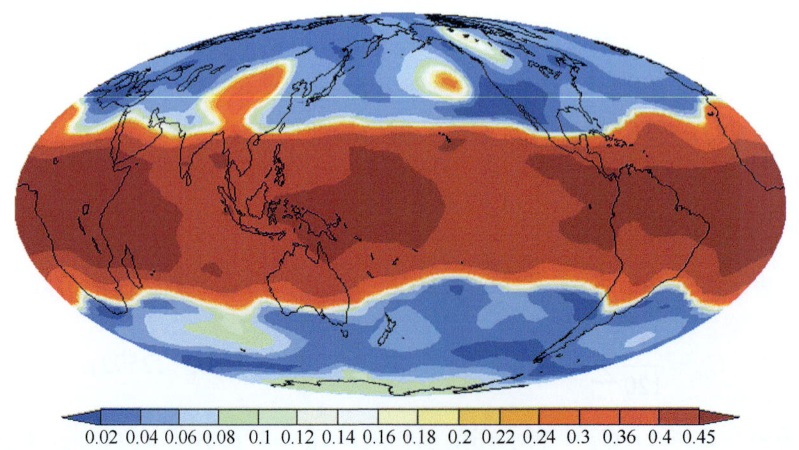

图 6.1 全球 500hPa 高度场顶点度空间分布

（AO）（Thompson and Wallace，1998）等在图 6.1 中未有显著体现。这并不是说平均顶点度的空间分布不能体现这些作用，主要是由于这些遥相关或者涛动是在北半球中高纬度一些固定的尺度范围才有一定的体现；全球尺度的范围内，这些作用一定程度被其他的一些作用掩盖了。这也从一个侧面体现了 500hPa 高度场的遥相关型在全球大气环流系统作用的尺度特征。

将空间尺度定位于北半球 30°N～90°N 的中高纬区域，中高纬度区域的顶点度空间分布很好地体现了 AO、PNA、NAO 和 EU 等分布型。Wallace 和 Thompson（1981）通过计算最强的负相关区域或通过经验正交展开得到各种遥相关型。这些方法的局限性在于各种遥相关型的确立均对应了一个正值中心和一个负值中心，主要考虑了强的负相关，而忽略了气候系统内部正相关作用等，这样必然导致一些气候系统的集聚性和同步变化特征在研究中被忽视，也不能真正体现这些遥相关型在环流系统中作用的强弱。显然，构建环流系统的关联网络并计算顶点度的空间分布，可以得到全球环流系统的各种主要涛动和遥相关类型。环流系统关联网络中既考虑了正相关作用，又考虑了负相关作用，更能体现环流系统的内在动力学特征。网络的平均顶点度大的区域不仅是遥相关作用区，更是环流系统中的强作用区域。

表 6.1 所示为全球环流系统关联网络（Global）、北半球中高纬度环流系统网络（NPS）、南半球中高纬度环流系统网络（SPS）和低纬度环流系统网络（tropical network，TN）的结构特征量。可以看出，全球环流系统关联网络具有小的平均路径长度和大的集聚系数，结合图 6.1 及网络的相关性质可知，全球环流系统是典型的小世界网络。换言之，环流系统既具有较好的集聚性质，如低纬度区域高度场格点信息变化的同步性较好；又具有高效传递信息的功能，如中高纬度地区存在的一些顶点度较高的格点等（即涛动或遥相关型等）。环流系统网络的平均路径长度为 2.000，即任意两个节点间平均只需经过 2 个节点就可以建立联系，网络中涨落信息的传递效率较高。全球共有 2592 个节点，任意两个格点间建立联系经过的中间节点却是个位数，如此大的差异，其原因就在于全球环流网络中存在顶点度较高的区域，这些区域不仅其内部具有较好的同步变化特征，同时通过遥相关型或涛动等与空间距离较远的区域间也存在显著的关联，因此区域发生的涨落等信息就可以通过遥相关或涛动等途径在网络中迅速传递。气候系统的某些区域可能会在较短的时间内，产生较大的涨落信号（即极端事件），这种强的涨落往往会使相应区域处于一种非平稳状态。例如，El niño 或 La niña 年赤道中东太平洋地区的表层海表面温度异常偏高或异常偏低会通过海气相互作用影响大气环流。环流系统由于具有小世界效应，基于各种遥相关和涛动型等对各种极端事件的作用快速作出响应，进而将进入系统的强涨落信息快速地向整个气候系统扩散，系统通过自适应维持一

表 6.1　多种网络的结构特征量

	〈k〉	S	L
Global	0.157	0.665	2.000
NPS	0.098	0.551	3.870
SPS	0.194	0.616	3.369
TR	0.699	0.903	1.020

种动态平衡状态。此外，NPS 和 SPS 均具有较高的集聚系数和较小的最短路径长度，因此也具有典型的小世界效应，而 TR 则具有较好的集聚性，因为其最小路径长度近似为 1，因此是一种类全局耦合网络。由此看来，气候系统对一些区域的强扰动信号，或外强迫信号等具有一定的鲁棒性特征。

6.2.1 北半球中高纬度环流系统空间结构的时间演变特征

图 6.2 给出了四个不同时期北半球中高纬度环流子系统的网络顶点度分布。从图中

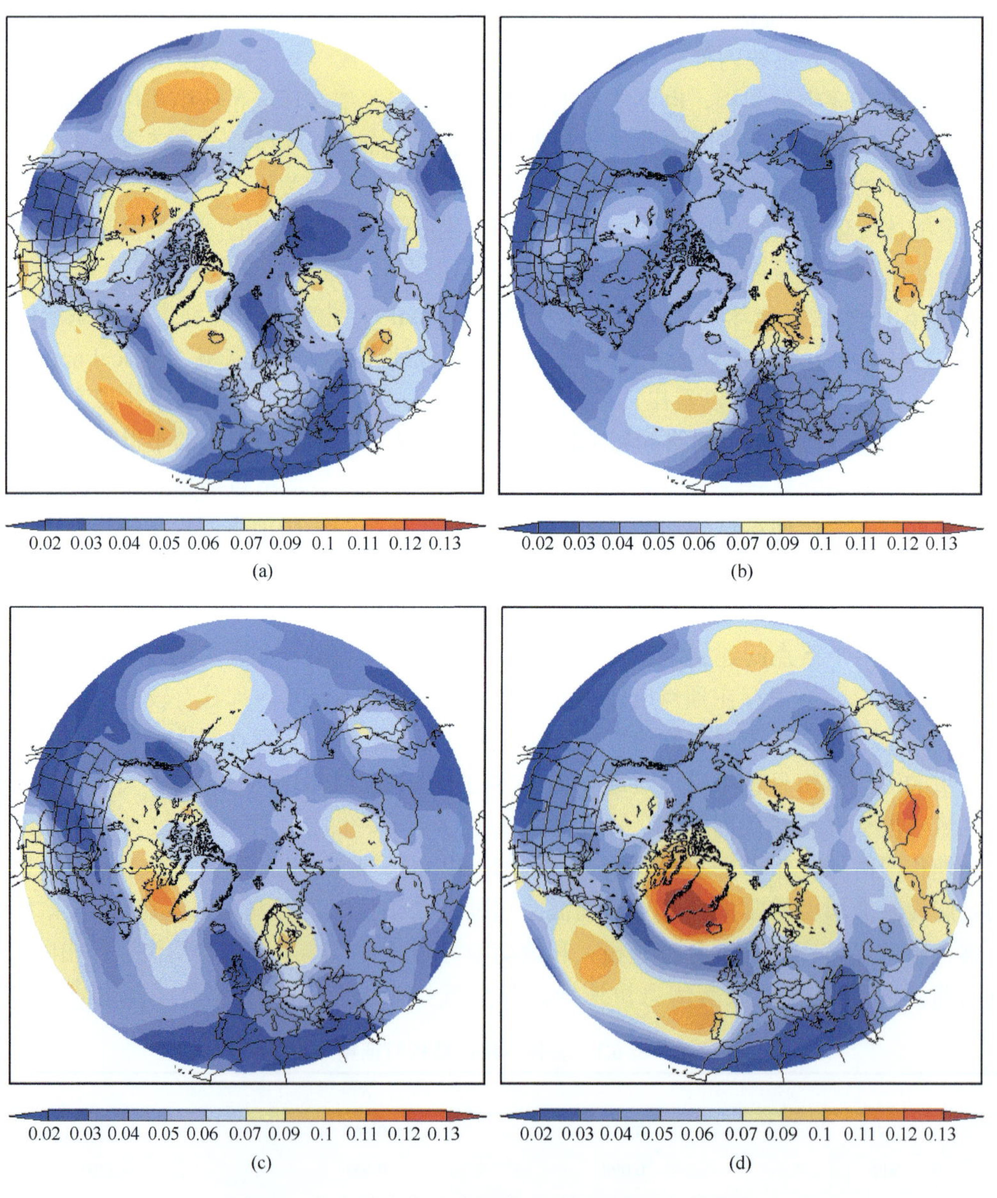

图 6.2　北半球中高纬度环流子系统网络顶点度分布

（a）1986～1995 年；（b）1996～2005 年；（c）1966～1975 年；（d）1976～1985 年

可以看出 PNA、NAO 等遥相关型的空间分布型。因为某一区域顶点度的大小直接体现了该区域对其他地区作用的强弱，各种遥相关型在年代际尺度上的作用强弱是随时间变化的，即北半球中高纬度环流系统中必然存在各种遥相关型作用强弱的年代际配置关系。各种遥相关型的定义，Wallace 和 Gutzler（1981）已经发展了较为成熟的方法，即通过计算基点之间气压的差值进行定义，这种定义可以体现遥相关信号的强弱。但值得注意的是，遥相关信号强弱与遥相关型在环流系统中作用的强弱并不是等同的。因此，从顶点度的角度定义遥相关型作用指数，可以定量描述遥相关型在气候系统中作用强弱的时间演化特征。

遥相关型的年代际配置主要体现在两个方面：①作用中心年代际尺度的移动特征；②遥相关型作用的强弱变化，即不同时段起主导作用的遥相关型是变化的。下面分别就这两个方面进行分析。

6.2.2　北半球中高纬度环流系统遥相关型的年代际配置特征

1. 遥相关型作用中心的移动

对 EUPA 遥相关型的四个主要作用区域Ⅰ～Ⅳ，分别沿 0°～60°E，55°E～100°E，120°E～130°E 和 20°W～40°W 计算顶点度的纬圈平均值，并给出四个区域平均值随时间的变化图像（图 6.3）。可以看出，年代际尺度上 EUPA 遥相关型的作用中心存在显著的南北方向的移动特征，且四个中心是同步移动的，大体表现为 1976 年以前，位于 30°E～40°E 附近的中心北移，70°E～80°E 附近的中心南移，120°E～130°E 附近的中心南移特征不明显，位于 10°W～30°W 附近的中心北移。1977～1985 年期间，四个中心相对稳定，不存在显著的南北方向移动特征；而 1986 年以后则出现了和 1976 年以前相反的情况。这四个作用中心东西方向的移动与南北方向具有类似的特征，因此，以 30°E～40°E 附近的作用中心为参考，EUPA 根据其作用中心的空间位置大致可以分成三类主要模态：20 世纪 60～70 年代初的中间型，存在 5 个强的显著关联区域；70 年代中期至 80 年代初的西北型，在大西洋、欧洲大陆和亚洲大陆存在 3 个显著关联区域；80 年代初开始至 80 年代末，东南型，存在四个显著关联区域；而 90 年代以来，则又变成了西北型的 EUPA。传统意义上的 EU 型遥相关，其主要存在三个中心：欧洲西海岸、亚洲大陆和日本南部海域，图 6.4 可以看出，除了这三个中心外，大西洋上稳定存在一个显著的关联中心，因此我们将原有的 EU 型进一步定义成 EUPA 型。

PNA 型作用的三个区域Ⅰ～Ⅲ，分别沿 145°W～175°W，95°W～130°W 和 80°W～90°W 计算顶点度的纬圈平均值，并给出三个区域平均值随时间的变化图像（图 6.5）。由图可以看出，不同年代三个中心移动的幅度都很小。在 1980 年左右，三个中心均有一次南北向的小幅调整，160°W 附近的中心南移，120°W 附近的中心北移，而 85°W 附近的中心也相应北移。图 6.6 给出了 PNA 型在 20 世纪 60～70 年代和 80 年代的两种主要模态。可以看出，这两种模态总体特征是类似的，1980 年前后北太平洋的作用中心有所南移，北美大陆的作用中心有所北移，主要关联区域没有发生变化。因此，PNA 型在北半球中高纬度环流系统中是一种相对稳定的遥相关型。

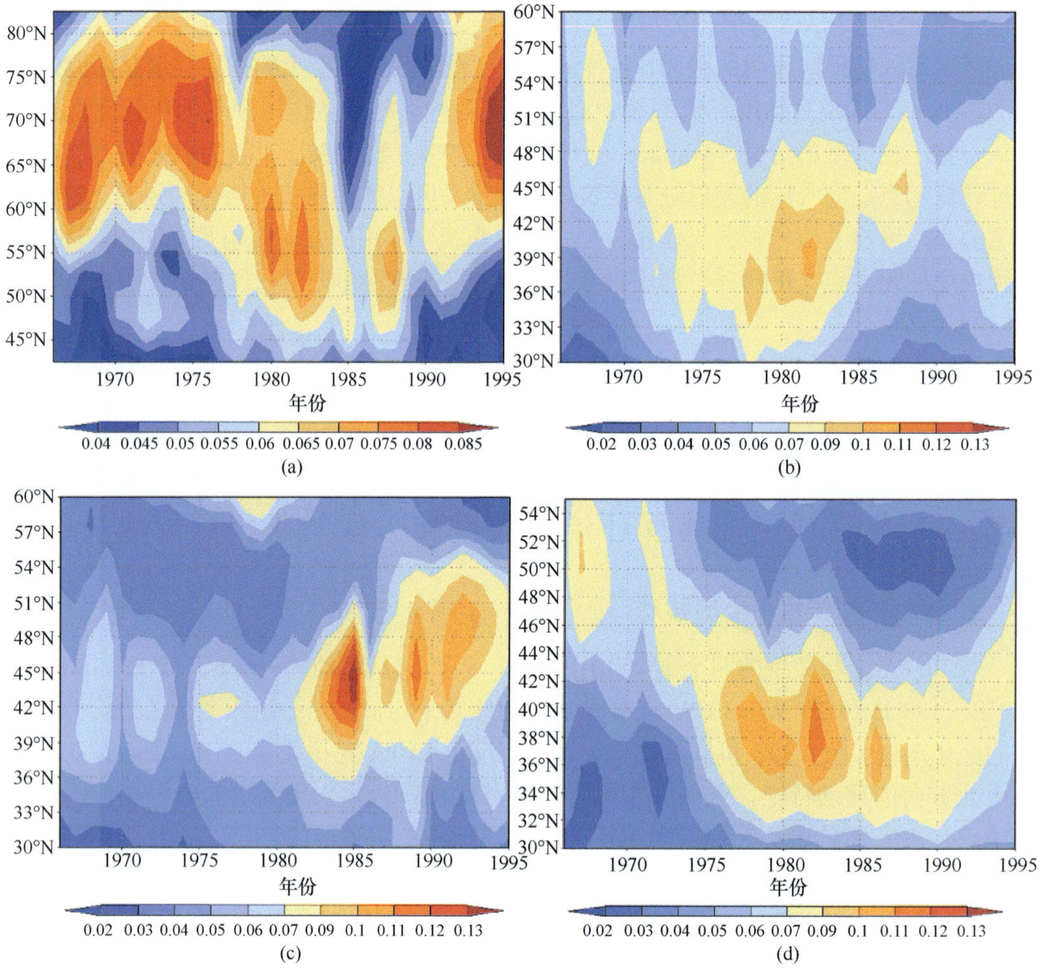

图 6.3 EUPA 遥相关型四个作用中心顶点度的纬圈平均值

（a）0°～60°E；（b）55°E～100°E；（c）120°E～130°E；（d）20°W～40°W

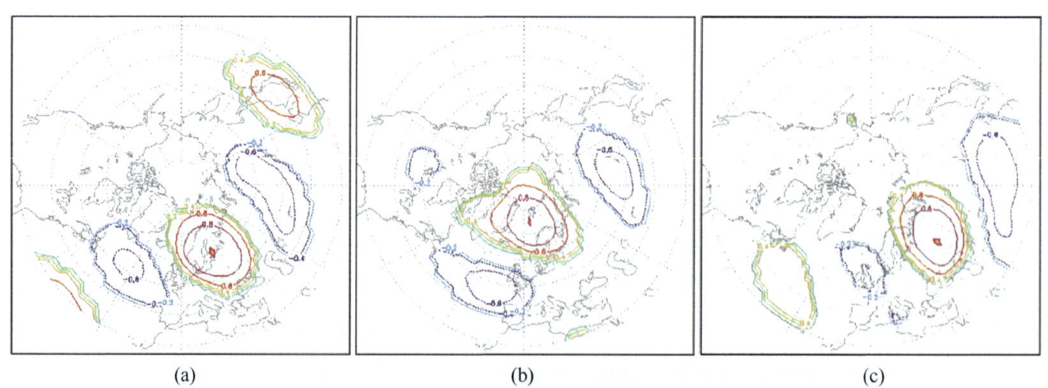

(a) (b) (c)

图 6.4 EUPA 型的三种主要空间模态

（a）1967～1976 年以（60°N，25°E）为基点；（b）1975～1984 年以（70° N，10°E）为基点；（c）1981～1990 年以（55°N，50°E）为基点

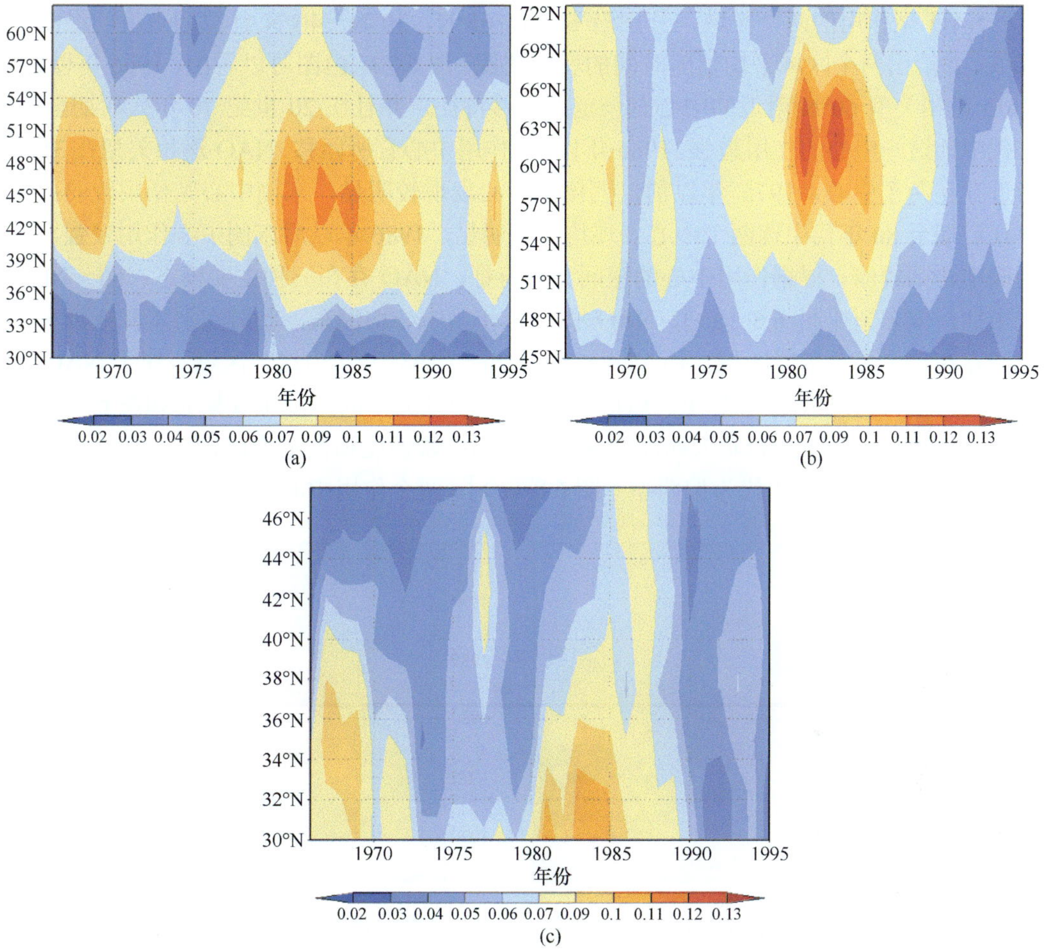

60°N 57°N 54°N 51°N 48°N 45°N 42°N 39°N 36°N 33°N 30°N
1970 1975 1980 1985 1990 1995
年份
0.02 0.03 0.04 0.05 0.06 0.07 0.09 0.1 0.11 0.12 0.13
(a)

72°N 69°N 66°N 63°N 60°N 57°N 54°N 51°N 48°N 45°N
1970 1975 1980 1985 1990 1995
年份
0.02 0.03 0.04 0.05 0.06 0.07 0.09 0.1 0.11 0.12 0.13
(b)

46°N 44°N 42°N 40°N 38°N 36°N 34°N 32°N 30°N
1970 1975 1980 1985 1990 1995
年份
0.02 0.03 0.04 0.05 0.06 0.07 0.09 0.1 0.11 0.12 0.13
(c)

图 6.5　PNA 三个中心的顶点度纬圈平均值

（a）145°W～175°W；（b）95°W～130°W；（c）80°W～90°W

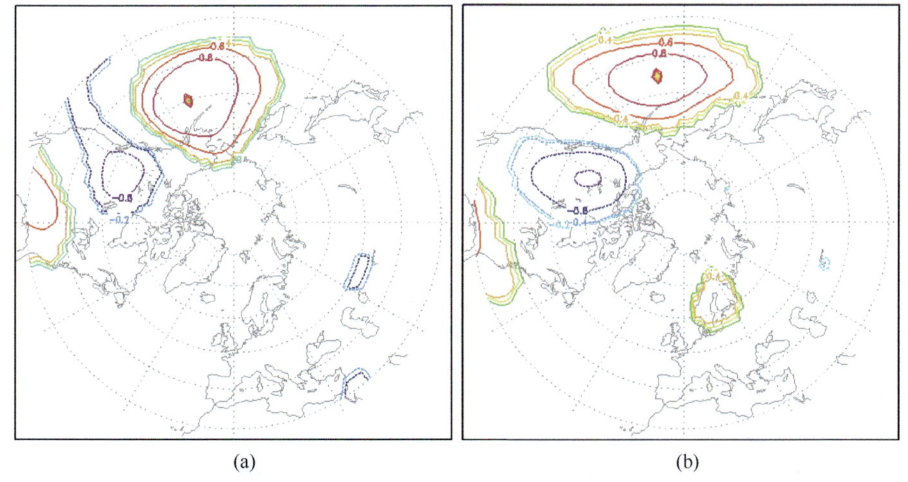

图 6.6　PNA 型的两种主要空间模态

（a）1966～1975 年以（50°N，160°W）为基点；（b）1980～1989 年以（45°N，170°W）为基点

NAO 型作用的两个区域，分别沿 60°N～65°N，30°N～40°N 计算顶点度的经圈平均值，并给出两个区域平均值随时间的变化图像（图 6.7）。由图可以看出，1966 年以来，NAO 遥相关型 60°N 附近的中心有一定的东移特征，并且在 20 世纪 70 年代后期至 80 年代中期这一中心的作用最强，1986 年以后，作用中心有所西移。NAO 遥相关型在 35°N 附近存在两个中心，1975 年以前，西侧的中心表现较明显，东侧中心则作用较弱；70 年代后期至 80 年代中期两个中心表现均比较明显，1986 年以后东侧中心作用较强，而西侧中心则较弱。根据作用中心的空间分布特征，NAO 存在三种主要模态：60～70 年代中期，偏东型［图 6.8（a)］，NAO 的两个作用中心均偏东，此时在日本和亚洲大陆之间存在一个显著关联区域。而 Wallace Gutzler（1981）认为这一区域不属于 NAO 型的范畴。值得注意的是，70 年代后期至 80 年代中期为中间型，主要模态如图 6.8（b）所示，此时位于格陵兰和北大西洋的两个区域的关联强度和范围均比较大，但不存在日本附近的关联区。90 年代为偏西型［图 6.8（c)］，两个作用中心均显著偏西，两个中心

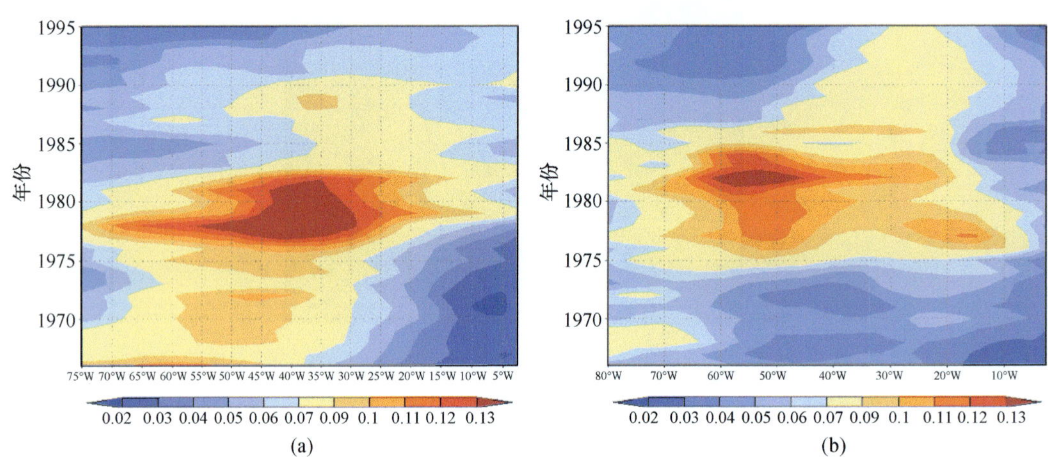

图 6.7　NAO 作用中心顶点度的经圈平均值

（a）60°N～65°N；（b）30°N～40°N

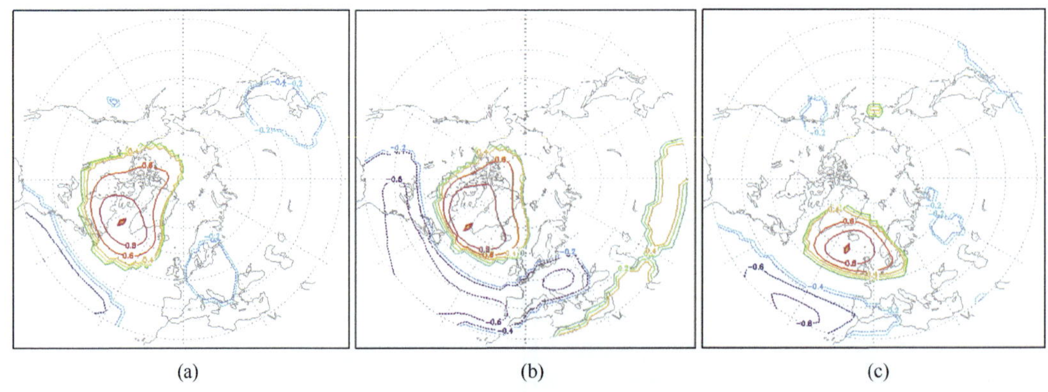

图 6.8　NAO 型的三种主要空间模态

（a）1967～1976 年以（60°N，55°W）为基点；（b）1977～1986 年以（60° N，50°W）为基点；（c）1991～2000 年以（60°N，20°W）为基点

的作用强度和范围较中间型小一些，日本附近的关联区域存在且偏南。由此可以推断，中间型的 NAO 最强，但不包含日本附近的关联区域，偏东型或偏西型 NAO 作用相对较弱，包含日本附近的关联区域。

图 6.9 给出了 WP 型作用的两个区域，65°N～75°N 和 30°N～40°N 的顶点度的经圈平均值。显然，位于 70°N 附近的中心 1975 年前存在显著的西移特征，而 1985 年以后则转为东移；37.5°N 附近作用中心的移动情况也表现出在 1975 年和 1985 年前后的调整。图 6.10 给出了三个时期 WP 的主要模态，可以看出，20 世纪 70 年代的偏西型 WP 的主要模态和 70 年代末期至 80 年代初期的偏东型 WP 模态的空间分布特征基本类似，但关联的空间范围偏西型略大一些。80 年代末期以来，当作用中心东移至 160°E 以东时，以（72.5°N，170°E）为基点的模态主要表现出 AO 型的特征。

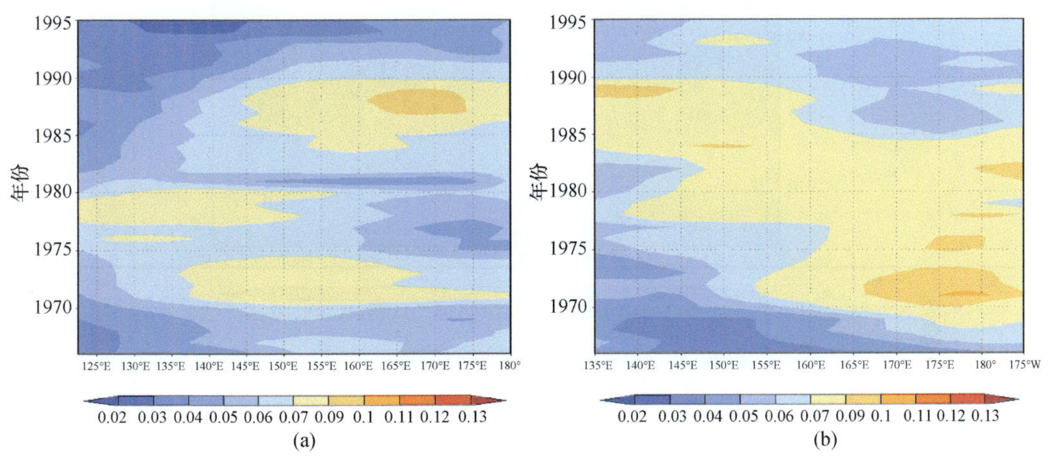

图 6.9　WP 两个中心顶点度的经圈平均值

（a）65°N～75°N；（b）30°N～40°N

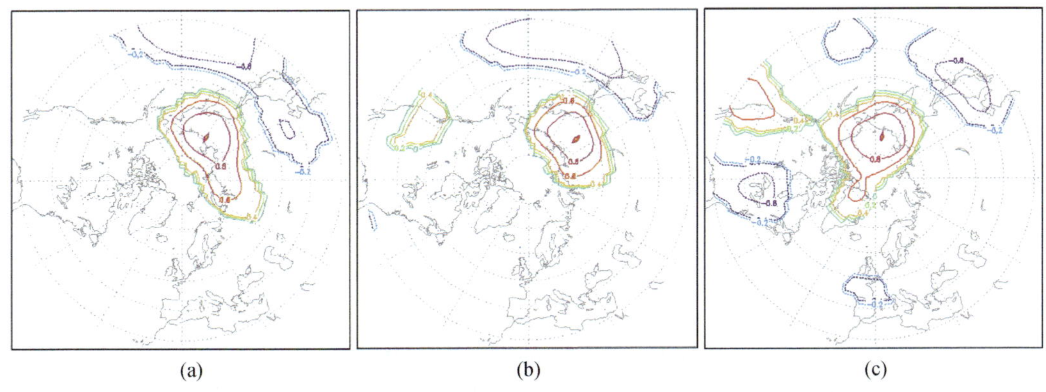

图 6.10　WP 型的三种主要空间模态

（a）1973～1982 年以（70°N，150°E）为基点；（b）1977～1986 年以（65°N，130°E）为基点；（c）1986～1995 年以（72.5°N，170°E）为基点

图 6.11 给出了 AO 遥相关型主要作用区域沿 72.5°N～82.5°N 顶点度的经圈平均值。其显著特征是，1983 年以前这一中心的作用较弱，经圈平均值图中仅在 1973 年

前后有所体现。而 1983 年以后，这一中心的作用显著增强，且作用中心相对稳定。图 6.12 给出了两个时期 AO 的主要模态。可以看出，20 世纪 80～90 年代，AO 的作用中心沿纬圈有所移动，两个时期分别以（75°N，150°W）和（80°N，160°E）为基点模态的空间分布型类似，只不过前者的作用区域更大一些。而 60～80 年代初期，AO 的作用则较弱。

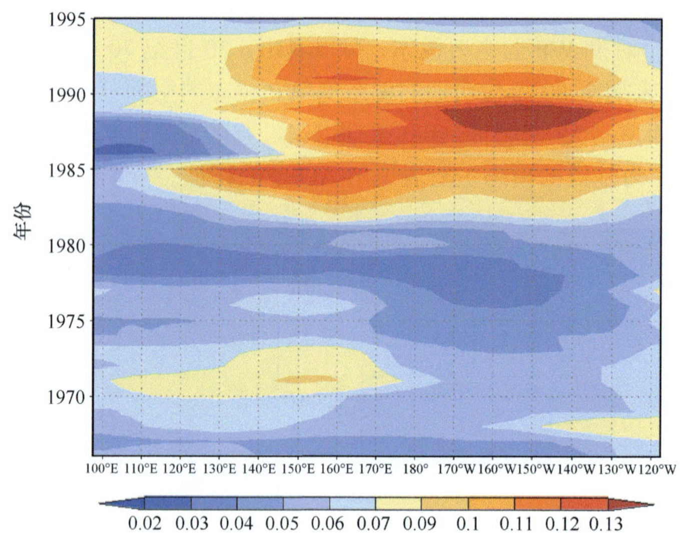

图 6.11 AO 作用中心顶点度的经圈平均值

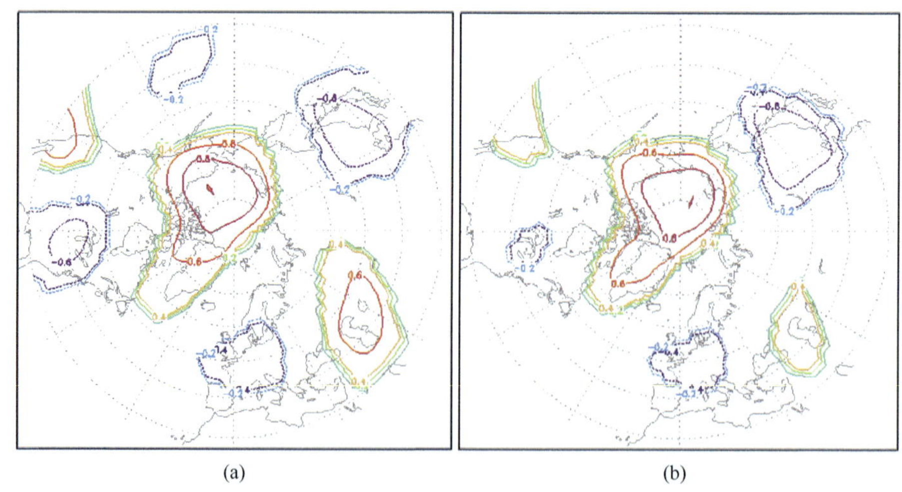

图 6.12 AO 型的两种主要空间模态

（a）1988～1997 年以（75°N，150°W）为基点；（b）1992～2001 年以（80°N，160°E）为基点

显然，遥相关型年代际尺度配置的特征之一就是其作用中心的移动，直接原因是与遥相关型之间存在相互影响区域的变化，意义在于中高纬度环流系统起主导作用的关键区域发生变化。因此，气候变化信号监测和检测的重点区域也应该做出相应的调整。表 6.2 给出了不同时段各种遥相关型的主要模态情况。

表 6.2　不同时段各种遥相关型的主要模态

	时段	类型	基点坐标范围
EUPA	1966～1973	中间型	（60°N，25°E）
	1974～1980	西北型	（70°N，10°E）
	1981～1989	东南型	（55°N，50°E）
	1990～1995	西北型	（70°N，10°E）
PNA	1966～1980	偏北型	（50°N，160°W）
	1981～1995	偏南型	（45°N，170°W）
NAO	1966～1976	偏西型	（60°N，55°W）
	1976～1983	中间型	（60°N，50°W）
	1984～1995	偏东型	（60°N，20°W）
WP	1966～1975	偏东型	（70°N，150°E）
	1976～1982	偏西型	（65°N，130°E）
	1983～1995	过渡型	（72.5°N，170°E）
AO	1976～1983	弱相关型	—
	1984～1987	偏西型	（75°N，150°W）
	1988～1995	偏东型	（80°N，160°E）

2. 遥相关型的作用的强弱配置

前面分析了北半球中高纬度环流系统中各种遥相关型作用中心的移动特征。下面进一步从遥相关型作用强度的角度分析其年代际配置情况。显然，要分析其强度，必须首先给出作用强度的明确定义。这里的作用强度不同于传统意义上的信号强弱。作用强度主要反映该遥相关型在环流系统作用的强弱，即体现了与其他区域间关联的强弱。前面的分析表明，遥相关型作用最强的中心在不同的时段发生了移动，如果通过计算某一基点顶点度的大小来定义遥相关型作用指数，必然难以准确地体现遥相关型作用的强弱变化特征。因此，首先分析遥相关型主要作用中心的空间坐标，然后确定一个区域涵盖大部分作用中心，通过计算这一区域内顶点度的平均值进行定义，且选取的区域需涵盖90%以上的作用中心可能出现的基点，进而解决作用中心移动的问题。式（6.4）～式（6.8）给出了五种遥相关型作用指数的计算公式：

$$I_{\mathrm{PNA}}(t)=\frac{1}{3}\Big[k(t)_{(45^\circ\mathrm{N}\sim55^\circ\mathrm{N},170^\circ\mathrm{W}\sim150^\circ\mathrm{W})}+k(t)_{(55^\circ\mathrm{N}\sim65^\circ\mathrm{N},130^\circ\mathrm{W}\sim95^\circ\mathrm{W})}+k(t)_{(30^\circ\mathrm{N}\sim35^\circ\mathrm{N},90^\circ\mathrm{W}\sim80^\circ\mathrm{W})}\Big] \tag{6.4}$$

$$\begin{aligned}I_{\mathrm{EUPA}}(t)=\frac{1}{4}\Big[&k(t)_{(60^\circ\mathrm{N}\sim70^\circ\mathrm{N},0^\circ\mathrm{E}\sim60^\circ\mathrm{E})}+k(t)_{(40^\circ\mathrm{N}\sim55^\circ\mathrm{N},55^\circ\mathrm{E}\sim100^\circ\mathrm{E})}+\\&k(t)_{(40^\circ\mathrm{N}\sim45^\circ\mathrm{N},120^\circ\mathrm{E}\sim130^\circ\mathrm{E})}+k(t)_{(50^\circ\mathrm{N}\sim55^\circ\mathrm{N},40^\circ\mathrm{W}\sim20^\circ\mathrm{W})}\Big]\end{aligned} \tag{6.5}$$

$$I_{\mathrm{NAO}}(t)=\frac{1}{3}\Big[k(t)_{(60^\circ\mathrm{N}\sim65^\circ\mathrm{N},55^\circ\mathrm{W}\sim5^\circ\mathrm{W})}+k(t)_{(30^\circ\mathrm{N}\sim37.5^\circ\mathrm{N},60^\circ\mathrm{W}\sim20^\circ\mathrm{W})}+k(t)_{(37.5^\circ\mathrm{N}\sim40^\circ\mathrm{N},30^\circ\mathrm{W}\sim15^\circ\mathrm{W})}\Big] \tag{6.6}$$

$$I_{\mathrm{AO}}(t)=k(t)_{(75^{\circ}\mathrm{N}\sim80^{\circ}\mathrm{N},130^{\circ}\mathrm{E}\sim160^{\circ}\mathrm{W})} \tag{6.7}$$

$$I_{\mathrm{WP}}(t)=\frac{1}{2}\left[k(t)_{(60^{\circ}\mathrm{N}\sim75^{\circ}\mathrm{N},130^{\circ}\mathrm{E}\sim155^{\circ}\mathrm{E})}+k(t)_{(35^{\circ}\mathrm{N}\sim40^{\circ}\mathrm{N},150^{\circ}\mathrm{E}\sim180^{\circ})}\right] \tag{6.8}$$

其中，$k_s(t)$表示 s 区域内所有基点顶点度的平均值。自 1966 年开始，取窗口宽度为 10 年，滑动步长为 1 年，分别计算遥相关型作用指数，得到遥相关型作用 30 年（1966～1995 年）的指数序列。表 6.3 给出了指数序列的统计特征值。可以发现，PNA 和 NAO 的均值最大，因此这两种型作用是最强的。与此同时，NAO 的标准偏差最大，说明其作用强弱的年代际尺度波动较大；AO 的均值最小，表明年代际尺度上 1980 年以前 AO 的作用相对较弱。

表 6.3　五种遥相关型作用指数的统计值

类型	均值	标准偏差	最小值/最大值
PNA	0.074	0.016	0.048/0.105
EUPA	0.064	0.004	0.055/0.074
NAO	0.074	0.020	0.044/0.112
WP	0.072	0.012	0.045/0.093
AO	0.037	0.013	0.018/0.061

图 6.13 给出了五种遥相关作用指数距平值的年代际变化特征。可以看出，遥相关型作用的年代际配置大致可以分成五个阶段：1966～1969 年，PNA 和 EUPA 偏强，NAO、AO 和 WP 偏弱；1970～1976 年，EUPA 和 WP 的作用偏强；1977～1981 年，NAO 和 WP 偏强；1981～1984 年，PNA、NAO、EUPA 和 WP 偏强；1985～1995 年，AO 偏强。根据遥相关型指数可以推断不同年代北半球中高纬度环流系统中的主导型（表 6.4）。遥相关型主导型的确定对于研究北半球中高纬度环流系统年代际尺度结构特征的变化具有重要的指导意义。一方面，遥相关型主导型的确定，有利于明确不同时段重点关注区

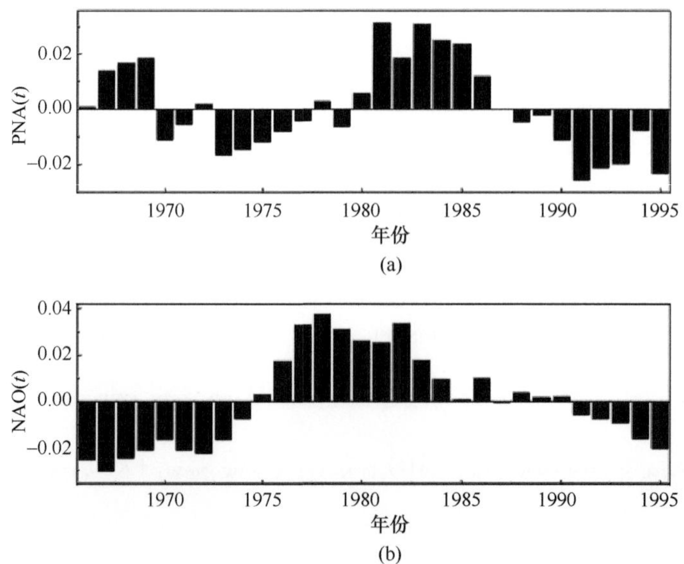

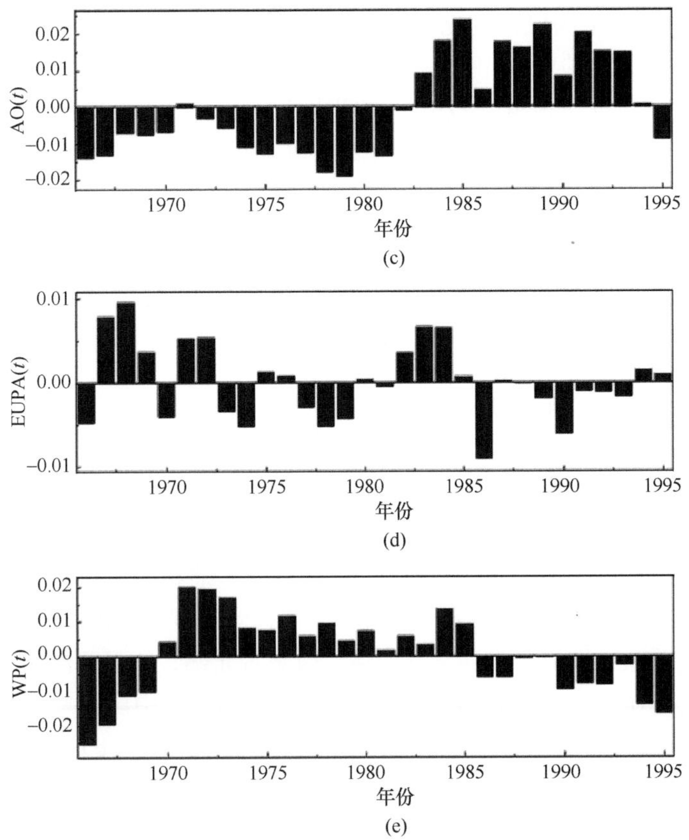

图 6.13　五种遥相关指数距平值的 10 年滑动变化图

（a）PNA；（b）NAO；（c）AO；（d）EUPA；（e）WP

域的分布，如 20 世纪 60 年代重点关注亚欧大陆和北太平洋-北美区域；80 年代则情况较复杂，需要考虑多种因素，如更广范围的气候变化特征信号等。另一方面，可以通过遥相关型主导型的转变来解释气候系统中存在的气候突变现象等，如 70 年代中后期的突变可能与 EUPA 和 NAO 这两种遥相关型的转化有所联系，而 90 年代初期的气候则对应了 PNA、NAO、EUPA 和 WP 等多种遥相关型作用的整体调整等。

表 6.4　不同时段北半球中高纬度系统的主导遥相关型

时段	主导型
1966～1969	PNA，EUPA
1970～1976	EUPA，WP
1977～1980	NAO，WP
1981～1984	PNA，NAO，EUPA，WP
1985～1995	AO

6.2.3　遥相关型与中国夏季降水的可能联系

以往的研究表明，各种遥相关型与中国气候变化等具有重要联系，其中 NAO、

NPO 和 EUPA 型等是中国气候变化研究的重要信号。需要指出的是，以往这些研究大都基于日平均或月平均的资料，研究遥相关型与中国夏季降水联系的年际变化特征等，所采用的遥相关型数据是根据基点或区域间平均气压差方法来定义强度指数。由于传统的定义并未直接体现遥相关型在气候系统中作用的强弱及稳定性特征，应用于预测的过程中难免存在一些局限性，尤其是对一些极端事件的预测结果则相对较差。从年代际尺度关联性角度定义遥相关型作用指数，直接体现了该尺度下遥相关型作用的强弱，因此，将该指数应用于中国夏季降水的年代际变化趋势的监测和判断等研究，试图从年代际角度判断中国降水的总体趋势，并以此作为年际预测和决策咨询的一个重要参考。

采用国家气候中心公布的 1966～2005 年中国 730 个站点日平均降水资料。计算年降水量的平均值，并作 10 年滑动平均，得到体现年代际变化特征的平均降水序列，长度是 1966～1995 年。在此基础上计算遥相关型作用指数和年平均降水序列的相关系数 I_{PNA}、I_{NAO}、I_{AO}、I_{EUPA} 和 I_{WP}。其值分别为 0.07、–0.46、–0.56、0.64 和 0.11。为进一步研究作用指数对中国各区域降水的影响，图 6.14 给出了遥相关型作用指数和中国夏季降水的相关系数分布。从图 6.14（a）可以看出，年代际尺度上，PNA 型作用指数与中国夏季降水的主要关联区域为华南和长江流域、内蒙古北部、新疆西部和东北大部，其中以华南的关联尤为显著。从图 6.14（b）可以看出，NAO 与中国夏季降水的主要关联区域为华南、长江中游地区、东北大部和新疆西部等；从图 6.14（c）可以看出，EUPA 型作用指数与中国夏季降水年代际尺度的主要关联区域为东北大部、新疆西部和青藏高原西南部等，且均为负相关，即 EUPA 的作用强，则这些区域的降水则相对较少。从图 6.14（d）可以看出，AO 型指数的主要关联区域为长江中下游区域、华南、东北大部、新疆西部、北部和青藏高原西南部，与 EUPA 作用指数的关联性恰好相反，AO 作用均表现为正相关。从图 6.14（e）可以看出，WP 型作用指数也与中国夏季降水的多个区域存在显著关联，其中较为显著的正相关区主要位于东北北部和长江中游地区，负关联区则主要位于华南、长江流域、新疆西部及北部、青藏高原西南部。五种作用指数与主要区域的关联均通过了 0.05 的显著性水平。由此可知，作用指数和区域降水之间的关联具有一定的可信度，作用指数可以作为年代际尺度检测和判断中国降水变化趋势特征的重要信号。

某一区域的气候变化必然是多因子共同作用的结果，中国各区域的降水可能和多种遥相关型作用指数存在关联，同时也存在显著的区域差异。为了进一步研究区域降水的变化和作用指数之间的关系，根据图 6.14 中遥相关作用指数主要作用区域的差异，将中国大致分成 10 个主要区域［图 6.15（a）］，并分区域讨论夏季降水与作用指数间的关系［表 6.5，图 6.15（b）］。可以看出，除了西北和华北等少数区域的高相关因子相对较单一外，其他地区均与多个因子存在高度相关，如东北地区与五种指数均呈显著相关。为了进一步明确多因子作用的可能性，采用多元回归的方法进一步构建物理统计模型。

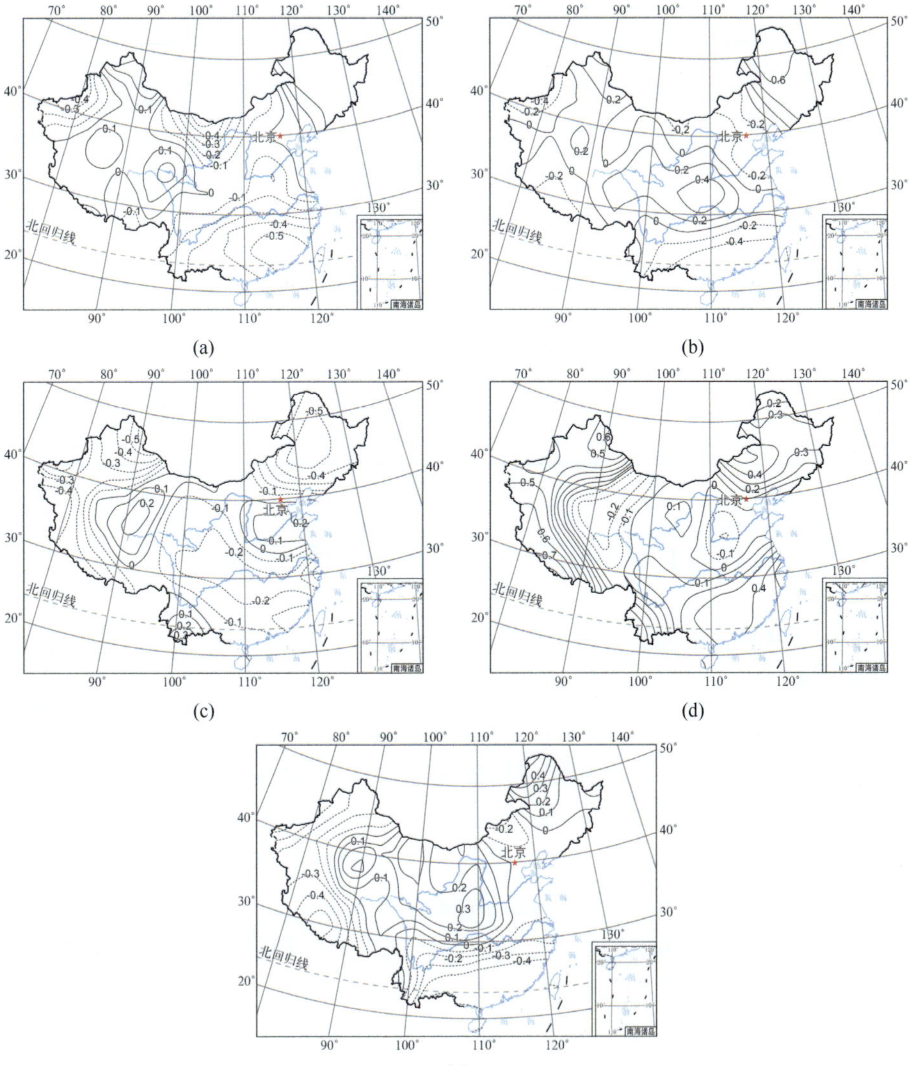

(a)

(b)

(c)

(d)

(e)

图 6.14　各种遥相关型作用指数与中国夏季降水的相关分布

（a）PNA；（b）NAO；（c）EUPA；（d）AO；（e）WP

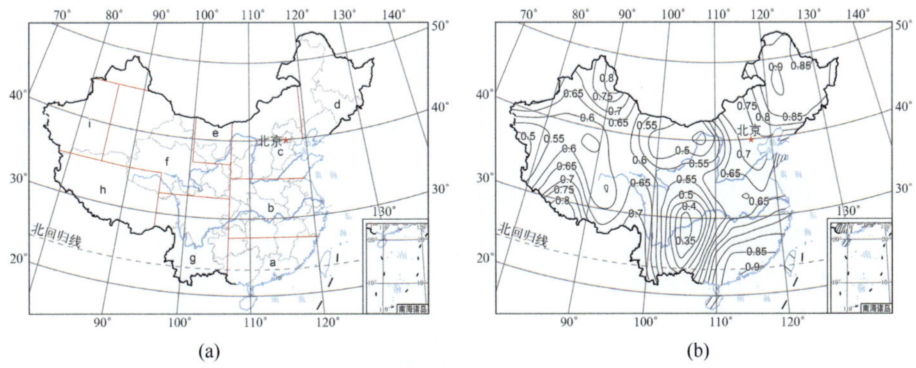

(a)

(b)

图 6.15　各区域拟合恢复的夏季降水与观测的相关系数分布

（a）中国夏季降水分区；（b）区域拟合相关系数分布

表 6.5　影响各区域夏季降水的主要关联遥相关型

区号	区域	正相关的遥相关型	负相关的遥相关型
a	华南	AO	PNA，NAO，WP
b	长江中下游	AO	PNA，EUPA，
c	华北	—	NAO
d	东北	PNA，NAO，AO，WP	EUPA
e	西北北部	—	PNA，
f	西北大部	PNA，EUPA	AO
g	西南	NAO，EUPA	AO
h	青藏高原	AO	EUPA，WP
i	西北西部	AO	PNA，NAO，WP
j	准噶尔区	NAO，AO	EUPA

6.2.4　多因子物理统计模型的构建

对 10 个区域分别根据其主要关联的遥相关因子，通过多元回归的方法，构建了多因子物理统计模型：

$$P = a_0 + a_1 I_{\mathrm{PNA}} + a_2 I_{\mathrm{NAO}} + a_3 I_{\mathrm{AO}} + a_4 I_{\mathrm{EUPA}} + a_5 I_{\mathrm{WP}} + \varepsilon \tag{6.9}$$

模型中的参数 $a_0 \sim a_5$，对于不同的区域其值各有差异，ε 是统计误差。图 6.15（b）给出了多因子物理统计模型根据各个区域的主要相关因子模拟的降水值与观测值间的相关系数空间分布。可以看出，几块区域的相关系数均比较高，部分地区相关系数的最大值在 0.9 以上，都通过了 0.05 的信度检验。从图 6.16 可以看出，降水量平均值和模拟值的年代际尺度的变化趋势较吻合，图 6.16（a）～（j）各区域降水量平均值和模拟值间的相关系数分别为 0.94、0.78、0.60、0.97、0.39、0.59、0.60、0.65、0.88 和 0.80。模型模拟的结果与平均降水量的相关系数基本都大于 0.6，通过了 0.01 的显著性水平检验，其中华南和东北的相关系数尤为显著，均大于 0.9。因此，通过遥相关型作用指数构建的模型能够较好地模拟中国各个区域夏季降水年代际尺度的变化趋势。结合式（6.10）和式（6.11）的距平百分率和均方根误差等，进一步评估模型的性能（表 6.6）。可以看出，各个区域相对距平百分率和平均相对均方根误差，基本都小于 10%。模拟降水的距平百分率：

$$R = \frac{Y - Y_0}{\overline{Y}_0} \times 100\% \tag{6.10}$$

式中，Y 为模拟值；Y_0 为观测平均值。对某一区域而言，距平百分率序列中最大值、最小值和平均值分别用 $R_{\max}$、$R_{\min}$、$\overline{R}$ 表示。这三个值小，则说明模拟结果较好，反之，则较差。模拟降水的平均相对均方根误差为

$$\sigma = \frac{\sqrt{\sum_{i=1}^{N}(Y - Y_0)^2 / N}}{\overline{Y}_0} \times 100\% \tag{6.11}$$

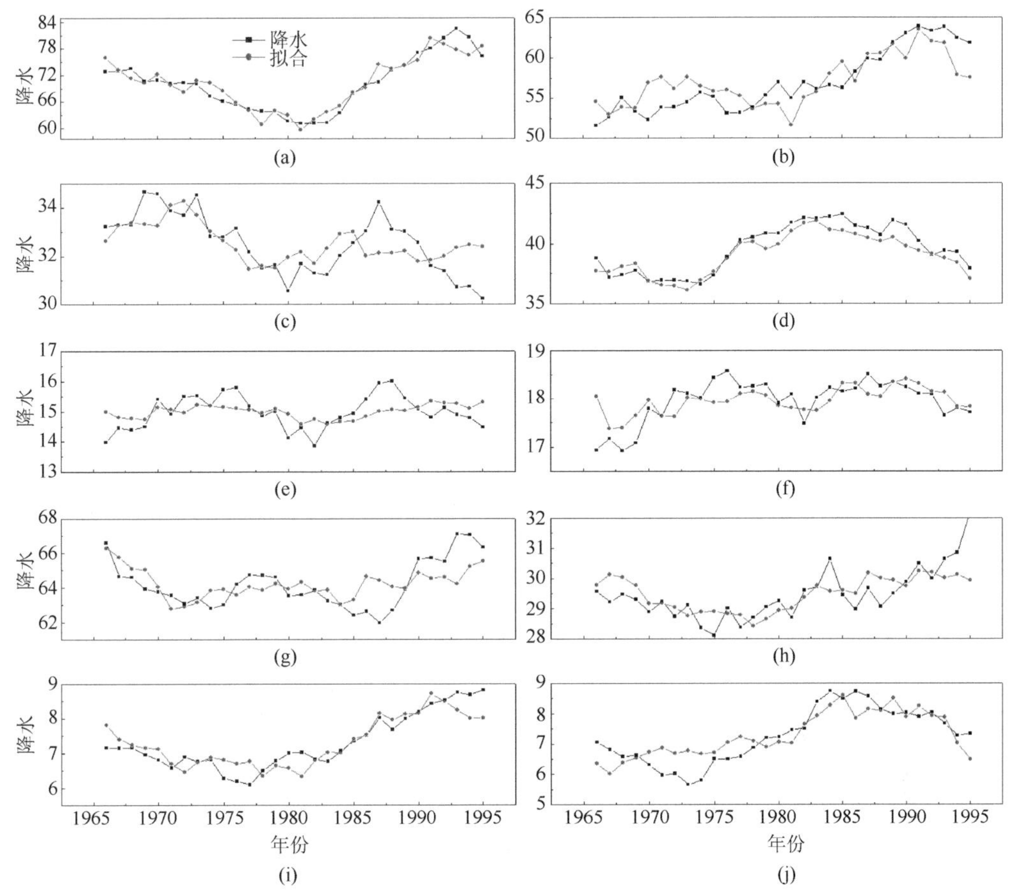

图 6.16　各区域夏季平均降水量（黑色）和模型模拟结果（红色）

（a）华南；（b）长江中下游；（c）华北；（d）东北；（e）西北北部；（f）西北大部；（g）西南；（h）青藏高原；（i）西北西部；（j）准噶尔区

表 6.6　多因子物理统计模型模拟结果的性能指标

区号	C	R_{max}/%	$\overline{R}$ /%	R_{min}/%	σ /%
华南	0.94	7.10	2.34	0.02	8.11
长江中下游	0.78	8.16	3.37	0.44	6.12
华北	0.69	4.56	1.77	0.03	2.29
东北	0.97	6.56	2.46	0.13	9.64
西北北部	0.39	6.52	2.70	0.03	1.43
西北大部	0.59	6.16	0.48	0.03	1.44
西南	0.60	4.58	1.35	0.01	1.28
青藏高原	0.65	7.85	1.63	0.08	1.84
西北西部	0.88	11.16	3.90	0.08	9.34
准噶尔区	0.80	15.14	6.10	0.74	9.80

6.2.5　基于多因子物理统计模型的中国夏季降水预测方法

在构建多因子统计模型的基础上，研究了一种中国夏季降水年代际变化趋势和短期预测的新方法。图 6.17 为多因子物理统计模型构建及其对中国夏季降水预测的流程图。基于表征北半球中高纬度环流的高度场资料，从年代际尺度相关的角度构建中高纬度的环流子系统关联网络，分析网络拓扑性质，借助于平均顶点度并参考式（6.4）～式（6.8）计算遥相关型作用指数，结合中国夏季降水的历史观测数据进行区域划分，由多种遥相关型作用指数构建物理统计模型，通过拟合和模型模拟等手段，确定不同分区的模型参数。根据式（6.12），由体现年代际尺度遥相关型作用强弱的前冬指数 $I(T_i)$预测中国各区域夏季降水的年代际平均值 $P(T_{i+1})$：

$$P\left(T_{i+1}\right)=a_0+aI_{\text{PNA}}\left(T_i\right)+a_1I_{\text{NAO}}\left(T_i\right)+a_2I_{\text{AO}}\left(T_i\right)+a_3I_{\text{EUPA}}\left(T_i\right)+a_4I_{\text{WP}}\left(T_i\right) \quad (6.12)$$

$$P(T_i)=\frac{p(t_j)+p(t_{j+1})+\cdots+p(t_{j+9})}{10} \quad (6.13)$$

$$P(T_{i+1})=\frac{p(t_{j+1})+p(t_{j+2})+\cdots+p(t_{j+10})}{10} \quad (6.14)$$

其中，$T_i \to T_{i+1}$的变化过程中，不变量是$\dfrac{p(t_{i+1})+p(t_{i+2})+\cdots+p(t_{i+9})}{10}$，因此式（6.14）减式（6.13）得

$$p(t_{j+10})=10(P(T_{i+1})-P(T_i))+p(t_j) \quad (6.15)$$

结合前一个年代际尺度夏季降水的平均值 $P(T_i)$和不变量，由式（6.15）可对下一年夏季降水进行预测。

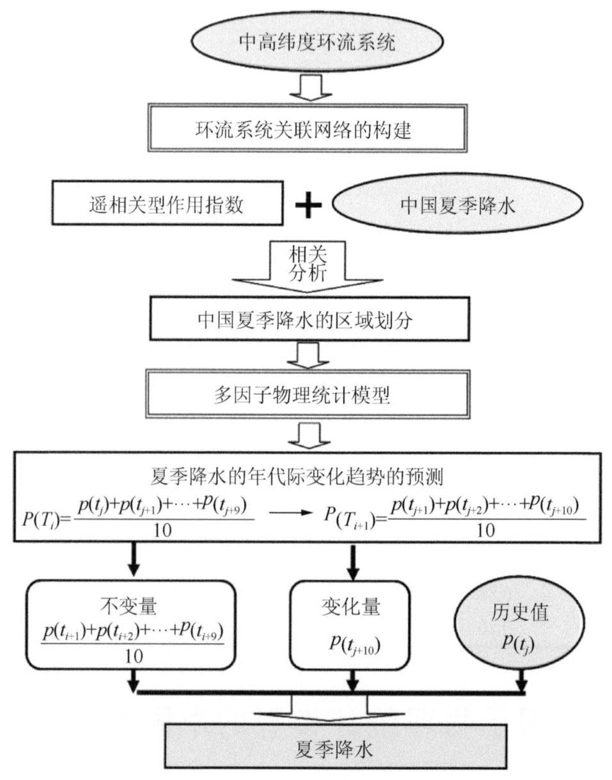

图 6.17　多因子物理统计模型构建及其对中国夏季降水预测流程

6.2.6　独立样本检验

应用 6.2.5 节中的方法对 2005 年夏季降水进行预测。表 6.7 给出了各个区域预测结果的相对距平百分率。可以看出，模型对年代际尺度夏季降水平均值的回报误差范围较小，均小于 20%。其中华南、西北大部和东北等区域的误差较小，主要原因是这些区域夏季降水主要的影响因素相对显著且稳定，因此降水的可预测性较高。同时，西北北部和青藏高原等地区的误差百分率较大，原因可能在于这些地区站点较少，样本量少导致统计结果包含的真实信息较少，拟合过程中模型参数的不确定性增加，导致应用模型预测的误差增加。为了进一步检验模型的有效性，对全国各个站点 2005 年夏季降水分别应用上述方法做独立样本检验。由于资料长度为 1960～2005 年，仅给出了 2005 年的预测结果。应用 1966～2004 年的资料确定遥相关指数，通过统计物理模型的模拟确定相关参数，然后应用 1995～2004 年冬季的遥相关指数回报 1996～2005 年的夏季降水的平均值，最后结合 1996～2005 年的夏季降水的平均值及 1995 年夏季降水值，确定 2005 年的夏季降水。用此方法可以对各个年份的夏季降水进行预测。图 6.18（a）、（b）给出了 2005 年中国夏季降水的空间分布及多因子模型的回报结果。可以看出，回报结果的空间分布型和观测结果是基本一致的，基本体现了干旱区、半干旱区和湿润区的梯度分布特征。华南、长江流域、江淮和东北等地区夏季降水的几个大值中心基本得到体现，降水量的预测值和观测值，除华南地区偏高外，在全国大部分范围很接近。由图 6.18（c）可以看出，全国大部分地区夏季降水预测的距平百分率均小于 20%。

表 6.7　夏季降水年代际尺度（1996～2005 年）平均值预测结果的相对距平百分率

区域	华南	长江中下游	华北	东北	西北北部
R/%	–0.4	–7.1	10.4	6.3	12.6
区域	西北大部	西南	青藏高原	西北西部	准噶尔区
R/%	–0.8	2.7	–8.4	19.6	17.7

多因子物理统计模型预测降水的思想，主要有以下几个优点：①由图 6.17 可以看出，预测流程的初始资料是代表环流系统的高度场，目前对降水的预测不太理想，但对环流系统的预测水平则相对较高，且相对稳定。同时，各种遥相关型在冬季也比较稳定，信号显著，因此以高度场为中间过程的降水预测，更容易捕捉各种变化信息；②就气候系统而言，年代际尺度的分量相对年际分量等更稳定，因此模型计算年代际尺度的遥相关作用指数，进而在预测年代际尺度降水的平均值的基础上推导出降水的年际变化，实现了以稳定分量为中介预测不稳定分量；③由 t_1～t_{10} 这 10 个时次的资料计算年代际尺度的遥相关指数，这一过程考虑了高度场的动态演变信息。考虑了历史演变信息的相似，较以往单个值的相似更具有代表性；④气候系统本身是一个非线性的复杂系统，因此气候系统内部必然包含了线性和非线性的共同作用，采用多因子回归的方法构建模型，通过考虑因子间的耦合以体现气候系统的非线性特征。基于以上四点，这个新的预测方法对中国夏季降水的预测效果较好，预测模型具有夏季降水预测的潜在应用价值。

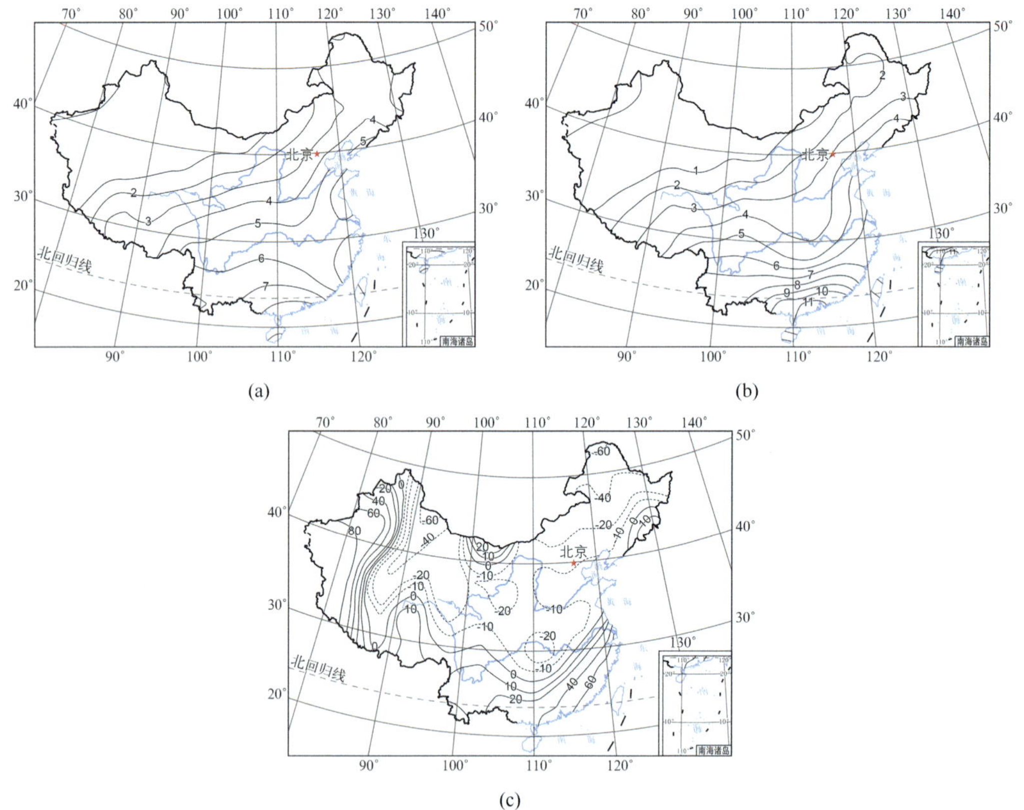

图 6.18 （a）2005 年夏季降水的空间分布；（b）多因子物理统计模型对 2005 年的预报结果和（c）距平百分率空间分布

综上所述，本章主要介绍了利用 NCEP 再分析资料的 500hPa 高度场资料，以格点为网络节点，以格点间的关联系数为连边条件，从多尺度角度初步构建了多种关联网络，对不同尺度下的气候子系统结构特征做了一定的分析。

就环流系统复杂网络而言，500hPa 高度场的关联网络具有典型的小世界效应。北纬和南纬 27.5°附近，顶点度的空间分布存在显著的界线，不同的空间结构特征必然导致其具有不同的动力学作用机制，因此根据环流系统关联网络的区域特征将其划分为低纬度子系统和中高纬度子系统。低纬度子系统网络主要体现了全局耦合的性质，中高纬度子系统具有典型的小世界效应。对北半球中高纬度子系统的数值试验表明，遥相关型的存在大大缩短了网络的平均最短路径长度，有利于局部涨落信息的快速传递，从而有利于环流系统稳定性的维持。因此，通过构建环流系统的关联网络，可以更好地理解环流系统的动力学结构特征，理解其信息传递的可能方式；可以在同时考虑正相关和负相关的基础上，再现遥相关型的空间分布和作用强弱特征；可以通过网络结构特征量的变化，更好地理解气候系统稳定性的可能变化等。

环流系统关联网络中，通过复杂网络顶点度空间分布可以形象地给出北半球中高纬度系统中的 PNA、NAO、AO、EUPA 和 WP 五种典型的遥相关型。值得指出的是这里并没有能够将北半球的所有遥相关型完全体现，主要原因是顶点度的空间分布直接体现了空间格点在北半球中高纬度环流子系统中作用的强弱。对于一些作用相对较弱的遥相关型，由于其作用的空间范围相对较小，顶点度的值相对较小；作用较强的遥相关型，作用的范围较大，强度较大，可能会掩盖顶点度较小的遥相关型，但这并不是对这些遥相关型存在和作用的否定，仅仅是一种不同空间尺度下作用强弱的体现。此外，PNA、NAO、AO、EUPA 和 WP 五种显著的遥相关型在年代际尺度的配置上主要存在以下两个特征：①作用中心的移动。NAO、EUPA 和 WP 的作用中心在年代际尺度存在显著的移动的特征，且 20 世纪 70 年代中后期存在一次共同的显著的调整；在 90 年代也对应有显著的调整的过程。AO 型在 1976 年以前作用较弱，80 年代末期以来作用则显著增强；PNA 型模态的空间分布则相对稳定，作用中心移动的特征较弱，这也进一步体现了其在北半球中高纬度系统中是一种相对独立的模态。②遥相关型作用的强度存在年代际变化特征。从顶点度的角度定义各种遥相关型作用指数，这种定义方法直接从遥相关型作用强弱的角度进行定义，更能体现其在气候系统中作用的变化，并且根据各种指数确定了不同时段北半球中高纬度的主要遥相关型。1976 年以前是 PNA，EUPA 和 WP 三种模态的配置为主导，1977 年以后 NAO 的作用显著增强，五种模态共同作用；1985 年以后 AO 的作用显著增强，其他模态的作用则相对较弱。

从年代际尺度的角度来看，各种遥相关型指数与中国夏季降水均有较好的联系。将中国夏季降水分成 10 个不同区域，分别确定其主要的可能影响因子，并从多因子耦合作用的角度构建了夏季降水的多因子物理统计模型，研究了一种夏季降水预测的新方法，并通过数值试验验证了该方法的有效性。

参考文献

龚道溢, 王绍武. 1998. 南极涛动. 科学通报, 43(3): 296-301.

龚志强, 封国林, 支蓉. 2008. 1-30D 尺度温度关联网络动力学统计性质研究. 物理学报, 57(8): 5351-5360.

王启光, 封国林, 郑志海, 等. 2011. 长江中下游汛期降水优化多因子组合客观定量化预测研究. 大气科学, 35: 287-297.

王晓娟, 龚志强, 周磊, 等. 2009. 温度关联网络稳定性分析 I: 极端事件的影响. 物理学报, 58(9): 6651-6658.

周磊, 龚志强, 支蓉, 等. 2008. 利用复杂网络研究中国温度序列的拓扑性质. 物理学报, 7(11): 7380-7389.

周磊, 龚志强, 支蓉, 等. 2009. 基于复杂网络研究中国温度变化的区域特征. 物理学报, 58(10): 7351-7358.

周磊, 支蓉, 冯爱霞, 等. 2010. 基于二分图的温度网络拓扑性质研究. 物理学报, 59(9): 6689-6696.

Fan K, Wang H J. 2004. Antarctic Oscillation and the dust weather frequency in North China. Geophys Res Lett, 31(10): L10201.

Huang J P, Higuchi K, Shabbar A. 1998. The relationship between the North Atlantic Oscillation and El Niño–Southern Oscillation. Geophys Res Lett, 25(14): 2707-2710.

Smith T M, Reynolds R W. 2003. Extended reconstruction of global sea surface temperatures based on COADS data 1854-1997. J Climate, 16(10): 1495-1503.

Thompson D W J, Wallace J M. 1998. The Arctic Oscillation signature in wintertime geopotential height and temperature fields. Geophys Res Lett, 25(9): 1279-1300.

Tsonis A A, Roebber P J. 2004. The architecture of the climate network. Physica A, 333: 497-504.

Tsonis A A, Swanson K L, Kravtsov S. 2007. A new dynamical mechanism for major climate shifts. Geophys Res Lett, 34(13): L13705.

Tsonis A A, Swanson K L, Roebber P J. 2006. What do networks have to do with climate? Bull Amer Meteor Soc, 87(5): 585-595.

Tsonis A A, Swanson K L, Wang G L. 2008a. On the role of atmospheric teleconnections in climate. J Climate, 21(12): 2990-3001.

Tsonis A A, Swanson K L, Wang G L. 2008b. Estimating the clustering coefficient in scale-free networks on lattice with local spatial correlation structure. Physical A, 387(21): 5287-5294.

Walker G T, Bliss E W. 1932. World weather V. Mem Roy Meteor Soc, 4(36): 53-84.

Wallace J M, Gutzler D S. 1981. Teleconnection in the geopotential height field during the Northern Hemisphere winter. Monthly Weather Review, 109(4): 784-812.

Wang G L, Swanson K L, Tsonis A A. 2009b. The pacemaker of major climate shifts. Geophys Res Lett, 36(7): L07708.

Wang G L, Tsonis A A. 2008. On the variability of ENSO at millennial timescales. Geophys Res Lett, 35(17): L17702.

Wang G L, Tsonis A A. 2009a. A preliminary investigation on the topology of Chinese climate networks. Chinese Physics B, 18(11): 5091-5096.

Wang H J. 2001. The Weakening of the Asian Monsoon Circulation after the End of 1970's. Adv Atmos Sci, 18(3): 376-386.

Yamasaki K, GozolchianiA, Havlin S. 2008. Climate Networks around the Global are significantly affected by El Niño. Physical Review Letters, 100(22): 228501.

Yuan X, Martinson D G. 2001. The Antarctic dipole and its predictability. Geophys Res Lett, 28(18): 3609-3612.

第 7 章　中国旱涝的年代际趋势转折可预报性研究

我国地处东亚季风区，旱涝的年代际变化特征十分显著（黄荣辉等，2006）。如戴新刚等（2003a，2003b）利用小波分析发现，华北近百年降水变化中除了较强的年际振荡外，存在明显的准 18 年振荡。20 世纪 70 年代中后期至 21 世纪初，华北处于一个暖而降水少的干旱时段，20 世纪后 30 年经历了一次由湿向干转换的过程，其中转折点发生在 70 年代中后期，这与全球大尺度气候背景的转折性变化有关（马柱国，2007；江志红等，2010）。

伴随着 20 世纪 70 年代末全球尺度的气候转折与突变，我国大部分地区都出现了年代尺度的旱、涝更替。华北地区 50～60 年代中期降水相对较充沛，60 年代中期以后处于相对较少的阶段（戴新刚等，2003b）。西北东部 70 年代末干湿发生显著转变，干旱化趋势明显（李新周等，2006）。陈隆勋等（1998）、施晓辉和徐详德（2007）的研究也表明，东北和长江中下游地区在 60～70 年代降水偏少，70 年代末出现年代际转型，80 年代起降水偏多。钱维宏（2008）指出，较短气候序列分析得到的趋势可能只是长期规则气候变化中的一个片段，即在较短时间尺度上，气象要素序列表现为上升或者下降的趋势，然而从较长时间尺度来看，短期上升或下降的趋势只是历史周期振荡中的一个片段。这种情况下，未来旱涝趋势变化预测的焦点集中在趋势以及可能发生的转折预测上，包括当前干旱/洪涝的趋势将持续多久，未来是否将可能发生转折，以及在转折发生前经历的干旱或洪涝事件可能达到的强度是多大？这些都是年代际旱涝趋势预测亟须回答的问题。同时已有研究指出（Alley et al.，2003），平稳和渐变的气候变化一旦超过某一阈值，可能导致气候系统的长期演变趋势在较短时期内发生转折或突变。在当前全球变暖以及人类活动影响日益加剧的背景下，旱涝的程度和分布格局可能发生变化。提高对我国旱涝年代际变率机制的理解和认识，科学合理的预估未来几十年气候可能发生的变化，对水资源、农业、能源以及国家中长期发展规划的制定具有重要意义。

7.1　中国近 60 年旱涝转折时空分布特征

本节利用标准化降水指数（SPI）对中国近 60 年旱涝演变时空分布特征进行分析，同时给出了年代际旱涝变化的可能影响因子及相关分析。

7.1.1　中国近 60 年旱涝年代际演变特征

干旱是由于降水持续偏少而导致的一种自然灾害。近年来针对特定的区域和气候类型，人们发展了多种干旱监测指标，包括从降水距平百分率、降水百分位指数到较为复杂的综合指标（如 Palmer 干旱指数等）。SPI 是一种功能强大、灵活且易于计算的干旱指标，仅需要降水量作为输入参数。SPI 基于降水概率分布转换得到，在分析旱涝周期/循环方面有着独特的优势（Guttman，1998；袁文平和周广胜，2004；Wu et al.，2007；袁云等，2010；Svoboda et al.，2012）。首先利用特定概率密度分布（Γ分布）对降水资料序列进行拟合，然后将其转换成正态分布，使得均值为零（Edwards and Mckee，1997）。SPI 正值表示降水量高于中值，负值表示降水量少于中值。由于 SPI 是经过均一化的指数，可同时表征干旱和湿润时段，因此 SPI 也可用于对洪涝的监测。表 7.1 所示为不同 SPI 指数对应的旱涝等级。当 SPI 指数持续为负且达到或超过–1.0 时，定义为发生了一次干旱事件，当指数转为正值时，认为事件结束。对应每次干旱事件，均定义了开始、结束和持续时间，以及持续时段内各月的事件强度。一次干旱事件持续时段内逐月 SPI 的累积值可作为衡量干旱严重程度的指标。

表 7.1　SPI 指数的旱涝等级

等级	标准化降水指数 SPI	类型
1	>2	重涝
2	（1.5，1.99）	中涝
3	（1.0，1.49）	轻涝
4	（–0.99，0.99）	正常
5	（–1.0，–1.49）	轻旱
6	（–1.5，–1.99）	中旱
7	<–2	重旱

针对干旱的多时间尺度特征，SPI 利用滑动窗口来检测不同时间尺度的旱涝事件，包括月、季节以及年际尺度等。如年际尺度的 SPI 指数表征之前连续 12 个月的累计降水与历史同期 12 个连续月份降水的对比情况。

由于不同时间、不同地区降水量变化幅度很大，直接用降水量很难在不同时空尺度上相互比较，而且降水分布属于偏态分布，而非正态分布。因此在降水分析中，多采用Γ分布概率来描述降水量的变化，SPI 是将某一时间尺度的降水量序列看作服从Γ分布，通过降水量的Γ分布概率密度函数求累积概率，再将累计概率正态标准化而得。其计算方法如下：

假设某时段降水量为随机变量 x，其Γ分布的概率密度函数为

$$g\left(x\right)=\frac{1}{\beta^{\alpha}\Gamma\left(\alpha\right)}x^{\alpha-1}e^{-x/\beta}\quad (x>0) \tag{7.1}$$

$$\Gamma\left(\alpha\right)=\int_{0}^{\infty}x^{\alpha-1}e^{-x}\mathrm{d}x \tag{7.2}$$

式中，α 为形状参数，β 为尺度参数，x 为降水量，$\Gamma(\alpha)$是 gamma 函数。最佳的估计α、β 值可采用极大似然估计方法求得，即

$$\hat{\alpha}=\frac{1+\sqrt{1+4A/3}}{4A} \tag{7.3}$$

$$\hat{\beta}=\frac{\overline{x}}{\overline{\alpha}} \tag{7.4}$$

$$A=\ln\left(\overline{x}\right)-\frac{\sum\ln(x)}{n} \tag{7.5}$$

式中，n 为计算序列的长度。给定时间尺度的累积概率：

$$G\left(x\right)=\int_0^x g\left(x\right)\mathrm{d}x=\frac{1}{\beta^{\alpha}\Gamma\left(\hat{\alpha}\right)}\int_0^x x^{\alpha-1}e^{-x/\beta}\mathrm{d}x \tag{7.6}$$

令 $t=x/\hat{\beta}$，上式可变为不完全的 gamma 方程：

$$G\left(x\right)=\frac{1}{\Gamma\left(\hat{\alpha}\right)}\int_0^x t^{\hat{\alpha}-1}e^{-t}\mathrm{d}t \tag{7.7}$$

由于 gamma 方程不包含 x=0 的情况，而实际降水量可以为 0，所以累积概率表示为

$$H\left(x\right)=q+\left(1-q\right)G\left(x\right) \tag{7.8}$$

式中，q 是降水量为 0 的概率。而如果 m 表示降水时间序列中降水量为 0 的数量，则 $q=m/n$。累积概率 $H(x)$可以通过下式转换为标准正态分布函数：

当 $0<H(x)\leqslant 0.5$ 时，

$$\mathrm{SPI}=-\left(t-\frac{c_0+c_1t+c_2t^2}{1+d_1t+d_2t^2+d_3t^3}\right) \tag{7.9}$$

$$t=\sqrt{\ln\left(\frac{1}{H\left(x\right)^2}\right)} \tag{7.10}$$

当 $0.5<H(x)<1$ 时，

$$\mathrm{SPI}=\left(t-\frac{c_0+c_1t+c_2t^2}{1+d_1t+d_2t^2+d_3t^3}\right) \tag{7.11}$$

$$t=\sqrt{\ln\left(\frac{1}{\left(1-H\left(x\right)\right)^2}\right)} \tag{7.12}$$

式(7.9)～式(7.12)中，c_0=2.515517，c_1=0.802853，c_2=0.010328，d_1=1.432788，d_2=0.189269，d_3=0.001308。

图 7.1 给出了 1951 年以来 10 年平均的中国 SPI 空间分布。可以看出，中国旱涝趋势演变有着显著年代际变化特征。20 世纪 50 年代除西北地区西南部、西藏西部以及华南和西南南部部分地区以外，全国大部分地区均处在偏涝的时段，其中东北、华北偏涝尤为明显。60 年代我国东北地区整体呈现出“北涝南旱”的空间分布特征，其中东北北部和西南部、华北南部、黄淮、西北地区东南部、西南东部和南部以及西藏地区偏涝，全国其余地区以偏旱为主，其中长江下游、新疆北部以及青藏高原东部为干旱中心。

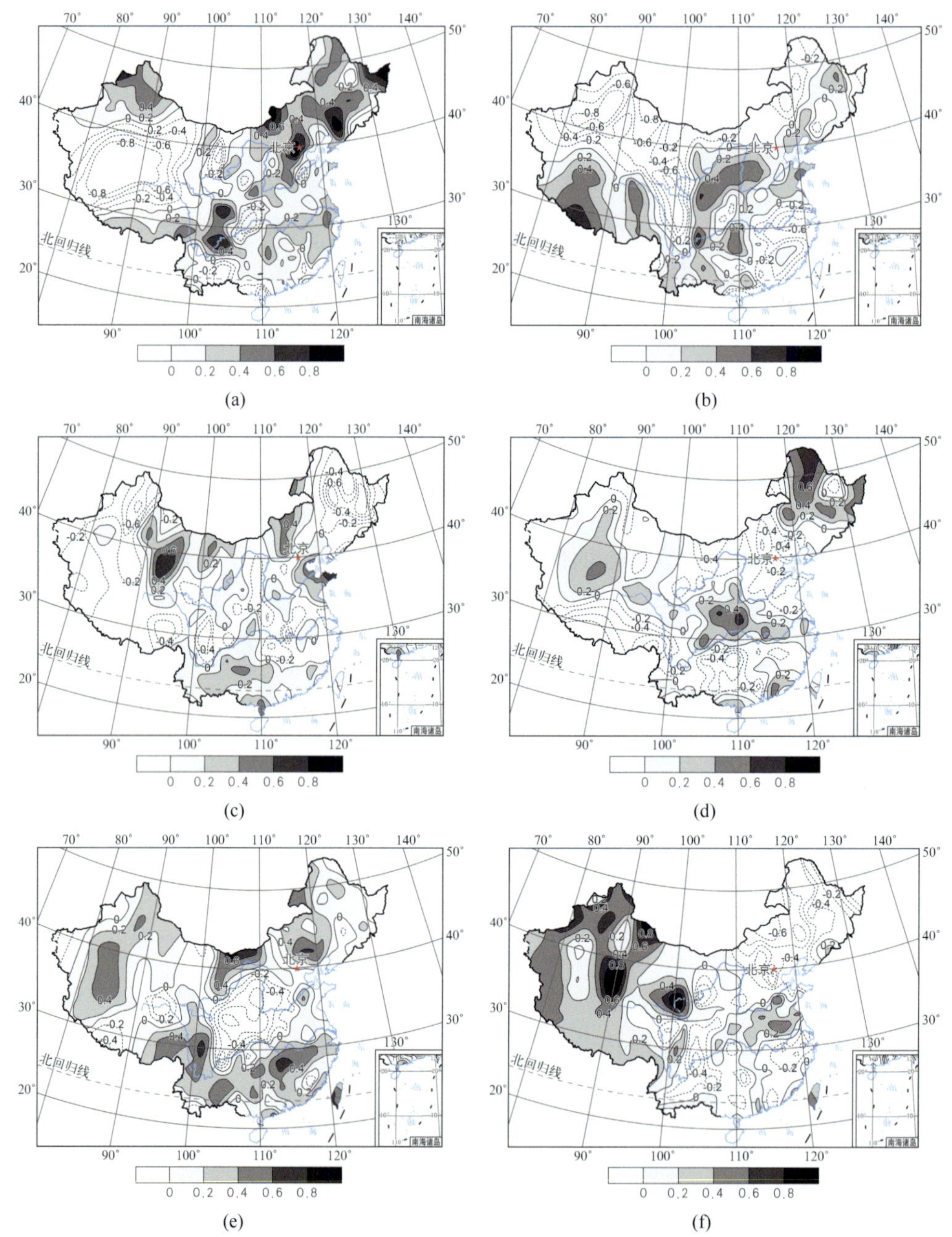

图 7.1　中国近 60 年 SPI 指数年代

（a）1951～1960；（b）1961～1970；（c）1971～1980；（d）1981～1990；（e）1991～2000；（f）2001～2010

进入 70 年代全国降水进一步减少，除华北北部和东部、黄淮东部、西北地区东部、华南和西南南部外、全国大部分地区偏旱，其中东北和新疆北部地区偏旱明显。80 年代我国东部地区旱涝分布呈现出经向“+－+－”分布特征，其中东北北部和内蒙古东部、江汉和长江中下游地区偏涝，东北南部、华北、江南、华南北部偏旱，此外我国西部地区整体以偏旱为主。90 年代全国降水整体以偏多为主，除华北南部、江南、西南地区北部等地以外，全国大部分地区偏涝，特别是包括江南、华南南部和西南南部在内的我国江南部分地区偏涝显著，东部地区呈现出经向“+－+”的分布特征。21世纪以来，我国东部地区旱涝分布与20世纪90年代相比，呈现出反位相的变化趋势，整体以经向“－+－”分布特征为主，其中华北、东北干旱尤为显著，江淮地区偏涝，江南及华南地区偏旱。西部地区除西南地区东部和南部、西北地区东南部局部以外，整体以偏涝为主。

7.1.2　中国近60年区域旱涝变化周期分析

为进一步分析中国区域旱涝年代际变化趋势，参考《中国气象地理区划》（王秀荣等，2006）以及相关研究工作（朱亚芬，2003；戴新刚和张凯静，2012），将全国分为东北、华北、长江中下游、华南、西南、西藏、西北地区东部和新疆八个气候分区。各分区观测站点分布如图7.2所示。

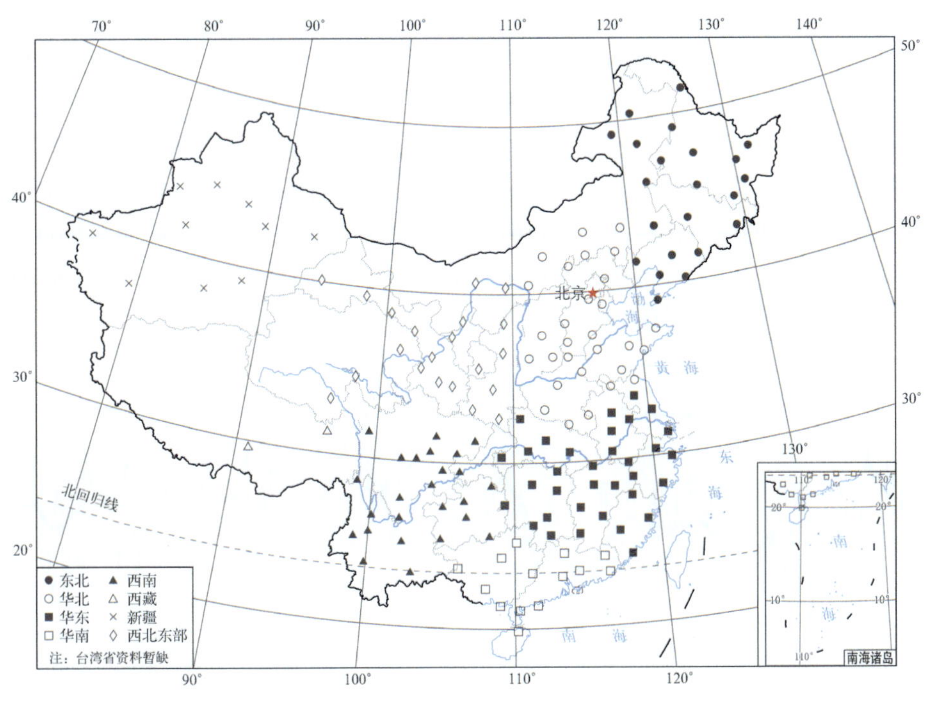

图7.2　中国各气候分区观测站点分布

对中国各分区的观测站点SPI指数进行平均，并对区域平均的SPI指数序列利用二阶Butterworth带通滤波法得到10～30年尺度的年代际旱涝变化趋势，如图7.3所示。我国东北地区20世纪70年代末至80年代初，90年代末至2000年代（特指2001～2010年，下同）中期为显著干旱期，60年代前期和70年代中期、80年代中期至90年代中期以及2010年以来为涝期；华北地区（含黄淮）20世纪60年代中后期、80年代和2000年前后为旱期，50年代中期至60年代中期、70年代中期和90年代中期为涝期；长江中下游地区20世纪60年代后期、70年代后期、2000年代中期以来为显著干旱期，50年代中期、70年代中期、90年代后期至2000年代前期为涝期；华南地区20世纪60年代中期、90年代中期和2000年代中后期为旱期，70年代中期至80年代中期、90年代后期为涝期；西南地区 60 年代前期、90 年代前期、2000 年代后期至 21 世纪 10 年代前期为旱期，50 年代中期、60 年代中期至 70 年代中期、90 年代后期至 2000 年代前期为典型涝期；西藏地区 20 世纪 50 年代后期和 60 年代前期、80 年代中期、90 年代中期及 2010 年前后为旱期，60 年代中期、80 年代末 90 年代初、90 年代末至 21 世纪初及 2010 年以来为涝期；西北地区东部 20 世纪 50 年代中期、70 年代中期、2000 年前后为旱期，60～70 年代初、70 年代末至 90 年代初、2000 年代中期以来为涝期，特别是 2010 年以来西北地区东部降水显著偏多；新疆 20 世纪 60 年代中期，70 年代后期至 80 年代中期、90 年代后期以及 2000 年代后期以来为旱期，50 年代和 70 年代前期，80 年代后期和 2000 年代中期为涝期。同时自 20 世纪 80 年代中期以来，新疆整体呈现出由旱转涝的年代际变化趋势。戴新刚等的研究指出，西北西部自 20 世纪 80 年代中期开始降水明显偏多，形成了近 30 年中国北方“东干西湿”的气候型（戴新刚等，2007；蓝永超等，2008；戴新刚等，2013）。

华北、东北、西北地区东部 20 世纪 90 年代后期至 21 世纪初以来，处于一个显著的干旱区间，其中干旱程度最为严重的时期为 2000 年前后。近 5 年来，北方地区的干旱程度均有不同程度的缓解，特别是东北和西北地区东部，近 5 年的 PDSI 已经处于历史较高水平，处于相对湿润阶段。值得注意的是，长江中下游以及西南地区在经历了 2000 年代中期以来显著的干旱时段后，近两年呈现由旱向涝的快速转换趋势。华南地区近 10 年来也呈现出一定的由旱转涝的趋势，但强度较长江中下游及西南地区明显偏低。此外新疆 20 世纪 60 年代以来降水增加的趋势在近 10 年有所减缓，这可能与该地区 2000 年代中期以来处于年代际偏旱的区间有关［图 7.3（h）］。

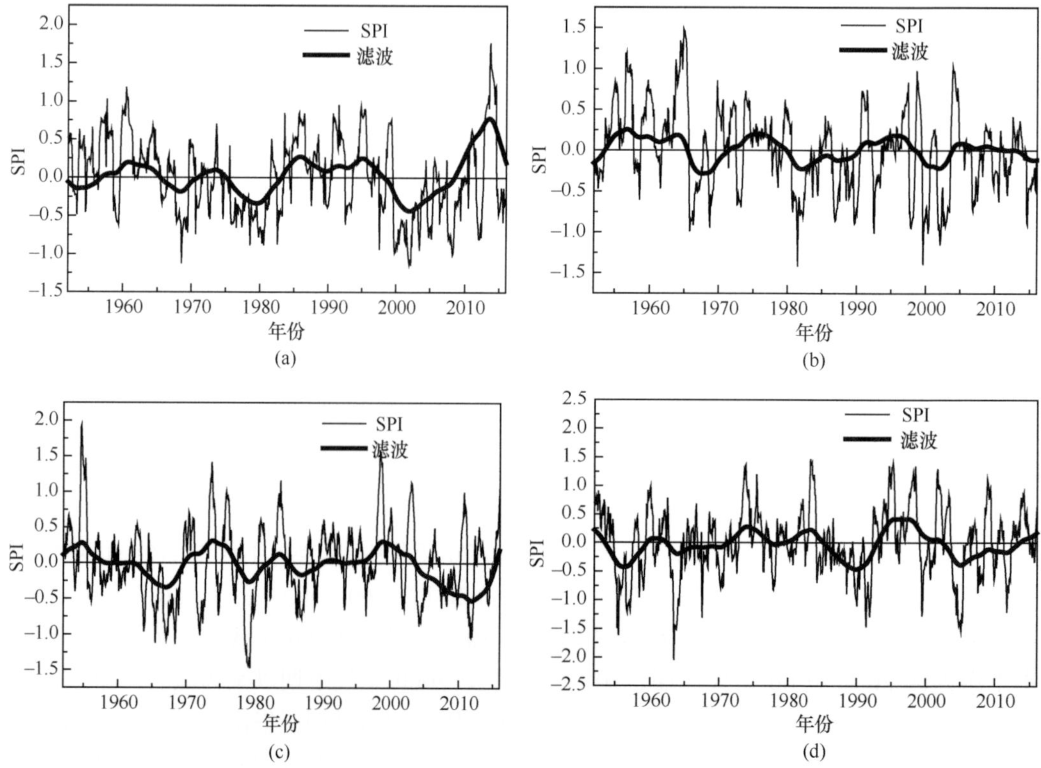

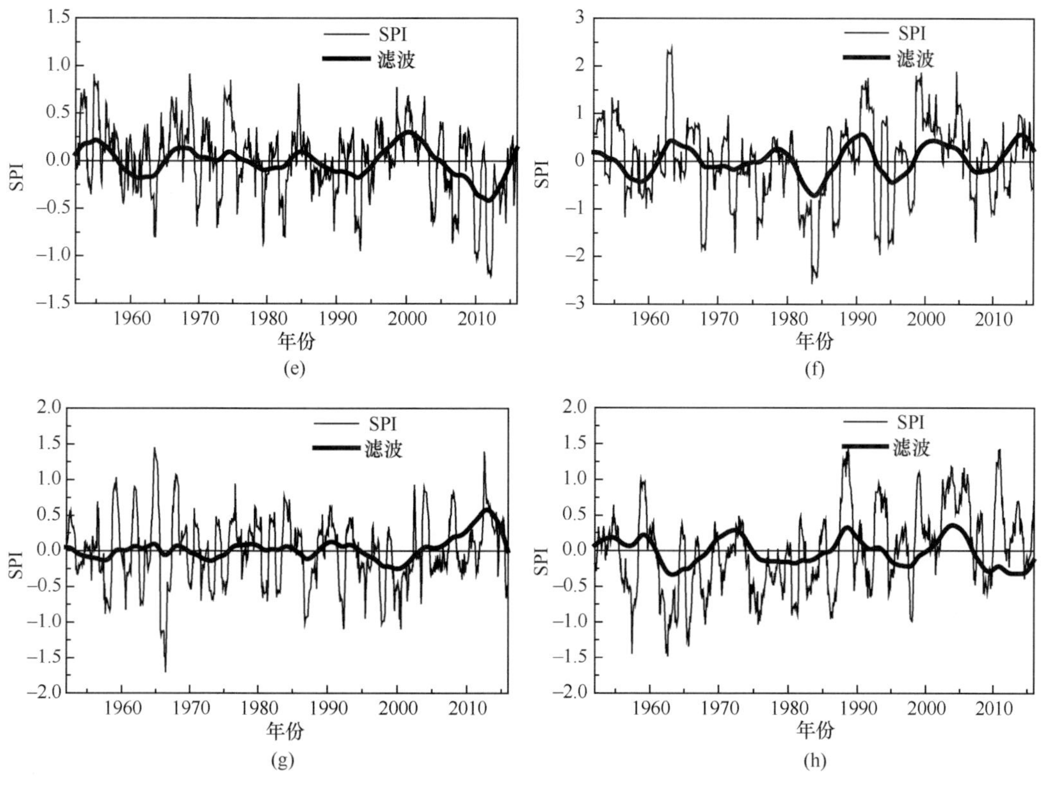

图 7.3　中国各分区平均标准化降水指数及 10～30 年低频变化趋势

（a）东北；（b）华北；（c）长江中下游；（d）华南；（e）西南；（f）西藏；（g）西北东部；（h）新疆

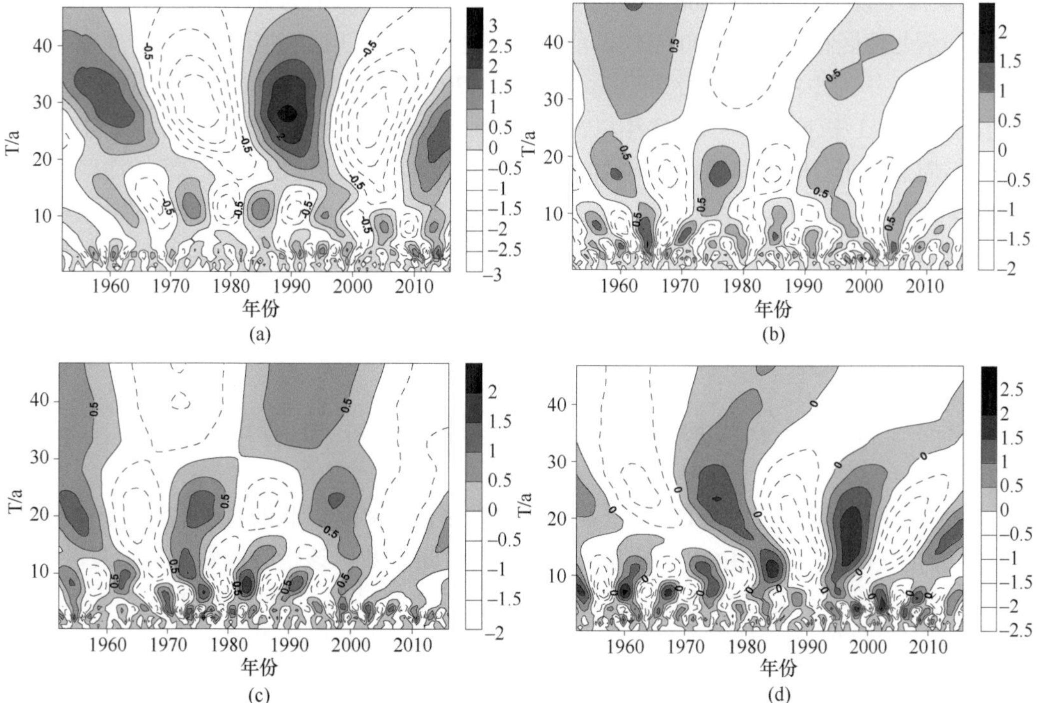

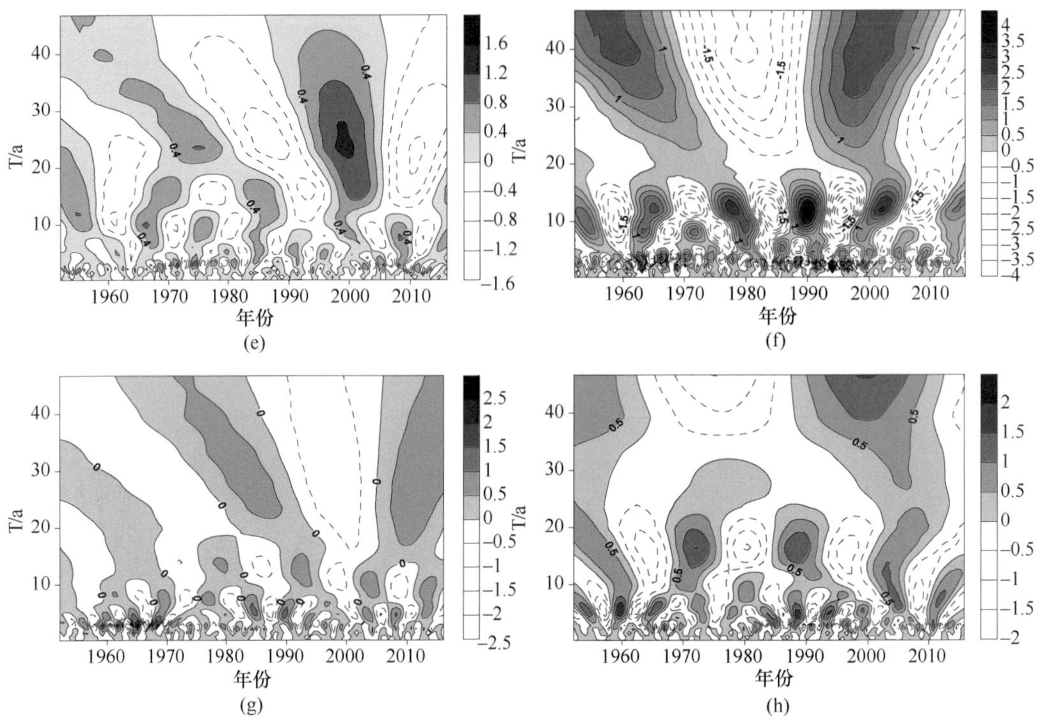

图 7.4　中国各分区标准化降水指数小波分析

（a）东北；（b）华北；（c）长江中下游；（d）华南；（e）西南；（f）西藏；（g）西北东部；（h）新疆

为了了解近 60 年来中国各区域旱涝变化的周期特征，图 7.4 给出了区域 SPI 指数的 Morlet 小波变换（Torrence and Compo，1998）结果，纵轴 T 为周期，阴影为小波系数的实部。东北地区在 20 世纪 90 年代以前同时存在 10 年和 30 年的年代际振荡周期，2000 年以来以 30 年为主；华北地区年代际变率以近 20 年周期为主，但该主周期在近 10 年有所减弱；长江中下游地区 2000 年以前存在 10 年和 20～30 年的振荡周期，近 10 年来以 20 年周期为主；华南和西南地区 20 世纪 70 年代末以来呈现出较为一致的 20 年振荡周期；西藏地区年代际变率包含了 10～20 年以及 20～40 年两个显著的振荡周期；西北地区东部 80 年代以来旱涝主周期以 10 年和 30 年为主；新疆则存在显著的准 20 年周期。总的来看，各区域旱涝均存在显著的年际和年代际变率，且不同区域的年代际变率主周期有着较大差异，但基本都以 10～30 年区间为主。

7.1.3　年代际旱涝变率与北太平洋涛动的关系

太平洋年代际际涛动（PDO）指数是对北太平洋 20°N 以北的月平均海表温度异常进行经验正交函数分解（EOF）所得第一模态的时间系数。该指数能够较好地反映北太平洋大尺度海洋年代际变化特征。已有研究表明（朱益民等，2003），PDO 与东亚大气环流及中国气候年代际变化关系密切。对应于 PDO 暖位相期，冬季中国东北、华北、江淮以及长江流域大部分地区降水偏少，夏季华北地区降水地区降水异常偏少而长江中下游、华南南部、东北和西北地区降水异常偏多；对应于 PDO 冷位相期，上述形势相反。对近 60 年中国 SPI 与 PDO 指数进行相关分析发现，PDO 处于暖位相时期，中国东北北部和西部、内蒙古大部、西北地区西北部、江汉、长江中下游、江南、华南及西南地区东南部偏涝，其中东北西部和内蒙古东部、新疆及华南东部相关显著；东北南部、华北大部、黄淮、西北地区东南部、西南西部和北部、西藏大部地区偏旱，相关中心位于华北南部以及黄淮东部。分别对 SPI 和 PDO 指数进行 10～30 年尺度滤波后计算相关系数［图 7.5（b）］，可以看到整体上相关强度明显增加，部分地区超过 0.01 的显著性水平。东北大部、内蒙古东部和新疆南部等地相关系数由正转负，显示年际信号与年代际信号不一致。

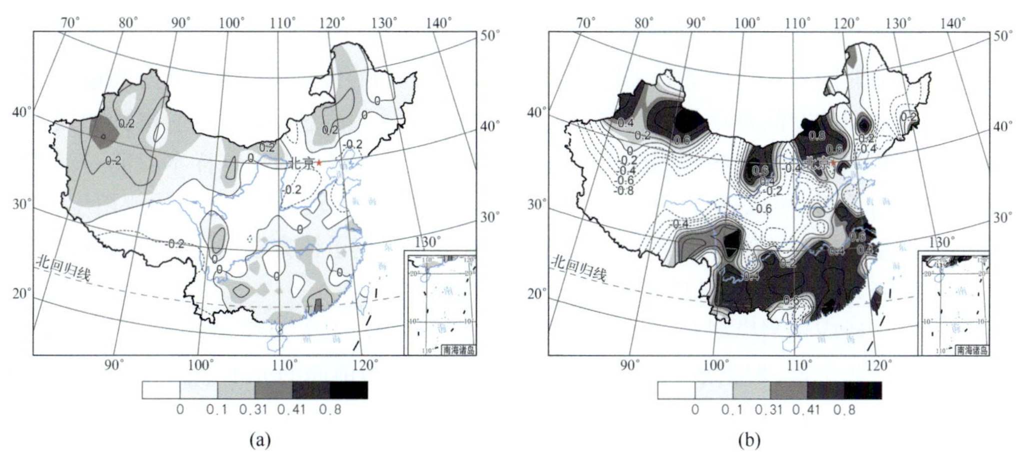

图 7.5　标准化降水指数与 PDO 相关分布（1951～2015 年）

（a）年际；（b）年代际

7.2　中国年代际旱涝趋势转折预测研究

针对中国旱涝年代际演变趋势，构建趋势转折预测模型进行预测试验。首先利用局域自适应预测模型对 Lorenz 系统分量序列进行理想试验，重点考察模型对预报时段内转折点发生强度和时间的预测能力，同时分析不同嵌入维数的选取对模型预报能力的影响。在此基础上，对中国近 60 年旱涝演变趋势进行回报检验，给出趋势转折预测模型对未来 1～5 年和 6～10 年预报效果的检验评估。同时利用趋势转折预测模型对中国未来 10 年的旱涝年代际变化趋势进行预测。

7.2.1　时间序列趋势转折点的提取及预测

相空间重构是用动力学系统方法分析非线性时间序列的基础，也是一种非线性建模方法。假设观测到的混沌时间序列为 $\{x(t), t=1, 2, \cdots, N\}$，由延迟坐标相空间重构法可得延迟矢量和轨迹矩阵为

$$X=\left[X_1,X_2,\cdots,X_L\right]=\begin{bmatrix} x(1) & x(2) & \cdots & x(L) \\ x(1+\tau) & x(2+\tau) & \cdots & x(L+\tau) \\ \vdots & \vdots & & \vdots \\ x(1+(m-1)\tau) & x(2+(m-1)\tau) & \cdots & x(L+(m-1)\tau) \end{bmatrix} \quad (7.13)$$

式中，m 为嵌入维数；τ 为延迟时间；$L=N-(m-1)\tau$。

全局预测法用全部已知数据来拟合动力方程，由于动力方程难以拟合，所以该方法较少用到。局域预测法通过对最后一个延迟矢量 X_L 的邻域内的最近几个点及其 1 次迭代后的映射进行线性拟合来得到对未来值 $x(N+1)$的预测值。其中，零阶局域预测法通过对延迟矢量 X_L 的邻域内的最近几个点的 1 次迭代后的映射进行线性拟合来得到对未来值 $x(N+1)$的预测值，一阶局域预测法通过对延迟矢量 $\boldsymbol{X}_L$ 的邻域内的最近几个点和其 1 次迭代后的映射的线性对应关系来得到对未来值 $x(N+1)$的预测值。将邻域内的最近几个点与中心点之间的空间距离作为一个拟合参数引入局域预测过程，可相应得到加权零阶局域预测法和加权一阶局域预测法。自适应预测法只需要很少的训练样本就能对混沌序列做出很好的预测，所以该方法能自适应低跟踪混沌的运动轨迹。该方法预测精度较高，适合小数据量的情况，便于实际应用。现有文献主要研究了该方法的一步预测性能（孟庆芳等，2006），对于该方法的多步预测性能讨论较少。

用局域自适应预测模型对已知序列进行单步预测时，首先需要知道延迟矢量 $\boldsymbol{X}_n$ 的邻域内的最近几个点。根据重构轨迹，计算延迟矢量 $\boldsymbol{X}_n$ 与前面的 $n-1$ 个延迟矢量 $\boldsymbol{X}_n(i=1, 2, 3, \cdots, n-1)$的距离

$$d(i)=\left\|X_i-X_n\right\|_2 \quad (7.14)$$

找出 m 个最近点的 T 次迭代后的映射 $x_j^*(n+(m-1)\tau)(j=1, 2, 3, \cdots, m)$，组成重排矢量 $\boldsymbol{x}_n^*$，

$$\boldsymbol{X}_n^*=\begin{bmatrix} x_1^*(n+(m-1)\tau) \\ x_2^*(n+(m-1)\tau) \\ \vdots \\ x_m^*(n+(m-1)\tau) \end{bmatrix} \quad (7.15)$$

然后根据 $x_j^*(n+(m-1)\tau)(j=1, 2, \cdots, m)$，进行线性自适应预测，得

$$\hat{x}_T(n+(m-1)\tau+T)=\sum_{j=1}^{m} w_j(n+(m-1)\tau)x_j^*(n+(m-1)\tau) \quad (7.16)$$

7.2.2 Lorenz 系统分量序列趋势转折预测试验

理想试验采用 Lorenz 模型生成的混沌时间序列，Lorenz 模型方程为

$$\dot{x}=\sigma(y-x) \quad (7.17a)$$

$$\dot{y}=x(R-z)-y \quad (7.17b)$$

$$\dot{z}=xy-bz \quad (7.17c)$$

式中，$\sigma=10$，$R=28$，$b=8/3$。用四阶 Runge-Kutta 算法求解获得 10000 个时次数据（图 7.6），取前 9500 个数据作为训练样本构建局域映射预测模型，并将最后 500 个数据作为检验样本，与模型迭代预测结果进行对比。在对各分量序列进行相空间重构时，取嵌入维数 $m=20$，延迟时间 $\tau=1$。

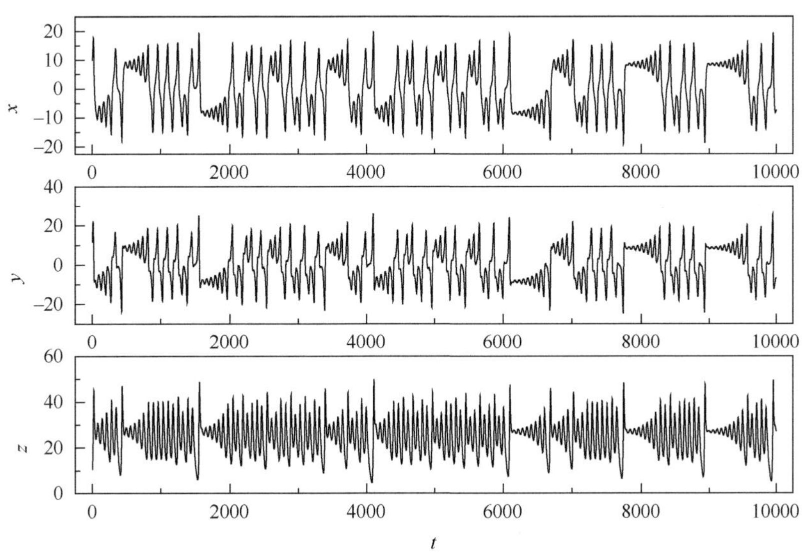

图 7.6　Lorenz 系统分量序列

从图 7.7 可以看出，局域映射预测模型能够较好的模拟出列 Lorenz 系统各分量的变率，其中 x 和 y 分量的预测效果要好于 z 分量。而在迭代预测步数超过 350 后，各预测分量的预测误差 r 绝对值显著增加，不再能够有效重现 Lorenz 系统分量的变率。

为进一步检验预测模型的稳定性，分别对 Lorenz 系统各分量序列进行 30 次预报试验，并考察预测与原始序列的均方根误差（RMSE）及距平相关系数（ACC）随着预测迭代步数的增加而增长的情况（图 7.8）。可以看到，在预测时长为 100 以内时，模型对 Lorenz 系统各分量均体现了较高的预测技巧，预报平均 ACC 保持在 0.9 以上，RMSE 小于 2。预测时长超过 100 时，预报技巧开始明显下降。当预报时长超过 200 时，x 和 y 分量的预报平均 ACC 降至 0.5 以下，达到 250 时，z 分量的预报平均 ACC 也降至 0.5 以下。从预报技巧衰减的速率来看，z 分量要明显慢于 x 和 y 分量，这可能与 Lorenz 系统自身在不同维度上的特性有关。

对于给定的预测时段，Lorenz 系统各分量可能存在若干个（准）周期。对每个周期而言，均对应所达到的峰值、达到峰值的时间以及两次峰值之间的时长。这里各周期所达到的峰值定义为转折点，相应峰值的大小和发生时间定义为转折点的强度和发生时间。则转折点可以定义为，对于长度为 N 的时间序列 $\{x(t)\}_{t=1}^{N}$，当 $x(t)$ 为时间窗口［$t-p$, $t+p$］内的最大值或最小值时，该点为序列的转折点。参数 p 决定了连续两个转折点之间的最小时间间隔。若 p 取值太小，可能导致将一些“伪”信号误认为是转折点，p 取值太大时，则可能发生转折点漏测的情况。为了防止由于噪声造成的时间序列转折点误测或漏测，先对原始序列作低通滤波，然后对滤波得到的序列进行转折点的检测。经数值试验取 p=3。在 t_i 时刻发生的转折点用 $y_i = x(t_i)$ 表示，得到转折点的发生强度 $\{y_i\}_{i=1}^{N}$ 和

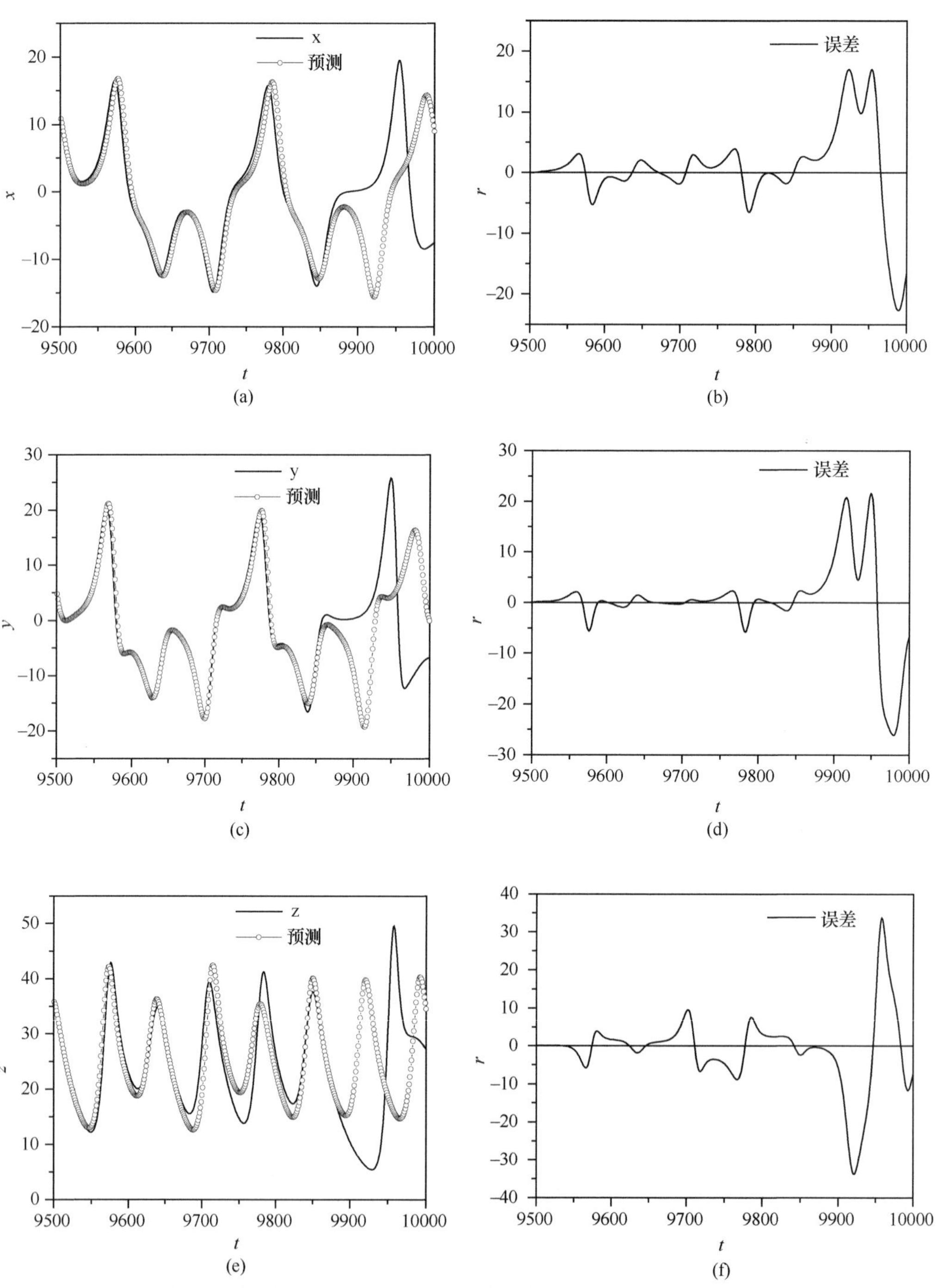

图 7.7　Lorenz 系统分量序列迭代预测结果

(a)，(c)，(e) 分别为 x、y、z 分量及预测；(b)，(d)，(f) 为预测误差 r

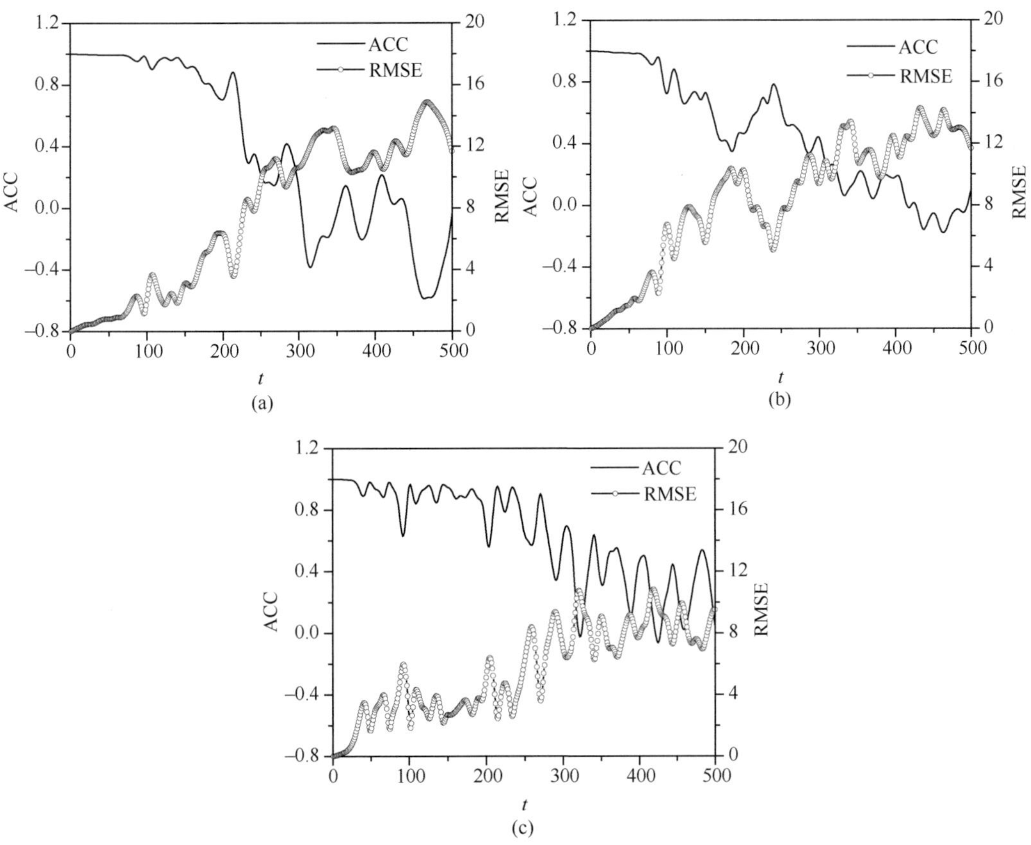

图 7.8　Lorenz 系统分量序列迭代预测与理想序列 ACC 和 RMSE

（a），（b），（c）分别为 x，y，z 分量及预测

发生时间 $\{t_i\}_{i=1}^{n}$ 两条子序列。下面检验趋势转折预测模型对 Lorenz 系统各分量在预测时段内转折点发生强度以及发生时间的预测效果。

图 7.9 和图 7.10 分别给出了 Lorenz 系统各分量预报时段内前 8 次转折发生的时间和强度的检验评估。预报试验的样本数为 30。可以看到，趋势预测模型对于转折点发生的时间和强度均有着较好的预报效果，对于 x 分量，对前 5 个转折点的强度和发生时间的回报 ACC 可达 0.8。转折点发生时间和强度的回报 RMSE 则分别保持在 2 和 0.8 以下。

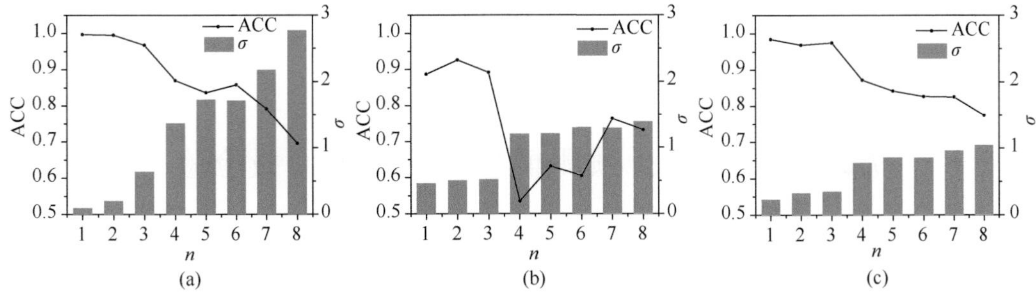

图 7.9　Lorenz 系统分量序列转折发生时间预测检验

（a），（b），（c）分别为 x，y，z 分量及预测

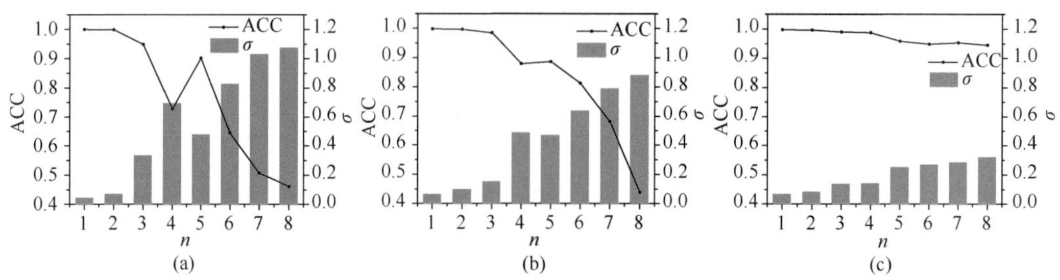

图 7.10　Lorenz 系统分量序列转折发生强度预测检验

（a），（b），（c）分别为 x，y，z 分量及预测

在 Lorenz 系统各个分量中，z 分量的转折点预报技巧衰减速率也是最低的，尤其是转折点强度的预报技巧。检验结果显示，预报时段达到第 8 个转折点时，转折点强度的回报 ACC 仍然可以达到 0.9 以上，RMSE 保持在 0.4 以下［图 7.10（c）]。

在本节所做理想试验中，相空间重构时所选取的嵌入维数均为 20。为了考察不同嵌入维数对于模型预报效果的影响，分别给出当嵌入维数取值区间为（3，22）时趋势转折预测模型的预报 ACC 和 RMSE。预报时长为 100，预报试验的样本数为 30。由图 7.11 可知，随着嵌入维数的增加，模型的预报能力也随之上升，当嵌入维数大于 10 时，模型预报技巧的提升逐渐趋于饱和。对于 Lorenz 系统 x 分量，当嵌入维数为 8 时，预报 ACC 即刻达到 0.9 左右。RMSE 也随着嵌入维数的增加而下降，当嵌入维数小于 5 时，Lorenz 系统 x 分量预报 RMSE 在 3 左右，当嵌入维数达到 10 以上时，预报 RMSE 降至 1 以下。同时图 7.11（a）也显示，当嵌入维数超过 15 时，预报 RMSE 不再降低，稳定在 0.8 左右。Lorenz 系统的 y 和 z 分量也体现了较为一致的变化特征。其中 y 分量的预报 ACC 和 RMSE 在嵌入维数为 10 左右时存在一定的振荡。而当嵌入维数超过 12 时，预报 ACC 稳定上升，RMSE 逐步下降，并在 20 左右达到饱和，预报 ACC 稳定在 0.9 左右。

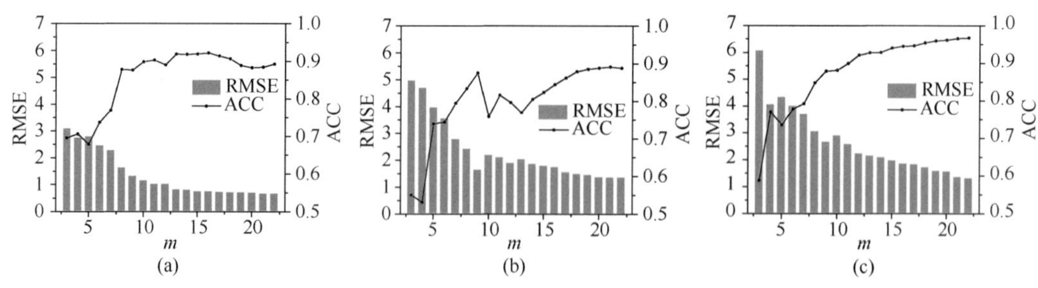

图 7.11　不同嵌入维数模型预测检验

（a），（b），（c）分别为 x，y，z 分量及预测

7.2.3　趋势转折预测模型的构建和回报检验

为了对构建模型的趋势预测能力进行检验，利用全国 1951～2015 年的 SPI 资料对预测效果进行回报检验。首先对站点逐月 SPI 资料进行 10～30 年尺度带通滤波，得到年代际变化低频信号，然后构建趋势转折预测模型对旱涝年代际变化趋势进行回报检

验。回报建模时长为 45 年，预报时效为未来 10 年。如以 1951～1995 年作为回报建模时段，1996～2005 年作为回报检验时段；1952～1996 年作为回报建模时段，1997～2006 年作为回报检验时段，依此类推。回报试验总计进行 10 次，并对回报检验结果进行整体评估。结合理想试验结果和 SPI 资料特征，建模选取嵌入维数为 12。

图 7.12 和图 7.13 分别给出了旱涝趋势转折预测模型回报与实况距平相关系数以及 RMSE 的分布。可以看到，趋势转折预报模型对年代际旱涝趋势具有一定的预报能力，尤其是未来 5 年变化趋势的预测，具有较高的预报技巧。其中东北北部和南部、内蒙古东部、华北东部、黄淮东部、长江流域两湖地区、华南中部、西南地区中部和南部、西藏东部以及西北地区中部回报 ACC 超过 0.4，部分地区超过 0.6，达到了 0.01 的显著性水平。未来 6～10 年的预报技巧有所降低，但在东北南部、华北东部、内蒙古中部、江汉、江南北部等地的回报检验 ACC 仍然保持在 0.4 以上，体现了一定的预报技巧。从回报检验的 RMSE 来看，未来 5 年基本维持在 0.1～0.2，其中东北中部、黄淮西部、

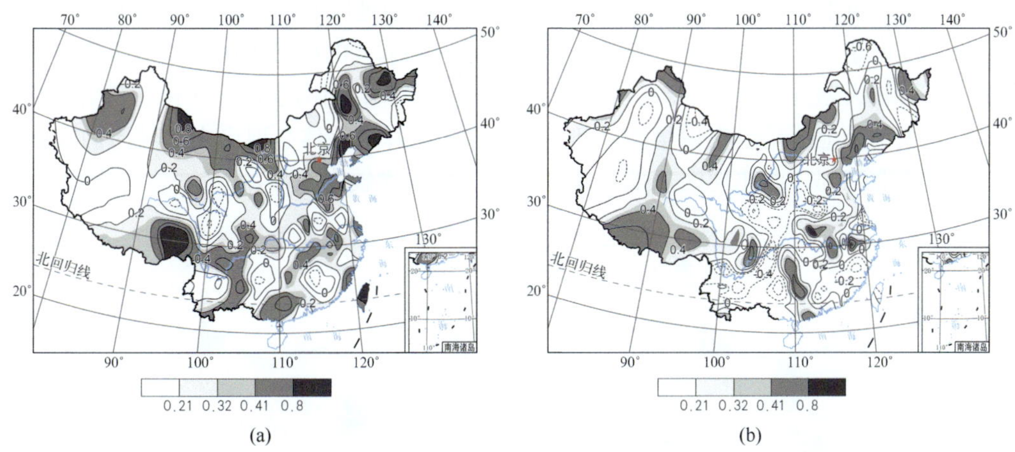

图 7.12　旱涝趋势转折预测模型回报与实况距平相关系数分布

（a）未来 1～5 年预报；（b）未来 6～10 年预报

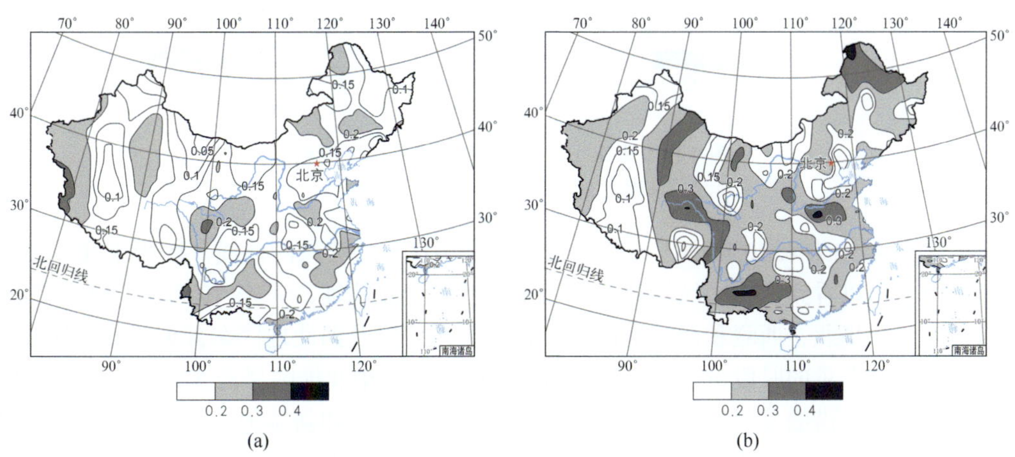

图 7.13　旱涝趋势转折预测模型回报与实况 RMSE 分布

（a）未来 1～5 年预报；（b）未来 6～10 年预报

江南东部、西南地区南部和西北部、新疆西部和南部等地超过 0.2。未来 6～10 年回报 RMSE 有所上升，部分地区超过 0.3。

7.2.4 中国未来 10 年旱涝趋势转折预测

为了对中国未来 10 年（2016～2025 年）旱涝空间分布演化趋势进行预测，首先利用趋势转折预测模型对中国站点的 SPI 序列年代际尺度变化趋势进行预测，分别在预测时间窗口内对变化趋势进行平均，得到各站点 2016～2020 年和 2021～2025 年两个时间窗口的 SPI 趋势平均，并通过空间插值得到中国旱涝空间分布情况。

如图 7.14 所示，2016～2020 年间我国旱涝整体呈现出“北旱南涝”的分布特点，其中东北大部、华北中南部、黄淮东部、西北地区东部和南部、西藏大部、华南南部等地偏旱，其中东北南部、黄淮东部、西北地区南部以及华南南部发生干旱的可能性较大。内蒙古东部、黄淮南部、江淮、江南、华南北部、西南地区和西北地区北部偏涝，偏涝中心包括江南东部、西南地区东部等地［图 7.14（a）］。2016～2020 年间旱涝分布较之前 5 年有着较大差异。全国降水整体偏少，除江南东部、西南东部、华南北部等地外，我国南方大部分地区呈现出偏旱的趋势。而北方地区降水整体呈现出由旱转涝的发展趋势，其中华北南部、西北地区东部、新疆南部等地偏涝较为明显。

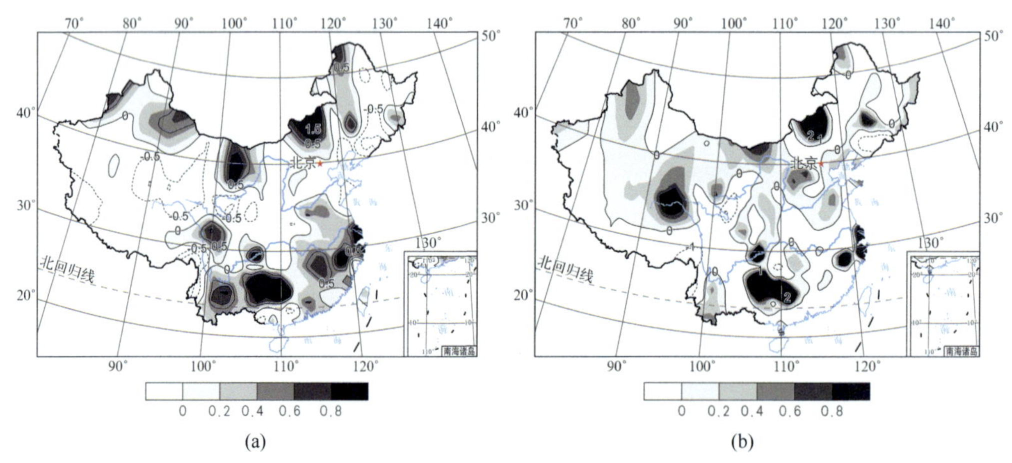

图 7.14　未来 10 年中国旱涝趋势转折预测

（a）预报 1～5 年；（b）预报 6～10 年

图 7.15 给出未来 10 年中国各个区域的旱涝年代际趋势预测曲线，图中虚线右侧为预测时段。可以看到，各区域均存在显著的年代际变化特征。未来 10 年整体偏旱的区域包括东北、华北、西藏和西北地区东部，其中东北以及西北地区东部偏旱较为明显，偏旱程度最为严重的时段可能发生在 2017～2019 年。华北地区旱涝变率较为平缓，但也呈现出由旱转涝的发展趋势。长江中下游、华南、西南和新疆地区未来 10 年整体以涝为主，其中长江中下游地区未来 5 年内偏涝的可能性较大，随后概率有所降低。而华南和西南地区未来 10 年内整体上均处于偏涝的时段。

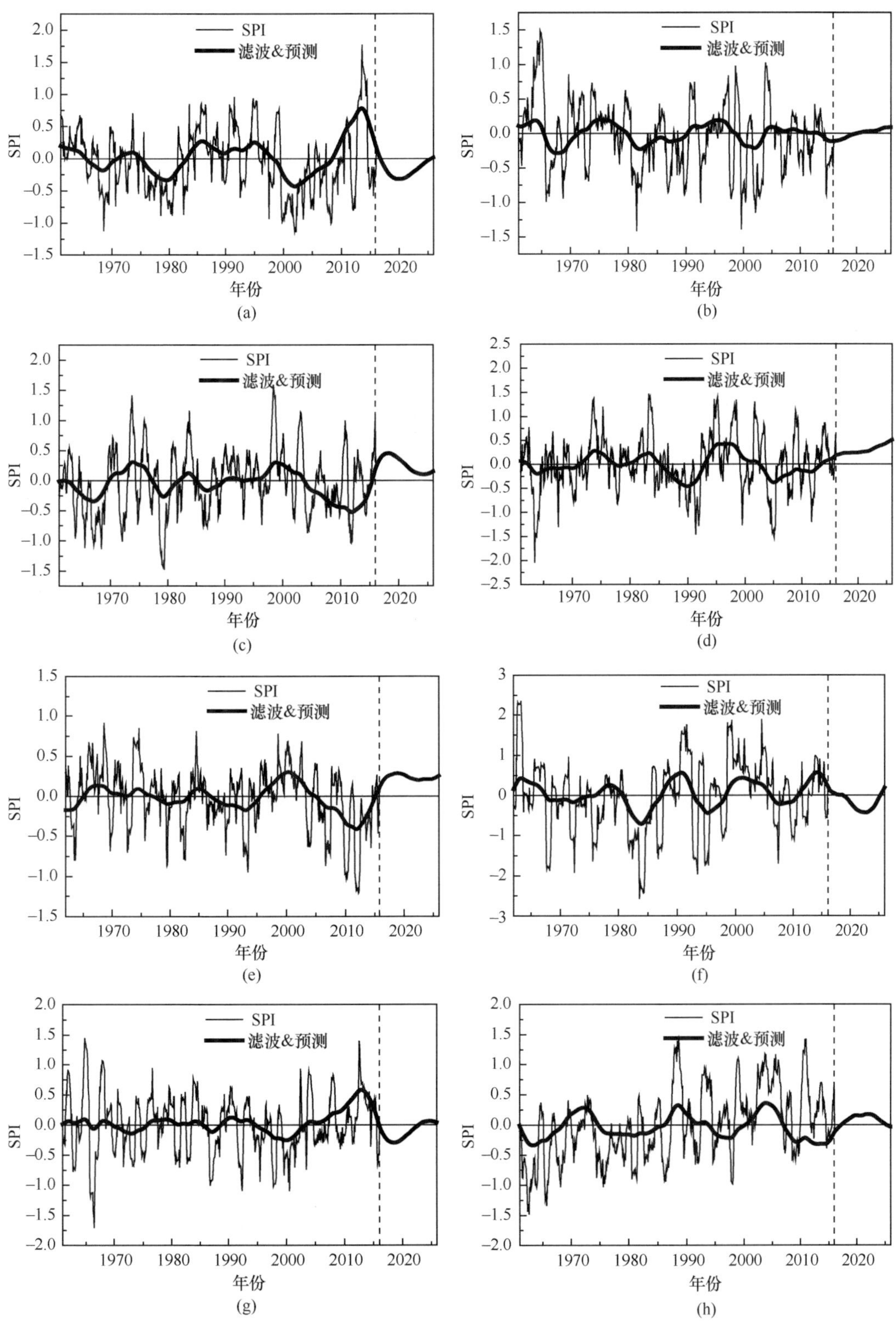

图 7.15　未来 10 年中国区域旱涝趋势转折预测（虚线右侧为预测时段）

（a）东北；（b）华北；（c）长江中下游；（d）华南；（e）西南；（f）西藏；（g）西北东部；（h）新疆

综上所述，未来几十年气候和环境变化的预测是一个十分复杂的科学问题。由于受理论认识和观测资料等方面的限制，目前的预测结果仍然包含许多的不确定性。总的来说，未来 5 年的预测信度相对较高。因为，用于这一时期预测的资料比较丰富，精度相对较高，各种预测方法得出的意见也比较一致。但更长时期的预测所需要的资料相对缺乏、对其变化规律认识水平相对较低、预测能力也较低。因此，虽然预测采用的多种数学方法可以得出定量的结果，但通常综合性结论中只能给出定性或半定量的结论。

参 考 文 献

陈隆勋, 朱文琴, 王文, 等. 1998. 中国近 45 年来气候变化的研究. 气象学报, 56(3): 257-271.

戴新刚, 张凯静. 2012. 20 世纪后 30 年中国西北西部降水年代际变化机理分析. 物理学报, 61(19): 1-9.

戴新刚, 任宜勇, 陈洪武. 2007. 近 50 年新疆温度降水配置演变及其尺度特征. 气象学报, 65(6): 1003-1010.

戴新刚, 汪萍, 丑纪范. 2003a. 华北汛期降水多尺度特征与夏季风年代际衰变. 科学通报, 48(23): 2483-2487.

戴新刚, 汪萍, 张培群, 等. 2003b. 华北降水频谱变化及其可能机制分析, 自然科学进展, 13(11): 1182-1189.

戴新刚, 汪萍, 张凯静. 2013. 近 60 年新疆降水趋势与波动机制分析. 物理学报, 62(12): 1-11.

黄荣辉, 蔡榕硕, 陈际龙, 等. 2006. 我国旱涝气候灾害的年代际变化及其与东亚气候系统变化的关系. 大气科学, 30(5): 730-743.

江志红, 屠其璞, 施能. 2010. 年代际气候低频变率诊断研究进展. 地球科学进展, 15(3): 342-347.

蓝永超, 沈永平, 苏宏超, 等. 2008. 全球变暖背景下新疆降水的变化. 干旱区资源与环境, 22(10): 66-71.

李新周, 马柱国, 刘晓东. 2006. 中国北方干旱化年代际特征与大气环流的关系. 大气科学, 30(2): 277-284.

马柱国. 2007. 华北干旱化趋势及转折性变化与太平洋年代际振荡的关系. 科学通报, 52(10): 1199-1206.

孟庆芳, 张强, 牟文英. 2006. 混沌时间序列多步自适应预测方法. 物理学报, 55(4): 1666-1671.

钱维宏. 2008. 认识气候变化与极端气候预报. 科学(上海), 60(5): 12-15.

施晓辉, 徐详德. 2007. 中国大陆冬夏气候型年代际转折的区域结构特征. 科学通报, 51(17): 2075-2084.

王秀荣, 郭进修, 王维国, 等. 2006. 中国气象地理区划. 北京: 气象出版社. 5-6.

袁文平, 周广胜. 2004. 标准化降水指标与 Z 指数在我国应用的对比分析. 植物生态学报, 28(4): 523-529.

袁云, 李栋梁, 安迪. 2010. 基于标准化降水指数的中国冬季干旱分区及气候特征. 中国沙漠, 30(4): 917-925.

朱亚芬. 2003. 530 年来中国东部旱涝分区及北方旱涝演变. 地理学报, 58(增刊): 100-107.

朱益民, 杨修群. 2003. 太平洋年代际振荡与中国气候变率的关系, 气象学报. 61(6): 641-654.

Alley R B, Marotzke J, Nordhaus W D, et al. 2003. Abrupt climate change. Science, 299(5615): 2005-2010.

Edwards D C, Mckee T B. 1997. Characteristics of 20th century drought in the United States at multiple time scale. Climatology Report 97-2, Department of Atmospheric Science, Colorado State University, Fort Collins, Colorado.

Guttman N B. 1998. Comparing the Palmer drought index and the Standardized Precipitation Index. Journal of the American Water Resources Association, 34(1): 113-121.

Svoboda M, Hayes M, Wood D. 2012. World Metetorological Organization: Standardized Precipitation Index User Guide.(WMO-No. 1090). Geneva.

Torrence C, Compo G P. 1998. A practical guide to wavelet analysis. Bull Amer Meteor Soc, 79(1): 61-78.

Wu H, Svoboda M D, Hayes M J, et al. 2007. Appropriate application of the standardized precipitation index in arid locations and dry seasons. Int J Climatol, 27(1): 65-79.

第 8 章　BCC_CSM 模式年际-年代际变率可预报性研究

年际-年代际变化是气候系统中两类不同时间尺度的气候变率，认识和比较这两类气候变率的时空结构对于认识过去气候变化特征、估计未来气候变化趋势是有意义的。一些研究表明：全球海表面温度具有多重时间尺度变化（Lau and Weng，1999）；20 世纪 70 年代末期北太平洋发生了一次显著的年代际气候突变，北太平洋中纬度海表异常变冷，阿留申低压异常增强并南移（Trenberth，1990；Trenberth and Hurrell，1994；Graham，1994），太平洋区域存在年代际振荡（PDO）现象（Zhang et al.，1997；Mantua et al.，1997；Meehl et al.，2009）；对于北大西洋，1950～1964 年是异常偏暖阶段，而 1970～1984 年是异常偏冷阶段（Deser and Blackmon，1993），这两个阶段大气环流和海洋热力状况具有一致耦合变化特征（Kushnir，1994）。张锦婷等（2010）对百年尺度海表面温度距平进行了研究，发现赤道中东太平洋、西北大西洋湾流海区和北太平洋黑潮延伸体海区是全球海表面温度距平（SSTA）变化最剧烈的区域。热带太平洋 ENSO 具有 2～7 年周期的年际变化，SSTA EOF 分析的第二主模态和第三主模态具有 70 年左右的年代际变化周期，呈现跨大洋联合模态。Wu 和 Zhou（2012）研究发现，热带中东太平洋和中纬度东北太平洋的海表面温度（SST）在 20 世纪 80 年代前后发生年代际振荡位相转换，而这两个区域的 SST 年代际振荡与观测没有显著的对应关系，年代际尺度气候变率是辐射外强迫和气候系统内部变率共同作用的结果。然而，对于年代际变率，由于缺乏长期观测记录，相关研究还比较少。而且由于资料及其分析时段不同，得到的年际-年代际变化时间和空间特征也不尽相同。

本章使用的模式资料为国家气候中心参加 CMIP5 比较计划的耦合模式 BCC_CSM1.1 的历史（historical）试验和年代际（decadal）试验结果。BCC_CSM1.1 模式是一个大气-海洋-陆面-海冰耦合的全球气候耦合模式，其中大气模式为 BCC_AGCM2.1，垂直分为 26 层，水平分辨率为 2.8°×2.8°；海洋模式 MOM4_L40 水平分辨率为 1/3～1°纬度×1°经度，垂直分为 40 层；陆面模式为 BCC_AVIM1.0，是大气植被互相作用的模式；海冰模式 SIS 水平分辨率也为 1°×1°，垂直方向包含一层积雪和两层海冰。

模式试验方案及模式资料的详细介绍可参见文献（辛晓歌等，2012）。其中，历史试验，相当于 IPCC AR4 中的 20 世纪模拟试验（20C3M），是在工业革命前控制（piControl）试验的基础上选取初始场，从 1850 年 1 月积分到 2012 年 12 月。采用随时间变化的臭氧、温室气体、太阳常数、火山活动和气溶胶的外强迫场。其中，1850 年 1 月到 2005 年 12 月的强迫场为观测值，2006 年 1 月到 2012 年 12 月采用 RCP8.5 的强迫场，历史试验有 3 个不同初值的样本。年代际预测试验是将模式的初始状态用观测海洋资料进行初始化，在外强迫下进行 10～30 年的模拟预测。在年代际试验中，BCC_CSM1.1 模式所用的观测海洋资料是美国 SODA 全球月平均海洋温度再分析资料，初始化方案采用的是将模式模拟的海表面温度向 SODA 逼近（nudging）的方法，恢复时间为 1 天。年代际预测试验在 2005 年之前采用的强迫场与历史试验一致，2005 年之后采用了 RCP4.5 的强迫场，模式输入的强迫因子包括温室气体、气溶胶、臭氧、太阳常数和碳排放，均是由 CMIP5 统一提供的。温室气体包括二氧化碳、一氧化二氮、甲烷、氟化物，气溶胶包括硫酸盐、火山气溶胶、海盐、沙尘、黑碳和有机碳。

8.1　BCC_CSM 模式对海洋年际-年代际变率的模拟和可预报性

海-气耦合模式是研究年际-年代际气候变率的有效工具。IPCC 第五次评估报告（IPCC AR5）增加了大量针对近期 10～30 年时间尺度的年代际预测试验（decadal prediction）（Taylor et al.，2012），关注对近期（30 年内）尤其是关注对 10 年尺度的全球及区域气候是否具有预测能力，特别对 ENSO 和 PDO 等现象进行分析。对于年际时间尺度，系统深入的研究主要集中于热带太平洋的气候强信号 ENSO（Trenberth，2002；Giese，2011）。CMIP5 试验开展对 ENSO 现象的评估，采用 HadISST 为对比资料之一。结果表明，CMIP5 模式对 ENSO 现象的模拟没有明显改进，但是对 ENSO 振幅的模拟与 CMIP3 相比较为集中（IPCC，2014）。中国气象局国家气候中心从 2005 年开始研发第二代气候系统模式（Wu et al.，2008；2010），对模式性能进行了多方的评估和应用（Wu，2012；Wu et al.，2013）。该模式参加了 2008 年世界气候研究计划（WCRP）发起的国际耦合模式比较计划（CMIP）第 5 阶段试验计划（CMIP5）（Xin et al.，2013b）。高峰等（2012）评估了该模式 10 年尺度全球及区域地表温度的预测能力，结果表明在有海洋初始化条件下，可以明显减小 BCC_CSM1.1 模式模拟的全球升温趋势，使得模拟结果更接近观测值。这一特点在观测资料相对丰富的南北纬 50°以内地区更为显著。

由于海洋资料或气候模式自身存在某些缺陷，导致海表面温度年际-年代际变率的分析结果有差异，本节选择三套比较常用的、时间序列比较长（100 年以上）的海表面温度再分析资料 HadISST（Rayner et al.，2003）、HADLEY EN4（Good et al.，2013）、SODA（Carton and Giese，2008）和 BCC_CSM1.1（Xin et al.，2013a）的历史试验海表面温度模拟结果进行研究，一方面通过三套资料的比较分析和相互验证，试图揭示海表面温度年际-年代际变率，另一方面检验评估 BCC_CSM1.1 对海表面温度年际-年代际变率的模拟能力，为模式改进提供参考依据。

本章以 HadISST 作为基准海表面观测资料，其他两类资料与其进行比较，同时检验 BCC_CSM1.1 模式的模拟效果。考虑各资料时段不同，统一选取 1900～2005 年时段进行年际和年代际变化特征分析，如无特殊说明，海表面温度气候场指 1971～2000 年平均值，资料纬度范围 70°S～60°N，将各资料在水平方向插值到 1°×1°。

8.1.1 海表面温度年际变化

1. 全球平均海表面温度变化

图 8.1 为根据 BCC_CSM1.1 模式和三套观测资料（HadISST、HADLEY EN4、SODA）计算得到的 1900～2005 年全球年平均 SSTA 的变化曲线图。可以看到，各资料海表面温度变化存在明显的长期变暖趋势和年际、年代际变化。在 20 世纪初期的 5～10 年，各资料差异较大，且呈下降趋势，之后呈波浪状逐渐上升，在 50 年代以后，差异减小，在 20 世纪末呈持续上升的趋势。以 HadISST 为参考，计算 1900～2005 年年平均 SSTA 的相关系数，SODA 资料与 HadISST 资料相关最好，达到 0.818，其次是 HADLEY EN4 和 BCC_CSM1.1，相关系数分别为 0.398 和 0.386，均通过 0.01 显著性检验。

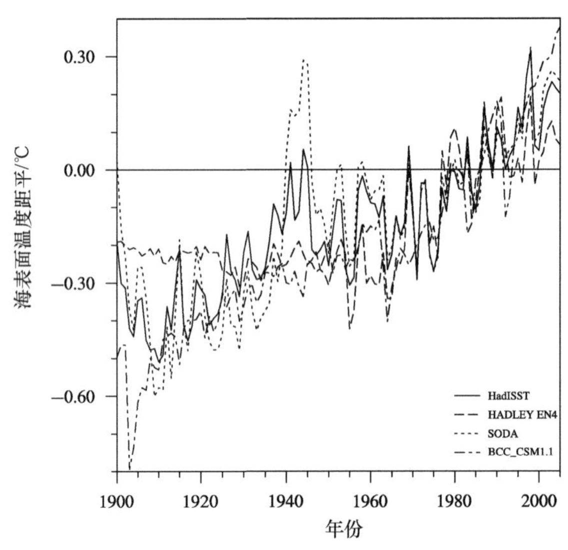

图 8.1 1900～2005 年全球年平均海表面温度距平变化曲线

表 8.1 所示为全球平均 SST 不同时间段的线性趋势。作为参照，在表 8.1 中给出了 IPCC AR5 使用的 HadSST3 资料的结果。由表 8.1 可知，1901～2005 年，HadISST、SODA、HadSST3 的全球增暖趋势比较接近，约为 0.054～0.058℃/10a；BCC_CSM1.1 全球增暖趋势最大，为 0.071℃/10a；HADLEY EN4 全球平均增暖趋势较小，为 0.033℃/10a。其中，在 1901～1950 年期间，除了 HADLEY EN4 全球平均呈现降温趋势外，其余资料的平均 SST 呈现增暖趋势，BCC_CSM1.1 增温趋势为 0.076℃/10a，位于 HadISST 和 SODA 之间；HadSST3 增温趋势最大，为 0.107℃/10a。在最近 55 年（1951～2005 年），五套资料呈现一致增暖趋势，BCC_CSM1.1 模式增暖趋势为 0.108℃/10a，比其他观测资料的增暖趋势大 0.025～0.043℃/10a。最近 25 年（1981～2005 年），各资料增暖趋势均比其他时段明显；BCC_CSM1.1 模式增暖趋势最大，为 0.180℃/10a；其他资料增暖趋势为 0.033～0.162℃/10a。总体表明，BCC_CSM1.1 和 HadSST3、HadISST、SODA 海表面温度在各时段均呈现升温趋势，且 20 世纪 80 年代以后升温趋势更明显。

表 8.1　全球平均 SST 不同时间段的线性趋势　（单位：℃/10a）

时段	BCC_CSM1.1	HadISST	SODA	HADLEY EN4	HadSST3
1901～2005 年	0.071	0.054	0.057	0.033	0.058
1901～1950 年	0.076	0.070	0.086	–0.009	0.107
1951～2005 年	0.108	0.072	0.065	0.083	0.070
1981～2005 年	0.180	0.112	0.133	0.033	0.162

2. 全球海表面温度方差分布

BCC_CSM1.1 模拟与 HadISST、HADLEY EN4、SODA 的 SSTA 方差［图 8.2（a）］的空间分布总体一致，即高值区主要在黑潮和湾流地区、北大西洋、北太平洋、赤道东太平洋地区，说明这些地方海表面温度的年际-年代际变率较大；反之，在赤道西太平洋和南半球 SSTA 方差较小，这些地方海表面温度年际-年代际变率较小。但是，BCC_CSM1.1 模式模拟的 SSTA 方差在北太平洋、赤道中东太平洋、南印度洋和大西洋均较观测海表面温度的方差明显偏弱。三套再分析资料的 SSTA 方差数值亦存在差异，其中 SODA 最大，HADLEY EN4 次之，HadISST 最小。例如，SODA 资料的 SST 方差基本是 HadISST 方差的 2～3 倍，在黑潮和湾流地区以及 60°S 附近可达到 5 倍以上，偏高 1.6℃以上；HADLEY EN4 的方差在北半球基本是 HadISST 的 2～3 倍，在黑潮和湾流地区以及赤道西太平洋部分地区可达到 5 倍以上，在 1.2℃左右；在南半球，SODA 资料的 SSTA 方差比其他资料大 0.4℃左右。相比之下，BCC_CSM1.1 的 SSTA 方差更接近 HadISST 的 SSTA 方差。

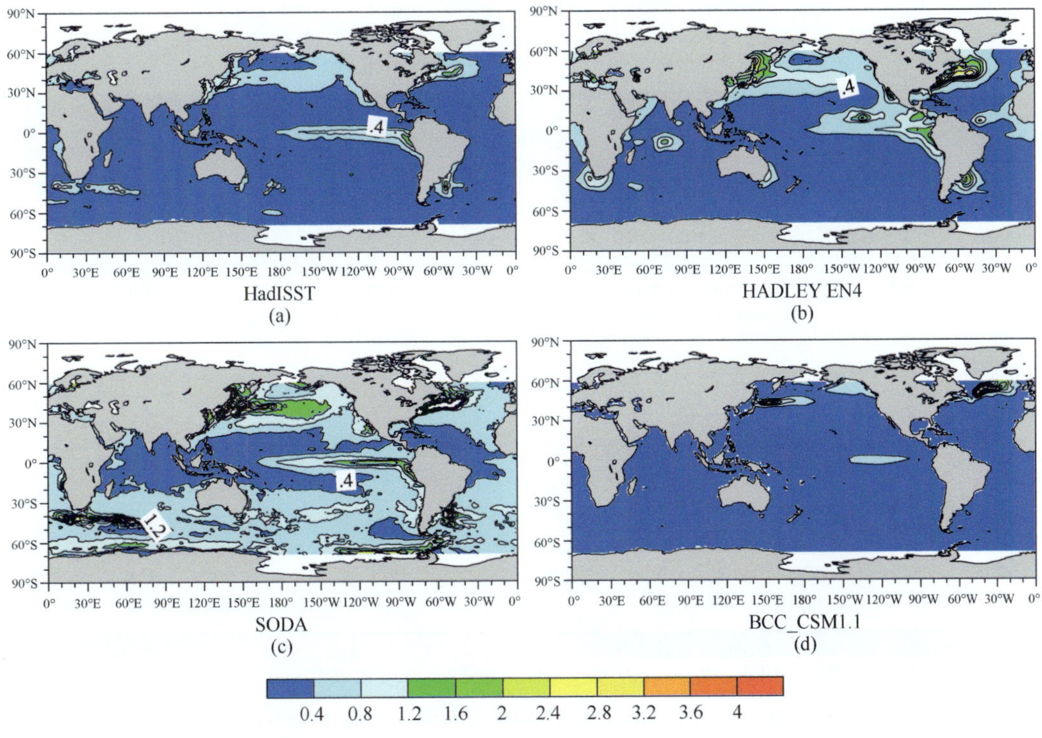

图 8.2　1900～2005 年全球年平均 SSTA 方差（℃）

（a）HadISST；（b）HADLEY EN4；（c）SODA；（d）BCC_CSM1.1

3. 热带太平洋海表面温度变化

为了分析热带太平洋海表面温度年际变化特征，对四套资料 1900～2005 年热带地区（30°S～30°N，120°E～80°W）SST 进行 EOF 分析得到第一、二主模态，如图 8.3 所示。四套资料的第一主模态［图 8.3（a）、（c）、（e）、（g）］空间分布均表现了 El Niño 空间结构，海表面温度正异常位于赤道太平洋中东部，中心位于东部，均达到 0.03℃以上，向西伸展到 160°E 附近，赤道西太平洋呈负异常反向分布，表现出热带太平洋强迫

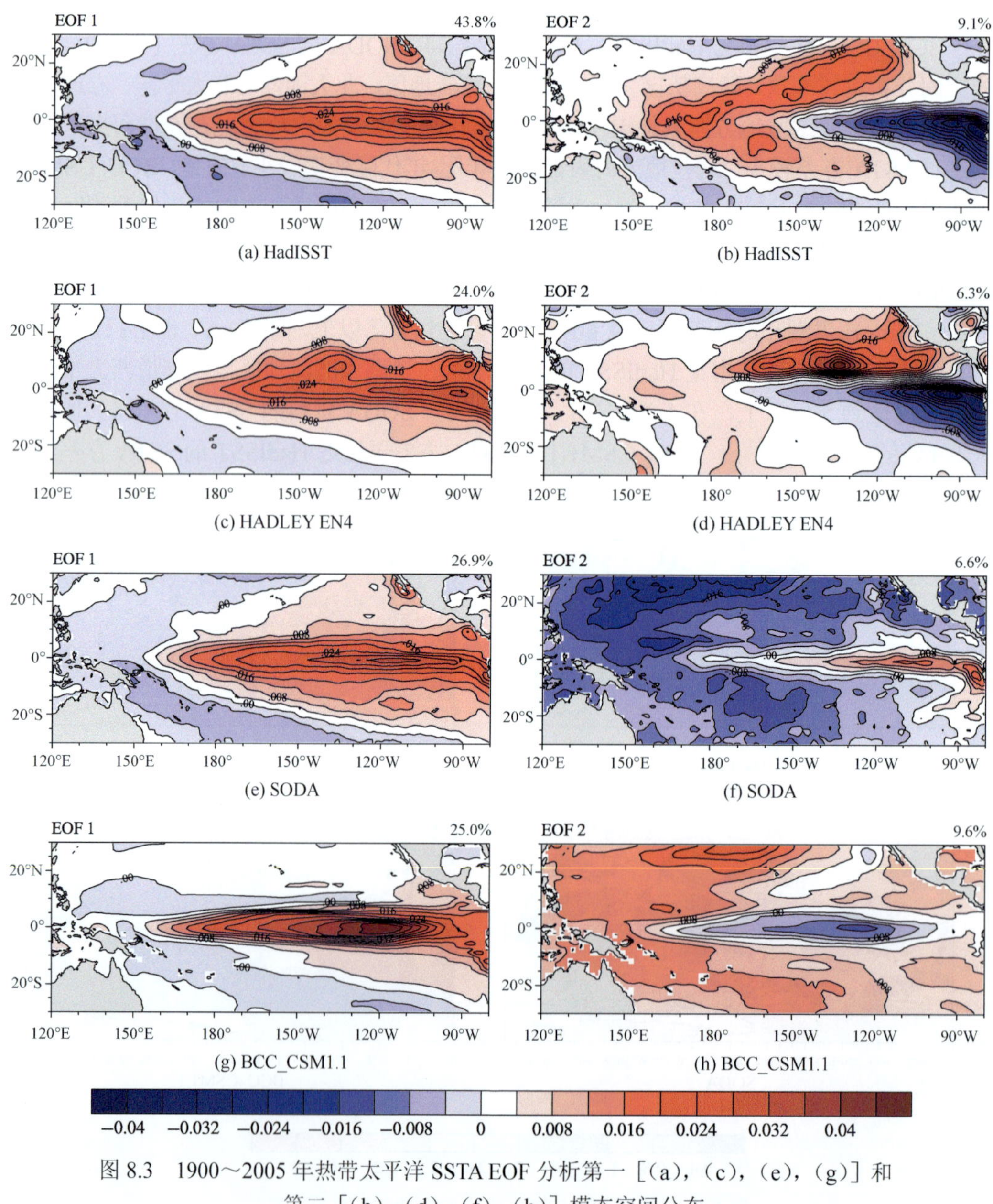

图 8.3　1900～2005 年热带太平洋 SSTA EOF 分析第一［(a)，(c)，(e)，(g)］和第二［(b)，(d)，(f)，(h)］模态空间分布

(a)，(b) HadISST；(c)，(d) HADLEY EN4；(e)，(f) SODA；(g)，(h) BCC_CSM1.1

中纬度太平洋的模态。其中，HadISST 解释了总方差的 43.8%，BCC_CSM1.1 和 HADLEY EN4、SODA 分别为 25.0%、24.0%和 26.9%。对于第二主模态［图 8.3（b）、（d）、（f）、（h）］，四套资料空间分布表现为海表面温度正异常分布在赤道中太平洋，正异常中心均达到 0.024℃以上，同时表现出在南北半球中纬地区向东扩展的趋势，在北半球中纬度延伸幅度大于南半球，海表面温度负异常出现在赤道东太平洋和西太平洋区域，总体呈现马鞍形的 El Niño Modoki 空间结构。BCC_CSM1.1 方差贡献为 9.6%，与 HadISST（9.1%）相当，略高于 HADLEY EN4（6.3%）、SODA（6.6%）。

图 8.4 所示为与图 8.3 对应的 EOF 第一、二主模态去掉趋势以后的时间序列。HadISST 和 SODA 的第一主模态［图 8.4（a）、（e）］时间序列基本保持一致，表现出 4～6 年左右的周期，这与事实已知的典型 ENSO 现象基本一致。BCC_CSM1.1 表现出 2～3 年周期，但振幅偏小［图 8.4（g）］。HADLEY EN4 的第一主模态在 1900～1943 年基本呈正异常、且振幅偏小，1943～1970 年基本呈负异常，1970 年之后呈正异常，表现出年代际变化周期［图 8.4（c）］。

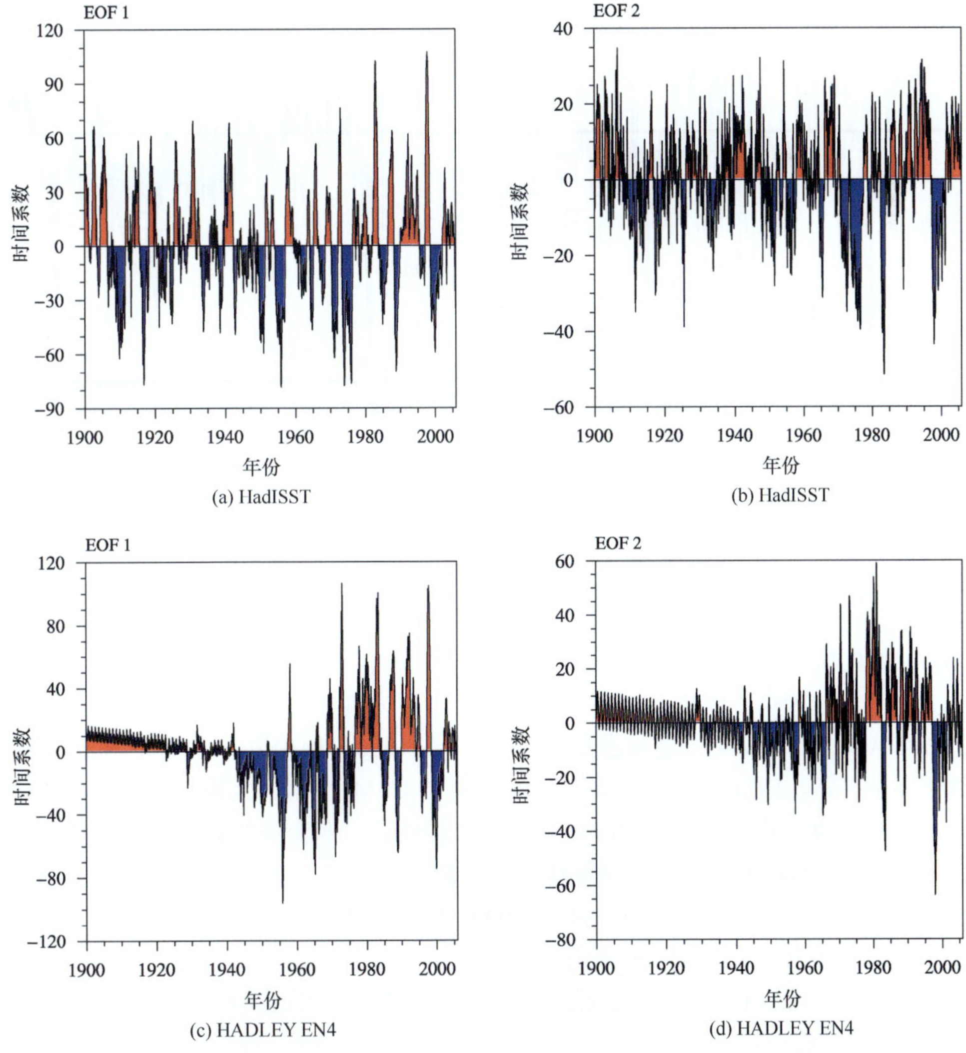

(a) HadISST

(b) HadISST

(c) HADLEY EN4

(d) HADLEY EN4

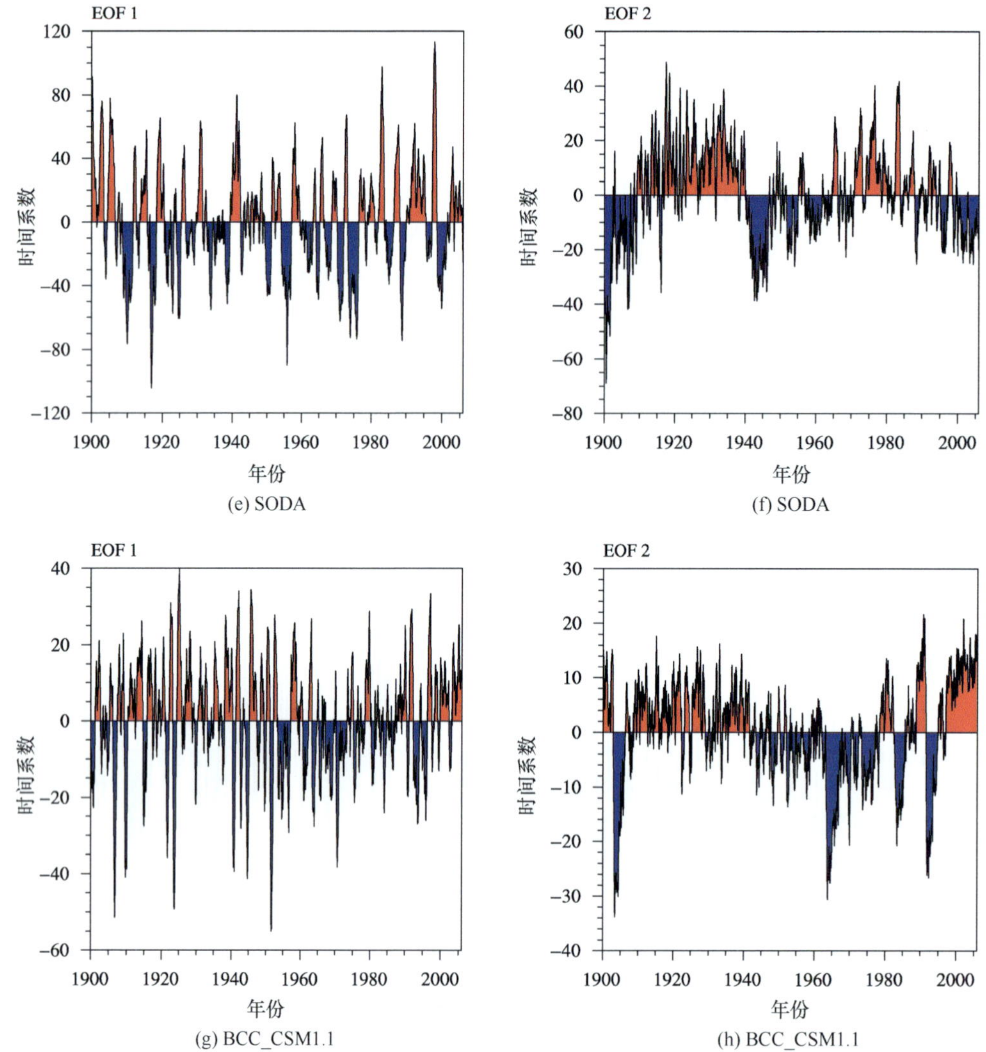

图 8.4　1900～2005 年热带太平洋 SSTA EOF 分析第一［(a)，(c)，(e)，(g)］和第二［(b)，(d)，(f)，(h)］模态时间系数

(a)，(b) HadISST；(c)，(d) HADLEY EN4；(e)，(f) SODA；(g)，(h) BCC_CSM1.1

HadISST 第二主模态［图 8.4（b）］在 1900～1910 年、1920～1930 年、1940～1950 年、1960～1970 年、1984～1996 年为正异常，其余年份为负异常，表现出 10 年左右的年代际变化。HADLEY EN4 第二主模态［图 8.4（d）］在 1900～1940 年表现为正异常，1941～1970 年为负异常，1971～1996 年为正异常。BCC_CSM1.1 第二主模态［图 8.4（h）］在 1910～1940 年为正异常，1941～1996 年负异常较明显。四套资料 EOF 分析的第二主模态时间序列（去掉趋势以后）均呈现年代际周期变化［图 8.4（b）、(d)、(f)、(h)］，其中 BCC_CSM1.1 和 HADLEY EN4、SODA 表现出 20～40 年周期的年代际变化，而 HadISST 呈现 10 年左右周期的年代际变化。

综上所述，BCC_CSM1.1 模式模拟的第一、二主模态可以解释总方差的 30%左右，与 HADLEY EN4 和 SODA 第一、二主模态的解释总方差相近，但低于 HadISST 第一、二主模态解释总方差（53%）。BCC_CSM1.1 模式模拟的第一主模态具有 2～7 年左右周期，反映出热带太平洋最强的年际变化 ENSO 的特征；第二主模态具有明显的 10 年以上年代际变化周期。

4. 关键区域海表面温度变化

为了更细致地分析海表面温度的年际变化特征，根据图 8.2 选择年际变化显著的 6 个区域，即赤道太平洋 NINO3 区（5°S～5°N，90°W～150°W）、西风漂流区（West Wind Drift，WWD，35°N～45°N，160°E～160°W）、热带北大西洋区（Tropical Northern Atlantic，TNA，5°N～20°N，30°W～60°W）、热带南大西洋区（Tropical Southern Atlantic，TSA，20°S～EQ，30°W～10°E）、印度洋海盆模态区（Indian Ocean Basin Mode，IOBM，20°S～20°N，40°E～110°E）和西半球暖池区（Western Hemisphere Warm Pool，WHWP，7°N～27°N，50°W～110°W），计算四套资料 1900～2005 年 6 个区域平均海表面温度距平时间序列（图略）以及相应的功率谱（图 8.5）。

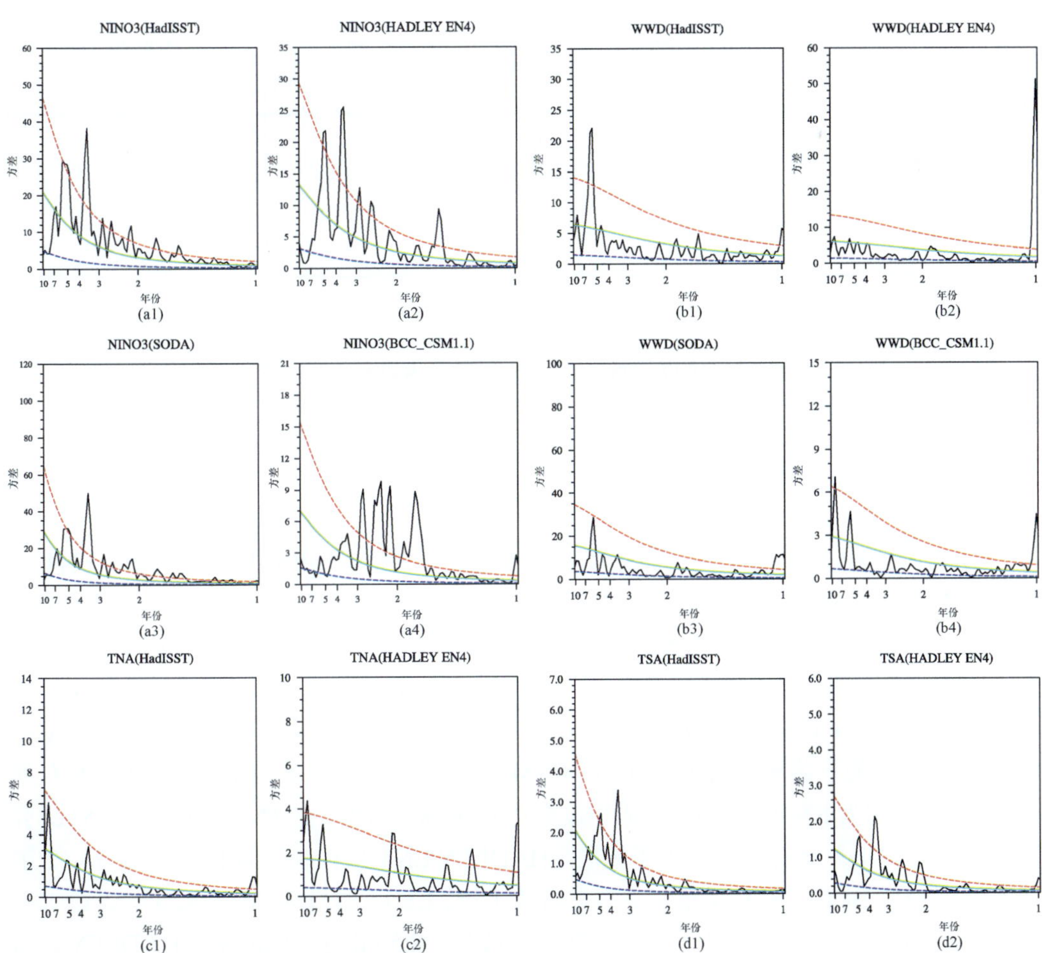

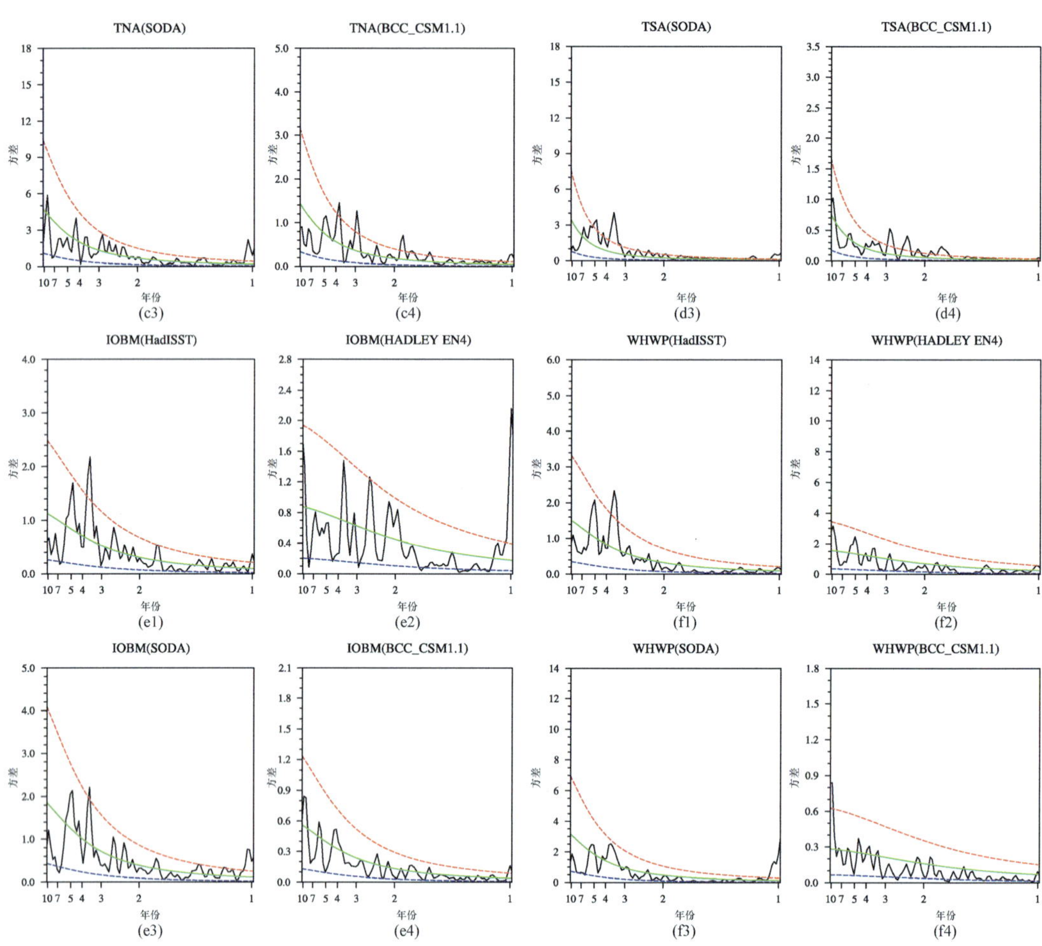

图 8.5 1900～2005 年关键区域平均 SSTA 的功率谱

（1）HadISST；（2）HADLEY EN4；（3）SODA；（4）BCC_CSM1.1；（a）NINO3；（b）WWD；（c）TNA；（d）TSA；（e）IOBM；（f）WHWP

黑色实线表示功率谱，绿色实线表示红噪声曲线，红色虚线表示 95%可置信度上限，蓝色虚线表示 5%可置信度下限

由 6 个区域的海表面温度指数功率谱（图 8.5）可见，HadISST、HADLEY EN4 和 SODA 资料的 NINO3 指数具有明显的 2～7 年周期，最大周期为 3.5 年左右，达到 95%置信度；BCC_CSM1.1 模式的 NINO3 指数具有明显的 1～4 年周期，最大周期为 2.5 年左右，达到 95%置信度，比观测资料周期短，且振幅偏弱［图 8.5（a）］。在 WWD 区域［图 8.5（b）］，HadISST 和 SODA 具有显著的 1 年和 5.6 年周期，最大周期为 5.6 年；HADLEY EN4 的显著周期为 1 年；BCC_CSM1.1 模式的具有显著的 1 年和 8.9 年左右周期，但最大周期为 8.9 年，其 5.6 年周期没有达到 95%置信度。在 TNA 区域［图 8.5（c）］，HadISST 和 SODA 具有显著的 1 年周期，HADLEY EN4 具有显著的 1 年、1.2 年、2 年和 8.8 年周期；BCC_CSM1.1 模拟具有显著的 1 年、1.8 年、3 年和 3.7 年周期，达到 95%置信度，1 年周期与观测资料一致。在 TSA 区域［图 8.5（d）］，HadISST、HADLEY EN4 和 SODA 具有显著的 3.5 年和 5 年左右周期，最大周期为 3.5 年；BCC_CSM1.1 模拟具

有 2.4 年和 2.9 年周期，达到 95%置信度，与 HADLEY EN4 一致。在 IOBM 区域［图 8.5（e）］，HadISST 和 SODA 资料具有显著的 1 年和 3.5 年周期；HADLEY EN4 具有显著的 1 年和 2.6 年周期；BCC_CSM1.1 模拟呈现显著的 1 年周期，模式模拟的振幅比观测偏弱。在 WHWP 区域［图 8.5（f）］，仅 HadISST 资料的 3.5 年周期、SODA 资料 1 年周期、BCC_CSM1.1 资料 9.6 年周期达到 95%置信度，模式模拟的振幅比观测明显偏弱。总的来说，NINO3、TSA、IOBM 和 WHWP 指数有显著的 3.5 年和 5 年左右周期，WWD 指数有 1 年和 5 年左右显著周期，TNA 指数有显著的 1 年左右周期；BCC_CSM1.1 模式模拟的振幅比观测明显偏弱。

以 HadISST 为参考，进一步计算了 BCC_CSM1.1 模式模拟及 HADLEY EN4、SODA 与 HadISST 观测资料的各指数相关系数和均方根误差（表 8.2）。由表 8.2 可知，HADLEY EN4、SODA 与 HadISST 的各区域海表面温度指数相关系数均达到 0.01 显著性检验，其中 NINO3、TSA 指数相关达到 0.6 以上；BCC_CSM1.1 在 TNA、TSA、IOBM 和 WHWP 区域模拟较好，而在 NINO3 和 WWD 海表面温度模拟的较差，与 HadISST 的海表面温度指数相关为负值。从均方根误差也可看到，BCC_CSM1.1 模拟在 TNA、TSA、IOBM 和 WHWP 区域的均方根误差小于或等于 0.4℃，在 NINO3 和 WWD 的均方根误差分别为 0.966℃和 0.779℃。BCC_CSM1.1 模拟的均方根误差都普遍比 SODA 和 HADLEY EN4 偏大，仅在 TNA 和 WHWP 区域 BCC_CSM1.1 模拟的均方根误差都普遍比 HADLEY EN4 分别小 0.112℃和 0.123℃。值得注意的是，与 BCC_CSM1.1 模拟类似，SODA 和 HADLEY EN4 在 NINO3 和 WWD 的均方根误差大于在 TNA、TSA、IOBM 和 WHWP 区域的均方根误差。因为 SODA 和 HADLEY EN4 是基于不同海洋模式的同化资料（Carton，2008；Good et al.，2013），这些误差的产生可能是气候模式共同存在的问题。

表 8.2　三套资料与 HadISST 各指数的相关系数（CORR）和均方根误差（RMSE）（1900～2005 年）　（单位：℃）

区域		BCC_CSM1.1	HADLEY EN4	SODA
NINO3	CORR	–0.041	0.668*	0.886*
	RMSE	0.966	0.633	0.413
WWD	CORR	–0.026	0.382*	0.684*
	RMSE	0.779	0.729	0.629
TNA	CORR	0.148	0.218	0.857*
	RMSE	0.400	0.512	0.276
TSA	CORR	0.095	0.623*	0.844*
	RMSE	0.297	0.191	0.156
IOBM	CORR	0.104	0.407*	0.737*
	RMSE	0.251	0.246	0.181
WHWP	CORR	0.128	0.239*	0.813*
	RMSE	0.281	0.404	0.215

*表示通过 0.01 显著性检验

进一步计算各区域海表面温度指数的线性变化趋势发现，TNA、TSA、IOBM 和 WHWP 域海表面温度指数 106 年变化呈明显的线性变暖趋势（表 8.3）。BCC_CSM1.1 模式和三套再分析资料计算得到的这 4 个指数增暖趋势为 0.030～0.086℃/10a。其中，SODA 的 TNA 指数增暖趋势最大为 0.086℃/10a，HadISST 的 TNA 指数增暖趋势最小为 0.043℃/10a，BCC_CSM1.1 的 TNA 指数增暖趋势为 0.060℃/10a，接近 HADLEY EN 的 TNA 指数增暖趋势（0.063℃/10a）。BCC_CSM1.1 的 TSA 和 IOBM 指数增暖趋势最大，分别为 0.072℃/10a 和 0.075℃/10a；HADLEY EN4 的 TSA 指数和 IOBM 增暖趋势最小，分别为 0.030℃/10a 和 0.048℃/10a。BCC_CSM1.1 的 TSA 指数增暖趋势比其他三个再分析资料偏高 0.027～0.042℃/10a；BCC_CSM1.1 的 IOBM 指数增暖趋势接近 SODA（0.072℃/10a），比 HadISST 和 HADLEY EN4 的 IOBM 指数增暖趋势分别高 0.019℃/10a 和 0.027℃/10a。BCC_CSM1.1 的 WHWP 指数增暖趋势为 0.063℃/10a，比 SODA 的 WHWP 指数增暖趋势低 0.010℃/10a，比 HadISST 的 WHWP 指数增暖趋势偏高 0.016℃/10a，比 HADLEY EN4 的 WHWP 指数增暖趋势（0.058℃/10a）略偏高。

表 8.3　四套资料 TNA、TSA、IOBM 和 WHWP 指数线性趋势（1900～2005 年）（单位：℃/10a）

区域	BCC_CSM1.1	HadISST	HADLEY EN4	SODA
TNA	0.060	0.043	0.063	0.086
TSA	0.072	0.037	0.030	0.045
IOBM	0.075	0.056	0.048	0.072
WHWP	0.063	0.047	0.058	0.073

8.1.2　海表面温度年代际变化

1. 全球 10 年平均海表面温度

对 BCC_CSM1.1 模式模拟和三套再分析资料分别从 1900 年、1905 年……2000 年开始，每 10 年平均，再分别求得与 HadISST 每个对应时段的相关系数空间分布。如图 8.6 所示，HADLEY EN4 与 HadISST 的显著正相关区域主要位于北太平洋、西南太平洋、热带东太平洋、热带印度洋和大西洋大部分地区，而在北太平洋低纬度地区、西北大西洋地区相关较低。SODA 与 HadISST 在北半球、赤道东太平洋、西南太平洋、印度洋、南大西洋低纬地区相关较高；但在南半球中高纬地区 SODA 与 HadISST 相关较差，在 60°S 以南出现显著的负相关。BCC_CSM1.1 与 HadISST 在赤道西太平洋、南太平洋低纬地区、印度洋和大西洋低纬地区相关较高，可以达到 0.38 以上，通过 0.1 信度检验；而在南半球中纬地区、东北太平洋 30°N 附近出现负相关。总体来说，在年代尺度上，SODA 与 HadISST 的 SST 变化最接近，其次是 HADLEY EN4，BCC_CSM1.1 模拟与 HadISST 的 SST 偏差最大，其相关系数在低纬度地区比中高纬度地区好。

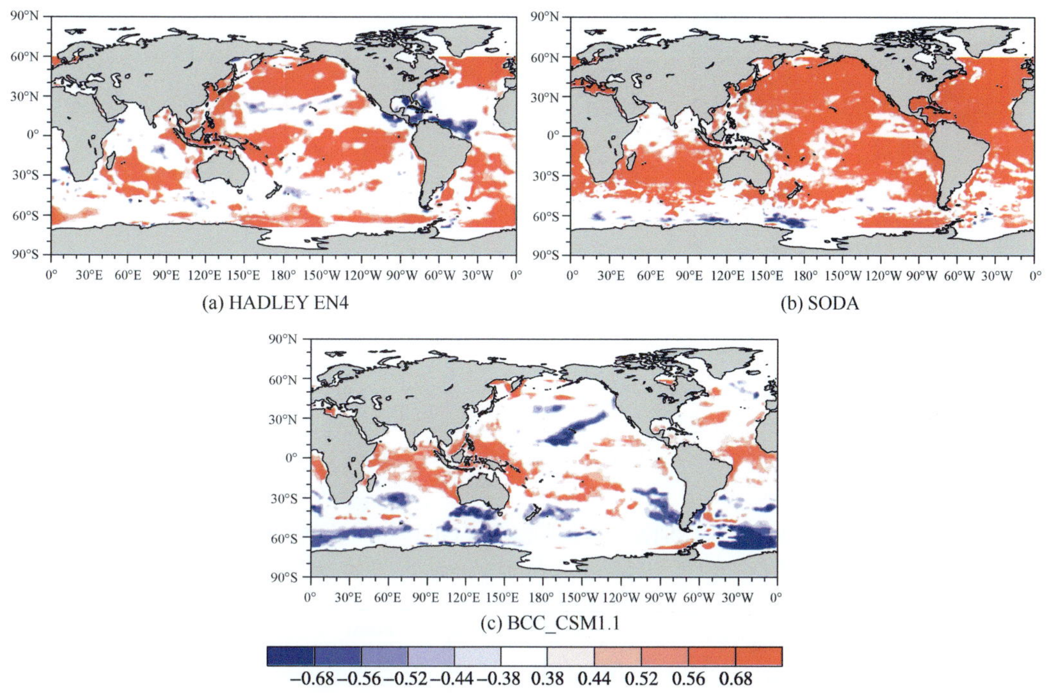

图 8.6　三套资料与 HadISST 相应 10 年平均 SSTA 的相关系数空间分布（共 20 组）（1900～2005 年）

（a）HADLEY EN4；（b）SODA；（c）BCC_CSM1.1

图中彩色阴影表示相关系数通过显著性检验，0.38，0.44，0.52，0.56，0.68 分别代表 0.1，0.05，0.02，0.01 和 0.001 的显著性

同时，还计算了 BCC_CSM1.1 模式每 10 年全球平均海表面温度，并与再分析资料相比较（图 8.7）。分析表明，模拟与观测一样，106 年全球海表面温度变化具有明显的变暖趋势。具体来看，HadISST 和 SODA 比较相似，20 世纪初有一个低值，在 40 年代中期出现一个峰值，80 年代后期呈现逐渐上升的趋势；HADLEY EN4 在 60 年代以前基本保持在 22℃左右，在 70 年代以后逐渐上升。BCC_CSM1.1 从 20 世纪初到 50 年代呈现逐渐上升的趋势，60 年代保持在 21.7℃左右，自 70 年代以后逐渐上升；50 年代以后，BCC_CSM1.1 模式均显示明显增暖趋势，与观测一致。

为了更好地分析 BCC_CSM1.1 模式对全球 SST 年代际变化的模拟能力，分别计算了赤道中东太平洋（10°S～10°N，90°W～150°W）、中纬度东北太平洋（20°N～60°N，105°W～140°W）、西北太平洋黑潮和亲潮延伸体区域（30°N～45°N，140°E～175°W）三个关键区平均 SSTA 时间序列（图 8.8）。由图 8.8（a）可见，在赤道中东太平洋，BCC_CSM1.1 海表面温度异常基本上位于三套再分析资料中间，BCC_CSM1.1 模拟在 1986 年左右由负值转为正值，比 HADLEY EN4（1975 年左右）、HadISST 和 SODA（1980 年左右）由负值转为正值晚 11 年和 6 年左右，并分别于 2000 年（BCC_CSM1.1）、1980 年（HADLEY EN4）和 1995 年（HadISST 和 SODA）达到最大值。在中纬度东北太平洋［图 8.8（b）］，模拟和观测资料基本都是在 1980 年左右由负位相转变为正位相，变暖趋势最明显。在西北太平洋黑潮和亲潮延伸体区［图 8.8（c）］，HADLEY EN4、SODA、HadISST 都是

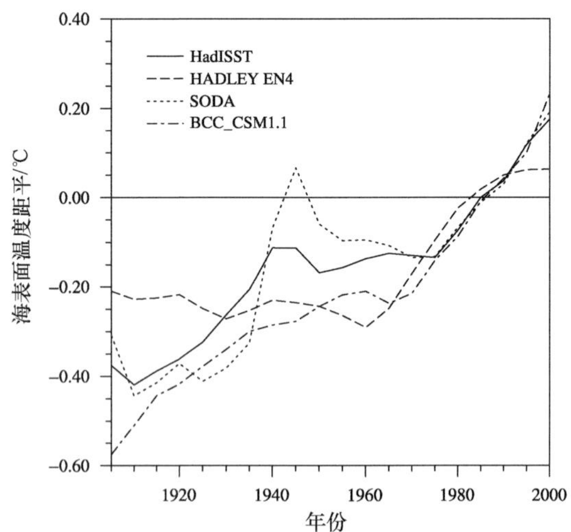

图 8.7 全球年平均 SSTA 随时间的演变（1900～2005 年）（单位：℃）

每个点均代表 10 年平均，例如，1960 年（1965 年）代表 1955～1964 年（1960～1969 年）的 10 年平均，以此类推

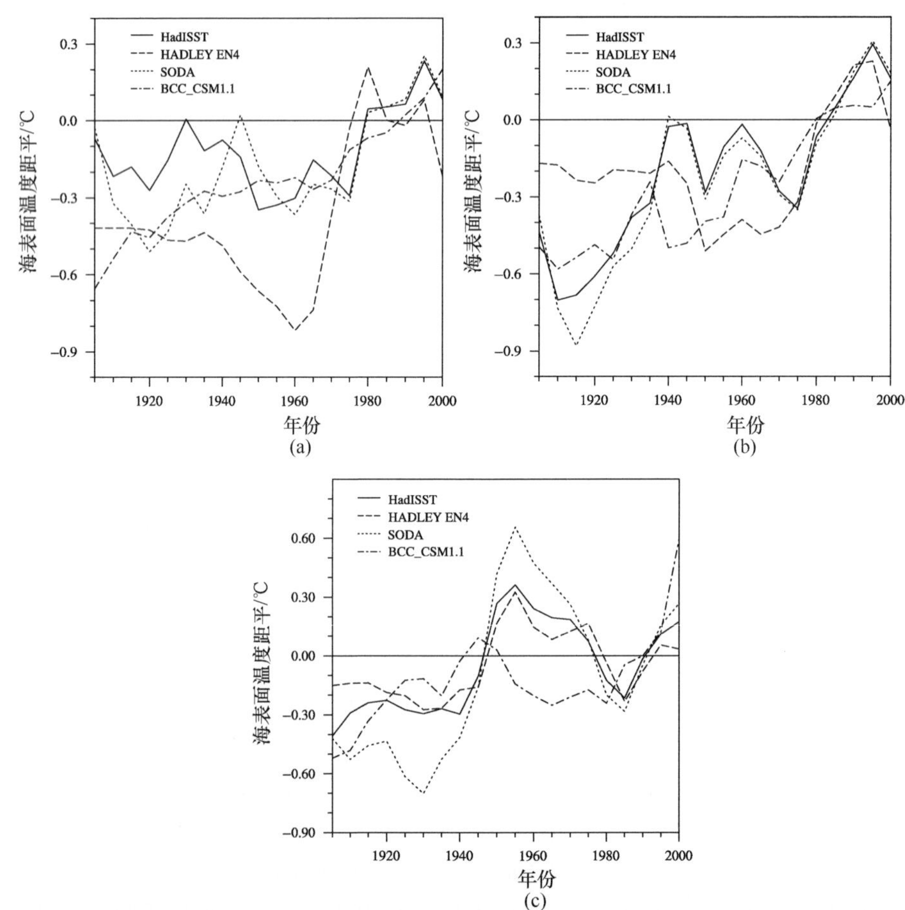

图 8.8 区域平均海表面温度距平随时间的演变，每个点均代表一个 10 年平均（1900～2005 年）（单位：℃）

（a）赤道中东太平洋区域（10°S～10°N，90°W～150°W）；（b）中纬度东北太平洋区域（20°N～60°N，105°W～140°W）；（c）西北太平洋黑潮和亲潮延伸体区域（30°N～45°N，140°E～175°W）

在 1950 年由负转为正，1955 年达到最大值，然后逐渐下降；BCC_CSM1.1 在 1940 年由负转为正，1945 年达到最大值，然后下降，其变化比观测早 10 年左右；模式模拟在 1990 年再次转为正值，与观测一致。

由表 8.4 可见，SODA 和 HADLEY EN4 资料与 HadISST 资料的全球和区域 10 年平均海表面温度相关均为正相关，说明它们 10 年变化趋势总体是一致的；而且 10 年平均海表面温度正相关关系基本上都通过了 0.01 的显著性检验，除了 HADLEY EN4 与 HadISST 资料在中纬度东北太平洋区域和全球平均 10 年平均海表面温度相关没有通过 0.01 的显著性检验。BCC_CSM1.1 与 HadISST 的全球 10 年平均海表面温度相关通过了 0.01 的显著性检验，但在中纬度东北太平洋和西北太平洋黑潮和亲潮延伸体区域呈负相关，即 10 年变化趋势相反。因此，通过与 HadISST 观测资料 10 年平均海表面温度的相关比较，可知 SODA 与观测最接近，HADLEY EN4 次之；BCC_CSM1.1 模拟与 HadISST 观测资料的全球平均和赤道东太平洋平均海表面温度显著相关。

表 8.4　三套资料与 HadISST 各指数相关系数（1900～2005 年）

区域	HADLEY EN4	SODA	BCC_CSM1.1
赤道东太平洋	0.582*	0.718*	0.347*
中纬度东北太平洋	0.251	0.965*	–0.112
西北太平洋黑潮和亲潮延伸体	0.911*	0.956*	–0.009
全球	0.090	0.732*	0.618*

* 表示通过 0.01 显著性检验

2. 太平洋年代际振荡（Pacific Decadal Oscillation，PDO）

为了检查 BCC_CSM1.1 模式对北太平洋区域海表面温度年代际变率模拟能力，对北太平洋区域（20°～70°N，110°～100°W）月平均 SSTA 进行了 EOF 分析，得到第一主分量时间序列，表示 PDO 指数。PDO 与 ENSO 都是太平洋区域海表面温度变化的主要模态，具有相似的空间结构，但两者时间周期和空间范围有着显著的区别。PDO 模态主要空间分布在北太平洋区域（Trenberth，1990；Graham et al，1994；Schneider et al，2005），而 ENSO 的最强信号出现在热带太平洋区域。由图 8.9 可知，BCC_CSM1.1 模式模拟的 PDO 指数振荡趋势，总的来说，与观测一致。HadISST、SODA 和 HADLEY EN4 均呈现出 PDO 在 1925～1946 年和 1977～1998 年的暖位相、1947～1976 年的冷位相，但 HADLEY EN4 在 20 世纪 40 年代之前振幅较小。BCC_CSM1.1 模式基本能抓住太平洋年代际振荡变率，尽管在 40 年代模拟为冷位相，但较好地模拟了 1977～1998 年的暖位相。BCC_CSM1.1 与 HadISST 的 1900～2005 年年平均 PDO 指数相关系数为 0.119，但明显低于 SODA 与 HadISST 的相关系数（0.921）及 HADLEY EN4 与 HadISST 的相关系数（0.796）。进一步分析 1900～2005 年 PDO 指数功率谱表明，BCC_CMS1.1 模式模拟和观测的 PDO 指数均具有 10 年以上的变化周期，但 BCC_CSM1.1 模拟的 15 年周期最显著，达到 95%置信度；HadISST、SODA 和 HADLEY EN4 资料的 PDO 指数 40 年以上周期达到 95%置信度（图 8.10）。

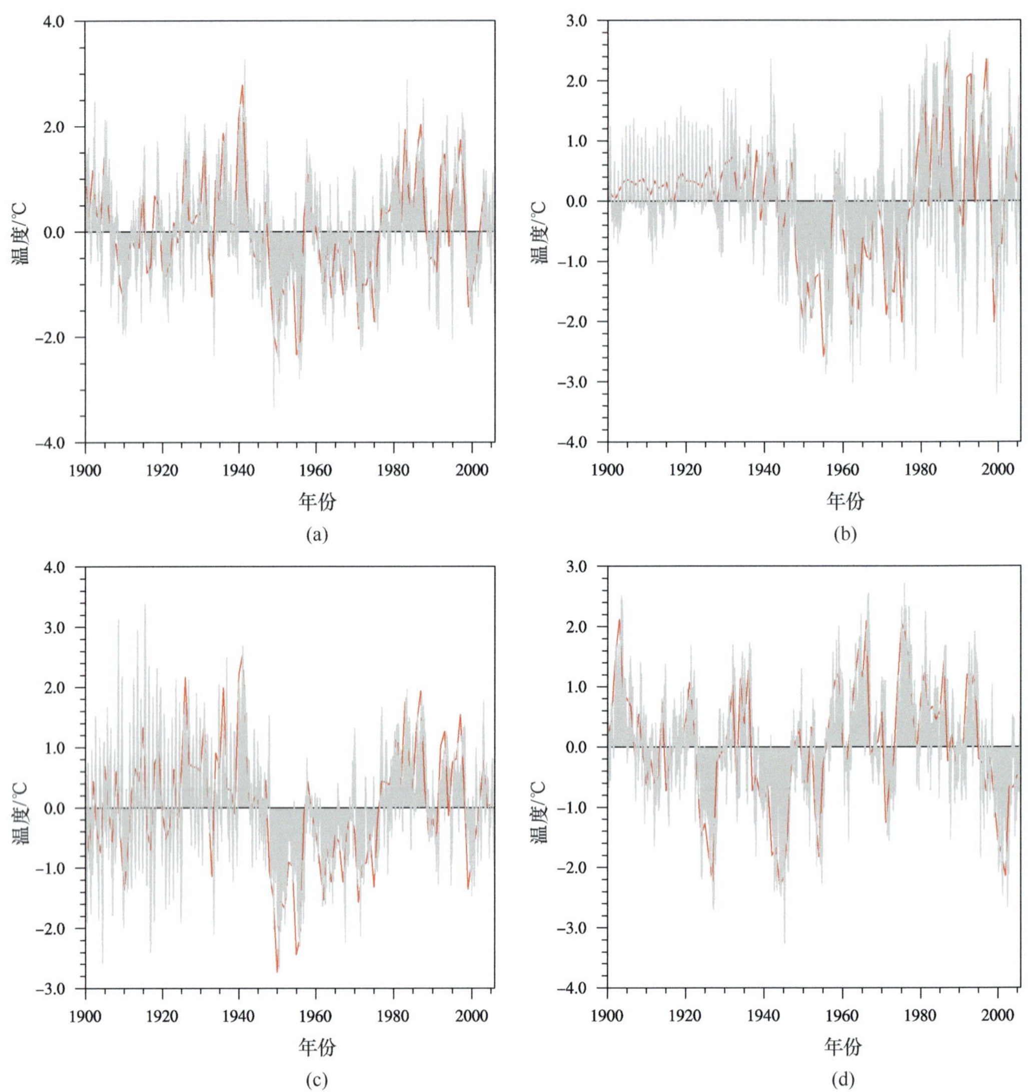

图 8.9 北太平洋（20°N～70°N，110°E～100°W）PDO 指数（1900～2005 年）（气候态 1900～2005 年）

（a）HadISST；（b）HADLEY EN4；（c）SODA；（d）BCC_CSM1.1

红线为年平均 PDO 指数，灰色阴影为月平均 PDO 指数

3. 大西洋多年代际振荡（Atlantic Multi-decadal Oscillation，AMO）

北大西洋地区海表面温度的最显著年代际尺度变率是北大西洋多年代际振荡（Deser et al，1993；Kushnir，1994；Chang，1997；Griffies，1997a；Hazeleger et al，2013）。本节参照 Trenberth 等（2006）计算 AMO 的方法，区域选择为（0°～60°N，0°～80°W）。由于 AMO 是多年代际信号，选取 1901～1970 年年平均 SST 作为气候态。

根据 HadISST 资料计算 AMO 指数显示［图 8.11（a1）］，在 1901～1930 年和 20 世纪 70 年代为冷位相，1930～1970 年和 1981～2005 年为 AMO 暖位相，两次位相的转变分别发生在 1925 年和 1970 年，与 Trenberth 和 Shea（2006）的计算结果一致。

BCC_CSM1.1 模式能够模拟出 1925 年由冷位相向暖位相的转变，但没能模拟出 20 世纪 70 年代的冷位相［图 8.11（b1）］。

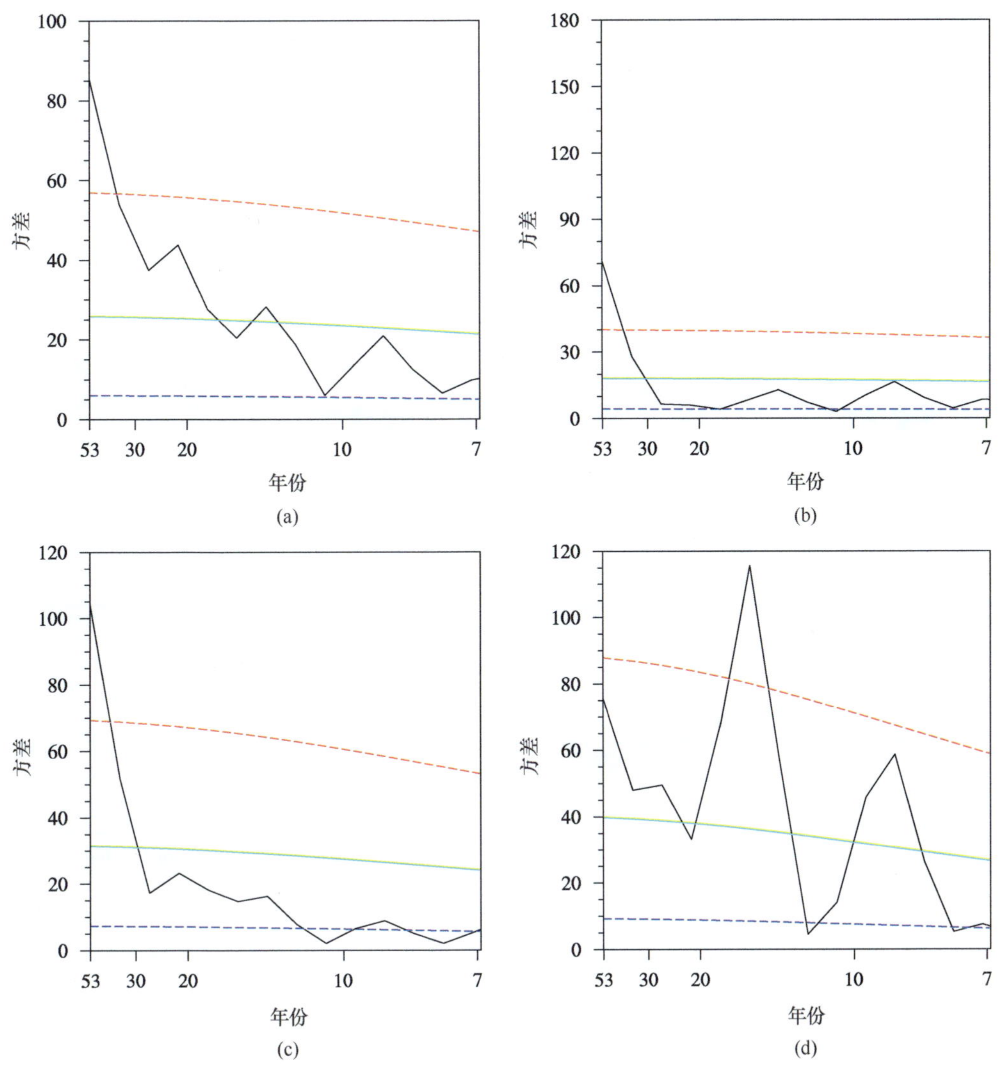

图 8.10　北太平洋（20°N～70°N，110°E～100°W）PDO 指数功率谱（1900～2005 年）（气候态 1900～2005 年）

（a）HadISST；（b）HADLEY EN4；（c）SODA；（d）BCC_CSM1.1

黑色实线表示功率谱，绿色实线表示红噪声曲线，红色虚线表示 95%可置信度上限，蓝色虚线表示 5%可置信度下限

图 8.11（a2）、（b2）分别为根据 HadISST 资料和 BCC_CSM1.1 模式模拟计算的全球（60°S～60°N）年平均海表面温度距平。观测和模拟结果都表明 SSTA 在 1930 年由负转为正。无论是 AMO 指数还是全球平均的 SSTA，都有明显的变暖趋势，在去除了线性趋势后，都呈现出明显的年代际变化特征，模式能够反映出观测 AMO 的年代际变化特征，且 1995 年后 AMO 进入暖位相。

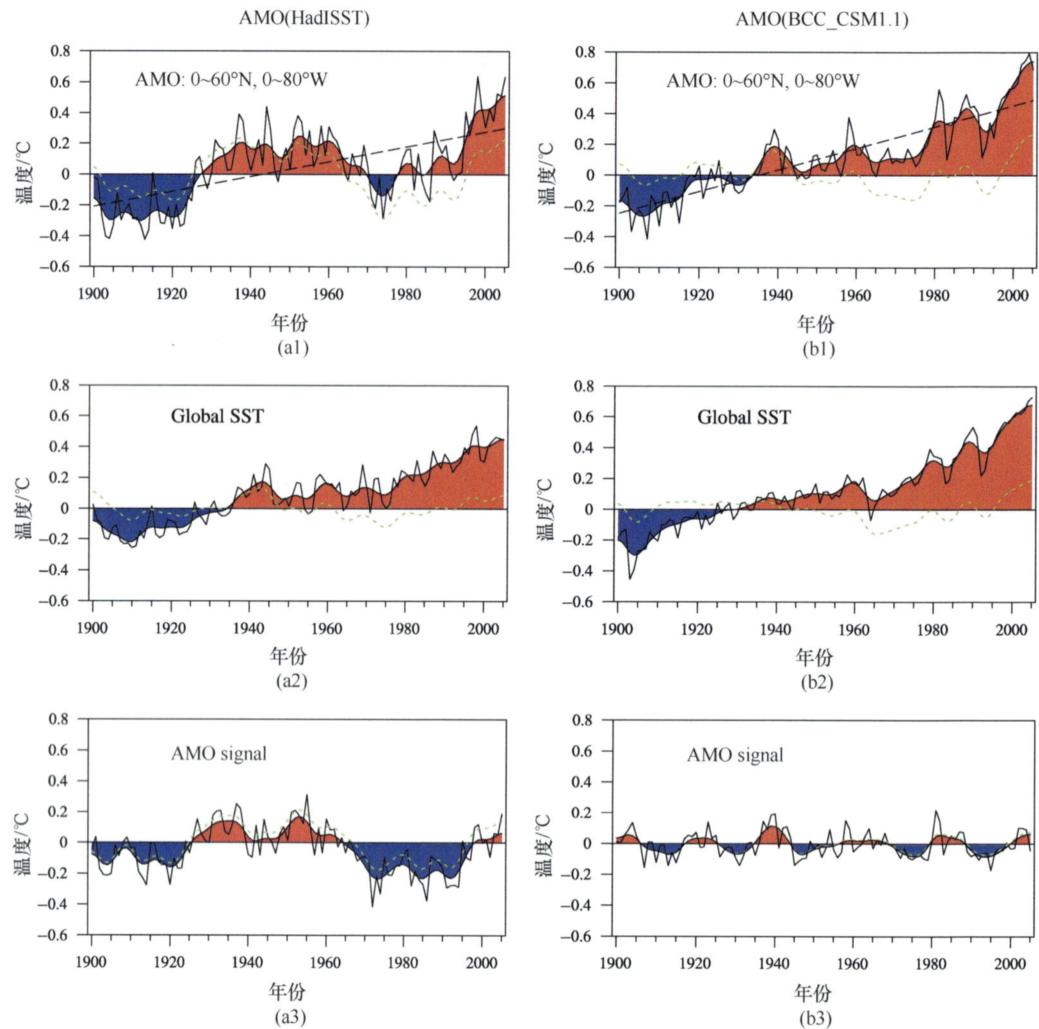

图 8.11　北大西洋（0°～60°N，0～80°W）SSTA EOF 分析第一主分量 AMO 指数（1900～2005 年）（气候态 1901～1970 年）（单位：℃）

（a）HadISST；（b）BCC_CSM1.1

黑色实线为 AMO 指数，填充部分为经过 9 年低通滤波后的 AMO 指数，黑色虚线表示多年变化趋势，绿色虚线为去掉趋势后的 AMO 指数

图 8.11（a3）、（b3）分别为图 8.11（a1）、（b1）结果减去图 8.11（a2）、（b2）结果得到的改进的 AMO 指数。由观测资料得到的改进的 AMO 振幅大约为±0.4℃，在 1930 年由负转正、1970 年由正转负、1995 年再次由负转正，与 Trenberth 等（2006）的计算结果基本一致。但是与观测相比，根据 BCC_CSM1.1 模式得到的改进的 AMO 指数振幅偏小 50%左右、年代际变化周期明显偏短。

综上所述，基于中国气象局国家气候中心气候系统模式 BCC_CSM1.1 参加 IPCC AR5 的历史试验结果以及 HadISST、HADLEY EN4 和 SODA 三套 100 多年的逐月再分析海表面温度资料，分析和评估了 BCC_CSM1.1 模式对海表面温度年际-年代际变率的模拟能力和可预报性。主要结论如下：

（1）BCC_CSM1.1 模式能较好刻画热带太平洋区域海表面温度年际变化的基本特征。BCC_CSM1.1 模式的 SSTA 方差空间分布与 HadISST 资料基本一致，即在黑潮和湾流区域、北大西洋、北太平洋、赤道东太平洋区域海表面温度变率较大，在赤道西太平洋和南半球 SSTA 变率较小，但是与 HadISST 方差存在–0.4～1.2℃的偏差，BCC_CSM1.1 方差在南半球中高纬部分区域大约是 HadISST 方差的 2 倍，偏高 0.4℃左右。对 1900～2005 年热带区域 SST 进行 EOF 分解，BCC_CSM1.1 模式能较好地反映观测的热带太平洋海表面温度分布特征，但其第一、二主模态解释总方差的 30%左右，比 HadISST 第一、二主模态方差与总方差的百分比偏小 20%左右。

（2）BCC_CSM1.1 模式都能模拟出近百年关键区域海表面温度变率。对赤道太平洋 NINO3 区、西风漂流区（WWD）、热带北大西洋区（TNA）、热带南大西洋区（TSA）、印度洋海盆模态区（IOBM）和西半球暖池区（WHWP）6 个关键海区 1900～2005 年区域平均海表面温度距平时间序列的年际变化特征分析表明，NINO3、TSA、IOBM 和 WHWP 指数有显著的 3.5 年和 5 年左右周期，WWD 指数有 1 年和 5 年左右显著周期。

（3）BCC_CSM1.1 模式基本能反映 PDO 年代际振荡变率。BCC_CSM1.1 与 HadISST 每 10 年平均 SST 在赤道西太平洋、南太平洋低纬区域、印度洋和大西洋低纬区域相关较高，在南半球中纬区域、东北太平洋 30°N 附近相关较低。总的来说，BCC_CSM1.1 模式和三套资料的 PDO 指数振荡趋势较为一致。其中，HadISST、SODA 和 HADLEY EN4 均能较好地表现出 PDO 在 1925～1946 年和 1977～1998 年的暖位相、1947～1976 年的冷位相。BCC_CSM1.1 在 20 世纪 40 年代呈负位相，但能够较好地表现出 1977～1998 年的暖位相，基本能反映年代际振荡变率。HadISST 观测的 PDO 指数具有显著的 40 年以上振荡周期，BCC_CSM1.1 模拟的 PDO 指数 15 年周期最显著，均达到 95%置信度。

（4）BCC_CSM1.1 模式能够展现大西洋多年代际振荡的特征。观测资料显示，AMO 指数在 1901～1930 年和 20 世纪 70 年代为冷位相，1930～1970 年和 1981～2005 年为 AMO 暖位相，两次位相的转变分别发生在 1925 年和 1970 年。BCC_CSM1.1 模式能够模拟出 1925 年由冷位相向暖位相的转变，但没能模拟出 20 世纪 70 年代的冷位相。去除了线性趋势后，AMO 指数呈现出明显的年代际变化特征，且 1995 年后 AMO 进入暖位相。由观测资料得到的改进的 AMO 振幅为±0.4℃，在 1930 年由负转正、1970 年由正转负、1995 年再次由负转正。与观测相比，根据 BCC_CSM1.1 模式得到改进的 AMO 指数振幅偏小 50%左右，年代际变化周期明显偏短。

8.2　BCC_CSM 模式对中国气温的模拟和预估

目前，对全球气候变化进行预估主要依赖于全球气候模式的发展，随着科学家们对气候模式的不断改进，其模拟结果也被证实越来越可信（Lambert and Boer，2001；丑纪范等，2006）。年际和年代际变率在 20 世纪的研究中已经被证实是气候系统中同时存在的两种不同时间尺度的气候变率（Zhang et al.，1997；Mantua et al.，1997）。未来 10～30 年的气候变化，即年代际时间尺度上的气候变化及这种变化对全球环境、社会、经济发展带来的影响，逐渐成为人们关注的问题（Meehl et al.，2009；Hurrell et al.，2009；

魏凤英，2011）。

使用1960～2010年中国541个测站的气温资料以及国家气候中心参与CMIP5全球耦合模式比较计划的BCC_CSM1.1模式的年代（Decadal）试验和历史（Historical）试验数据，检验了模式对我国气温年际、年代际变化的模拟能力。对加入观测海表面温度初始信息的年代际试验与仅考虑外强迫的历史试验进行对比分析，探讨年代际试验能否提高我国区域气温年代际尺度预报技巧。BCC_CSM1.1模式每隔5年一组、连续积分30年的10组年代际试验结果，即1961年1月到1990年12月，1966年1月到1995年12月，……，2006年1月到2035年12月的试验结果，每组试验有4个不同初值的样本（辛晓歌等，2012）。所使用的历史试验和年代际试验结果均为多个不同初值样本求平均后得到的。由于气候模式本身存在系统偏差，进行预测时不可避免地向模式气候态偏移。因此，采用了CMIP5推荐的年代际气候预测试验误差订正方法（CLIVAR，2011）。对年代际试验结果进行误差订正，检验其可靠性，并利用误差订正后的试验结果对我国未来气温变化进行了预估。

8.2.1 中国10年平均气温的模拟结果

1. 中国10年平均气温时间序列

为检验模式对10年时间尺度上平均气温和变化趋势的模拟能力以及年代际试验经过误差订正后的结果，计算了中国541个测站的观测值、BCC_CSM1.1模式的历史试验和误差订正前、后的年代际试验结果得到的中国10年平均气温随时间变化序列[图8.12（a）]。曲线上每个点代表邻近10年平均气温值（如曲线1965年的值代表1961～1970年的平均气温）。年代际试验（历史试验）中每个点的上下范围代表每组试验4（3）个不同初值样本的最大值、最小值。括号中的数字是模拟与观测的相关系数。从图8.12中可以看到，历史试验和未经误差订正的年代际试验模拟的我国气温均低于观测值，其中年代际试验低于观测2.7℃左右，历史试验低于观测2.5℃左右。而经过误差订正后的年代际试验与观测值非常接近，偏差在0.5℃以内，在20世纪80年代末到90年代初之前高于观测0.5℃，之后低于观测0.5℃。

由图8.12（b）可以看到，订正前、后的年代际试验10年平均气温距平序列基本一致（订正前、后的两条曲线基本重合）。结合图8.12（a）可知，本节所采用的误差订正方法修正了模式的系统偏差，使订正后的模拟值与观测值更为接近，但对模式内部变率的偏差改进不明显。年代际试验和历史试验都模拟出了与观测资料较为一致的增暖趋势，但都没有观测的增暖幅度（0.30℃/10a）大。年代际试验与观测的相关系数为0.88，增暖幅度为0.19℃/10a，历史试验模拟的增暖幅度高于年代际试验，但与观测更接近，其相关系数为0.95，增暖幅度为0.27℃/10a。CCSM4、CNRM-CM5、FGOALS-s2等18个CMIP5模式的历史试验的结果（Xu et al.，2012）显示，当前的全球气候模式都能很好地模拟出中国气温的增暖趋势，模式集合平均的中国区域1961～2005年间增暖幅度为0.20℃/10a，BCC_CSM1.1模式的模拟结果与集合平均结果接近，为0.21℃/10a。

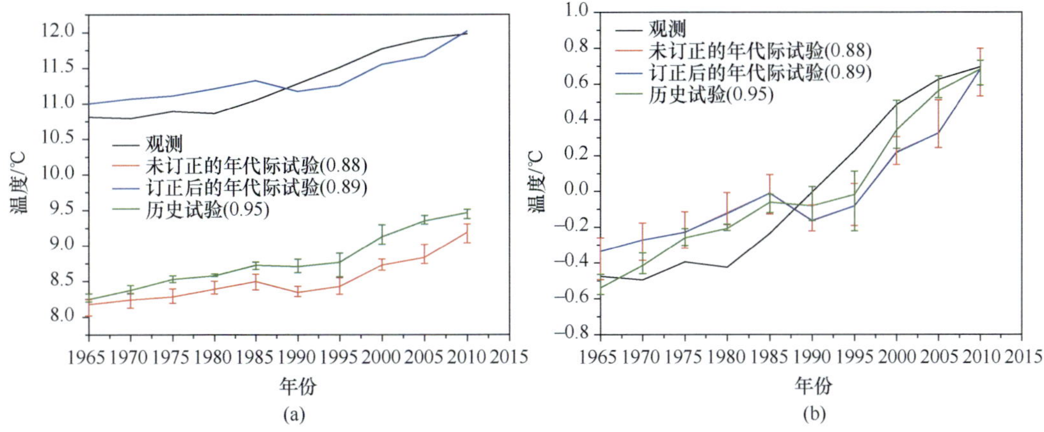

图 8.12　我国 10 年平均气温及其距平时间序列

（a）10 年平均气温时间序列；（b）10 年平均气温距平序列

观测（黑色曲线），历史试验（绿色曲线），未订正的年代际试验（红色曲线），

订正后的年代际试验（蓝色曲线）（单位：℃）

Keenlyside 等（2008）基于 ECHAM5/MPI-OM 模式同化了海表温度，其年代际试验由于成功模拟出了 AMOC 的年代际振荡，提高了北美和欧洲地表气温年代际变化的预报技巧。但对 1955～2005 年全球 10 年平均气温变化模拟上，历史试验结果（与观测相关系数为 0.96）好于年代际试验结果（0.91），年代际试验对气温变化模拟技巧的提高仅体现在部分区域。Kim 等（2012）评估了 HadCM3、CanCM4、CFSv2 等 7 个 CMIP5 模式的年代际试验，发现年代际试验在长时间尺度上的高预报技巧主要出现在北大西洋和西太平洋，但对陆地气温的预报技巧有限。本章对中国 10 年平均气温变化模拟结果的评估也表明，包含了观测海表面温度初始信息的年代际试验相比于未经初始化的历史试验，模拟技巧未能在中国区域体现出明显的提高。

2. 中国 10 年平均气温与观测的相关系数

为了检验模式对我国气温年代际变化趋势的模拟，给出了历史试验和订正前、后的年代际试验 10 年平均气温与相应年份站点观测数据相关系数的空间分布。这里 9 组试验是指从 1961～1970 年起到 2001～2010 年止，每隔 5 年一组试验，一共有 9 组。可以看到，年代际试验［图 8.13（a）］对我国 10 年平均气温的高预报技巧区在西藏、西北地区西部和中部（0.001 显著性水平），内蒙古、华北、黄淮、江淮、江南、华南地区的相关也通过了 0.01 的显著性检验，东北地区大部分通过了 0.05 显著性检验，但在西南地区东部、新疆的阿克苏、青海的西宁地区附近存在负相关或不显著的正相关。由误差订正的结果［图 8.13（b）］表明，误差订正对我国气温年代尺度变化趋势模拟上没有明显的改进，未能提高模式在西南地区东部、阿克苏以及西宁附近的预报技巧。历史试验结果［图 8.13（c）］表明，其在我国东部的绝大部分地区的年代尺度温度变化趋势的模拟要好于年代际试验，但在西南地区东部、阿克苏以及西宁地区附近也存在负相关和不显著的正相关。

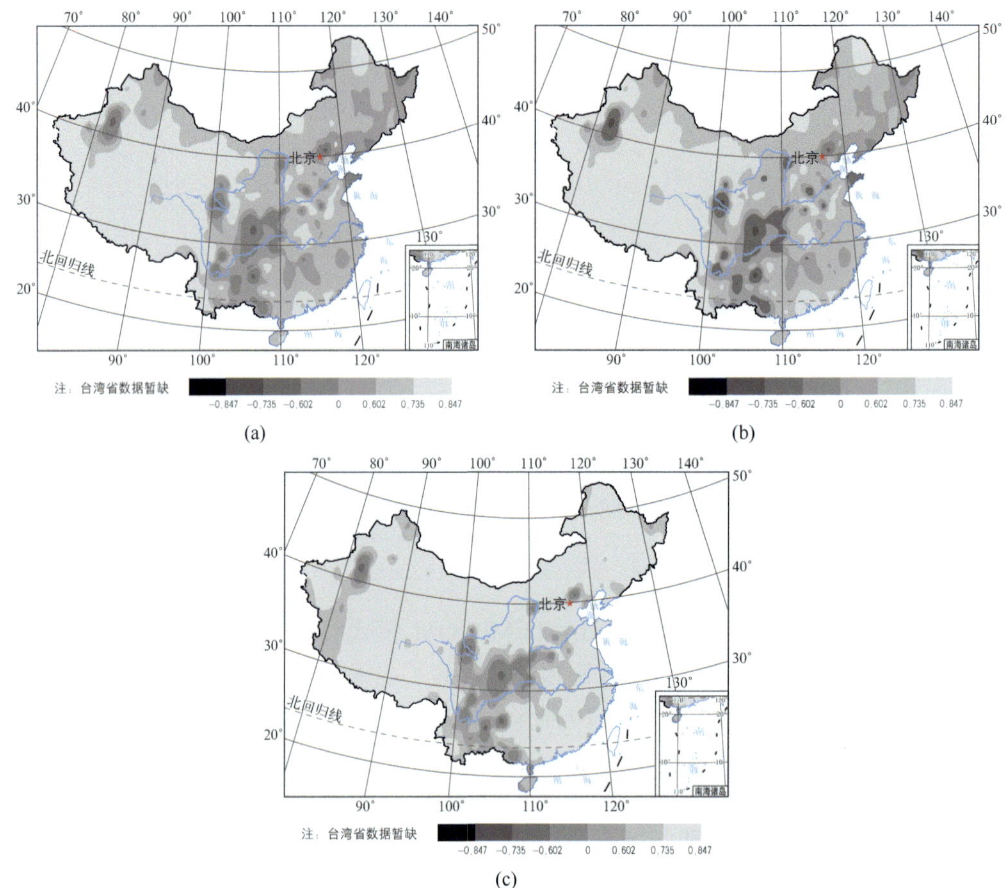

图 8.13　9 组年代际试验订正前、后及历史试验的 10 年平均气温与相应观测气温的相关系数

（a）订正前；（b）订正后；（c）历史试验

相关系数显著性检验：>0.602（0.05），>0.735（0.01），>0.847（0.001）

3. 中国 10 年平均气温与观测的均方根误差

图 8.14 给出了 9 组年代际试验 10 年平均气温与观测的均方根误差（RMSE）。其中图 8.14（a）、（b）、（c）所示为气温原场得到的 RMSE 结果，图 8.14（d）、（e）、（f）所示为气温距平场得到的 RMSE 结果。年代际试验［图 8.14（a）］和历史试验［图 8.14（c）］模拟结果与观测气温的均方根误差分布较为类似。从整体上来看，模式对我国东部的模拟要好于西部，误差最小的区域（2℃以内）在我国内蒙古地区东北部，东北地区东南部以及东南沿海一带，而误差最大的区域出现在西藏和新疆交界处以及西南地区（大于 8℃）。Xu 等（2012）的研究结果也表明大多数模式对我国气温模拟偏差较大的地区在西部，而降水偏差较大的区域出现在华南。

从图 8.13 可知，模式对我国西部地区 10 年平均气温的模拟虽然在数值上偏差较大，但在变化趋势上与观测较为一致（达到 0.001 显著性相关）。订正后的结果［图 8.14（b）］表明，气温的均方根误差在我国绝大部分地区降低明显，基本都在 1℃以内，特别是在华南地区的西部和中部，误差在 0.2℃以下，这是在后续的工作中依据年代际试验误差订正结果来进行预测的基础。

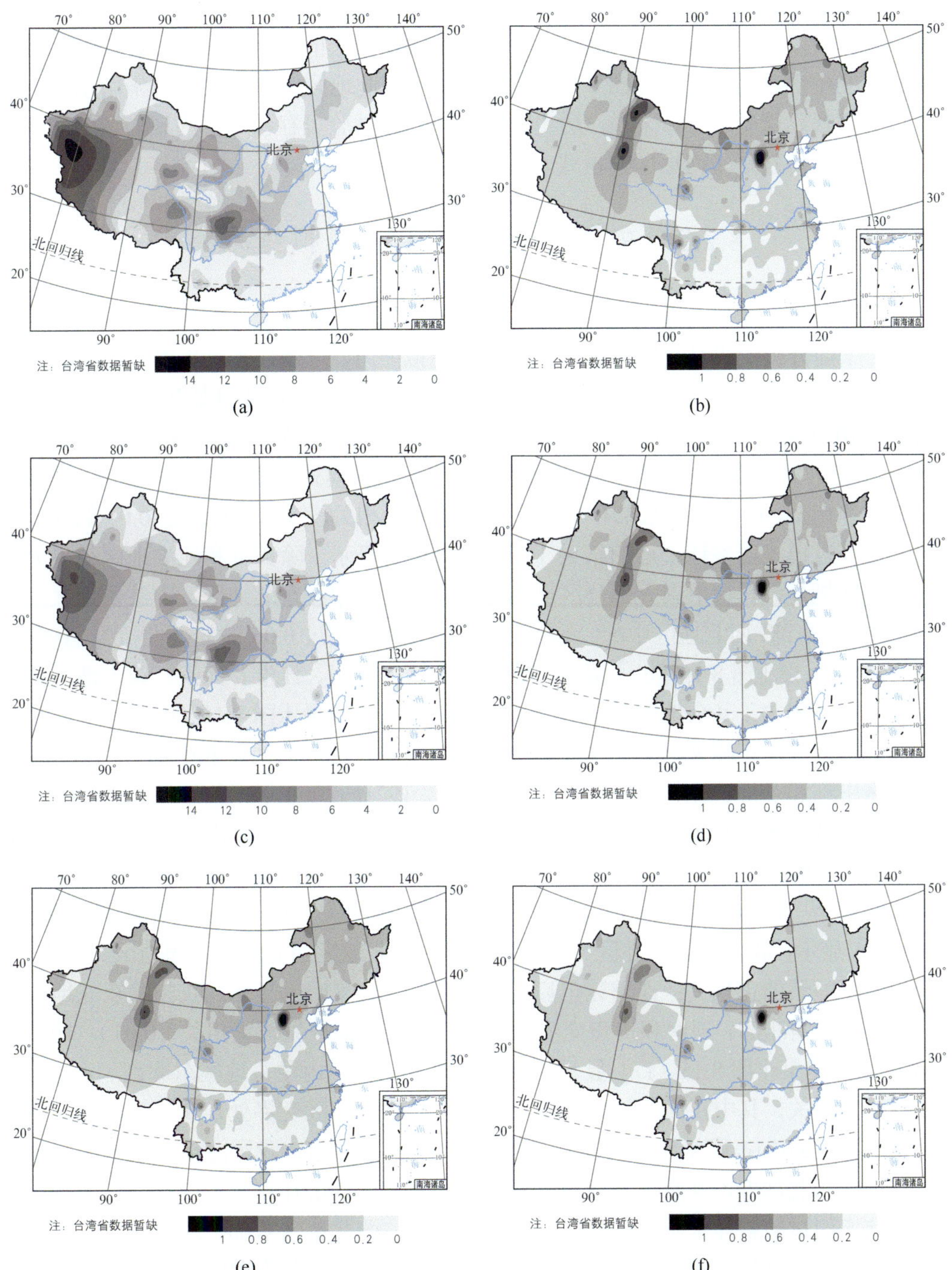

图 8.14　9 组年代际试验 10 年平均气温及历史试验分别与观测数据相应年份平均气温及距平的均方根误差（单位：℃）

（a）年代际试验订正前的气温；（b）年代际试验订正后的气温；（c）历史试验的气温；（d）、（e）、（f）分别与（a）、（b）、（c）类似，但为气温距平场计算的均方根误差由图 8.14（d）、（e）、（f）可以看到，扣除了模拟和观测气温各自的气候平均态后，误差订正前的年代际试验结果［图 8.14（d）］和订正后的结果［图 8.14（e）］空间分布基本一致，误差最小的区域在华南中部和西部，误差较大的区域在黑龙江、内蒙古地区北部和西北中部。历史试验［图 8.14（f）］在我国东北地区、内蒙古以及华南东部地区误差小于年代际试验。总体来说，历史试验和年代际试验虽存在一定的误差，但在我国大部分地区，特别是华南地区，模式表现出较高的预报技巧。

8.2.2 中国年平均气温的模拟结果

由前面的研究结果可看到，BCC 模式模拟出了全国大部分地区年代际尺度气温的变化趋势。下面分析模式对我国气温逐年演变的模拟能力，以及误差订正对气温逐年变化模拟是否有改进。图 8.15 给出了误差订正前后从 1961～1990 年开始每隔 5 年一组到 1981～2010 年总共 5 组年代际试验 30 年相关系数的空间分布。图 8.15（a）中 1961～1990 年试验的结果显示，4 个不同初值样本平均得到的模式结果在江南、华南、西南、西藏地区西南部、西北地区东部和北部和观测都是正相关，但都没有通过 0.05 的显著性检验；而经过模式误差订正后的结果［图 8.15（b）］显示，除黄淮和江淮地区交界处和福州附近区域外，其余中国大部分区域都是正相关，其中在东北地区、内蒙古地区东北部、西藏地区东部、西北地区中部、西南地区北部正相关通过 0.05 的显著性检验。1966～1995 年试验结果［图 8.15（c）］显示，在西北地区、江南、江淮、江汉、黄淮地区南部呈不显著的正相关，其余地区为负相关；误差订正后的结果［图 8.15（d）］显示，在我国大部分地区都呈正相关，其中东北地区大部、内蒙古地区的西部和中部、西藏东部、西北地区中部和东部、西南地区北部相关性最好。1971～2000 年试验结果［图 8.15（e）］显示，在西藏地区、西北地区、西南地区北部呈正相关，其中在甘肃南部及西川东北部显著正相关（0.05）；误差订正后［图 8.15（f）］，我国大部分地区都呈正相关，其中东北地区南部、华北北部、西藏地区和西北地区有显著正相关。1976～2005 年试验结果［图 8.15（g）］显示，我国除东北地区、内蒙古地区、西北地区西北部、贵州地区、海南外，其余都呈不显著的正相关；误差订正后的结果［图 8.15（h）］显示，我国除东北地区北部、西北地区西北部、湖南和贵州交界处外，其余地区都呈显著正相关（0.01）。1981～2010 年试验结果［图 8.15（i）］显示，我国除东北地区、内蒙古地区东北部、海南外，其余都呈正相关，其中在西北地区西南部，西藏和西南地区交界处，陕西、河北一带呈显著正相关（0.05）；误差订正后的结果［图 8.15（j）］显示，我国除东北地区东北部和内蒙古地区东北部外，其余大部分地区都呈显著正相关（0.01）。

从这 5 组试验整体来看，在西北地区的西南部、西北地区东部、西南地区北部都呈正相关，而模式对我国逐年气温演变的模拟在东北地区、内蒙古地区大部、海南都呈负相关。进一步统计分析结果表明，误差订正对我国气温的年际变化的模拟效果有了较大改进。由表 8.5 可见，采用误差订正后，模式与观测的正相关格点增加了 20%～60%左右，达到 0.05 显著性相关的格点增加 30%～80%。由图 8.15 也可看到，在西藏地区东部、西北地区中部、西南地区北部，订正后的结果 5 组试验都通过了 0.05 的显著正相关。

70° 80° 90° 100° 110° 120° 130° 140°
50° 40° 30° 20°
北京
北回归线
南海诸岛
注：台湾省数据暂缺
−0.449 −0.349 0 0.349 0.449

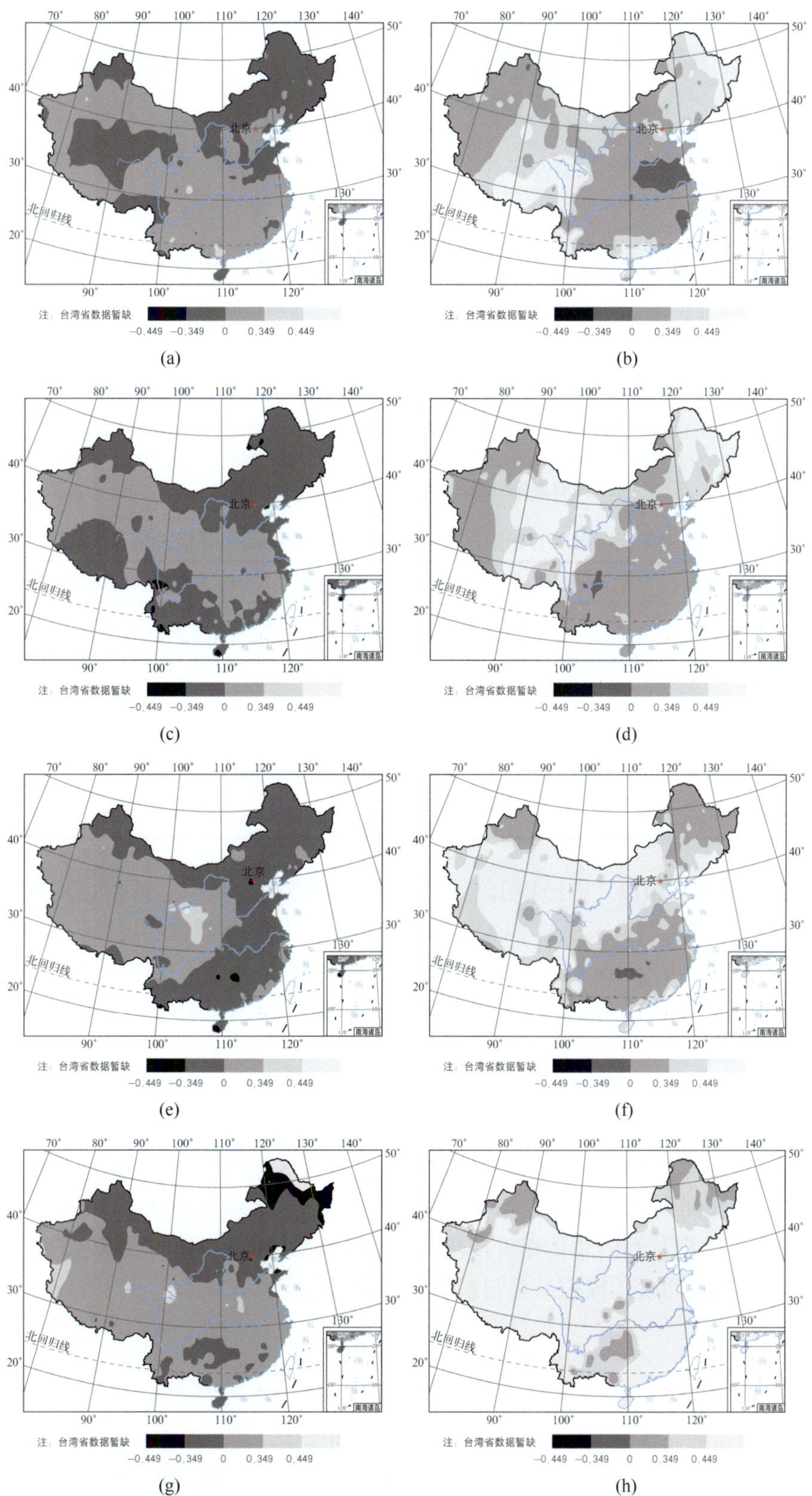

(a) (b)

(c) (d)

(e) (f)

(g) (h)

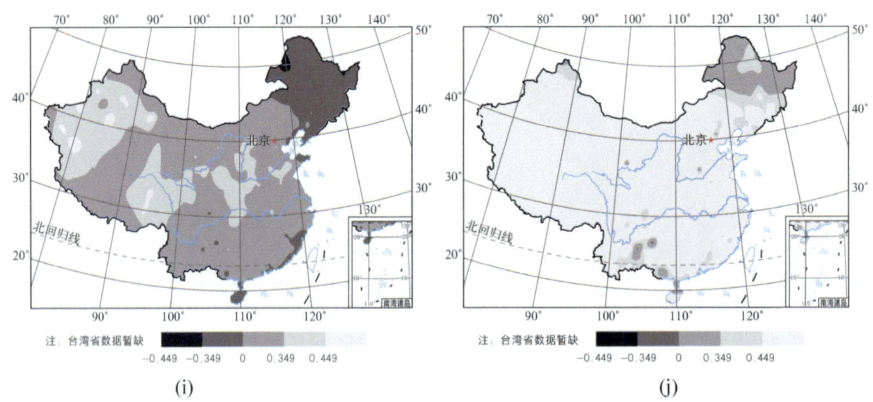

图 8.15　年代际试验与相应时段观测气温 30 年相关系数的空间分布

（a）1961～1990 年年代际试验订正前的结果；（b）同（a），但为误差订正后的结果；（c），（d）与（a），（b）类似，为 1966～1995 年试验；（e），（f）为 1971～2000 年试验；（g），（h）为 1976～2005 年试验；（i），（j）为 1981～2010 年试验
相关系数显著性检验：>0.349（0.05），>0.449（0.01）

表 8.5　5 组年代际试验订正前、后与相应观测正相关及显著相关站点数比较

试验组别	正相关站点百分比/%			0.05 显著性正相关站点百分比/%		
	订正后	订正前	差值	订正后	订正前	差值
1961～1990 年	84.7	60.4	24.3	36.4	1.7	34.7
1966～1995 年	98	42	56	41.9	0.6	41.3
1971～2000 年	98.3	35.5	62.8	57.1	2.8	54.3
1976～2005 年	100	53.8	46.2	90	2.2	87.8
1981～2010 年	99.1	78.7	20.4	90.7	19.4	71.3

Branstator 等（2012）曾经指出年代际预测试验中初始状态对预测效果的影响在不同的模式间差异较大。为了检验 BCC_CSM1.1 模式年代际预测试验连续积分 30 年气温预测总的相关技巧与前 10 年预报技巧的关系，分别将这 5 组年代际预测试验连续积分 30 年的结果分为 3 个 10 年时段进行分析。结果表明，5 组试验中，1961～1990 年组和 1981～2010 年组试验，前 2 个 10 年比第 3 个 10 年正相关区域大；在其他 3 组试验中，后 2 个 10 年比第 1 个 10 年正相关区域大。例如，在 1981～2010 年组试验中，在我国西北地区北部和华北地区，第 2 个 10 年的气温逐年相关较第 1 个 10 年更为显著。5 组试验中，只有 1961～1990 年组试验的前 10 年正相关区域比后 2 个 10 年的正相关区域大；在 1971～2000 年组试验中，第 3 个 10 年的正相关区域比前 2 个 10 年更多。由此可见，该模式 30 年预测的总体相关技巧并不仅仅来源于前 10 年的贡献。5 组试验呈现出较大的差异也说明模式模拟结果与模式初始状态存在较大关系。

8.2.3　空间场的模拟

空间相似系数是描述两个空间场相似程度的物理量，其计算方法是将两个空间场的格点按同一时次排成两个序列，从而计算它们的相关系数。为了检验模式对我国气温空间场的模拟能力，计算了 1960～2010 年的历史试验结果和 5 组年代际试验结果与相应观测资料逐年的气温场空间相关（图 8.16 和表 8.6）。分析表明，历史试验和 5 组年代际试验与观测的空间相关都在 0.9 以上，模式较好地模拟了我国气温平均态在空间场上的整体分布。其中年代际试验结果（30 年平均相关系数为 0.913）与历史试验结果（30 年平均相关系数为 0.912）基本相当。

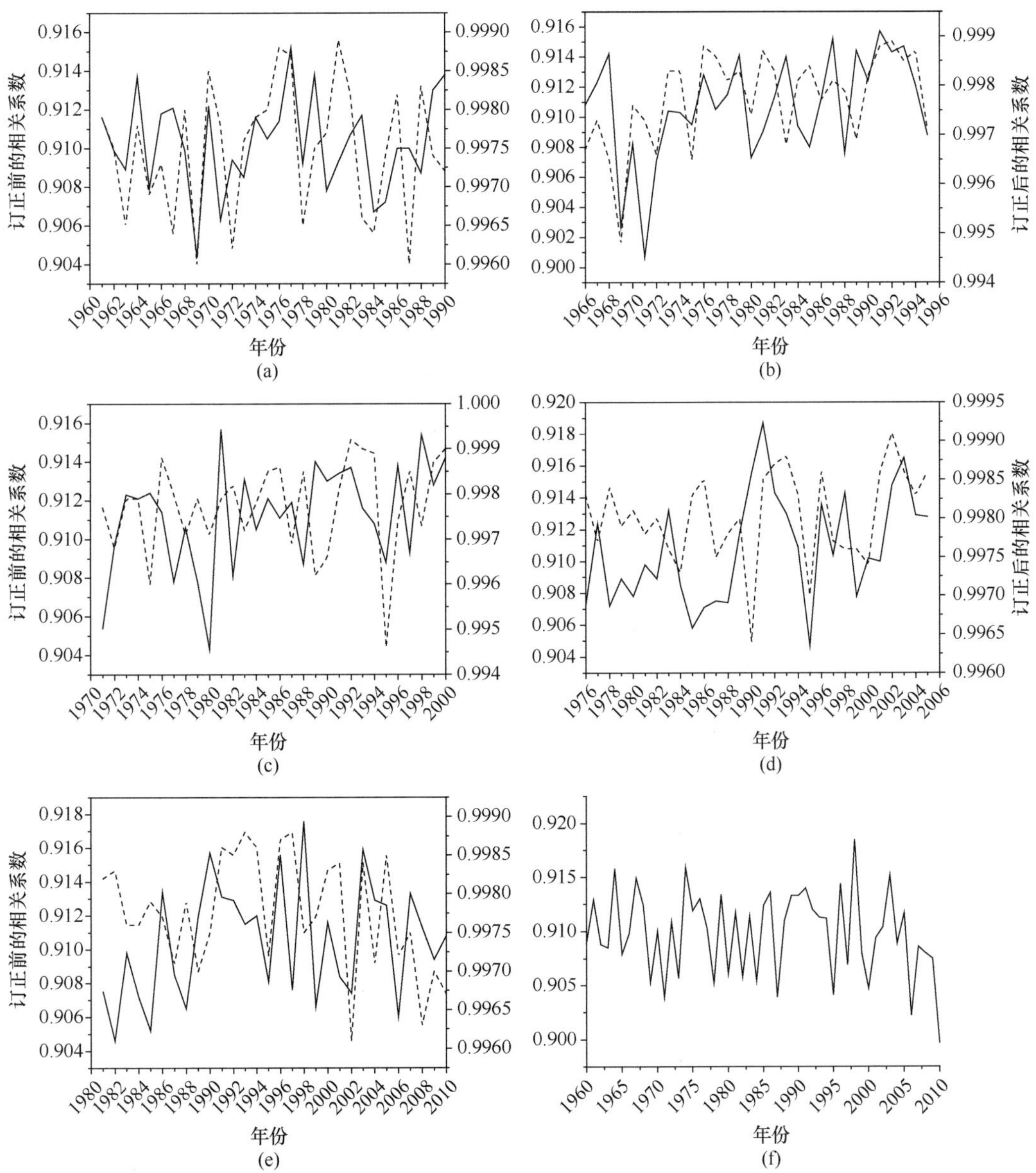

图 8.16　订正前后的五组年代际试验［30 年，（a）、（b）、（c）、（d）、（e）］和历史试验［50 年，（f）］模拟气温与观测气温的空间相关系数随时间的变化

订正前：实线；订正后：虚线；0.001 显著性检验（>0.321）

（a）1961～1990；（b）1966～1995；（c）1971～2000；（d）1976～2005；（e）1981～2010；（f）历史：1960～2010

BCC_CSM1.1 模式 1961～2005 年平均相关系数为 0.900，略低于多模式集合平均的结果（1961～2005 年平均相关系数为 0.959）。经过误差订正后的年代际试验结果与观测的空间相关有明显提高，相关系数均大于 0.99。这说明，模式结果经过误差订正后对空间气温场的模拟有更好的把握。对每年的气温距平场计算空间相关系数（图略），发现年代际试验模拟的气温距平场与观测值的空间相关系数为–0.5～0.7，误差订正后气温距平与观测的空间相关系数较订正前的相关系数提高 0.1 左右，为–0.4～0.8；历史试验模拟的气温距平场与观测的空间相关系数为–0.5～0.4。这说明气温原场的高相关反映了模拟与观测在气候平均态上的高度相似，模式没能很好地模拟出我国气温变化的空间分布特征；年代际试验模拟略好于历史试验。

尽管历史试验、年代际试验订正前后模拟的气温与观测比较相似，相关系数均在 0.9 以上，但它们的均方根误差（RMSE）有显著不同。如表 8.6 所示，历史试验和未经订正的年代际试验 RMSE 分别为 4.24～4.26℃和 4.24～4.32℃，历史试验结果略好于年代际试验。经过误差订正后的年代际试验，RMSE 有了大幅下降，5 组试验最大误差为 1961～1990 年组的 0.31℃，最小误差为 1981～2010 年组的 0.05℃。说明误差订正不仅能提高模式对空间场相似程度的模拟，也能对气温偏差有明显的改进。

表 8.6　历史试验和误差订正前、后的 5 组年代际试验与对应观测资料的 30 年平均空间场的相关系数（CC）和均方根误差（RMSE）　（单位：℃）

试验组别	历史试验		订正前的年代际试验		订正后的年代际试验	
	CC	RMSE	CC	RMSE	CC	RMSE
1961～1990 年	0.912	4.24	0.912	4.25	0.999	0.31
1966～1995 年	0.912	4.25	0.913	4.24	0.999	0.27
1971～2000 年	0.912	4.25	0.913	4.29	0.999	0.18
1976～2005 年	0.912	4.25	0.913	4.31	0.999	0.11
1981～2010 年	0.912	4.26	0.913	4.32	0.999	0.05

8.2.4　中国未来 10～30 年气温变化预估

上述研究结果表明，对模式结果进行误差订正不仅可以提高模式对年际尺度气温变化趋势的模拟，其结果在气温数值上与观测也非常接近，这为开展气温预估提供了基础。

图 8.17 给出了观测资料得到的我国近 50 年平均气温变化时间序列，以及误差订正前后模式预估的 2001～2030 年的气温时间序列。1961～2010 年，我国年平均气温上升趋势明显，变化速率达到 0.27℃/10a。我国年平均气温经历了从 20 世纪 80 年代后期由负异常到正异常的转变，从 80 年代中期开始平均气温持续上升，之前只是在小范围内波动。

从图 8.17 中误差订正前后的年代际试验预测的我国 2001～2030 年平均气温变化的时间序列可以看到，相对于 1960～2010 年 0.27℃/10a 的增温速率，误差订正后的年代际试验预测的 2001～2030 年我国年平均气温上升趋势更加明显，变化速率达到

0.41℃/10a。其中预测的 2001～2010 年平均气温为 11.66℃，比相应观测的平均气温（11.91℃）偏低 0.25℃。预测的 2011～2020 年、2021～2030 年平均气温分别为 12.01℃和 12.48℃。值得注意的是，模式预测的我国年平均气温在 2001～2010 年增速较缓（0.38℃/10a），从 2011 年增暖速度开始加快（0.48℃/10a），波动幅度也更大。这一变化特征与 Keenlyside（2008）关于全球平均气温在未来 10～20 年变化特征的研究结果也较为类似。

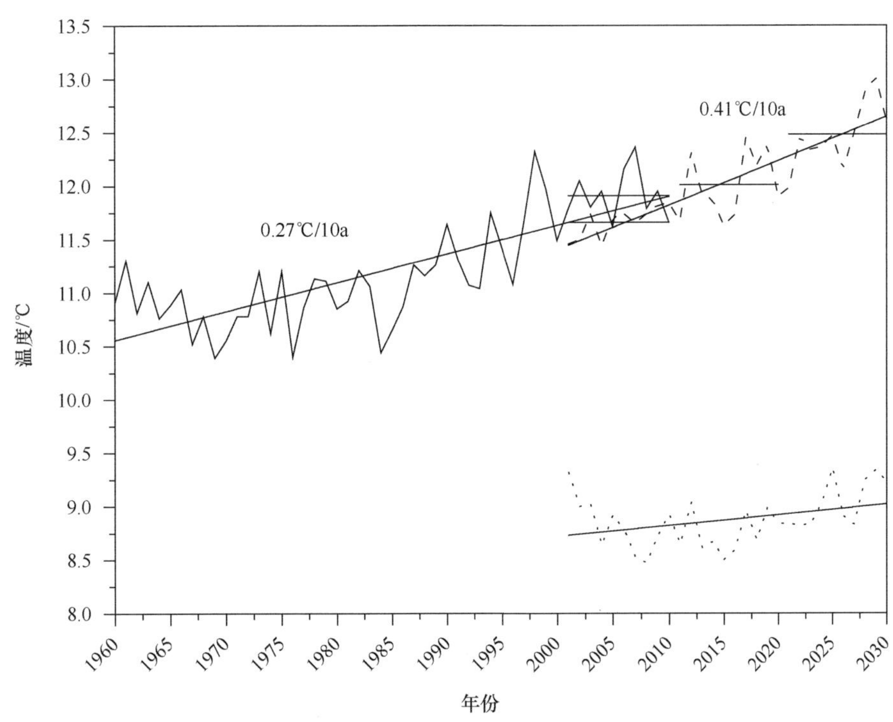

图 8.17　1960～2010 年观测（实曲线）和误差订正前（短虚线）、后（长虚线）模式预估的 2001～2030 年我国年平均气温时间序列

斜线为相应时段的线性趋势，实直线为 10 年平均值；单位：℃

图 8.18 和图 8.19 分别给出了观测、误差订正后 1991～2010 年模拟及误差订正后 2011～2030 年模拟的气温距平的 EOF 分析前两个模态的空间分布（图 8.18）和时间序列（图 8.19）。其中，模式第一模态模拟出了 1991～2010 年平均气温的全国一致型变化，但模式方差贡献（76.62%）比观测资料（55.38%）得到的更高。第一模态时间序列模拟出了全国气温经历了从 20 世纪 90 年代后期由负异常到正异常的转变。第二模态观测资料和模式结果均为由东北到西南的反位相，模式方差贡献（10.52%）较观测（15.97%）偏低，时间序列上以年际变化为主。由预测的 2011～2030 年平均气温距平 EOF 分析图中可以看到，第一模态仍然体现为全国一致型变化，方差贡献达到 65.01%，气温距平将在 2020 年左右出现由负到正的转变。第二模态体现为南北气温变化差异，方差贡献为 9.83%，时间序列上以年代际变化为主。

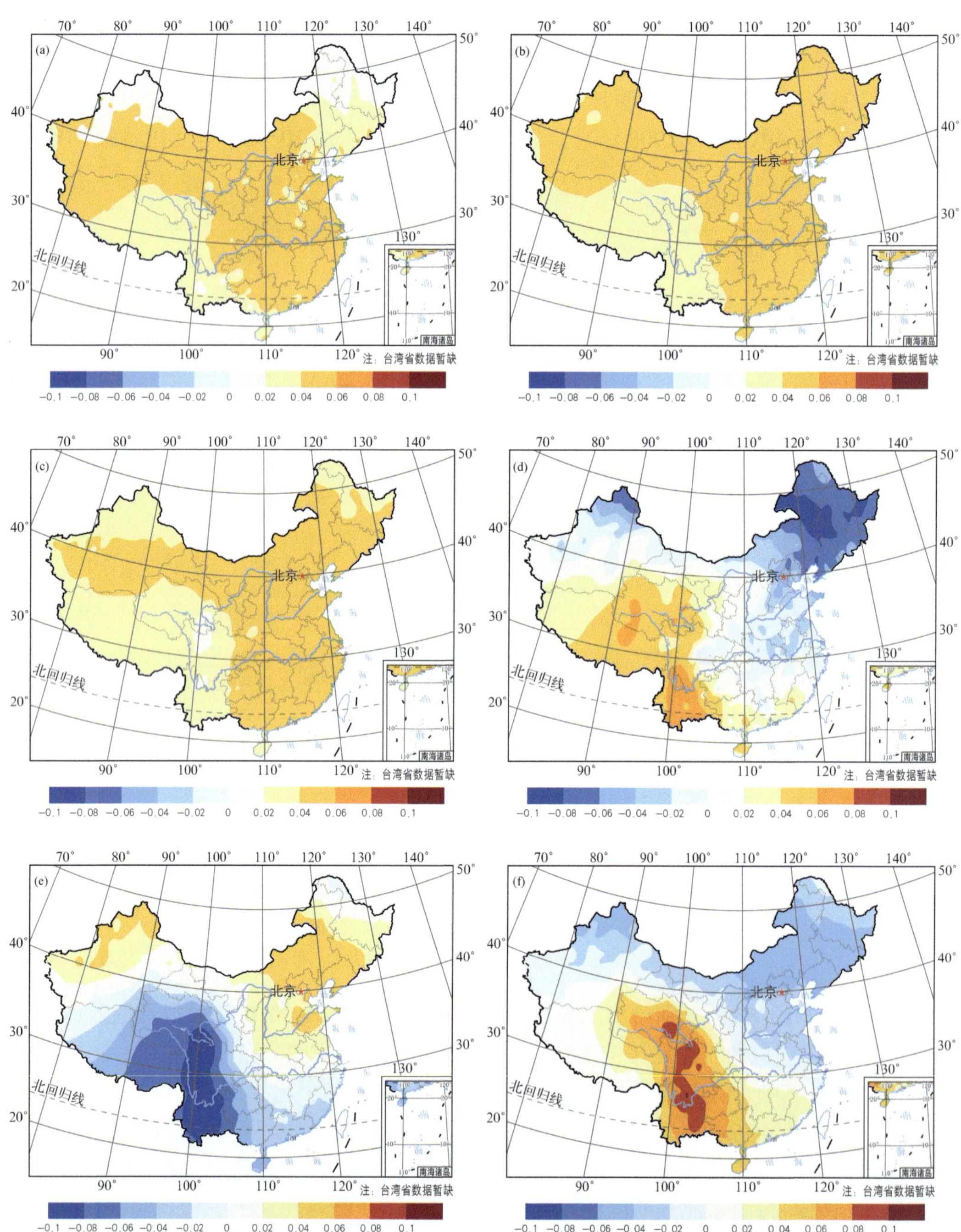

图 8.18 1991～2010 年观测和误差订正后模式模拟以及模式预估的 2011～2030 年我国平均气温距平 EOF 分析空间分布

（a）观测气温距平 EOF 第一模态；（b）模拟气温距平 EOF 第一模态；（c）预估气温距平 EOF 第一模态；（d）观测气温距平 EOF 第二模态；（e）模拟气温距平 EOF 第二模态；（f）预估气温距平 EOF 第二模态

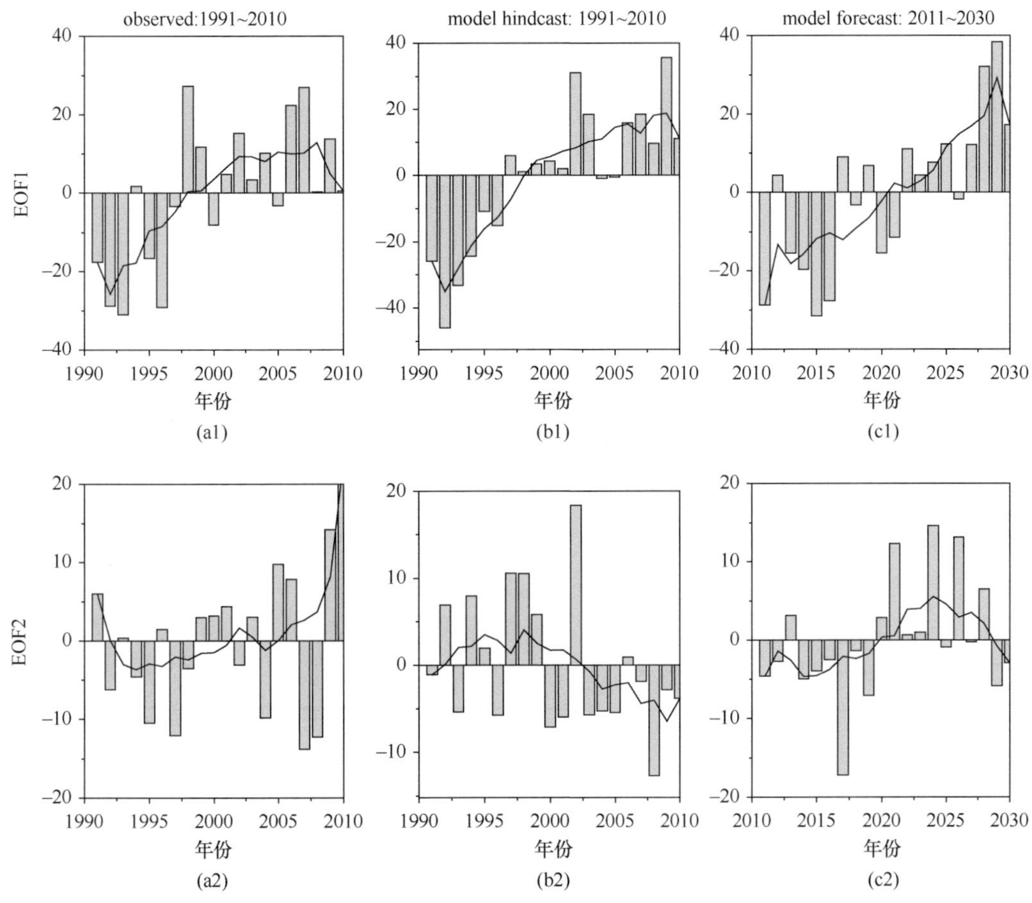

图 8.19　同图 8.18（但为 EOF 时间系数）

（a1）观测气温距平 EOF 第一模态时间系数；（a2）观测气温距平 EOF 第二模态时间系数；（b1）模拟气温距平 EOF 第一模态时间系数；（b2）模拟气温距平 EOF 第二模态时间系数；（c1）预估气温距平 EOF 第一模态时间系数；（c2）预估气温距平 EOF 第二模态时间系数

综上所述，利用 1960～2010 年中国 541 个测站观测的气温资料以及参加 CMIP5 耦合模式比较计划的国家气候中心 BCC_CSM1.1 模式的 Decadal 试验和 Historical 试验数据，评估了模式对我国年际、年代际尺度气温变化的模拟能力。同时，对 Decadal 试验结果进行误差订正，分析其可靠性，并利用误差订正后的试验结果对我国未来气温变化进行了预估，得到以下结论：

（1）年代际时间尺度上，历史试验和年代际试验都模拟出了与观测较为一致的增暖趋势，两种试验结果得到的我国 10 年平均气温均低于观测值。在年际时间尺度上，模式的高预报技巧区在西北地区西南部、东部，西南地区北部，而在东北、内蒙古和海南地区效果最差。两种时间尺度上，历史试验都比年代际试验更接近于观测。

（2）空间分布上，模式对我国东部的模拟要好于西部，误差最小的区域（2℃以内）在我国内蒙古地区东北部、东北地区东南部以及东南沿海一带，而误差最大的区域出现在西藏和新疆交界处以及西南地区（大于 8℃）。

（3）误差订正对我国 10 年平均气温变化趋势模拟上没有明显的改进，但在逐年气温变化趋势上有较大改进，且大幅度减小了模式的系统误差（订正后偏差在 0.5℃以内）。

（4）相对于观测资料得到的 1960～2010 年 0.27℃/10a 的增温速率，误差订正后的模式结果预测的我国 2001～2030 年平均气温上升趋势更加明显，变化速率达到 0.41℃/10a。其中，模式预测的我国年平均气温在 2000～2010 年增速较缓，波动幅度较小；从 2011 年开始增暖速度开始加快，波动幅度也较前 10 年变化增大。

8.3 CMIP5 模式对西太平洋副高的模拟和预估

西太平洋副高是影响东亚天气气候最主要的大气环流系统之一。副高的年际-年代际变化特征一直是我国气象工作者非常关心的问题，对副高年际-年代际变化的归因、未来情景分析、敏感性试验等，将有助于进一步深入认识和理解它对我国汛期降水的影响机理。本节利用国际耦合模式比较计划第五阶段（CMIP5）26 个模式的模拟结果，基于一套能够客观描述西太平洋副高系统的重建指数（刘芸芸等，2012），从空间分布和振幅变化、年际周期及年代际趋势等方面，初步评估了 CMIP5 模式对西太平洋副高的模拟能力。在此基础上，还对未来不同“典型浓度路径”（RCPs）排放情景下西太平洋副高的可能变化给出了定性的预估，从而为东亚夏季风系统和中国夏季降水雨带位置的未来变化趋势提供参考信息。

表 8.7 给出了参与 CMIP5 试验的其中 26 个耦合模式的基本信息，所采用的数值模拟数据包括：①历史试验（historical），该试验是在工业革命前控制试验的基础上选取初始场，然后对模式进行不少于 156 年（1850～2005 年）的积分，强迫场除了观测的温室气体、臭氧、气溶胶和太阳常数外，还首次加入了随时间变化的土地覆盖（Taylor et al.，2012）；②21 世纪气候变化预估试验，包含三种温室气体和气溶胶等排放的典型浓度值（representation concentrtaion pathways，RCPs），分别为 RCP2.6/4.5/8.5。每种情景对应一套温室气体、气溶胶和化学活性气体的排放浓度变化，以及土地利用/土壤覆盖的时间路线（Moss et al.，2010；辛晓歌等，2012）。NCEP/NCAR 的逐月大气再分析资料（Kalnay et al.，1996）和 NOAA 发布的海表温度资料（ERSSTv3，Xue et al.，2003）作为“观测资料”，尽管大气再分析资料并非严格意义上的观测资料。本节中历史试验和观测资料时段均为 1951～2005 年，预估试验时段为 2006～2099 年。为了便于模式间的比较，将模式输出结果中的环流场都插值到了水平分辨率为 2.5°×2.5°的规则网格上，海表面温度场插值到水平分辨率为 2°×2°的规则网格上。

为了定量描述副高的强度和位置等变化特征，基于 NCEP/NCAR 再分析资料，计算了逐月的重建副高指数（刘芸芸等，2012）作为描述副高变化的观测事实，包括面积指数、强度指数、脊线指数和西伸脊点。由于夏季副高的强度及位置变率最大，且对我国东部地区降水的影响最为显著（吴国雄等，2002），因此这里主要分析夏季（6～8 月）副高的空间分布和振幅变化、年代际演变趋势及年际周期等。在对副高指数序列进行功率谱分析时，则是利用了整个研究时段中全年所有月份的数据。

表 8.7　参与 CMIP5 试验的 26 个耦合模式主要信息

模式名称	所属机构/国家	水平分辨率（经度×纬度）
ACCESS1-0	CAWCR/Australia 澳大利亚	1.875×1.25
BCC_CSM1.1	BCC/China 中国	2.8×2.8
CanESM2	CCCMA/Canada 加拿大	2.8×2.8
CCSM4	NCAR/USA 美国	1.25×0.94
CESM1-CAM5-1-FV2	NSF-DOE-NCAR/USA 美国	2.5×1.9
CNRM-CM5	CNRM-CERFACS/France 法国	1.4×1.4
FGOALS-g2	LASG-CESS/China 中国	2.8×2.8
FIO-ESM	FIO/China 中国	2.8×2.8
GFDL-CM3	NOAA GFDL/USA 美国	2.5×2.0
GFDL-ESM2G	NOAA GFDL/USA 美国	2.5×2.0
GFDL-ESM2M	NOAA GFDL/USA 美国	2.5×2.0
GISS-E2-H	NASA GISS/USA 美国	2.5×2.0
GISS-E2-R	NASA GISS/USA 美国	2.5×2.0
HadCM3	MOHC/UK 英国	3.75×2.5
HadGEM2-AO	NIMR/Korea 韩国	1.875×1.25
HadGEM2-CC	MOHC/UK 英国	1.875×1.25
HadGEM2-ES	MOHC/UK 英国	1.875×1.25
INMCM4	INM/Russia 俄罗斯	2.0×1.5
IPSL-CM5A-LR	IPSL/France 法国	3.75×1.875
IPSL-CM5A-MR	IPSL/France 法国	2.5×1.25
MIROC5	MIROC/Japan 日本	1.4×1.4
MIROC-ESM	MIROC/Japan 日本	2.8×2.8
MPI-ESM-LR	MPI-M/Germany 德国	1.9×1.9
MPI-ESM-P	MPI-M/Germany 德国	1.9×1.9
MRI-CGCM3	MRI/Japan 日本	1.1×1.1
NorESM1-M	NCC/Norway 挪威	2.5×1.875

泰勒图方法（Taylor，2001）能够将多模式的相关信息集中表示。其中，模式模拟值与观测值的相关系数可表示模式对所关注区域的气候变率的模拟能力，均方根误差表示模拟相对于观测值的偏差（均方根误差越接近 0，表示模拟能力越高），模拟与观测序列的标准差之比则表示模式对变率振幅的模拟能力。将这 3 个评估指标显示在一张图中可以较全面地反映多个模式的模拟能力。这里选用泰勒图方法对模式结果进行评估，其中观测资料的自相关和标准差均为 1，均方根误差为 0。

8.3.1 模式对 500hPa 环流场和海表面温度场的模拟及订正

1. 空间分布

在定量描述副高强度和位置等变化特征的重建副高指数中，面积指数、强度指数和西伸脊点都与 500hPa 位势高度场的 5880gpm 等值线密切相关，而脊线指数则由 500hPa 等压面上 u=0 等值线的纬度位置所决定（刘芸芸等，2012）。因此首先关注 CMIP5 模式对 500hPa 高度场和纬向风场的模拟能力。结果显示，26 个 CMIP5 模式模拟的副高空间分布及其范围和强度均与观测资料有较大差别（图 8.20）。CCSM4、CESM1-CAM5 和 FIO-ESM 这 3 个模式的 500hPa 位势高度值偏强，5880gpm 所包围的面积比观测值偏大，其中以 CCSM4 最为显著。而其他模式的 500hPa 位势高度值则较观测资料明显偏弱，在副高最强的夏季时期，西太平洋上空均没有 5880gpm 等值线。其中 HadGEM2-CC 和 IPSL-CM5A-LR 模式的 500hPa 高度场上甚至没有 5840gpm 等值线。另外，CMIP5 模式对 500 hPa 等压面上 u=0，且$\partial u/\partial y \geqslant 0$ 的纬向风切变线的模拟也不十分成功（图略）。仅有在 500hPa 高度场上能够模拟出 5880 gpm 等值线的 3 个模式，对纬向风切变线位置的模拟与 NCEP/NCAR 较为接近；而其他模式的脊线位置则多为偏南。不少 CMIP5 模式对副高南侧的东风带强度模拟偏弱，从而导致纬向风 u=0 的等值线不能西伸至 110°E 附近，与观测值相差较远。

目前全球海气耦合模式对整个大气环流的模拟均存在不同程度的系统性误差（亦称模式的气候漂移）（孙颖和丁一汇，2008；黄刚和屈侠，2009；冯娟和李建平，2012）。大多数模式对东亚地区夏季大气环流系统模拟整体偏弱（张宏芳和陈海山，2011a，2011b），而少数模式具有系统性偏强的特点。对于西太平洋副高来说，其强度与空间分布往往受下垫面热力异常影响较大，特别是与 ENSO 相联系的热带太平洋和印度洋的海表面温度（SST）异常（Nitta，1987；黄荣辉和孙凤英，1994；吴国雄等，2002）。因此，图 8.21 给出了对应的多年平均的夏季热带海表面温度 SST 的空间分布及模式与观测的差值。观测资料显示，夏季热带印度洋和西太平洋暖池区 SST 均在 28℃以上，暖性的下垫面使得 500hPa 副高系统得以维持（图 8.21）。与观测资料相比，大多数模式模拟的 SST=28℃等温线所包围的范围较观测偏小，对西北太平洋和印度洋地区的 SST 模拟显著偏低，对应的 500hPa 位势高度值则较观测资料明显偏弱，西太平洋上空均没有 5880gpm 等值线；相反地，对 500hPa 位势高度值模拟偏强的 CCSM4、CESM1-CAM5 和 FIO-ESM 模式，其模拟的赤道印度洋或太平洋地区 SST 则相对偏高。可见，模式是否能够准确刻画热带海表面温度的空间分布将直接影响其对副热带高压系统的模拟能力。

2. 对 500hPa 高度场和风场的订正

西太平洋地区夏季平均的 500hPa 高度场与观测值的泰勒图显示［图 8.22（a）］，26 个 CMIP5 模式对该地区 500hPa 高度场空间形态的模拟结果与观测结果均非常相似，其空间相关系数均在 0.96 以上，有 5 个模式的相关系数达到 0.99。而均方根误差也都在 1gpm 以内。各模式的相关系数较高，而均方根误差相对较小，说明模式对西太平洋地区 500 hPa 高度场整体形态的模拟能力较好。模式的标准差范围为 0.6～1.6，表明模式模拟的位势高度值的空间振幅与观测资料的较为接近。图 8.22（b）为夏季平均的 500 hPa

纬向风与观测值的泰勒图，其相关系数均在 0.90 以上，均方根误差也都在 0.5m/s 以内，而标准差范围为 0.5～1.5，表明模式对西太平洋副热带地区 500 hPa 纬向风的空间形态和空间振幅也与观测较为接近，具备较好的模拟能力。

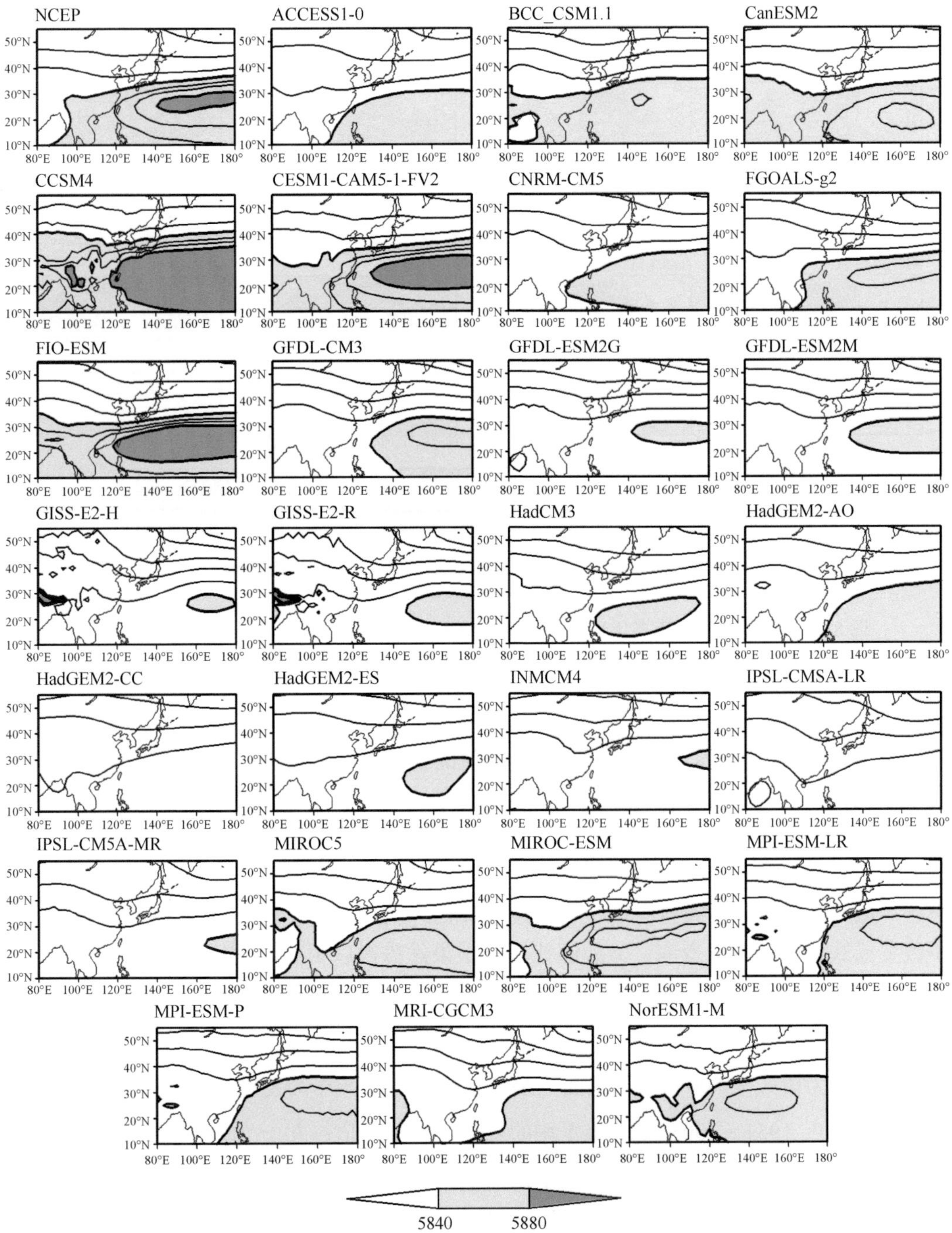

图 8.20　1951～2005 年多年平均的观测（NCEP/NCAR 再分析资料）和 CMIP5 模式中夏季 500hPa 位势高度场的空间分布

浅色阴影和深色阴影分别代表大于 5840gpm 和 5880gpm 等值线的区域

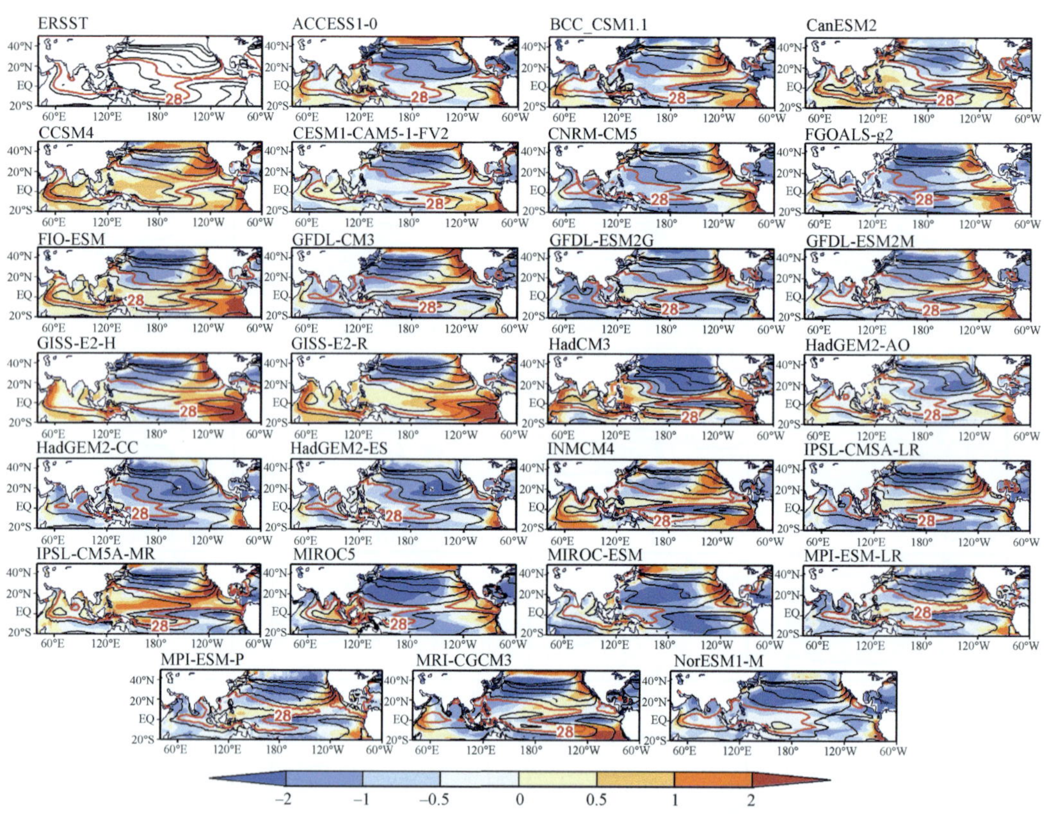

图 8.21　1951～2005 年多年平均的观测（NCEP/NCAR 再分析资料）和 CMIP5 模式模拟的夏季 SST 空间分布（等值线，单位：℃）及模式与观测的差值（阴影）

以上分析表明，尽管由于 CMIP5 模式对热带印度洋和西北太平洋海表面温度模拟偏低，导致其对 500hPa 位势高度气候平均值的模拟有明显误差，但模式对高度场和纬向风场变化的空间形态和振幅都有较好的模拟能力。为了让不同模式的输出结果能够更好地反映出西太平洋上空的副高系统，将所有模式输出的 500hPa 位势高度和纬向风的气候平均值替换成观测资料的气候平均值，即将所有的模式输出结果校正到同一个气候态上，然后叠加上各模式自身的位势高度及纬向风的距平值，这样对原始数据的处理既不改变模式结果的时间变率，又能够让模式结果优势得以更充分利用。对于某一模式的 500 hPa 位势高度值（纬向风类似），其处理办法为

$$h_{\text{model}} = (h_{\text{model}} - \overline{h}_{\text{model}}) + \overline{h}_{\text{ncep}}$$

式中，h_{model} 为模式中 500 hPa 等压面上某一个格点上某一年的夏季位势高度值；$\overline{h}_{\text{model}}$ 为该模式该格点 1951～2005 年多年平均的夏季位势高度值；$\overline{h}_{\text{ncep}}$ 为观测资料的 500 hPa 等压面上该格点 1951～2005 年多年平均的夏季位势高度值。以下对副高的模式评估均是基于经气候态订正后的分析结果。

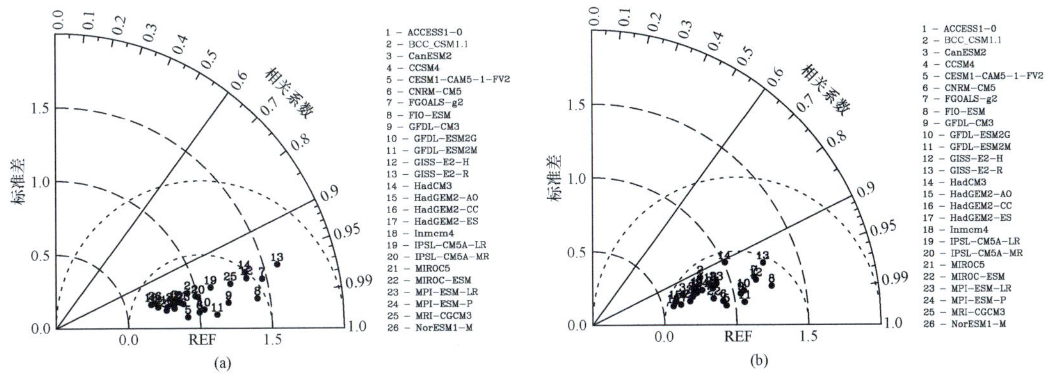

图 8.22　CMIP5 模式的西太平洋副热带地区夏季平均 500 hPa 高度场和纬向风场与观测资料的泰勒图

图中 REF 参考点代表观测资料，各模式到原点的半径代表其相对于观测值的标准差，模式在图中方位角的余弦代表模式场与观测值的相关系数，模式到参考点的距离代表其均方根误差

（a）500 hPa 高度场；（b）纬向风场

8.3.2　模式对副高气候特征的模拟

1. 夏季副高指数历史序列

副高指数可以客观地表征其强度和位置异常变化特征，图 8.23 给出了 9 年滑动平均的夏季副高面积指数、强度指数、脊线指数和西伸脊点指数序列。观测资料得到的副高指数显示，20 世纪 70 年代后期副热带高压的面积和强度指数明显增大，而西伸脊点指

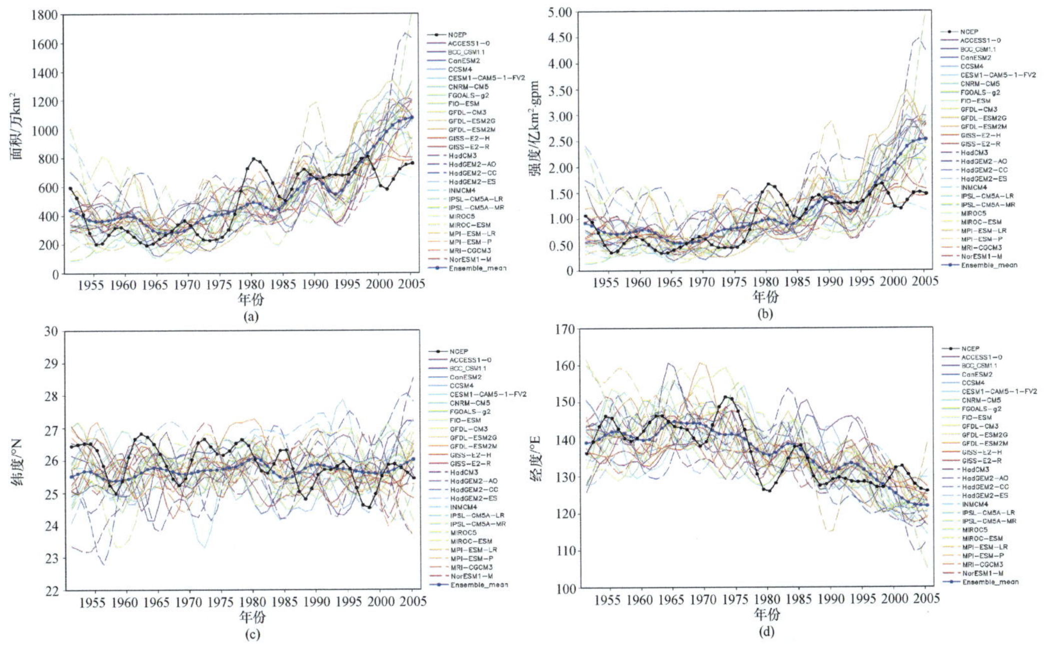

图 8.23　1951～2005 年观测（黑粗线）和 CMIP5 模式的经 9 年滑动平均的夏季副高指数

（a）面积指数；（b）强度指数；（c）脊线指数；（d）西伸脊点

蓝粗线为 26 个模式平均结果

数则在 70 年代后期呈现下降趋势，表明副高在 70 年代末之后明显增强西伸，副高的这种年代际转折特征与先前的研究结果一致（Hu，1997；黄荣辉等，2006；Zhao et al.，2007；刘芸芸和丁一汇，2012）。而副高脊线指数在 1951～2005 年期间没有明显的变化趋势。与观测结果相比，经订正后的 CMIP5 模式结果基本都能够反映出 20 世纪 70 年代末期之后，副高面积和强度增强、西伸脊点偏西的变化趋势；从 26 个模式集合平均的结果也能看出副高的年代际转折特征。在这些历史试验中，模式考虑了观测的温室气体、臭氧、气溶胶和太阳常数，以及土地覆盖随时间的变化（Taylor et al.，2012），模式较好地模拟出了副高的年代际变化。这意味着这些外强迫因子可能是导致副高发生年代际变化的原因之一，尽管海气相互作用对西北太平洋的气候年际变率至关重要（Wang et al.，2006；Zhu and Shukla，2013）。

2. 副高空间形态的年代际变化

为了更直观地显示副高在空间形态上所呈现的年代际转折特征，对 1951～1960 年和 1996～2005 年这两个典型时段中 5880gpm 和 u=0 等值线的空间分布进行了对比分析（图 8.24）。在 1951～1960 年时段，副高处于偏弱偏东的年代际背景下，观测的 5880gpm 等值线为 20°～30°N，且西伸不超过 140°E［图 8.24（a）］；对应的副高脊线在 25°N 附近呈现东北-西南向分布［图 8.24（c）］。经订正的 CMIP5 模式结果已比图 8.20 有了明显的改善，能够模拟出副高（5880 gpm 等值线）的大致范围，但在副高相对偏弱的这段时期，仍然还有 10 个模式的 500hPa 位势高度值偏弱甚至不能模拟出 5880 gpm 等值线；

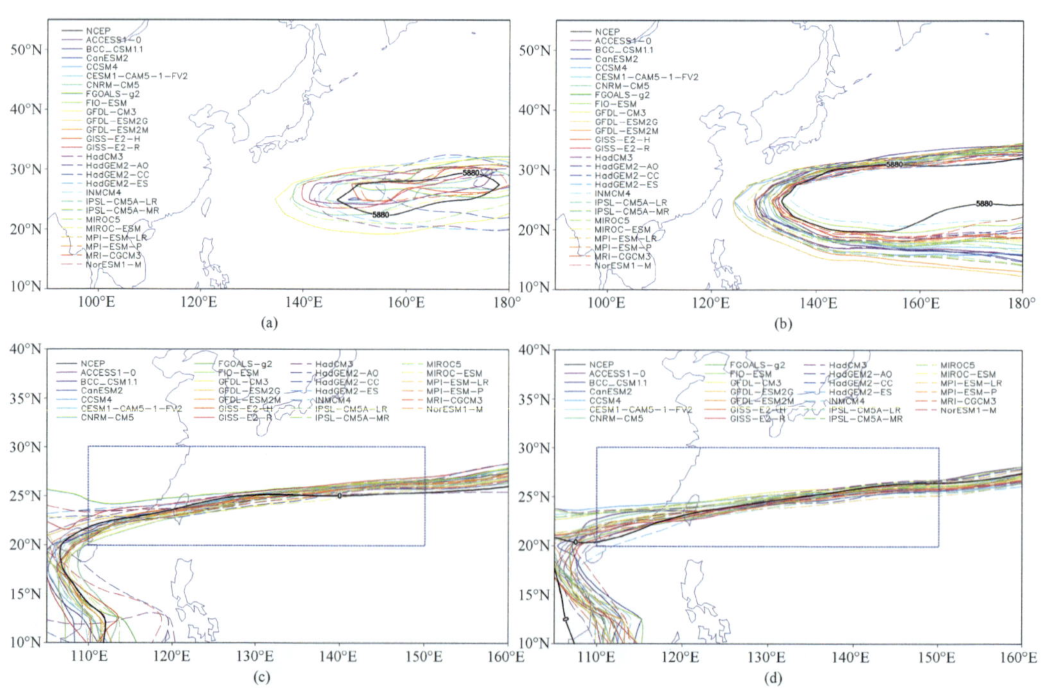

图 8.24 观测和 CMIP5 模式中经校正后的 5880gpm 等值线（a），（b）和 u=0 等值线（c），（d）的分布

（a），（c）1951～1960 年；（b），（d）1996～2005 年

副高脊线的模拟与观测值较为接近，在靠近我国沿海附近（115°E）各模式的差异稍大一些，这可能会对我国南方降水异常区域的模拟产生一定影响。

在 1996～2005 年时段，副高则处于偏强偏西的背景下，观测的 5880gpm 等值线所围成的范围显著增大，南北边界扩至 18°～32°N，且西伸至 135°E［图 8.24（b）］；而对应的副高脊线仍然位于 25°N 附近，与 1951～1960 年时段相比，没有明显的南北偏移［图 8.24（d）］。经订正后的 CMIP5 模式的模拟结果在空间分布上也较好地反映了副高的年代际变化特征，较 1951～1960 年时段副高面积明显增大，其强度也相应增强。大部分模式模拟结果都与观测值较为接近，或者略偏大偏西，最西可达 125°E 附近。该时段副高脊线的模拟依然与观测资料较为接近，仅是在 115°E 附近各模式的差异稍大一些。可见，尽管 CMIP5 模式对副高本身的空间分布有一些偏差，但基本都能在空间上较好地抓住副高在年代际时间尺度上增大西伸的变化特征。

3. 夏季副高指数的线性趋势特征

为了定量评估 CMIP5 模式对副高指数的模拟能力，还进一步计算了各个模式的副高指数线性趋势系数（图 8.25）。由于副高脊线的线性趋势不显著，这里暂不考虑。观测结果显示，在 1951～2005 年期间，副高面积和强度的线性增长趋势均超过 20%/10a，而西伸脊点的西伸趋势达到 2.7%/10a，其线性趋势系数均通过 0.01 的显著性水平。与观测资料相比，所有的模式都能够模拟出副高在 1951～2005 年期间表现出增大增强且西伸的变化趋势，但各模式模拟的指数趋势系数差异较大，有的模式模拟的副高强度增强趋势过于显著，如 IPSL-CM5A-LR 和 GFDL-ESM2G；有的则增强趋势明显不足，如 GFDL-CM3 和 HadGEM2-ES。综合三个指数线性趋势系数与观测结果的接近程度，其中 CESM1-CAM5-1-FV2、CNRM-CM5、FGOALS-g2、FIO-ESM、HadCM3、HadGEM2-CC、MIROC-ESM、MPI-ESM-P、NorESM1-M 这 9 个模式所模拟的副高线性趋势系数与 NCEP/NCAR 最为接近。

4. 夏季副高指数的标准差

副高指数的标准差能够衡量模式对副高指数逐年变化振幅的模拟能力。图 8.26 中折线是 CMIP5 模式计算得到的副高指数标准差与观测的副高指数标准差的比值，比值越接近 1，表示模式模拟指数的逐年变化振幅与观测结果越接近。图中灰色柱状表示副高 4 个指数标准差比值与标准值 1 的距离之和，该值越小，则表示副高的 4 个指数与观测结果越接近。由图 8.26 可知，大多数经订正后的模式副高指数标准差与观测结果的比值均大于 1，表明模式指数的逐年变化振幅比观测结果大，其中 GFDL-ESM2M 和 MIROC5 模式所模拟的副高指数变幅最大，而 INMCM4 模式模拟结果变幅最小，表明它们对副高的模拟能力相对较差。综合考虑模式对副高 4 个指数标准差的模拟情况，ACCESS1-0、CanESM2、CNRM-CM5、FGOALS-g2、IPSL-CM5A-MR、MIROC-ESM 这 6 个模式模拟结果与观测最为接近。

5. 副高的年际周期

模式对年际周期的模拟也是评估模式能否真实反映气候特征的一个重要评估指标。

图 8.27 为观测资料和 CMIP5 模式的逐月副高强度指数在整个分析时段的功率谱。由于副高的季节变率较强，远比其他周期的变化显著，因此为了突出年际尺度信号，首先利用低通滤波器滤掉了季节变化（11 个月以下的周期变化），再对滤波后的序列做功率谱分析，最大落后长度为 150 个月（序列长度为 660 个月）。

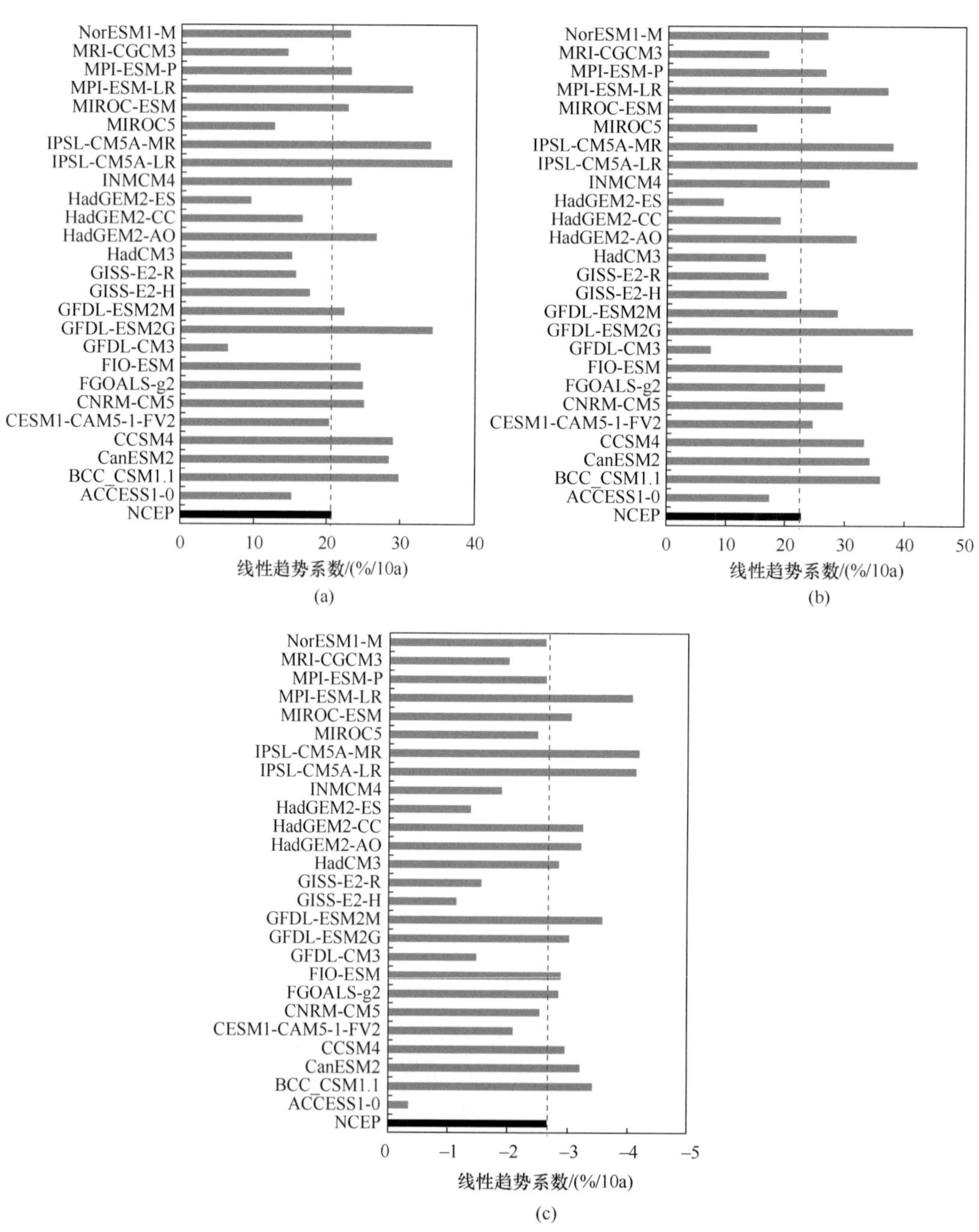

图 8.25　1951～2005 年观测资料（黑色柱体）和 CMIP5 模式（灰色柱体）的夏季副高指数的线性趋势系数

（a）面积指数；（b）强度指数；（c）西伸脊点

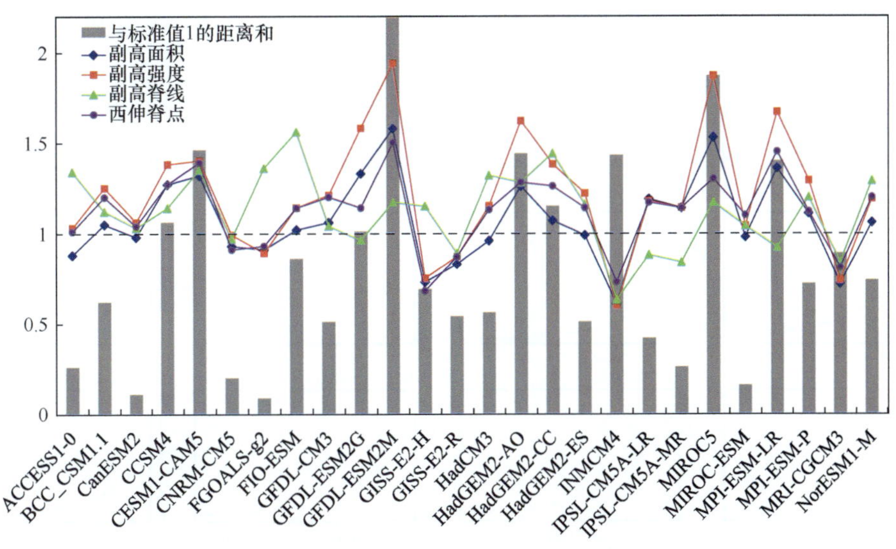

图8.26 CMIP5模式副高指数标准差与观测结果的比值

灰色柱状值表示4个副高指数的标准差比值与标准值1的距离之和，距离越小，表示与观测越接近

东亚季风区在年际尺度上存在显著的准2年振荡周期，作为东亚季风系统中一个重要组成成员，副高的准2年振荡周期是年际时间尺度上的一个重要分量（Liu and Ding，2013）。观测结果显示，副高存在明显的准4年（36～60个月）和准2年（24～36个月）这两个年际尺度的周期，且均通过0.05显著性水平的红噪声检验；其中副高的准2年周期分量与东亚及我国夏季季风降水准2年振荡的年际周期（Chang and Li，2000；Chang et al.，2000；Ding，2007）相一致。CMIP5模式结果对副高年际周期的模拟能力差异较大，仅有ACCESS1-0、GFDL-CM3、HadGEM2-CC和HadGEM2-ES模式能够同时抓住准4年和准2年这两个年际周期，其余大部分模式则只能抓住其中一个年际周期，有的夸大了准4年周期，或仅有准2年周期，还有的模式结果中存在5～8年的周期峰值。

综合前面26个CMIP5模式历史试验的模拟结果对副高空间分布、年际周期、年代际尺度特征等方面的对比分析，可以看到大多数模式对500hPa位势高度场模拟偏弱，经订正后也几乎没有一个模式能够较为全面地表现出副高的时空特征，多数模式仅仅只能抓住副高的某些特征。综合26个CMIP5模式对海表面温度、500hPa高度场和风场的空间形态以及副高指数的多项指标模拟能力，发现BCC_CSM1.1、CNRM_CM5、FGOALS-g2、FIO-ESM、MIROC-ESM和MPI-ESM-P对副高的综合模拟结果表现较好。为了在一定程度上减少未来情景预估的不确定性，下面就选取以上模式的集合平均结果预估21世纪西太平洋副热带高压的演变趋势。遗憾的是，MPI-ESM-P模式暂时没有提供未来情景模拟试验的结果，因此只能利用其他5个对副高模拟能力较好的模式进行集合平均。

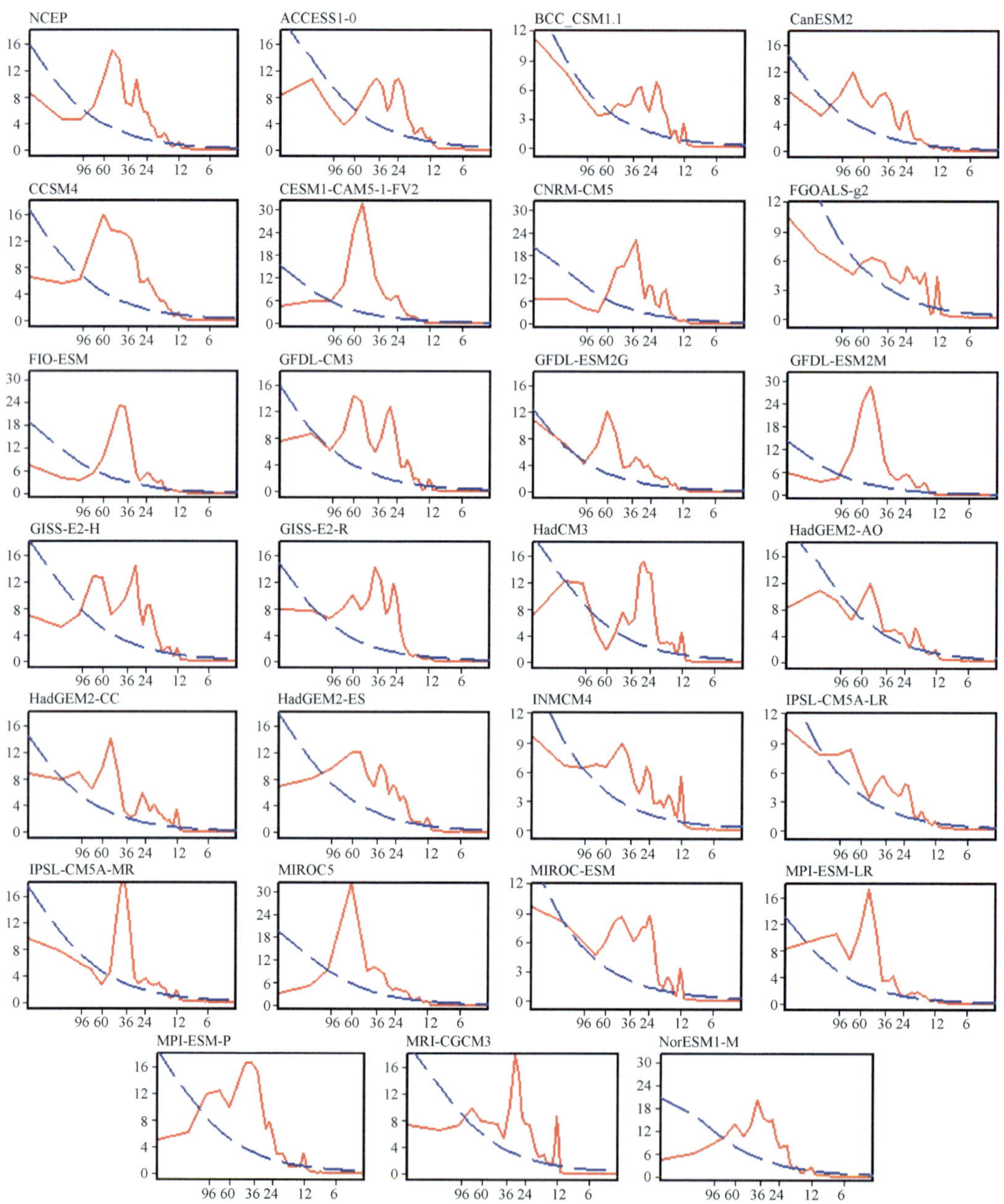

图 8.27　观测资料和 CMIP5 模式中经校正后的夏季副高强度指数序列的功率谱（红线）

蓝色虚线为 0.05 显著性水平对应的红噪声检验，横坐标为周期（月），纵坐标为谱密度

8.3.3　未来情景下副高的可能变化趋势

为了考察三种典型浓度路径（RCPs）下 21 世纪副高的可能变化趋势，利用与 8.3.2 节类似的方法，以 5 个模式的多年平均值作为标准值，然后将各模式自身的距平值加上校准值得到的各模式副高指数的时间序列，经 9 年滑动平均后的集合平均来表征未来变化，预估其年代际变化趋势。由图可以看到，在不同 RCPs 情景下，副高面积、强度和

西伸脊点都呈现出显著的年代际变化特征。

在 RCP2.6 情景下（图 8.28），5 个模式模拟的副高先随着辐射强迫的稳定增长到 $3W/m^2$ 而面积增大、强度增强，且显著西伸；到 2050 年后，由于辐射强迫将逐渐减少至 $2.6W/m^2$，副高面积、强度和西伸脊点的线性趋势系数也逐渐趋于零。在 RCP4.5 情景下（图 8.29）副高的长期变化趋势与 RCP2.6 类似，只是显著增长的时段将一直持续至 2070 年左右，此后增长趋势减小。RCP8.5 情景下（图 8.30），副高面积指数和西伸脊点同样呈现出前期增长迅速，后期增长减缓的特征。西伸脊点在 2050 年代后期就一直维持 90°E，这表明副高（5880gpm 等值线）已经西伸超过 90°E，甚至在副热带地区形成带状，在这种情况下，西伸脊点就规定为 90°E（刘芸芸等，2012）；而副高强度指数则在 2006～2099 年期间将一直维持显著增长的趋势。对比 5 个模式结果，BCC_CSM1.1 模式结果在 3 种排放情景下，对副高面积、强度和西伸脊点的模拟结果与集合平均的预估结果均较为接近，能够较好地表现出不同排放情景下副高在年代际尺度上的可能变化趋势。

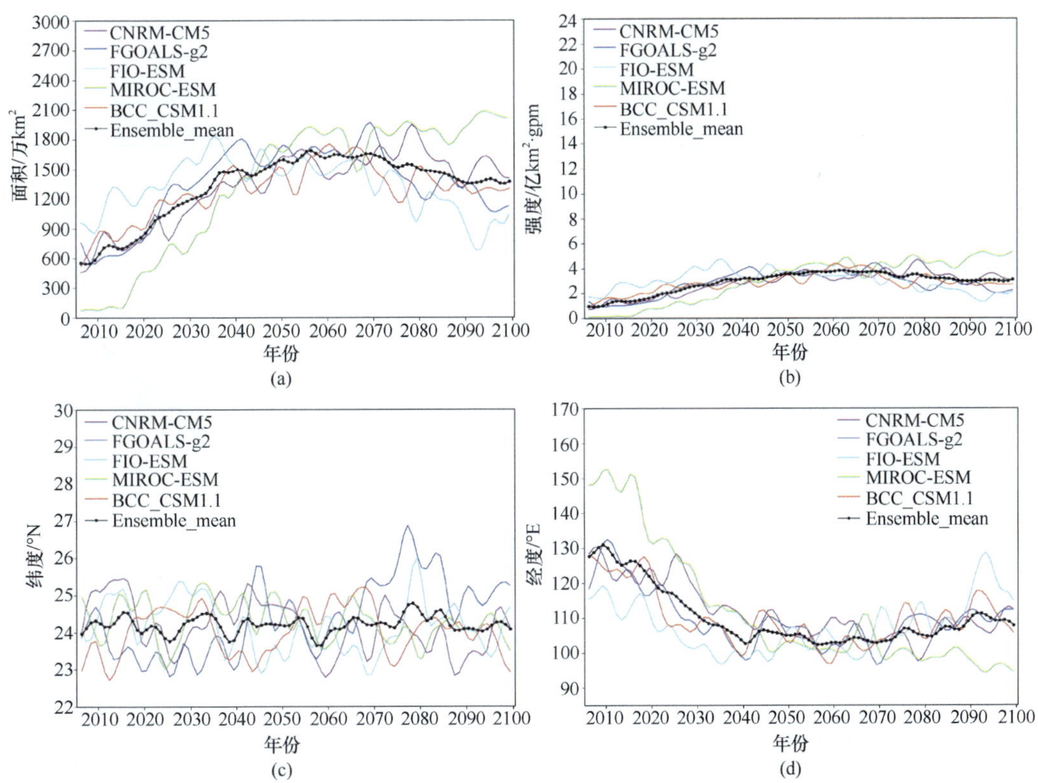

图 8.28　RCP26 情景下 CMIP5 模式预估的 2006～2099 年夏季副高指数的 9 年滑动平均演变

（a）面积指数；（b）强度指数；（c）脊线指数；（d）西伸脊点

总体来说，未来随着温室气体浓度的增加，副高面积和强度均增加，且显著西伸；其线性增长趋势在 RCP8.5 情景下最高，RCP4.5 情景下次之，RCP2.6 情景下最弱。副高脊线指数在 3 种排放情景下都没有明显的长期变化趋势。这些结果为选取和利用 CMIP5 模式进行东亚地区气候变化的归因分析和未来预估提供了一定的参考依据。

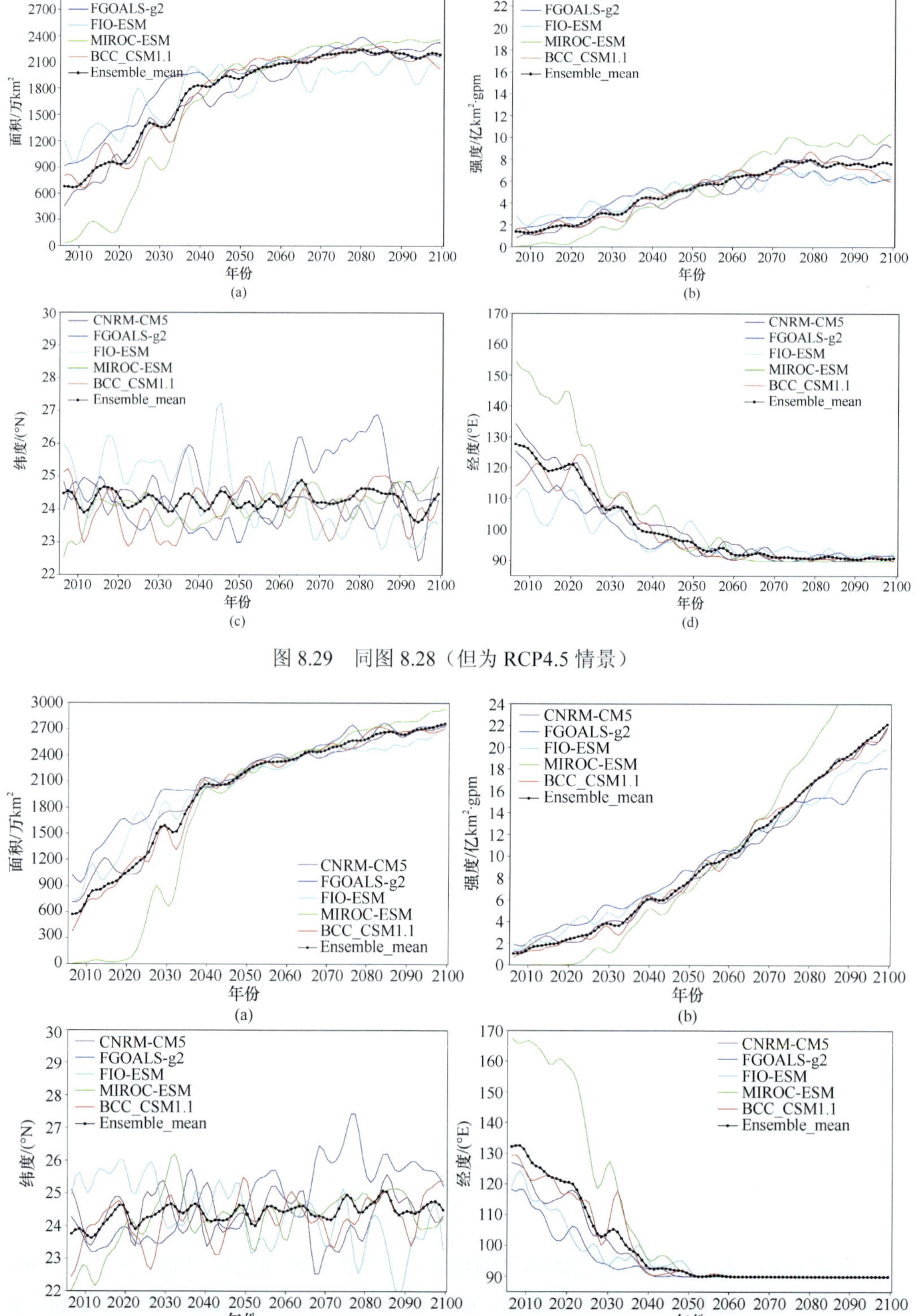

图 8.29　同图 8.28（但为 RCP4.5 情景）

图 8.30　同图 8.28（但为 RCP8.5 情景）

综上所述，利用国际耦合模式比较计划第五阶段（CMIP5）26 个模式的模拟结果，从空间分布和变化振幅、年际周期及年代际趋势等方面，评估了 CMIP5 模式对西太平洋副高的模拟能力。在此基础上，还对未来不同“典型浓度路径”（RCPs）情景下西太平洋副高的可能变化趋势给出了定性的预估。结果发现：

（1）CMIP5 模式历史试验结果显示，大多数模式对 500hPa 位势高度气候平均值的模拟偏弱，这主要是由于模式对热带和印度洋西太平洋地区 SST 的模拟普遍较观测值低造成的。但模式对高度场和纬向风场的空间形态和振幅有较好的模拟能力，因而利用 NCEP/NCAR 再分析资料的气候平均值替代 CMIP5 模式气候平均值的简单方法，进行了模式系统误差的订正，该订正方法不改变模式结果的时间变率，且能够让模式结果优势得以更充分利用。

（2）经订正后的模式结果均有能力刻画副高指数的历史演变特征，且能够反映出 20 世纪 70 年代末期之后，副高面积和强度增强、西伸脊点偏西的变化趋势。通过对副高指数的长期趋势、标准差及年际周期等的定量评估，发现 BCC_CSM1.1、CNRM-CM5、FGOALS-g2、FIO-ESM、MIROC-ESM 和 MPI-ESM-P 这 6 个模式对副高的模拟能力较好。

（3）在不同 RCPs 情景下，副高指数的变化特征各不相同。综合三种不同情景，未来随着温室气体浓度的增加，副高面积和强度均增加，且显著西伸；其线性增长趋势在 RCP8.5 情景下最高，RCP4.5 情景下次之，RCP2.6 情景下最弱。副高脊线指数在三种排放情景下都没有明显的长期变化趋势。

以上的分析结果表明，未来随着温室气体浓度的增加，副高将显著增大增强且西伸，它对未来我国夏季主要雨带和旱涝的分布，乃至对东亚季风区气候异常的影响机理需要进一步研究。而在未来全球增暖的背景下，副高增强西伸的机制也值得深入分析。先前的研究表明，20 世纪 70 年代末西太平洋副热带高压呈现出加强西伸的特征，通过数值试验证实热带印度洋和西太平洋的增暖是导致西北太平洋副热带高压西伸的重要因子，并给出了两种影响机制（Zhou et al.，2009）。在未来不同 RCPs 情景下，热带印度洋和西太平洋的增暖程度将有所差异（IPCC，2007），副高增强西伸的响应也各不相同，因此两者之间的关系与反馈作用需要更加定量化的研究。

8.4　基于 ENOI 同化方法改进 BCC_CSM 模式海洋初值和年代际预测

在 20 世纪之前，气候学领域多关注气候变化预估。气候变化预估研究仅考虑外强迫作用，未考虑气候系统内部自然变率，忽略了初始信息对气候内部自然变率的影响。20 世纪以来，研究人员发现包含了初始条件和外强迫共同作用的数值模拟，能够明显提高对 10 年尺度气候的预测能力（Smith et al.，2007；Keenlyside et al.，2008）。Smith 等（2007）研究指出，对大气、海洋进行初始化的年代际预测试验能够在一定程度提高印度洋、大洋洲、北美等区域的预报技巧；与未初始化的历史试验相比较，考虑预报技巧能够提升的原因主要是由于上层海洋热含量的影响。Keenlyside 等（2008）发现气候模式模拟的初值包含了观测的海洋信息后，对全球平均地表温度的回报比仅包含外强迫的历史试验更加接近观测，对北大西洋多年代际振荡（AMO）以及相邻大陆区域的地表温度的回报能力有很大提升。这引起了气候变化和预测研究领域的重视，越来越多的科学家开始关注，并称之为年代际气候预测。国外一些主要的气候研究机构均将年代际气候预测作为重要的最新研究方向之一，如美国的国家大气研究中心（NCAR）、普林斯顿大学的地球流体动力实验室（GFDL）、德国的马克斯-普朗克研究所（MPI）、英国气象局（Met Office）以及日本气象厅（JMA）等。

在 IPCC AR5 中，共有 16 个国家的 18 个全球气候模式完成 CMIP5 年代际预测试验。18 个气候模式采用了不同的初始化方法，这些初始化方法可以分为四类，包括模式部分分量或全部分量的同化方法、观测的大气资料强迫海洋产生初值、全场初始化方法和海洋的异常场初始化方法（Meehl et al.，2014）。Doblas-Reyes 等（2013）对 CMIP5 多模式集合年代际试验 1960～2005 年每 5 年回报结果进行分析，有初始化的年代际预测试验相对于未初始化的结果对全球平均表面温度（GMST）和大西洋多年代际变率（AMV）与观测更为接近，能回报出 AMV 在 20 世纪 60 年代下降、90 年代上升的趋势。GMST 和 AMV 初始化结果与观测的均方根误差明显低于未初始化的结果。

国家气候中心利用 BCC_CSM1.1 气候系统模式参与了 CMIP5 试验计划（Xin et al.，2013b；辛晓歌等，2012）。BCC_CSM 模式在 CMIP5 年代际预测试验中，采用的初始化方法是将模式模拟的海表面温度向美国马里兰大学研发的简单海洋再分析资料（SODA）进行恢复。由前面的分析可以看到，由于初值与模式不协调，引起较大的系统误差，影响模式的预测能力。针对这个问题，基于 BCC_CSM1.1 的全球海洋模式 MOM4_L40 和集合最优插值同化方法（EnOI）建立海洋资料同化系统，产生一套新的海洋同化资料。对同化资料与观测进行对比分析可知，海洋资料同化系统能较好地把观测信息融入到模式中，使模式状态更加协调，与观测更接近，能够为年代际气候预测提供更好的初值。使用 EnOI 同化系统产生的海洋同化资料作为初值，利用 BCC_CSM1.1 模式开展自 1960～2005 年每年起始的年代际预测试验。这组试验与该模式参加 CMIP5 年代际试验相同，使用 Nudging 方法将模式状态向海洋同化资料恢复，年代际试验预测时间为 10 年。因此，两组预测试验的区别是初始化过程采用的资料不同，这样便于研究不同初值对 BCC_CSM1.1 模式年代际预测能力的影响。这组新的年代际预测试验的初始化过程使用了基于 ENOI 方法和 HadISST 观测资料（Rayner et al.，2003）的海洋同化资料，称其为 EnOI_HadInit。将初始化过程利用 SODA 资料的 CMIP5 年代际预测试验称为 SODAInit，并将未使用初始化的 CMIP5 历史试验称为 NoInit。每套试验均至少有 3 个样本，本节采用多样本的集合平均结果，以减小初值扰动的影响。通过对两套年代际预测试验的对比，研究初值改进对模式年代际预测能力的影响。

EnOI_HadInit 和 SODAInit 试验均采用全场海表面温度恢复的方法，这种方法的缺点之一是会引起系统误差（Wei et al.，2017）。因为尽管模式初值包含了观测的海表面温度信息，但模式结果随着时间的演变倾向于回到模式自身的气候态。利用 1960～2005 年起始 3 个样本的 EnOI_HadInit 试验 10 年回报结果，重构了预测第 N（N=1，2，…，10）年的全球平均 SST 序列。本节除了分析评估了年代际试验回报的全球 SST 分布，还分别对北大西洋 SST 及 AMO 指数（Griffies and Bryan，1997b；Chiang et al.，2004；Msadek et al.，2009；Cheng et al.，2013）、北太平洋区域（Trenberth and Hurrell，1994）及 PDO 指数、印度洋区域及印度洋海盆模态 IOBM（Meyers，1996；Klein et al.，1999；Han et al.，2014）、印度洋偶极子 IOD（Saji et al.，1999）和南印度洋偶极子 SIOD（Behera et al.，2001；Reason et al.，2001）等 3 个指数进行了评估。

本节所用资料包括：①美国 NOAA/NCDC 延伸重建的海表面温度资料（ERSST），资料时间范围 1854～2016 年，水平分辨率 2°×2°（Huang et al.，2014；Liu et al.，2014；Huang et al.，2016）；②美国 NOAA/NCEP GHCN/CAMS 地表气温资料，资料时间范围 1948～2016 年，水平分辨率 0.5°×0.5°（Fan and van den Dool，2008）；③英国东安格利亚大学的降水资料（CRU-TS3.23），资料时间范围 1901～2014 年，水平分辨率 0.5°×0.5°（Jones，2015）。

8.4.1 海表面温度初值改进和海表面温度的可预报性分析

对全球 SST 分析主要分为两部分，第一部分对 1950～2005 年每隔 5 年的 4 个样本 10 年年代际回报结果进行分析。第二部分对 1961～2002 年所有 3 个样本 10 年年代际回报结果按照预测时效重新排列的预测结果序列进行分析。通过对两套年代际试验结果和历史试验结果 SST 模拟结果与观测资料的 ACC 和 RMSE 进行对比，分析海洋初值的改进是否有助于气候系统模式提高对 SST 的回报技巧，不同海洋初值对年代际模拟效果影响的差异以及初始化方法对预测时效的影响。

对 EnOI_HadInit 和 SODAInit 两套年代际试验每隔 5 年进行的 10 年回报全球年平均 SST 进行分析（图 8.31）。EnOI_HadInit 试验在 1950～2005 年，12 组 10 年年代际试验，每组试验 4 个样本与观测的 SST 随时间变化序列，如图 8.31（a）所示。每组试验的

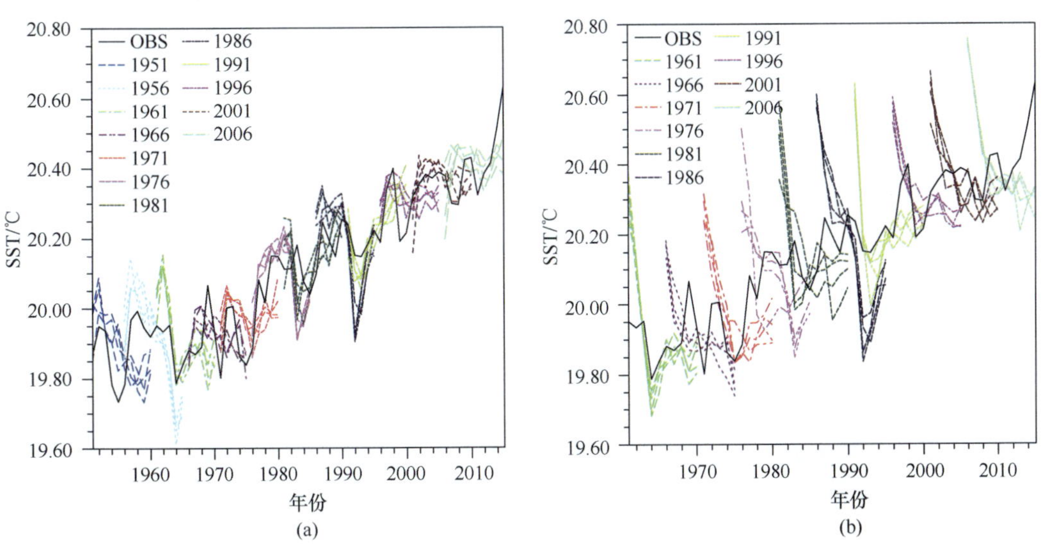

图 8.31 每隔 5 年的 10 年回报全球年平均 SST（单位：℃）

（a）EnOI_HadInit（1950～2005）；（b）SODAInit（1960～2010）

每组同色线为一组试验的 4 个样本

4 个样本在对应时段与观测的变化趋势较为一致。图 8.31（b）给出 SODAInit 年代际试验结果，在 1960～2010 年，共 10 组试验，每组试验 4 个样本。由于采用 SODA 资料进行海洋初始化，与模式系统存在偏差导致每组试验开始时，SST 都出现了明显下降。这与 SODAInit 有较大的系统误差有关，因此在将回报结果与观测进行对比时，需要去除系统误差。

EnOI_HadInit 由于系统误差较小，其回报的实际海表面温度演变与观测吻合较好，对海表面温度在近几十年的持续升温和年际振荡都有较好的再现。这是由于采用与 BCC_CSM1.1 模式海洋分量模式相同的海洋模式对观测资料进行同化，生成的海洋同化资料作为年代际试验的海洋初值与 BCC_CSM1.1 模式的偏差小，所以避免了像 SODAInit 试验那样大的初值振荡（initial shock）。

两套年代际试验中第 1～10 年预测的系统误差如图 8.32（a）所示，EnOI_HadInit 预测的全球平均 SST 偏差在 0.15℃以内，在预测的次年之后，随着预测时间的延长，系统误差逐渐减小，在预测的第 8～10 年，系统误差接近于 0。而 SODAInit 明显有较大的

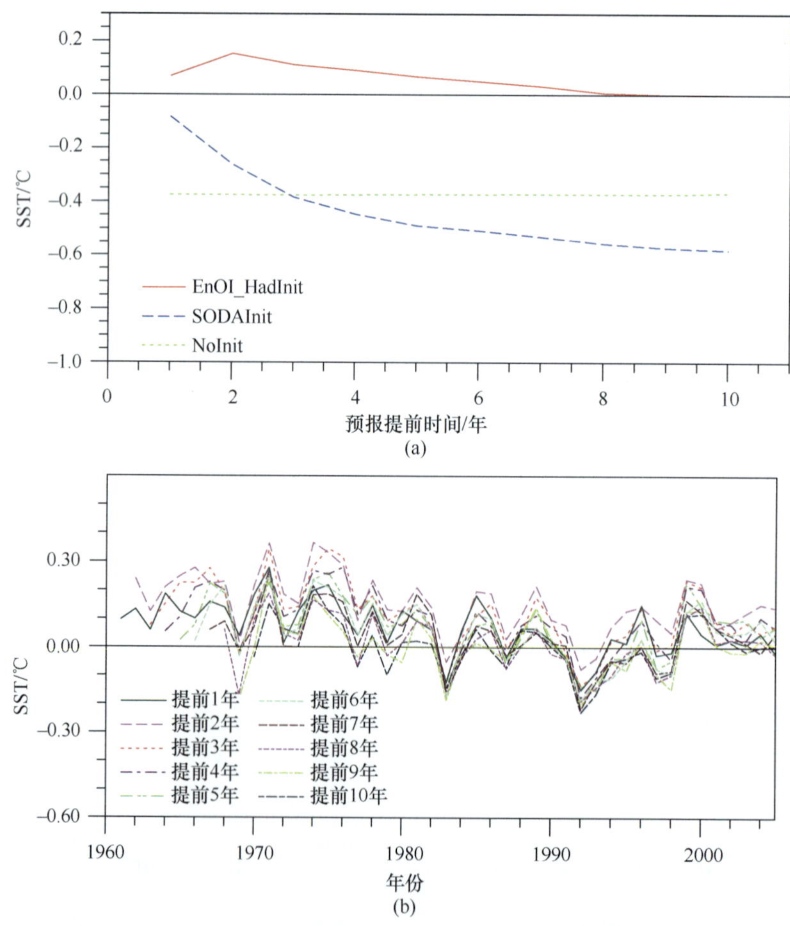

图 8.32 年代际试验全球平均 SST 系统误差（单位：℃）

（a）提前 1～10 年起报时间重构序列平均系统误差；（b）EnO_HadInit 试验提前 1～10 年起报重构序列系统误差（如提前 1 年表示提前 1 年起报）

系统误差，且随着预测时间逐渐延长，在第 1 年全球平均 SST 模拟误差约为–0.08℃，在第 2～4 年快速增加到–0.45℃，之后在第 5 年以后缓慢增加至–0.6℃。NoInit 试验的误差稳定在–0.37℃左右。由此可见，使用了 ENOI 同化资料的 EnOI_HadIinit 试验能够明显减小模式预测的系统误差。因此，海表面温度初值改进有利于年代际预测效果的明显提高。

如图 8.32（b）所示，各预测年份重构预测序列的 SST 系统误差较为一致，且随时间具有一定的年际变化，在 ENSO 事件年如 1972/1973 年、1976/1977 年、1982/1983 年、1986/1987 年、1997/1998 年、1999/2000 年均有相对较大的模拟误差。这是因为气候模式对 ENSO 事件的预测仍然比较困难，目前对 ENSO 的预测多为季节尺度的预测。为了减小 ENSO 预测误差的影响，目前国内外学者在分析年代际预测试验时多采用 4 年平均值，即 1～4 年，2～5 年，…，6～9 年，对相应的历史试验和观测资料进行 4 年滑动平均处理（Doblas-Reyes et al.，2013；Meehl et al.，2014）。

从模拟误差序列的演变还可以看到，在 1980 年之前的预测误差比之后的误差明显偏大。这可能是因为在 20 世纪 80 年代以来卫星观测资料的使用，使得观测资料更加可信，有利于提高模式的年代际预测能力。这也从侧面反映了初始场采用的观测资料对年代际预测结果有较大的影响。为了避免系统误差的影响，在进行分析之前，均进行系统误差订正。NoInit 和观测也都进行相应的处理。

图 8.33 给出提前 2～5 年和 6～9 年回报的全球 SST 的 RMSE 比率空间分布。将

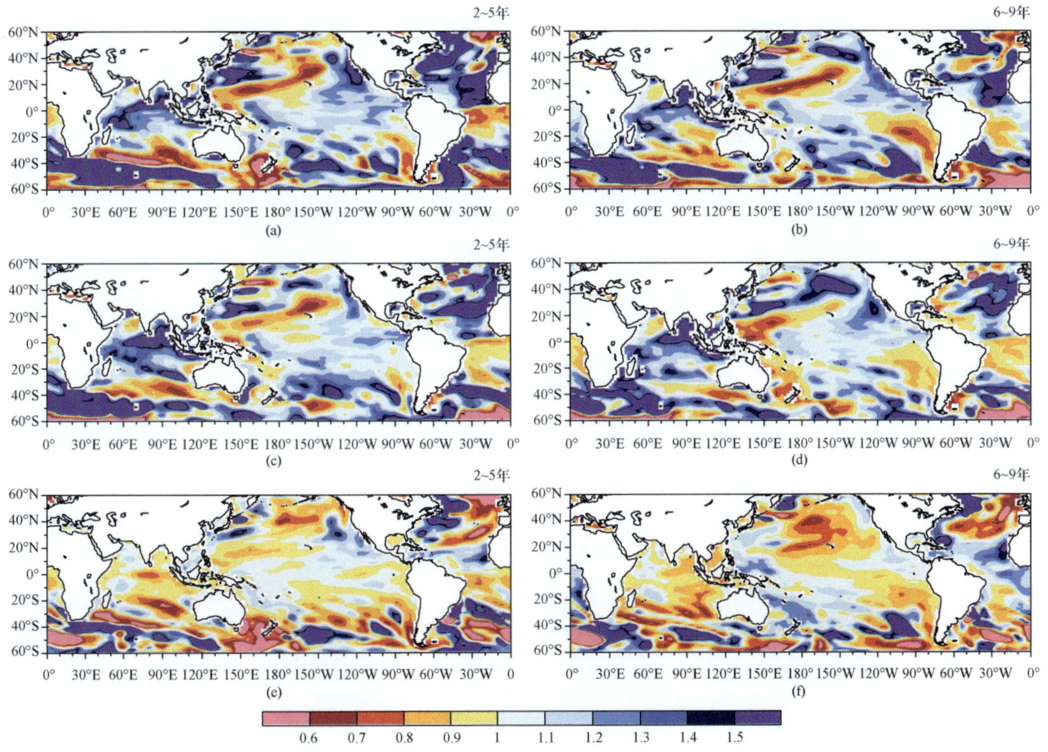

图 8.33　提前 2～5 年和 6～9 年回报的全球年平均 SST RMSE 比率

（a），（b）是 EnOI_HadInit 与 NoInit 试验的比率；（c），（d）是 SODAInit 与 NoInit 试验的比率；（e），（f）是 EnOI_HadInit 与 SODAInit 试验的比率；（a），（c），（e）为 2～5 年；（b），（d），（f）为 6～9 年

EnOI_HadInit 和 SODAInit 回报的 RMSE 与 NoInit 的相比较，可了解初始化对年代际试验预测技巧的影响。对于 2～5 年平均结果，如图 8.33（a）和图 8.33（c）所示，在北太平洋中纬、南印度洋中纬和大西洋赤道区域的年代际试验结果相对历史试验 RMSE 有所降低；两套年代际试验结果相比，如图 8.33（e）所示，EnOI_HadInit 结果在南印度洋、太平洋大部分区域、北大西洋东北部区域 RMSE 低于 SODAInit 结果 20%～30%。从 6～9 年序列结果来看，RMSE 比率值变化不明显，且空间分布形势也相似。

图 8.34 给出提前 2～5 年两套年代际试验和历史试验 SST 与观测的 ACC 分布。三套试验在印度洋、热带西太平洋、南太平洋和热带大西洋区域均出现显著的正相关分布，这很大程度上是由于三套试验均使用了相同的大气外强迫场，其中温室气体的作用会使得海-气相互作用较强的区域，出现整体升温趋势。但是，通过对比还是可以发现，有初始化的 EnOI_HadInit 和 SODAInit 试验在热带西太平洋的回报优于 NoInit 试验。EnOI_HadInit 在印度洋、南太平洋、大西洋大部分区域［图 8.34（a）］结果与 SODAInit［图 8.34（c）］结果相当，优于 NoInit［图 8.34（e）］。去除回报和观测值的线性趋势计算 ACC，对比三套试验可以看出，EnOI_HadInit［图 8.34（b）］在南印度洋中纬区域、热带西太平洋和北大西洋中高纬度区域 ACC 仍明显高于 SODAInit［图 8.34（d）］的结果，且通过了 0.10 显著性检验。这表明使用 ENOI 海洋同化资料进行初始化相对于使用 SODA 再分析资料进行初始化，可以有效提高这些区域 SST 的回报技巧。

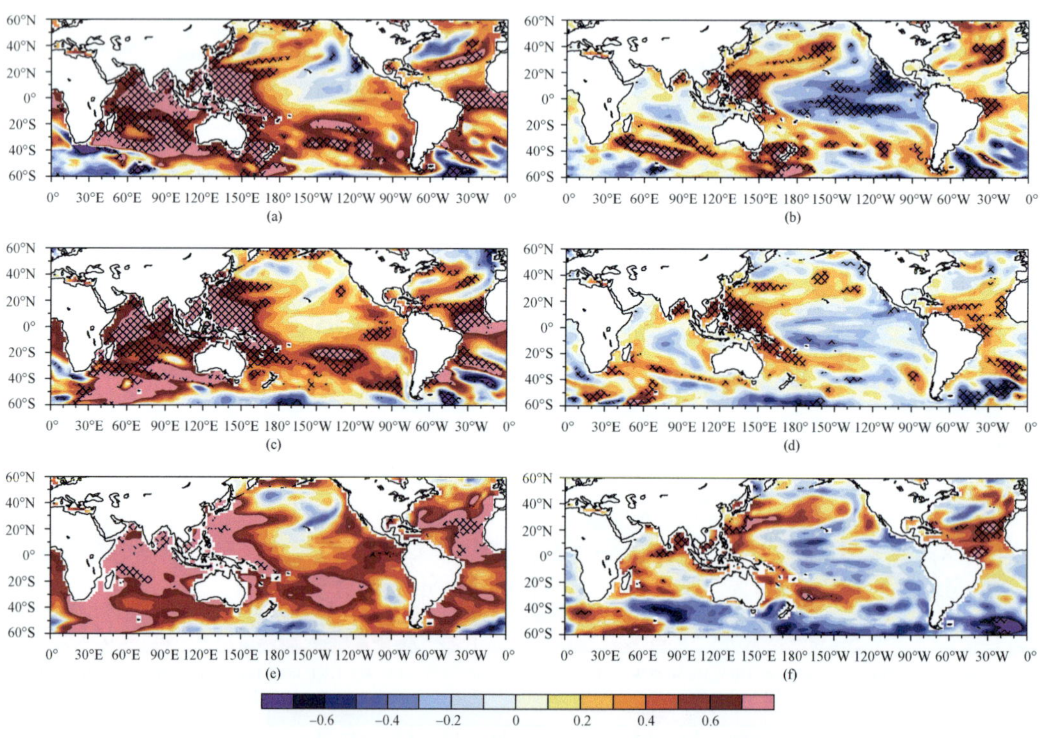

图 8.34　提前 2～5 年回报的全球年平均 SST ACC 技巧

（a），（b）EnOI_HadInit；（c），（d）SODAInit；（e），（f）NoInit；（a），（c），（e）为去掉趋势前；（b），（d），（f）为去掉趋势后

黑点区域表示通过 0.10 显著性检验

进一步检查提前 6～9 年回报的平均 SST 的 ACC 空间分布，如图 8.35 所示。与提前 2～5 年回报结果相似，EnOI_HadInit 和 SODAInit 对热带西太平洋的回报效果明显优于 NoInit。从两套年代际试验结果对比来看，EnOI_HadInit 试验在印度洋北部、赤道太平洋、南太平洋和大西洋大部分区域 ACC 比 SODAInit 试验高 0.1～0.2。但是 EnOI_HadInit 在南大西洋中纬、东北太平洋、大西洋西北部区域相关较低。去掉趋势之后，EnOI_HadInit 试验在南印度洋和北太平洋区域相对 SODAInit 试验模拟效果好，但是在印度洋北部和太平洋大部分区域与观测相关反而低于 SODAInit 试验。

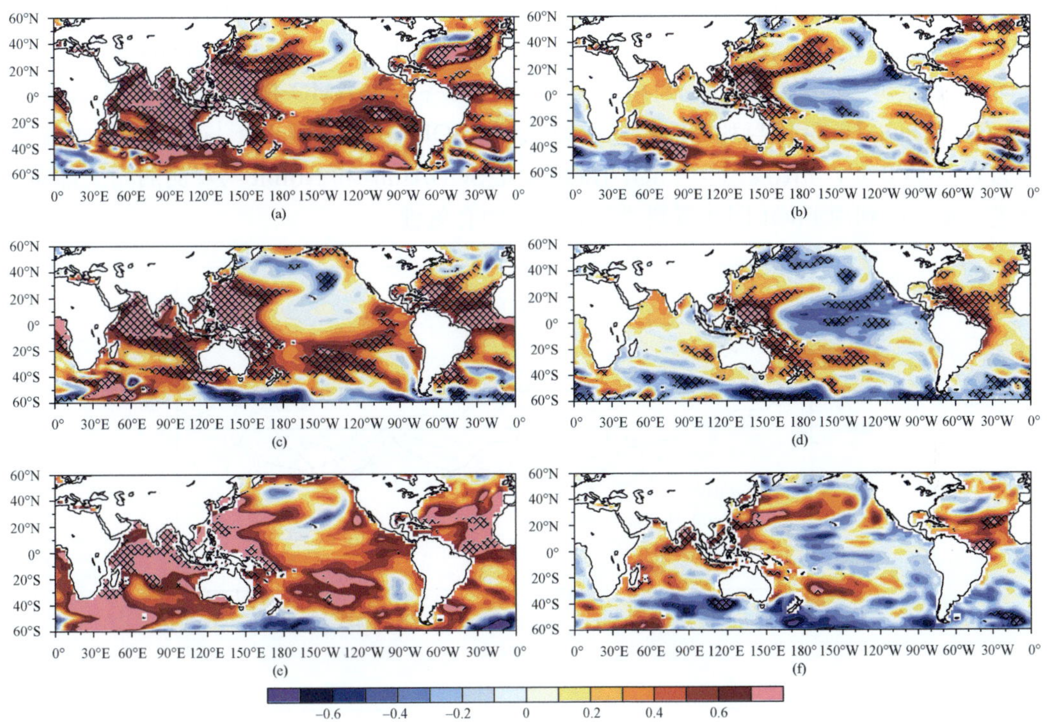

图 8.35 提前 6～9 年回报的全球年平均 SST ACC 技巧

（a），（b）EnOI_HadInit；（c），（d）SODAInit；（e），（f）NoInit；（a），（c），（e）为去掉趋势前；（b），（d），（f）为去掉趋势后

黑点区域表示通过 0.10 显著性检验

从图 8.34 和图 8.35 对比可知，年代际试验不同预测时效显著正相关分布形态基本一致，但是预测时效较长的 6～9 年结果与 2～5 年结果相比较，同一区域相关强度有所降低，ACC 高值区域范围有所缩小。如图 8.34（a）与图 8.35（a）相比，2～5 年结果在印度洋中纬区域的相关达到 0.8 左右，而同区域的 6～9 年结果与观测的相关降低到 0.6 左右。在赤道西太平洋、太平洋南部区域、赤道及中纬度北大西洋区域的 ACC 也具有随着预测时效的增加而降低的现象。SODAInit 试验与 EnOI_HadInit 试验具有一致的变化趋势。图 8.34（b），（d），（f）与图 8.35（b），（d），（f）相比可知，去掉趋势后，两套年代际试验结果也同样具有随着预测时效增加，显著正相关区域 ACC 降低的现象。NoInit 试验由于未进行初始化，其与观测的 ACC 随着预测时效的增长变化幅

度较小。

通过以上对EnOI_HadInit、SODAInit年代际回报结果和NoInit试验结果进行 RMSE 和 ACC 的评估可知，BCC_CSM1.1 模式可以通过更优的初始化方法提高北大西洋热带外 SST 的预测能力。AMO 是大西洋最显著的年代际尺度变率，对 AMO 的预测性能是评估模式年代际预测能力的重要指标。分别对 EnOI_HadInit、SODAInit 和 NoInit 的 AMO 指数进行分析。如图 8.36 所示，各试验与观测 AMO 指数随时间的演变趋势基本一致，均能模拟 AMO 指数年代际正负位相的变化。SODAInit 与观测的相关为 0.07，EnOI_HadInit 与观测的相关达到 0.4，NoInit 与观测的相关为 0.34，EnOI_HadInit 结果对 AMO 指数的模拟能力有较大提高。从变化趋势来看，EnOI_HadInit 对 AMO 在 20 世纪 60 年代下降和 90 年代上升趋势有较好的模拟。对各试验 AMO 指数时间序列去掉线性趋势后，EnOI_HadInit 与观测的相关达到 0.52，SODAInit 和 NoInit 与观测的相关为分别为 0.15 和 0.37，相比之下，EnOI_HadInit 比 SODAInit 和 NoInit 与观测的相关都高。这进一步证明利用 EnOI 同化资料进行初始化的有效性。

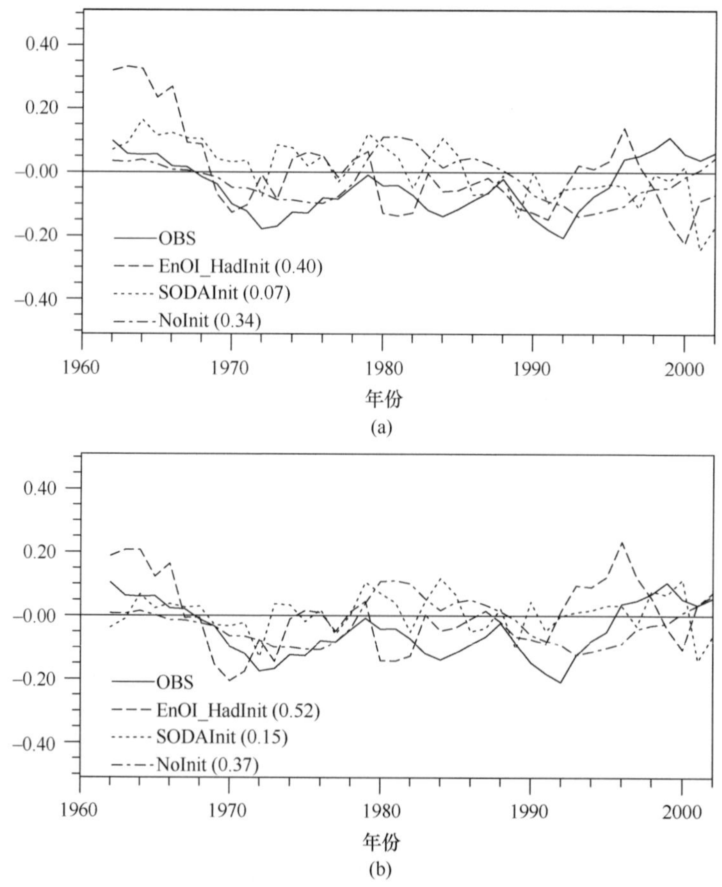

图 8.36　提前 2～5 年回报与观测的 AMO 指数（单位：℃）

（a）去掉趋势前；（b）去掉趋势后

括号中数值表示回报与观测的相关系数

太平洋年代际振荡（PDO）是太平洋最明显的年代际时间尺度气候变率信号，是ENSO等年际变化的重要背景，对太平洋和包括我国在内的周边区域年代际气候变化有直接影响。图 8.37 给出年代际试验提前 2～5 年和 6～9 年回报的 PDO 指数随时间的变化趋势及其与观测的 ACC。如图 8.37（a），两套年代际试验与观测均能明显反映 1977～1998 年的 PDO 暖位相，EnOI_HadInit 振幅与观测较为接近，SODAInit 振幅较大。EnOI_HadInit 与观测相关达到 0.28，比 SODAInit 的 0.17 高出 0.11，而 NoInit 与观测为负相关。图 8.37（b）为 6～9 年结果，与 2～5 年结果相似，各试验均能反映 1977～1998 年 PDO 的暖位相，在 1977 年之前和 1998 年之后为冷位相。EnOI_HadInit 与观测的相关上升达到 0.41，SODAInit 与观测相关下降为 0.01，但 NoInit 的年代际振荡与观测更加吻合，相关系数达到 0.67。由以上分析可知，在 2～5 年初始化后的年代际试验比未初始化的历史试验对 PDO 的回报结果与观测更为接近，EnOI_HadInit 比 SODAInit 更好。EnOI_HadInit 在 6～9 年的结果比 2～5 年结果与观测更为接近，初始化的作用不仅在相同回报时段优于 SODAInit，且初始化作用影响持续时间比 SODAInit 长。

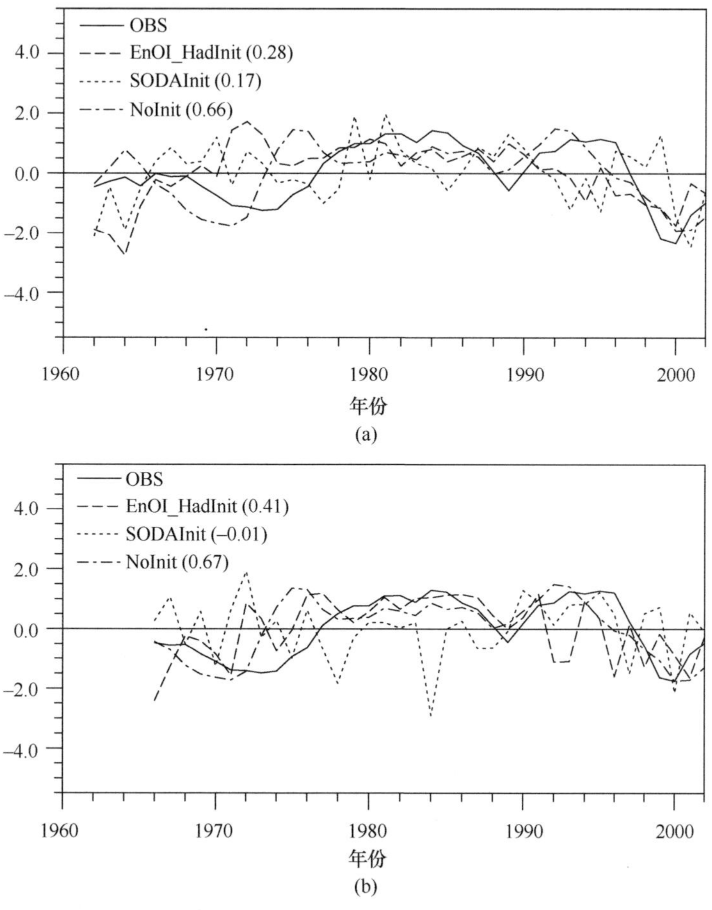

图 8.37 提前 2～5 年和 6～9 年回报与观测的 PDO 指数

（a）为 2～5 年；（b）为 6～9 年

括号中数值表示与观测的相关系数

印度洋作为全球四大洋之一，与太平洋、大西洋一样具有年代际变化特征，印度洋SSTA对东亚夏季风环流具有一定的影响。对年代际试验中印度洋SST空间分布进行分析后，进一步对印度洋主要3个关键指数进行计算。印度洋海盆模态（IOBM）（20°S～20°N，40°E～110°E）是热带印度洋SST变化最主要的模态。印度洋偶极子（IOD）是热带西印度洋（10°S～10°N，50°E～70°E）与热带东南印度洋（10°S～0°，90°E～110°E）海表面温度距平的差值。南印度洋偶极子（SIOD）为西南印度洋（45°S～30°S，45°E～75°E）与东南印度洋（25°S～15°S，80°E～100°E）区域海表面温度距平的差。

图8.38（a）～（c）分别给出提前2～5年回报与观测的IOBM，IOD和SIOD三个

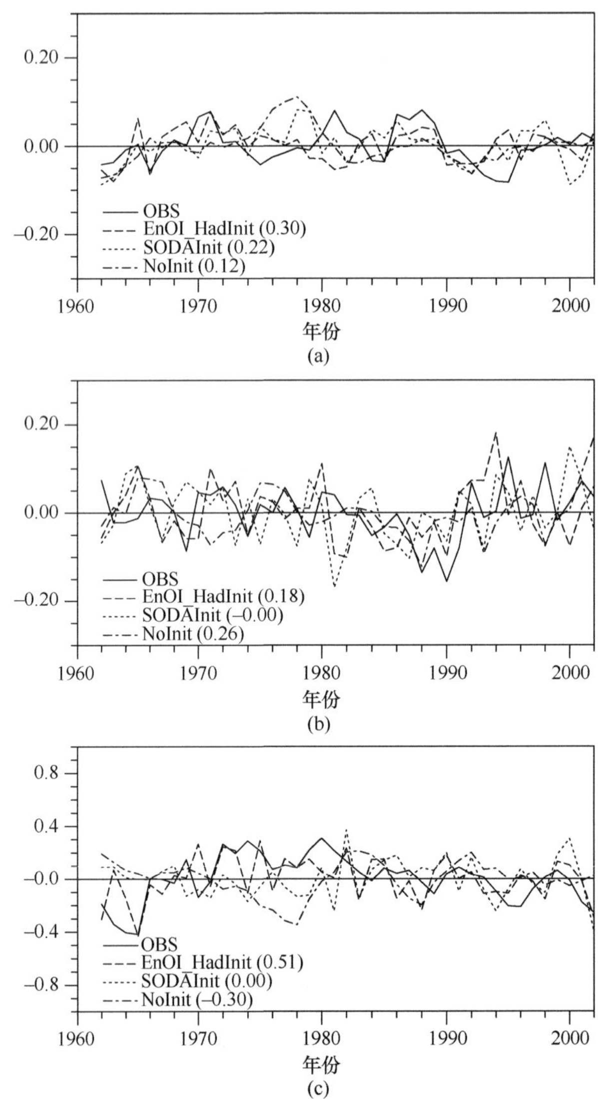

图8.38　提前2～5年回报与观测的印度洋海表面温度指数随时间演变序列（单位：℃）

（a）印度洋海盆模态（IOBM）（20°S～20°N，40°E～110°E）；（b）印度洋偶极子（IOD）为热带西印度洋（10°S～10°N，50°E～70°E）与热带东南印度洋（10°S～0°，90°E～110°E）海表面温度距平的差值；（c）南印度洋偶极子（SIOD）为西南印度洋（45°S～30°S，45°E～75°E）与东南印度洋（25°S～15°S，80°E～100°E）海表面温度距平的差值

括号中数值表示回报与观测的相关系数

印度洋海表面温度指数随时间的演变。图 8.38（a）给出 IOBM 指数，三套试验结果与观测曲线变化趋势基本一致，振幅为±0.1，其中，EnOI_HadInit 与观测的相关明显高于 SODAInit 和 NoInit，相关系数达到 0.3；SODAInit 与观测的相关系数为 0.22，高于 NoInit 与观测的相关系数 0.12。说明年代际试验结果对 IOBM 指数的回报比没有初始化的历史试验效果好，EnOI_HadInit 结果比 SODAInit 结果好。图 8.38（b）和图 8.38（c）分别给出印度洋 IOD 和 SIOD 指数的时间序列，EnOI_HadInit 与观测的相关均高于 SODAInit 与观测的相关，分别达到 0.18 和 0.51。EnOI_HadInit 比 SODAInit 对印度洋 3 个关键指数的模拟更好。

8.4.2　全球与东亚气候的可预报性分析

上一节主要分析了年代际试验对全球 SST 的回报情况，以及不同初始化方法在 BCC_CSM1.1 气候系统模式年代际预测中的适用性。海洋相对于大气而言，具有比较大的热容量，调整过程较为缓慢，具有长期的记忆，通过海气相互作用，可加强气候系统各圈层的可预测性。海表面温度的变化也会通过海气界面的动量、热量和水汽对大气模拟性能产生影响（Wu et al.，2006；Semenov et al.，2010；He et al.，2016）。温度和降水是对人类活动产生主要影响的变量，因此，本节主要对模式回报的地表温度和降水进行分析评估。首先分析全球地表温度和降水，然后主要分析两套年代际试验和历史试验对东亚区域年平均和夏季地表温度和降水的回报和模拟情况。主要分析方法是对不同模式结果与观测的相关性进行计算，分析不同模式试验的模拟技巧，相关系数越高，表示模式对该区域的回报或模拟能力越好。对两套年代际试验回报结果与观测的 RMSE 分别与历史试验与观测的 RMSE 比率的空间分布进行分析，RMSE 的比率越低，说明初始化方法对该区域模拟效果的改善越大。为了避免系统误差的影响，在进行分析之前，均进行系统误差订正。NoInit 观也进行相应的处理。

1. 温度的可预报性

图 8.39 给出两套年代际试验和历史试验提前 2～5 年回报对全球近地表温度的回报技巧，从两套年代际试验［图 8.39（a）、（c）］和历史试验［图 8.39（e）］与观测的 ACC 空间分布来看，模式对地表温度的模拟与观测具有较高的相关，距平相关系数基本都在 0.5 以上，尤其是在非洲地区，部分区域相关达到 0.8 左右。年代际试验对非洲大部分地区和南美洲的模拟效果更好。去掉趋势以后，两套年代际试验［图 8.39（b）、（d）］在非洲北部、亚洲东部和美洲大部分地区回报效果较好，其中，EnOI_HadInit 在欧洲、美国西部的回报效果更优于 SODAInit。已有研究指出，年代际试验回报的欧洲和美国地表温度与 AMO 的预测能力有关（Keenlyside et al.，2008）。EnOI_HadInit 中 AMO 的回报技巧明显提升可能是欧洲和美国西部地表温度预测能力较高的主要原因。两套年代际试验与历史试验提前 2～5 年回报全球陆地表面温度 RMSE 比率空间分布（图略），均方根误差相对于历史试验均有所减小，在非洲北部、大洋洲南部和南美洲中部地区减小 20%～30%。EnOI_HadInit 与 SODAInit 的 RMSE 比率在全球大部分区域均有所下降，

尤其是欧亚大陆大部分区域和北美洲东南部。两个试验提前 6～9 年回报的陆地表面温度 RMSE 比率的分布形势与 2～5 年基本一致（图略）。

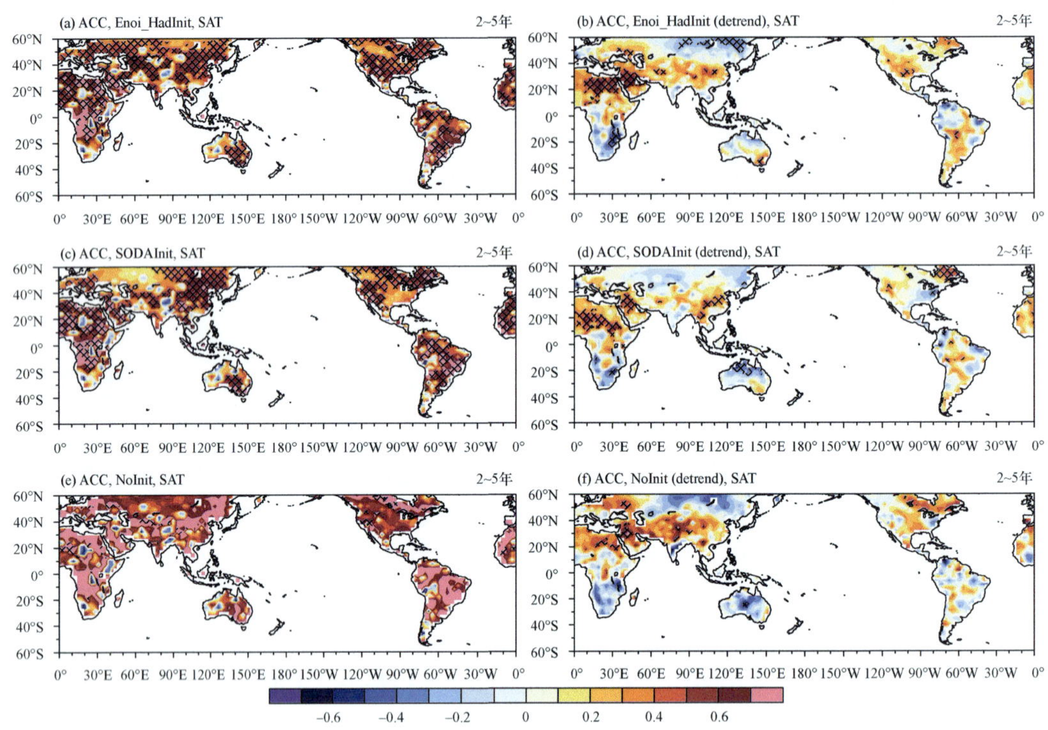

图 8.39 提前 2～5 年回报的全球年平均地表温度异常 ACC 技巧

（a），（b）EnOI_HadInit；（c），（d）SODAInit；（e），（f）NoInit；（a），（c），（e）为去掉趋势前；（b），（d），（f）为去掉趋势后

黑点区域表示通过 0.1 显著性检验

进一步分析东亚区域地表温度回报情况，从图 8.39（a）、（c）、（e）中可以看出，模式对 20 世纪的温度具有较好的模拟能力，模拟与观测的 ACC 基本都在 0.5 以上，部分区域达到 0.6。EnOI_HadInit 相比 SODAInit 和 NoInit 模拟效果更好，在大部分区域与观测的 ACC 达到 0.6 以上，在蒙古大面积达到 0.8 左右。图 8.39（b）、（d）、（f）分别代表去掉趋势后的 EnOI_HadInit，SODAInit 和 NoInit 与观测的 ACC 空间分布。去掉趋势之后，东亚大部分区域的回报技巧降低，这表明温室气体对东亚区域气候变化的重要作用。去掉趋势的 SODAInit 和 EnOI_HadInit 在中国中东部地区的回报技巧都有所提高，EnOI_HadInit 回报技巧（ACC 为正）的范围更大，从中东、中国西部延伸至中国东部。由提前 6～9 年回报地表温度与观测 ACC 空间分布（图略）可见，EnOI_HadInit 相对于 SODAInit 和 NoInit 试验结果具有更高的回报技巧，在东亚大部分区域相关达到 0.7 左右，尤其是在北部，包括俄罗斯南部、蒙古和我国北部等大部分区域，达到 0.8 左右。去掉趋势后，在东亚中部区域 EnOI_HadInit 效果较好，在西部区域 SODAInit 和 NoInit 效果更好一些。

分析各试验地表温度 RMSE 比率的空间分布，2～5 年结果如图 8.40（a）、（c）所示，年代际试验结果相比于历史试验 RMSE 在东亚部分区域有所减小，减小幅度约为 20%～30%。从两套年代际试验对比来看，如图 8.40（e）所示，在东亚西部和北部大部分区域 EnOI_HadInit 的 RMSE 低于 SODAInit，但是在东亚东部区域略高于 SODAInit。从 6～9 年结果来看，EnOI_HadInit 相对于历史试验在东亚北部和东南部模拟效果较好，SODAIint 相对于历史试验在东亚西部和南部模拟效果更好，两套年代际试验相比，EnOI_HadInit 在东亚东北部比 SODAIint 的 RMSE 低，在东亚西部区域比 SODAIint 的 RMSE 高。

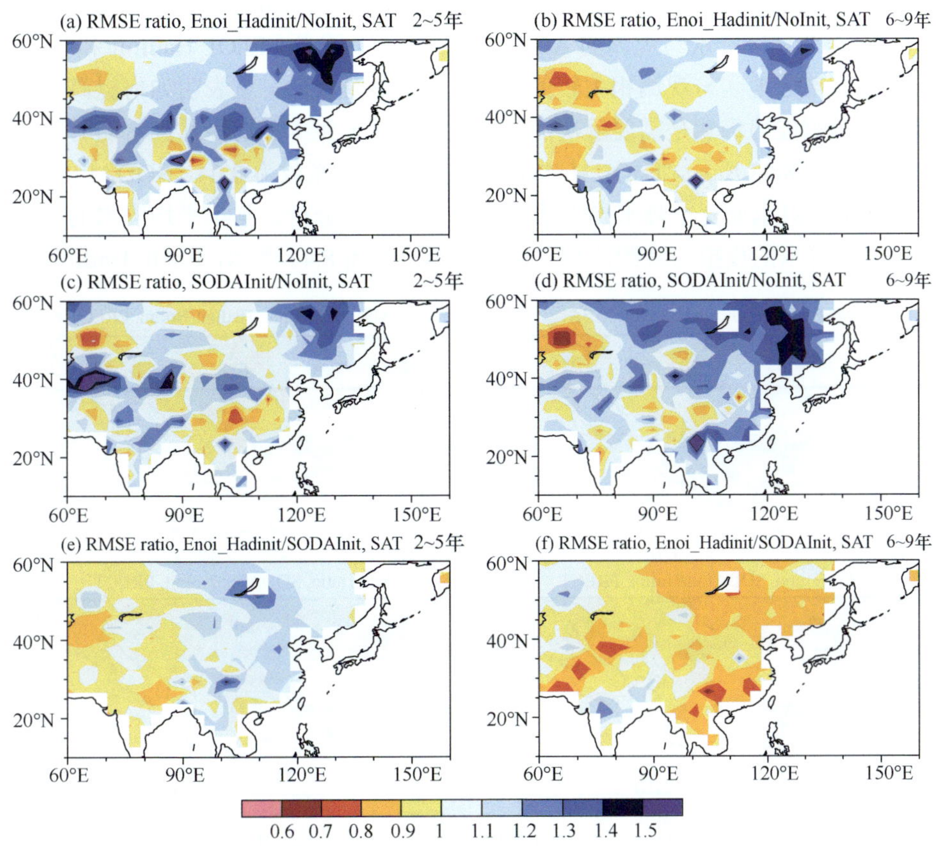

图 8.40　提前 2～5 年和 6～9 年回报的东亚地区（10°N～60°N，60°E～160°E）年平均地表温度异常 RMSE 比率

（a），（b）为 EnOI_HadInit 与 NoInit 试验的比率；（c），（d）为 SODAInit 与 NoInit 试验的比率；（e），（f）为 EnOI_HadInit 与 SODAInit 试验的比率；（a），（c），（e）为 2～5 年；（b），（d），（f）为 6～9 年

2. 降水的可预报性

从全球降水相关分布来看（图略），年代际试验结果在非洲北部、澳大利亚西部和美洲部分地区与观测的相关高于历史试验。EnOI_HadInit 与 SODAInit 相比，在亚洲东部、澳大利亚西部、北美洲北部和南美洲大部分地区的模拟效果与观测更接近。从三套试验全球年平均降水 RMSE 比率（图略）来看，年代际试验 RMSE 与历史试验相比有所降低，在非洲北部、亚洲东部和南美洲中部地区 RMSE 降低 20%～30%，改善了降水

的回报效果。提前 2～5 年回报的 EnOI_HadInit 与 SODAInit 两套年代际试验相比，在大部分区域来看，EnOI_HadInit 对降水的回报效果好于 SODAInit，误差减小 20%左右。提前 6～9 年回报的 EnOI_HadInit 在亚洲中部和美洲部分区域降水的回报技巧没有 SODAInit 高，RMSE 相对增大。

从图 8.41 可知，对于东亚地区降水，有初始化的年代际试验与没有初始化的历史试验相比，部分地区 RMSE 有明显降低［图 8.41（a）～（d）］，在东亚中东部地区，RMSE 下降 20%～30%。两套年代际试验相比，EnOI_HadInit 在东亚西部和东北部地区比 SODAInit 的 RMSE 降低 10%左右，但是在东亚东部地区 RMSE 有所增加，如图 8.41（e）、（f）所示。对东亚地区降水与观测的 ACC（图 8.42）进行分析，EnOI_HadInit 和 SODAInit 回报的东亚大部分地区与观测相关较低，未通过显著性检验。这表明如何提高年代际试验对降水的预测能力仍然是需要解决的问题之一。对东亚年平均降水异常随时间的演变进行分析，如图 8.43 所示，EnOI_HadInit 与观测的相关系数为 0.04，SODAInit 为 0.11，NoInit 为 0.05。对东亚夏季降水异常随时间的演变进行分析，与年平均降水的趋势基本一致，模式对降水的模拟与观测的相关普遍偏低。如图 8.44 所示，EnOI_HadInit 与观测

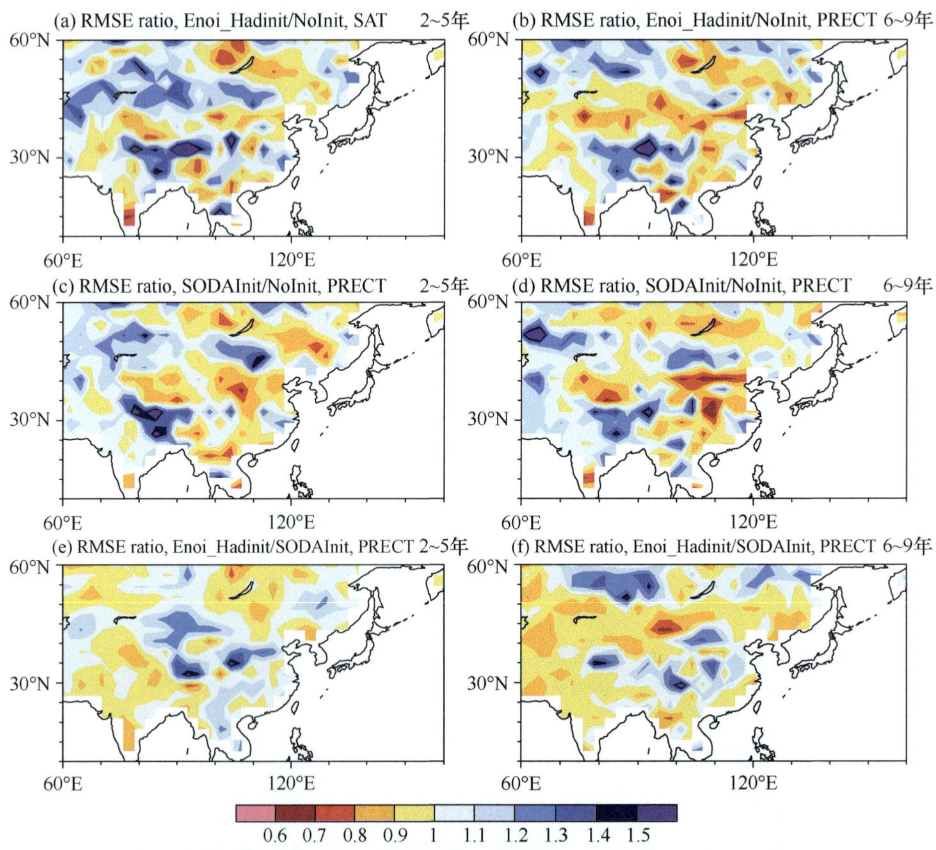

图 8.41 提前 2～5 年和 6～9 年回报的东亚地区（10°N～60°N，60°E～160°E）年平均降水异常 RMSE 比率

（a），（b）为 EnOI_HadInit 与 NoInit 试验的比率；（c），（d）为 SODAInit 与 NoInit 试验的比率；（e），（f）为 EnOI_HadInit 与 SODAInit 试验的比率；（a），（c），（e）为 2～5 年；（b），（d），（f）为 6～9 年

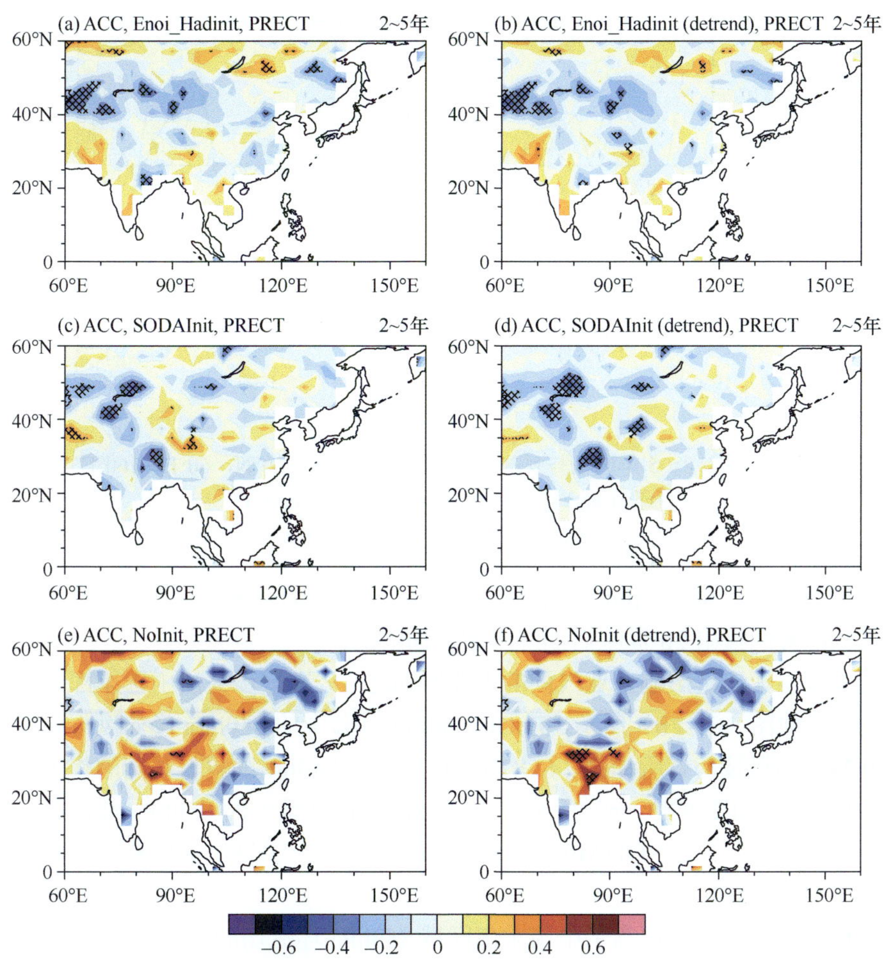

图 8.42　提前 2～5 年回报的东亚地区（10°～60°N，60°～160°E）年平均降水异常 ACC 技巧

（a），（b）EnOI_HadInit；（c），（d）SODAInit；（e），（f）NoInit；（a），（c），（e）为去掉趋势前；（b），（d），（f）为去掉趋势后

黑点区域表示通过 0.10 显著性检验

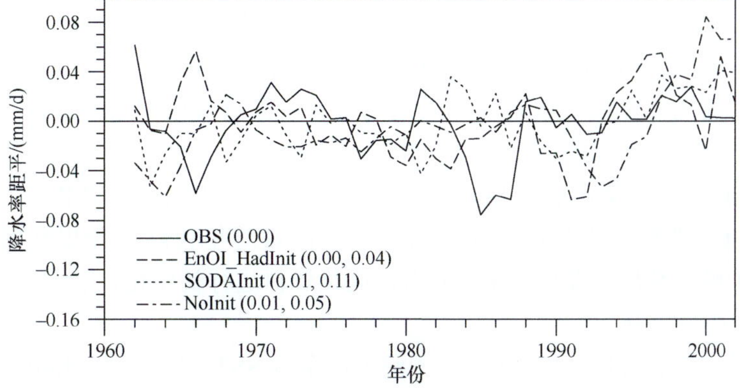

图 8.43　提前 2～5 年回报与观测的东亚区域（10°N～60°N，60°E～160°E）年平均降水率距平随时间演变（单位：mm/d）

括号中第 1 个数值表示线性趋势（单位：mm/day/10a），第 2 个数值表示与观测的相关系数

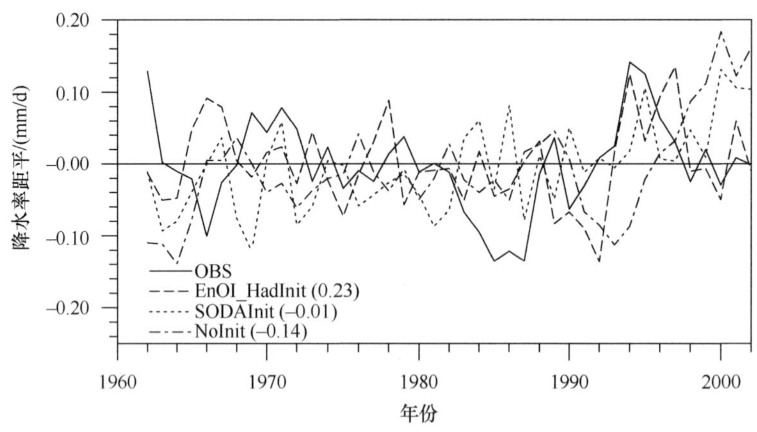

图 8.44　提前 2～5 年回报与观测的东亚区域（10°N～60°N，60°E～160°E）夏季降水率距平随时间演变（单位：mm/d）

括号中数值表示回报与观测的相关系数

的相关系数为 0.23，SODAInit 与观测为负相关，EnOI_HadInit 试验对降水的回报技巧略有提高，能够回报出 20 世纪后期降水增多的情况。

对流层低层环流是影响东亚气候的主要原因之一，进一步关注中国东部区域夏季环流变化情况。如图 8.45（b）所示，EnOI_HadInit 试验中的 850hPa 经向风与观测的相关系数为 0.24，回报技巧有所提高。SODAInit 试验和 NoInit 试验与观测的相关系数分别为 0.20 和–0.14。如图 8.45（a）所示，EnOI_HadInit 试验中的 850hPa 纬向风与观测的相关系数为 0.23，尽管比 SODAInit 试验和 NoInit 试验略偏低，但仍然能较好地模拟纬向风。

初始化的年代际试验提高了中国东部区域 850hPa 环流场的 ACC 回报技巧，与上述西太平洋 SST 回报技巧的提高具有一定的联系（Xin et al.，2017）。中国东部回报技巧的提高可以归因于模式对由海洋初始化导致的强迫响应。由此可见，BCC_CSM1.1 模式利用新的 ENOI 海洋同化资料进行初始化，年代际预测能力在多方面得到了较明显提升。

综上所述，利用气候系统模式开展年代际气候预测成为近年来国内外气候变化领域研究的热点。年代际预测不仅受外强迫影响，同时也受初值条件影响，模式初始化方法具有重要的作用。基于 ENOI 方法和 BCC_CSM1.1 海洋分量模式建立了海洋资料同化系统，产生一套新的海洋同化资料，利用这套资料对国家气候中心发展的气候系统模式 BCC_CSM1.1 进行初始化，完成自 1960～2005 年每年起始的年代际预测试验（EnOI_HadInit），与该模式采用 SODA 再分析资料进行初始化的 CMIP5 年代际预测试验（SODAInit）进行对比分析，研究海洋初值改进对年代际可预报性的影响，发现 BCC_CSM1.1 模式利用新发展的 ENOI 海洋同化资料进行初始化，年代际预测能力在多方面得到了较明显提升。

ENOI 同化初值有助于改进年代际预测中的全球 SST。EnOI_HadInit 年代际预测试验能够明显降低模式预测的系统误差。相对 SODAInit，在热带西太平洋、南印度洋和北大西洋热带外东北部地区 SST 回报技巧明显提升，RMSE 普遍减小 20%～30%，且相关技巧明显提高，近 40 年 AMO 序列相关系数达到 0.52。EnOI_HadInit 年代际预测可再现 PDO 在 1977～1998 年暖位相，提前 6～9 年预测 PDO 指数与观测相关为 0.41，对南印度洋偶极子（SIOD）预测技巧也有明显提升。

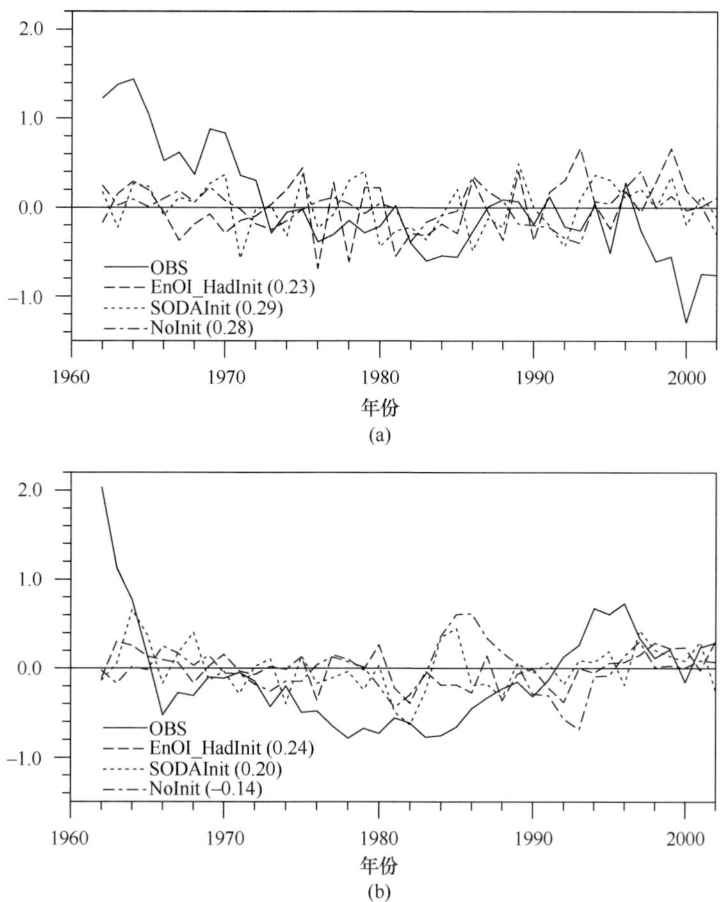

图 8.45　提前 2～5 年回报与观测的中国东部（25°N～35°N，110°E～120°E）去掉趋势后的夏季 850hPa 纬向风和经向风随时间演变（单位：m/s）

（a）纬向风；（b）经向风

括号中数值表示回报与观测的相关系数

海洋初值改进对全球与东亚气候年代际预测的影响。海洋初始化的影响可通过海气相互作用加强整个气候系统的预测性能。EnOI_HadInit 对全球平均、大西洋近陆地区域包括欧洲、美国西部地表温度的预测性能相对 SODAInit 都有明显提升，对中国西北部、中东部地表温度也有较好的预测能力。

参考文献

丑纪范，任宏利. 2006. 数值天气预报——另类途径的必要性和可行性. 应用气象学报, 17(2): 240-244.
冯娟，李建平. 2012. IPCC AMIP 模式对西南澳类季风环流的模拟. 气候与环境研究, 17(4): 409-421.
高峰，辛晓歌，吴统文. 2012. BCC_CSM1.1 对 10 年尺度全球及区域温度的预测研究. 大气科学, 36(6):

1165-1179.

韩晋平, 王会军. 2007. 东亚夏季风年代际变化的若干重要特征及两份大气再分析资料的异同. 地球物理学报, 50(6): 1666-1676.

黄刚, 屈侠. 2009. IPCC AR4 模式中夏季西太平洋副高南北位置特征的模拟. 大气科学学报, 32(3): 351-359.

黄荣辉, 孙凤英. 1994. 热带西太平洋暖池的热状态及其上空的对流活动对东亚夏季气候异常的影响. 大气科学, 18(2): 141-151.

黄荣辉, 蔡榕硕, 陈际龙, 等. 2006. 我国旱涝气候灾害的年代际变化及其与东亚气候系统变化的关系. 大气科学, 30(5): 730-743.

姜大膀, 王会军, 郎咸梅. 2004. SRE SA2 情景下中国气候未来变化的多模式集合预测结果. 地球物理学报, 47(5): 776-784.

李博, 周天军. 2010. 基于IPCC A1B情景的中国未来气候变化预估: 多模式集合结果及其不确定性. 气候变化研究进展, 6(4): 270-276.

刘敏, 江志红. 2009. 13 个 IPCC AR4 模式对中国区域近 40a 气候模拟能力的评估.南京气象学院学报, 32(2): 256-268.

刘芸芸, 丁一汇. 2012. 亚洲-太平洋夏季风系统的基本模态特征分析. 大气科学, 36(4): 673-685.

刘芸芸, 李维京, 艾婉秀, 等. 2012. 月尺度西太平洋副热带高压指数的重建与应用. 应用气象学报, 23(4): 414-423.

罗勇, 赵宗慈. 1997. NCAR RegCM2 对东亚区域气候的模拟试验. 应用气象学报, 8(增刊): 124-133.

施晓晖, 徐祥德. 2007. 东亚冬季风年代际变化可能成因的模拟研究. 应用气象学报, 18(6): 776-782.

石英, 高学杰, 吴佳, 等. 2010. 华北地区未来气候变化的高分辨率数值模拟. 应用气象学报, 21(5): 580-589.

孙颖, 丁一汇. 2008. IPCC AR4 气候模式对东亚夏季风年代际变化的模拟性能评估. 气象学报, 66(5): 765-780.

魏凤英. 2007. 现代气候统计诊断与预测技术. 北京: 气象出版社. 71-76.

魏凤英. 2011. 我国短期气候预测的物理基础及其预测思路. 应用气象学报, 22(1): 1-11.

吴波, 周天军. 2012. IAP/LASG 气候系统模式 FGOALS_gl 预测的海表面温度年代际尺度的演变. 科学通报, 57(13): 1168-1175.

吴国雄, 丑纪范, 刘屹岷, 等. 2002. 副热带高压形成和变异的动力学问题. 北京: 科学出版社. 1-20.

辛晓歌, 吴统文, 张洁.2012. BCC 气候系统模式开展的 CMIP5 试验介绍. 气候变化研究进展, 8(5): 378-382.

余锦华, 唐盛, 吴立广, 等. 2011. IPCC AR4 模式对热带气旋热力控制因子的模拟评估. 海洋学报, 33(6): 39-54.

张宏芳, 陈海山. 2011. 21 个气候模式对东亚夏季环流模拟的评估 I: 气候态. 气象科学, 31(2): 119-128.

张宏芳, 陈海山. 2011. 21 个气候模式对东亚夏季环流模拟的评估 II: 年际变化. 气象科学, 31(3): 247-257.

张锦婷, 刘秦玉, 武术.2010. 全球百年海表面温度年际和年代际变化特征分析. 海洋学报, 32(4): 24-31.

张勇, 曹丽娟, 许吟隆, 等. 2008. 未来我国极端温度事件变化情景分析. 应用气象学报, 19(6): 655-660.

Behera S K, Yamagata T. 2001. Subtropical SST dipole events in the southern Indian Ocean. Geophys Res Lett, 28(2): 327-330.

Branstator G, Teng H, Meehl G A. 2012. Systematic estimates of initial-value decadal predictability for six AOGCMs. J Climate, 25(6): 1827-1846.

Carton J A, Giese B S. 2008. A reanalysis of ocean climate using Simple Ocean Data Assimilation (SODA). Monthly Weather Review, 136(8): 2999-3017.

Carton J A, Chepurin G, Cao X, et al. 2000. A simple ocean data assimilation analysis of the global upper Ocean 1950–95. Part I: Methodology. J Phys Oceanogr, 30(2): 294-309.

Chang C P, Li T. 2000. A theory of the tropical tropospheric biennial oscillation. J Atmos Sci, 57(14): 2209-2224.

Chang C P, Zhang Y S, Li T. 2000. Interannual and interdecadal variations of the East Asian summer monsoon and tropical Pacific SSTs. Part I: Roles of the subtropical ridge. J Climate, 13(24): 4310-4340.

Chang P, Ji L, Li H. 1997. A decadal climate variation in the tropical Atlantic Ocean from thermodynamic air-sea interactions. Nature, 385: 516-518.

Cheng W, Chiang John C H, Zhang D X . 2013. Atlantic Meridional Overturning Circulation(AMOC)in 22 CMIP5 models: RCP and historical simulations. J Climate, 26(18): 7187-7197.

Chiang J C, Vimont D J. 2004. Analogous Pacific and Atlantic meridional modes of tropical atmosphere-ocean variability. J Climate, 17(21): 4143-4158.

CLIVAR. 2011. Decadal and bias correction for decadal climate predictions. International CLIVAR Project Office, CLIVAR Publication Series No.150.

Deser C, Blackmon M L. 1993. Surface climate variations over the North Atlantic ocean during winter: 1900-1989. J Climate, 6(9): 1743-1753.

Ding Y H. 2007. The variability of the Asian summer monsoon. J Meteor Soc Japan, 85: 21-54.

Doblas-Reyes F J, Andreu-Burillo I, Chikamoto Y, et al. 2013. Initialized near-term regional climate change prediction. Nature Commun, 4: 1715.

Duchon CE. 1979. Lanczos Filtering in One and Two Dimensions. J Appl Meteor, 18(8): 1016-1022.

Fan Y, van den Dool H. 2008. A global monthly land surface air temperature analysis for 1948-present. J Geophys Res, 113: D01103.

GieseBS, Ray S. 2011. El Niño variability in simple ocean data assimilation (SODA) 1871–2008. J Geophys Res, 116: C02024.

Good S A, Martin M J, Rayner N A. 2013. EN4: quality controlled ocean temperature and salinity profiles and monthly objective analyses with uncertainty estimates. J Geophys Res Oceans, 118(12): 6704-6716.

Graham N E. 1994. Decadal-scale climate variability in the tropical and North Pacific during the 1970s and 1980s: Observations and model results. Clim Dyn, 10(3): 135-162.

Griffies S M, Bryan K. 1997a. Predictability of North Atlantic multidecadal climate variability. Science, 275(5297): 181-184.

Griffies S M, Bryan K. 1997b. A predictability study of simulated North Atlantic multidecadal variability. Clim Dyn, 13(7-8): 459-488.

Han W, Vialard J, McPhaden M J, et al. 2014. Indian Ocean decadal variability: A review. Bulletin of the 31 American Meteorological Society, 95(11): 1679-1703.

Hazeleger W, Wouters B, van Oldenborgh G J, et al. 2013. Predicting multiyear North Atlantic Ocean variability. J Geophys Res Oceans, 118(3): 1087-1098.

He Chao, Wu B, Li C, et al. 2016. How much of the interannual variability of East Asian summer rainfall is forced by SST? Clim Dyn, 47: 555-565.

Hu Z Z. 1997. Interdecadal variability of summer climate over East Asia and its association with 500 hPa heightand global sea surface temperature. J Geophys Res, 102(D16): 19403-19412.

Huang B, Banzon V F, Freeman E, et al. 2014. Extended Reconstructed Sea Surface Temperature version 4(ERSST.v4): Part I. Upgrades and intercomparisons. J Climate, 28(3): 911-930.

Huang B, Thorne P, Smith T, et al. 2016. Further exploring and quantifying uncertainties for Extended Reconstructed Sea Surface Temperature(ERSST)Version 4(v4). J Climate, 29(9): 3119-3142.

Hurrell J, Meehl G A, Bader D, et al. 2009. A unified modeling approach to climate system prediction. Bull Amer Meteor Soc, 90(12): 1819-1832.

IPCC. 2007. Climate Change 2007: The Physical Scientific Basis. Contribution of Working Group I to the Forth Assessment Report of the Intergovernmental Panel on Climate Change. Solomon S, Qin D, Manning M, et al. Cambridge: Cambridge University Press.

IPCC. 2014. Climate change 2013: The physical science basis. Working Group I Contribution to the Fifth Assessment Report of the Intergovernmental Panel on Climate Change. Cambridge: Cambridge University Press, UK.

Jones P D. 2015. CRU TS3.23: Climatic Research Unit(CRU)Time-Series(TS)Version 3.23 of High Resolution Gridded Data of Month-by-month Variation in Climate(Jan. 1901-Dec. 2014). Centre for Environmental Data Analysis, 09 November.

Kalnay E, Kanamitsu M, Kistler R, et al. 1996. The NCEP/NCAR 40-year reanalysis project. Bull Amer Meteor Soc, 77(3): 437-472.

Keenlyside N, Latif M, Jungclaus J, et al. 2008. Advancing decadal-scale climate prediction in the North Atlantic sector. Nature, 453(7191): 84-88.

Kim H, Webster P J, Curry J A. 2012. Evaluation of short-term climate change prediction in multi- model CMIP5 decadal hindcasts. Geophys Res Lett, 39(10), L10701.

Klein, S A, Soden B J, Lau N C. 1999. Remote sea surface temperature variations during ENSO: Evidence for a tropical atmospheric bridge. J Climate, 12(4): 917-932.

Kushnir Y. 1994. Interdecadal variations in the North Atlantic sea-surface temperature and associated atmospheric conditions. J Climate, 7(1): 141-157.

Lambert S J, Boer G J. 2001. CMIP1 evaluationand intercomparison of coupled climate models. Clim Dyn, 17(2): 83-106.

Latif M, Collins M, Pohlmann H, et al. 2006. A review of predictability studies of Atlantic sector climate on decadal scales. J Climate, 19(23): 5971-5987.

Lau K M, Weng H. 1999. Interannual, decadal-interdecadal, and global warming signal in sea surface temperature during 1955~97. J Climate, 12(5): 1257-1267.

Li H M, Feng L, Zhou T J. 2011. Multi-model Projection of July-August Climate Extreme Changes over China under CO_2 Doubling. PartII: Temperature. Adv Atmos Sci, 28(2): 448-463.

Liu W, Huang B, Thorne P W, et al. 2015. Extended Reconstructed Sea Surface Temperature version 4(ERSST.v4): Part II. Parametric and structural uncertainty estimations. J Climate, 28(3): 931-951.

Liu Y Y, Ding Y H, Gao H, et al. 2013. Tropospheric biennial oscillation of the western Pacific subtropical high and its relationship with the tropical SST and atmospheric circulation anomalies. Chin Sci Bull, 58(30): 3664-3672.

Lorenz E N. 1956. Empirical orthogonal functions and statistical weather prediction. Sci Rep No. 1, Statistical Forecasting Project, MIT, Cambridge, MA: 48.

Mantua N J, Hare S R, Zhang Y. 1997. A Pacific interdecadal climate oscillation with impacts on salmon production. Bull Ame Meteor Soc, 78(6): 1069-1079.

Meehl G A, Goddard L, Boer G, et al. 2014. Decadal climate prediction: an update from the trenches. Bull Amer Meteor Soc, 95(2): 243-267.

Meehl G A, Goddard L, Murphy J, et al. 2009b. Decadal prediction: Can it be skillful? Bull Amer Meteorol Soc, 90(10): 1467-1485.

Meehl G A, Hu A, Santer B D. 2009a. The Mid-1970s Climate Shift in the Pacific and the Relative Roles of Forced versus Inherent Decadal Variability. J Climate, 22(3): 780-792.

Mehta V, Meehl G, Goddard L, et al. 2011. Decadal climate predictabitily and prediction. Bull Amer Meteor Soc, 92(5): 637-640.

Meyers G. 1996. Variation of Indonesian through flow and El Niño/Southern Oscillation. J Geophys Res, 101(C5): 12255-12263.

Mochizuki T, Ishii M, Kimoto M, et al. 2010. Pacific decadal oscillation hindcasts relevant to near-term climate prediction. Proceedings of the National Academy of Sciences, 107: 1833-1837.

Moss R H, Edmonds J A, Hibbard K A, et al. 2010. The next generation of scenarios for climate change research and assessment. Nature, 46(3): 747-756.

Msadek R, Frankignoul C. 2009. Atlantic multidecadal oceanic variability and its influence on the atmosphere in a climate model. Clim Dyn, 33(1): 45-62.

Nitta T. 1987. Convective activities in the tropical western Pacific and their impact on the Northern Hemisphere summer circulation. J Meteor Soc Japan, 65: 373-390.

Rayner N A, Parker D E, Horton E B, et al. 2003. Global analyses of sea surface temperature, sea ice, and night marine air temperature since the late nineteenth century. J Geophy Res, 108(D14): 4407-4443.

Reason C J C. 2001. Subtropical Indian Ocean SST dipole events and southern African rainfall. Geophys Res Lett, 28(11): 2225-2228.

Saji N H, Goswami B N, Vinayachandran P N, et al. 1999. A dipole mode in the tropical Indian Ocean. Nature, 401(6751): 360-363.

Schneider N, Cornuelle B D. 2005. The forcing of the Pacific decadal oscillation. J Climate, 18(21): 4355-4373.

Semenov V A, Latif M, Dommenget D, et al. 2010. The impact of North Atlantic-Arctic multidecadal variability on Northern Hemisphere surface air temperature. J Climate, 23(21): 5668-5677.

Smith D M, Cusack S, Colman A W, et al. 2007. Improved surface temperature prediction for the coming decade from a global climate model. Science, 317(5839): 796-799.

Taylor K E. 2001. Summarizing multiple aspects of model performance in a single diagram. J Geophys Res, 106(D7): 7183-7192.

Taylor K E, Stouffer R J, Meehl G A. 2012. An overview of CMIP5 and the experiment design. Bull Amer Meteor Soc, 93(4): 485-498.

Trenberth K E. 1990. Recent observed interdecadal climate changes in the Northern Hemisphere. Bull Amer Meteor Soc, 71(7): 988-993.

Trenberth K E, Caron J M, Stepaniak D P, et al. 2002. Evolution of El Niño–Southern Oscillation and global atmospheric surface temperatures. J Geophys Res, 107(D8): 4065-4079.

Trenberth K E, Hurrell J W. 1994. Decadal atmosphere-ocean variations in the Pacific. Clim Dyn, 9(6): 303-319.

Trenberth K E, Shea D J. 2006. Atlantic hurricanes and natural variability in 2005. Geophys Res Lett, 33(12): L12704.

Wang B, Ding Q H, Fu X, et al. 2005. Fundamental challenges in simulation and prediction of summer monsoon rainfall. Geophys Res Lett, 32(15): L15711.

Wei M, Li Q, Xin X, et al. 2017. Improved decadal climate prediction in the North Atlantic using EnOI-assimilated initial condition. Science Bulletin, 62(16): 1142-1147.

Wu B, Zhou T J. 2012. Prediction of decadal variability of Sea Surface temperature by a coupled global climate model FGOALS_gl developed in LASG/IAP. Chin Sci Bull, 57(19): 2453-2459.

Wu R, Kirtman B, Pegion K. 2006. Local air-sea relationship in observations and model simulations. J Climate, 19(19): 4914-4932.

Wu T W. 2012. A mass-flux cumulus parameterization scheme for large scale models: Description and test with observations. Clim Dyn, 38(3-4): 725-744.

Wu T W, Li W P, Ji J J, et al. 2013. Global carbon budgets simulated by the Beijing Climate Center climate System Model for the last century. J Geophys Res: Atmos, 118(10): 4326-4347.

Wu T W, Yu R C, Zhang F. 2008. A modified dynamic framework for the atmospheric spectral model and its application. J Atmos Sci, 65(7): 2235-2253.

Wu T W, Yu R C, Zhang F, et al. 2010. The Beijing Climate Center atmospheric general circulation model: Description and its performance for the present day climate. Clim Dyn, 34(1): 123-147.

Xin X, Gao F, Wei M, et al. 2017. Decadal prediction skill of BCC-CSM1.1 climate model in East Asia. Int J Climatol, doi:10.1002/joc.5195.

Xin X G, Wu T W, Li J L, et al. 2013a. How well does BCC_CSM1.1 reproduce the 20th century climate change over China? Atmos Oceanic SciLett, 6(1): 21-26.

Xin X G, Wu T W, Zhang J. 2013b. Introduction of CMIP5 experiments carried out with the climate system models of Beijing Climate Center. Adv Clim Change Res, 4(1): 41-49.

Xu Y, Xu C H. 2012. Preliminary assessment of simulations of climate changes over China by CMIP5 Multi-Models. Atmospheric and Oceanic Science Letters, 5(6): 489-494.

Xue Y, Smith T M, Reynolds R W. 2003. Interdecadal changes of 30-yr SST normalies during 1871-2000. J Climate, 16(10): 1601-1612.

Zhang Y, Wallace J M, Battisti D S. 1997. ENSO-like interdecadal variability: 1900～93. J Climate, 10(5): 1004-1020.

Zhao P, Zhu Y N, Zhang R H. 2007. An Asian-Pacific teleconnection in summer tropospheric temperature and associated Asian climate variability. Clim Dyn, 29: 293-303.

Zhou T J, Yu R C. 2006. Twentieth century surface air temperature over China and the globe simulated by coupled climate models. J Climate, 19(22): 5843-5858.

Zhou T J, Yu R C, Zhang J, et al. 2009. Why the western Pacific subtropical high has extended westward since the late 1970s. J Climate, 22(8): 2199-2215.

Zhu J S, Shukla J. 2013. The role of air-sea coupling in seasonal prediction of Asian-Pacific summer monsoon rainfall. J Climate, 26(15): 5689-5697.

第9章　BCC_CSM动力模式年代际误差特征及中国夏季降水预测方案

20世纪90年代中期以来，国家气候中心先后研制了包括全球大气环流模式、全球海洋环流模式等季节尺度的动力气候模式，建立了我国第1代海气耦合动力气候模式（BCC_CGCM）（丁一汇等，2002；李维京等，2005）。从2005年起，国家气候中心启动了新一代多圈层耦合的气候系统模式研制工作。先后建成了耦合大气、陆面、海洋、海冰分量在内的全球近110km中等分辨率的第2代多圈层耦合的气候动力模式BCC_CSM（吴统文等，2013），对季节尺度的气候变率体现出了一定的预测能力。BCC_CGCM和BCC_CSM的建立，提升了我国在季节气候预测领域的客观化预报能力和水平。值得指出的是，季节气候的异常是季节尺度变率和年代际尺度变率共同作用的一种综合体现，在目前国际和国内对于年代际尺度的模式预报技巧还相对较低，对于基本气候要素中的对应年代际调整的预报能力还相对较低的前提下，如何有效地改进季节预测模式中的年代际变化信息，则是当前气候学研究面临的一个新的科学问题。

在提高气候预测准确率方面，丑纪范（1986）从理论上讨论了在短期气候预测中实现动力和统计相结合的做法。围绕动力和统计相结合的问题，基于充分利用模式预报的季节降水、大尺度的环流等前期观测信息如关键海表面温度、大气涛动等的关系等，使用过去演变资料的多时刻预报方法（丑纪范，1974）、相似动力方法（Huang et al，1993）、基于大气自记忆原理的方法（封国林等，2001）等多种动力-统计降水预报方法先后被提出。近来年，围绕动力-统计相结合方法的原理，研发了一系列业务应用的预报方案和策略（郑志海等，2009；赵俊虎等，2011），并将该方法推广到长江流域（王启光等，2011；龚志强等，2012）、东北（Xiong et al.，2011）、华北（杨杰等，2012）等不同区域。同时，秋季、春季和冬季等不同季节的降水预测（Wang，2001；Liu and Fan，2012；Lang and Wang，2010）的研究也先后开展。此外，年际增量的预测方法兼顾年际和年代际信号的相互作用，该方法基于前一年的观测信息实现预测，对动力模式还是观测都是客观和准确的，并有效应用于长江中下游、华北的夏季降水预测（Fan and Wang，2009）及欧洲耦合模式的东亚夏季风预测的改进等（Fan et al.，2009，2012）。Gong等（2014）基于BCC_CGCM分析了关键区海表面温度的预报能力及对应的东亚夏季降水预报效果的差异，验证了基于关键区海表面温度指数改进模式预报中结果的可能性，探讨了增加模式季节预报结果中的年代际变化信息的可能性。

综上所述，本章将基于国家气候中心的两代全球耦合模式（BCC_CGCM和BCC_CSM），评估模式对东亚夏季降水和环流的回报和预报（以下简称“预报”）结果中所蕴含的针对20世纪90年代末期东亚夏季降水的年代际变化信息，进而从模式的环流预报、海表面温度预报、模式中大气对海表面温度的响应等方面分析 BCC_CGCM 和 BCC_CSM 的季节预报中蕴含的东亚夏季降水年代际变化与实况存在偏差的可能原因，并提出改进 BCC_CGCM 和 BCC_CSM 季节降水预报中的年代际变化信息的可能方案。

BCC_CGCM 即 NCC/IAP T63 海气耦合模式，水平分辨率为 1.875°×1.875°，垂直方向为 30 层，每月的滚动季节预报为 48 个成员的集合预报。夏季预测试验使用了从 2 月底起报（预测在 3 月完成）的每年 6～8 月的夏季集合平均的预报结果（丁一汇等，2002；李维京等，2005）。本章利用 BCC_CGCM 生成的 1983～2011 年共 29 年预报数据(2005 年以后直接使用夏季业务的预报结果)，并将其插值到 2.5°×2.5°空间。BCC_CSM 是全球近 110km 中等分辨率的海陆冰气耦合的气候系统模式（吴统文等，2013），其中大气分量模式采用 BCC_AGCM2.2，水平分辨率为 T106，垂直方向为 26 层；陆面分量模式采用 BCC_AVIM1.0，水平分辨率为 T106；海洋分量模式为 MOM_L40，其采用三极网格，水平分辨率为（1/3）°～1°，垂直方向为 40 层；海冰分量模式采用美国地球流体力学实验室海冰模拟器（SIS）；各分量模式通过耦合器 CPL5 直接耦合在一起。本章利用 BCC_CSM 生成的 1991～2011 年共 21 年回报（下文统称预报）数据，2 月底起报的每年 6～8 月集合平均结果，并将其插值到 2.5°×2.5°空间。将 CMAP（CPC merged analysis of precipitation）再分析资料的 6～8 月的总降水量作为实况观测资料，东亚夏季降水预报误差场即这两个模式预报与实况的差值场。逐月大气位势高度、垂直速度以及风场资料均来自于 NCEP/NCAR 的月平均再分析资料，水平分辨率为 2.5°×2.5°，垂直分辨率为 17 层（Smith，2003）。海表面温度资料采用 1961～2011 年 NOAA ERSST 的月平均海表温度资料，分辨率为 2°×2°。

9.1 东亚夏季降水及模式预报中的年代际变化特征

从图 9.1（a）～（c）中，东亚地区（90°E～145°E，10°N～55°N）1983～2011 年夏季降水距平经验正交展开（EOF）主分量的空间分布可以看出，该区域夏季降水的第一模态（EOF1）是海陆差异模态，其方差贡献为 16.7%；第二模态（EOF2）为由北至南的正负交替出现的模态，方差贡献为 11.2%；第三模态（EOF3）由北至南是“+－+”的模态，方差贡献为 8.8%；EOF2 和 EOF3 中，分别在大陆上表现为“+－+”和南北向的“+－”模态，这与魏凤英和张先恭（1988）关于中国东部夏季雨型的划分和黄荣辉等（2011）给出的中国东部夏季降水的主要模态等研究成果的有关结论是一致的。三个模态的方差贡献均通过了 95%显著性水平的 Monte_Carlo 检验，即每个模态是相互独立的。图 9.1（d）～（f）给出了 EOF1、EOF2 和 EOF3 的时间系数。可以看出，EOF1 和 EOF2 更多地表现为年际振荡，而 EOF3 的年代际均值变化特征较突出。利用滑动 T 检验方法（MTT）对 EOF1、EOF2 和 EOF3 的时间系数进行年代际位相调整的检验（图 9.2)，EOF1 和 EOF2 均不存在通过 0.05 信度检验的突变点，而 EOF3 的时间系数存在通过 0.05 信度检验的突变点，对应的突变时间在 1999 年附近。因此，可以看出 EOF3 时间系数在 1999 年前后存在一次通过 95%显著性的突变，也进一步说明了东亚夏季降水存在年代际位相调整的可能性。

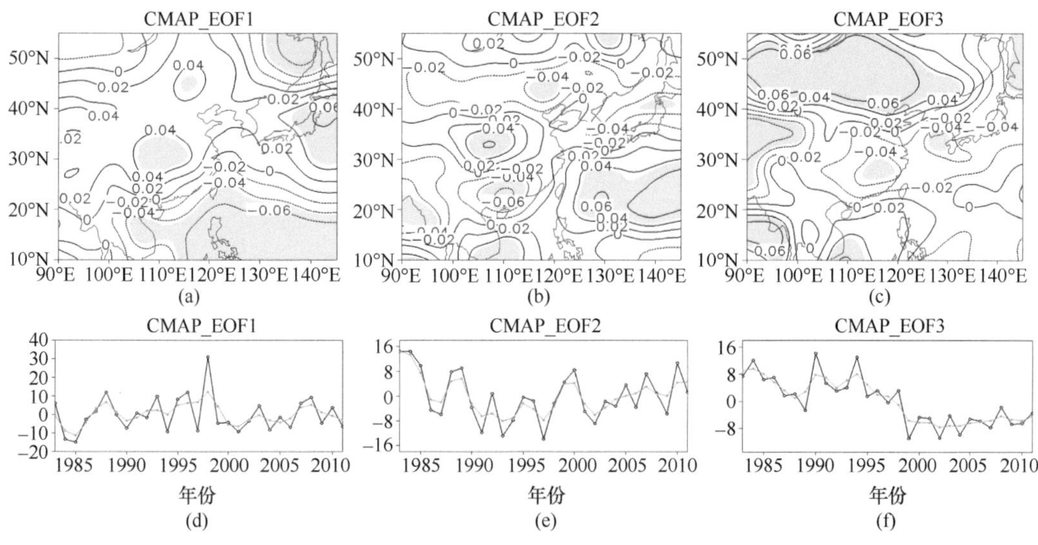

图 9.1　东亚地区 1983～2011 年夏季降水的 EOF 主分量的空间分布 [(a)～(c)] 和时间系数 [(e)～(f)]

(a) EOF1，方差贡献 16.7%；(b) EOF2，方差贡献 11.2%；(c) EOF3，方差贡献 8.8%；(d) EOF1 对应的时间系数；(e) EOF2 对应的时间系数；(f) EOF3 对应的时间系数，灰线为 9 点平滑曲线

(a)～(c) 中阴影部分表示通过了 90%的显著性。

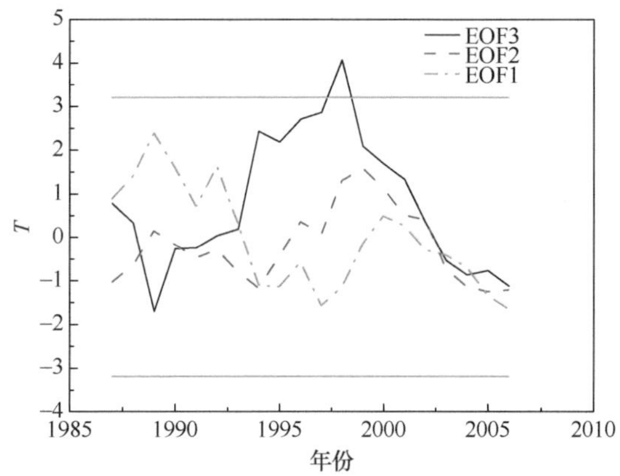

图 9.2　东亚 1983～2011 年夏季降水的 EOF 主分量时间系数的 MTT 检测

其中两条平行直线为 0.05 信度检验阈值

图 9.3（a）为东亚沿 90°E～145°E 夏季降水距平百分率的纬度-时间剖面图。可以看出东亚的夏季降水异常的年代际变化特征，尤其是在 30°N～55°N 的这种南北旱涝形势在 1999 年附近的变化。1999 年以前表现为北方（40°N～55°N）湿润、南方（30°N～40°N）干旱，1999 年以来则更多表现为北方（40°N～55°N）干旱、南方（30°N～40°N）湿润。图 9.3（b）中，BCC_CGCM 对东亚地区夏季降水的预报结果中包含的关于年代际变化的信息较少，尤其是没有能够得到 30°N～55°N 范围在 1999 年附近的南北旱涝形势调整。图 9.3（c）中，BCC_CSM 对东亚地区夏季降水的预报中 30°N～55°N 范围在 1999 年附近的南北旱涝形势调整的特征也不明显。

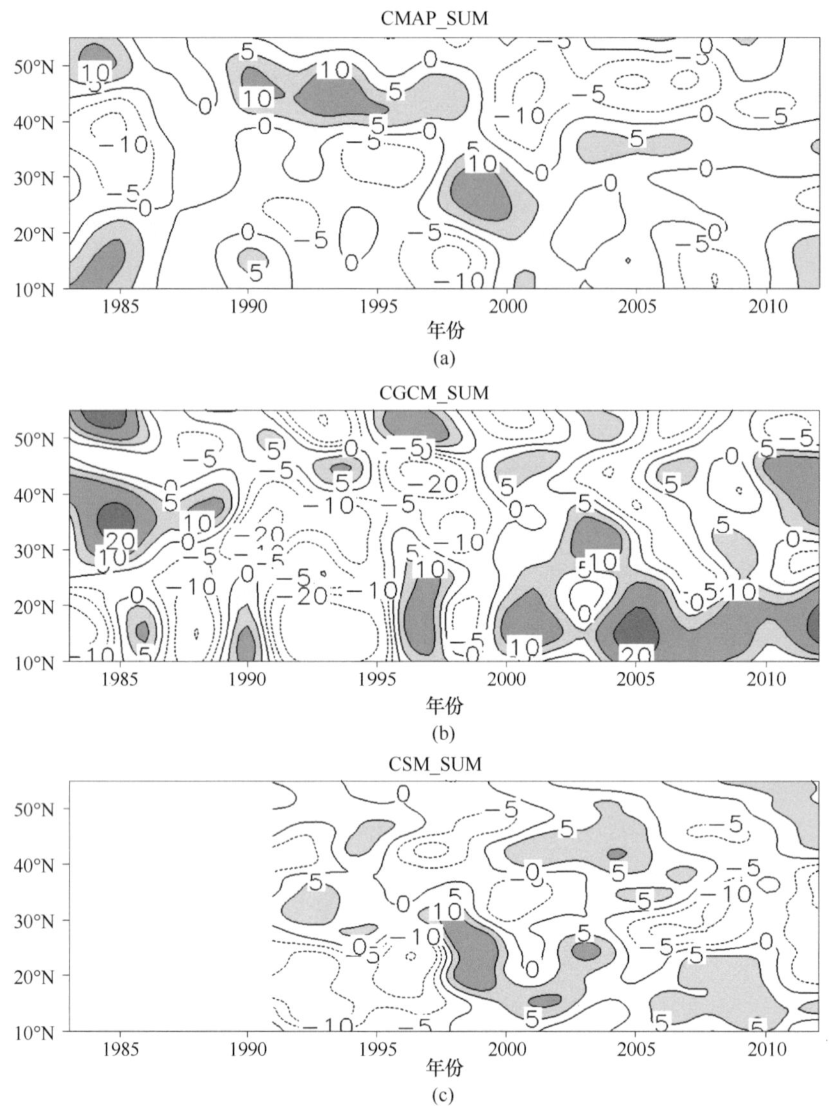

图 9.3　东亚沿 90°E～145°E 夏季（6～8 月）降水距平百分率（%）的纬度-时间剖面图

实、虚线：正负距平；阴影：正距平

（a）CMAP，1983～2011 年；（b）BCC_CGCM，1983～2011 年；（c）BCC_CSM，1991～2011 年

为便于比较，（b）和（c）中的结果均扩大了 10 倍

图 9.4 为 1999 年前后两个时段东亚夏季降水距平百分率合成图。可以看出，CMAP 实况中，1983～1998 年东亚地区由北至南对应降水距平百分率“+－+”的特征，而 1999～2011 年由北至南则呈相反的“－+－”的异常特征［图 9.4（a1）、（b1）］。BCC_CGCM 的结果中，1983～1998 年由北至南对应降水距平百分率“+－+－”的特征，而 1999～2011 年由北至南则呈相反的“－+－+”的异常特征［图 9.4（a2）和（b2）］。BCC_CSM 的结果中，1991～1998 年由北至南对应降水距平百分率“－+－”的特征，而 1999～2011 年由北至南则呈相反的“+－+”的异常特征［图 9.4（a3）、（b3）］。因此，BCC_CGCM 和 BCC_CSM 对东亚地区夏季降水的预报中包含的年代际变化信息与实况存在较大的偏差。

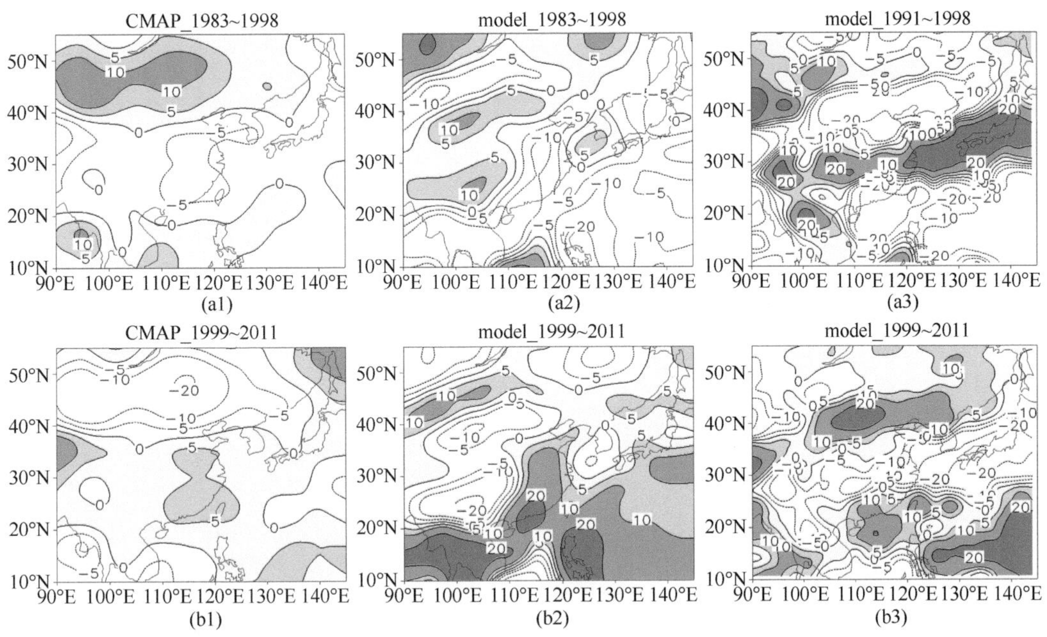

图 9.4　东亚夏季降水距平百分率（%）合成图

实虚线：正负距平。阴影：正距平

（a1）-（b1）、（a2）-（b2）、（a3）-（b3）分别为 CMAP 实况、BCC_CGCM 和 BCC_CSM 对应 1999 年前后两个时段的合成图

为便于比较，（a2）和（b2）中的结果均扩大了 10 倍，（a3）和（b3）中的结果均扩大了 5 倍

9.2　欧亚环流系统及模式预报的年代际变化特征

图 9.5 为 1999 年前后两个时段欧亚夏季 500hPa 高度场距平的合成图。NCEP 实况中，1983～1998 年欧亚中高纬度地区 500hPa 距平场自西向东呈“－＋－”的分布，而东亚北部地区受负高度距平控制，南部地区受正高度距平所控制；1991～2011 年欧亚中高纬度地区 500hPa 距平场的高度距平场则呈现与前一阶段相反的特征[图 9.5(a1)、(b1)]。BCC_CGCM 的结果中，1983～1998 年欧亚中高纬度地区 500hPa 距平场自西向东呈“＋－＋”的分布，东亚地区由北至南则呈“＋－＋”的分布型；1991～2011 年，欧亚大陆高度场距平以正距平为主，东北亚地区受负距平控制［图 9.5（a2）、（b2）］。BCC_CSM 的结果中，1991～1998 年欧亚中高纬度地区 500hPa 距平场受负距平控制，低纬度地区以正距平为主，1999～2011 则呈相反的分布特征［图 9.5（a3）、（b3）］。与实况相比，BCC_CGCM 虽然也给出了高度场距平在 1999 年之前欧亚以负距平为主，1999 年之后以正距平为主的特征，但前后两个时期对于东亚地区由北至南的高度场正负距平中心的预报与实况基本呈相反特征。BCC_CSM 虽然对 500hPa 高度场的预报中均给出了东亚地区北正南负的特征，但没能给出乌拉尔山附近的前后两个时段的正距平向负距平的转变。

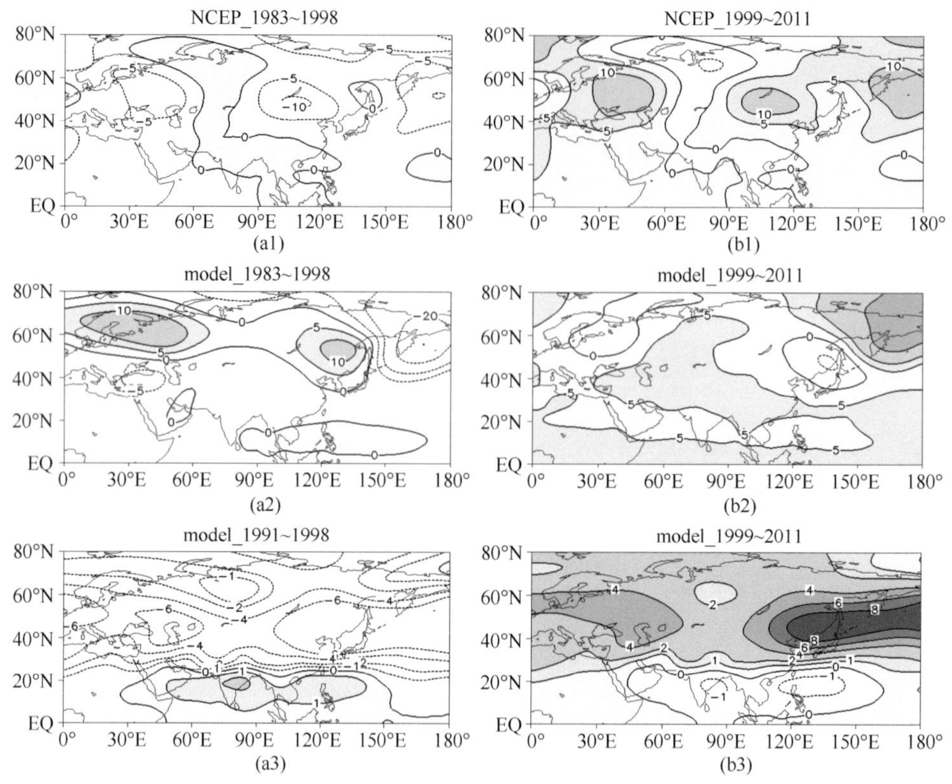

图 9.5　欧亚夏季 500hPa 高度场（gpm）距平合成图

实虚线：正负距平；阴影：正距平；（a1）～（b3）同图 9.4

图 9.6 为 1999 年前后两个时段 850hPa 风场和 200hPa 纬向风场距平的合成图。NCEP 实况中，1983～1998 年东亚北部地区 850hPa 受异常的气旋环流控制，东亚中部地区则主要受异常的偏北或偏西气流控制，低纬度地区受异常的反气旋性环流控制，从而有利于水汽向北方地区输送；1999～2011 年则表现出与之相反的特征，不利于水汽向东亚北部输送。200hPa 的纬向风距平场中，1983～1998 年 30°N 以北区域的西风偏强，有利于西风急流加强北移，而 1999～2011 年则西风转为偏弱，有利于西风急流减弱南移［图 9.6（a1）和（b1）］。BCC_CGCM 结果中，前一阶段 850hPa 东亚北部和南部地区均存在异常的偏南风，有利于夏季偏强，低纬度水汽向北方地区输送，而 200hPa 纬向风场中，北方地区西风偏弱，不利于急流加强北移；而后一阶段的 850hPa 风场和 200hPa 纬向风场均表现出相反的特征［图 9.6（a2），（b2）］。BCC_CSM 结果中，1999 年之前 850hPa 风场中东亚北部地区受异常的偏北风控制，200hPa 风场中北部地区西风偏弱，中部地区西风偏强，强度中心位置偏东；1999 年之后，则基本呈现出与前一阶段相反的特征［图 9.6（a3），（b3）］。与实况相比，BCC_CGCM 的 850hPa 风场基本给出前一阶段东亚夏季南风偏强，后一阶段转为偏弱的特征，但 200hPa 纬向风则呈现了相反的特征。BCC_CSM 的 850hPa 风场在东亚北部地区与实况相反，200hPa 纬向风的正负异常分布和强度中心位置与实况相比也存在较大偏差。

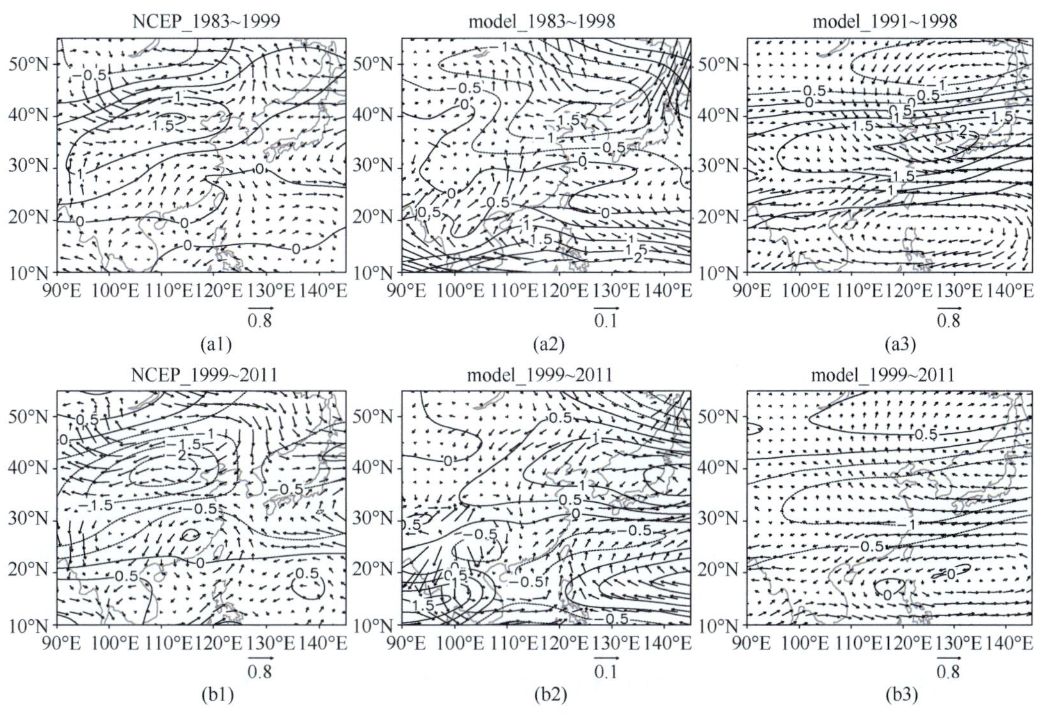

图 9.6　东亚夏季 850hPa 风场（矢量，m/s）和 200hPa 纬向风场（等值线，m/s）的距平合成图

（a1）～（b3）同图 9.4

实虚线：正负距平

图 9.7 给出了 NCEP 实况，BCC_CGCM 和 BCC_CSM 预报结果对应的 EASM 指数。EASM 指数的计算主要参考施能等（Shi and Zhu，1996；施能等，1996）定义的海-陆气压差季风指数，即计算 20°N～50°N（7 个纬带）的 110°E 与 160°E 的夏季（6～8 月平均）的标准化海平面气压差的和，所得的序列再进行一次标准化处理。对于夏季风强度指数乘以-1，计算所得的强度指数越大，表示夏季风越强。实况 EASM 指数中，在 1990s 后期存在由正位相为主向负位相为主的转变［图 9.7（a）］，表明 EASM 强度有所减弱，

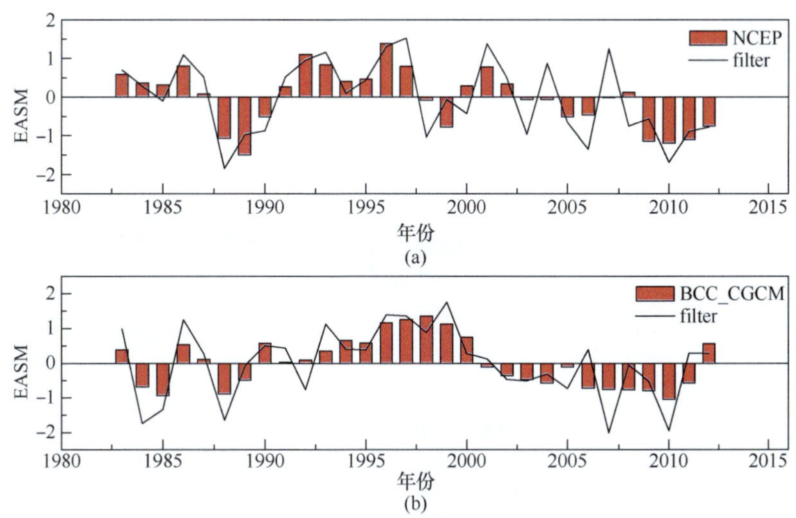

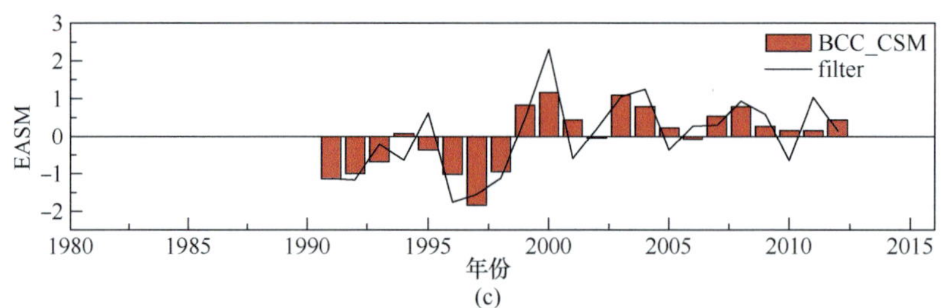

图 9.7　EASM 指数的演变图

（a）NCEP；（b）BCC_CGCM；（c）BCC_CSM

实线：年变化，柱状图：5 年平滑

不利于水汽向东亚北部地区输送。BCC_CGCM 的结果中，东亚夏季风在 1990s 后期也存在由正位相为主向负位相为主的转变［图 9.7（b）］。BCC_CSM 的结果中，东亚夏季风在 1990s 后期存在由负位相为主向正位相为主的转变，即对应模式预报的 EASM 由偏弱向偏强的转变［图 9.7（c）］。与实况相比，BCC_CGCM 的预报结果中给出了 1990s 末 EASM 的年代际尺度调整的特征。而 BCC_CSM 的结果中，则包含了与实况相反的 EASM 的年代际尺度调整特征。

图 9.8 给出了 NCEP 实况，BCC_CGCM 和 BCC_CSM 预报结果对应的东亚-太平洋

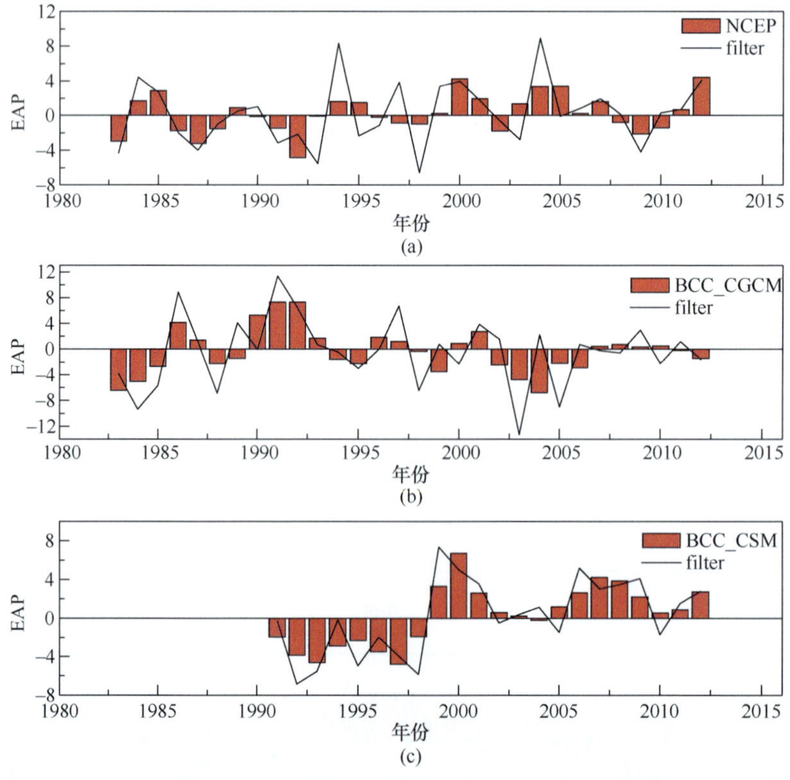

图 9.8　EAP 指数的演变图

（a）NCEP；（b）BCC_CGCM；（c）BCC_CSM

实线：年变化；柱状图：5 年平滑

遥相关(EAP)指数。EAP 指数的计算主要参考黄刚定义的季风环流指数(Huang and Yan，1999；Huang，2004)，该指数反映了东亚地区夏季风水平和垂直环流的异常特征，包含了热带、副热带和中纬度大气环流变化的特征。NCEP 实况中，EAP 指数在 20 世纪 90 年代存在由负位相为主向正位相为主的转变，这可能与东亚夏季降水的年代际调整相对应［图 9.8（a)］。BCC_CGCM 的结果中，EAP 指数在 2000s 初存在由正位相为主向负位相为主的转变［图 9.8（b)］。BCC_CSM 的结果中，EAP 指数在 1990s 末存在由负位相为主向正位相为主的转变［图 9.8（c)］。显然，BCC_CGCM 模式预报中的 EAP 调整特征与实况较相似，而 BCC_CSM 模式预报中的 EAP 调整特征则与实况截然相反。

9.3　海表面温度及模式预报中的年代际变化特征

东亚夏季降水与太平洋的海表面温度有密切联系，本节主要分析 1990s 末对应海表面温度的调整特征以及 BCC_CGCM 和 BCC_CSM 对海表面温度的预报能力。图 9.9 中，东亚夏季降水 EOF 展开第三模态时间系数（TEOF3）与夏季海表温度均存在显著相关。因为 TEOF3 中包含了东亚夏季降水显著的年代际变化特征，故显著相关区的海表面温度可能对东亚夏季降水 20 世纪 90 年代末的调整有重要影响。本节主要关注西太平洋（110°E～116°E，20°S～20°N），北太平洋（150°E～180°，20°N～50°N）海表面温度影响，对北印度洋海表面温度的影响另做分析。图 9.10 为 1999 年前后两个时段的海表面温度距平的合成图。NOAA 实况中，1983～1998 年北太平洋区域为显著负海表面温度距平控制，同时西太平洋区域也为负海表面温度所控制，赤道和北太平洋海表面温度整体呈现类 El niño 的特征。1999～2011 年北太平洋区域为显著的正海表面温度距平控制，同时西太平洋区域也为正海表面温度所控制，赤道和北太平洋海表面温度整体呈类 La niña 的特征。BCC_CGCM 的结果中，前一阶段北太平洋区域以暖海表面温度为主，西太平洋以冷海表面温度为主，赤道和北太平洋海表面温度整体呈类 La niña 的特征；后一阶段北太平洋和区域以冷海表面温度为主，西太平洋以暖海表面温度为主，赤道和北太平洋海表面温度整体呈类 El niño 的特征。BCC_CSM 的结果中，前一阶段北太平洋和西太平洋区域均以冷海表面温度为主，赤道和北太平洋海表面温度整体呈类 El niño 的特征；后一阶段北太平洋和西太平洋区域均以暖海表面温度为主，赤道和北太平洋海表面温度整体呈类 La niña 的特征。与实况相比，BCC_CGCM 的预报结果与 NOAA 资料呈相反特征，BCC_CSM 的预报结果则与实况较相似。

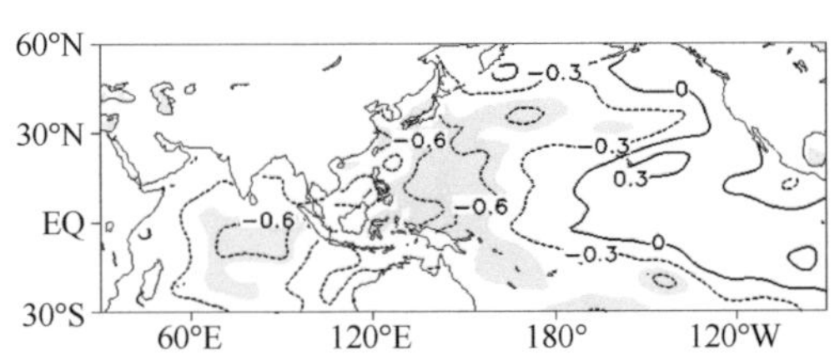

图 9.9　东亚夏季降水 EOF 第三模态时间系数与夏季海表面温度（30°S～60°N，40°E～100°W）的相关系数分布

阴影部分为通过 0.05 的显著性检验

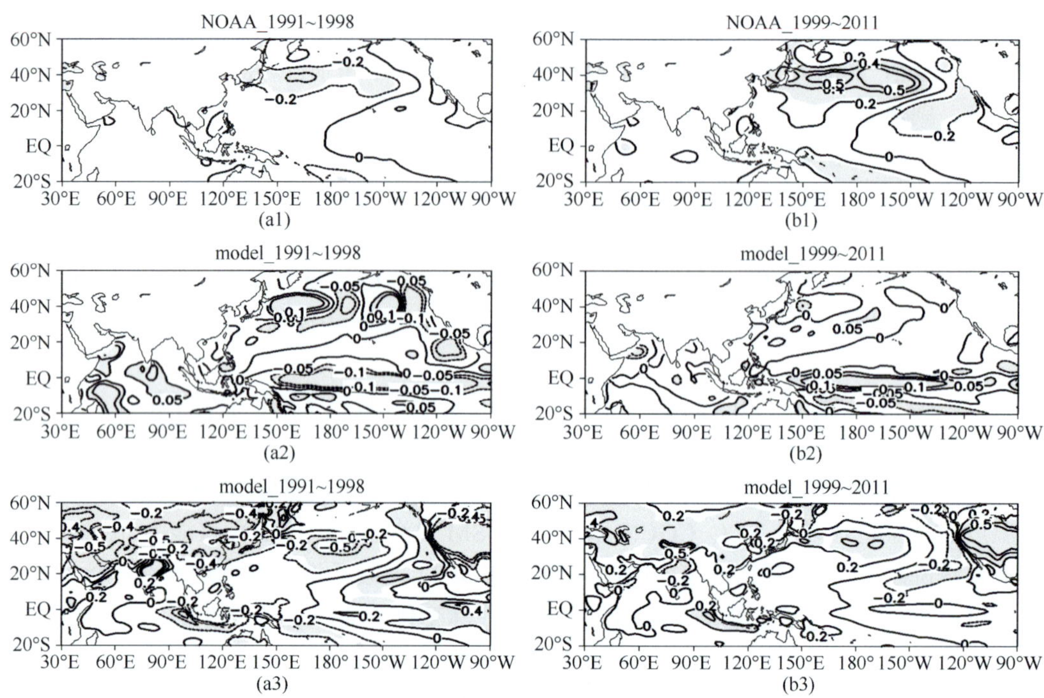

图 9.10　北印度洋和太平洋北部的海表面温度（℃）的距平合成图

实虚线：正负距平

（a1）～（b3）同图 9.5

图 9.11 给出了历年西太平洋（110°E～116°E，20°S～20°N）和北太平洋（150°E～180°，20°N～50°N）海表面温度距平的区域平均值。NOAA 实况中，20 世纪 90 年代末之前西太平洋以冷海表面温度为主，之后转为以暖海表面温度为主；北太平洋海表面温度也存在冷海表面温度向暖海表面温度转变的特征。BCC_CGCM 的预报中，西太平洋的海表面温度指数在前一阶段以冷海表面温度为主，之后转为以暖海表面温度为主；太平洋的海表面温度的波动特征比较明显，前一阶段以暖海表面温度或季节正常为主，后一阶段则表现为暖海表面温度向冷海表面温度的转变。BCC_CSM 的预报中，西太平洋和北太平洋海表面温度均表现为 90 年代末冷海表面温度向暖海表面温度的转变。与实况对比，BCC_CGCM 的海表面温度指数的冷暖调整与 NOAA 资料相比偏差较大，BCC_CSM 的结果则与实况较类似。

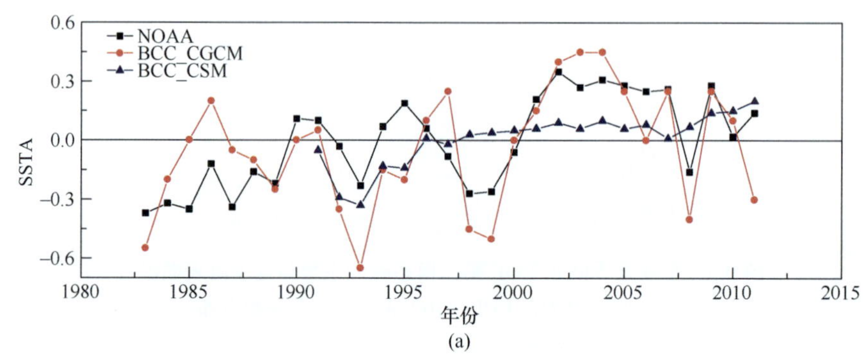

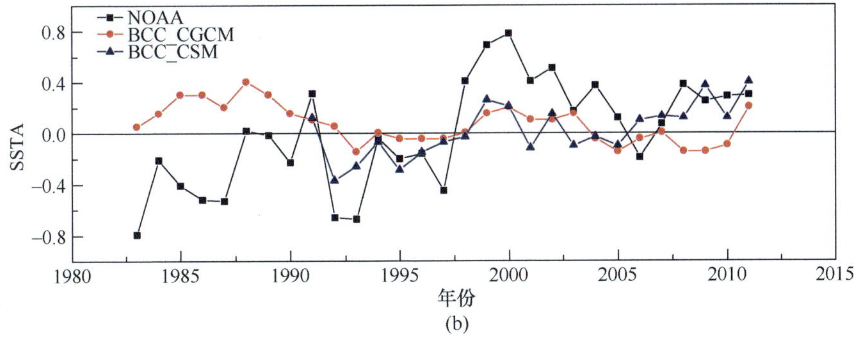

图 9.11　西太平洋和北太平洋海表面温度距平平均值（℃）的历年演变图

（a）西太平洋（110°E～116°E，20°S～20°N）；（b）北太平洋（150°E～180°，20°N～50°N）.

9.4　实况及模式预报中东亚夏季降水与海表面温度年代际变化的联系

图 9.12 给出了西太平洋（110°E～116°E，20°S～20°N），北太平洋（150°E～180°，20°N～50°N）海表面温度距平均值序列（SST1 和 SST2）与东亚夏季降水的相关系数分布。实况中，SST1 与东亚北部地区降水负相关，与中部和南部地区则以正相关为主［图 9.12（a1）］；SST2 与东亚北部和中部降水为负相关，与中国华北局部和东亚南部等地的降水为正相关［图 9.12（b1）］。BCC_CGCM 中，SST1 与东亚北部地区为正相关，显著关联的中心位于环渤海地区，而与东亚南部地区以负相关为主［图 9.12（a2）］；SST2

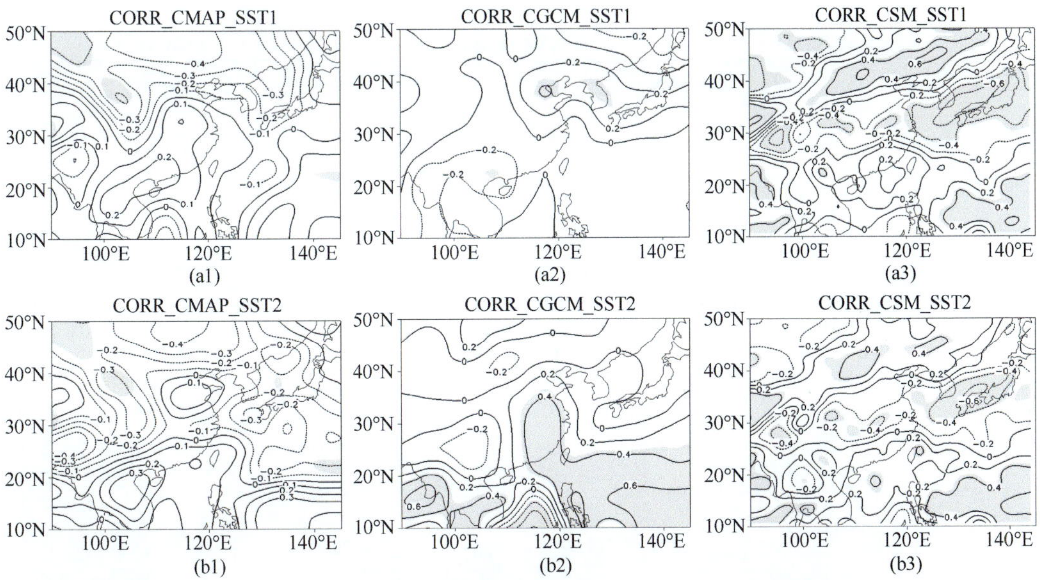

图 9.12　实况，BCC_CGCM（1983～2011）和 BCC_CSM（1991～2011）预报结果中西太平洋（110°E～116°E，20°S～20°N），北太平洋（150°E～180°，20°N～50°N）海表面温度距平均值与东亚夏季降水的相关系数分布

与东亚北部局部、中国东南部和东亚南部大部等地区为正相关，正相关中心主要位于东亚东南部地区；而与东亚北部的南部、中国西南部和东亚中南部等区域为负相关[图 9.12(b2)]。BCC_CSM 中，SST1 和 SST2 均与东亚北部、南部等地的降水呈显著的正相关，而与东亚中部地区呈显著的负相关［图 9.12（a3），（b3）]。与实况中的相关分布相比，BCC_CGCM 中正负相关的分布存在较大的偏差，甚至相关系数的大值中心存在区域分布相反的特征；BCC_CSM 中，SST1 在东亚北部地区的正相关与中部地区的负相关中心与实况存在较大的差异；而 SST2 中，东亚北部地区的正相关中心与实况存在较大的差异。

为进一步检验海表面温度与东亚降水之间的相关性，进一步分析合成的情况。图 9.13 为西太平洋和北太平洋海表面温度距平均值中 5 个大值年对应的 CMPA 资料及 BCC_CGCM 和 BCC_CSM 预报结果中东亚夏季降水距平百分率的合成图。CMAP 资料中，SST1 偏高的年份，东亚北部地区降水偏少，20°N～30°N 的东亚中部地区降水偏多，而 20°N 以南的区域则以降水偏少为主；SST2 偏高的年份也对应东亚北部地区降水偏少，中部和东南部降水以偏多为主，西南部和中南部降水以偏少为主[图 9.13（a1）和（b1）]。BCC_CGCM 中，SST1 偏高的年份，东亚北部降水以偏少为主，偏少的区域相对偏北，中部降水以偏多为主，南部地区降水以偏少为主。SST2 偏高的年份，东亚北部偏北区、中国东南部、东亚东南部和西南部等区域降水以偏多为主，北部偏南区、中部偏东和偏西区域、中南部等区域降水以偏少为主［图 9.13（a2）和（b2)]。BCC_CSM 中，SST1 偏高的年份，东亚北部、东南部等区降水以偏多为主，中部和中南部等区降水以偏少为主；SST2 偏高的年份的情况与 SST1 类似[图 9.13(a3)和(b3)]。与实况相比，BCC_CGCM 中 SST1 和 SST2 海表面温度偏高时对应的东亚降水正负距平的分布相对位置偏北一些，而 BCC_CSM 中则与实况基本相反。

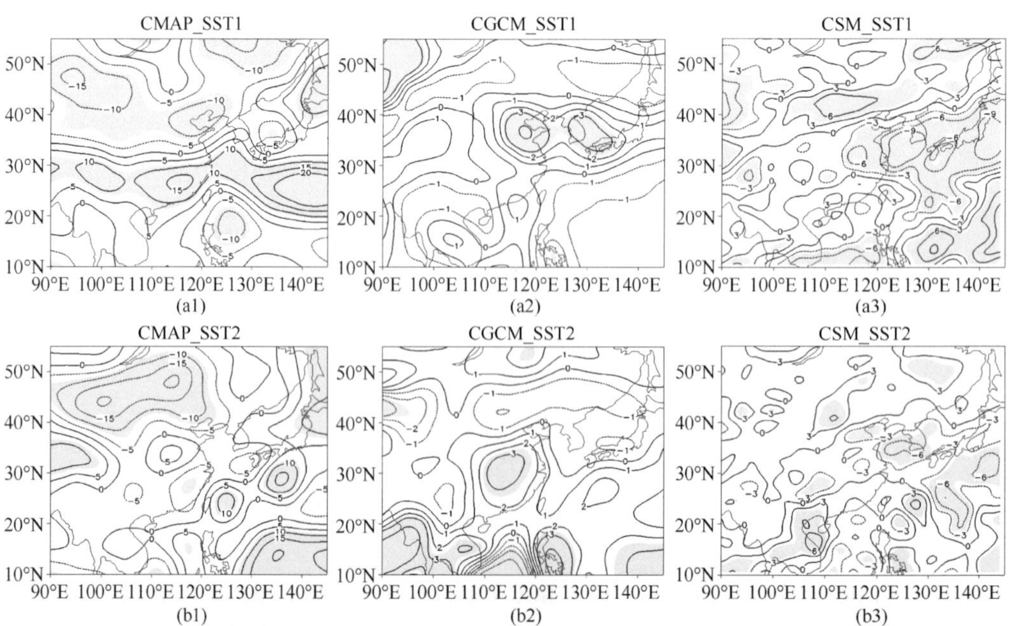

图 9.13 西太平洋、北太平洋海表面温度距平均值 5 个大值年对应的 CMPA 资料及 BCC_CGCM 和 BCC_CSM 预报结果中东亚夏季降水距平百分率（%）的合成图

图 9.14 为西太平洋、北太平洋海表面温度距平均值 5 个小值年对应的 CMPA 资料及 BCC_CGCM 和 BCC_CSM 预报结果中东亚夏季降水距平百分率的合成图。CMAP 资料中，SST1 偏低的年份，东亚北部地区降水以偏少为主，中国华北和东亚南部等区域降水以偏少为主；SST2 偏低的年份，东亚北部地区、中部偏西和偏东区域降水以偏多为主，东亚南部地区降水以偏少为主［图 9.14（a1）和（b1）］。BCC_CGCM 中，SST1 偏低的年份，东亚西北部和中部偏北地区降水以偏少为主，南部地区以降水偏多为主；SST2 偏低的年份，东亚北部、中国东部、东亚东南部和西南部等区域降水以偏少为主；中国西南部和中南部等区域降水以偏多为主［图 9.14（a2）和（b2）］；BCC_CSM 中，SST1 和 SST2 偏低的年份，均对应东亚北部偏北区域、30°N 附近的中部偏北区域降水以偏多为主，而北部偏南区域和东亚南部区域降水以偏少为主［图 9.14（a3）和（b3）］。与实况相比，BCC_CGCM 中 SST1 和 SST2 海表面温度偏低时对应的东亚降水正负距平的分布与 CMAP 资料相差较大，而 BCC_CSM 中则与实况在东亚北部地区偏差较大。

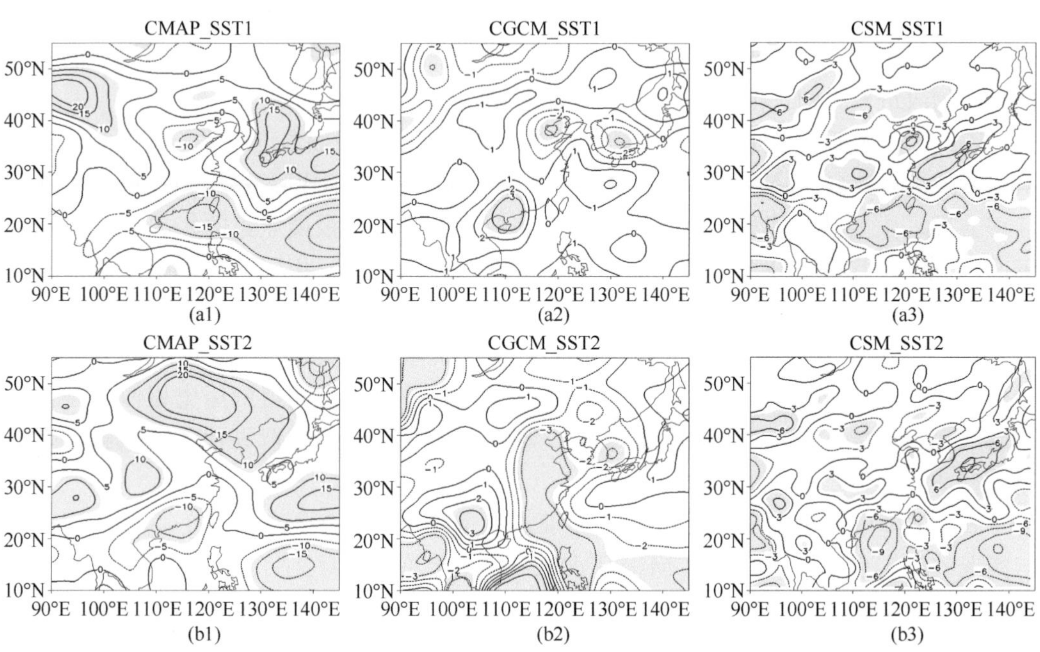

图 9.14 西太平洋和北太平洋海表面温度距平均值 5 个小值年对应的 CMPA 资料及 BCC_CGCM 和 BCC_CSM 预报结果中东亚夏季降水距平百分率（%）的合成图

9.5 20 世纪 90 年代末东亚夏季降水年代际变化的订正

由上述分析可知，BCC_CGCM 和 BCC_CSM 对东亚夏季降水的预报结果中，未能较好地体现 20 世纪 90 年代末东亚雨带的调整。同时，BCC_CGCM 和 BCC_CSM 对欧亚 500hPa 高度场、东亚 850hPa 和 200hPa 风场，以及对 EAP 指数、EASM 指数在 90 年代末前后的调整的预报与实况均有不同程度的偏差。此外，BCC_CGCM 和 BCC_CSM 对西太平洋和北太平洋海表温度的预报中，前者关于 1999 年前后海表面温度的调整的预报内容与实况基本相反，同时模式中东亚夏季降水与西太平洋和北太平洋海表面温度之间的相关性与实况存在较大偏差；后者关于 1999 年前后海表面温度的调整的预报内容与实况相似，但模式中东亚夏季降水与西太平洋和北太平洋海表面温度之间的相关性与实况存在较大偏差。因此，可以初步判断，BCC_CGCM 和 BCC_CSM 对 1999 年前后大气环流预报的偏差，以及模式中降水对海表面温度强迫响应的偏差，从而导致了两个模式对东亚夏季降水预报中 90 年代末的调整信息把握不好。

动力-统计相结合气候预测的物理基础在初始状态相似性持续的情况下，动力预报结果以及预报误差行为具有相似性（丑纪范，1986；任宏利和丑纪范，2005）。海表面温度场中 PDO、AMO 等各种异常模态的存在，必然使一些关键区的海表面温度异常对东亚季风系统及其夏季降水异具有重要影响（张庆云等，2007）。模式能够正确预报东亚地区夏季降水的重要前提之一必然是模式大气能够很好地响应一些关键区海表面温度的外部强迫。换言之，前期关键区海表面温度的相似可能持续到后期一段时间，并对应后期预报结果具有一定的相似性。因此，当模式对关键区海表面温度的预报存在偏差的情况下，完全有可能基于单个或多个关键区海表面温度，通过挖掘历史回报中的相似信息达到改进模式的预报偏差的效果（Lang and Wang，2010）。

因此，基于西太平洋、北太平洋和两个区域叠加的海表面温度距平均值序列，尝试给出了改进东亚夏季降水的模式预报中 20 世纪 90 年代末年代际变化特征的动力-统计订正方案。主要技术流程如下：①基于与东亚夏季降水预报误差集的相关性较好的海表面温度距平均值曲线，对序列做标准化处理，以距平符号相同、差值的绝对值为前 5 位作为条件，选取历史上与当前实况海表面温度状况最相似的年份，并提取这些相似年份的模式对东亚夏季降水的预报误差；②将提取的历史相似误差合成，并与当前年份模式给出的东亚地区夏季的降水预报结果进行叠加，进而得到历史相似误差订正的新的预报结果；③对选取的相似年数，单个或两个因子的相似进行多组试验，确定相关参数。

表 9.1 和图 9.15 给出了订正后的东亚沿夏季降水距平百分率的纬度-时间剖面图及与实况的相关系数。BCC_CGCM 基于北太平洋海表面温度序列订正后表现为：1999 年之前东亚夏季降水呈“+－+”分布型，1999 年之后呈“+－+”分布型，东亚北部地区的年代际调整特征较清楚［图 9.15（a1）］，这与实况接近，且 30°N～55°N 东亚夏季降水距百分率纬圈平均的 ACC 为 0.16；基于西太平洋海表面温度序列订正后表现为：1999 年前后东亚北部地区的年代际调整特征也相对清晰［图 9.15（a2）］，且 30°N～55°N 东亚夏季降水距百分率纬圈平均的 ACC 为 0.11；基于两个区域叠加（西北太平洋）的海表面温度均值序列订正后表现为：1999 年之前东亚夏季降水以“+－+”分布为主，1999 年之后以“+－+”分布为主［图 9.15（a3）］，且 30°N～55°N 东亚夏季降水距百分率纬圈平均的 ACC 为 0.13。基于两个区海表面温度订正结果计算平均值得到的东亚夏季降水剖面图与实况较接近［图 9.15（a4）］，且 30°N～55°N 东亚夏季降水距百分率纬圈平均的 ACC 为 0.18。因此，基于海表面温度均值序列的订正后的 ACC 和空间分布图，比 BCC_CGCM 的未订正前的结果（–0.01）有显著改进。

表 9.1　东亚夏季降水距百分率的 ACC（独立样本预报检验 & CMAP 实况）

模式	订正前	北太平洋	西太平洋	西北太平洋（两区叠加）	mean
BCC_CGCM（1983～2011 年）	–0.01	0.16*	0.11*	0.13	0.18*
BCC_CSM（1991～2011 年）	–0.09	–0.02	–0.05	0.11	0.02

* 为相关超过 90%显著性检验，其中 mean 为北太平洋和西太平洋订正结果平均以后计算的 ACC。

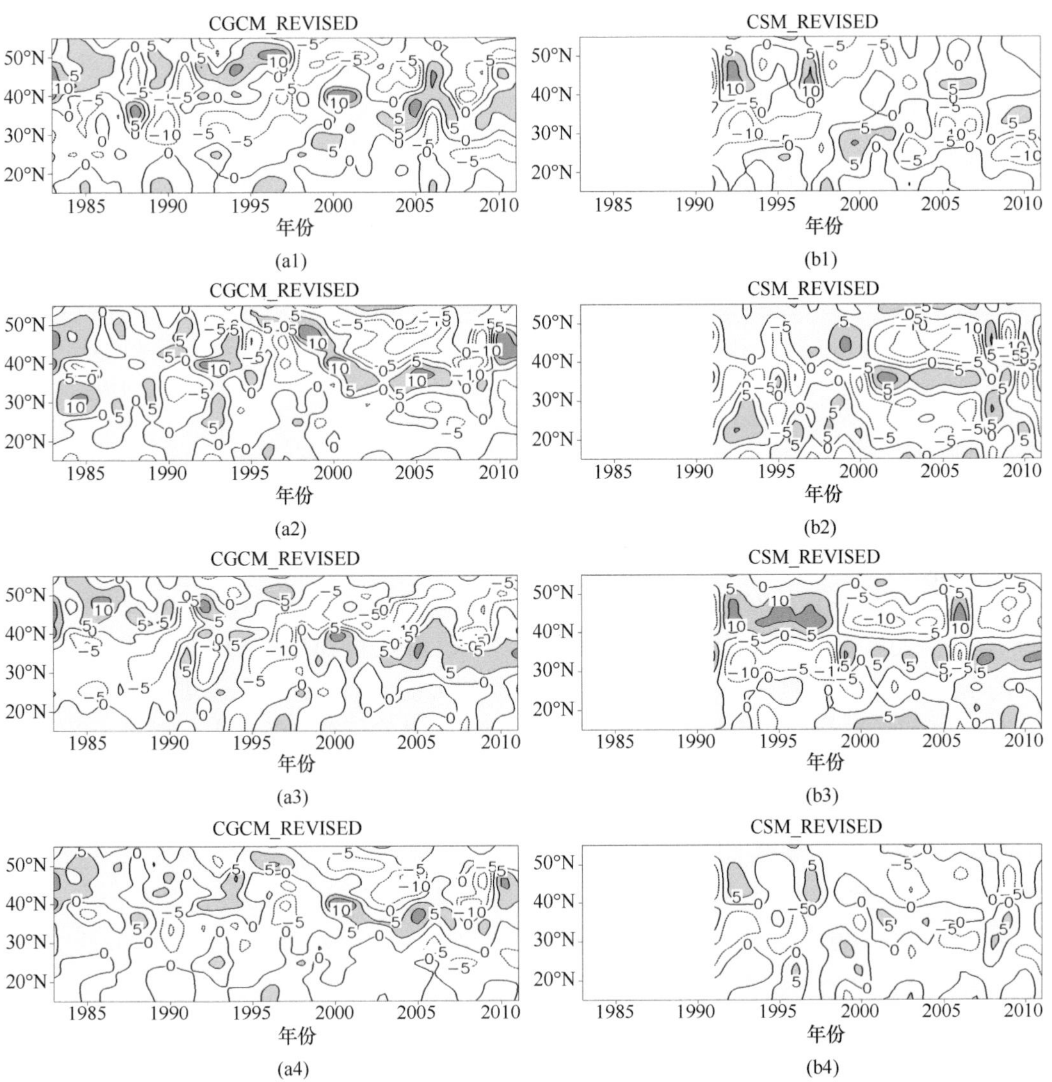

图 9.15　订正后的东亚沿 90°E～145°E 夏季（6～8 月）降水距平百分率（%）的纬度-时间剖面图

实虚线：正负距平。阴影：正距平

（a1）～（a4）BCC_CGCM，1983～2011 年；（b1）～（b4）BCC_CSM，1991～2011 年

其中（a1）、（b1）为基于北太平洋海表面温度均值序列的订正结果；（a2）、（b2）为基于西太平洋海表面温度均值序列的订正结果；（a3）、（b3）是基于西北太平洋海表面温度均值序列的订正结果；（a4）、（b4）是北太平洋和西太平洋海表面温度订正结果的平均

BCC_CSM 中，基于西太平洋海表面温度订正的结果中更好地体现了 1999 年前后东亚北部地区夏季降水的调整特征，而基于北太平洋的订正情况不太理想，两种情况订

正以后的30°N～55°N纬圈平均的ACC分别为–0.05和–0.02［图9.15（b1）和（b2）］，较未订正前的情况（–0.09），均有所改进。基于两个区域叠加的海表面温度均值序列订正后表现为：1999年之前东亚夏季降水以“+－+”分布为主，1999年之后以“+－+”分布为主［图9.15（b3）］，且30°N～55°N纬圈平均的ACC为0.11。图9.15（b4）中给出的基于两个区订正结果平均的东亚夏季降水剖面图与实况较接近，且30°N～55°N纬圈平均的ACC为0.02，较未订正的情况有较大程度的改进。此外，表9.2给出了1983～1998年和1999～2011年两个时段东亚夏季降水动力-统计订正前后的ACC。可以看出，对BCC_CGCM和BCC_CSM的模式结果基于两个区域海表面温度订正后，1999年前后两时段空间分布图对应的实况与订正结果之间的ACC均有大幅度的提高。

表9.2 东亚夏季降水动力-统计订正前后的ACC

区域	BCC_CGCM		BCC_CSM	
	1983～1998年	1999～2011年	1991～1998年	1999～2011年
订正前	0.03	0.08	0.17*	0.17*
北太平洋	0.76*	0.44*	0.37*	0.09
西太平洋	0.42*	0.57*	0.08*	0.60*
西北太平洋	0.85*	0.76*	0.79*	0.78*
mean	0.81*	0.59*	0.33*	0.55*

*为超过95%显著性检验，mean为北太平洋和西太平洋订正结果平均以后计算的ACC。

综上所述，围绕20世纪90年代末东亚夏季降水的年代际变化，基于国家气候中心的两代全球耦合模式（BCC_CGCM和BCC_CSM），系统的评估模式对东亚夏季降水预报中90年代末的年代际变化信息，分析了BCC_CGCM和BCC_CSM的季节预报中蕴含的东亚夏季降水年代际变化与实况存在偏差的可能原因，并提出改进BCC_CGCM和BCC_CSM关于季节降水预报中的年代际变化信息的可能方案。主要得出了以下几点结论：

（1）BCC_CGCM和BCC_CSM对东亚夏季降水的预报中蕴含的20世纪90年代末的年代际调整信息与实况相比存在一定的偏差。BCC_CGCM和BCC_CSM给出的东亚夏季降水预报中，30°N～55°N区域纬度时间剖面图对应的预报与实况之间的ACC仅分别为–0.01和–0.09，而1999年前后两个时段空间分布图对应的预报与实况之间的ACC分别为0.03和0.08，0.17和0.17。

（2）BCC_CGCM和BCC_CSM对欧亚地区环流的预报与实况存在较大的偏差，主要表现为：①500hPa高度场中，BCC_CGCM虽然给出了高度距平在1999年之前欧亚以负距平为主，1999年之后以正距平为主的特征，但前后两个时期对于东亚地区由北至南的高度场正负距平中心的预报与实况基本呈相反特征。BCC_CSM虽然对500hPa高度场的预报结果中均给出了东亚地区北正南负的特征，但没能给出乌拉尔山附近前后两个时段的正距平向负距平的转变。②850hPa和200hPa风场中，BCC_CGCM对850hPa风场基本给出前一阶段东亚夏季南风偏强，后一阶段转为偏弱的特征，但200hPa纬向风则呈现出与实况相反的特征。BCC_CSM预报的850hPa风场在东亚北部地区与实况相反，同时200hPa纬向风的正负异常分布和强度中心位置与实况相比存在较大偏差。

③就 EASM 和 EAP 指数而言，BCC_CGCM 的预报结果中给出了 90 年代末 EASM 的年代际尺度调整的特征，而 BCC_CSM 的结果中则包含了与实况相反的 EASM 的年代际调整特征；BCC_CGCM 模式预报中的 EAP 调整特征与实况较相似，而 BCC_CSM 模式预报中的 EAP 调整特征则与实况截然相反。

（3）BCC_CGCM 和 BCC_CSM 对北太平洋和西太平洋海表面温度的预报与实况也存在不同程度的偏差，主要表现为：①就 SST 距平场的空间分布而言，BCC_CGCM 的预报与实况呈相反特征，BCC_CSM 的预报则与实况较相似。②BCC_CGCM 的预报中，西太平洋（SST1）和北太平洋海（SST2）温指数的冷暖调整与实况相比偏差较大，BCC_CSM 的预报则与实况较类似。③与实况相比，BCC_CGCM 中海表面温度与东亚夏季降水相关系数的大值中心存在区域分布相反的特征，SST1 和 SST2 海表面温度偏高年对应的东亚降水正负距平的分布相对位置偏北，海表面温度偏低时则存在整体性的分布偏差；BCC_CSM 中，SST1 的在东亚北部地区的正相关与中部地区的负相关中心与实况相比，存在加大的差异；而 SST2 在东亚北部地区的正相关中心与实况存在较大的差异，且 SST1 和 SST2 海表面温度偏高时对应的东亚降水正负距平的分布与实况基本相反，而偏低时则与实况在东亚北部地区偏差较大。

综合评估 BCC_CGCM 和 BCC_CSM 对 20 世纪 90 年代末东亚夏季降水、环流系统和海表面温度预报偏差可知，正是两代耦合模式对大气中的主要环流系统、海表面温度关键区预报以及模式中东亚降水对海表面温度强迫的响应等方面存在不同程度的偏差，从而导致了两代模式的季节预报中蕴含的 90 年代末东亚夏季降水的调整特征与实况相比存在较大的偏差。以此认识为基础，本章基于西太平洋、北太平洋和两个区域叠加的海表面温度距平均值序列，给出了改进东亚夏季降水模式预报中 90 年代末年代际调整信息的动力-统计订正方案。基于区域海表面温度均值序列订正后的结果，东亚夏季降水的时间空间剖面图均有较大程度的改进，BCC_CGCM 中依次表现为 30°N～50°N 范围的纬度-时间剖面图的 ACC 由原来的-0.01 改进为 0.11、0.16 和 0.13；BCC_CSM 中依次表现为 30°N～50°N 范围的纬度-时间剖面图的 ACC 由–0.09 改进为–0.02、–0.05 和 0.11，从而达到了有效改进 BCC_CGCM 和 BCC_CSM 中蕴含的关于 90 年代末东亚夏季降水年代际变化信息的目的。

参 考 文 献

丑纪范. 1974. 天气数值预报中使用过去资料的问题. 中国科学 A 辑, 6: 635-644.

丑纪范. 1986. 为什么要动力-统计相结合?——兼论如何结合. 高原气象, V5(4): 367-372.

丁一汇, 刘一鸣, 宋永加, 等. 2002. 我国短期气候动力预测模式系统的研究及试验.气候与环境研究, 7(2): 236-246.

封国林, 曹鸿兴, 魏风英, 等. 2001. 长江三角洲汛期预报模式的研究及其初步应用. 气象学报, 59(2): 206-212.

龚志强, 侯威, 封国林. 2012. 赤道中东太平洋海表面温度关联指数及其与 ENSO 强弱年相关的研究. 气象学报, 70(5): 1074-1083.

黄荣辉, 陈际龙, 刘永. 2011. 我国东部夏季降水异常主模态的年代际变化及其与东亚水汽输送的关系. 大气科学, 35(4): 589-606.

李维京, 张培群, 李清泉, 等. 2005. 动力气候模式预测系统业务化及其应用. 应用气象学报, 16(S1): 1-11.

任宏利, 丑纪范. 2005. 统计-动力相结合的相似误差订正法. 气象学报, 63(6): 988-993.

施能, 朱乾根, 吴彬贵. 1996. 近 40 年东亚夏季风及我国夏季大尺度天气气候异常. 大气科学, 20(5): 575-583.

王启光, 封国林, 郑志海, 等. 2011. 长江中下游汛期降水优化多因子组合客观定量化预测研究. 大气科学, 35: 287-297.

魏凤英, 张先恭. 1988. 我国东部夏季雨带类型的划分及预报. 气象, 14(8): 15-19.

吴统文, 刘向文, 梁潇云, 等. 2013. 国家气候中心短期气候预测模式系统业务化进展.应用气象学报, 24(5): 533-543.

杨杰, 赵俊虎, 郑志海, 等. 2012. 华北汛期降水多因子相似订正方案与预报试验. 大气科学, 36(1): 11-22.

张庆云, 吕俊梅, 杨莲梅. 2007. 夏季中国降水型的年代际变化与大气内部动力过程及外强迫因子关系. 大气科学, 31(6): 1290-1300.

赵俊虎, 封国林, 王启光, 等. 2011. 2010 年我国夏季降水异常气候成因分析及预测. 大气科学, 35(6): 1069-1078.

郑志海, 黄建平, 任宏利. 2009. 基于季节气候可预报分量的相似误差订正方法和数值实验. 物理学报, 58(10): 7359-7367.

Fan K, Wang H J. 2009. A new approach to forecasting typhoon frequency over the western North Pacific. Weather Forecast, 24(4): 974-978.

Fan K, Lin M J, Gao Y Z. 2009. Forecasting the summer rainfall in North China using the year-to-year increment approach. Sci China Ser D-Earth Sci, 52(4): 532-539.

Fan K, Liu Y, Chen H P. 2012. Improving the prediction of the East Asian summer monsoon: New approaches, Weather. Forecas, 27(4): 1017-1030.

Gong Z Q, Zhao J H, Feng G L, et al. 2014. Dynamic-statistics combined forecast scheme based on the abrupt decadal change component of summer precipitation in East Asia . Science China: Earth Sciences, 57(3): 1-6.

Huang G. 2004. An index measuring the interannual variation of the East Asian summer monsoon-the EAP index. Adv Atmos Sci, 21(1): 41-52.

Huang G, Yan Z. 1999. The East Asian summer monsoon circulation anomaly index and the interannual variations of the East Asian summer monsoon. Chin Sci Bull, 44(14): 1325-1329.

Huang J, Yi Y, Wang S, et al. 1993. An analogue-dynamical long-range numerical weather prediction system incorporating historical evolution. Q J Meteor Soc Japan, 119(511): 547-565.

Keenlyside N S, Latif M, Jungclaus J, et al. 2008. Advancing decadal-scale climate prediction in the North Atlantic sector. Nature, 453: 84-88.

Lang X, Wang H J. 2010. Improving extra seasonal summer rainfall prediction by merging information from GCMs and observations. Weather Forecast, 25(4): 1263-1274.

Liu Y, Fan K. 2012. A new statistical downscaling model for autumn precipitation in China. Int J Climatol, 33(6): 1321-1336.

Shi N, Zhu Q G. 1996. An abrupt change in the intensity of East Asia summer monsoon index and its relationship with temperature and precipitation over East China. Int J climatol, 16(7): 757-764.

Smith T M, Reynolds R W. 2003. Extended reconstruction of global sea surface temperatures based on COADS data 1854–1997. J Climate, 16: 1495-1503.

Wang H J. 2001. The Weakening of the Asian Monsoon Circulation after the End of 1970's. Adv Atmos Sci, 18: 376-386.

Xiong K G, Feng G L, Huang J P, et al. 2011. Analogue-dynamical prediction of monsoon precipitation in Northeast China based on dynamic and optimal configuration of multiple predictors. Acta Meteor Sinica, 25(3): 316-326.